汉服的形成

——东周秦汉服饰的考古学研究

The Formation of Hanfu: An Archaeological Study on the Costumes from the Eastern Zhou Dynasty to Han Dynasty

王 方 著

科 学 出 版 社

北 京

内 容 简 介

服饰作为人类社会最基本的物质生活之一，不仅具有基本的物质属性，而且蕴含着丰富的精神内涵和社会文化意义。东周秦汉时期是我国古代服饰发展史上的一个重要转型期，从一个侧面反映出中华文明多元一体格局的形成。本书在全面占有、系统分析考古材料的基础上，运用考古学的理论方法，结合历史文献、出土文献和其他学科的研究成果，初步揭示了东周秦汉时期服饰的基本面貌和发展脉络，勾勒出“汉服”的起源与形成过程，并就服饰考古的理论和实践问题进行了思考。

本书是一部关于服饰考古的综合性研究专著，适合于考古学、历史学、文物博物馆和服装设计学等学科研究者及相关专业的高等院校师生阅读和参考。

图书在版编目（CIP）数据

汉服的形成：东周秦汉服饰的考古学研究 / 王方著. —北京：科学出版社，2024.1

国家社科基金后期资助项目

ISBN 978-7-03-077935-9

Ⅰ. ①汉…　Ⅱ. ①王…　Ⅲ. ①汉族–民族服装–考古–研究–中国–东周时代 ②汉族–民族服装–考古–研究–中国–秦汉时代　Ⅳ. ①TS941.742.811

中国国家版本馆CIP数据核字（2024）第019400号

责任编辑：蔡鸿博 / 责任校对：邹慧卿

责任印制：赵　博 / 封面设计：张　放

科学出版社出版

北京东黄城根北街 16 号

邮政编码：100717

http://www.sciencep.com

北京厚诚则铭印刷科技有限公司印刷

科学出版社发行　各地新华书店经销

*

2024年1月第　一　版　开本：720 × 1000　1/16

2024年8月第二次印刷　印张：36 3/4　插页：3

字数：680 000

定价：268.00元

（如有印装质量问题，我社负责调换）

国家社科基金后期资助项目出版说明

后期资助项目是国家社科基金设立的一类重要项目，旨在鼓励广大社科研究者潜心治学，支持基础研究多出优秀成果。它是经过严格评审，从接近完成的科研成果中遴选立项的。为扩大后期资助项目的影响，更好地推动学术发展，促进成果转化，全国哲学社会科学工作办公室按照“统一设计、统一标识、统一版式、形成系列”的总体要求，组织出版国家社科基金后期资助项目成果。

全国哲学社会科学工作办公室

序

壬寅初冬，王方同志送来了她的书稿《汉服的形成——东周秦汉服饰的考古学研究》（以下简称《汉服的形成》），嘱我读之并为之写几句话。我慨然应允，因为从该书的选题、研究过程到最后的成稿我多有了解，读之序之似乎责无旁贷，尽管我对古代服饰并无专门研究。

该书的写作最初缘起于十多年前。王方大学本科毕业于厦门大学历史系考古专业，接受了良好的考古学训练；此后，又远赴荷兰莱顿大学考古学系留学并获得硕士学位，对国外考古学动向有所了解；留学归国后的2008年，考取了中国社会科学院研究生院考古系的博士研究生。基于对考古学性质和任务、学科发展态势、社会文化建设需求等问题的认识和把握，从指导博士研究生的理念——通过理论和方法的学习、研究的实践和论文的写作，熟悉一个学术领域、瞄准一个学术生长点、主攻一个学术方向、形成一个学术专长、占领一个学术制高点——出发，结合学生本人学术经历、学术积累和学术发展规划等实际，经我和王方反复多次商量，最后把研究方向确定为服饰考古。经过三年艰苦的努力，王方于2011年6月顺利完成了博士学位论文《东周秦汉女性服饰的考古学研究》，并得到了以杨泓先生为答辩主席的答辩委员会的积极评价和充分肯定。这便是《汉服的形成》研究和写作的缘起和基础。

尽管《东周秦汉女性服饰的考古学研究》作为博士论文是成功的，也取得了积极成果，但如果从服饰考古的总体要求来看，还有诸多的工作要做。其一，女性服饰的专门研究当然是必要的（当时商定侧重女性服饰研究也有博士论文写作有时间限定等客观因素的考量），但女性服饰毕竟只是服饰研究的“半壁江山”，如果仅限于此，则难以完整地认识和把握古代服饰及其演变轨迹。其二，就东周秦汉服饰的考古学研究来说，实物材料的全面收集和系统的考古学梳理是基础性的和根本性的，但对其进行复原、解构和阐释等则离不开与文献资料的结合，而有关先秦秦汉服饰的文献记载又极为繁杂，需要对其进行深入的梳理和考辨，否则其研究就难以深入。其三，东周秦汉服饰考古学研究的主要目标，并非仅仅是廓清当时服饰的面貌及其发展变化——这当然是必不可少的，而更重要的在于东周秦汉时期服饰体系的构建，以及服饰与当时社会历史演进之关联的考察，还要结合研究的实践探索服饰考古的理论和方法，力求构建服饰考古的学科体系，而这种体系的构建和理论的探索必须以大量的个案研究实践为基础。对于上述问题，王方有着比较清醒的认识。于是，王方毕业就职于中国国家博物馆之后，一边日常从事科研管理工作，一边主要从上述三个方面继续进行学习和研究，即：将研究的范围从女性服饰扩展到当时男性和女性的各种服饰，对有关先秦秦汉服饰的文献史料继续进行研读，着眼于东周秦汉服饰体系的构建以及服饰与社会历史变革之内在关联等，从不同侧面尤其是难点和焦点问题入手对当时的服饰进行多方面的个案研究，如春秋时期的“偏衣”、战国时期的齐国女性发型和服饰、“水田纹”服装，先秦两汉的首服“縰”，秦汉兵马俑首服类型及其演变，汉代的舞服、“襜褕”、陶俑佩绶及秦汉印绶制度等，先后发表十多篇学术论文，取得了一系列的进展。以博士论文和后来的个案研究成果为基础，2019年申报国家社科基金后期资助项目并获得批准立项，《汉服的形成——东周秦汉服饰的考古学研究》就是这个项目的结项报告，也是王方2008年以来进行服饰考古学习和研究的阶段性总结。

该书的关键词是，东周秦汉、服饰、考古学研究。在《汉服的形成》即将付梓之际，结合我的读后感以及十多年来的所思所想，就这些关键词以及相关问题略作讨论，我想或许是必要的。

何谓“服饰”？按照现代汉语的释义，服饰者，“衣着和装饰”之谓也，古代常以“衣”“服”“衣裳”“衣服”和“衣冠”等称之。也就是说，“服饰”一语有狭义和广义之分。其狭义，指的是衣服、衣着或服装；其广义，则包括衣服之外的其他与衣服直接相关的装饰以及与美化身体有关的装饰，如古人曾有将冠、笄、带、裳、屦称之为“五服”者。服装与其装饰以及人体装饰密切相关，并且许多情况下是相互搭配、交相辉映，如“古者君臣佩玉，尊卑有度”（《续汉书·舆服志》）等，所以，无论在理论上还是在研究的实践中，取“服饰”之广义是必要的。当然，服饰的核心和主体是服装（既包括上衣和下衣、内衣和外衣，也包括首服和足衣等），因此也必然成为研究的重点，但将发型、发饰等纳入服饰研究的视野，也是必要的。至于人体装饰品——日语中称之为“装身具”，如头饰、耳饰、项饰、胸饰、腰饰、带具、带饰、臂饰、腕饰、指环或戒指、踝饰、足饰等，有一定的独立性和系统性，因此，将其作为一个相对独立的领域进行研究也是可行的。

那么，为什么要研究服饰？这似乎是一个多余的疑问，但实际上是需要认真思考并科学回答的一个问题。简言之，这是由服饰的属性——物质属性、精神属性和社会属性决定的。人从动物界演化而来，是通过漫长的劳动而完成的，因为，“劳动创造了人本身”（恩格斯语）。随着人类的诞生，服饰也随之而生。尽管最初的服饰极为简单原始，可能是一块禽兽之毛皮，也可能是连缀在一起的几块树皮或树叶，即“未有麻丝，衣其羽皮”（《礼记·礼运篇》），或“衣皮毛”、“衣皮苇”（《白虎通义·号篇》），或“衣毛而冒皮”（《续汉书·舆服志》）等，但从其诞生之日起就具备了防暑避寒、祛除蚊虫等物质属性，同时又具备别男女、遮体羞、美外形等精神属性。从某种意义上说，人类与动物界的区别是什么？是衣服，是服饰！人类历史进入文明社会，随着社会生产力的发展、人们物质生活水平的提高和精神生活的日益丰富，服饰的物质属性和精神属性逐步发展、演进和复杂化的同时，又出现了社会属性并逐步得到强化——服饰成为贫富差别的标识之一、社会地位高低的标识之一、等级差异的标识之一、权力大小的标识之一、族群认同的标识之一、文化共同体意识的标识之一、职业分工的标识之一等等，服饰与整个人类历史尤其是人类文明史紧密地联系在了一起。服饰本身是物质的，但它作为服饰文化的物质载体，其物质形态的变化是服饰文化变迁的“指示器”，在某种意义上也可以说是人类物质文明和精神文明演进的“指示器”。正因为如此，古代服饰及服饰文化研究绝不仅仅是古代物质文化的研究，而是人类历史尤其是人类文明史研究不可或缺的有机组成部分；我国有着百万年的人类史、一万多年的文化史和五千多年的文明史，中华古代服饰研究无疑是我国人类史、文化史和文明史研究的一个重要课题。这些都是不言而喻的。

正因为服饰跟人类和人类文明存在着如此不可分割的联系，所以，历代史家对古代服饰多有关注、多有记述。仅就先秦秦汉时期而言，先秦文献《周礼》《仪礼》和《礼记》中关于不同礼仪场合冠服制度的记述，先秦诸子中多有涉及服饰的内容；秦汉时期的正史、别史和杂史中往往有关于当时舆服制度的记载，许慎的《说文解字》、刘熙的《释名》等语言文字类典籍中都有关于服饰名物的释义，文学作品中也多见关于服饰的描写；自西晋司马彪《续汉书·舆服志》始，《舆服志》便成为此后历代正史中重要的篇章，尽管其所记之服饰均为当时官制的朝服、祭服和常服，但却为研究历代服饰及其演进留下了宝贵的史料。至于唐宋至近代的史学家和金石学家，对先秦秦汉服饰以及历代服饰更是多有考证和记述，当然，当时考证的方法大都是“以文考文”，记述的范围大多集中在官制服饰方面。这种状况直到20世纪初叶随着西学东渐、近代考古学在我国兴起之后才有所改观，考古实物资料逐步进入古代服饰史研究的视野。1981年，沈从文先生历时二十余载编撰而成的《中国古代服饰研究》，作为第一部系统研究我国古代服饰的大型学术论著，将考古实物资料与文献史料有机结合并广泛参考民族学材料，首次对中国古代服饰进行系统研究，被誉为我国古代服饰研究的开山之作、奠基之作，开创了古代服饰研究的一条崭新的道路、一种新的研究范式。1984年出版的周锡保先生的《中国古代服饰史》，着眼于我国历代服饰的发展演变，对先秦至辛亥革命时期中国服饰史进行了简要而系统的梳理，其研究方法主要是历史文献记载以及传世图像资料的考证，但也尽量辅以考古实物资料和图像资料。1992年孙机先生结集出版的《中国古舆服论丛》，则大量运用考古实物资料及图像资料并与文献史料有机结合，对舆服史上的若干重要问题进行考察和探究，将“二重证据法”在古代服饰研究中的应用进一步引向深入。实物资料与文献史料相结合的研究范式，在当今的古代服饰史研究和中华服饰文化研究中得到广泛应用并逐步发展和完善。

当然，古代服饰研究中利用考古实物资料并不等于服饰考古，但为服饰考古的提出、实践和学科建设提供了有益的启示和借鉴。虽然早在1930年代日本考古学家原田淑人就开始利用考古资料研究汉六朝和唐代服饰，但考古出土的有关服饰的实物资料真正进入考古学研究的视野，是从20世纪50年代开始并逐步展开的。就先秦秦汉时期来说，1972年长沙马王堆1号西汉墓、1982年江陵马山1号战国中晚期楚墓等一大批保存比较完好的丝织品及服饰实物的出土，更是极大地推动了东周秦汉服饰的考古学研究。尽管在相当长一个时期，学界关注和研究的重点是服饰的材质——以丝织品为代表的织物及其种类、纹样和织造技术等——或可谓之“纺织考古”，但为服饰考古奠定了重要的基础。20世纪末，随着我国考古学研究的逐渐转型，以及文物保护意识的增强、技术的提高和在田野考古中的进一步应用，“服饰考古”呼之欲出。

何谓“服饰考古”？目前学界还没有一个明确而完整的定义。简言之，服饰考古即古代服饰的考古学研究。具体说来或可认为：服饰考古是基于田野考古获取古代服饰的实物资料及有关的文字资料和形象资料，运用考古地层学、考古类型学、文化因素分析法、考古遗物产地推定法、考古情景分析法等考古学方法，对其进行系统的梳理和深入的分析，同时结合历史文献记载、民族志资料、文化人类学理论、现代科学技术检测以及模拟实验研究等，对其进行深入的研究和科学的解构，揭示人类古代历史上各个发展阶段、各个地区、各种人群、各社会阶层等的服饰样貌、服饰系统及其演变轨迹，探究其发生、发展和演进的内在动力和外部因素，阐释服饰在人类社会历史尤其是人类文明发展进程中的地位和作用及其规律。至于服饰考古的具体研究内容，可谓丰富而广泛，既包括其形态、结构、色彩、纹样、款式以及搭配，也包括其材质及其搭配、裁剪制作技术和方法，还包括其穿戴方式、应用人群和应用场景等；既包括其物质层面的揭示、精神层面的探究，也包括其社会层面的阐释。

这里需要指出的是，一方面，以历史文献——包括文字资料和传世图像资料——为主的服饰史研究，尽管当今也越来越多地利用考古实物资料，但它不同于服饰考古之处，主要在于往往将考古资料作为历史文献的“物证”或“注脚”，即以“物”证“文”。另一方面，服饰考古也离不开广泛利用历史文献及其研究成果，但它利用文献史料主要是对考古实物资料进行说明和解读，即以“文”释“物”，服饰考古强调的是基于考古实物资料，运用考古学方法、考古学思维、考古学语言，构建古代服饰发展体系，书写古代服饰发展史。当然，正如考古学是科学性与局限性共生、并存的一门历史学科一样，服饰考古同样也是科学性与局限性共生、并存。因此，正如文献史学和考古学犹如人类古代社会历史研究的“车之两轮”“鸟之两翼”一样，古代服饰的文献史学研究和考古学研究，同样是人类服饰史尤其是文明时代服饰史研究的“车之两轮”“鸟之两翼”，而最佳途径是两者的相互借鉴和有机融合。

毋庸讳言，人类古代社会历史上的服饰都需要考古学研究，但不同历史阶段服饰考古的重点和意义有所不同。就东周秦汉时期的服饰来说，既是我国古代服饰的一个大转折、大发展时期，更是服饰文化由多元真正走向一体的关键时期，具有承上启下的重要意义。因为，东周秦汉时期，随着铁器时代的到来和发展，社会生产力迅速提高，以蚕丝和苎麻、大麻、葛等植物纤维为原料的纺织业获得空前发展，为服饰的发展奠定了坚实的物质基础；东周时期的四百余年间，既是诸侯国林立、列国争霸的大动荡时期，也是学术大争鸣、思想大解放、文化大繁荣的时期，更是社会政治从王国时代走向帝国时代的大变革、大转型时期；秦汉时期的四百余年间，伴随着多民族统一的中央集权国家的建立和发展，中华古代文明多元一体格局真正形成。因此，对东周秦汉时期近千年的服饰进行系统的考古学研究，不仅可以全面揭示东周时期复杂多样的服饰文化面貌，而且可以揭示秦汉时期服饰文化从多元走向一体的演进轨迹，描绘汉服——中华传统服饰文化之根——生成和早期发展的历史图景，更有助于中华古代文明多元一体格局形成过程的探究和阐释。这也正是《汉服的形成》之选题和研究最基本的出发点。

正是基于对服饰考古性质和任务的深刻理解，尤其是对东周秦汉服饰考古之时代特点和学术目标的把握，《汉服的形成》进行了大量深入细致的工作，取得了积极的成果。这些成果及其学术贡献或可大致归纳为以下诸方面。

其一，对迄今考古发现的东周秦汉时期的服饰资料——既包括服饰实物资料，也包括服饰形象资料和简牍文字资料等进行了全面的收集和分类整理，不仅使本书的研究具有丰富、翔实、扎实的资料基础，体现出“论从史出”的优良治学方法，而且为学界今后的研究提供了极大的便利。

其二，通过各种服饰考古资料的综合分析并与文献史料有机结合，对东周和秦汉时期的主要服饰类型——上衣、下衣、足衣、首服与发型，以及服装的质料、纹饰和色彩等，分别进行了系统的梳理，结合“名物”考证，初步从考古学上揭示出不同时期、不同地区、不同类型的服饰样貌及其特征，可谓当时服饰文化的全景式描绘，尽管这种描绘因资料所限大多还是“点状的”。

其三，基于对东周列国服饰的细致的类型学考察，对东周时期服饰文化的多元体系和二元格局，以及东周服饰的时代性符号——深衣体系的形成进行考古学解构和理论性概括，进一步深化了对东周服饰体系和服饰文化总体特征及其演变的认识。

其四，基于秦汉王朝中心统治区和西南及西北地区服饰类型及其特征的全面梳理和宏观考察，不仅揭示了当时汉民族的服饰文化面貌及其发展演变和边远地区少数族人群的服饰文化传统及其特点，而且初步构建起秦汉时期服饰文化从西汉早期的多元格局、历经西汉中期的趋同化发展再到西汉晚期及东汉时期稳定化发展的“三段式”演进模式。这实际上也是从服饰文化的视角对中华文明多元一体格局在秦汉时期真正形成进行的深入阐释。

其五，基于上述各方面的分析和考察，初步厘清了汉服（狭义上专指汉代服饰）以东周时期深衣的样式为基础到西汉中期形成具有统一风格和全新服饰面貌的汉服的形成过程，勾画出了东周秦汉近千年间服饰文化的演进轨迹，从考古学上揭示了“汉服的形成”及其社会历史和文化动因。王方在书中指出，“汉服的形成和发展一直是在不断交流中兼容并蓄各种服饰元素实现着自身的巩固、完善和发展”，“汉服已非单纯的服饰类型或是对某些具有共同款式特征的服饰类型的统称，而是汉家礼仪的重要内容，成为汉文化的重要标识”，并且“奠定了华夏服饰体系的形态基础”。这些理论性概括，在大力弘扬中华优秀传统文化、“汉服热”持续高涨的今天，对于科学理解和认识“汉服”以及华夏服饰体系，具有重要的文化意义。

其六，关于服饰文化和服饰考古的理论思考和探讨。基于东周秦汉服饰考古学研究的实践，该书对服饰文化的有关理论问题进行了探讨，如服饰的产生和发展与自然环境、社会生产力、社会经济形态、思想意识、审美观念、宗教信仰、社会发展阶段以及不同时代的政治文化格局等的内在联系等；与此同时，就服饰考古的若干基本问题进行了理论思考和阐述，如服饰考古的学科定位、研究路径、基本任务和最终目标，服饰考古材料的科学性和局限性问题，服饰考古与服饰史研究的异同及相互关系等。凡此种种思考及其认识，尽管大都是初步的，还需要不断深化和完善，但它们都是作者在研究实践中的切身体会和感悟，有些是颇有见地的，对于今后的服饰文化研究和服饰考古及其学科建设，都具有积极的借鉴和启发意义。

要之，《汉服的形成》无论是考古材料以及文献史料的收集、梳理和解读，还是基于考古资料和考古学方法并与文献史料有机结合的研究思路、研究方法、研究范式和阐释逻辑，无论是各种类型服饰样貌的复原还是服饰体系的构建、服饰文化的解构乃至有关服饰文化研究和服饰考古的理论思考和探讨，都取得了积极的成果，对“汉服的形成”做出了初步的考古学回答和书写。这既是东周秦汉服饰研究的最新成果，也是服饰考古学研究的一部力作。

当然，该书毕竟是东周秦汉服饰考古的阶段性成果，囿于考古资料以及作者精力和积累的局限等，从服饰考古的总体要求来说，书中也还多有缺憾。譬如，将考古资料与文献史料尤其是出土文献资料相结合的名物考证作为服饰物质形态研究的基础作业之一，有待进一步加强；以服饰的物质形态研究为基础，服饰之精神属性和精神内涵的研究需要进一步拓展和深化；坚持以考古资料和考古学方法为本研究服饰的同时，将服饰考古成果融入或服务于整体的考古学研究需要更多地思考和实践；对服饰之“时代性”和“统一性”进行归纳总结和宏观叙述的同时，对其地域性、季节性、职业性、应用场景和阶层差异等给予足够的关注也是必要的。很显然，东周秦汉服饰的考古学研究还有大量的工作要做，尤其需要更多的考古发现、更广阔的学术视野和更深入细致的研究。但无论如何，《汉服的形成》标志着王方在服饰考古上已经迈出了坚实的一步，并且初步形成了具有自身特色的研究范式，只要沿着这条路子持之以恒地走下去，取得新的学术成果、做出新的学术贡献，未来可期。

就服饰考古而言，它作为现代考古学一个新兴的研究领域，在学科建设上既需要理论的探索，更需要研究的实践。因为，实践是学科建设的基础，实践是理论创新的唯一源泉。或许有学者认为服饰考古只不过是古代物质文化研究——这当然是一种误解；在有的学者看来，服饰考古不是什么宏大叙事而仅仅是形而下的“小学”而已，但服饰及服饰文化研究在人类文明史研究中具有不可或缺的一席之地也是毫无疑问的，尤其是在全面解构中华文明多元一体格局、大力弘扬中华优秀传统文化的今天，其学术意义和现实意义更是显而易见。令人欣喜的是，已有不少中青年学者加入到了服饰考古的研究队伍中来，如2015年和2016年分别出版的徐蕊同志和郑春颖同志的博士论文《汉代服饰的考古学研究》和《高句丽服饰研究》，都是古代服饰断代考古研究的佳作，显示出服饰考古充满了活力，具有广阔的学术和文化前景。我深信，服饰考古必将在中华服饰文化乃至中华文明史研究中书写浓墨重彩的篇章。

是为序。

白云翔

2023年新春于燕京陋室

目　　录

插图目录

插表目录

第一章　绪　　论

第一节　研究课题的提出

“衣食住行”是与人类休戚相关的基本生活内容，作为人类有别于动物的基本生存条件之一，衣生活是居于首位的，在人类社会生活中扮演着重要角色。而作为衣生活的物质载体，服饰的产生、存在、发展都与人类及人类社会发生着密切的关系。服饰的产生是自然环境和人类社会共同作用的结果，服饰的存在和发展也无时不受到来自自然环境、经济条件、社会习俗、审美观念等方面的影响和制约。因此，服饰不仅能够反映自然环境的相关情况，更能够反映出人类社会的方方面面；不仅能够反映人类社会物质生活的发展水平，还能够反映出人类社会精神生活和社会制度的发展状况。

服饰的发展历程与人类社会和人类文明相生相长。从“衣禽兽之皮”到“冠冕之盛”，再到今天不断更新的时装，漫长的服饰发展历程从一个侧面反映出人类社会的发展进程。因此，服饰对揭示人类文明发展的轨迹、认识人类社会发展的规律都有着重要意义。“茹毛饮血”时代，原始服饰文化已经出现。那时的服饰取材于兽皮或者植物纤维，为人类遮身蔽体，满足了人类护体和取暖的基本需求。旧石器时代的山顶洞、小孤山、水洞沟、柿子滩等遗址发现有服饰的制作工具（骨针、骨锥）。进入新石器时代，原始先民已懂得“治其丝麻，以为布帛”。许多遗址出土有纺轮；三门峡庙底沟、华县泉护村出土陶器上发现有麻布纹痕迹；吴县草鞋山遗址发现有纬线起花的罗纹葛布残片；吴江梅堰良渚文化遗址出土的黑陶器上发现有蚕纹；吴兴钱山漾良渚文化遗址则发现了我国最早的丝织物残片。考古发现与研究表明，新石器时代已经出现有丝麻衣物，这是古代纺织技术发展和推动的结果。进入文明社会，服饰不仅在质料方面向多样化发展，还被赋予了象征意义。藁城台西商代遗址出土有蚕丝织成的纨和沙罗类织品；北京刘家河商墓青铜器上发现有平纹麻布痕迹；甲骨文中也有许多与桑、蚕、丝、帛等相关的文字，据胡厚宣先生统计，仅

“丝”字就有三种字体，总共100字[①]。与此同时，服饰还被用以区分人的身份和等级。商代等级较高的女性束发插笄，身份较低的女奴则只能梳发辫[②]；中上层贵族可以穿长袖短衣，质料考究、纹样繁杂，中下层平民则只能穿窄袖长衣，质料简陋、素面无纹饰。至周代，服饰等级制度更为完备，王之吉服有“大裘冕”“衮冕”“鷩冕”“毳冕”“絺冕”“玄冕”[③]，形成等级有序的六冕制度。这时，服饰开始与权力直接挂钩，成为服务于阶级统治的工具，被打上了深深的阶级烙印。正如格罗塞所言：“在较高的文明阶段里，身体装饰已经没有它那原始的意义。但另外尽了一个范围较广也较重要的职务：那就是担任区分各种不同的地位和阶级。”[④]凡此种种，我们看到服饰物质形态的多样化发展以及象征意义的不断拓展，这是人类社会生产力发展和阶级出现的产物。

东周秦汉时期正处于我国的第三个社会转型期，中国古代社会从此由“王国时代”迈入“帝国时代”[⑤]。这一时期，王国时代建立的一整套社会秩序和礼仪制度迅速瓦解，多民族统一的中央集权帝国开始建立，统一的文化面貌逐步形成。与之相伴随的是社会经济和社会文化的迅速发展以及文化交流的频繁展开。这些对当时的服饰面貌与服饰文化均产生了深远的影响，服饰作为社会发展的产物和文明发展阶段的体现对此也有着深刻的反映。在此影响下，具有统一服饰面貌及基本形制特点的服饰传统开始形成，新的服饰制度逐渐完备。在与其他服饰传统的不断交往中，统一深厚的服饰文化稳固发展，并成为汉民族文化的重要组成部分。至此，服饰具有了物质的、精神的、民族的三重内涵，东周秦汉时期也成为中国古代服饰发展史上的重要转折期。因此，揭示东周秦汉时期的服饰基本面貌，探讨东周秦汉时期服饰的承继关系，并在此基础上分析汉服的来源、形成、巩固和发展对于认识中国早期服饰面貌、把握中国古代服饰发展演进

---

① 胡厚宣：《殷代的蚕桑和丝织》，《文物》1972年第11期。

② 杜勇：《甲骨文所见商代的服饰》，《中原文物》1990年第3期。

③ （清）阮元校刻：《周礼·司服》，《十三经注疏》，中华书局，2009年，第1686页。

④ 〔德〕格罗塞著，蔡慕晖译：《艺术的起源》，商务印书馆，2008年，第81页。

⑤ 白云翔先生提出的“三大变革”分别是指“氏族公社革命”“王国革命”“帝国革命”；“四大时代”是指“原始群与血缘公社时代”“氏族公社时代”“王国时代”“帝国时代”。见白云翔：《中国古代社会发展阶段论纲》，《东方考古》（第1集），科学出版社，2004年，第290～299页。

规律具有重要意义。

作为一项专题研究，服饰吸引着来自考古学、历史学、文献学、服装学、纺织学、人类学、民族学、社会学、心理学等各方学者的浓厚兴趣，这些学科积累起来的丰硕成果为服饰研究的纵深发展奠定了坚实基础。就中国古代服饰研究而言，服饰史研究一直是长期以来的主要研究路径，丰富的古代文献为服饰史研究的持续开展提供了丰富的研究资料。然而，我们需要看到，尽管服饰史研究取得了令人瞩目的成果，但有关古代服饰的关键性问题长期难以得到深入，对早期服饰的系统研究也关注甚少。究其原因，可总结为以下几点。其一，由于古代文献用字简略，后学又注疏不详，以致于文献间相互抵牾、以讹传讹。其二，传统的服饰史研究虽也引用考古材料，但考古材料相对孤立、不够完整，对考古材料的分析也缺乏考古学的思维和方法，以致考古材料的价值难以的得到科学挖掘。其三，在研究视角上，服饰通史性质的研究较多，专题性研究较少，不够系统深入。有鉴于此，在全面收集和梳理考古材料的基础上，开展服饰的考古学研究就显得尤为迫切了。服饰的考古学研究具有自身的特点和优势，从考古材料出发，以考古学思维和文化视角观察和分析问题，必将推动中国古代服饰研究向纵深发展。东周秦汉服饰的考古学研究正是以时段为经展开的系统深入的考古学研究，具有重大的理论和现实意义。

作为人类社会的物质遗存和文化载体，服饰是考古学的重要研究对象，服饰考古是考古学尤其是历史时期考古学研究的基本领域之一。东周秦汉时期服饰的类型学研究、区系文化类型研究不仅是东周秦汉时期物质文化研究的主要内容，而且对东周秦汉时期的政治文化制度、意识形态、审美观念、社会生活等方面的研究也有着重要的借鉴意义，对深入揭示该时期的社会发展状况和历史演进也有一定的参考价值。而这些都是历史时期考古学的主要研究任务和未来研究方向。同样地，服饰的考古学研究对服饰史研究也有着积极意义。考古遗存中的大量有关服饰形象的壁画、雕塑、文字记录，乃至服饰实物都是服饰研究的基本依据。现代考古学的技术和方法可以帮助我们全面的占有服饰材料、有效的梳理服饰材料。逐渐成熟的考古学理论有助于我们对服饰文化及其现象和规律的认识和分析。总之，服饰的考古学研究，是现代考古学理论、方法、技术在服饰研究领域的一次全面实践。这项实践可以有效地弥补传统服饰研究中存在的诸多不足，对考古学研究和服饰研究都有着重大的理论意义。

服饰文化是中华优秀传统文化的重要组成部分，具有典型的文化连续性、传承性、包容性、创新性等特征。今天，中华民族正处于文化复兴的伟大时代，在我国综合实力不断提高、国际影响力不断扩大的时代背景下，汉服已经成为中华民族的一张文化名片在世界文化之林大放异彩，成为全世界华人的精神纽带。日本、韩国等很多国家也都将自己的传统服饰作为民族形象的代言。因此，汉服作为中华民族传统服饰的象征，对展现中华民族的时代形象、彰显中华文明的深厚底蕴、增强民族凝聚力、推进中国特色社会主义文化建设、建设中华民族现代文明有着积极深远的意义。此外，服饰作为古代服饰陈列的基本内容和古代人类社会的重要组成部分，对其全面系统的研究有助于科学理性的展示古代服饰面貌，准确形象的活化古代历史图景，其现实意义自然无须多言。

第二节　东周秦汉服饰研究简史

以服饰为主的衣生活是人类社会生活的重要组成部分，因此，古代服饰一直是古今中外学者长期关注的课题，考古学、历史学、文献学、服装学、纺织学、人类学、民族学、社会学、心理学等学科均涉及对古代服饰的研究，积累了丰富的研究成果。可以说，多学科交叉、多视角观察是中国古代服饰研究的基本特点，本书着重于回顾和总结服饰考古学研究的发展历程和主要成果。

服饰历来是中国古代文献关注的重要方面，经学著作、二十四史之《舆服志》《礼仪志》、政书方志以及文人笔记小说、诗词歌赋等均保留了大量有关服饰的描述和记载。在近代考古学传入中国以前，古代文献资料一直是我们了解古代服饰面貌的主要途径。20世纪前半叶，随着近代考古学的传入以及大量与服饰相关的出土资料不断发现，考古材料逐渐成为古代服饰研究的主要来源。尽管如此，古代文献仍然对古代服饰研究有着重要的意义，与考古材料一起成为古代服饰研究的“左膀右臂”，对古代服饰研究产生的深远影响是不言而喻的。有鉴于此，这里对有关东周秦汉服饰的文献记载略作梳理。

先秦两汉文献典籍中，有关服饰的记录屡见不鲜。但这些记录大部分是对当时服饰制度的著述或对之前服饰及服饰制度的解说，很难称为研究，并且前后解说常有相互矛盾抵牾之处。尽管如此，这些记载为了解当时的服饰面貌提供了重要线索，并且至今仍为许多服饰研究的重要参考，尤其是有关服装名称的记载成为了解当时服饰名物制度的主要资料。结合文献的性质和内容，大致可以将这些文献分为以下几个方面。

第一，舆服制度。在中国古代礼法社会，舆服制度是国家礼仪制度的重要内容，于是，有关服饰制度的记述不绝于古代文献。涉及服饰制度的经学和史学著作是东周秦汉服饰研究的主要来源，这部分文献内容体量较大、著述相对系统。综合来看，年代最早、服饰内容最集中的文献当为《仪礼》《礼记》《周礼》以及后代对它们的注疏。例如，《仪礼》中关于冠、丧服、祭服等不同礼仪场合的冠服制度。与之相关的也见于《礼记》中的《深衣》《玉藻》《王制》《内则》《曲礼》《丧服》等篇目，其中《深衣》《玉藻》《王制》三篇用大量篇幅论述了先秦时期的重要服制——“深衣”以及用玉制度。《周礼》中则涉及部分与服饰生产管理相关的职官，其中以《考工记》记录最详。此外，《周易》《尚书》《左传》以及诸子经典如《论语》《庄子》《吕氏春秋》等都或多或少的涉及有关先秦时期的服饰内容。例如，《周易·系辞》中被广泛引用的：“黄帝尧舜，垂衣裳而天下治”[①]，常被用于论证服饰及服饰制度的起源问题；《尚书·益稷》载：“日月星辰山龙华虫作绘，宗彝藻火粉米黼黻絺绣”[②]，可见上古时期已见十二章纹。秦汉时期的正史、杂史等文献都有专篇对当时舆服典章制度的归纳和总结，其中，记录秦汉时期服制的重要文献有《续汉书·舆服志》《东观汉记》《春秋繁露》《白虎通义》《独断》《汉官仪》《西京杂记》《秦会要》《西汉会要》《东汉会要》等。

第二，服饰名谓。有关服饰的名谓和解释集中记录在训诂、辞书类文献中。秦汉时期的重要辞书中很多都以“服饰”“衣部”“舆服”等分类，详细介绍和注释了各类服饰的类型、名称、形制。这些辞书类著作是了解古代服饰形制的重要参考文献，其中被广为征引的莫过于两汉时期的《急就篇》《释名》和《说文解字》。

第三，其他有关服饰风貌的记录。这部分服饰记录常散见于诗歌、辞赋、杂记等各种文学作品中，它们本身并非对服饰的专篇论述，材料相对零散、孤立，常涉及服饰名称、形态、色彩、纹饰等方面的描述。尽管这些材料涉及的服饰著录并不完整，但就描写对象而言，文学作品多来自于民间、抒意民风，因此大部分服饰也可以视为中下层服饰面貌的直接反

---

① （清）阮元校刻：《周易·系辞下》，《十三经注疏》，中华书局，2009年，第180页。

② （清）阮元校刻：《尚书·益稷》，《十三经注疏》，中华书局，2009年，第297页。

映，是服饰研究的重要参考。例如，《诗经》《楚辞》《全汉赋》中有关服饰的大部分描写已经成为早期服饰研究的重要文献来源之一。

第四，服饰图录。图录是在汇总前代文献的基础上，对前代文献涉及的相关服饰辅以插图进行描述和注释。服饰图录的出现弥补了长期以来对服饰文字描述的含混和模糊，古代服饰面貌得以形象直观地呈现出来，直接推动了后来的服饰研究。以这种方式介绍服饰的情况始于公元10世纪的北宋时期，其中以聂崇义考订的《三礼图》影响最大。虽然这类文献时代较晚，但服饰图录是在对前代文献著录充分理解吸收的基础上所做的汇总和图解，因此，对后学了解东周秦汉时期的服饰面貌具有一定参考价值。

清代是中国古代训诂学与考据学的鼎盛时期。这一时期，大量的经史学家致力于对古代文献的系统考证，对古代服饰的考证也开始于这波学术浪潮下。由于这一时期对服饰的考辨主要取材于古代文献，因此难免发生文献互释的情况。但应当指出的是，正是在这样旁征博引的深入考辨中，长期隐藏在古代文献中的若干问题首次被提出并引起后来学者的广泛关注。经过详细的考辨，许多古文献记载的谬误得以澄清，同时又有新的问题引起了长期的争论。其中，有关古代“深衣”的个案研究争论最多、影响最大。最具代表性的著作有黄宗羲的《深衣考》[①]，江永的《乡党图考》《深衣考误》[②]，任大椿的《深衣释例》[③]等。这几部著作对有关“深衣”的形制进行了详细考辨，江永更有“深衣”的详细图解以示深衣不同部位的剪裁方式和尺寸，更正了之前朱熹、陈祥道等人所绘深衣图中的若干谬误。任大椿在《深衣释例》中广征古代文献中所见各种有关“深衣”的记载，全面系统的阐释了有关“深衣”功能、形制、与其他服饰类型的关系等方面的问题。此外，关于礼服专论则有焦廷琥的《冕服考》、张惠言的《冕弁冠服图》、任大椿的《弁服释例》、宋绵初的《释服》、雷鐏的《古经服纬》、凌曙的《仪礼礼服通释》、黄世发的《群经冠服图考》、恽敬的《大云山房十二章图说》等。

---

① （清）黄宗羲：《深衣考》，《影印文渊阁四库全书》经部127，台湾商务印书馆，1986年。

② （清）江永：《深衣考误》卷一，《清经解》，凤凰出版社，2005年，第1936～1941页；（清）江永：《乡党图考》卷六，《清经解》，凤凰出版社，2005年，第2056～2076页。

③ （清）任大椿：《深衣释例》卷三十四，《清经解续编》，凤凰出版社，2005年，第953～968页。

与之前单纯的古代文献记载相比，清代以来的服饰文献记载更加系统，同时，在服饰的考据训诂实践中运用了类似演绎和归纳的分析方法。这些方法对后世的服饰研究影响尤甚，后来王国维的《胡服考》即是在这一服饰考据之风影响下的杰作[①]。从这一层面来说，清代学者的服饰考辨工作已经不再局限于文献记载的范畴，而是初具服饰研究的雏形，并为后来真正意义上的服饰研究奠定了基础。

服饰的考古学研究是在古代文献的大量积累和近代考古学兴起的双重影响下发生和发展的，以考古材料和考古学方法在服饰研究中的应用为基本特征。需要特别说明的是，随着考古资料的不断积累，纺织品发现不断增多，逐渐形成立足于纺织品本身的纺织考古学，这部分资料与服饰考古时有交叉，但囿于研究范围和研究宗旨的不同，两者并不等同，因此以下的学术史梳理并不包括纺织考古的相关研究成果。结合考古材料和考古学研究方法两方面的特点，可以将东周秦汉服饰的考古学研究历程大致分为以下三个阶段。

第一阶段：考古资料的发现与初步探索阶段（20世纪初～20世纪50年代）。

20世纪初期，以斯坦因为代表的西方探险家在我国西部地区开展考古调查和发掘，在尼雅、楼兰古城等遗址发现有汉晋时期的丝、麻、毛、棉等纺织品，在米兰佛寺、敦煌千佛洞等遗址发现有大量的雕塑和绘画，成为研究中国服饰的最早一批资料。此后1924年，苏联科兹罗夫发掘了蒙古诺音乌拉匈奴墓，也收获了很多绢麻布。1925年，朝鲜乐浪王盱墓也出土有若干绢片。除服饰实物外，嘉祥武梁祠发现的画像石以及日本人在中国东北地区发掘的汉晋壁画也为服饰研究提供了最早的间接资料。这批资料首先进入国外学者的研究视野，日本考古学家原田淑人在20世纪20年代发表的《西域壁画中所见的服饰》以及《唐代的服饰》两文中即使用了这批材料[②]，其后又于1937年完成了《汉六朝的服饰》，常任侠等在1988年将

---

① 王国维：《胡服考》，《观堂集林》卷第二十二，中华书局，1959年。

② 〔日〕原田淑人：《西域発見の絵画に見えたる服飾の研究》，東洋文庫発行，1926年；〔日〕原田淑人：《西域绘画所见服装的研究》，《美术研究》1958年第1期；〔日〕原田淑人：《中国唐代的服装》，《美术研究》1958年第1期。

这三部论著结集翻译出版[①]。

20世纪20年代，伴随着近代考古学的传入，中国早期学者的考古发掘与调查工作也随即展开，在这些工作中也发现有着衣人物形象的考古资料，其中20世纪40年代彭山汉墓出土的大量陶俑就是其中最典型的资料之一。曾昭燏先生最早关注到这批资料的服饰研究价值，并在此基础上结合文献资料对汉代男女及儿童的服饰进行了综合研究[②]，成为我国学者利用考古资料开展服饰研究的最早实践。此外，曾昭燏先生还根据古代文献对周代至汉代的首饰制度进行了综合研究[③]。这一时期，与服饰相关的考古资料发现虽然十分有限，围绕这些资料开展的服饰研究也尚处于起步阶段，但这些研究实践是真正从出土实物出发展开的服饰研究。该研究不仅强调了考古材料在服饰研究中发挥的主要作用，也尝试性地运用了文献与考古材料互证的研究方法，这些研究方法和宝贵经验为以后服饰的考古学研究开辟了道路。

第二阶段：考古资料的积累与服饰史视野下的研究阶段（20世纪50年代~20世纪末21世纪初）。

1949年中华人民共和国成立后，随着全国各地考古发掘工作的陆续展开，大量有关东周秦汉时期服饰形象的考古资料相继出土，为传统的服饰研究注入了强大动力。服饰考古材料的大量出现，直接推动了服饰考古学研究的形成和发展。在这些考古发掘中，几批集中的有关服饰形象资料的考古发现引起了服饰研究者和考古学者的浓厚兴趣，主要包括：荆州马山M1出土的大量战国时期的服饰实物，秦始皇陵兵马俑坑出土的3000余件兵马俑，长沙马王堆汉墓出土的大量服饰实物，西安地区西汉帝陵陪葬墓、从葬坑出土的陶俑，徐州地区汉墓出土的陶俑，云南晋宁石寨山、李家山等地连续数次出土的大量服饰形制清晰的青铜人物形象，新疆地区汉

---

① 〔日〕原田淑人著，常任侠、郭淑芬、苏兆祥译：《中国服装史研究》，黄山书社，1988年。

② 四川彭山汉墓的考古发掘工作是在1941~1942年，发掘完毕后，曾昭燏先生即开始着手整理陶俑部分，在整理过程中对汉代服饰产生一些认识并于1946年撰写成文，但未及发表。1982年发表于《南京博物院集刊》第5集，后经他人增补，收录于《南京博物院学人丛书——曾昭燏文集》（考古卷）。见曾昭燏：《从彭山陶俑中所见的汉代服饰》，《南京博物院学人丛书——曾昭燏文集》（考古卷），文物出版社，2009年，第38~67页。

③ 曾昭燏：《论周至汉之首饰制度》，《南京博物院学人丛书——曾昭燏文集》（博物馆卷），文物出版社，2009年，第268~290页。

晋时期墓地出土的大量服饰实物等。1959年，这些资料最早为美术设计工作者所关注，图像汇集成册，用于舞台剧服饰创作参考，最典型的就是张末元的《汉代服饰参考资料》[①]。考古发掘出土的服饰资料有着明确的层位和共存关系，这些都为判定服饰资料的年代提供了准确的依据。考古资料呈现出来的直观面貌更为直接了解东周秦汉服饰形象奠定了基础。

在这样的有利条件下，众多历史学者和文物研究者开始有意识地将考古与文献材料相结合，围绕中国历代服饰的形制与发展问题展开相关研究，而这时东周秦汉时期服饰一般只是作为其中一个章节来展开。由于研究视角的差异，当时考古与文献互证的研究实践中实际上又存在有两种研究取向。

一种是从考古材料出发，将文献史料和考古资料相结合的服饰研究实践，即名物研究。沈从文先生的《中国古代服饰研究》即是这一种研究取向的典型代表和集大成之作[②]，它“是第一部系统研究中国古代服饰的大型学术专著，数次再版，为中国古代物质文化研究开辟出一个全新的研究领域”[③]，开创了古代服饰研究的新路径。全书以25万字、300余幅清晰插图的鸿篇巨制详细介绍了自旧石器时代至清末的主要服饰资料，全面分析了中国古代的服饰面貌及服饰发展状况。专著虽形似“札记”，各篇之间彼此独立、没有统一的体例和连贯的理论体系，但每项研究都“从大量的具体的历史实物出发，进行先是个别的、然后是比较的研究，终于得到了某些带有规律性的认识”，这本书的最大特点就是“它所体现的唯物的、从实际出发的精神”[④]。在这部论著中，既有古代文献与考古材料的结合，也有传世画像与出土实物的结合。其中，东周秦汉时期的服饰研究是全书论述最系统、最深入的一部分，对东周秦汉时期的服饰形制提出了许多新见解、新认识。例如，关于文献记载的“衿”，传统的认识是将“衿”解释为“衣领”，沈从文先生结合图像资料，明确指出“衿”当解释为“衣襟”，证明了《方言》所说的“绕衿谓之帬”的正确含义。作为东周时期的重要服饰，沈从文先生对深衣形制中的关键部位——“衽”

---

① 张末元：《汉代服饰参考资料》，人民美术出版社，1960年。

② 沈从文：《中国古代服饰研究》，商务印书馆香港分馆，1981年。

③ 王方：《文史通识的中国古代服饰研究奠基者——沈从文先生学术小传》，《国博名家丛书·沈从文卷》，北京时代华文书局，2022年。

④ 黄裳：《沈从文和他的新书——读〈中国古代服饰研究〉》，《读书》1982年第11期。

也有一番精辟的见解。他在分析江陵马山M1出土的“大袖式”长衣的结构和形态时，注意到上衣、下裳、袖腋三交界缝隙间的“嵌片”，他结合文献明确指出，这个“（嵌片）便是古深衣制度中百注难得其解的‘衽’”。我们可以看到，这时期很多新见解的提出与当时丰富的考古发现是分不开的。在沈先生的服饰研究实践中，虽没有系统论述有关考古学材料和其他材料的局限性及运用方法问题，但这种思想始终贯穿于通篇的研究。例如，他注意到图像反映出的有关信息有时并非历史的真实情况，对服饰流行时间的分析要结合出土文物的性质及年代下限等。虽然这时的研究还不是真正意义上的服饰考古研究，但这些认识和研究思路都为以后的服饰考古研究打下了坚实基础。需要指出的是，沈从文先生的研究虽然立足于考古资料，但最终仍然力图呈现出中国服饰史的发展线索，是以构建中国古代服饰史为学术宗旨，因此仍属于服饰史视野下的研究阶段。

另一种是从服饰史视角出发，主要依据古代文献的记载对历代服饰之面貌进行总体建构，具有综述性质，以传统的服饰研究手段为主，其间辅助以考古材料的“对证”。类似的研究成果十分丰富。其中，比较有代表性的是周锡保的《中国古代服饰史》①，王维堤的《衣冠古国——中国服饰文化》②，黄能福、陈娟娟、钟漫天主编的《中国服饰史》③，陈高华、徐吉军主编的《中国服饰通史》④等。另外，还有断代史著作中对东周秦汉时期服饰的特别关注，如吕思勉《先秦史》《秦汉史》中对服饰的特别论述⑤、林剑鸣《秦汉史》中的服饰专论⑥、《秦汉文化史》《中国秦汉习俗史》《中华文明史》中的秦汉服饰风俗部分等⑦。此外，也有文化学者对服饰名词的梳理编撰，最典型的即周汛、高春明的《中国衣冠服

---

① 周锡保：《中国古代服饰史》，中国戏剧出版社，1984年。

② 王维堤：《衣冠古国——中国服饰文化》，上海古籍出版社，1991年。

③ 黄能福、陈娟娟、钟漫天：《中国服饰史》，文化艺术出版社，1998年。

④ 陈高华、徐吉军：《中国服饰通史》，宁波出版社，2002年。

⑤ 吕思勉：《先秦史》，上海古籍出版社，1982年；吕思勉：《秦汉史》，上海古籍出版社，1983年。

⑥ 林剑鸣：《秦汉史》，上海人民出版社，2003年。

⑦ 韩养民：《秦汉文化史》，陕西人民教育出版社，1986年；岳庆平：《中国秦汉习俗史》，人民出版社，1994年；张传玺：《中华文明史》（第二卷），北京大学出版社，2006年。

饰大辞典》[①]。

在沈从文《中国古代服饰研究》的基础上，东周秦汉时期的服饰研究在20世纪80年代以后蓬勃开展起来。这一时期的大部分研究是围绕东周秦汉时期的服饰考古发现展开的个案研究。从20世纪80年代开始，孙机先生综合俑、绘画、玉器、铜器纹饰、画像等考古材料，陆续对深衣、佩饰、军装、冠式、玉佩等问题展开了一系列名物研究，得出了很多令人信服的实证性结论[②]。其后，孙机先生又对汉代服饰进行分类研究，为全面了解汉代服饰的形制与名物问题奠定了基础[③]。孙机先生的研究均是针对不同时段、不同类别的服饰有选择地展开，既有典型性，又有连续性，为后来学者开辟了一条示范性的研究路径。与此同时，彭浩先生又综合两湖地区的服饰实物与纺织品发现对楚地服饰进行了专门研究[④]。该项研究是集中针对一个区域服饰及服饰文化的综合研究，视角独特，开辟了区域服饰研究的新道路。

将考古与文献材料相互印证、相互对照研究服饰及服饰文化成为这一阶段的主要特点。这一阶段的研究视角可以归纳为两个方面：一是对服饰自身的研究，主要涉及对服饰的形制与名物的考察。二是对服饰文化的研究，通过对集中出土的考古材料的分析，归纳总结区域服饰文化的主要特点，并在此基础上形成对族属、区域文化等问题的一些认识。综合不同时段的研究成果，可以大致归纳为以下几方面的内容。

第一，东周时期服饰研究的新进展。20世纪50年代以来，随着两湖地区陆续出土的大量着衣形象木俑以及江陵马山M1出土的衣物实物，在“深衣”研究继续扩展的基础上大致廓清了楚服的基本面貌。孙机先生对“深衣”的考察摆脱了清代及以前的学者单凭文献解释深衣的窠臼，结合考古出土的楚服全面探讨了有关深衣的形制和源流问题。以后，王㐨先生又对深衣的关键部位“衽”作了补充研究[⑤]。作为东周时期的重要服饰形态，究明深衣的基本形制及相关问题对全面了解东周时期的服饰面貌以

① 周汛、高春明：《中国衣冠服饰大辞典》，上海辞书出版社，1996年。其后两位作者在21世纪初又有类似体例的著作问世，如《中国服饰名物考》《中国历代服饰艺术》等。

② 孙机：《中国古舆服论丛》（增订本），文物出版社，2001年。

③ 孙机：《汉代物质文化资料图说》（增订本），上海古籍出版社，2008年。

④ 彭浩：《楚人的纺织与服饰》，湖北教育出版社，1996年。

⑤ 王㐨：《深衣释衽——江陵马山一号楚墓出土遗物的启示》，《第五届国际服饰学术会议》论文集（《国际服饰学会志》第4号），东京，1986年，第39～43页。

及东周秦汉服饰的关系意义重大，这也正是历代学者对其长期关注的原因所在。深衣研究的深入和扩展是东周秦汉服饰研究领域取得的重大突破。结合江陵马山M1出土的服饰实物及楚墓出土木俑，很多学者总结了楚地服饰分类、款式、质地以及与服饰相关的佩饰、化妆、冠式、发式等方面的问题[①]。还有学者结合楚墓出土的与服饰相关的器物和文字资料对楚服的名称、色彩、服饰习俗等方面的问题展开讨论[②]。另有一些学者在此基础上对楚服的等级、文化交流提出了一些初步认识[③]。此外，也有部分学者结合东周时期其他地区出土的零散资料，概述了整个东周时期的服饰面貌[④]。

第二，秦汉军戎服饰研究的展开。随着秦始皇陵兵马俑、杨家湾汉墓兵马俑、狮子山楚王陵兵马俑等军吏武士俑的大规模出土，军戎服饰迅速成为秦汉时期服饰的研究热点。军戎服饰研究大部分是根据服饰形象展开的个案考察[⑤]，其考察内容涉及军士的冠式[⑥]、发式[⑦]、军服种类与形

---

① 熊传新：《长沙出土楚服饰浅析》，《湖南考古辑刊》（第2集），岳麓书社，1984年；姚伟钧：《简论楚服》，《江汉论坛》1986年第11期；裴明相：《楚人服饰考》，《楚文化觅踪》，中州古籍出版社，1986年，第46～53页；刘信芳：《楚人化妆与服饰艺术例说》，《东南文化》1992年第5期。

② 刘信芳：《曾侯乙墓衣箱礼俗试探》，《考古》1992年第10期；胡雅丽：《包山楚简服饰资料研究》，《文物考古文集》，武汉大学出版社，1997年，第250～257页。

③ 王从礼：《从考古资料谈楚国服饰》，《文博》1992年第2期。

④ 彭景荣：《先秦服饰文化论纲》，《中原文物》1993年第4期；宋镇豪：《从出土文物看春秋战国时代的服饰》（上、下），《文物天地》1996年第1、2期；宋镇豪：《春秋战国时期的服饰》，《中原文物》1996年第2期。

⑤ 袁仲一：《秦始皇陵兵马俑研究》，文物出版社，1990年。

⑥ 王玉龙、程学华：《秦始皇陵发现的俑发冠初论》，《文博》1990年第5期；李秀珍：《秦汉武冠初探》，《文博》1990年第5期。

⑦ 林剑鸣：《秦俑发式和阴阳五行》，《文博》1984年第3期；王玉清：《秦俑的发髻》，《文博》1985年第4期；刘林：《秦俑的发式与头饰》，《文博》1992年第2期。

制[①]、服饰配备[②]、军服色彩[③]、战袍铠甲[④]等方面。以上这些研究大部分是在考古材料的基础上展开的，涉及面广，一定程度上具有专题研究的性质，但大部分研究还止步于考古形象的描述，鲜与文献记载结合。还有少部分研究是结合文献记载对军戎服饰的名物考证，最具代表性的就是对军戎服饰中“鹖尾冠”和“徽识”的考实[⑤]。孙机先生结合考古实物与文献记载，系统考证了军服中“徽识”的功能、适用人群、类型及其等级，推动着军戎服饰的个案研究向纵深发展。

第三，两汉时期的服饰研究与服饰文化探索。两汉时期的服饰研究基本上是围绕服饰考古资料的出土地点展开的，具体有三方面的研究内容。一是对长沙马王堆汉墓出土服饰实物和木俑服饰的概述性分析，主要涉及对汉代服饰种类、形制、款式等方面的考察[⑥]。二是围绕云贵高原出土青铜器上的人物形象对滇地服饰的综合分析，并结合历史背景探讨不同族属

① 王学理：《秦俑军服考》，《考古与文物丛刊第三号——陕西省考古学会第一届年会论文集》，《考古与文物》编辑部，1983年；陈春辉：《秦俑服饰二札》，《文博》1990年第5期；许卫红：《秦陵陶俑军服纽扣初探》，《文博》1990年第5期；蔡革：《浅论西汉前期军队的服饰特征》，《考古与文物》1990年第3期；陈春辉：《秦兵俑上衣的一般情况》，《文博》1993年第5期；杨秉礼、史宇阔、刘晓华：《咸阳杨家湾汉墓兵俑服饰探讨》，《文博》1996年第6期；张涛：《秦代骑兵服饰特点》，《中国文物报》1997年11月30日第4版。

② 李秀珍：《秦俑服饰配备问题试探》，《文博》1994年第6期；许卫红：《秦俑下体防护装备杂探》，《文博》1994年第6期。

③ 王学理：《秦侍卫甲俑的服饰与彩绘》，《考古与文物》1981年第3期。

④ 聂新民：《秦俑铠甲的编缀及秦甲的初步研究》，《文博》1985年第1期；白建钢：《论秦俑军队的铠甲》，《考古与文物》1989年第3期；申茂盛：《浅论秦俑铠甲》，《文博》1990年第5期；刘占成：《秦俑战袍考》，《文博》1990年第5期。

⑤ 沈从文：《战国鹖尾冠被练甲骑士》，《中国古代服饰研究》（增订本），上海世纪出版集团，2005年；孙机：《汉代军服上的徽识》，《中国古舆服论丛》（增订本），文物出版社，2001年。

⑥ 陈国安：《马王堆汉墓出土木俑的服饰》，《中国古代服饰国际学术会议论文集》，湖北，1991年；袁建平：《从马王堆汉墓出土文物看汉初的服饰》，《丝绸史研究》1993年第4期；陈国安：《马王堆一、三号汉墓服饰综述》，《马王堆汉墓研究文集——1992年马王堆汉墓国际学术讨论会论文选》，湖南出版社，1994年，第211～224页。

的服饰类型与相关问题[①]。三是围绕新疆地区出土服饰实物对西域服饰传统的多方位探讨，包括对服饰类型、质料、服饰文化交流方面的考察[②]。此外，还有对某一类人物服饰的专门研究，譬如，沈从文先生在其《中国古代服饰研究》中已经注意到汉代不同身份人物的服饰特点，如武士、侍女、舞女、骑士等人的服饰形象，并对不同身份人物的服饰予以归纳和总结。也有少部分对女子服饰的综合研究，如林淑心的《汉代女子服饰考略》[③]。

可以看到，这一阶段的服饰考古研究正是伴随服饰考古资料的大量出土逐步展开的。在这一阶段，一方面是服饰考古资料的不断积累和整理；另一方面，与考古资料密切结合的个案研究大量出现，涉及内容广、层面多，尤其是文献与考古资料的比对研究不仅有利于明晰当时的服饰名物制度，更重要的是在此基础上对服饰的历史背景有了更为广泛的了解，也为深入了解东周秦汉时期的服饰面貌开辟了道路。

第三阶段：考古学方法的介入与考古学视野下的研究展示阶段（21世纪初～迄今）。

21世纪是服饰考古学研究的纵深发展阶段，所谓的“纵深”体现在考古学方法的介入与研究阐释过程中的考古学视野。在这一阶段，除了服饰考古资料的不断发现补充外，考古学视角不断强化，服饰研究资料得以不断完善，形象更加清晰的图像资料为服饰研究奠定了重要基础。此外，文物保护技术的进步和文化遗产保护传承理念的形成又从侧面推动了服饰考古的发展。在这样的背景下，东周秦汉时期的服饰研究开始探索学科方

① 冯汉骥：《云南晋宁石寨山出土文物的族属问题试探》，《考古》1961年第9期；汪宁生：《晋宁石寨山青铜器图象所见古代民族考》，《考古学报》1979年第4期；胡顺利：《对〈晋宁石寨山青铜器图象所见辫发者民族考〉的一点意见》，《考古》1981年第3期；张增祺：《关于晋宁石寨山青铜器上一组人物形象的族属问题》，《考古与文物》1984年第4期。

② 尚衍斌：《尖顶帽考释》，《喀什师范学院学报（哲学社会科学版）》1991年第1期；梁勇：《新疆古代墓葬所见唐代以前的服饰》，《新疆文物》1992年第1期；尚衍斌：《吐鲁番古代衣饰习尚谈薮》，《喀什师范学院学报（哲学社会科学版）》1992年第2期；尚衍斌：《关于新疆古代衣着质料的初步研究》，《新疆大学学报（哲学社会科学版）》1992年第1期；尚衍斌：《古代西域与北方民族服饰文化的交流》，《甘肃民族研究》1994年第1期；尚衍斌：《外来文化对古代西域服饰的影响》，《喀什师范学院学报（哲学社会科学版）》1996年第1期。

③ 林淑心：《汉代女子服饰考略》，《“国立”历史博物馆馆刊》（台北），1983年第2卷第2期。

法，其中考古学方法的应用实践比较突出，研究更加全面系统，力图构建完整的服饰考古研究体系。

进入21世纪以来，虽然与服饰直接相关的实物资料发现并不集中，但随着重大考古工作的蓬勃开展，与服装相关的壁画和画像石、立体人物形象、出土文献等间接考古发现屡有更新，为东周秦汉服饰研究不断开辟新视野。如2019年以来广汉三星堆再次发现的6个祭祀坑出土的大量青铜器，2005年韩城梁带村、2007年以来翼城大河口、2017～2018年澄城刘家洼等墓地发现的木俑，均为揭示春秋时期乃至商周时期的服饰面貌提供了新线索；20世纪初临淄齐墓出土的几批陶俑、2011年六安白鹭洲墓地出土人形铜灯等为研究东周齐地服饰提供了新资料；2019年临潼秦陵西区大墓、2021年云梦郑家湖墓地等重要考古发现中的服饰相关资料为解读秦地服饰提供了新资料；2002年枣阳九连墩、2006年荆州院墙湾、2006～2007年荆州熊家冢等墓地出土人形玉器则为楚地服饰的深入研究打开了新思路；2006年以来霸陵陵区、2009～2011年盱眙大云山江都王墓、2011年南昌海昏侯墓等等级较高的帝陵及王侯墓葬出土服饰资料为全面解读汉代服饰开辟了新视野；2003年成都老官山汉墓出土的织机模型，则为反映汉代纺织技术水平提供了全新资料。以上这些发现都极大推动了新世纪的服饰考古发展。

除了最新考古发现，20世纪出土的服饰资料也陆续整理发表，考古发掘报告以及高清图录的出版为深入研究提供了必要的资料保障。如《长沙马王堆二、三号汉墓》《长沙楚墓》《长治分水岭东周墓地》《东平后屯汉代壁画墓》《临淄齐墓（第一～三集）》《临淄山王村汉代兵马俑》《徐州北洞山西汉楚王墓》等田野发掘报告的整理出版，还有《中国出土壁画全集》《中国出土玉器全集》《中国出土青铜器全集》《中国织绣全集》等大型专题图录全集的集中出版，使得基于原有服饰材料的研究更加深入和系统，对原有服饰考古材料的重新发掘为深入系统的服饰研究开辟了一片新天地。

在这样的背景下，基于考古学材料和方法的服饰专题研究成为这一阶段服饰研究的主流，研究更专注于对材料进行全面系统的整理，并在此基础上进行综合研究。由于大型图录的不断完备，很多研究专著辅以大量高清图片，图文并茂，展示形象生动，便于读者理解。比较典型的有徐蕊的《汉代服饰的考古学研究》[①]，主要运用考古学方法对汉代服饰进行

① 徐蕊：《汉代服饰的考古学研究》，大象出版社，2016年。

系统研究；李肖冰的《丝绸之路服饰研究》[①]是对西域服饰进行的综合研究；王树金的《马王堆汉墓服饰研究》[②]是对长沙马王堆汉墓出土服饰图文并茂的综合性研究；此外，还有黄能福、陈娟娟、黄钢编写的《服饰中华——中华服饰七千年》[③]，也是兼具图录与综合研究性质的服饰研究专著。

在这一阶段，服饰名物研究也表现出一些新特点。随着对出土文献的大规模整理工作不断展开，部分学者开始尝试利用出土文献研究成果，结合传世文献记载对东周秦汉时期服饰名物制度进行研究，产生了一些新认识，如马怡等学者对连云港地区汉墓出土遣册的一系列考证[④]，郑曙斌对长沙马王堆汉墓遣册的考释[⑤]，以及彭浩等结合北大藏秦简得出的对秦代服饰的新认识[⑥]。

与此同时，随着文化遗产保护热潮的到来，纺织品保护技术、服饰复原技术不断提高，服饰结构和复原研究开始崭露头角。比如包铭新、赵丰团队对新疆地区历年出土衣物的重新调查、系统梳理、典型复原和生动展示[⑦]，为进一步深化西域服饰传统研究打下坚实基础。以张玲为代表的学者从服装结构及剪裁特点出发对留存服饰实物进行研究[⑧]。

---

① 李肖冰：《丝绸之路服饰研究》，新疆人民出版社，2009年。

② 王树金：《马王堆汉墓服饰研究》，中华书局，2018年。

③ 黄能福、陈娟娟、黄钢：《服饰中华——中华服饰七千年》，清华大学出版，2011年。

④ 李若晖：《简帛札记》，《简帛研究》（二〇〇二、二〇〇三），广西师范大学出版社，2005年；马怡：《西郭宝墓衣物疏所见汉代织物考》，《简帛研究》（二〇〇四），广西师范大学出版社，2006年。

⑤ 郑曙斌：《马王堆汉墓遣策所记衣物略考》，《湖南省博物馆馆刊》（第四辑），岳麓书社，2007年。

⑥ 彭浩、张玲：《北京大学藏秦代简牍〈制衣〉的"裙"与"袴"》，《文物》2016年第9期。

⑦ 赵丰、伊弟利斯·阿不都热苏勒：《大漠联珠——环塔克拉玛干丝绸之路服饰文化考察报告》，东华大学出版社，2007年；包铭新：《西域异服——丝绸之路出土古代服饰复原研究》，东华大学出版社，2007年；新疆维吾尔自治区博物馆：《古代西域服饰撷萃》，文物出版社，2010年。

⑧ 张玲：《中国古代服装的结构意识——东周楚服分片结构探究》，《服饰导刊》2013年第3期；张玲：《汉代曲裾袍服的结构特征及剪裁技巧——以马王堆一号汉墓出土的女性服饰为范例》，《服饰导刊》2016年第2期；张玲、彭浩：《湖北江陵凤凰山M168出土西汉"明衣裳"》，《文物》2022年第6期。

可以看到，考古学研究方法在服饰研究中的全面介入，丰富了服饰考古研究体系，并为下一步的服饰考古学研究理论的形成奠定基础。但需要强调的是，相对于数量众多的考古材料以及传统服饰研究的众多成果，服饰的考古学研究起步较晚，研究成果较少，研究力量仍然相对薄弱，其研究广度和深度尚有很大的发展空间。

东周秦汉时期服饰研究的发展历程从一个侧面反映出中国古代服饰研究的发展轨迹。纵观这一发展历程，服饰考古资料的出现与积累从根本上改变了以往的服饰研究传统。服饰研究材料不仅更为充实与多元，更重要的是，考古资料的发现带来了从研究方法到研究视角的全面转变。从最早的以文献释文献，到以考古材料补充文献记载，再到文献与考古材料并重，直到最后主要从考古材料出发并结合文献记载对古代服饰进行系统研究，说明了服饰的考古学研究方法的逐步成熟。此外，考古学材料为服饰研究提供了更准确的服饰面貌和多维的研究视角。我们知道，古代文献中的记载很多是被加工、修饰甚至篡改过的，这些材料构建下的服饰史只是“被阅读的历史”①，是“符号和逻辑的表述”②。唯有服饰以其独立形象出现的时候，我们才更有可能接近它本来的真实。而服饰相关考古资料的埋藏环境、共存关系、器物性质等因素则可以保证这些材料的年代更趋于准确，这也正是服饰考古学研究的优势之一。事实表明，考古材料反映出的古代服饰面貌远比文献记载复杂。譬如，《史记·西南夷列传》记载的滇人服饰为“椎髻左衽”，而从考古资料反映的人物形象看，不仅男女间的服饰和发型有别，同一性别间的服饰发型也存在差异。这反映出服饰的多样性以及服饰文化背后的复杂性。因此，复杂多样的服饰考古材料可以为我们打开更加开阔的研究视角，推动服饰研究继续向纵深发展。

第三节 东周秦汉服饰考古学研究的相关说明

一、研究宗旨、内容与方法

古代服饰研究是一个材料涉及面广、内涵丰富、层面较多，多学科、多专业交叉的研究领域。服饰的考古学研究，既与传统的服饰史、服饰文化研究有着密切的联系，但又有其独特性，有着相对独立的研究路

---

① 施劲松：《从铁器中阅读历史——读〈先秦两汉铁器的考古学研究〉》，《文物》2007年第2期。

② 包铭新：《中国染织服饰史图像导读》，东华大学出版社，2010年，第2页。

径，其研究视角和研究方法是基于考古学的。具体于东周秦汉服饰的考古学研究而言，是在全面占有、系统分析这一时期大量考古材料的基础上，运用考古学的基本研究方法，密切结合文献记载，吸收传统服饰的研究成果，揭示东周秦汉服饰的基本面貌，廓清汉服的形成发展过程，探讨服饰在人类社会发展中的地位和作用。

基于以上的研究宗旨，本项研究主要着眼于以下三个方面的内容：一是关注服饰的物质属性，侧重于服饰本身的研究，包括服饰的类型、款式、质料、色彩、纹饰、名称、搭配、组合等。其中，服饰的类型和款式是基于考古类型学研究的分类，是本书考察的重点，服装的质料、纹饰与色彩是服装形制外的几个重要的物质属性，结合对这些物质属性的分析，廓清东周秦汉服饰的基本面貌。二是在上述研究的基础上，结合历史文献，厘清不同时期服饰的基本特征和演变轨迹，进而把握整个东周秦汉时期的服饰文化面貌和汉服演进过程，最终通过系统研究阐释服饰文化的发展演进规律。三是关注服饰的文化属性，通过考古材料中有着共存关系的若干组合并结合相关文献记载，尝试性地分析东周秦汉时期诸如服饰的等级、性别、身份、制度等方面的服饰文化，为全面深入研究这一时期的服饰文化奠定基础。

基于上述设想，本书以时代为纲，基本分为四大部分：第一部分为第二章和第三章，为东周时期服饰研究；第二部分为第四章至第七章，为秦汉时期服饰研究；第三部分为第八章，是对整个东周秦汉时期服饰以及汉服形成过程的历史考察；第四部分为第九章，是基于前八章研究实践对服饰的考古学研究理论的进一步思考。

就内容布局来看，囿于不同时段内材料的来源、性质、数量均存在很大差别，每章的行文结构和分析方法都有所差别。第二章、第四章以及第六章的部分章节分别对东周时期和秦汉时期的服饰考古材料进行全面收集和系统梳理，运用考古类型学方法对服装以及首服和发型分别进行形态分析，了解各时段内服装的类型和款式特点、首服和发型的形态特点，搭建服饰基本框架；结合已有考古材料，对该时段内的服饰质料、纹饰、色彩进行全面考察。第三章是在第二章的物质形态研究基础上对整个东周时期服饰面貌和文化格局的考察。第五章则是结合历史文献材料对秦汉时期汉民族服饰文化面貌的全面考察。第六章独立成章，重点考察秦汉时期边远地区的服饰文化面貌，分析其服饰传统的基本特点及汉化过程。第七章则是结合第五章和第六章的内容，对整个秦汉时期服饰演进阶段的历时性考察。第八章是对第二章至第七章的全面总结，着重于探讨整个东周秦汉服饰发展脉络和承继关系，以及以此揭示的汉服的形成发展过程。第九章为理论探讨。

为便于理解，这里有必要对本书的研究范围作如下说明。就时空范围而言，本书是对东周秦汉时期周王朝和秦汉王朝政治统辖范围内的服饰面貌的研究。对东周秦汉这一研究时段的选择是基于服饰本身的发展特点以及服饰研究材料的特点两方面的考虑。东周秦汉时期是中国古代服饰发展历程中的重要转折期，也是“汉服”的形成和发展期，因此，探讨秦汉时期的服饰形态以及与之有着密切渊源关系的东周时期的服饰尤其是战国时期的服饰形态至关重要。就研究材料而言，东周秦汉时期服饰考古材料已经有一定数量的积累，具备良好的研究条件。此外，两周金文、简牍等出土文献和传世文献也为东周时期的服饰研究奠定了一定基础。特别值得注意的是，考虑到新疆地区的东汉晚期墓葬目前尚没有明确的分期研究，有些墓葬的年代可能晚至魏晋时期，因此，本书涉及的部分服饰实物也可能晚至魏晋时期，年代范围并不严格以公元220年为下限。此外，根据史书记载，“西域以孝武时始通”[①]，可见在西汉时期新疆地区正式内属于汉王朝，而扎滚鲁克一号墓地的年代虽跨越战国西汉，但出土服饰实物大部分仍为战国时期，因此第六章秦汉边远地区服饰暂不予以讨论。西南地区的考古学文化面貌比较复杂，学界对以晋宁石寨山和江川李家山等墓地为代表的滇文化的年代问题一直存在争论，尤其是上限问题，有的学者认为可早至春秋时期，有的学者认为在战国末期，还有的认为在西汉早期[②]。但出土人物形象青铜器的大墓年代则基本在西汉中期至晚期。综合以上几方面的原因，本文将东周秦汉时期边远地区的服饰统归于第六章进行分析。

就研究对象的范围而言，服饰有广义和狭义之分。广义的服饰有三个层面：第一个层面即是狭义的服饰概念，特指服装，具体而言，又有头衣、上衣、下衣和足衣四个大类；第二个层面包括头部、颈部、腕部、腰部等各部位的装饰品；第三个层面是指固定于人体自身的装饰，主要包括发型和刻绘于人体的各种纹身。本书所指的服饰范围主要包括服装、首服和发型两大部分，其中，服装是本文研究的主体，而服装的形制又是这一主体中的重点考察对象。关于服装，根据其功能应有日常服装和丧葬服装

---

① 《汉书·西域传》，中华书局，1962年，第3871页。

② 杨勇：《战国秦汉时期云贵高原考古学文化研究》，科学出版社，2011年，第141页。

两大类。本文对玉衣、覆面、死者包裹衣衾等葬具不予分析，但服饰形制与日常服装类似的丧葬服装则包括于本文的研究范围。例如，江陵马山M1出土的絪衣，尉犁营盘墓地、楼兰孤台墓地出土的冥衣，这些衣物只在尺寸上比日常所服偏小，形制却与日常服装类似，有助于探讨当时的日常服饰面貌。此外，民丰尼雅遗址出土的一部分所谓的“丧服”，唯两襟交掩方式与生前相反，其他款式方面则没有明显差别，因此也在本文讨论的范围之内。新疆地区出土的化妆袋、佩囊、发带、腰带、帛鱼等装饰物本文均不涉及。汉代的甲铠属于武备，为汉代“五兵”之一，亦不在本文讨论范围。首服与发型均属于头部服装或装饰，故本书一并讨论。发型从严格意义上讲本不属于狭义服饰的范畴，但从中国古代服饰的历史特点来看，首服不仅包括纺织品，也涉及发型和发饰。“首服”的“首”字标明了其文化意义远重于服装本身，正所谓：“故冠而后服备，服备而后容体正、颜色齐、辞令顺。故曰：‘冠者，礼之始也’，是故古者圣王重冠。”[①]“冠”作为男子首服，是标识其官职、等级的重要方面，是古代服饰制度的重要组成部分。中国古代女性虽不戴冠，但代之以繁缛的发型及发饰，这不仅蕴含着女性的精神气质和审美情趣，也标识着女性的身份和等级。由此可见，首服关乎服饰整体，与服饰文化乃至服饰制度休戚相关。另一方面，作为服饰的考古学研究，本文的研究宗旨在于探讨服饰的发展演变进程，考古间接材料反映出的服饰面貌多半是发型与服饰的组合，它们之间有着密切的共存关系。因此，将发型作为服饰文化的一个因素，探讨其存亡、流变与传播，有助于判断整个服饰文化的构成与演变特点。

“要断定一种研究是否合乎科学性质，并不取决于它的范围的大小，而是根据它的方法来决定的。”[②]正如前文反复申明的，本书是以考古学方法为主的研究，具体而言，主要是考古地层学、类型学以及文化因素分析法的运用。本书所涉及的服饰材料充分考虑了材料性质以及与其相关的埋藏环境、遗迹年代、共出材料的相对年代等方面的因素，以为其年代断代提供依据。根据服饰形象的类型和款式以及首服发型形态方面的特征进行类型学排比，并根据其组合关系为服饰文化的分期提供依据。

“‘考古学文化’是一个极基本的概念。它规定了某个特定的空间范

---

① （清）阮元校刻：《礼记·冠义》，《十三经注疏》，中华书局，2009年，第3646页。

② 〔德〕格罗塞著，蔡慕晖译：《艺术的起源》，商务印书馆，2008年，第2页。

畴、时间范畴和文化特征的一个文化共同体的基本界限”[1]，考古材料反映出来的服饰面貌也与此类似。在本项研究中，独立的服饰传统或服饰体系均可称为“服饰文化”，在一个服饰文化中，均有着其固定的服饰特点和时空范畴。因此，从某种程度上说，考古学上的文化因素分析法同样也适用于本书的服饰研究。一个独立的服饰传统或服饰体系下，服饰类型、款式、发型等方面的特点均可被视为一个服饰文化整体中不同的文化因素，各种因素的消长和变异及其消长变异的程度均有助于判定一个服饰整体的面貌是否产生质的变化，从而进一步判断一种服饰传统是否转变为另一种服饰传统。对于不同服饰体系或服饰传统间的相互关系以及交流和影响，本书尝试性地运用了文化传播模式和文化滞后理论。“‘文化滞后’理论在考古学研究中对探讨文化关系、考察文化传播过程是一个有用的重要的方法。”[2]东周秦汉时期的服饰发展进程中存在有不同的服饰体系甚至服饰传统，这些不同的体系或传统有些是同时的，也有一些存在时间差。在分布特点上，均有着不同程度的衔接或交叉[3]，这说明服饰体系或服饰传统间的服饰文化因素存在有相互传播的条件。此外，东周秦汉服饰面貌的发展趋势是由多元走向统一，这进一步说明服饰文化因素的传播不仅具备条件并且是客观存在的。本书在分析秦至西汉早期“汉服”的形成及其来源、西域服饰文化的交融性特征等问题时运用了类似的文化因素分析法和文化传播理论。这些运用实践表明，东周秦汉时期服饰文化的发展进程虽然在总体趋势上是由多元走向统一，但具体的过程却是十分复杂并带有阶段性发展的特点。

此外，本书充分利用了传世文献资料、出土文献资料、纺织品发现及其研究成果，以分别探讨服饰名物及其制度、服饰文化演变以及服饰质料方面的问题。当然，在目前的服饰研究实践中，很多方法尚不成熟，有些也未必完全可行，但需要承认，一项有价值的研究，“不在于它所给予的

---

① 俞伟超：《楚文化的研究与文化因素的分析》，《考古学是什么》，中国社会科学出版社，1996年，第119～132页。

② 李伯谦：《从对三星堆青铜器年代的不同认识谈到如何正确理解和运用“文化滞后”理论》，《四川考古论文集》，文物出版社，1996年，第64～69页。

③ 实现文化传播必备的三个条件：一是传播体与直接受体大致同时或时代上有交叉；二是受体的心理因素、文化发达程度没有发展到能够抵制住传播体文化因素的地步；三是传、受体之间没有不可逾越的地理障碍，即双方都不处于地理隔绝状态中。参见何驽：《考古学文化因素分析法与文化因素传播模式论》，《考古与文物》1990年第6期。

答案，而在于它所提出的问题”[①]。作为服饰的科学研究，在研究路径上的不断尝试会帮助我们得到更多与服饰直接相关的信息，这些信息也正意味着我们在向真理逐步靠近。

二、资料来源及其应用

与其他考古学专题研究相比，服饰的考古学研究有着很多特殊性，其中，材料的来源是区别于其他物质文化研究的重要方面。法国著名学者罗兰·巴特在其著作《流行体系——符号学与服饰符码》中把服饰作为一种符号体系，按照媒介形式及其功用清楚地区分了三种服饰系统：真实服饰、图像服饰和书写服饰[②]。服饰考古研究资料很好地契合了以上三种系统。考古发现的服饰材料既有多样性又有层次性：第一层次的服饰材料主要是服饰实物或少数用作衣服的纺织品材料，又可称为“直接材料”；第二层次的服饰材料是形象资料，主要包括立体服饰形象和平面服饰形象；第三层次的服饰材料主要为出土文献资料。第二和第三层次的材料均可称为“间接材料”。就东周秦汉时期的服饰间接材料来看，立体服饰形象主要包括各种质地的穿着服饰形象的俑[③]、青铜器人物雕塑或构件、玉雕象牙人像等；平面服饰形象主要包括表现现实生活场景的帛画、壁画、画像石、画像砖，以及铜器、陶器、漆器、棺木板上的刻绘人像等；出土文献资料主要包括战国至西汉早期出土的遣册资料和西汉时期出土的衣物疏资料。在服饰的考古学研究实践中，需要根据不同材料的特点及其局限性有选择的运用从而分析不同问题，这里分别加以说明。

服饰实物资料无疑是服饰研究的最佳材料，可以提供有关款式、质料、色彩、纹饰等多方面的服饰信息，可直接用于服饰的类型学研究以及质料、纹饰、色彩方面的分析。即使如此，仍有必要对服饰实物材料可能存在的局限性加以探讨。从目前的考古发现看，服饰实物资料多数出自墓

① 〔德〕格罗塞著，蔡慕晖译：《艺术的起源》序言，商务印书馆，2008年。

② 〔法〕罗兰·巴特著，敖军译：《流行体系——符号学与服饰符码》，上海人民出版社，2000年，第2～7页。

③ 有关“俑”的较早记载见于《孟子·梁惠王上》：“仲尼曰：‘始作俑者，其无后乎？’为其象人而用之也。”根据这条记载，“俑”的主要特点是“象人而用之”。“它是模拟人的形貌，用以象征殷商和西周时盛行的殉人的替代物——偶人。因此近人将一些模拟家畜家禽及其他动物也成为‘俑’，实不可取”。见杨泓：《美术考古半世纪——中国美术考古发现史》，文物出版社，1997年，第299页。

葬，一部分为死者穿着，另一部分为随葬衣物，因此不能排除其中的一部分服饰很可能为丧葬服饰。但共出的其他材料表明，目前发现的墓葬出土的服饰实物资料多数为生前所服，因此这部分服饰材料可以反映出日常服饰的基本面貌。例如，长沙仰天湖M25出土第1号竹简记载："一新智禯，一㠯智禯，皆又蔓，足禯。""㠯"可读为"旧"，与"新智禯"之"新"相对[①]，可见随葬衣物为死者生前旧物。又如，长沙马王堆M3出土388号竹简中有"白縠衺二，素里，其一故"的记载，"其一故"是指其中一件即为故旧之物[②]，为死者原来的衣物。同样的情况也见于凤凰山M8、M168等汉墓。部分用作衣物的纺织品可用于分析服饰的质料、纹饰和色彩特点。

立体服饰形象在塑造手法和表现效果上逼真生动，尤其是陶、玉石、青铜等人物着衣形象细部特征刻画清晰，在表现服饰形象上具有优势，也是服饰研究中的主要材料。可用于服饰类型学的分析，但在运用中也需要仔细辨别。例如，玉人中常出现有正反面相同的玉片人物，正面服饰的交领为右衽。反面则为左衽，因此，在进行服饰类型分析之前要对材料仔细分辨。同样的情况也常见于人物形象的陶范材料。一般来说，陶模的方向与实际情况相同，陶范则相反。此外，不同时代的立体人像，能够反映的真实程度也不尽相同，在运用时需要具体情况具体分析。例如，东周至西汉时期的俑象生性很强，"大多真实地模拟着当时的各种人物，因而可以考见当时社会的生活习俗，也是研究各代舆服制度的重要资料"[③]，很大程度上可以反映出当时的真实情况。孔子曰："为俑者不仁"，传曰："俑者，谓有面目机（肌）发，似于生人也"[④]。但需要注意的是，东周秦汉时期还存在一种片状的类俑形人像，这类人像往往刻画简单，具有压胜性质，故对服饰研究意义不大。此外，东汉以后大部分为陶俑，由于当时陶俑制作为规模化批量生产，由此造成俑的服饰形象大部分具有模式化特征，服饰个性体现的不明显。

平面服饰形象的优势一方面表现在它有着丰富的内容和题材，尤其是

---

① 史树青：《长沙仰天湖出土楚简研究》，群联出版社，1955年，第21、22页。

② 湖南省博物馆、湖南省文物考古研究所：《长沙马王堆二、三号汉墓》，文物出版社，2004年，第72页。

③ 中国大百科全书总编辑委员会《考古学》编辑委员会：《中国大百科全书·考古学》，中国大百科全书出版社，1986年，第622页。

④ 《旧唐书·舆服志》，中华书局，1975年，第1958页。

两汉时期的画像石、画像砖的内容题材常表现为现实生活；另一方面表现在图像材料有着固定的场景，这样既利于整体分析，也利于对比分析。不同的着衣人物形象处于共同的“情境”中，其人物布局和从事的活动有助于辨识人物的身份、等级和性别，进而为研究服饰性别、身份、等级、族属等方面的特点提供帮助。对此，尼尔森（Nelson）和焦天龙曾经提到：图像分析是一种可能的、进行性别考古学研究的途径[①]。需要补充说明的是，服饰考古研究中所作的“图像分析”并非“图像研究”而是一种“图像文本”[②]，是将图像视为“文本和口述证词一样”，作为“历史证据的一种重要形式”[③]。此外，有着衣人物形象的壁画材料还有助于间接分析人物服饰的色彩规律。但无可否认，平面图像在表现服饰形象时也有着自身的局限性，例如，有些图像的线条简单抽象，服饰细部特征难于表露；有些图像则表现夸张，失去了本来的真实。

出土文献材料既是一种实物资料，也是一种文献记载，因此，这部分材料在服饰研究中具有双重特点，但遗憾的是，以往的服饰研究者对其关注较少，出土文献资料的价值未得以有效利用。其价值主要体现在以下两个方面。其一，古代服饰名称直接反映了古人对服饰的认识。就目前所见的衣物疏材料来看，其内容多涉及服饰的名称、种类、质地、纹饰、色彩等方面，这些文字是古代服饰的自名。我们知道，名称多半可以概括器

---

① Nelson, S. M., 1991. The “Goddess Temple” and the status of women at Niuheliang, China. In: Walde, D., Willows, N., *The Archaeology of Gender, Calgary: Proceedings of the 22nd Annual Chacmool Conference*, 1991, pp. 302-308; Jiao, T. L., Gender Studies in Chinese Neolithic Archaeology. In: Bettina Amold, Nancy L. Wicker, (eds.), *Gender and the Archaeology of Death*, Walnut Greek: AltaMira Press, 2001. 转引自〔以色列〕吉迪（Gideon Shelach）：《马克思主义及后马克思主义模式在中国新石器时代性别研究中之应用》，《性别研究与中国考古学》，科学出版社，2006年，第3～14页。

② “图像研究”是试图研究图像背后隐藏的意义和作者所要传达的信息；“图像文本”为瓦格纳提出，它强调将图像作为独立的历史研究材料，与文献相当，即所谓的“图像史”或“以图证史”。见〔英〕彼得·伯克（Peter Burke）著，杨豫译：《图像证史》，北京大学出版社，2008年，第41页；〔英〕E. H. 贡布希里著，范景中、杨思梁、徐一维、劳诚烈译：《图像与眼睛——图画再现心理学的再研究》，广西美术出版社，2016年。

③ 〔英〕彼得·伯克（Peter Burke）著，杨豫译：《图像证史》，北京大学出版社，2008年，第9页。

物的属性和分类，而“一个文化生活方式中的分类”，“与生活习惯、生活方式有密切关系”[①]。因此，出土文献的记载不仅可以直接传达给我们有关服饰本身的信息，更重要的是可以帮助我们以古人观察事物的视角了解服饰背后的社会生活。在这样的条件下，以衣物疏材料为主，结合传世文献进行名物对证及以上相关方面的研究不失为一种理想的研究途径。其二，相对于传世文献，出土文献有着明确的地层关系，年代准确。对单元墓葬出土衣物疏资料进行类别分析，有助于研究服饰的完整搭配；对有着相似时空范围的不同墓葬出土的衣物疏资料进行综合比对，有助于分析不同类服饰的数量比例以及间接反映出的不同服饰的主次关系，也有助于分析服饰搭配规律；而结合墓葬本身的信息，则可间接了解服饰的等级和性别差异方面的特点。总之，出土文献在服饰研究中有着诸多优势，但无可否认，这项研究的拓展和深化必须有赖于更多的文献发现和对更多出土文献的整理释读。需要特别说明的是，新疆地区出土的汉代简牍文书多为屯戍文书，反映更多的是汉民族屯戍士兵服饰的相关信息，因此新疆的出土文献材料集中在第四章介绍，第六章出土材料中不再另做介绍。

综合以上不同服饰研究材料的特点和局限性可以看到，服饰的考古学研究在选材上有着更多的限制性前提和运用标准，这就要求在研究实践中不能孤立的对待材料，也不能只关注于精美的、表现清晰的典型材料，而是要结合不同材料的特点及共存遗物的年代和性质等多方面信息进行有针对性的辨证分析，这也正是服饰的考古学研究与传统服饰研究的重要区别之一。

此外，有必要补充说明一下本项研究中对材料的年代、性别和等级的主要判定方法。对于服饰材料的年代问题，不同性质的材料略有区别，例如，墓葬出土的服饰实物、壁画、陶俑等材料的年代基本上可以通过墓葬年代进行判定。这是因为，根据服饰实物、壁画与陶俑的特点，其下葬年代基本与墓葬年代相当，因此，墓葬年代可大致等同于材料的年代。而对玉器、铜器、象牙器等器物年代的判定则相对复杂，一般来说，这些质地的器物保存年代较长，因此器物年代很可能与墓葬年代存在时间差，换句话说，墓葬年代只可视为器物年代的下限，因此，汉代墓葬出土的东周立体人像，一并在东周部分分别予以介绍。与壁画不同，画像石、画像砖的来源和载体相对多样，既有墓葬出土，也有地上建筑构件，甚至有前代画

① 张光直：《考古学专题六讲》（增订本），生活·读书·新知三联书店，2010年，第61页。

像石为后代利用的情况，因此对这些材料的年代判定也相对复杂，本书主要采用科学发掘出土的时代相对明确的画像石、画像砖材料。

性别判定是本项研究的难点之一，也是本项研究中需要特别注意的。本书对材料性别的判定原则上遵照发掘报告的判定和描述，在没有特别说明的情况下，本文对性别判定的标准如下：一是人像表现出来的第一性特征，即生理特征，包括乳房、胡须、体格、五官特征等；二是人像表现出来的第二性特征，即社会特征，如男性多与骑马、佩剑、狩猎、战争有关，女性则多与纺织、舞蹈、哺乳有关，这点在滇文化出土的青铜器人像中表现得最为突出[①]；三是材料的出土位置以及墓主性别，这一标准主要针对服饰实物和出土文献所示服饰的性别判定，例如，穿于墓主身上的服饰实物极有可能是丧服，丧服形制简单，其性别特征可能并不明显，但衣物竹笥内的服饰实物一般为墓主生前所服，性别特征易于判定。此外，根据笔者的实地观察，有些材料的性别特征有着自身特殊的表达方式，例如，徐州地区许多汉墓出土的男女俑在性别表现方面有一些差别，主要表现为陶俑的尺寸和身材特点，男性一般较高大并且挺拔笔直，女性则相对矮小、腿部弯曲弧度较大。

对于人物身份等级的判别也可根据材料特点来分析。比如，铜器人像往往为擎灯形象，身份较低，但由于为贵族服务，往往具有一定的礼仪性质；还有一类铜器人像为铜器器足或车轄构件，这类人物往往代表了更低层级的服饰特征。玉器人像中舞女形象占绝大多数。此外，俑的出土位置、动作、从事活动等也有助于判定其身份和等级。对于平面人物形象而言，结合汉代绘画表现的技法特点，人物形象的尺寸比例是很好的切入点，例如汉代帛画、壁画、铜镜等平面图像中的人物，等级较高的主人一般形象高大，周围的仆从则相对矮小。

三、概念和术语的界定

本书主要涉及与服饰相关的基本术语和其他概念两个方面，其具体标准分别界定如下。

---

① 邱兹惠：《云南青铜文化的骑马纹样》，《性别研究与中国考古学》，科学出版社，2006年，第235～250页；〔美〕佩妮·罗德（Penny Rode）：《云南青铜器时代的纺织业和妇女地位》，《性别研究与中国考古学》，科学出版社，2006年，第251～269页。

（一）服饰术语

1. 服饰、服装、首服

如上文所述，服饰有广义和狭义之分，具有物质属性和精神属性。广义的服饰包括三个层面，本书所讨论的“服饰”主要包括第一层面和第二、第三层面的部分内容，是对服装、首服和发型以及部分相关装饰品的统称，强调其物质属性，包括类型、色彩、纹饰、质料、搭配等。本书中的“服装”就是狭义的服饰，即第一层面的内容，主要包括上衣、下衣和足衣。为方便理解，文中在单指服装的情况下直接以“服装”或“衣物”称之。首服一般独立于服装外与发型并列介绍。

2. 服饰体系、服饰传统、服饰文化

“服饰体系”和“服饰传统”均指具有相同或相似服饰特征的服饰共同体。但在本书中，“服饰传统”比“服饰体系”层级更深、内涵更广。“服饰体系”特指具有相似物质性特征的服饰集合，即上文提到的有关服饰类型、色彩、纹饰、质料、搭配等方面的特征，也可称作“服饰系统”，有些“服饰系统”下又有“子系统”。“服饰传统”则是在“服饰体系”的基础上，具有更多相似的精神性特征的概念，它不仅标识了不同服饰传统间的服饰在物质性特征方面的更大差异，也暗示了同一服饰传统内与服饰相关的制度、礼仪、意识形态等方面的服饰文化的高度相似性。“服饰文化”是以服饰为核心的文化综合体，是一个相对宏观的概念。在本书中，“服饰文化”既包括了服饰本身的各种元素，也涉及与服饰相关的自然与社会的方方面面，其内涵本身比前几个概念更为宽泛，在表述与运用上也比前几个概念更加灵活。

3. 种类、款式（形态）、类型

服装和首服发型均涉及以上三个术语。服装的种类可以界定为两个层面：第一层面是像“上衣”“下衣”“足衣”这样的较大层面的分类；第二层面是指每个大类之下的诸如“交领式上衣”“对襟式上衣”“裤”“裙”等小的分类。关于命名原则，本书主要根据服装的外在形态或现代称谓统一命名，例如，根据上衣领式的不同，命名为“交领式”“贯头式”“对襟式”“披身式”，根据上衣长度的差别，又有长服、中长服和短服的区分。长服以足部为基准，下摆基本在足部上下；

中长服以膝部为基准，下摆基本在膝部上下，有些可长至胫骨处；短服以臀部为基准，下摆一般在臀部或以上。对考古发掘报告中涉及的服饰描述，本书采用自身独立命名标准，为便于核对，以器物号标识。需要说明的是，文中涉及古代名物制度的部分本书统以古代文献用词称之，如“禪衣”“中单”“袍”等。

款式和形态具有相同的层级，款式主要针对服装，特指每种服装不同部位的形态，有时也称为“式样”。有关上衣不同部位的款式基本依照现代描述，如领、袖、下摆等，根据领口高低，交领式领口有竖立的“拥颈”和“低平”之分；领口的开口位置也有纵向的高低之分。根据宽度，本书涉及的袖有“阔袖”“宽袖”“窄袖”三种。长服下摆根据长度有“覆足”“及地”“拖地”三种，“覆足”是指高于足面；“及地”是指覆盖足面；“拖地”则是指下摆外张，延伸拖垂于地面的情况。对于古代服装的特殊结构，本书主要依照古代文献的描述，常用的有以下几例：襟，“禁也，交于前”①，是指形成交领的左右两片布幅，外层的称为“前襟”，也可称为“大襟”；内层的称为“内襟”，也可称为“小襟”。裾，是指前襟绕至身后的部分，《释名》：“言在后常见踞也”，《方言》郭注：“裾，衣后裾也”②。根据裾之形态，有“曲裾”和“直裾”之分③；盘绕多层的曲裾，本书称为“绕襟”。形态主要针对发型，主要是指不同种类发型的具体形态特征，如长条形发髻、银锭形发髻等。

在本书的表述方式上，“种类”与“款式”结合在一起的特征并称为“类型”，这一概念同时适用于服装和首服发型。

4. 搭配与组合

本书中的“搭配”包括两个方面，第一方面是指不同种类的服装的共存关系，强调不同种类的服装的协调性和一致性。具体而言，有上下搭配和内外搭配两种，如上衣和裙的搭配、上衣和裤的搭配、内衣和外衣的搭配。第二方面包括同一件服装中不同部位的质料搭配，如“衣面”和“衣

① （汉）刘熙撰，（清）毕沅疏证，（清）王先谦补：《释名疏证补》，中华书局，2008年，第165页。

② （汉）刘熙撰，（清）毕沅疏证，（清）王先谦补：《释名疏证补》，中华书局，2008年，第167页。

③ 《礼记·深衣》中描述深衣为“续衽钩边”，郑注：“钩边若今曲裾也。”孔疏：“郑以后汉之时裳有曲裾，故以‘续衽钩边’似汉时曲裾。”按：根据这条记载，“曲裾”当为汉代称谓。

里”的搭配、“衣身”和“衣缘”的搭配等。“组合”在本书中专指服装和首服发型的共存关系。

（二）其他术语

除服饰基本术语外，本文还涉及部分地域和材料的描述用词，为便于理解，这里分别说明如下。一般情况下，本文所指的“中原地区”是广义上的地域概念，即以黄河中下游和长江中下游为中心的地区，北至燕山、南至五岭、西至甘青地区。要特别说明的是，第二章东周时期的“中原地区”在地域范围上有所区别，特指“以周为中心，北到晋国南部，南到郑国、卫国，也就是战国时周和三晋（不包括赵国北部）一带，地处黄河中游”的“中原文化区”，也就是李学勤先生所指的“中原文化圈”[①]。

① 李学勤：《东周与秦代文明》，上海人民出版社，2014年，第10页。

第二章　东周时期服饰的考古发现与主要类型

东周时期是指公元前770年周平王东迁至公元前221年秦始皇建立秦帝国的这一段时间，传统史学根据《史记·六国年表》又将东周时期划分为春秋和战国两个阶段[①]。从考古学分期来看，比较一致的看法是将公元前5世纪上半叶作为春秋和战国两个时期的分野。考古发现的这一时段的服饰资料以战国居多，极少数早至春秋时期。这一历史时段的服饰资料虽然零散，但其揭示的诸多复杂多样的服装类型及其纺织工艺和艺术特点，诠释着东周时期服饰文化在中国古代服饰发展史上的重要地位。

第一节　服饰的考古发现

东周时期的服饰材料包括服饰实物、着衣人物形象以及其他相关材料。相对于陶器、铜器、玉器，构成服装的纺织品材料多保存状况不佳，数量稀少，已发掘的服饰实物集中发现于两湖地区的楚墓中。与之相比，表现着衣人物形象的考古材料相对丰富，成为了解东周时期服饰面貌的重要材料。着衣人物形象主要包括立体人物形象和平面人物形象，立体人物形象又包括木俑、陶俑、铜俑、石俑以及表现服饰特征清晰的舞女玉佩、青铜器人物构件等。其中，木俑集中发现于两湖地区的楚墓，陶俑则零星发现于山东、山西、河北等地，铜俑、石俑、玉佩、青铜器人物构件的数量则更加稀少，没有一定的分布规律。平面人物形象主要包括铜器、漆器、帛画上的人物形象。此外，记载有服饰名称的遣册类简牍也是东周时期服饰研究的重要资料。二十世纪早期，曾有一部分人形玉器和铜俑流散

---

① 关于战国的起始时间，史学界存在诸多说法：一说始于周元王元年，即公元前476年；见白寿彝：《中国通史》（第三卷），上海人民出版社，1994年，第359页；二说始于公元前453年晋之韩、赵、魏灭荀瑶（智伯），三分其地；三说始于晋大夫韩虔、魏斯、赵籍自立为诸侯，三家分晋，即公元前403年，《资治通鉴》取此说。本书采用第一说。

海外，这部分材料虽然非正式发掘出土，但服饰形制清楚，一定程度上可以作为东周服饰研究的补充资料。

一、服饰实物的考古发现

东周时期的纺织品留存下来的极少，完整的服饰更难于见到。目前集中出土有服饰实物的考古发现只有湖北省荆州市的江陵马山M1，其他保存下来的服饰实物大多只有冠和鞋。为便于对服装整体形象的考察，发型清楚、保存较好的发髻也一并介绍于兹。受土壤环境影响，以上实物发现集中于湖北省和湖南省的楚墓，河南、山东、江西等地也有少量发现。

（一）湖北江陵马山M1出土的服饰实物

该墓1982年发掘，墓中衣物放置于棺内和竹笥中。棺内大部分空间充塞有衣衾和衣衾包裹，衣衾分上、下两层分别置于衣衾包裹上。上层衣衾是1件素纱绵衣（N1），下层衣衾是1件蟠龙飞凤纹浅黄绢面衾（N2）。衣衾下包裹由13层衣衾裹成，由外向内分别为舞人动物纹夹衾（N4）、凤鸟凫几何纹锦衾（N5）、长方形丝绵（N6）、对凤对龙纹绣浅黄绢衾（N7）、深黄绢面绵衣（N8）、龙凤虎纹绣罗禅衣（N9）、凤鸟花卉纹绣浅黄绢面绵衣（N10）、禅衣（N12）、一凤一龙相蟠纹绣紫红绢禅衣（N13）、对凤对龙纹绣浅黄绢绵衣（N14）、小菱形纹锦面绵衣（N15）、小菱形纹锦面绵衣（N16）、锦巾（N17-2）加深黄绢裙（N17-3）组合。最内一层为穿着绵衣的尸骨，骨架头部覆盖1件梯形绢巾（N18-1），最外层套一件E型大菱形纹锦面绵衣（N19）。再向内穿着有舞凤飞龙纹绣土黄绢面绵衣（N22）、深黄绢面夹衣（N23）、深褐色绢裙（N24）、凤鸟花卉纹绣红棕绢面绵袴（N25），绵袴表、里上都附着有一层深褐色纱，脚上着土黄绨面麻鞋（N20）。头发保存完好，真发尾端续接有假发，分为2股盘髻。此外，头箱的竹笥内还发现有緅衣（8-3A）、帽（8-5B）、麻鞋（8-1）等少量衣物。该墓出土的服饰合计有20件，包括绵衣、禅衣、夹衣、单裙、绵袴、帽、麻鞋。年代为战国中晚期[①]。

---

① 湖北省荆州地区博物馆：《江陵马山一号楚墓》，文物出版社，1985年，第11～25页。

（二）其他地区出土的服饰实物

河南三门峡上村岭虢国墓地，1956～1957年发掘，出土有整件套的麻布短裤和上衣。墓地等级齐全、排列有序、独具特色、保存完好，是一处完整的邦国公墓①。

山东淄博临淄齐国墓地，1979年大夫观M1出土有丝绵袍1件及若干丝织品残片。山东博物馆收藏的一批临淄出土服饰，包括2件裙、10余件鞋履以及若干件绦带、刺绣残片。年代均在战国晚期②。

（三）冠与发髻

1. 冠

目前发现的东周冠的实物多分布在湖北，如1986年荆门包山M2出土有1件木质冠饰，呈现半圆弧形，上有浅槽，一端外侧尖状外侈，一端尖状三角形上翘，其上有一夹纻胎椭圆袋状物，通身髹黑漆，器身宽2、半径15厘米，年代为战国晚期早段（公元前316年）③。2000年荆门左冢M1出土1件木冠，墓主为男性，年代为战国中晚期④。2010年荆门沙洋塌冢M1出土1件弧形漆冠，表面涂墨，残长3.9、高1.2厘米，年代为战国中晚期⑤。

2. 发髻

河南光山黄君孟夫妇墓。1983年发掘，棺木G2中女性死者的头部保留有发髻。年代为春秋早期偏晚⑥。

---

① 河南省文物考古研究所：《考古河南——河南省文物考古研究所获全国十大考古新发现》，大象出版社，2012年，第23～24页。

② 吕健：《山东博物馆藏战国服饰研究》，《湖南省博物馆馆刊》（第十四辑），岳麓书社，2018年。

③ 湖北省荆沙铁路考古队：《包山楚墓》，文物出版社，1991年，第261页。

④ 湖北省文物考古研究所、荆门市博物馆、襄荆高速公路考古队：《荆门左冢楚墓》，文物出版社，2006年，第90页。

⑤ 湖北省文物局、湖北省南水北调管理局：《沙洋塌冢楚墓》，科学出版社，2017年，第94页。

⑥ 河南信阳地区文管会、光山县文管会：《春秋早期黄君孟夫妇墓发掘报告》，《考古》1984年第4期。

湖北发掘楚墓中很多保留有发髻。20世纪80年代江陵九店M410出土有发髻1件，年代为战国晚期早段[①]。1982年江陵马山M1出土有发髻1件，年代为战国中晚期[②]。2000年荆门左冢M1出土有假发2件，年代为战国中期[③]。2002年枣阳九连墩M2出土假发1件，以长毛发一端编连，另一端捆长束，年代为战国中晚期[④]。

江西靖安李洲坳东周墓。2006年发掘。墓中保存有发髻、捆扎头发的发带以及包扎发髻的织物，经人骨检测均为15～25岁的女性，年代为春秋中晚期[⑤]。

（四）鞋

鞋的实物大多出自湖南和湖北地区的楚墓，河南和山东地区也有个别发现。1954年长沙杨家湾M6死者足外残存麻鞋底，年代为战国晚期中段。1956年发掘的长沙楚墓M869（56长广银M5）和1961年发掘的M1596（61长子M3）共出土有麻鞋底3件，年代为战国晚期早段 。1958年常德德山M25发现有残鞋底1片，年代为战国前期。1975～1976年江陵雨台山M427和M557出土残损麻鞋1双，年代为战国中期[⑥]。1975～1979年当阳赵家湖JM9出土麻鞋1双，年代为春秋中期[⑦]。1981～1989年江陵九店M296发现有麻鞋2双，年代为战国中期晚段[⑧]。

---

① 湖北省文物考古研究所：《江陵九店东周墓》，科学出版社，1995年，第128页图八八。

② 湖北省荆州地区博物馆：《江陵马山一号楚墓》，文物出版社，1985年，第17页。

③ 湖北省文物考古研究所、荆门市博物馆、襄荆高速公路考古队：《荆门左冢楚墓》，文物出版社，2006年，第143页，图版三六-5。

④ 湖北省文物考古研究所、襄阳市文物考古研究所、枣阳市文物考古队：《湖北枣阳九连墩M2发掘简报》，《江汉考古》2018年第6期。

⑤ 江西省文物考古研究所、靖安县博物馆：《江西靖安李洲坳东周墓发掘简报》，《文物》2009年第2期。

⑥ 湖北省荆州地区博物馆：《江陵雨台山楚墓》，文物出版社，1984年，第118页、图版七八-5。

⑦ 湖北省宜昌地区博物馆、北京大学考古系：《当阳赵家湖楚墓》，文物出版社，1992年，第159页，图版四九-3；湖北省宜昌地区文物工作队：《当阳金家山九号春秋楚墓》，《文物》1982年第4期。

⑧ 湖北省文物考古研究所：《江陵九店东周墓》，科学出版社，1995年，第336页图二二八-2。

1983年光山黄君孟夫妇墓出土有2件麻鞋鞋底，年代为春秋早期偏晚。1984年当阳金家山M248出土麻鞋1双，年代为春秋中期或偏晚[①]。1986～1987年荆门包山M2西室竹笥内有出土有麻鞋1双以及残鞋底1双，年代为战国晚期早段（公元前316年）[②]。1986年益阳M300出土有麻鞋2件，年代为战国晚期中段[③]。2002年枣阳九连墩M2出土麻鞋1件，鞋帮外罩皮革，再髹漆，年代为战国中晚期[④]。2010年荆门沙洋塌冢M1出土麻鞋2双，残存鞋底，上面均有乳钉状结，年代为战国中晚期[⑤]。2013年山东博物馆入藏了淄博临淄齐墓出土的10余件鞋履，年代为战国晚期[⑥]。

二、服饰形象的考古发现

服饰形象与着衣人物形象密切相关，东周时期的着衣人物形象既包括陶、木俑及其铸范、模具，玉人像，铜器上的人形构件等立体形象，也包括帛画、彩绘贝壳画、铜器和漆器上的平面图像。下文依据这两种不同的表现形式分别介绍。

（一）立体服饰形象

立体的服饰形象主要见于着衣陶、木俑、玉人像，以及铜器上的着衣人形构件。本文依据保存数量的情况，分列如下。

1. 俑

东周时期是俑的滥觞时期，最常见的有木、陶两种质地，前者集中出

---

① 湖北省宜昌地区博物馆：《当阳金家山春秋楚墓发掘简报》，《文物》1989年第11期。

② 湖北省荆沙铁路考古队：《包山楚墓》，文物出版社，1991年，第188、189页图一一九-2，图版五五-3、4。

③ 益阳市文物管理处、益阳市博物馆：《益阳楚墓》，文物出版社，2008年，第206页。

④ 湖北省文物考古研究所、襄阳市文物考古研究所、枣阳市文物考古队：《湖北枣阳九连墩M2发掘简报》，《江汉考古》2018年第6期。

⑤ 湖北省文物局、湖北省南水北调管理局：《沙洋塌冢楚墓》，科学出版社，2017年，第111、112页。

⑥ 吕健：《山东博物馆藏战国服饰研究》，《湖南省博物馆馆刊》（第十四辑），岳麓书社，2018年。

土于长江中游荆湘地区的战国楚墓，后者则在黄河中下游的陕、晋、鲁及周边地区比较常见。据相关统计，战国楚墓中的木俑数量众多[①]，但其中相当一部分雕刻简单或者纺织品服饰残朽，故无法窥其服饰面貌。黄河中下游地区墓葬出土的陶俑体量较小且制作方法原始拙朴，服饰特征也多不明显。幸运的是，借助于彩绘、雕刻等技法，一部分俑的服饰细部特征得以保留。下文所列举的即是这部分服饰形象清晰的考古资料。

（1）山西省

长治分水岭东周墓地。1953～1973年经过4次发掘。M14出土完整的陶俑16件，其中舞女俑7件、拱手俑6件、坐俑2件、背孩俑1件，年代为战国早期。M134出土有舞女俑9件，年代为战国中期。以上两座墓出土陶俑均为刀刻，刻画简单，但涂有丹朱，可见发型和服饰外形[②]。

长子牛家坡M7。1973～1979年发掘，为晋国贵族夫人墓。出土4件木俑表面彩绘有服饰形象。年代为春秋晚期[③]。

（2）浙江省

安吉五福M1。2006年发掘，M1随葬品71件，其中陶俑7件、木俑7件。俑的服饰形象清晰。墓葬整体具有鲜明的楚文化特征，墓主为大夫一级的贵族。年代为战国末期[④]。

（3）安徽省

潜山彭岭M32。1992年发掘，出土4件彩绘木俑，直立状，形体高大、五官清晰，双手拱于胸前。年代为战国晚期[⑤]。

（4）山东省

平度东岳石村M16。1960年发掘，出土1件陶俑，坦露右肩，左臂残

---

① 凌宇：《楚地出土人俑研究——早期中国墓葬造像艺术的礼制考察》，武汉大学出版社，2014年，第280～313页。

② 山西省考古研究所、山西博物院、长治市博物馆：《长治分水岭东周墓地》，文物出版社，2010年，第255、317页，图版一一二-2、3；图版一四二，彩版一七；图一〇六B。

③ 山西省考古研究所：《山西长子县东周墓》，《考古学报》1984年第4期。

④ 浙江省文物考古研究所、安吉县博物馆：《浙江安吉五福楚墓》，《文物》2007年第7期；国家文物局：《2007中国重要考古发现》，文物出版社，2008年，第62页。这批材料在《浙江汉墓》中被断代为西汉早期前段，其依据为陶器基本组合。鉴于服饰文化的滞后性，本书仍将其归为战国时代。

⑤ 安徽省文物考古研究所、潜山县文物管理所：《安徽潜山彭岭战国西汉墓》，《考古学报》2006年第2期。

缺。年代为战国早期[①]。

临淄郎家庄M1。1971年发掘，由方形主室和周围的17个长方形陪葬坑构成，其中6座陪葬坑各出有1组陶俑，大多残损。仅存的几件高仅10厘米，男俑大多仅存上身部分，披甲，手置于腹部作执物状；女俑大多躬立或跪地作舞蹈姿态，发髻残缺，脸部削成斜面，以黑彩勾出眼眉，胸部丰满，束腰，衣裙曳地，上饰有红、黄、黑、褐色条纹，造型简洁生动，比例匀称。年代为春秋战国之际[②]。

长岛王沟M10。1973～1975年发掘，出土有陶俑二组，共28件，高度5～11厘米。面着红彩，口、眼描为白色，眼睛、头发为黑色。人物多为站立状，也有个别为跪姿，似奏乐。发髻分为三种式样，服饰特征较为明显。年代为战国早期，至迟不到战国中期[③]。

泰安康家河村M1。1985年发掘，已被破坏，出土有舞女俑5件，形态各异，服饰特征鲜明。年代约略为战国早期[④]。

临淄东夏庄墓地。1980～1986年发掘。M4出土有18件乐舞俑。M5陪葬坑出土陶俑2件。M6陪葬坑出土彩绘陶俑4件。年代均为战国早期前段[⑤]。

青州邵庄朱王孔村战国墓。1990年发掘，出土陶俑2件，通体施彩绘，手工捏塑，造型质朴，一作舞蹈状，一作歌唱状。彩绘舞蹈俑高6厘米，下身着长裙，裙上饰条纹状花纹。彩绘歌唱俑高7.5厘米，穿窄袖紧身上衣，下穿长裙。年代为战国时期[⑥]。

章丘绣惠女郎山M1。1990年发掘，陪葬墓内出土一组彩绘乐舞陶俑26件。这批陶俑包括舞俑、演奏俑和观赏俑等几个不同种类，其中表现女性歌唱、舞蹈、观赏的女俑共有21件。造型生动、风格写实，保存基本完

---

① 中国科学院考古研究所山东发掘队：《山东平度东岳石村新石器时代遗址与战国墓》，《考古》1962年第10期。

② 山东省博物馆：《临淄郎家庄一号东周殉人墓》，《考古学报》1977年第1期。

③ 烟台市文物管理委员会：《山东长岛王沟东周墓群》，《考古学报》1993年第1期。

④ 山东省泰安市文物局：《山东泰安康家河村战国墓》，《考古》1988年第1期。

⑤ 山东省文物考古研究所：《临淄齐墓》（第一集），文物出版社，2007年，第51～132页。

⑥ 王华庆：《青州博物馆》，文物出版社，2003年，第302页。

整并且表面保留有鲜艳的彩绘。年代为战国中期①。

淄博淄河店M2。1990年发掘，墓主为齐国贵族。二层台两侧出土有陶俑。年代为战国早期②。

临淄范家南墓地M112、M113。20世纪90年代发掘，两墓东西并列，各出土有陶俑2件，4件陶俑的姿势与服饰均相似。年代为战国早期③。

临淄赵家徐姚M2。2001年发现，壁龛内出土有陶俑33件，分别为站立俑23件、舞蹈俑5件、跪坐俑5件，分为7组摆放。墓主应为士一级的贵族。年代为战国中期或者战国早期晚段④。

临淄范家南墓地淄江花园A组M2（LFZAM2）。2010～2011年发掘，二层台上出土有陶俑14件，有演奏俑4件、观赏俑10件。墓主应为卿大夫一级的贵族。年代为战国早期早段⑤。

临淄范家村墓地M5。2012年发掘，6号壁龛中出土泥俑30件，分3组，每组8~14件不等。俑呈坐姿，施白衣彩绘，领、前襟、袖口处施红彩。报告年代为秦汉初年，但综合陶俑形态，仍保留战国时期特点⑥。

临淄东孙墓地M1（LDM1）。2013年发掘，二层台出土陶俑20件，有舞蹈俑15件、观赏俑5件。墓主应为卿大夫一级的贵族。年代为战国早期早段⑦。

临淄褚家墓地M2。2016年发掘，其中M2二层台西南角出土有彩绘陶俑48件，有侍俑、乐舞杂技俑两种。年代为战国早期⑧。

---

① 济青公路文物考古队绣惠分队：《章丘绣惠女郎山一号战国大墓发掘报告》，《济青高级公路章丘工段考古发掘报告集》，齐鲁书社，1993年，第115～119页。

② 山东省文物考古研究所：《山东淄博市临淄区淄河店二号战国墓》，《考古》2000年第10期。

③ 临淄区文物局：《淄博市临淄区范家南墓地M112、M113的发掘》，《海岱考古》（第七辑），科学出版社，2014年。

④ 淄博市临淄区文化局：《山东淄博市临淄区赵家徐姚战国墓》，《考古》2005年第1期。

⑤ 山东省文物考古研究院、淄博市临淄区文化局：《临淄齐墓》（第三集），文物出版社，2019年，第80、81页。

⑥ 淄博市临淄区文物局：《山东临淄范家村墓地2012年发掘简报》，《文物》2015年第4期。

⑦ 山东省文物考古研究院、淄博市临淄区文化局：《临淄齐墓》（第三集），文物出版社，2019年，第29～35页。

⑧ 山东省文物考古研究院、临淄区文物管理局：《山东淄博市临淄区褚家墓地两座战国墓葬的发掘》，《考古》2019年第9期。

临淄南马坊南墓地M1（LNSM1）。2018年发掘，二层台上出土陶俑39件，有舞蹈俑13件、观赏俑9件、演奏俑7件、跪坐俑5件、杂技俑2件、侍从俑1件、歌唱俑1件。墓主应为大夫一级的贵族。年代为战国早期早段[①]。

此外，故宫收藏有一套7件乐舞俑，就其风格来看，当出自山东临淄齐墓。年代当在战国时期[②]。

（5）河南省

信阳长台关M1、M2。1956～1958年发掘，M1左、右、后室出土有木俑11件；M2随葬木俑10件。年代均为战国早期，其中M1略早于M2[③]。

信阳长台关M7。2002年发掘，右侧室出于木俑以整段木头圆雕而成，双臂为安装套接，已残失。木俑体态修长，垂目侧首，面庞、鼻梁和唇部采用写实的雕刻技法，眼睛和眉毛则用墨线描绘，女性特征十分明显，脑后有下垂发髻。面部、俑身正面及部分背部为深褐色。头部残留有黑色头发，身上有残留的丝织衣物。年代不早于战国中期[④]。

民权牛牧岗M3。2007年发掘，出土有陶立俑1件。年代为战国晚期[⑤]。

南阳冢岗庙“不见冢”。2017年发掘，南北两侧各有8排共89座陪葬墓，其中M22出土有1对陶俑。年代为战国早中期[⑥]。

（6）湖北省

鄂城钢53、钢54。1958～1978年发掘，两墓各出土有木俑2件。钢53的年代为战国晚期[⑦]。

江陵望山M2。1965～1966年发现。M2边厢和头箱共出土有木俑16

---

① 山东省文物考古研究院、淄博市临淄区文化局：《临淄齐墓》（第三集），文物出版社，2019年，第141～150页。

② 故宫博物院：《故宫收藏——你应该知道的200件古代陶俑》，紫荆城出版社，2007年。

③ 河南省文物研究所：《信阳楚墓》，文物出版社，1986年，第58～60、114～116页。

④ 河南省文物考古研究所、信阳市文物工作队：《河南信阳长台关七号楚墓发掘简报》，《文物》2004年第3期。

⑤ 郑州大学历史学院考古系、商丘市文物局、民权县文化局：《河南民权牛牧岗遗址战国西汉墓葬发掘简报》，《文物》2010年第12期。

⑥ 新华社新闻“河南南阳发掘东周贵族墓葬群‘王子朝奔楚’千古之谜有望破解”，www.ha.xinhuanet.com/hnrtt/hnrtt2019//wzcbc2019/index.htm.

⑦ 湖北省鄂城县博物馆：《鄂城楚墓》，《考古学报》1983年第2期。

件，头上有丝质假发，身着绢衣。年代为战国中期晚段[①]。

云梦睡虎地M8。1975～1976年发掘，出土木俑1件，为持物状，两手交叉于腹部，手部有一沟槽用以持物。脸部刻绘五官和头发，衣上有纹饰。通高22.7厘米。墓主大多为低级官吏。年代为战国晚期近于秦昭王五十一年（公元前255年）[②]。

江陵雨台山楚墓。1975～1976年发掘楚墓558座，其中16座墓葬共出土有木俑43件。俑均作站立状，眼部墨绘，其他部位雕刻。头部涂墨，有的则安有假发。多数俑只雕刻肩部，胸部以下作扁圆柱形，少数有手和脚。年代为战国中期到战国晚期[③]。

江陵武昌义地M6。1978年发掘，出土有2件彩绘木俑，均用整木雕刻而成，作侍立状，面部涂墨，服饰采用朱、墨两色彩绘，胸前佩挂有成组串饰。年代为战国中晚期[④]。

江陵九店东周墓。1981～1989年发掘墓葬597座，共出土俑53件，分为木俑和木片俑。其中木俑有48件，保存较好的有28件。经统计，28件俑分别出土于12座墓中，每座墓出土1～2件不等，其中，M410出土有6件、M711出土有4件。28件木俑中有8件着衣，其中6件着丝织品衣物，均出于M410；2件着麻衣，分别出于M51和M712，这8件着衣木俑均站立，多无手脚。眉目多墨绘，墨染表示头发或者直接戴假发。M410、M51、M712的年代均为战国晚期早段[⑤]。

江陵马山M1。1982年出土有8件木俑，其中4件为彩绘女俑，均着衣物，立于头箱北部。4件彩绘女俑的高矮、大小、体态、容貌、服饰都基本相同，均用整木雕成，上体扁圆，下身圆形，无手脚。头顶微弧，方圆脸，上雕刻有耳、鼻、嘴，墨绘头顶、鬓角、眉、目等处，朱绘双唇。斜

---

① 湖北省文物考古研究所：《江陵望山沙冢楚墓》，文物出版社，1996年，第111～163页、图版八0。

② 《云梦睡虎地秦墓》编写组：《云梦睡虎地秦墓》，文物出版社，1981年，第54页。

③ 湖北省荆州地区博物馆：《江陵雨台山楚墓》，文物出版社，1984年，第108～113页。

④ 江陵县文物局：《湖北江陵武昌义地楚墓》，《文物》1989年第3期。

⑤ 湖北省文物考古研究所：《江陵九店东周墓》，科学出版社，1995年，第293～298页。

肩，凸胸，细腰，面部清秀。高57.5～60.5厘米。年代为战国中晚期[①]。

荆门包山楚墓。1986～1987年发掘。M2规模较大，为长方形土坑木椁墓，东、南、西、北四室均出土有木俑，共12件，为男性，外着服饰已残朽，下垂一辫，颌下系组缨。墓主为邵陀，属于大夫阶层。M4出土有木俑2件。下葬年代为公元前316年，年代为战国晚期早段[②]。

荆州刘家湾M99。1987年发掘，出土有木俑，具体数量不详，其中1件高36.7厘米。年代为战国中期至战国晚期[③]。

江陵枣林铺M1。1988年发掘，出土有木俑2件，呈侍立状，均刻划有五官，墨绘眼睛、眉毛及头发，面颊涂红色。衣服纹饰均用墨、朱两色绘制。年代为战国中期早段[④]。

黄冈曹家岗M5。1992～1993年发掘，随葬木俑4件，均作直立状，无冠，双臂平托于胸前，掌面向上，托物贡献状，应为侍俑。2件为女性。年代为战国晚期[⑤]。

荆门郭店M1。1993年发掘，出土有木俑4件。M1：T10，头身略残，整木雕成，作站立状，高55厘米。墓主应为上士阶层。年代为战国中期偏晚，下葬年代在公元前4世纪中期至公元前3世纪初[⑥]。

荆州纪城M1。1995年发掘，出土有彩绘木俑2件，形制、大小相同。作拱手站立状，足部与俑身以榫卯相接。隆眉、高鼻、深目，用墨线绘出短发。面部细眉、杏眼。M1：31，耳部有穿孔。高66.7、裙宽20厘米。M1：01，一足残。残高67、裙宽21厘米。墓主应为上士。年代为战国中

① 湖北省荆州地区博物馆：《江陵马山一号楚墓》，文物出版社，1985年，第80～82页。

② 湖北省荆沙铁路考古队：《包山楚墓》，文物出版社，1991年，第254～257页。

③ 成都华通博物馆、荆州博物馆：《楚风汉韵——荆州出土楚汉文物集萃》，文物出版社，2011年，第131页；湖南省博物馆、首都博物馆：《凤舞九天——楚文化特展》，科学出版社，2015年，第178页。

④ 江陵县博物馆：《江陵枣林铺楚墓发掘简报》，《江汉考古》1995年第1期。

⑤ 黄冈市博物馆、黄州区博物馆：《湖北黄冈两座中型楚墓》，《考古学报》2000年第2期；黄冈市博物馆：《鄂东考古发现与研究》，湖北科学技术出版社，1999年，第233页。

⑥ 湖北省荆门市博物馆：《荆门郭店一号楚墓》，《文物》1997年第7期。

期早段[①]。

荆门左冢楚墓。2000年发掘，M3出土有木俑2件，尺寸都较小，用整节小圆木雕凿而成，均作站立状，通体黑漆。年代为战国中晚期[②]。

荆州天星观M2。2000年发掘，东室和东南室共出土有木俑10件，出于东室的8件木俑彩绘有衣服纹饰。根据木俑动作，报告将木俑分为二式，每式各4件。两式之间的服饰纹样有区别，Ⅰ式为凤鸟纹、花卉纹和卷云纹，Ⅱ式为回纹。墓主为女性，级别为上大夫阶层。年代为战国中期，公元前350年到公元前330年间[③]。

枣阳九连墩楚墓。2002年发掘M1和M2。M1出土木俑8件，变形严重，原有丝织衣服。M2出土木俑15件，长发，雕刻宽袖衣裳，红黄彩绘凤鸟、卷云、涡纹。年代为战国中晚期[④]。

荆门沙洋塌冢M1。2010年发掘，出土完整的漆木俑1件，通身黑漆，有彩绘，圆雕技法，五官和服饰形象清楚逼真。另有残存发髻1件和木俑4件，刻画较简约。年代为战国中晚期[⑤]。

（7）湖南省

长沙楚墓。1951～1952年在长沙附近的陈家大山、识字岭、伍家岭、五里牌、徐家湾等地清理墓葬162座，其中五里牌M406出土木俑30件。保存完整的木俑均用朱、墨彩绘五官，其中一类木俑的服饰亦用彩绘表现，另一类木俑则着绢衣。年代为战国中期后段[⑥]。1952～1954年长沙附近共发掘楚墓2048座，其中46座墓出土木俑210件，形制清楚的有44件，多数

① 湖北省文物考古研究所：《湖北荆州纪城一、二号楚墓发掘简报》，《文物》1999年第4期。

② 湖北省文物考古研究所、荆门市博物馆、襄荆高速公路考古队：《荆门左冢楚墓》，文物出版社，2006年，第185页、第190页图一三三。

③ 湖北省荆州博物馆：《荆州天星观二号楚墓》，文物出版社，2003年，第173～180页。

④ 湖北省文物考古研究所、襄阳市文物考古研究所、枣阳市文物考古队：《湖北枣阳九连墩M2发掘简报》，《江汉考古》2018年第6期；湖北省文物考古研究所、襄阳市文物考古研究所、枣阳市文物考古队：《湖北枣阳九连墩M1发掘简报》，《江汉考古》2019年第3期。

⑤ 湖北省文物局、湖北省南水北调管理局：《沙洋塌冢楚墓》，科学出版社，2017年，第93页，彩版一三、彩版一四，图版五七、图版五八。

⑥ 中国科学院考古研究所：《长沙发掘报告》，科学出版社，1957年，第60、61页。

为站立状，少数盘坐。其中，4座墓出土木俑服饰式样清晰，分别是M167出土8件彩绘木俑（53长仰M25：1～7、26）、M880出土2件木俑（56长黄M20：1、10）、M569出土49件木俑（54长杨M6：1～41、43～45、68～72）、M401出土有2件木俑（52长扫乙M138）。M401的年代为战国晚期早段，M167的年代为战国中期晚段，M569的年代为战国晚期中段，M880的年代为战国晚期①。

常德德山楚墓。1958年发掘战国墓葬84座，分为早、中、晚三期，中期墓与晚期墓分别出土木俑7件和23件。中期墓M25、M26出土木俑高54～58厘米，均呈黑色。晚期木俑分别出于5座墓中，种类有站立俑、女侍俑、坐俑，高55～64厘米。中期墓的年代为战国早期，晚期墓的年代为战国晚期②。

韶山灌区M70。1965年发掘，共76座墓葬，出土木俑12件，有的木俑着开襟长服，有的着裹身长服。年代为战国时期③。

湘乡牛形山M1、M2。1975～1976年发掘。M1随葬有木俑18件，俑头平行，瓜子脸，弯眉细嘴，从形状看，有歌舞俑和侍俑等，女性特征明显。M2随葬有木俑4件，高约30厘米，制作方法与M1相同。两座墓为并穴夫妻合葬墓，M2墓主为大夫一级的男性，M1墓主为其夫人。年代均为战国中期偏早阶段④。

临澧九里M1。1978～1982年发掘，出土木俑13件，均已残朽，多数仅剩俑头，个别俑头残留有彩绘。通高40～50厘米。年代为战国早期至中期前段⑤。

益阳M2。1982年发掘，出土木俑6件，保存较为完整。俑身系圆木雕成，有的头、手、身分开，雕成后再拼合。服饰刻画简单，及地长裙，下

---

① 湖南省博物馆、湖南省文物考古研究所、长沙市博物馆、长沙市文物考古研究所：《长沙楚墓》，文物出版社，2000年，第395～400页。

② 湖南省博物馆：《湖南常德德山楚墓发掘报告》，《考古》1963年第9期。

③ 湖南省博物馆：《湖南韶山灌区湘乡东周墓清理简报》，《文物》1977年第3期。

④ 湖南省博物馆：《湖南湘乡牛形山一、二号大型战国木椁墓》，《文物资料丛刊》（3），文物出版社，1980年。

⑤ 湖南省博物馆、常德地区文物工作队：《临澧九里楚墓发掘报告》，《湖南考古辑刊》（第3集），岳麓书社，1986年。

摆微张。年代为战国晚期中段[1]。

桃源三元村楚墓。1985年发掘，出土站立侍女俑3件，体态丰满、五官清晰。年代为战国中期偏晚段[2]。

常德寨子岭M1。1999年发掘，随葬木俑67件，其中男俑27件、女俑40件。头身分开制作，少数俑的局部残留有彩绘。墓主应为大夫级别。年代为战国晚期前段[3]。

桃源羊耳村楚墓。2001年发掘，5座墓出土有木俑12件，其中5件可辨识性别，分别为男俑3件、女俑2件。年代为战国中期至晚期[4]。

（8）四川省

青川郝家坪M1。1979～1980年发掘，出土残存木俑11件，其中男俑5件、女俑6件，大多以小木枝削成，形制简略。墨绘五官，彩绘衣袍，综合几件来看，女俑脑后均有发髻，着交领右衽曲裾长衣。年代为战国中晚期[5]。

（9）陕西省

铜川枣庙秦墓。1984年发掘，M5、M11、M14、M16、M18共出土泥俑8件，均系泥塑后再施彩绘，高14～16.5厘米。泥俑多作拱手站立状。眉、头发均用墨绘，所着服装亦多为墨绘或墨朱间绘，个别在领口装饰红点。年代为战国早期至中期[6]。

咸阳塔儿坡秦墓。1995年发掘，墓葬28057壁龛内出土骑马俑2件，上身短衣，下穿短裤，脚蹬长靴。年代为战国晚期前段，秦惠文王至秦武王

① 益阳市文物管理处、益阳市博物馆：《益阳楚墓》，文物出版社，2008年，第203、204页。

② 常德地区文物工作队、桃源县文化局：《桃源三元村一号楚墓》，《湖南考古辑刊》（第4集），岳麓书社，1987年。

③ 常德市文物处：《湖南常德寨子岭一号楚墓》，《湖南考古2002》，岳麓书社，2004年，第402～409页。

④ 龙朝彬、文智、王英党：《湖南桃源青林羊耳战国墓发掘简报》，《考古与文物》2004年增刊。

⑤ 四川省博物馆、青川县文化馆：《青川县出土秦更修田律木牍——四川青川县战国墓发掘简报》，《文物》1982年第1期。

⑥ 陕西省考古研究所：《陕西铜川枣庙秦墓发掘简报》，《考古与文物》1986年第2期。

时期[①]。

澄城刘家洼M1。2017～2018年发掘，出土木俑2件，均有朱墨二色彩绘。遗址为春秋早中期芮国都邑遗址，M1墓主当为一代芮国国君[②]。

2. 玉人像

东周时期的立体服饰形象还包括玉人或人形玉佩所表现出来的服饰形象，这些材料雕刻精致、服饰纹路清晰，对表现服饰的结构和纹饰特征均有帮助，可作为东周服饰研究中的重要补充材料。这类服饰资料数量相对较少，从出土地点来看，东周玉人一般出土于墓葬或祭祀遗址，分布较为分散，主要发现于河北、山西、江苏、河南、湖北、江西、山东等地。

1957年，河南洛阳西郊M1出土2件玉人，服饰形象表现抽象写意，但发髻清晰，很多学者认为表现的是儿童形象，年代为战国时期[③]。1976年，河北平山中山王M3出土有13件人形玉佩，形象有男童、年轻女性和中年女性，年代为战国中晚期[④]。1983年，广东广州西村凤凰岗出土1件舞女玉佩，服饰形象清楚，墓葬年代为西汉早期，但人形玉佩具有战国风格[⑤]。1987年，河南洛阳西工区出土1件玉人，青玉圆雕，戴冠着衣，年代为战国时期[⑥]。1989～1999年，湖北宜城跑马堤M26出

---

① 咸阳市文物考古研究所：《塔儿坡秦墓》，三秦出版社，1998年；咸阳市文物考古研究所：《咸阳石油钢管钢绳厂秦墓清理简报》，《考古与文物》1996年第5期。

② 陕西省考古研究院、渭南市博物馆、澄城县文化和旅游局：《陕西澄城县刘家洼东周芮国遗址》，《考古》2019年第7期；陕西省考古研究院、澄城县文体广电局：《中国社会科学院考古学论坛·2018年中国考古新发现》会议手册；国家文物局：《2018中国重要考古发现》，文物出版社，2019年，第86～90页。

③ 考古研究所洛阳发掘队：《洛阳西郊一号战国墓发掘记》，《考古》1959年第12期。

④ 河北省文物研究所：《战国中山国灵寿城——1975～1993年考古发掘报告》，文物出版社，2005年，第154～212页；河北省博物馆、文物管理处：《河北省出土文物选集》，文物出版社，1980年，图版194；河北省文物管理处：《河北省平山县战国时期中山国墓葬发掘简报》，《文物》1979年第1期。

⑤ 广州市文物管理委员会：《广州西村凤凰岗西汉墓发掘简报》，《广州文物考古集》，文物出版社，1998年，第197～206页；古方：《中国出土玉器全集·广东卷》，科学出版社，2005年，第121页。

⑥ 古方：《中国出土玉器全集·河南卷》，科学出版社，2005年，第212页。

土的1件舞女玉佩，虽然墓葬年代为西汉早中期，但这件玉器当早至战国时期[①]。1992～1993年，山东临淄单家庄LSM1出土有1件人形玉佩，年代为战国时期[②]。1993年，河南南阳桐柏月河M1出土1件玉人，阴线刻出胡须，为男性，又以阴线刻出甲胄、绑腿等服饰形象，墓主很可能为春秋养国国君受之墓。年代为春秋晚期[③]。1996年，河南洛阳针织厂C1M5269出土1件玉人，头戴冠，年代为战国早中期[④]。2001年，山西侯马晋都新绛遗址台神古城西高祭祀遗址发现733座祭祀坑，其中J730出土1件玉人，作侍立状，头戴冠，刻画有衣服纹饰，年代为春秋晚期至战国早期[⑤]。2002年，湖北枣阳九连墩M2出土1件叠人踏龛玉佩，年代为战国中晚期[⑥]。2006年，湖北荆州院墙湾M1出土有1件神人操两龙玉佩，中间刻画一位人物，服饰形象清楚，年代为战国中期晚段[⑦]。2006～2007年，湖北荆州熊家冢4号殉葬墓（PM4）出土1件神人龙形佩，年代为战国早中期[⑧]。2009～2011年，江苏盱眙大云山江都王墓地M16出土1件并立双人玉佩，虽出土于汉墓，但玉器本身的年代可早至战国时期[⑨]。2011年，江西

---

① 武汉大学、湖北省文物考古研究所、宜城市博物馆：《湖北宜城跑马堤东周两汉墓地》，科学出版社，2017年，第91、92页。

② 山东省文物考古研究所：《临淄齐墓》（第一集），文物出版社，2007年。

③ 南阳市文物研究所、桐柏县文管办：《桐柏月河一号春秋墓发掘简报》，《中原文物》1997年第4期。

④ 洛阳市文物工作队：《洛阳市针织厂东周墓（C1M5269）的清理》，《文物》2001年第12期。

⑤ 山西省考古研究所侯马工作站：《山西侯马西高东周祭祀遗址》，《文物》2003年第8期；古方：《中国出土玉器全集·山西卷》，科学出版社，2005年，第196页。

⑥ 湖北省文物考古研究所、襄阳市文物考古研究所、枣阳市文物考古队：《湖北枣阳九连墩M2发掘简报》，《江汉考古》2018年第6期；古方：《中国出土玉器全集·湖北卷》，科学出版社，2005年，第126页。

⑦ 荆州博物馆：《湖北荆州院墙湾一号楚墓》，《文物》2008年第4期。

⑧ 荆州博物馆：《湖北荆州熊家冢墓地2006～2007年发掘简报》，《文物》2009年第4期。

⑨ 南京博物院：《长毋相忘：读盱眙大云山江都王陵》，译林出版社，2013年，第448、449页。

南昌海昏侯刘贺墓出土的1件玉舞人，同样也是汉墓出土的战国遗物[①]。2012年，山东临淄范家村墓地M5出土1件玉人，为战国遗物[②]。2017年，湖北随州长堰M19出土1件人形御龙玉佩，年代为战国中晚期[③]。

除经科学发掘出土的玉人或人形玉佩，一些博物馆的传世品和征集品也可作为对比参考。比较重要的有华盛顿弗瑞尔美术馆（Courtesy of the Freer Gallery of Art, Smithsonian Institution，Washington D. C.）所藏的2件舞女玉佩，其中1件连体玉佩据传出自洛阳金村大墓；哈佛大学福格艺术博物馆（Fogg Art Museum，Harvard University）所藏的4件人形玉佩，其中1件为3人叠坐所成造型；大英博物馆（The British Museum）所藏的1件玉人以及私人收藏家Bahr收藏的1件玉人。这部分材料由日本学者林巳奈夫摹绘、拍照，辑录于《战国时代出土文物の研究》一书[④]。林巳奈夫认为以上几件玉器的年代应该比较接近，为公元前3世纪后期，即战国晚期至秦初。此外还有上海博物馆所藏的1件玉人[⑤]，天津博物馆藏的1件玉人[⑥]，浙江省文物公司征集的四角对称人形玉佩[⑦]，蓝田山房所藏的四角对称人形玉佩[⑧]，以及台北震旦艺术博物馆收藏的2件黄玉质人形玉佩[⑨]。

---

① 江西省文物考古研究所、南昌市博物馆、南昌市新建区博物馆：《南昌市西汉海昏侯墓》，《考古》2016年第7期；江西省文物考古研究所、首都博物馆：《五色炫曜——南昌汉代海昏侯国考古成果》，江西人民出版社，2016年；王方：《南昌海昏侯刘贺墓出土玉舞人及相关问题探讨》，《汉代海上丝绸之路考古与汉文化》，科学出版社，2019年，第344页。

② 淄博市临淄区文物局：《山东临淄范家村墓地2012年发掘简报》，《文物》2015年第4期。

③ 中国人民大学历史学院：《2017年湖北随州长堰墓群发掘简报》，《江汉考古》2020年第5期。

④ 〔日〕林巳奈夫：《春秋戰國時代の金人と玉人》，《戰國時代出土文物の研究》，京都大學人文科學研究所，1988年。

⑤ 上海博物馆：《上海博物馆——中国古代玉器馆》，上海博物馆宣传图录（非正式出版物）。

⑥ 天津博物馆：《天津博物馆藏玉》，文物出版社，2012年，第83页。

⑦ 浙江省博物馆：《浙江省博物馆典藏大系——聚珍荟宝》，浙江古籍出版社，2009年。

⑧ 邓淑苹：《蓝田山房藏玉百选》，鸿禧文教基金会，1995年，第230页图73。

⑨ 陈臻仪：《古玉选粹》，震旦文教基金会，2003年，第338页。

3. 金属器人形构件

金属器人形构件是指金、银、铜、锡等金属制品上的表现有服饰形象的人形构件，如铜灯、带钩、铜器器足和底座、兵器柄部装饰等。东周时期铜器数量较多，此类材料也成为服饰研究的重要材料。

（1）河北省

平山中山王嚳墓。1974年发掘，东库出土有1件十五连盏灯，灯座上站立有形态相似的两人，头梳短发，上身裸体，下穿短裳，短裳有花边饰。墓前平台采集有1件铜人形器足，为盗墓遗留之物。年代为公元前327年至公元前313年[①]。

平山中山国成公墓（M6）。1976年发掘，西库出土1件银首人俑铜灯。人像的五官及服饰均刻画得精细入微，一抹胡须显示该人物为男性。年代为战国中晚期[②]。

易县燕下都遗址。采集有1件男性铜人，持物。另采集到1件铜饰件，上方1个立体人物，铜饰四面均有人物活动的纹样。年代均为战国时期[③]。

（2）山西省

长治分水岭东周墓地。1953～1973年前后4次发掘，共计墓葬270余座。M14出土有3件铜人像，似为武士，形制均相似，年代为战国早期[④]。M84出土有1件铜人饰，一男一女牵手并立。年代为战国中期。M126出土有1件铜牺立人擎盘，人物为女性形象，服饰细部特征清楚。年代为战国

---

① 河北省文物研究所：《嚳墓——战国中山国国王之墓》，文物出版社，1996年，第133～135页。

② 河北省文物研究所：《战国中山国灵寿城——1975～1993年考古发掘报告》，文物出版社，2005年，第150～160页；河北省博物馆、文物管理处：《河北省出土文物选集》，文物出版社，1980年，图版194。

③ 河北省文物研究所：《燕下都》，文物出版社，1996年，图485、486，第842页；河北省文化局文物工作队：《燕下都遗址内发现一件战国时代的铜人像》，《文物》1965年第2期。

④ 山西省文物管理委员会：《山西长治市分水岭古墓的清理》，《考古学报》1957年第1期。

早期。M127出土有2件铜人像，男性。年代为春秋时期①。

（3）辽宁省

西丰西岔沟墓地。1956年发掘，出土的铜牌饰上有骑马狩猎场面的纹饰。年代为西汉早期②。

铁岭平岗墓地。出土有1件残缺铜牌饰，上面表现有武士形象。年代为战国至西汉早期③。

（4）江苏省

涟水三里墩战国墓。1965年发掘，出土有1件铜车马模型，其中御手形象清晰可见。年代为战国时期④。

丹徒北山顶墓地。1984年发掘，M24出土1件铜杖，杖镦下端为一跪坐人像，人像纹身，也可能为服饰图案，耳部可见短发，脑后2个发髻，中部有辫纹。M25出土1件悬鼓环座，四角各有1跪坐人像，耳垂有饰孔，额前短发如刘海，全身饰云纹。年代均为春秋时期⑤。

苏州浒关真山D9M1。1994年发掘，出土1件铜灯人像，人像双腿弯曲，右腿承接灯柱，双手抱住灯柱。年代为战国时期⑥。

---

① 山西省考古研究所、山西博物院、长治市博物馆：《长治分水岭东周墓地》，文物出版社，2010年，第252、290、301、316页；图版一一一-6、图版一二九-2、图版一三三-1，图一〇一-E、图一〇四-1，彩版一四；边成修：《山西长治分水岭126号墓发掘简报》，《文物》1972年第4期；山西省文物管理委员会、山西省考古研究所：《山西长治分水岭战国墓第二次发掘》，《考古》1964年第3期；长治市博物馆：《长治馆藏文物精粹》，山西省长治市文物旅游局，2005年，第32～33页。

② 内蒙古自治区文物工作队：《鄂尔多斯式青铜器》，文物出版社，1986年；孙守道：《"匈奴西岔沟文化"古墓群的发现》，《文物》1960年第8、9期合刊。本节所涉及的铜牌饰出土墓葬大多为战国末至西汉初年，鉴于人物表现的多为此阶段内周边地区人物服饰形象，与东周服饰关系密切，故列入本章。

③ 李伯谦：《中国出土青铜器全集·辽宁卷》，科学出版社，2018年，第232页。

④ 李伯谦：《中国出土青铜器全集·江苏卷》，科学出版社，2018年，第217页。

⑤ 江苏省丹徒考古队：《江苏丹徒北山顶春秋墓发掘报告》，《东南文化》1988年增刊；万俐：《吴越晋人形器铸造技术中相关问题的探索》，《东方文明之韵——吴文化国际学术研讨会论文集》，岭南美术出版社，2000年。

⑥ 苏州博物馆：《真山东周墓地——吴楚贵族墓地的发掘与研究》，文物出版社，1999年。

（5）浙江省

湖州吴兴棣溪战国墓。1970年出土1件铜杖，杖镦底部为跽坐人像，椎髻，躯干及四肢装饰有复杂纹饰。年代为战国时期①。

绍兴M306。1982年发掘。壁龛中出土有1件铜房屋模型。屋内前后两排共跪坐6人，前排右侧1人击鼓；中间与左侧2人歌唱；后排3人分别吹奏和抚琴。6人均裸身，但发型特征鲜明。从生理结构看，前排歌唱的2人为女性。同墓还出土有人像铜插垫脚，头部有翘起的冠状物。年代为战国初期②。

绍兴漓渚中庄村春秋墓。1990年发掘，出土1件铜杖，杖镦底部为跽坐人像，额前刘海，脑后椎髻，躯干及四肢装饰有云纹、三角纹和弦纹。年代为春秋时期③。

湖州德清武康河度里春秋墓。2003年发掘，出土1件铜杖，杖首和杖镦分别有1个跽坐人像，2个人像双手分别指向上、下两个方向，全身装饰有几何纹样。年代为春秋时期④。

（6）安徽省

黄山屯溪弈棋M3。1965年出土4件跽坐托物铜人像，裸体无饰，乳房凸起，头顶有柱，柱上有一个长方形穿，可能为铜器器足。年代为春秋晚期⑤。

蚌埠双墩M1。2006～2008年发掘，出土有1件铜鼓纽底座，纽柄四周各铸造有人面纹。墓主为钟离国君柏，年代为春秋中晚期⑥。

---

① 浙江省博物馆：《浙江省博物馆典藏大系——越地范金》，浙江古籍出版社，2009年，第57页。

② 浙江省文物管理委员会、浙江省文物考古所、绍兴地区文化局、绍兴市文管会：《绍兴306号战国墓发掘简报》，《文物》1984年第1期。

③ 陈平：《浙江省博物馆镇馆之宝》，中国青年出版社，2016年，第72页；沈作霖：《绍兴发现青铜鸠杖》，《中国文物报》1990年11月15日第3版；蔡晓黎：《浙江绍兴发现春秋时代青铜鸠杖》，《东南文化》1990年第4期。

④ 周建忠：《德清出土春秋青铜权杖考识》，《东方博物》（第十三辑），浙江大学出版社，2004年。

⑤ 李国梁：《屯溪土墩墓发掘报告》，安徽人民出版社，2006年，第20页。

⑥ 安徽省文物考古研究所、蚌埠市博物馆：《安徽蚌埠市双墩一号春秋墓葬》，《考古》2009年第7期；安徽省文物考古研究所、蚌埠市博物馆：《春秋钟离君柏墓发掘报告》，《考古学报》2013年第4期；安徽省文物考古研究所、蚌埠市博物馆：《钟离君柏墓》，文物出版社，2013年。

六安白鹭洲M566。2010年发掘，东外藏室出土有1件人形铜灯，服饰形象完整，细部特征清晰。年代为战国中晚期①。

六安九里沟窑厂M364。出土1件跽坐铜人像，很可能为鸠杖底座。年代为战国时期②。

（7）江西省

樟树国字山M1。2017年发掘。主棺内出土有1件铜杖，杖镦部为跽坐铜人像。年代为战国中期③。

（8）河南省

洛阳金村大墓，位于今洛阳市东北的成周故城附近，共有8座“甲”字形大墓。1928年，由于墓葬地面经雨水冲刷后塌陷，随葬器物惨遭盗掘，流散海外。后来，日本学者梅原末治将这部分材料辑录成《洛阳金村古墓聚英》一书，于1944年出版④。目前，中外学者对这座墓葬的年代和性质仍持不同意见。梅原末治认为墓葬是公元前450～前230年的秦墓；另有一种观点则根据编钟铭文的“韩”字，认为该墓为韩墓⑤，这种说法影响甚广；唐兰先生认为该墓群是东周墓⑥；李学勤先生则认为洛阳金村大墓出土器物时代有早晚，最晚可迟至战国晚期，为周朝的周王及附葬臣属墓⑦，这种观点得到孙机先生的认同⑧。金村大墓所出铜俑8件、银质人俑2件、人形玉佩2件。其中，女性人物有执雀铜俑1件，现藏于波士顿美术馆（Coll. Museum of Fine Arts, Boston）。

---

① 安徽省文物考古研究所、六安市文物管理局：《安徽六安市白鹭洲战国墓M566的发掘》，《考古》2012年第5期；安徽省文物考古研究所：《新萃——大发展·新发现：“十一五”以来安徽建设工程考古成果展》，文物出版社，2015年。

② 皖西博物馆：《皖西博物馆文物撷珍》，文物出版社，2013年，第104页。

③ 江西省文物考古研究院、中国社会科学院考古研究所、樟树市博物馆国字山考古队：《江西樟树市国字山战国墓》，《考古》2022年第7期。

④ 〔日〕梅原末治：《洛陽金村古墓聚英》（增訂版），京都小林出版部，1944年。

⑤ White, W. C., *Tombs of Old Lo-yang*, Kelly and Walsh Ltd. Shanghai, 1934.

⑥ 唐兰：《洛阳金村古墓为东周墓非韩墓考》，上海《大公报》1946年10月23日第六版第二张；唐兰：《关于洛阳金村古墓答杨宽先生》，上海《大公报》1946年12月11日第六版第二张。

⑦ 李学勤：《东周与秦代文明》，上海人民出版社，2014年，第22～24页。

⑧ 孙机：《洛阳金村出土银着衣人像族属考辨》，《中国古舆服论丛》（增订本），文物出版社，2001年，第151页。

辉县固围村M2。1950～1951年发掘，椁室内西北壁下出土有1件女性人形铜冒。年代为战国晚期[①]。

三门峡上村岭虢国墓地。1974～1975年发掘，M5出土人形漆绘灯一件，人像跽坐，头梳偏髻，右额有发饰，身穿中长服，腰部系宽带。年代为战国中晚期[②]。

洛阳西工M131。1981年发掘，出土有执物铅质人像4件。年代为战国中期或偏晚[③]。

洛阳解放路C1M395。1982年发掘，出土铜人像2件，其中M395：144披发，头戴冠，身着长衣，背部佩剑；另外1件头戴平顶冠。年代为战国晚期[④]。

洛阳针织厂C1M5269。1996年发掘，出土1件铜莲花炉，器足为裸体人形。另出土1件跽坐铜人，裸体，头戴冠。年代为战国早中期[⑤]。

洛阳中州中路C1M8371。2004年发掘，出土跽坐铜人像2件。年代为战国中期[⑥]。

（9）湖北省

江陵望山M2。1965年发掘，头厢出土1件人骑驼形灯，人像发型和服饰清晰可见。年代为战国中期晚段[⑦]。

随州曾侯乙墓（擂鼓墩M1）。1978年发掘，出土的编钟钟架下层和中层分别有3个人形柱子，铜人站立托举编钟，通体圆雕，服饰形象及五

---

① 中国科学院考古研究所：《辉县发掘报告》，科学出版社，1956年，第94页，图一一〇-5，图版陆陆。

② 河南省博物馆：《河南三门峡市上村岭出土的几件战国铜器》，《文物》1976年第2期。

③ 蔡运章、梁晓景、张长森：《洛阳西工131号战国墓》，《文物》1994年第7期。

④ 洛阳市文物工作队：《洛阳解放路战国陪葬坑发掘报告》，《考古学报》2002年第3期。

⑤ 洛阳市文物工作队：《洛阳市针织厂东周墓（C1M5269）的清理》，《文物》2001年第12期。

⑥ 洛阳市文物工作队：《洛阳中州中路东周墓发掘简报》，《文物》2006年第3期。

⑦ 湖北省文物考古研究所：《江陵望山沙冢楚墓》，文物出版社，1996年，第111～163页，图版八〇。

官均十分清晰。年代为战国早期[①]。

荆门包山M2。1986年发掘，北室出土人形铜灯2件，同墓遣册记载为“二烛俑”，铜像发髻和服饰清晰可见。年代为战国中期[②]。

枣阳九连墩M1。2002年发掘，出土1件人形铜灯，人形长须束发，戴冠，穿交领服。墓主为楚国上大夫。年代为战国中晚期[③]。

（10）湖南省

长沙树木岭战国墓。1952～1954年长沙附近共发掘楚墓2048座，其中M1647（74长树M1：3）出土有1件人形柄匕首（M1647：3），人物上身裸体，下身着围腰。墓葬为古代越人墓葬。年代为战国时期[④]。

（11）陕西省

西安客省庄M140。1955～1957年发掘，K140出土青铜牌饰4件，其中1件上表现有武士摔跤的场面。年代为战国末期至西汉早期[⑤]。

（12）甘肃省

张家川马家塬墓地M3。2006年发掘，出土锡人像1件，头戴尖顶帽。年代为战国时期[⑥]。

（13）宁夏回族自治区

固原彭阳草庙。1987年出土铜牌饰1件，上面表现有1人骑的场面，人物服饰形象清晰可见。年代为战国时期[⑦]。

---

① 湖北省博物馆：《曾侯乙墓》，文物出版社，1989年，第78～84页。

② 湖北省荆沙铁路考古队：《包山楚墓》，文物出版社，1991年，第254～257页。

③ 湖北省文物考古研究所、襄阳市文物考古研究所、枣阳市文物考古队：《湖北枣阳九连墩M1发掘简报》，《江汉考古》2019年第3期。

④ 湖南省博物馆、湖南省文物考古研究所、长沙市博物馆、长沙市文物考古研究所：《长沙楚墓》，文物出版社，2000年，第188页，图一二七-7；湖南省博物馆：《长沙树木岭战国墓阿弥岭西汉墓》，《考古》1984年第9期；高至喜：《湖南发现的几件越族风格的文物》，《文物》1980年第12期；高至喜：《长沙树木岭出土战国铜匕首的族属问题》，《文物》1985年第1期。

⑤ 中国科学院考古研究所：《沣西发掘报告》，文物出版社，1963年，第138页。

⑥ 甘肃省文物考古研究所、张家川回族自治县博物馆：《2006年度甘肃张家川回族自治县马家塬战国墓地发掘简报》，《文物》2008年第9期。

⑦ 李伯谦：《中国出土青铜器全集·辽宁卷》，科学出版社，2018年，第150页。

4. 其他立体服饰资料

除人形金属器外，一些陶范表现出来的穿有服饰的人物形象也是重要的立体服饰资料。比较典型的有以下两处手工业作坊遗址和墓葬。

山西侯马铸铜遗址，1957～1960年发掘。在侯马市牛村、平望古城附近发掘有LⅣ、XLVⅡ、Ⅰ、Ⅵ、XⅣ、Ⅱ号地点，其中Ⅱ号地点发现有5万余陶范。经粗略统计，可以辨明人物个体的约有11件（套），其中可约略见到服饰情况的约有7件。遗址的年代为春秋中期偏晚至战国早期①。

陕西西安北郊战国铸铜工匠墓。1999年发掘，墓主为成年男性。墓中出土了大量的铸铜陶模具、陶器、铜器、铁器、漆器、石器。报告认为墓主应该是铸铜工匠。模具中有1件人物纹饰牌模（99SXLM34：28），平面呈菱形，中间有2人，其中1人为中年女性，侧身搂抱着左边1人，似为男孩，身着紧身衣裤。年代为战国晚期晚段②。

此外，1987年，纪南城内西部新桥遗址出土陶鞋一只（T2：44），很可能为附近窑址产品。年代为战国早期早段到中期晚段③。

（二）平面服饰形象

东周时期考古发现中，部分器物表面描绘或刻画的人物形象也是服饰研究的重要材料，这部分材料主要包括帛画及彩绘贝壳画、漆器及陶器表面纹饰、刻纹铜器和铜镜。

1. 帛画及彩绘贝壳画

东周时期最典型的帛画即1949年湖南长沙陈家大山战国墓出土的人物龙凤帛画和1973年湖南长沙子弹库战国墓出土的人物御龙帛画，它们均为墓葬“铭旌”。帛画中分别表现了战国时期的女性和男性形象，其服饰表

---

① 山西省考古研究所：《侯马铸铜遗址》，文物出版社，1993年，第201～205页；山西省考古研究所：《侯马陶范艺术》，普林斯顿大学出版社，1996年，第484～523页。

② 陕西省考古研究所：《西安北郊战国铸铜工匠墓发掘简报》，《文物》2003年第9期；陕西省考古研究所：《西安北郊秦墓》，三秦出版社，2006年，第122页。按：该报告中该模具器物号为99乐百氏M34：5。

③ 湖北省文物考古研究所：《纪南城新桥遗址》，《考古学报》1995年第4期。

现生动自然、服饰细部刻画清晰。年代均为战国时期[①]。

1991年山东淄博临淄徐家村南发现有3件彩绘贝壳。其中2件内壁表现有男女数人在不同场景下的活动，年代为战国中晚期[②]。

2. 漆器及陶器纹饰

漆器表面的人物绘画也是重要的服饰资料来源。虽然表现技法相对简单，线条粗略，内容抽象，清晰表现服饰特征的材料不多，但部分偏于写实风格的人物画像仍然可为服饰研究提供一些参考。这部分材料主要发现于山东、河南、湖北、湖南等地。典型者如中华人民共和国成立前湖南长沙楚墓出土的2件漆卮，漆卮上分别彩绘有乐舞人物和车马人物[③]。1956～1958年，河南信阳长台关M1出土的彩绘漆瑟上表现有巫师和各种禽兽，残存漆器构件上也有彩绘人物，年代为战国早期[④]。1971～1972年，山东临淄郎家庄M1出土许多漆器残片，其中M1：54的圆形图案分为内外两层，表现有人物、楼阁和禽兽，年代为春秋战国之际[⑤]。1986～1987年，湖北包山M2出土的子母口漆奁（M2：432），器盖一周绘制有26位彩绘人物组成的出行场面，服饰式样及色彩清晰鲜明，年代为战国中期[⑥]。2010年，湖北荆门沙洋严仓墓地M1出土的彩绘漆棺中表现有出行、歌舞、宴饮等各种生活场景及大量人物形象，年代为战国中期晚段[⑦]。

陶器纹饰表现的服饰形象主要有1981年洛阳西工M131出土的陶壶上彩绘有人物形象。年代为战国中期晚段[⑧]。

---

① 郭沫若：《关于晚周帛画的考察》，《人民文学》1953年第11期；湖南省博物馆：《长沙子弹库战国木椁墓》，《文物》1974年第2期；中国古代书画鉴定组：《中国绘画全集·战国-唐》，文物出版社、浙江人民美术出版社，1997年。

② 山东省文物考古研究院：《临淄徐家村南墓地M32发掘简报》，《海岱考古》2023年第1期。

③ 商承祚：《长沙出土楚漆器图录》，上海出版公司，1955年，第20页图版七、第22页、第23页图版八、第25页。

④ 河南省文物研究所：《信阳楚墓》，文物出版社，1986年，第29～31页。

⑤ 山东省博物馆：《临淄郎家庄一号东周殉人墓》，《考古学报》1977年第1期。

⑥ 湖北省荆沙铁路考古队：《包山楚墓》，文物出版社，1991年，第144～146页，图八九。

⑦ 宋有志：《湖北荆门严仓墓群M1发掘情况》，《江汉考古》2010年第1期。

⑧ 蔡运章、梁晓景、张长森：《洛阳西工131号战国墓》，《文物》1994年第7期。

3. 刻纹铜器

东周时期的刻纹铜器上刻绘有大量的诸如狩猎、宴饮、战争、祭祀、采桑等人物活动场景。画面中人物形象虽然抽象简单，但表现人物活动的主题鲜明，为特定场合中的人物活动，可以从侧面了解不同地区间不同活动的人物服饰的普遍性特征。这部分材料大部分出自春秋晚期和战国早、中期墓葬[①]，主要分布于江苏、山西和河南，山东、湖南、四川、广西等地也有零星发现。

比较典型的有山西潞城潞河M7出土的刻纹铜匜[②]，定襄中霍村M1出土的刻纹铜匜[③]，太原金胜村M251出土的刻纹铜匜[④]，长治分水岭M12出土的刻纹铜匜[⑤]，浑源李峪村出土的嵌错铜豆[⑥]。江苏六合程桥M1出土的宴饮纹残片[⑦]，六合和仁出土的刻纹铜匜[⑧]，镇江谏壁王家山出土的刻纹铜匜、铜盘、铜鉴[⑨]，淮阴高庄战国墓出土的刻纹铜盘、铜盆、铜匜、箅形器[⑩]。河南陕县后川M2040出土的刻纹铜鉴、M2042出土的刻纹铜匜、M2144出土的刻纹铜匜[⑪]，辉县赵固村M1出土的刻纹铜鉴[⑫]，辉县琉璃阁M1出土的刻纹铜奁、刻纹铜壶，汲县山彪镇M1出土的嵌错铜鉴[⑬]，洛阳

---

① 叶小燕：《东周刻纹铜器》，《考古》1983年第2期。

② 山西省考古研究所、山西省晋东南地区文化局：《山西省潞城县潞河战国墓》，《文物》1986年第6期。

③ 李有成：《定襄县中霍村东周墓发掘报告》，《文物》1997年第5期。

④ 太原市文物考古研究所：《太原晋国赵卿墓》，文物出版社，2004年。

⑤ 山西省文物管理委员会：《山西长治市分水岭古墓的清理》，《考古学报》1957年第1期。

⑥ 山西省考古研究所：《山西浑源县李峪村东周墓》，《考古》1983年第8期。

⑦ 江苏省文物管理委员会、南京博物院：《江苏六合程桥东周墓》，《考古》1965年第3期。

⑧ 吴山菁：《江苏六合县和仁东周墓》，《考古》1977年第5期。

⑨ 镇江博物馆：《江苏镇江谏壁王家山东周墓》，《文物》1987年第12期。

⑩ 淮安市博物馆：《淮阴高庄战国墓》，文物出版社，2009年。

⑪ 中国社会科学院考古研究所：《陕县东周秦汉墓》，科学出版社，1994年，第61～66页。

⑫ 中国科学院考古研究所：《辉县发掘报告》，科学出版社，1956年，第114页，图一三八。

⑬ 郭宝钧：《山彪镇与琉璃阁》，科学出版社，1959年，第18～23页。

西工M131出土的铸纹铜壶[①]。此外，其他出土地点的铜器还有河北平山三汲乡M8101出土的刻纹铜鉴、铸纹铜豆[②]以及唐山贾各庄出土的嵌错铜壶[③]；山东平度东岳石村M16出土的刻纹铜匜[④]以及长岛王沟出土的刻纹铜器[⑤]；湖南长沙黄泥坑M5出土的刻纹铜匜[⑥]；四川成都百花潭M10出土的嵌错铜壶[⑦]；陕西凤翔高王寺出土的刻纹铜壶[⑧]。

历年的文物征集中，也常发现有类似刻纹铜器，如1998年河南洛阳文物交流中心征集到的1件刻纹铜匜[⑨]、2001年陕西甘泉博物馆征集的错金狩猎纹铜车饰[⑩]。

4. 铜镜

铜镜上的人物服饰形象最典型的莫过于据传河南洛阳金村大墓出土的金银错狩猎纹铜镜以及湖北云梦睡虎地M9狩猎纹铜镜上的武士形象[⑪]。

三、服饰类简牍的考古发现

“简牍”是学界对古代以竹简和木牍为书写载体的文献统称，属于出土文献的一种。古代对不同形制和用途的简牍有着不同称谓，如

---

① 蔡运章、梁晓景、张长森：《洛阳西工131号战国墓》，《文物》1994年第7期。

② 河北省文物研究所：《河北平山三汲古城调查与墓葬发掘》，《考古学集刊》（第5集），中国社会科学出版社，1987年，第157～193页。

③ 安志敏：《河北省唐山市贾各庄发掘报告》，《考古学报》（第6册）。

④ 中国科学院考古研究所山东发掘队：《山东平度东岳石村新石器时代遗址与战国墓》，《文物》1962年第10期。

⑤ 烟台市文物管理委员会：《山东长岛王沟东周墓群》，《考古学报》1993年第1期。

⑥ 湖南省博物馆：《长沙楚墓》，《考古学报》1959年第1期。

⑦ 四川省博物馆：《成都百花潭中学十号墓发掘记》，《文物》1976年第3期。

⑧ 韩伟、曹明檀：《陕西凤翔高王寺战国铜器窖藏》，《文物》1981年第1期。

⑨ 徐婵菲、姚智远：《浅释洛阳新获战国铜匜上的刻纹图案》，《中原文物》2007年第1期。

⑩ 王勇刚、崔风光：《陕西甘泉县博物馆收藏的两件错金狩猎纹铜车饰》，《考古与文物》2009年第4期。

⑪ 孔祥星、刘一曼：《中国铜镜图典》，文物出版社，1992年，第152、153页。

“简”“牍”“方”“札”“版”“册”“楬”等。从目前发现的简牍来看，出土简牍主要集中于战国两汉时期的墓葬或遗址中。与传世文献相比，以简牍为载体的出土文献未经后世删改，最大限度还原了当时的历史原貌，为服饰研究提供了重要的研究材料。

简牍上书写的内容主要涉及书籍与文书两大类，文书中用于记载随葬物品的清单，称为“遣册”或“遣策”[①]。《仪礼·既夕礼》曾提到“知死者赗，知生者赙，书赗于方，若九，若七，若五，书遣于策”[②]，即死者入藏时，将亲友赠送的物品按照种类与数量记载于“方”上，再编连成“策”。此外，《仪礼·士丧礼》还记有称为“襚”的一种礼仪，《左传》襄公二十九年有“楚使公亲襚”的记载，“襚”是生人赠送衣物予死者的礼仪。遣册文字不仅记载有随葬的服饰，简牍本身作为出土遗物，内容丰富、年代清楚，是服饰研究的最主要材料，有助于服饰名物、质料、色彩等诸多方面的研究。

涉及服饰的战国简牍基本全部为遣册，且全部出土于楚墓。除服饰类遣册外，还包括个别盛放服装的竹笥文字和签牌，它们同样为服饰研究提供了重要参考。出土的服饰类遣册及签牌主要分布在湖北、湖南、河南三地的楚墓中，有些楚墓如荆州天星观M1、黄冈曹家岗M5等虽然也有遣册出土，但内容不涉及服饰，故未列入。

（1）河南省

1956年，信阳长台关M1出土竹简共148枚，分为一、二两组，其中，第二组为衣物类遣册，共29枚，保存完整，其中2-016简为签牌性质。从可辨认的字计算，共残存1030字，内容与随葬器物多有相合之处，其中保存有诸多对衣物的描述，涉及衣、裳、冠、帽、巾、带、组缨等多种类别。年代为战国早期[③]。

---

① 随葬器物清单又有“遣册”“赗方”“物疏”等专名，学界对此多有争论，其焦点主要在于区分宾客赠物和主人自备的遣送明器。由于本书重在探讨遣册所记服饰名谓，故不在此问题多作区分，统一以习惯上的“遣册”称之，西汉晚期遣册也称“物疏简”或“物疏牍”。

② （清）阮元校刻：《仪礼·既夕礼》，《十三经注疏》，中华书局，2009年，第2498页。

③ 河南省文物研究所：《信阳楚墓》，文物出版社，1986年，第68页；武汉大学简帛研究中心、河南省文物考古研究所：《楚地出土战国简册合集》（二），文物出版社，2013年。

（2）湖北省

1966年，江陵望山M2出土的一批竹简，经过拼接的竹简有66枚，完整的5枚。简文字数共计900余字，所记载各类器物名称多达320种之多，而以衣衾等丝织品的名称为最多。其中48～50号简记录了与服饰相关的名称，涉及衣、冠、屦、革带、绲带等，年代为战国中期晚段[①]。1978年，随州曾侯乙墓北室出土240枚有字竹简，但多为丧葬所用车马的记载，与服饰关系不大，但东室还出土有5件衣箱，形制相同，大小略异。衣箱上多有刻文“匫”，报告认为是当时衣箱的名称。其中E.61阴刻有“紫桧（锦）之衣”，E.67刻文有“狄匫”据此可以证明这些箱子原来都是放置有衣物的[②]。1982年，江陵马山M1出土的1件竹笥（8-3）盖顶上以丝线拴住1枚签牌，墨书“緐以一綊衣见于君”，年代为战国中晚期[③]。1986年，包山楚墓M2的四个边厢均出土有竹简，合计448枚，其中有字竹简278枚，总字数达12472字，内容涉及司法文书、占卜祷辞和遣册三个大类。遣册共27枚，分四组放置于东室、西室和南室，其中西室出土有衣物类遣册6件，记载了衣、冠、屦等服饰，年代为战国晚期[④]。

（3）湖南省

1951～1952年，长沙五里牌M406出土38枚残存竹简，字迹多漫漶不清，个别文字从“糸”旁，与随葬服饰相关[⑤]。1953年，长沙仰天湖M25发掘出土竹简，共计42枚，其中完整的竹简19枚，多从“糸”旁，不仅记录了相关服饰的名称和数量，还提及了赙赠者的官职或者姓名，其中，涉

① 湖北省文物考古研究所：《江陵望山沙塚楚墓》，文物出版社，1996年，第162、163页；湖北省文物考古研究所、北京大学中文系：《望山楚简》，中华书局，1995年，第107～130页；武汉大学简帛研究中心、湖北省文物考古研究所、黄冈市博物馆：《楚地出土战国简册合集》（四），文物出版社，2019年。

② 湖北省博物馆：《曾侯乙墓》，文物出版社，1989年，第353～359页。

③ 湖北省荆州地区博物馆：《江陵马山一号楚墓》，文物出版社，1985年，第89页。

④ 湖北省荆沙铁路考古队：《包山楚简》，文物出版社，1991年。

⑤ 考古研究所湖南调查发掘团：《长沙近郊古墓发掘记略》，《文物参考资料》1952年第2期；中国科学院考古研究所：《长沙发掘报告》，科学出版社，1957年，第55页；商承祚：《战国楚竹简汇编》，齐鲁书社，1995年。

及服饰的内容主要包括衣、帽、屦、带等。年代为战国中期晚段[①]。

第二节　服装的主要类型

从古至今，包括上衣和下衣在内的“衣裳”，一直是一套完整的服饰搭配中最核心的部分。《易·系辞传》云：“黄帝尧舜，垂衣裳而天下治，盖取诸乾坤。”可见“衣”“裳”连用，不仅是一套基本服制之所在，也是两个最基本的精神符号，承载着服饰文化最原始的象征意义。本节所讨论的服饰即是围绕上衣和下衣而展开，兼及足衣。上衣和下衣虽然同样作为服装的整体，但在实用性、装饰性、仪礼性等彰显服饰整体面貌方面所承担的作用却是不对等的。东周时期，上衣中普遍流行上下连体的长服，这使得下衣和足衣隐而不现或只显露出很少的一部分。因此，对于上下连体的服饰结构，上衣是绝对的服饰主体；对于上下分体的服饰结构，下衣的重要地位才得以凸显，本节所列示的下衣类型基本都是在上下分体的服饰结构中所展现出的形象。

一、上衣的主要类型

上衣是以领为总起、肩为支点的服装。不同类型的上衣主要体现在衣长、领口式样、袖及袖口式样、束腰位置、下摆形状、衣裾形状等款式方面。就上衣的长度而言，有长服、中长服、短服之分；就领口式样而言，有交领式、对襟式、贯头式、披身式之分[②]；就袖及袖口的形状而言，有

---

① 《湖南文管会清理长沙仰天湖木椁楚墓发现大量竹简、彩绘木俑等珍贵文物》，《文物参考资料》1953年第12期；《长沙仰天湖战国墓发现大批竹简及彩绘木俑雕刻花版》，《文物参考资料》1954 年第3期；史树青：《长沙仰天湖竹简研究》，群联出版社，1955年；湖南省文物管理委员会：《长沙仰天湖第25号木椁墓》，《考古学报》1957年第2期；饶宗颐：《战国楚简笺证》，上海出版社，1957年；商承祚：《战国楚竹简汇编》，齐鲁书社，1995年；湖南省博物馆、湖南省文物考古研究所、长沙市博物馆、长沙市文物考古研究所：《长沙楚墓》，文物出版社，2000年，第420页。

② 为便于表述，本书涉及的“交领”如无特别说明，皆指斜直交领。其他形态的交领则会特别标明。另外，圆形交领正视呈半圆形，很容易被误认为是圆领套头式服装。因此在辨别领式时，应观察身体前方是否有开口，在前部特征不明显的情况下，需观察身体后方是否有用于表现“裾”的直线，这也是本书区分两种领式的基本方法和依据。

直袖、袖口收杀、垂胡、喇叭袖等；就袖口的宽度而言，有窄袖、宽袖、阔袖三种；就袖的长度而言，有长袖、中长袖、半袖之分；就束腰位置而言，有高腰、中腰、低腰之分；就衣裾特征而言，又有曲裾和直裾之分；就下摆形状而言，有内收、裹身和外撇之分；就下摆边缘形状而言，又有弧形、三角下垂、内凹弧形、平直等差别。在以上诸多款式的差别中，上衣的长度直接影响到上衣和下衣的关系及其反映出的整体结构问题，因此以上衣长度作为第一层级的分型，并以长服、中长服、短服三个大类分述如下。

（一）长服

长服是指长可及地的上衣。东周时期的长服十分常见，但在具体款式上又千差万别，这种差异又以领式的差别最为典型。东周时期的长服全部为交领式，其基本特征是在身体前方开口，左右襟宽度不等、并相互叠压。考古发现的服饰材料表明，东周时期的交领式既有左襟压右襟的“右衽”[①]，也有右襟压左襟的“左衽”，以前者居多。就前襟交叉形成的领口形态而言，有斜直“V”字形、圆弧形、曲尺形等。上衣前襟延长至身后形成“裾”，视裾之边缘，又有曲裾和直裾之分。根据交领和衣裾形态，可将东周时期的长服分为以下几种类型。

1. 斜直交领曲裾服

这类长服的基本特征是斜直交领和曲裾，很多可见较宽的领缘、裾缘、袖缘和下摆缘。斜直交领是指两片前襟边缘为直线呈“V”字形交叉的领口形态，多见交领右衽，两襟相交的交叉点位置较高。依上衣的后视图来看，曲裾一般表现为三角形。由于曲裾的尺寸不同，曲裾末端的固定位置也不相同，稍长的曲裾可绕过身后又至身体前侧甚至绕身数周；较短的曲裾只将尖角曳于身后。斜直交领曲裾长服的两襟下摆有平齐和不平齐之分。结合以上曲裾和下摆形状特征，又可分为以下二型。

A型：两襟下摆均不平齐，曲裾较长。袖筒形态多样，有阔袖、宽袖，也有窄袖。根据前后襟的下摆形状，又可以分为二亚型。

Aa型：前后襟下摆各有一下垂的尖角。根据穿着松紧程度不同，表现在服饰形象上又有两种视觉效果。束腰较松时，前襟尖角恰位于身体前方正中；束腰较紧时，尖角已移动至身体右侧，尖角左侧的内凹弧线位于身体前

① 本书所称的左右均是以穿者自身为标准。

方正中，这种情况下的长服下摆，正视呈中间上凹，两端下垂的弧形。

第一种情况中典型者如长沙楚墓出土的木俑M569：5（54长杨M6），衣长及地，前襟下摆正中下垂一尖角，曲裾掖于身后偏左侧（图2-1-1）。年代为战国晚期中段。长沙五里牌M406出土木俑内层长服也为类似式样。年代为战国中期晚段。

第二种情况比较常见，如长沙楚墓出土的木俑M167：2（53长仰25），前襟与后襟下摆均斜直，前襟下摆与曲裾相交成一尖角，垂于身体右侧。正视木俑足部呈弧形，露出内襟斜直尖角。同墓出土的其他3件木俑也着类似长服（图2-1-2），年代为战国中期晚段。与此类似的情况还见于长沙楚墓木俑M569：2（54长杨M6），年代为战国晚期中段；长沙扫把塘M138的2件木俑（图2-1-3），年代为战国中期。

Ab型：两襟下摆均呈斜直直线。前襟下摆斜直向身体右侧上方拥掩，与曲裾直接相连呈一直线。正视上衣下摆，呈中间内凹，两端下垂的三角形。

最典型的为灵寿城成公墓出土的银首人俑铜灯上的人物服饰，长服裹身，阔袖，袖口宽大下垂；前襟很长，绕身两周，于身体右侧固定；下摆外撇，前视呈中间内凹的三角形，后侧平齐外撇（图2-1-4），年代为战国中晚期。着类似式样的曲裾长服案例较多，例如南阳“不见冢”M22出土的侍立俑（图2-1-5），长沙楚墓（54长杨M6）出土的木俑（M569：4、M569：6、M569：8），年代为战国晚期中段。

此外，常德桃源三元村M1出土的3件木俑也着类似式样曲裾长服（图2-1-6），年代为战国中期晚段。常德寨子岭M1所出木俑M1：30（图2-1-7）以及常德桃源羊耳村M24出土的木俑（M24：11、M24：13）均为类似款式（图2-1-8），年代分别为战国晚期早段和战国中期至晚期。

综合以上两个亚型的穿着效果，前襟下摆一般均不及地，多数可露足。需要注意的是，在类似长服的正视图中，Aa型第二种情况与Ab型十分相似，正中内凹，两端下垂，不同之处在于前者边线为弧形，后者边线偏于直线。通过木俑的右侧视图也可以看到，Aa型的前襟尖角垂在身体右侧，Ab型则没有这一尖角，直接向后拥掩，两种款式的细微差别由此可见一斑。

B型：前后襟下摆均平直；曲裾较短，多从身前正中或身右侧斜直向右后方拥掩至身后，掖于腰后正中。根据袖的宽度可分为二亚型。

Ba型：阔袖，有较宽的领缘、袖缘、裾缘和下摆缘。

典型者如江陵马山M1出土的4件彩绘着衣木俑均着类似式样

（图2-2-1），年代为战国中晚期[①]。江陵九店M410出土的2件木俑，其中绢衣俑M410：34，衣长及地，下摆微张，交领右衽，阔袖，腰间系宽皮

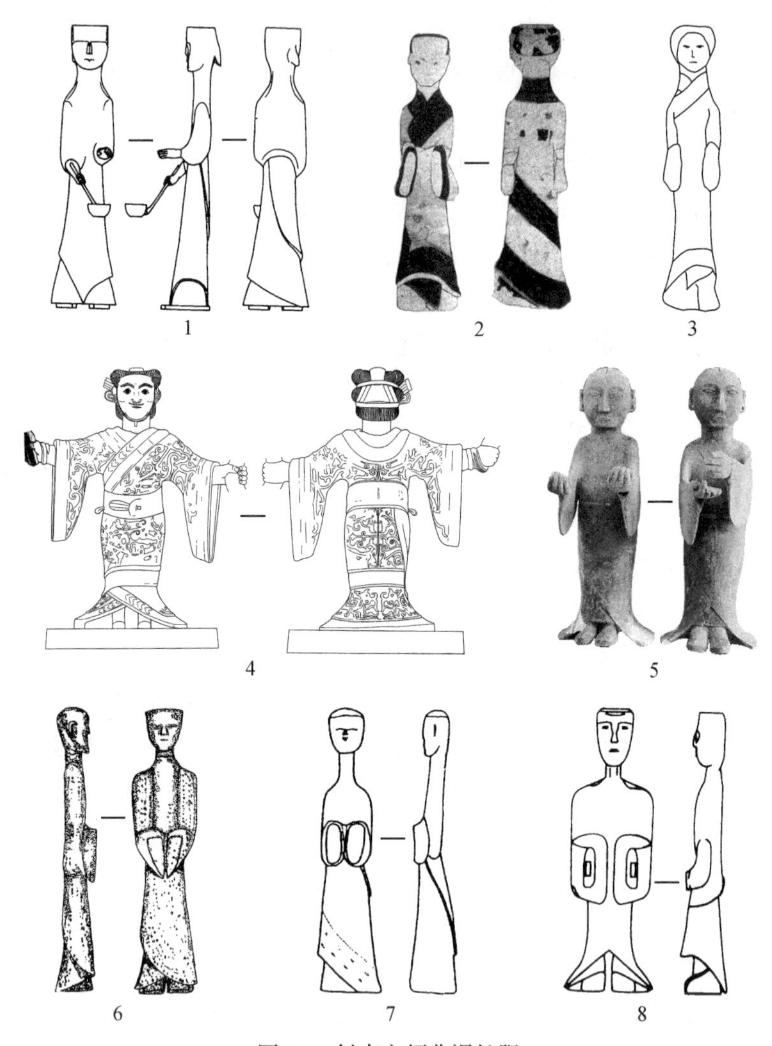

图2-1　斜直交领曲裾长服

1～3. Aa型（长沙M569：5、长沙M167：2、长沙扫把塘M138）　4～8. Ab型（灵寿成公墓M6：113、南阳“不见冢”M22、常德桃源三元村M1、常德寨子岭M1：30、常德桃源羊耳村M24：13）

① 根据报告描述，木俑所着衣服上下是分开的，这很可能是由于类似服装为木俑穿着，并非实用衣服，为剪裁方便而采取类似简易方法。实际上，仔细观察可以发现，木俑所着衣服上下的颜色和纹饰均相同，有些细部甚至有衔接，其目的仍然是要表现上下连属的曲裾式样。见湖北省荆州地区博物馆：《江陵马山一号楚墓》，文物出版社，1985年，第80、81页，图六六。

带，前后襟均平直，曲裾较短小，自身前偏左处斜直向右后方拥掩，掖于身后腰间，有宽领缘、裾缘和下摆缘（图2-2-2）；绣衣俑M410：30，形制基本相似，唯衣服及缘有纹饰（图2-2-3）。年代为战国晚期早段。

图2-2 斜直交领曲裾长服

1～3. Ba型（江陵马山M1：2、江陵九店M410：34、江陵九店M410：30） 4、5. Bb型（潜山彭岭M32：3、安吉五福M1）

Bb型：宽袖，有较宽的领缘、袖缘、裾缘及下摆缘。

典型者如潜山彭岭M32中出土的4件女俑（图2-2-4），年代为战国晚期。与此类似的还有安吉五福战国楚墓M1出土的陶俑，身着及地长服，下摆微张，交领右衽，可见内衣交领，宽袖，束腰，前后襟均平直，曲裾自身前中部向右后方交掩，掖于身后偏左处，有宽领缘、裾缘及下摆缘（图2-2-5）。年代为战国晚期。

2. 斜直交领直裾服

此类长服与斜直交领曲裾服的主要区别在于衣裾的形态为直裾，后视为长条形。前后襟下摆以平直居多，只有个别为略微弧形。袖筒宽度有阔袖和宽袖两种；袖口形状有垂胡、平直外敞、平直收杀三种。结合以上袖的式样，又可以分为三型。

A型：阔袖，袖筒下垂呈弧状，于袖口处收杀。下垂呈弧形的这一部分称为“胡”[①]。根据下垂弧度的程度，可以分为以下二亚型。

Aa型：袖筒下垂十分明显，几近膝部，形成大阔袖。

典型者如信阳长台关出土木俑，均阔袖宽大，袖口紧窄，并有数层袖缘。腰中束宽腰带，腰带中有纹饰，腰前佩挂有多种饰物。直裾从正面围绕至身后偏右侧，交接处露出一梯形饰物，当为腰带垂余部分，下摆平齐。M1：697可见内外两层，外层领缘有纹饰，后领平直向下略凹呈弧形，腰间束宽束带，腰带剩余部分掩于直裾内侧，内衣袖缘外露，下摆平齐无缘（图2-3-1）。M2：168所着上衣形制基本相同，但衣长及地，无露足，后领下凹作半圆形（图2-3-2）。年代为战国早期。沙洋塌冢M1出土的漆木俑M1：T-2也为典型的阔袖直裾服（图2-3-3、图2-3-4），年代为战国中晚期。枣阳九连墩M2出土木俑M2：355也当属此型（图2-3-5），年代为战国中晚期。

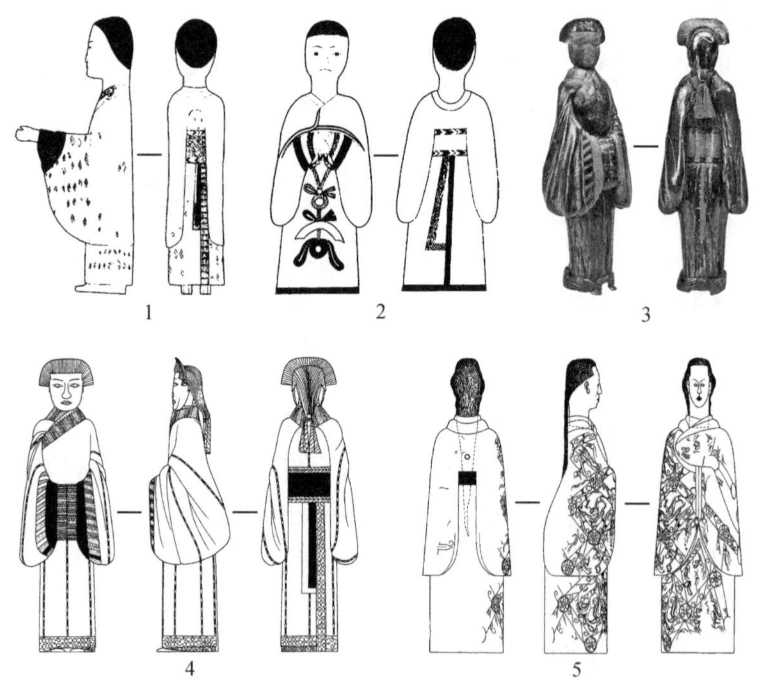

图2-3　Aa型斜直交领直裾长服

1. 信阳长台关M1：697　2. 信阳长台关M2：168　3. 沙洋塌冢M1：T-2照片　4. 沙洋塌冢M1：T-2线图　5. 枣阳九连墩M2：355

① 《说文解字·肉部》：“胡，牛垂也。”《诗·狼跋》集传：“胡，（狼）颔下悬肉也。”凡物呈弧形下垂者皆谓胡。

Ab型：宽袖，袖筒略向下垂，弧度明显，向袖口逐渐收杀。

典型者如江陵马山M1出土的6件直裾长服，其中3件为绵衣、3件为单衣。以小菱形纹锦面绵衣（M1：N15）为例，直裾长服，下摆微张。交领右衽，领口竖立、后部平直，有领缘、袖缘、裾缘和下摆缘，宽度均较窄。整个衣身十分宽大，衣长200厘米，袖展宽345厘米，上衣整体宽大于长。袖宽64.4、袖口宽42厘米，腰宽68、下摆宽83厘米，领缘、袖缘、下摆缘分别宽6、10.5、6厘米。上衣用料8片，其中正身2片、袖筒6片。下衣5片（图2-4-1、图2-4-2）。

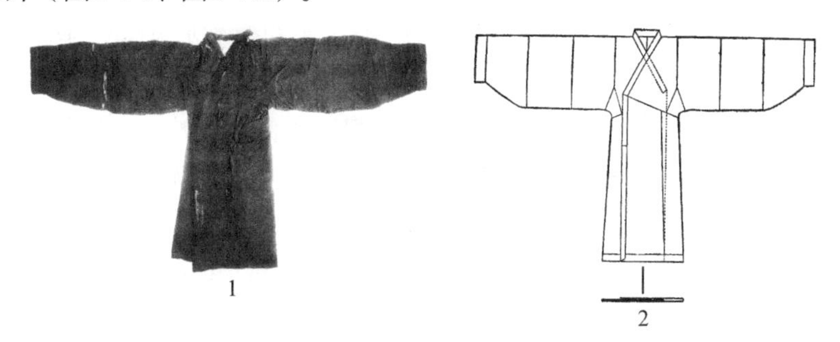

图2-4　Ab型斜直交领直裾长服（江陵马山M1：N15）
1. 小菱形纹绛地锦绵衣照片　2. 小菱形纹绛地锦绵衣线图

同墓出土的另一件小菱形纹锦面绵衣（M1：N16），形制与M1：N15类似，唯整个衣身较前者窄小，但缘部较宽。衣长161厘米，袖展宽277厘米，上衣整体宽大于长，袖宽40、袖口宽36.5厘米，腰宽66、下摆宽79厘米，领缘、袖缘、下摆缘分别宽6、15、12厘米。上衣6片，其中正身2片，均宽32厘米；两袖4片，左袖2片各宽39、47.5厘米，外侧1片由2小片接成；右袖2片各宽34.5、52厘米，外侧1片亦由2小片斜接而成。下衣4片，分别宽34、42、45、44厘米。内外襟缘均宽12厘米。另有E形大菱形纹锦面锦袍1件（M1：N19），无论形制还是尺寸都与M1：N16十分接近，但是缘部相对较宽。衣长170.5厘米，袖展宽246厘米，上衣整体也是宽大于长。袖宽41、袖口宽34厘米，腰宽78、下摆宽96厘米。领缘、袖缘、下摆缘分别宽10.5、15、22厘米。上衣6片，其中正身2片，均宽45厘米；两袖4片，每袖分别宽21、45厘米。下衣5片，分别宽32、48.5、47.5、47.5、35厘米。内外襟缘分别宽15、22厘米。

具有相似式样的3件单衣中，有2件形制清晰。单衣与以上3件绵衣的形制、尺寸都较为接近，也是宽大于长。唯缘部都极其窄小。其中一凤一龙相蟠纹绣紫红绢单衣（M1：N13），衣长175厘米，袖展宽274厘米，袖宽48、袖口宽40厘米，腰宽65、下摆宽80厘米，领缘、袖缘、下摆缘分别宽5、1、12厘米。上衣6片，其中正身2片，均宽38厘米；两袖各2片，分别宽45和43厘米。下衣5片，分别宽42、42、43、45、22厘米。外襟裾缘宽12厘米。龙凤虎纹绣罗单衣（M1：N9），双袖未缝合。衣长192厘米，袖展宽276厘米，袖宽50.5、袖口宽33厘米，腰宽67、下摆宽60厘米，领缘、袖缘、下摆缘分别宽4、5.5、7厘米。上衣6片，其中正身2片，均宽40厘米；两袖各2片，分别宽46和46.5厘米。下衣6片，分别宽32、31、45、28、38、25厘米。外襟裾缘宽12厘米。年代为战国中晚期。

木俑中的类似式样可见云梦睡虎地M8出土的持物木俑M8：16。年代为战国晚期接近秦昭王五十一年（公元前256年）。

B型：两袖平直，袖口宽大，由内（肩部）向外（袖口）外敞。这种平直之袖又可称为“褠”。《释名》云：“褠，禪衣之无胡者也，言袖夹直形如沟也。”[①]根据袖筒的长度，又可分为二亚型。

Ba型：两袖平直，袖筒较长，自袖口至腋下斜直内收。

典型者如鄂城楚墓钢M53出土的2件木俑。宽袖较长，自袖口至腋下逐渐内收，最宽处在袖口处，腰中束带（图2-5-1），年代为战国晚期。与此类似的还有荆门左冢M3出土的木俑M3：37（图2-5-2），年代为战国中期至战国中晚期。此外，长沙地区战国楚墓新中国成立前出土过一批彩绘木俑，部分木俑亦穿类似直裾长服（图2-5-3），年代为战国时期[②]。

Bb型：两袖平直，宽袖口，短袖筒。

典型者如江陵马山M1出土凤鸟花卉纹绣浅黄绢面绵衣（M1：N10）。绵衣直裾，交领右衽，领口竖立、后部平直，下摆微张，有领缘、袖缘、裾缘和下摆缘，均为宽缘。衣长165厘米，袖展宽158厘米，上衣整体长

---

① （汉）刘熙撰，（清）毕沅疏证，（清）王先谦补：《释名疏证补》，中华书局，2008年，第171页。

② 蒋玄怡：《长沙——楚民族及其艺术》（第二卷），美术考古学社，1950年。按：该书为图录性质，许多图片系蒋先生观摩木俑后临摹所得，因此在表现细部特征时略作艺术处理而未完全遵循实物原样亦在所难免。书中并未详细介绍所绘木俑之墓葬出处与概况。笔者曾经试将书中几件木俑图像与《长沙楚墓》所收之木俑详加比对，亦未见相合之处。故这里暂依据蒋文图像予以分类，以待日后补正。另外，木俑穿着直裾长服的前端为弧形，而直裾长服中比较普遍的为平直下摆，该特征是为孤例或是由于临摹误差所致尚未可定论。沈从文先生在《中国古代服饰研究》援引了蒋文图录。见沈从文：《中国古代服饰研究》，上海世纪出版集团，2005年，第59页图一六-3、4。

图2-5　Ba型斜直交领直裾长服

1. 鄂城M53：15　2. 荆门左冢M3：37　3. 长沙楚墓

大于宽。袖与袖口均宽45厘米，腰宽59、下摆宽69厘米，领缘、袖缘、下摆缘分别宽6、11、8厘米。上衣4片，其中正身2片，各宽29厘米；两袖各1片，每片宽39厘米。上衣下部拼有一块三角形面料。下身共9片，宽度分别为15、20.5、21、22、23.5、22.5、22、15.5、15厘米。两襟缘各宽9厘米。剪裁时将整幅的绣面展开，每片刺绣图案的主题基本完整（图2-6-1、图2-6-2）。

类似式样的还有同墓出土的对凤对龙纹绣浅黄绢面绵衣（M1：N14），唯整衣尺寸大于前者。衣长169厘米，袖展宽182厘米，上衣整体宽大于长。袖与袖口均宽47厘米，腰宽66、下摆宽80厘米，领缘、袖缘、下摆缘分别宽9、17、11厘米。绵衣上衣4片，其中正身2片，各宽35厘米，两袖各1片，每片宽37厘米。下身6片，各宽38、32、22、32、39、16厘米。内

图2-6　Bb型斜直交领直裾长服（江陵马山M1：N10）

1. 凤鸟花卉纹绣浅黄绢面绵衣照片　2. 凤鸟花卉纹绣浅黄绢面绵衣线图

外襟缘各宽9、11厘米。需要注意的是，这两件绵衣尺寸宽大，显然非日常穿服，但其式样应为当时的一种基本款式。年代为战国中晚期。

C型：两袖紧窄，由腋下至袖口斜向外（袖口部位）收杀。

典型者如江陵马山M1出土2件绵袍。其中素纱绵衣（M1：N1）为直裾长衣，下摆微张，交领右衽，但无竖立领口，领部后部下凹为圆弧状，两袖斜向外收杀，袖筒最宽处在腋下，小袖口。有领缘、袖缘和裾缘，无下摆缘。衣长148厘米，袖展宽216厘米，上衣整体宽大于长。袖宽35、袖口宽21厘米，腰宽52、下摆宽68厘米，领缘、袖缘分别宽4.5和8厘米（图2-7-1、图2-7-2）。另一件舞凤飞龙纹绣土黄绢面绵衣（M1：N22）虽然领、袖部残损较严重，但根据仅存的部分可知这件绵衣也是小袖口，衣长、袖宽、袖口宽均与M1：N1相近，分别为140、35、20厘米，领缘和袖缘分别宽3.1和9.5厘米。两件绵袍的尺寸与人体实际尺寸相吻合，应当为实用服装。年代为战国中晚期。

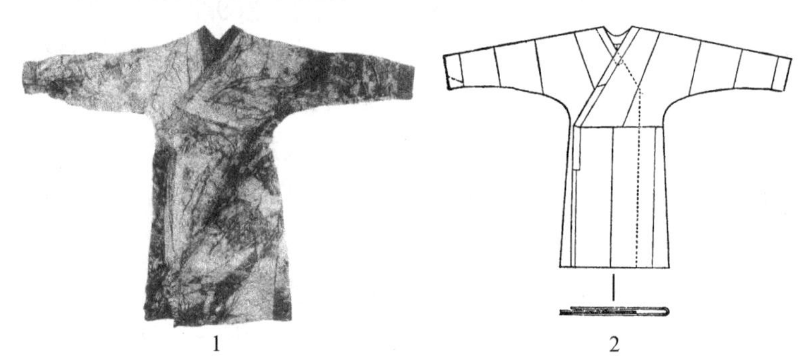

图2-7　C型斜直交领直裾长服（江陵马山M1：N1）

1. 素纱绵衣照片　2. 素纱绵衣线图

3. 圆形交领服

此类长服以圆弧形领口为基本特征①。交领右衽，前襟由左向右拥掩后，开口在身体右侧。腰间有束带固定。下摆前部平齐，后部呈内凹弧形。一般无衣缘。根据袖长及其形状，又可以分为以下二型。

A型：披肩式半袖。长服的上身作三瓣式披肩半袖，袖口外张。

典型者如章丘女郎山M1出土的2件陶俑，M1陪Ⅰ：24、M1陪Ⅰ：26

---

① 从正面观察着衣人物形象，圆形交领长服与圆领贯头式长服往往十分相似，难于区分，实则差异很大。圆形交领长服的基本形制是左右对开，交掩固定；圆领贯头式长服则通体没有开缝，由下而上套头穿服。

腰间束带，前襟垂搭在身体右侧。下摆前部平直，右侧略向右翘起；后部呈弧形（图2-8-1），年代为战国中期。与此类似的还有泰安康家河村M1出土的陶俑M1：29（图2-8-2），年代为战国早期。

B型：窄袖。

典型者如章丘女郎山M1陪Ⅰ：29陶俑着此类服装，腰中有束带[①]。交领右衽，前襟自左向右拥掩，前襟开口在身体右侧。下摆前部平齐，后部呈弧形（图2-8-3）。年代为战国中期[②]。

图2-8　圆形交领长服

1、2. A型（章丘女郎山M1陪Ⅰ：26、泰安康家河M1：29）　3. B型（章丘女郎山M1陪Ⅰ：29）

4. 曲尺形交领服

以曲尺形交领为主要特征的长服。多数不见领缘、袖缘和下摆缘。所谓的曲尺形交领，是指交领中前襟边缘并非斜直向下呈一条直线，而是向右侧弯折，呈曲尺形。有的折角短小而近于平齐，有的折角弯折幅度较大，表现为向右上方翘起的尖角。曲尺形交领服的典型特征是前襟短窄，仅覆盖至身前正中偏右侧，没有围绕至身后的衣裾。根据纹饰可分为二型。

A型：交领右衽，前襟较短，长至身体前方中线偏右侧。窄袖。

---

① 报告线图所示未见腰带痕迹，但据李曰训《齐讴女乐——山东章丘女郎山出土的战国乐舞陶俑》（见《故宫文物月刊》142号）彩图一〇、彩图一一，这件女俑背面有明显腰带痕迹。另外，类似交领式样服装，一般都有腰带固定。假如没有腰带，类似式样的服装不具有合理性。据此两点可以认为这种服饰原有腰带。

② 同墓出土的另外几件歌舞俑（M1陪Ⅰ：10、M1陪Ⅰ：12、M1陪Ⅰ：13、M1陪Ⅰ：20、M1陪Ⅰ：27、M1陪Ⅰ：28）总体款式及纹饰与M1陪Ⅰ：29均相似，但右侧开缝并不明显，形似圆领贯头式长服。鉴于材料不十分清晰，证据不足，这里暂未将圆领贯头式长服分作一类。东周时期是否已经出现贯头式服仍待考。

典型者如燕下都遗址采集的铜人（图2-9-1），年代为战国时期。侯马东周铸铜作坊遗址出土的人形陶范ⅡT13H34：4的服饰，衣服上分别有篦点纹和纵向条纹（图2-9-2），年代为东周时期。

B型：交领右衽，但曲尺形态不明显。前襟很短，故形似对襟。显著特点是整个长服以身体中线为对称轴左右异色。

目前所见的唯一例证是淄博临淄区范家南墓地M112、M113两座墓葬出土的陶俑（图2-9-3～图2-9-6），年代为战国早期。

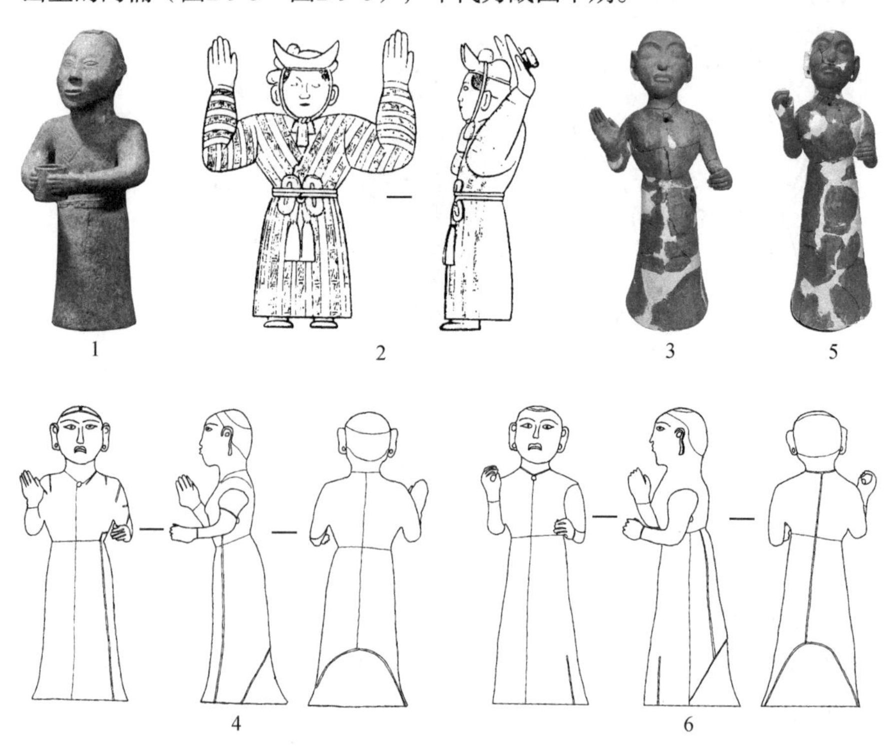

图2-9　曲尺形交领长服

1、2. A型（易县燕下都采集64G：043、侯马铸铜遗址ⅡT13H34：4）　3～6. B型（临淄范家南M112P1：1照片、临淄范家南M112P1：1线图、临淄范家南M113P2：1照片、临淄范家南M113P2：1线图）

（二）中长服

这里所说的中长服是指长度在膝踝之间的上衣。就目前所见的考古材料，东周时期的中长服非常有特点，主要有两种款式：一种是整体收身紧窄，正视近似直筒状的紧身服，又有高腰和中腰两种类型；另外一种是对襟领式的中长服。与长服相比，以上三种中长服款式在分布上具有地域性。

1. 高腰紧身服

除了整体收身紧窄，近似直筒状的特点外，高腰紧身服的束腰位置也很有特点。与长服相比，束腰位置较高，腰间有束带，下摆平齐。通过领口表现清晰的案例可以看到，这类服饰多为斜直交领，且交领右衽。也有少部分领口形态比较特殊。更值得注意的是在高腰紧身服中有一类纹饰特殊的上衣，即周身服饰绘制有两色相间的长方格纹。以此为主要区别，可分为以下二型。

A型：标准特征，即典型的高腰紧身中长服。领口式样不详，但从木俑颈部“V”字形曲线来看，应该为交领。窄袖，束腰位置较高，下摆前后均平齐。服面有的周围装饰纹饰，有的则为素面。

典型者如荆州天星观M2所出8件木俑，周身彩绘各种纹饰，腰带高至胸部，并有带鞓的尾端呈“T”字形垂于前胸至下腹部。服装纹饰差别较大。以M2：26为代表的一类木俑身着紧身长衣，“V”字领口，领口后部平直，形似交领。胸部束1条宽为2.2厘米的红色锦带，锦带垂余由前胸中部下垂至腹部，垂余尾端为4根带头。下摆平齐，近似梯形。周身服饰为黑地，上用红、黄二色绘制凤鸟纹、圆圈纹和卷云纹（图2-10-1）。同墓出土的木俑M2：17、M2：30、M2：34所着上衣均与此相似。

另一类木俑所着上衣的式样类似，但纹饰略有差异。M2：28腰间束1条宽1.8厘米的红色锦带，垂余以相同的方式垂在腹部，但在腰带右侧悬挂有一串玉佩饰，其中有玉环2件、玉璜1件。周身服装为黑地，上用红、黄二色绘斜回纹（图2-10-2）。同墓出土的M2：27、M2：29、M2：64均与此相似。年代为战国中期。

与此式样类似的还有黄冈曹家岗M5出土木俑M5：14（图2-10-3），年代为战国晚期前段。江陵雨台山M186出土木俑M186：9和M186：7（图2-10-4、图2-10-5），年代为战国中期。以及洛阳解放路M395出土擎灯坐姿铜人M395：144（图2-10-6），年代为战国时期。

B型：方格纹高腰紧身服。除A型的一般特征外，周身以衣背中缝为对称轴，左右异色排列长方格纹。根据领口的细部特征，又可分为二亚型。

Ba型：斜直交领，交领右衽。

典型者如荆州纪城M1出土的2件木俑，标本M1：31身着束袖裹身中长袍，交领斜直，后部平齐，交领前亦系一个黄色领结，前胸束红色腰带，剩余带鞓从右侧垂下，尾端分叉为若干条丝绦。整个服装绘出两色相间大方格纹。胸前左右对称佩戴两串佩饰，由珠、管、环、璜组成

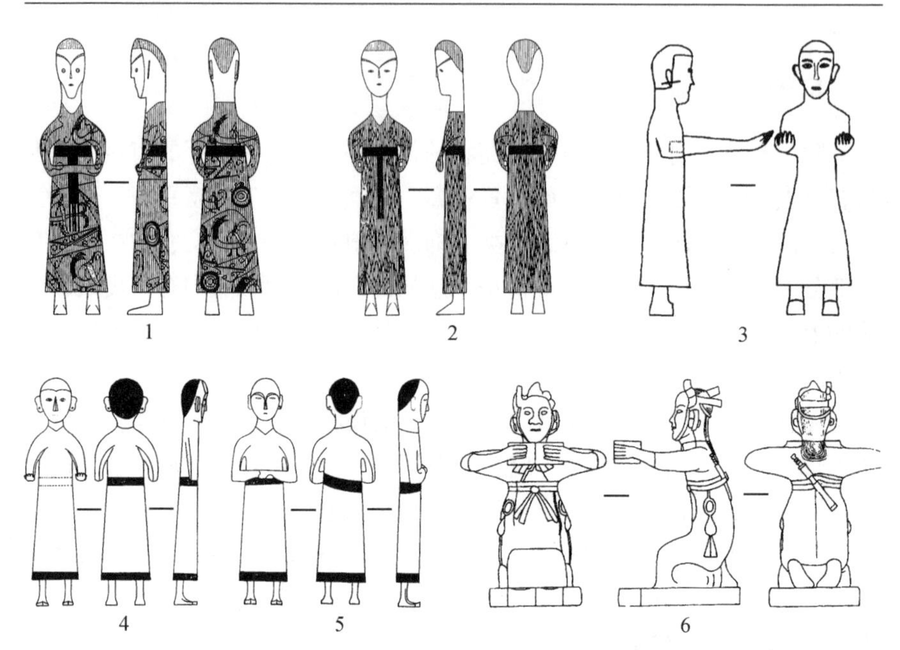

图2-10　A型高腰紧身中长服

1. 荆州天星观M2：26　2. 荆州天星观M2：28　3. 黄冈曹家岗M5：14
4. 江陵雨台山M186：9　5. 江陵雨台山M186：7　6. 洛阳解放路M395：144

（图2-11-1）。年代为战国中期早段。

江陵枣林铺M1出土的2件木俑亦着此类样式。M1：3束身窄袖，近似直筒形。交领右衽，后部略弧，交领斜直。前胸间束一宽腰带，剩余部分从正中下垂至腹部。腰带正中有一带钩。整个服装绘出两色相间大长方格（图2-11-2）①。年代为战国中期早段。

Bb型：类似曲尺形交领，但非尖直折角，而是向上翻起一个弧形三角并且靠近颈部，有的还在交领正中装饰有领结。

典型者如武昌义地M6出土的2件彩绘木俑，墨线绘制眼、眉，其他部位雕刻，发际涂墨，用朱、墨彩绘服饰。衣长均垂至膝部以下，露足。交领右衽，领口后部平齐。袖窄且短。腰带位于前胸，带宽1厘米，腰带下左右对称悬垂两组成串佩饰，有环、珠、璜、环等。下摆平齐且无缘，成梯形直筒状。整个上衣有黑白相间的长方格纹。M6：22交领末端向上翻起一弧形三角，交领前部系有一领结，腋下系带，正视腰带左右两端有墨绘扣饰，胸前左右各佩挂一条成串佩饰，整件服装由朱、墨两色交错呈大

① 两件木俑基本相似，其中M1：9的领口黑白两色左右对称分布，似对襟。但从领口呈“V”字形这一特征来看，为交领的可能性很大。

图2-11　高腰紧身中长服

1、2. Ba型（荆州纪城M1：31、江陵枣林铺M1：3）　3. Bb型（武昌义地M6：21）

长方格纹。M6：21除交领前无领结外，其他款式特征类似（图2-11-3）。年代为战国中晚期。

2. 中腰紧身服

整体收身较紧窄，近似直筒状，束腰位置适中，下摆平齐。领口多表现为斜直交领，且交领右衽。此类服饰贴身便利，当为日常穿着，在各区域均有着有广泛的分布。根据下身剪裁方式，可分为二型。

A型：标准样式。上衣下裳无明显区分。

典型者如长子牛家坡M7出土4件木俑的服饰（图2-12-1），年代为春秋晚期。

B型：下身均匀分片剪裁，似裙的样式，再与上身接合。

典型者如六安白鹭洲M566出土的人形铜灯的人物服饰形象M566：1（图2-12-2、图2-12-3），年代为战国中晚期。枣阳九连墩M1出土人形铜灯M1：760的服饰（图2-12-4），年代为战国中晚期。

3. 对襟式服

以对襟式领口为主要特征的上衣。所谓对襟式，是指两襟对开并且尺寸相同的一种上衣。多为中长服，衣长一般长至膝部或膝部以下。《方言》载："袒饰谓之直衿（领）。"[①]这里的"直衿"或"直领"均是指对襟式上衣。根据用途，这类服饰有助丧之用和日常所服两种类型。

① （清）钱绎：《方言笺疏》，中华书局，1991年，第156页。

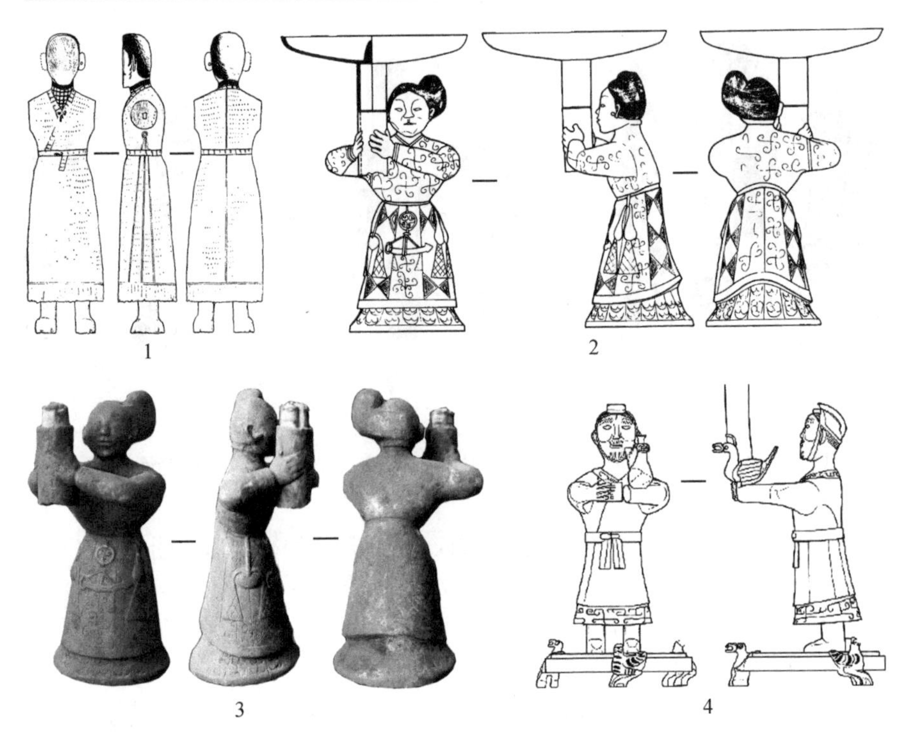

图2-12 中腰紧身中长服

1. A型（长子牛家坡M7：24～27） 2～4. B型（六安白鹭洲M566：1线图、六安白鹭洲M566：1照片、枣阳九连墩M1：760）

A型：助丧之服（緅衣）。

江陵马山M1竹笥内出土有1件对襟式服，竹笥外有竹签牌，自名为“緅衣”（M1：8-3A）。衣服腰与下摆等宽。领口后部下凹，双袖平直，对襟。领、襟、下摆均有缘，并且彼此续接相连。衣服用整块衣料制成，全衣仅在整块衣料上部左右剪开，上部叠成双袖，下部左右内折。衣面用凤鸟践驼纹绣红棕绢面，两襟和下摆缘都用红棕绢绣，袖缘为条纹锦，领缘为大菱形纹锦（图2-13-1）。年代为战国中晚期。这件对襟式服虽式样清晰，保存完整，但尺寸显然比日常服装要小很多。衣长仅有45.5厘米，腰围与下摆宽26厘米，袖展52厘米，袖宽10.7厘米。这样的尺寸表明这类衣物很可能为助丧之服。

B型：日常所服。

日常穿着的对襟式服衣长至膝，衣身上下基本等宽，呈直筒形或下摆微张；无领、对襟，腹部以下两襟分叉。从目前的发掘材料看，这种服装多作为外套披覆在其他上衣之外。根据下摆形状并结合衣长，可分为以下三亚型。

图2-13　A型对襟式中长服（江陵马山M1：8-3A）
1、2. 绵衣照片　3. 绵衣线图

Ba型：衣长及膝，两襟下摆中间低、两侧高，形成斜直三角形。

典型者如长沙M167（53长仰M25）中的1件木俑，半袖，衣领、袖口均有宽缘饰，左右两襟下摆斜直，形成中间低、两侧高的三角形（图2-14-1），年代为战国中期晚段。此外，江陵马山M1出土的夹衣（M1：N23），衣长约101厘米，仅及膝部。由于残损严重，具体式样已经不可知，但从仅存的部分来看，夹衣有组领，并有领缘和下摆缘。领缘和下摆缘均宽5厘米，袖口和袖缘分别宽19、10厘米。面和里均用深黄色绢。袖缘用大菱形纹锦，裾缘和下摆缘均为刺绣制品，很可能与长沙M167楚墓的木俑相类似。年代为战国中晚期。

Bb型：衣长及膝，两襟下摆均平直。

典型者如长沙M569（54长杨M6）出土木俑M569：6，左右两襟下摆平直（图2-14-2），年代为战国晚期中段。

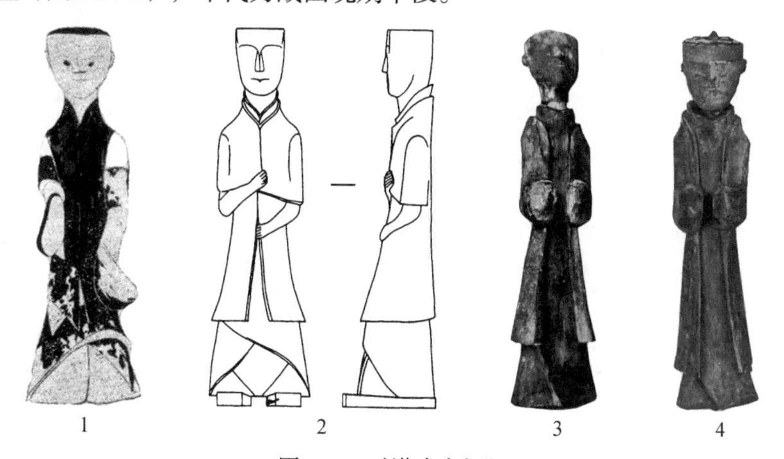

图2-14　对襟式中长服
1. Ba型（长沙M167）　2. Bb型（长沙M569：6）　3、4. Bc型（安吉五福M1：03、安吉五福M1：04）

Bc型：衣长过膝，为中长服。两襟相对，但不接合。两襟下摆平直。

典型者如安吉五福M1出土2件站立木俑，内着曲裾深衣，外着对襟中长服（图2-14-3、图2-14-4），年代为战国末期楚烈王十五年（公元前248年）春申君改封于吴后。

（三）短服

短服的长度在臀部至膝部之间，大多紧窄贴身，式样相对简单。在具体款式方面，交领右衽居多，前襟短者居多，基本全部为窄袖，部分腰部有腰带。根据领式，可分为斜直交领服和曲尺形交领服两种类型。

1. 斜直交领服

这类型短服具有上衣的一般特征，领式为斜直交领，且前襟较长。下摆多平齐，也有个别为尖角或弧线等不平齐形状，以此为标准，可分为二型。

A型：下摆平齐。

典型者如洛阳金村大墓出土的银质人像所着服饰（图2-15-1），年代为战国时期。

B型：下摆不平齐。

典型者如信阳长台关M1出土的漆瑟所绘猎户形象（图2-15-2），年代为战国早期。

图2-15　斜直交领短服

1. A型（洛阳金村大墓银人）　2. B型（信阳长台关M1：158）

2. 曲尺形交领服

如曲尺形交领长服一样，这类短服为曲尺形交领且前襟很短，长只在身前正中偏右侧。根据下摆是否平齐，也可以分为二型。

A型：下摆平齐。

典型者如侯马铸铜作坊遗址出土的人形陶范ⅡT13⑤和ⅡT31③的服饰，窄袖，周身饰云雷纹（图2-16-1、图2-16-2），遗址年代为东周时期。长治分水岭东周墓地M14出土的3件人像（图2-16-3）以及M127出土的2件铜人像（图2-16-4）也着类似的短服。这两座墓的年代分别为战国早期和春秋时期。

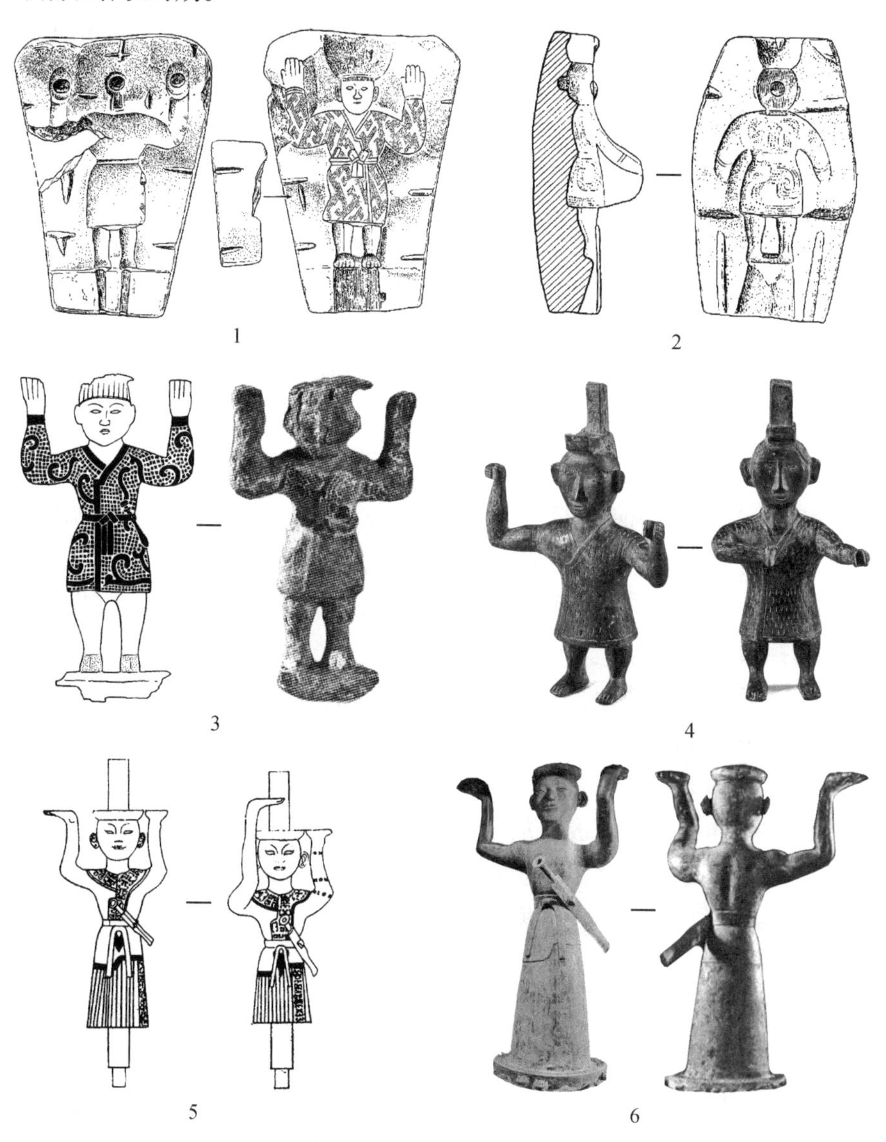

图2-16　曲尺形交领短服

1～4. A型（侯马铸铜遗址ⅡT13⑤、侯马铸铜遗址ⅡT31③、长治分水岭M14：54、长治分水岭M127：1/2）　5、6. B型（随州曾侯乙墓C. 65线图、随州曾侯乙墓C. 65照片）

B型：下摆不平齐。

典型者如随州曾侯乙墓出土的编钟架座3个立柱铜人所穿之上衣，窄袖，下摆两侧不平齐，右侧长、左侧短（图2-16-5、图2-16-6），年代为战国早期。

二、下衣的主要类型

在上下连体的服饰结构中，下衣基本隐于内部，其形制款式均不可见。因此本节所列示的下衣均是指上下分体服饰结构中的下衣。其基本类型主要有裳和裤两种。

（一）裳

先秦时的裳是对下衣的统称，《说文解字》云："衣，依也。上曰衣，下曰裳。"[①]先秦文献《仪礼》中也屡见"玄""黄""纁""杂"等各色之"裳"与衣相配。其基本用途在于蔽下体而遮羞，《释名》云："裳，障也，所以自障蔽也。"[②]就考古材料所见，裳的形象多围于上衣之上，有类现代之"裙"。

需要说明的是，东周时期的服饰结构既有上下连体的长服也有上下分体的上衣和下裳，判断是否连体可从两个方面进行：首先是纹饰，就目前考古材料所见的保存较好、细部特征清晰的服饰形象来看，下裳多与上衣纹饰不同。其次，如果上下连体上衣出现上下纹饰不同的情况，可借助上衣的前襟边缘线来判断。上下分体的结构，上衣的前襟边缘线往往在腰线处消失；而对于上下连体的服饰结构，上衣的前襟上下为一整片、缘线呈连贯的一条直线。

《仪礼》郑注云："凡裳，前三幅后四幅也。"可见裳之形态，多是由多幅布帛连缀而成。从目前所见的考古材料来看，裳的确是由多幅布帛拼接而成，但并不完全按照前三后四的规制布局。据北大藏秦简《制衣》篇所载[③]，下裙依据尺寸不同有大衺、中衺、少衺三种剪裁方

---

① （汉）许慎撰，（清）段玉裁注：《说文解字注》，上海古籍出版社，1981年，第388页。

② （汉）刘熙撰，（清）毕沅疏证，（清）王先谦补：《释名疏证补》，中华书局，2008年，第165页。

③ 北大藏简牍虽断代为秦代，但《制衣》篇实际上反映出整个战国秦汉时期的秦地剪裁工艺，故在此一并介绍。

式，大衮四幅，中衮和少衮均为三幅[①]。且据彭浩、张玲的研究，经斜裁后，四幅和三幅布分别按一定尺寸破为八幅和六幅，均为偶数。再按一定方式拼缝成为三种结构六种方案的梯形裙摆[②]。就下裳的形制而言，应当有展开呈梯形且两边不连属的围裙和布幅全部连缀在一起的闭合筒裙两种基本类型。

1. 围裙式

根据纹饰及剪裁，围裙基本可以分为二型。

A型：多幅纵向或横向拼接。

根据幅片数量及密集程度，可分为三亚型。

Aa型：纵向拼撞幅片较少，下裳接缝较稀疏。

典型者如江陵马山M1出土的实物M1：N17-3，展现出围裙式裳的完整形态。裳为单层，展开后似梯形，上窄下宽。宽82、上缘长181、下摆长210厘米。整体由8片布幅连缀而成，每幅宽度为24～27.5厘米不等。下摆有一宽缘，缘宽12.5厘米。此裳用深黄色绢制成，上有一深黄色绢系带，下摆缘部用大菱形纹锦装饰（图2-17-1）。同墓出土的另一件服饰M1：N24，基本形制相同，由于残损严重，已经无法窥其布幅全貌。从残存部分来看，裳宽99厘米，上下缘分别为156、171厘米，为深褐色绢面，下摆亦有缘，缘宽12厘米，用大菱形纹锦装饰。年代为战国中晚期。

这种围裙式下裳的上身效果可从枣阳九连墩M1出土的铜灯人像的服饰窥见一二，虽然服饰为上下连体，但下裳的剪裁方法是由多幅布帛拼合而成（图2-17-2）。与此类似的还有荆门包山M2出土的铜灯人像服饰（图2-17-3），年代为战国中期。

Ab型：纵向拼撞幅片较多，下裳接缝密集。

这种下裳类似现代的百褶裙，如随州曾侯乙墓出土编钟架铜人所着的下裳，有多重竖线条纹组成，似乎表示裳是由多布幅组成的（图2-17-4）。年代为战国早期。

---

① 刘丽：《北大藏秦简〈制衣〉简介》，《北京大学学报（哲学社会科学版）》2015年第2期。

② 彭浩、张玲：《北京大学藏秦代简牍〈制衣〉的“裙”与“袴”》，《文物》2016年第9期。

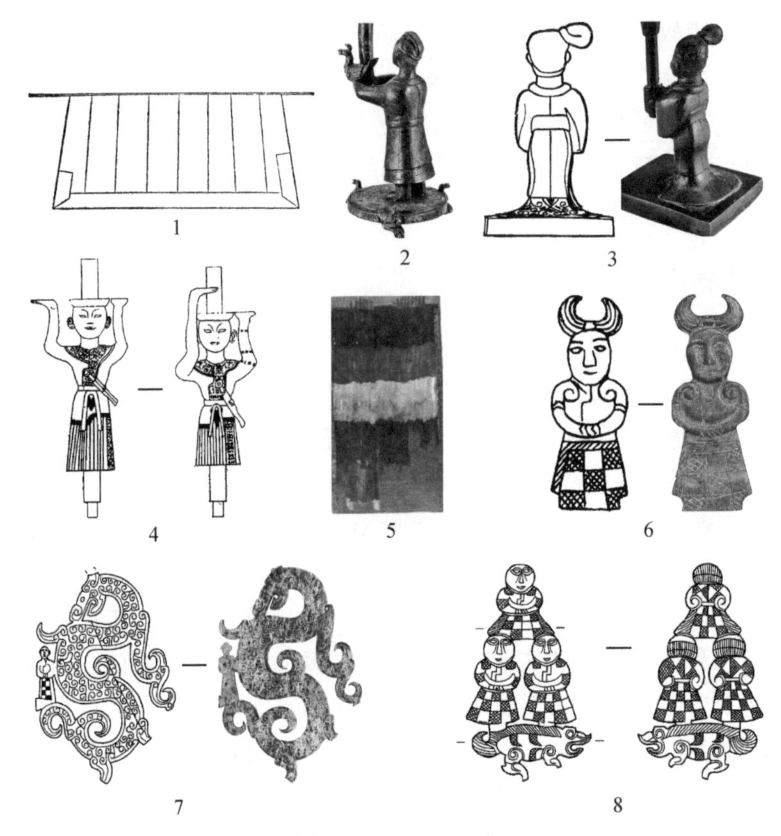

图2-17　围裙式下裳

1～3. Aa型（江陵马山M1：N17-3、枣阳九连墩M1：760、荆门包山M2：428）　4. Ab型（随州曾侯乙墓C. 65）　5. Ac型（临淄大夫观M1）　6～8. B型（平山中山王M3：8、荆州熊家冢PM4：69、枣阳九连墩M2：481）

Ac型：横向拼接，多色幅片，有褶皱。

整体呈竖长方形，自上而下由不同色彩的布幅多幅拼接，接缝较密集。典型者如临淄大夫观M1出土的2件长裙，残长130～133、宽65～72厘米。最上端均有黑褐色相间的纵向条纹织物，裙自上而下由红、褐、黄三色六块长幅面料横向拼接而成，每片长幅高20～30、宽约60厘米。裙面均为绢织物，表面均刷有黑色浆体。裙裳有红黄两色丝绣图案装饰（图2-17-5）。年代为战国时期。

B型：多色碎片交错拼接。

这类围裙主要为水田纹下裳，上身与曲尺形交领服搭配穿着，身侧有一明显斜纹竖线表示围裙式下裳的固定边缘线。典型者如中山王族墓地M3出土的玉人M3：7和M3：8（图2-17-6）、荆州熊家冢PM4出土玉佩中的人形服饰（图2-17-7）、枣阳九连墩M2出土玉人所着的下裳（图2-17-8）等。年代均为战国时期。

2. 筒裙式

根据外观形态，可分为二型。

A型：多褶皱。

达到多褶皱式样的效果仅凭围裙式的结构很难实现，因此下裳在不断发展后，至战国应已经出现了布幅全部拼合在一起的筒裙式下裳。从一定意义上说，这种下裳已经与后世之裙很相似了。《释名》曰："裙，下裳也。裙，羣也，联系羣幅也。"[①]正说明裙乃众多布幅连缀成形的下裳，其穿着效果是下摆呈现外撇状，形成多层褶皱。目前所见最典型的一例当属安吉五福M1出土的4件木质长裙木俑，木俑均呈一手撩裙的姿态，可见下摆之宽大程度（图2-18-1、图2-18-2）。年代为战国末期楚烈王十五年（公元前248年）春申君改封于吴后。

B型：大喇叭下摆。

淄博地区出土舞女俑所穿下装多为大喇叭下摆的筒裙。典型者如临淄赵家徐姚战国墓出土B型Ⅱ式站立女俑、C型站立女俑、舞蹈俑，其中舞

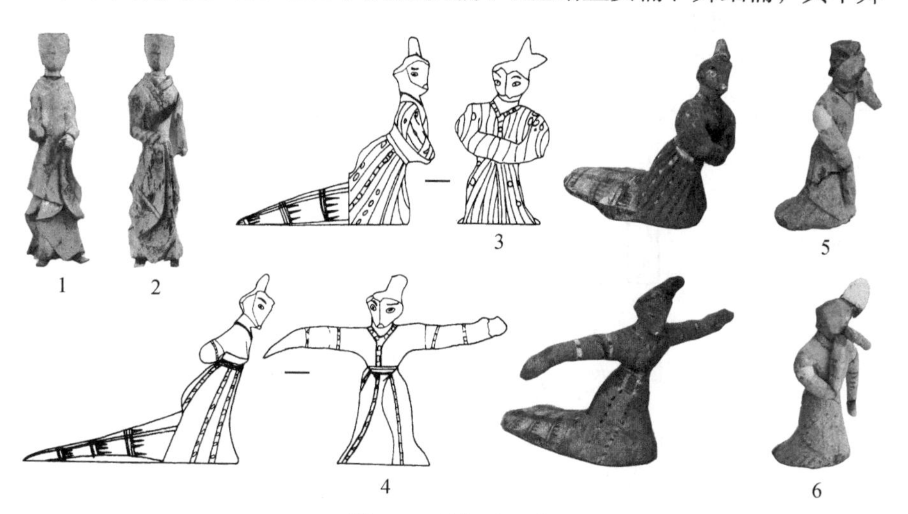

图2-18　筒裙式下裳

1、2. A型（安吉五福M1：05、安吉五福M1：37）　3～6. B型（临淄赵家徐姚M2K：10、临淄赵家徐姚M2K：21、临淄南马坊南LNSM1K：15、临淄南马坊南LNSM1K：33）

---

① （汉）刘熙撰，（清）毕沅疏证，（清）王先谦补：《释名疏证补》，中华书局，2008年，第173页。

蹈俑又尤其明显，长裙上装饰有红地白点彩色条带，腰间束红、白两色腰带。很多裙的下摆后部有内部露出的长拖尾，装饰有各色花纹（图2-18-3、图2-18-4），年代为战国中期或战国早期晚段。临淄褚家墓地M2和淄临南马坊南墓地M1出土的很多舞俑也有类似特征（图2-18-5、图2-18-6），年代均为战国早期。

（二）裤

裤又称为“袴”，亦称作“套袴”“褰”，即汉代的“绔”。江陵马山M1出土有类似的袴1件（M1：N25），棉质，由袴腰和袴脚两部分组成。上部袴腰宽95厘米，袴长116厘米。袴腰共4片，左右平分各2片，分别与其下的袴脚相连，每片宽30.5、长45厘米。袴脚4片，左右脚各2片，其中1片采用整幅绢，宽50、长61厘米；另1片采用半幅绢，宽25、长59厘米。袴脚上部与袴腰相连，两裆互不相连，后腰敞开，形成开裆。袴脚上部一侧拼入一块长12、宽10厘米的长方形袴裆，其中，宽边与袴腰相接，长边与袴脚相连。折叠成三角形，展开呈漏斗状。袴脚下部拼有一块长32、宽9厘米的小袴口。袴面采用凤鸟花卉纹绣红棕绢面，深黄绢里。袴腰用灰白色绢，袴口边缘为条纹锦，袴脚的各拼缝处镶嵌十字形纹绦（图2-19）。年代为战国中晚期。

其穿着效果可见侯马铸铜作坊遗址出土人形范和长治分水岭墓地出土铜人的服饰形象，与腿型贴合，上肥下窄，似乎说明其裤下有收口（见图2-16-1～图2-16-4）。

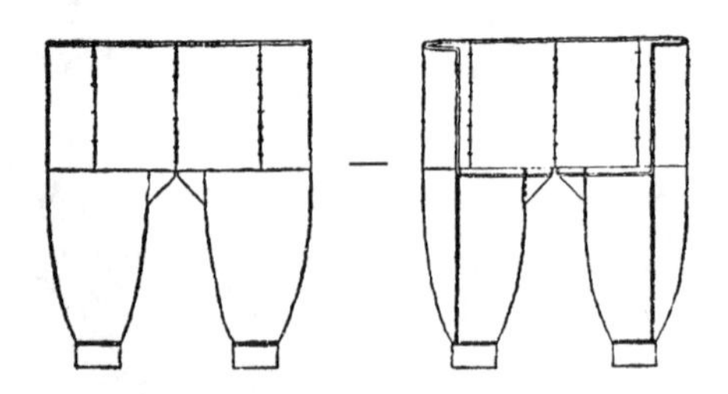

图2-19　裤（江陵马山M1：N25）

三、足衣的主要类型

东周时期的足衣主要为鞋，又称为“屦”。简单的鞋一般由鞋底、鞋帮和鞋面构成。鞋底一般是用葛线绩出的纤维和若干股麻绳编制而成，因此，在文献中又常称为“葛屦”或“菅屦”，如《诗经·小雅·大东》云：“纠纠葛屦，可以履霜。”①“菅屦”可能专用于丧服，据《左传·襄公十七年》载：“齐晏桓子卒，晏婴麤縗斩，苴絰带，杖，菅履。”②鞋帮和鞋面则有丝织品和麻织品两种，麻织品上有时有髹漆。例如，江陵马山M1出土鞋的表层用麻布做成，并髹黑漆，里层用草编成，鞋口和鞋帮均用锦面。临淄郎家庄M1出土丝履的鞋帮部分为手工编织，上有畦纹、厚实坚密。也有一些屦可能混有皮革制品，称为“皮屦”“鞮屦”或“鞮”，有的皮革用在鞋面部分，比如临淄大夫观M1出土的11只鞋，外面均为皮质，里面有毛底内衬和绢底内衬两种，鞋底为麻质并涂有防水漆和防滑乳钉结；有的用在鞋的内层，比如荆门包山M2出土的残鞋帮M2：413-1，表层用麻绳经纬平编，内衬麻布，麻布上髹黑漆，内层即为皮革；同墓出土的鞋底M2：402-1，里层亦为皮革。《仪礼·士冠礼》载：“屦，夏用葛”，“冬，皮屦可也”，《礼记·曲礼》：“（大夫、士）乡国而哭，素衣，素裳，素冠，彻缘，鞮屦”，可见冬日穿皮屦利于保暖，并且皮屦也可用于丧服。《考工记》记载的“鲍人”很可能即是从事皮革鞣制的工匠。

鞋底的具体制作方法是由里向外盘绕数周，间隔一段打有乳丁状小结，不同的实物编制方法又略有差别。例如长沙楚墓M869和M1596共出土有麻鞋底3件，其中M869：19-13，即用双股麻线从内向外平绕8圈再编织而成，共存16行。编织时在麻线上打有许多结，使得鞋底加厚。光山黄君孟夫妇墓出土的麻鞋底则是由宽1厘米的长条片状纤维编织而成，每隔2厘米穿系1根麻绳，共35系，长条片采用“人”字形编织法编成。江陵雨台山楚墓出土的2件麻鞋编制方法系用两股搓成，将直径为0.2厘米的一根长麻绳作经线，由里向外绕7周，做成鞋底形，然后用细麻线绞合。江陵马山M1出土的鞋底也用麻线编结，从中间向外逐圈缠绕27圈，鞋底有许

---

① （清）阮元校刻：《诗经·小雅·大东》，《十三经注疏》，中华书局，2009年，第988页。

② （战国）左丘明撰，（晋）杜预集解：《春秋经传集解》，上海古籍出版社，1997年，第938页。

多乳丁状线结。荆门包山M2出土的残鞋底M2：402-1，由内向外依次为皮革、二层草编、麻布。麻布上用麻绳编结成与鞋底形状相似的环形凸棱和乳丁纹线结，两者自鞋底中心向外呈同心圆状交替排列，残存线结21圈并在其上髹黑漆。沙洋塌冢楚墓出土的2双麻鞋底则更加清楚地表现出东周鞋底的编织方法，两鞋底均由纬线平编而成，经线呈圜形，其中NG1共10周20道，在鞋底前后掌边缘织有一道绞结状凸棱，鞋底乳钉结密集，共534个等距分布；NG2的鞋底乳钉则是前后掌部位较密集，中间稀疏，共172个。乳钉的打结方式是将穿至背面的麻线靠鞋底处折成双，再将线一头绕线一周，线头从上面折成双的孔中穿过，然后拉紧即成，鞋底与鞋面用麻线缝合两周，第二周线沿第一周线内侧上下穿行。鞋的周身均涂有黑漆（图2-20-1～图2-20-4）。

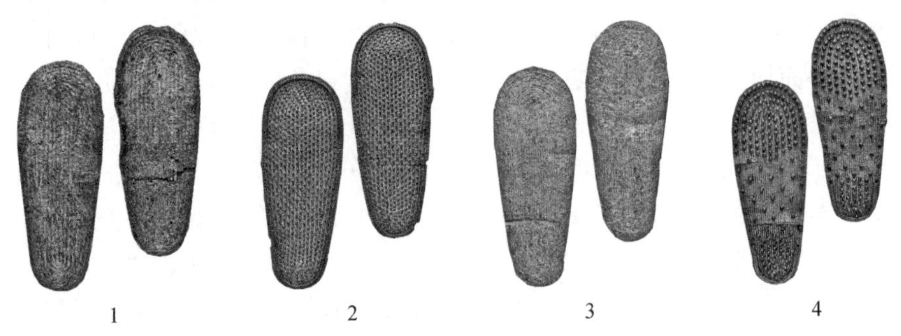

图2-20　鞋底编织方法

1、2. 沙洋塌冢NG：1内面、沙洋塌冢NG：1外面　3、4. 沙洋塌冢NG：2内面、沙洋塌冢NG：2外面

就鞋的形制而言，东周时期的鞋一般比较简单，鞋头低平，偶有微翘。鞋帮一般较浅。有些鞋口有系带。根据鞋头形状，分为以下二型。

A型：鞋头呈圆形，这种类型比较常见。

典型者如江陵马山M1出土的麻鞋M1：8-1，前端近圆形，侧视缓坡状，用大菱形纹锦作面。整双鞋长23、宽7、高5厘米（图2-21-1、图2-21-2），年代为战国中晚期。与此类似的也见于信阳M1中M1：1-697木俑足部所着鞋，鞋头为圆角长方形，足面涂以红色。还有荆州纪城M1：31木俑，脚穿矮帮圆头鞋，鞋口红色，鞋面黑色，年代为战国中期早段。枣阳九连墩M2出土的麻鞋鞋帮外罩有一层皮革再髹漆，鞋长22.7、宽11.8、高4厘米（图2-21-3）。当阳赵家湖出土的麻鞋JM9：34也为类似形制（图2-21-4）。荆州纪南城新桥遗址出土陶鞋T2：44为圆头，鞋口前端呈尖状上翘，底面布满锥刺的针眼，长10、宽4.6、高3.4厘米

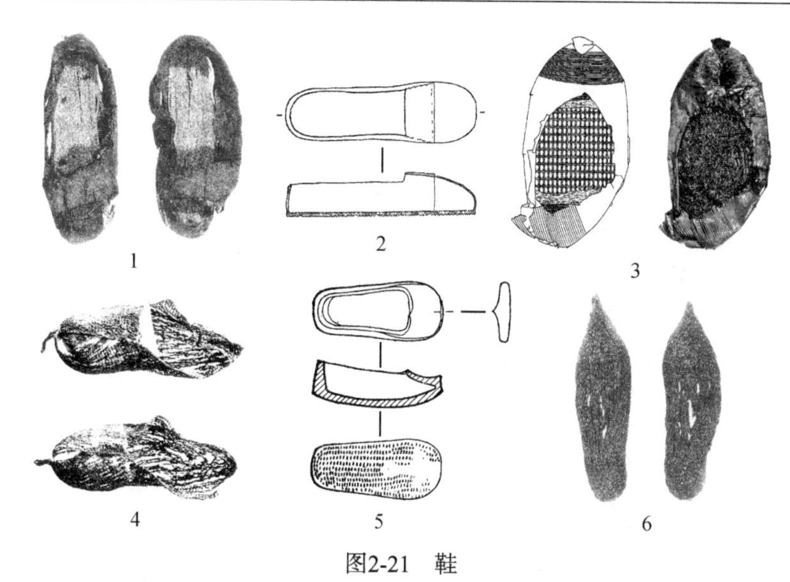

图2-21　鞋

1～5. A型（江陵马山M1：8-1照片、江陵马山M1：8-1线图、枣阳九连墩M2：267、当阳赵家湖JM9：34、荆州纪南城新桥T2：44）　6. B型（光山黄君孟G2：28E1-2）

（图2-21-5），年代为战国早期早段到中期晚段。

B型：鞋头呈尖状，相对较少见。

典型者如光山黄君孟夫妇墓出土的2件麻鞋G2：28E1-2，仅残余鞋底，根据鞋底式样，鞋头呈尖角形。整个鞋长34.5、宽7～9、厚1厘米，外观颜色呈酱黑色（图2-21-6）。年代为春秋早期。

第三节　首服与发型

首服和发型是头部装饰的两个重要方面，是中国古代服饰体系的重要组成部分。首服因加之于首而得名，又有“元服”之称，是头部服饰的总称，冠类、巾帻均属此类。中国古代服饰体系中，首服在某种程度上比服装更加重要，所谓“在身之物，莫大于冠”[①]。严格意义上说，发型并不属于服饰的一部分，但首服的形制很大程度上与发髻的位置及形态密切相关。此外，女子虽不戴冠，但有及笄之礼以示成人。女子着笄更多的是为了固发，因此发型是女子服饰造型整体中不可或缺的重要组成部分。东周时期考古发现的人像中，可见各式冠和发型，它们与服装相配为一个整体，是区分性别和身份的重要指征。

① （汉）王充撰，黄晖校释：《论衡校释》，中华书局，1990年，第770页。

东周时期，冠是最重要的首服，冠之名类与使用更是繁缛而严格，有冕、弁、冠等。《仪礼》中有单独的《士冠礼》专篇介绍男子行冠礼的全部过程，可见冠作为服饰之一，对男子具有重要的象征意义。除冠外，此时也有类似帽的少量发现，如江陵马山M1出土的帽饰，由帽顶、帽缘和帽穗三部分组成，前高后低、顶部外突，中间有圆孔，帽的面和里分别用红棕色和深黄色绢，帽缘用大菱形纹锦，前长25、后长40、高18.5厘米（图2-22-1）；临淄南马坊南墓地M1出土的若干陶俑头戴首服有如风帽，质地厚实，应为毛皮制品（图2-22-2～图2-22-4）。

图2-22　帽

1. 江陵马山M1：85B　2. 临淄南马坊南LNSM1K：34　3. 临淄南马坊南LNSM1K：13　4. 临淄南马坊南LNSM1K：23

一、冠的主要类型

考古发现的冠的形象比较多样，即使同一类型，细部特征也有很多差别。从先秦文献来看，东周时期的固冠方式大体有四种：笄、缨、頍、纚，但从目前所见的考古形象来看，东周时期的冠多以缨带和頍来固定。缨者，“冠系也”①，可见东周冠的一个重要特点是在人物的颈部用缨带系结。有些人物形象的头部四周可见一圈环带，称为“頍”，又称作“缺项”。《说文解字》云：“頍，举头也。”段注：“如郑说，则頍所以支冠，举头意之引申也。”②。根据冠的外部形象，主要有以下几种类型。

（一）牛角形冠

这类冠最明显特点是在额前正中有一个牛角形的尖状凸起。最清晰的形象是侯马铸铜作坊遗址出土的人形陶范ⅡT13H34：4之冠式，牛角形后

---

①　（汉）许慎撰，（清）段玉裁注：《说文解字注》，上海古籍出版社，1981年，第653页。

②　（汉）许慎撰，（清）段玉裁注：《说文解字注》，上海古籍出版社，1981年，第418页。

部连有一帽形物，覆盖头顶，右侧有3个花瓣形凸起。牛角形后部自上而下垂有一条缨带，于人像颌下系结（图2-23-1）。

类似冠式频繁见于东周刻纹铜器中，如春秋晚期镇江谏壁王家山墓出土铜匜上的诸多人物（图2-23-2）；战国中期长治分水岭墓地M12鎏金铜匜线刻人物（图2-23-3）；淮阴高庄墓出土铜器上的人物；陕县后川出土铜器上的人物形象（图2-23-4）。但是，与侯马陶范冠式不同的是，这些铜器刻画人物的前额正中不仅可见两个高耸的尖角，后部还有一个更高大的竖立的三角形凸起。

以上诸例中，均以额前正中的牛角形作为显著特征，旁侧或者脑后辅以其他形状的装饰，故以牛角形冠统而名之。

（二）扁平长冠

扁平冠在东周时期比较常见，冠的外观呈带有弧度的竖长条形，纵向贴合在头部正中及脑后。冠的前后两端以頍固定，颌下有缨带系结。最典型是枣阳九连墩M1出土的男性铜灯人像所戴冠（图2-23-5）、燕下都出土铜人像64G043所戴冠（图2-23-6）以及洛阳针织厂出土玉人C1M5269所戴冠（图2-23-7）。

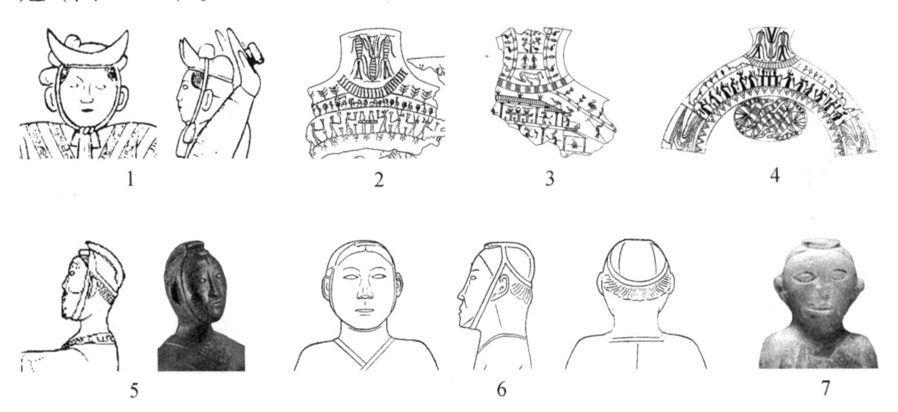

图2-23　牛角形冠和扁平长冠

1～4. 牛角形冠（侯马铸铜遗址ⅡT13H34：4、镇江谏壁王家山采51、长治分水岭M12、陕县后川M2041）　5～7. 扁平长冠（枣阳九连墩M1：760、燕下都64G043、洛阳针织厂C1M5269：35）

（三）高冠

与扁平长冠不同，高冠外观呈弧形长条形，高高竖立于头顶，以缨带系结于颌下。最典型的高冠形象是长沙子弹库楚墓出土帛画上的御龙男子（长沙楚墓M365：1），该人物以侧面示人，冠体侧视呈扭曲弧形的长板，颔下有飘逸的缨带（图2-24-1）。值得注意的是，荆门包山M2和M4曾各出土有1件木质冠饰，M2出土的冠呈现半圆弧形，上有浅槽，一端外侧尖状外侈，一端尖状三角形上翘，还有一夹纻胎椭圆袋状物。通身髹黑漆，器身宽2、半径15厘米。M4出土的冠截面作假沿状，两端残，通体髹黑漆，宽2.2厘米。这种木冠很可能为高冠的实物（图2-24-2、图2-24-3）。

（四）冕形冠

呈扁平长方形冠，覆于头顶，前后两端较宽且略微翘起，中间束腰较窄且低平。

典型者如临淄褚家墓地M2出土的站立男俑（M2：1-34）（图2-24-4）以及临淄赵家徐姚出土站立和坐姿观赏俑（图2-24-5、图2-24-6）。年代均为战国早期。

（五）覆髻冠

整个冠体以覆髻为限，根据冠体形态可分为二型。

A型：冠体较高，斜上方竖立。

典型者如临淄褚家墓地M2出土的站立观赏男俑（M2：1-2、M2：1-7）

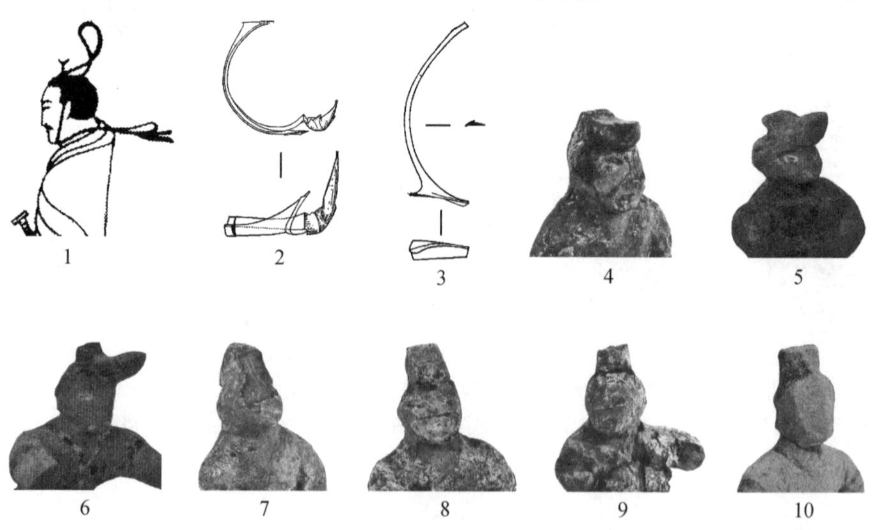

图2-24　高冠、冕形冠和覆髻冠

1～3. 高冠（长沙M365：1、荆门包山M2：415-1、荆门包山M4：31-1）　4～6. 冕形冠（临淄褚家M2：1-34、临淄赵家徐姚M2K：28、临淄赵家徐姚M2K：30）　7、8. A型覆髻冠（临淄褚家M2：1-2、临淄褚家M2：1-7）　9、10. B型覆髻冠（临淄褚家M2：1-48、临淄南马坊南LNSM1K：10）

（图2-24-7、图2-24-8）。年代均为战国早期。

B型：冠体较小，呈正方形，覆盖于头顶正中。这种类型较为常见。典型者如临淄褚家墓地M2出土的跪姿男俑（M2：1-48）（图2-24-9），临淄南马坊南墓地M1出土的站立观赏俑（LNSM1K：10）（图2-24-10）。年代均为战国早期。

（六）复合型冠

复合型冠是指由若干发饰组合而成的冠，且冠体呈不规则形。从目前所见的考古形象看，冠的组合方式及其发型基本有两种。

1. 以扁平冠为主体、头侧辅以各种形状的发饰

扁平冠形态多样，并不限于竖长条形。无论形态如何，这种冠约发功能较强，使得头发能够全部反绾贴合于头顶。比较典型的如三门峡上村岭出土的漆绘灯中的人像，一长方形扁平冠贴合在头顶，至额前上卷，并以缨带固定冠体，头顶左侧有一螺形凸起，可能为梳笼的发髻，也可能为纚类的发饰（图2-25-1）。灵寿成公墓出土的银首人俑铜灯上的人物也戴有类似复合冠，不同的是，其扁平冠的上半部分为窄长条形、下半部分为梯形，缨带固定；头部右侧插入发擿和其他形状的发饰。该冠使得全部头发得以反绾至头顶，并在冠体空白处对称外露，形成凸起的“丫”形（图2-25-2）。与此类似的还见于美国哈佛大学福格艺术博物馆藏的1件执物铜人的发型（图2-25-3）。荆门包山M2出土漆奁的周身漆绘有若干场景，画面中的人物形象如侍立迎接者、马车上正中站立的人物头部均呈现这种“丫”形凸起，颔下见缨带（图2-25-4），但比成公墓出土的银首人俑铜灯的发型高大夸张，很可能就戴有类似的复合型冠。

2. 冠体形似发箍，边缘有形态多样的凸起和发饰

头发不上绾，而是拖垂于背部再回绾于头顶。比较典型的是洛阳解放路CIM395出土铜灯人像M395：144的冠式，冠体后视形似“U”形，下部似戴有頍，额头上方正中和右侧具有不规则形状的凸起，颔下系有缨带（图2-25-5）。瑞典斯德哥尔摩远东古物馆收藏的1件铜器人像，其冠式与洛阳解放路M395：144几乎完全相同（图2-25-6）。

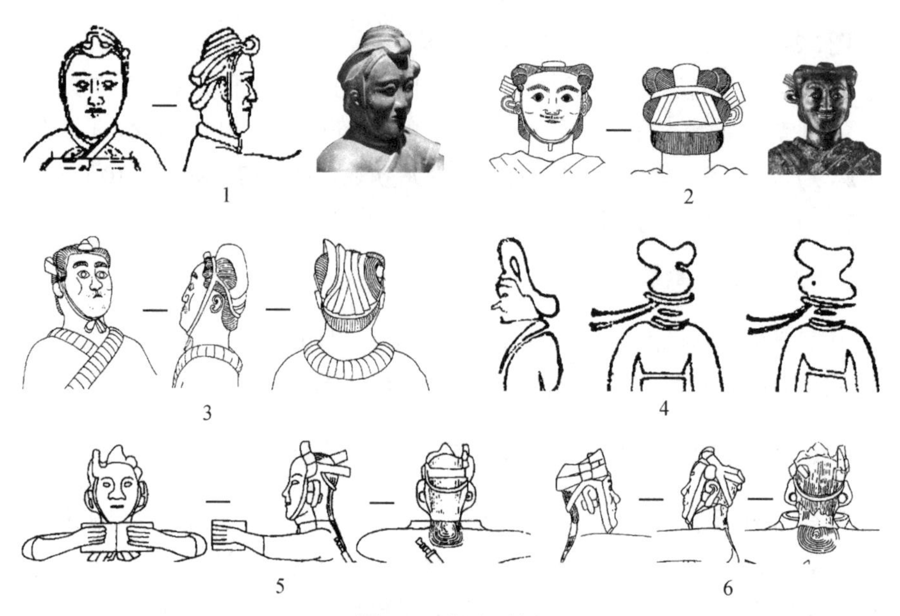

图2-25 复合型冠

1. 三门峡上村岭M5：4 2. 灵寿成公墓M6：113 3. 美国哈佛大学福格艺术博物馆 4. 荆门包山M2：432 5. 洛阳解放路M395：144 6. 瑞典斯德哥尔摩远东古物馆

二、常见的发型

除去戴冠的人物形象外，还有相当一部分人物形象露发并且有着复杂的发型，尤其以女性居多。这些发型与服装一起成为服饰面貌整体不可或缺的组成部分。有鉴于此，本节将发型单独成目、分类介绍，以全面把握东周服饰的形制特点。

发型主要是指通过梳、绾、盘、鬟、结、叠、编、修剪等方法手段，将头发塑造成各种样式和造型。《仪礼》《诗经》《楚辞》等先秦文献中曾有若干关于发型的简单描述，但由于缺乏图像说明，对某一发型发饰具体形态的认识仍然比较模糊。不同的发型不仅包括主体样式方面的区别，同时还包括鬓角、发际线等细部特征的差异。根据主体样式，东周时期女性发型可分为发髻、束发、剪发三个大类。这里需要说明的是，除以上三种发型外，考古材料表明东周时期少部分人群的发型为编发，如长沙树木岭、荆门包山楚墓男俑后的发辫等，由于材料不完整，这里不作详细的类型分析。

（一）发髻

发髻在先秦文献中称为“紒”或“结”，“髻”则是汉代以后的称谓[①]。发髻是指用结发工具以绾、盘、结、拢、叠等方式将头发固定在头部或背部。需要注意的是，图像资料反映的人物发式往往只代表一种视觉效果，却很难表现绾髻方法。我们知道，相同的绾髻方法可以产生不同的视觉效果；具有相似视觉效果的发髻也可能由不同的绾髻方法结成。有鉴于此，下文将重点探讨发髻的外在形态，对绾髻方法不做详述。根据发髻在头部的结髻位置，可分为高髻、中髻和低髻三种类型。

1. 高髻

高髻是指结髻于头顶的发髻，基本以颅骨人字缝为界，位于顶骨及其周围区域。根据发髻在头顶的具体位置，可分为三型。

A型：头顶左部区域结髻，一般不见鬓角修饰，发际线呈“一”字形。根据这种类型的发髻形状，又可以分为两个亚型。

Aa型：扁平状高髻。

典型者如临淄赵家徐姚战国墓出土的女俑M2K：33，头部梳偏左高髻，发髻呈现扁平状椭圆形（图2-26-1），年代为战国早期晚段至战国中期。相似的发型还见于泰安康家河村战国墓女俑（图2-26-2），年代为战国早期。章丘女郎山战国墓女俑（图2-26-3），年代为战国中期。临淄南马坊南墓地M1出土的舞蹈俑LNSM1K：20、LNSM1K：56（图2-26-4、图2-26-5），年代为战国早期。

Ab型：圆锥状发髻。

典型者如长治分水岭东周墓地M134出土的9件陶俑，M134：13和M134：18均梳偏左圆锥状小髻（图2-26-6），年代为战国中期。类似发髻又见于淄博临淄赵家徐姚战国墓出土的舞女俑M2K：26、M2K：24（图2-26-7、图2-26-8）以及临淄郎家庄M1中的舞女俑[②]，后者年代为春秋

---

① 《说文解字》：“髻，总发也……古通用结。”《仪礼·士冠礼》：“将冠者，采衣，紒。”郑玄注：“紒，结发，古文紒为结。”《说文解字》：“结，缔也。”段玉裁注：“古无髻字，即用此。”

② 山东省博物馆：《临淄郎家庄一号东周殉人墓》，《考古学报》1977年第1期。按：临淄郎家庄M1的6个陪葬坑均出有一组陶俑，但大多残损严重。从相对完整的几件陶俑个体看，左部多残留有发髻根部，右部同样可见尖圆小髻，因此缺失的左部很可能同章丘舞女俑的扁平高髻。

图2-26　高髻

1～5. Aa型（临淄赵家徐姚M2K：33、泰安康家河M1：26、章丘女郎山M1陪Ⅰ：11、临淄南马坊南LNSM1K：20、临淄南马坊南LNSM1K：56）　6～8. Ab型（长治分水岭M134：18、临淄赵家徐姚M2K：26、临淄赵家徐姚M2K：24）　9. B型（荆门包山M2：428）　10. C型（民权牛牧岗M3：2）

战国之际。

B型：头顶右部区域结髻，不见鬓角修饰，发际线呈"一"字形。

典型者如荆门包山M2出土铜人擎灯M2：428上的人像，发型为头顶向右凸起的椭圆形长髻（图2-26-9），年代为战国晚期。涟水三里墩出土的铜车马御手形象，年代为战国时期。

C型：头顶正中结髻。

典型者如民权牛牧岗M3出土陶俑M3：2，发髻结于头顶正中，发髻顶部呈尖角偏向左侧（图2-26-10），年代为战国晚期。

2. 中髻

中髻是指结髻于脑后的发髻，即枕骨及周围区域，不见鬓角修饰，发际线呈"一"字形。根据发髻的具体结髻位置，可分为四型。

A型：在脑后正中结髻，发髻形状以圆形或近圆形居多。

典型者如长沙陈家大山楚墓帛画中的妇女形象，脑后结圆形大髻，盘结数圈，并向外延伸，鬓部头发下垂覆盖耳部后再向后梳拢盘髻

（图2-27-1），年代为战国时期。与此发型相似的还见于江陵九店东周墓地M410女性死者的圆形盘髻（图2-27-2）以及荆门左冢楚墓出土木俑M3：37脑后正中的尖圆凸髻（图2-27-3），年代分别为战国晚期早段和战国中晚期。荆门郭店M1出土女俑M1：T10脑后也表现为一扁平圆髻（图2-27-4），年代为战国中期偏晚段。

B型：脑后左部区域结髻，发髻较小。

典型者如江陵九店东周墓木俑M410：30，发髻梳成一束，并于脑后左部上下折叠若干次用红色丝带系束，形成圆柱状小髻（图2-27-5）。同墓出土的另一件木俑M410：33也以相同方式在脑后左部盘髻，但无丝带（图2-27-6）。年代为战国晚期。

C型：脑后右部区域结髻，发髻较小。

典型者如长沙楚墓M569出土持勺木俑，脑后雕刻有一长尖形小髻（图2-27-7），年代为战国晚期中段。

D型：脑后左右两侧对称结髻。

典型者如长岛王沟东周墓出土的陶俑M10：76-3，头发中分成左右两部分，并在脑后左右两侧分别结一小圆髻（图2-27-8），年代为战国早中期。

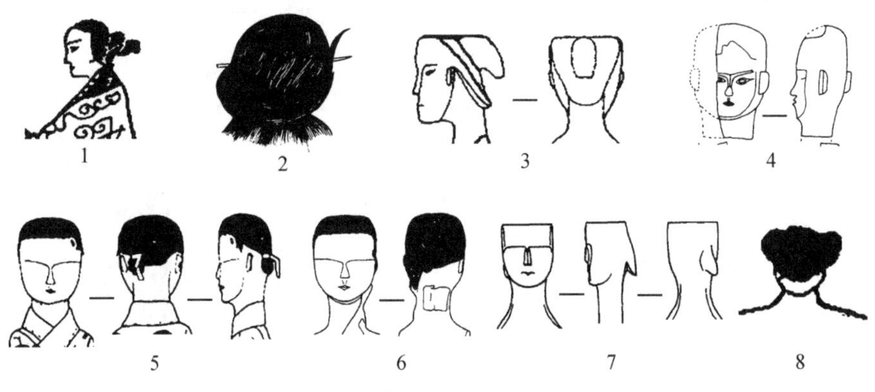

图2-27　中髻

1～4. A型（长沙陈家大山墓、江陵九店M410、荆门左冢M3：37、荆门郭店M1：T10）
5、6. B型（江陵九店M410：30、江陵九店M410：33）　7. C型（长沙M569：5）
8. D型（长岛王沟M10：76-3）

3. 低髻

结髻于背部，即垂髻。根据结髻方法和发髻形态可分为二型。

A型：头发垂落至背部，发梢直接向内侧反绾并以以丝带固定。

典型者如长治分水岭墓地M84铜人饰（M84：20）的右边人物发型（图2-28-1），与此类似的还有M134出土的坐姿女俑M134：14和

M134：19（图2-28-2），年代均为战国中期。此外，长治分水岭M126出土的铜牺立人擎盘M126：541也梳有类似垂髻（图2-28-3），年代为战国早期。

B型：头顶前半部头发内衬垫有辅助工具，撑起为圆弧形发型，后半部分头发垂落至背部后，发梢固定后内折，在项后结竖长髻。

典型者如沙洋塌冢M1出土的漆木女俑M1：T-2的发型（图2-28-4），年代为战国中晚期。部分汉代出土的或传世的舞女玉佩大多表现为此类发型，且在两鬓各留一小缕头发并向外卷翘，形成较为复杂的修饰，此类器

图2-28　低髻

1～3. A型（长治分水岭M84：20、长治分水岭M134：14、长治分水岭M126：541）

4～9. B型（沙洋塌冢M1：T-2、宜城跑马堤M26：13、广州凤凰岗M1：23、南昌海昏侯M1：727-1、洛阳金村大墓、上海博物馆）

物大多为战国遗物[①]，典型者如宜城跑马堤M26出土的舞女玉佩发型（图2-28-5）、广州凤凰岗汉墓出土的舞女玉佩M1：23的发型（图2-28-6）、南昌海昏侯墓出土舞女玉佩M1：727-1的发型（图2-28-7）、传洛阳金村大墓出土连体舞女玉佩的发型（图2-28-8）、上海博物馆藏舞女玉佩的发型（图2-28-9）。

（二）束发

以捆扎方法将头发在颈部固定，成束状自然垂落。典型者如江陵马山M1出土的4件彩绘着衣女俑，乌发后梳，掩于耳后，发髻均用宽束带在颈部捆扎后自然垂落（图2-29-1），年代为战国中晚期。长沙楚墓中也出土有梳有类似发型的彩绘侍女木俑，木俑长发自然下披，在颈部扎结，并挑出两股结为双环。头顶一圆圈状物体，并有缨带下垂，于下颌扎结固定（图2-29-2），年代约为战国。

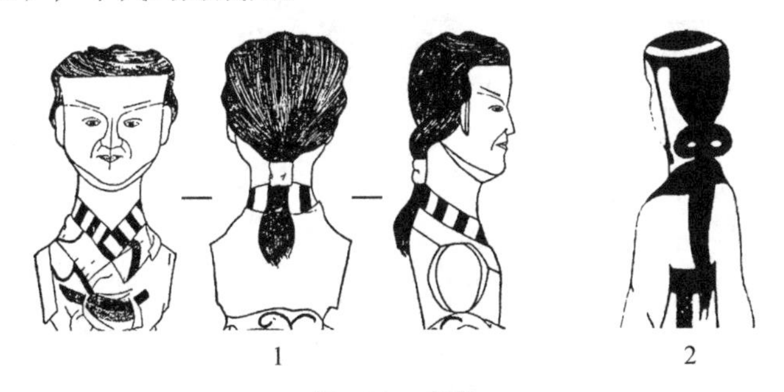

图2-29　束发

1. 江陵马山M1：2　2. 长沙楚墓

（三）剪发

是指采用修剪手段将一部分头发剪短后形成的发型。目前发现的具有类似发型的考古材料还比较有限，一般将发型分为明显的前后两部分，前面部分为垂至眉线的平齐剪发，后面部分于头顶或脑后结为一小髻。尽管这种发型也有小髻，但这种髻与前文提到的发髻类型有本质区别。根据前额剪发形态，可分为二型。

A型：前额为平齐剪发。

典型者如绍兴坡塘M306出土铜屋内的人物雕像（图2-30-1）。与之类似的还有蚌埠双墩M1和丹徒北顶山84DBM出土的铜鼓纽环人像

① 王方：《南昌海昏侯刘贺墓出土玉舞人及相关问题探讨》，《汉代海上丝绸之路考古与汉文化》，科学出版社，2019年，第344～355页。

（图2-30-2、图2-30-3）。年代为春秋战国时期。

B型：将前额剪发向两旁中分。

典型者如丹徒北顶山84DBM、绍兴漓渚中庄村墓、湖州棣溪墓、六安九里沟M364、樟树国字山等出土的铜鸠杖杖镦人像发型（图2-30-4～图2-30-8），年代为春秋战国时期。

图2-30 剪发

1～3. A型（绍兴坡塘M306、蚌埠双墩M1：284、丹徒北顶山84DBM：25） 4～8. B型（丹徒北顶山84DBM：24、绍兴漓渚中庄村墓、湖州棣溪墓、六安九里沟M364、樟树国字山M1S21：4-1）

（四）假发及其他

如前文所述，东周时期发型复杂多样。客观上说，有些发型单凭自身头发很难塑造，因此，假发对发式的造型和修饰有着非常重要的作用，是一种固发美发工具。先秦文献中已见对假发的多种称谓，如假紒、副、编、次、被、髢（鬄）、髲、髲髢、被锡等。就假发材质而言，大部分使用他人之发。从考古发现来看，东周时期的假发实物多出土于墓主头部或者与梳篦等美发工具同出于漆奁内，属发饰的一种。使用假发的传统在中国不仅延续时间长，而且分布范围广，但是由于不易保存，毛发制品的发现数量相对稀少。根据东周时期的假发形态，主要有以下两种类型。

A型：髻状假发。

利用他人头发制作成可以直接佩戴的发髻，其上有用来固定的发笄，形态以盘髻居多，目前均发现于楚墓中。如江陵马山M1的墓主真发部分保存完好，长15厘米，向后梳成一束，并接长40厘米的假发，假发分为双股，用黄色组带系住，盘成圆髻，用木笄固定。枣阳九连墩M2出土的发髻也是成束捆扎后再盘髻，展开长68厘米（图2-31-1）。长沙楚墓还出土有3件盘髻状假发，其成髻方法也是先将假发分为几股，然后合并盘结成圆髻（图2-31-2）。髻状假发制作工艺相对复杂，但是使用方便，成型后可随时摘戴，不足之处在于由假发制作的发型已经固定，不能随意变换，略显呆板。

B型：束状假发。

是指未进行盘结的呈股状的假发，也可称为发束。比较典型的有长沙楚墓出土有3件长条形束状假发，相对完整的有2件。M831：19，共有8束，长度不详。M569：130，长42厘米（图2-31-3）。束状假发较髻状假发更易制作，其使用方法很可能是与真发混合在一起来盘圆髻或垫衬为高髻。临淄赵家徐姚舞女俑所梳的扁平高髻，很可能就使用了类似的发束型假发。束状假发的不足之处在于形态不固定，每次都需要重新造型，略为烦琐。从目前的发现看，出土束状假发的长度多在40厘米以上。

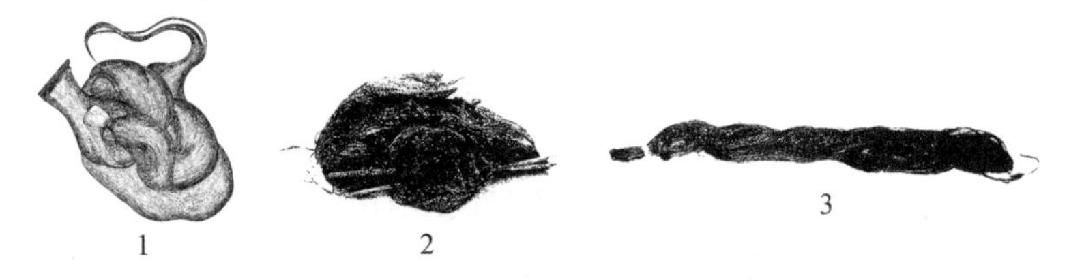

图2-31　假发

1、2. A型（枣阳九连墩M2：302-3、长沙M1023：18）　3. B型（长沙M569：130）

第四节　服装的质料、纹饰与色彩

服装的质料、纹饰与色彩是服装形制外的重要的物质属性，与当时的纺织技术、审美情趣、礼仪制度等密切相关。历史文献表明，东周时期的纺织品种类齐全，不仅有后世常见的绢、缯、缟、纺、纱、罗、锦等，还有“结芒”“霝光”“番芋”等特殊纺织品种。各地盛产有各自的地方产品，如“秦缟”“鲁帛”“宋霊光”“卫霊光”“齐绣”等[①]。这些都为东周时期服饰的多样化发展提供了重要的物质基础。但与考古形象所揭示的服饰形制相比，东周时期的服饰实物存世稀少，集中出土于长江流域的楚文化分布区。鉴于这种情况，本节主要以楚地出土服饰实物为基础，利用为数不多的服装实物、纺织品残片以及图像纹饰试作探讨。

一、质　　料

根据目前的服装实物和纺织品发现，服装质料主要有丝织物和麻织物两种，丝织物广泛地用于上衣、下衣、足衣的各类服饰，麻织物则一般用于制鞋。

东周时期的服饰实物发现主要发现于江陵马山M1，该墓出土的服饰实物表明，用于衣物的丝织物主要有绢、锦、绮、纱、罗、绨、组、绦八类。其中，绢的数量最多，使用范围也最广。江陵马山M1出土的衣物中有20件用绢[②]，包括绵衣、禅衣、夹衣、袴、裙、帽等；就用绢部位而言，一般用作衣物的面、里，少数作为衣缘。锦是仅次于绢的第二类服饰用料，共有30件衣物用锦。与绢不同的是，除M1：N15、M1：N16和M1：N19的锦用作上衣的服面，大部分的锦用作衣缘。锦的组织结构致密、厚重，作为衣缘可以增加服装的垂感。这种装饰特点在楚墓出土竹简中多有反映，例如，长沙楚墓第4号简文载：“一綎衣，绘（锦）绛。句。”以纱作为质料的服饰虽然在该墓中出土较少，只有作为绵衣面料的M1：N1以及袴M1：N25的表里，且保存不好，但大量的考古实物表明，纱也是当时比较普及的一种服饰质料。例如，江陵望山M1、长沙五里牌楚墓、长沙楚墓均出土有数量不等的纱质残片，靖安李洲坳春秋墓G11出土的纱，尺寸更达188厘米×150厘米，是目前国内出土年代最早、面积最大的整幅拼缝织物。江陵九店东周墓出土的绣衣俑M410：30上衣的裾缘即用纱来包边。江陵马山M1中还出土有一件以罗为面的禅衣（M1：N9），这件罗属于简单结构的素罗，具有薄如蝉翼的特点，由于

① 李天虹：《出土战国楚简及其研究价值》，《中国社会科学报》2016年3月1日第7版；刘国胜、袁证：《战国简牍所见以国（地）名为修饰词的名物辑考》，《楚学论丛》（第7辑），湖北人民出版社，2018年。

② 该项统计主要依据报告中的“出土衣物用绢登记表”，包括木俑所着“丝衣”，不包括幎目、握等丧葬用品以及枕套、镜的器物外套，以后的几项统计均参考以上标准。见湖北省荆州地区博物馆：《江陵马山一号楚墓》，文物出版社，1985年，第31、37页。

素罗织造时对织机有着特殊要求，产量不高，是十分昂贵的衣料[①]。江陵马山M1出土的绮主要用作襌衣（M1：N13）的袖缘，这与其质地硬挺有着直接关系。绨是一种比绢更为厚重的平纹织物，主要用作鞋面。绦是一种丝织窄带，根据其组织结构有纬线起花绦和针织绦两个大类，主要用作上衣的领以及衣物的嵌缝压边。用作后者的绦带很可能既文献记载的“扁诸”，又称“编绪”或“偏诸”。组是只用经线交叉编织的带状织物，从发现实物来看，组除了少部分作为衣缘外，大部分为系带。此外，这些衣物中还有以绢和罗为地，并于织物上刺绣的绣品织物。所谓刺绣，是指用针将丝线或其他纤维或纱线以一定图案和色彩在绣料上穿刺，以缝迹构成花纹的装饰织物[②]。

综上所述，在所有服装质料中，绢是衣物服面的主要用料，也有少数上衣采用锦、纱和罗作为面料；里料则全部用绢。锦多用作衣缘，少数为绢、绮、绦和纱。组则多数为系带。通过表格可以看到，同一件上衣中，作为缘的衣料普遍比面料厚重、纹饰繁缛；而同一件衣物的面料又比里料质地厚重或者纹饰复杂（表2-1）。

二、纹　　饰

服装的纹饰和色彩是与服装质料密切相关的两个方面。就纹饰而言，如前文所述，东周时期的纹饰主要有织纹和绣纹两种。除纺织品提供的直接证据外，立体和平面图像中的服装纹饰也可提供参考。

（一）几何形纹饰

根据纺织品的织成特点，织纹形成的纹饰大部分为几何规矩形，即通过织物的经纬线交替、由不同色彩形成纹饰。这类纹饰的基本特点是：纹饰的线条多由直线形构成，线条棱角分明，转角处有锯齿纹、不够流畅。由上文可知，能够形成纹饰的织物主要是锦、绮、绦等。

根据江陵马山M1的出土实物，我们不难看出由锦、绮、绦等织物制成的服装，其纹样构图具有相似特点，即整个纹饰一般顺经线方向呈长条状排列。从局部来看，多是由不同线条和几何形状组合为各种单位图案并不断循环，以此构成连续纹样，从而形成规矩对称的图案。由于锦和绦均

---

① 彭浩：《楚人的纺织与服饰》，湖北教育出版社，1996年，第49页。

② 中国大百科全书总编辑委员会《纺织》编辑委员会：《中国大百科全书·纺织》，中国大百科全书出版社，1984年，第23页。

表2-1　江陵马山M1出土上衣质料一览表

标本	面料	里料	领缘	袖缘	裾缘	下摆缘	形制	性质	备注
M1：N1	素纱	灰白绢	藕色绢	藕色绢	无	无	A	绵衣	实用衣物、面已朽烂
M1：N22	舞凤飞龙纹绣土黄绢	灰白绢	B型纬线起花绦	A型大菱形纹锦	无	A型大菱形纹锦	A	绵衣	实用衣物、残损严重
M1：N10	凤鸟花卉纹绣浅黄绢	深黄色绢	纬线起花绦（外缘、内缘中部、大襟上部内侧）凤鸟菱形纹锦（内缘两侧）	A型大菱形纹锦	不详	A型大菱形纹锦	B	绵衣	
M1：N14	对凤对龙纹绣浅黄绢	灰白绢	条纹锦	条纹锦	D型大菱形纹锦	D型大菱形纹锦	B	绵衣	
M1：N15	小菱形纹锦	深黄绢	六边形纹绦	A型大菱形纹锦	几何纹锦	几何纹锦	C	绵衣	
M1：N16	小菱形纹锦	深黄绢	大菱形纹锦	条纹锦	凤鸟花卉纹绣	凤鸟花卉纹绣	C	绵衣	
M1：N19	E型大菱形纹锦	深黄绢	条纹锦	条纹锦	凤鸟花卉纹绣	凤鸟花卉纹绣	C	绵衣	
M1：N13	一凤一龙相蟠纹绣紫红绢	无	C型大菱形纹锦	彩色条纹绮	龙凤相搏纹绣	龙凤相搏纹绣	C	禪衣	部分残损
M1：N9	龙凤虎纹绣罗	无	B型大菱形纹锦	B型大菱形纹锦	C型大菱形纹锦	C型大菱形纹锦	C	禪衣	未缝双袖，部分残损
M1：N12	无	无	六边形纹绦、菱形花卉纹绦	D型大菱形纹锦	龙凤相蟠纹绣	龙凤相蟠纹绣	不详	禪衣	存衣、领、袖缘
M1：N23	深黄绢	深黄绢	组	B型大菱形纹锦	绣	绣	中衣	夹衣	残损严重

采用两种颜色以上的丝线显花，构成的单元图案更加复杂，由此循环而成的纹饰自然也更加繁缛。例如，江陵马山M1出土绵衣（M1：N10）的锦领的内面和外面，各附加装饰有一道纬花绦带，带宽不足7厘米，纹样却惊人复杂，上面装饰有车马人物野兽等场面。在单元图案中，常见的组合方式有单行排列、多行排列、间色排列、套嵌填充、四方连续、对称排列、相向相背排列等几种（表2-2）。无论哪种组合方式，菱形都是单位图案中使用频率最高、形态最为多样的图像元素。通过这些组合形成的单元图案主要有塔形纹、凤鸟凫几何纹、凤鸟菱形纹、条带纹、小菱形纹、十字菱形纹、各种大菱形纹、不规则几何纹、舞人动物纹、田猎纹、龙凤纹、六边形纹、十字形纹、星点纹等（图2-32-1～图2-32-6）。

表2-2　江陵马山M1出土服装织物纹样

织物	纹饰	单位图案组合方式	丝线色彩组合
二色锦	塔形纹	外轮廓：长方形 内部填充：小矩形 组合方式：套嵌+上下左右互为倒置	浅棕+土黄 深棕+土黄 朱红+土黄
二色锦	凤鸟凫几何纹	1：菱形+弓形相背 2：重六边形、立凤、对顶三角形纵向排列 3：S形、菱形、三角形纵向排列 4：重六边形、凫鸟、对顶三角形纵向排列	灰黄+朱红 深棕+灰黄 红棕+灰黄
二色锦	凤鸟菱形纹	1：菱形居中、两端各一凤鸟 2：两行平行，一行为菱形，另一行为相背的凫组成的菱形	浅棕+朱红
二色锦	条带纹	双色条带	土黄+深棕
二色锦	小菱形纹	外轮廓：断线菱形格 内部填充：小菱形 组合方式：套嵌+四方连续	土黄+深棕
二色锦	十字菱形纹	外轮廓：小方格组成的菱形，四角大十字形 内部填充：四个小十字形	土黄+深棕 棕色+朱红
三色锦	大菱形纹A型	外轮廓：大菱形 内部填充：中小型菱纹、杯形菱纹、“工”字形纹、曲折纹	深棕+深红+土黄
三色锦	大菱形纹B型	外轮廓：大菱形 内部填充：中小型菱纹、杯形菱纹、“工”字形纹、曲折纹、方折卷云纹	深棕+深红+土黄

续表

织物	纹饰	单位图案组合方式	丝线色彩组合
三色锦	大菱形纹C型	外轮廓：大菱形 内部填充：小三角形、中小型菱纹、杯形菱纹、“工”字形纹、曲折纹	深棕+深红+土黄
三色锦	大菱形纹D型	外轮廓：大菱形 内部填充：中小型菱纹、杯形菱纹、“工”字形纹、曲折纹、多小菱形	深棕+深红+土黄
三色锦	大菱形纹E型	外轮廓：大菱形 内部填充：中小型菱纹、杯形菱纹、“工”字形纹、曲折纹、“万”字形纹	深棕+深红+土黄
三色锦	几何纹	菱形、三角形、方折卷云纹、不规则几何形连续排列	深棕+深红+土黄
三色锦	舞人动物纹	外轮廓：七组图案上下排列，每组图案以拱形宽条纹间隔，拱形宽条纹中填充龙纹和几何纹。 内部填充：分别为对龙、对人、对凤、对龙、对麒麟、对凤、对龙。 组合方式：套嵌+连续排列	深红+深黄+棕色
纬线起花绦	田猎纹	外轮廓：四个菱形图案 内部填充：人物、车马、动物 组合方式：四菱形上下两行	地线：深棕 花线：土黄+钴蓝+深棕
纬线起花绦	龙凤纹	外轮廓：三菱形套接 内部填充：对龙、对凤、小菱形纹、三角形、人物 组合方式：套嵌+连续排列	地线：深棕 花线：土黄+钴蓝+红棕
纬线起花绦	六边形纹	小六边形、小三角形 组合方式：相互连接+连续排列	地线：深棕 花线：棕色+红棕
针织绦	动物纹	动物 组合方式：条带状排列	深棕+土黄
针织绦	十字形纹	多色条带 组合方式：条带状排列	红棕+土黄
针织绦	星点纹	蝶形 组合方式：条带状排列	红棕+土黄+深棕
绮	彩条纹	三色条带 组合方式：条带状排列	深红+黑+土黄

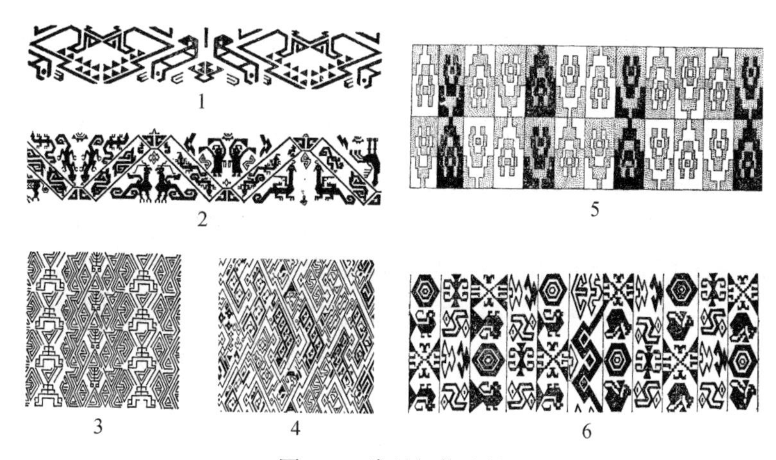

图2-32　常见织物纹样

1. 凤鸟菱形纹　2. 舞人动物纹　3. 几何纹　4. E形大菱形纹　5. 塔形纹　6. 凤鸟凫几何纹

虽然通过不同织造方法形成的纹饰多样，但从织物纹饰的整体风格来看，一般会比较直观的表现为菱形纹和条带纹两种，这在相对抽象的木俑服饰和舞女玉佩服饰中表现得尤其明显。譬如，江陵马山M1出土的2号木俑衣领缘部为红黑二色的间色条带纹；洛阳金村大墓出土的单体舞女玉佩的服饰衣缘部也为竖条纹；连体舞女玉佩服饰的衣缘部则装饰为三角菱形纹。

就一件服装的纹饰搭配而言，通过江陵马山M1出土上衣衣缘纹饰的搭配可以发现以下规律：其一，作为服面的锦纹普遍采用菱形纹，几乎不使用条带纹或其他纹饰。其二，同一件上衣中的衣缘质料可能不同并且纹饰多样。一般来说，领缘和袖缘的质料和纹饰相同；裾缘和下摆缘的质料和纹饰相同。有些情况下，领缘和袖缘的质料和纹饰也不相同。例如，黄绢绵衣（M1：N14）的领缘和袖缘为条纹锦，裾缘和下摆缘则为D型大菱形纹锦；锦面绵衣（M1：N15）的绦领缘为六边形纹，袖缘则为A型大菱形纹锦，裾缘和下摆缘则为几何纹，衣缘的纹饰类型多达三种（见表2-2）。

当然，江陵马山M1出土服装实物主要反映出楚地服装的纹饰特点，但结合其他地区出土的服饰形象来看，这种几何形纹饰在整个东周时期都具有普遍性。例如，六安白鹭洲M566出土铜灯人像服装通身装饰有纹饰，外衣上身刻有变形雷纹①，呈散点式分布；下身以变形雷纹和左右对

① 这种纹饰的线条为圆弧曲线，形似变形雷纹实际又稍有差别，为便于表述，本书暂且称之为“变形雷纹”。有关变形雷纹的形态，参见战国中山侯铜钺纹饰。见河北省文物研究所：《礜墓——战国中山国国王之墓》，文物出版社，1996年，第295页，图一三七。

称的重三角纹纵向间隔分布；内衣下缘可见“山”形纹纵向等距分布。临淄大夫观M1出土绵袍实物的袖口为织锦，以黑色作地，主体花纹以朱色和棕色交替织出成齿状排列的三角纹、“Z”字形纹、三角回纹等几何纹样。山西青铜博物馆藏的一件铜灯人像下身也纵向排布有重三角纹。长岛王沟M10中的舞女俑，其裙面等距装饰有红、黑色相间的竖条带纹饰，条带上加绘有白点。运用了纵向条带和圆点的组合。侯马铸铜遗址出土陶范ⅡT13⑤的服饰则通身为勾连“T”形纹，陶范ⅡT13H34的服饰则是周围纵向竖条纹。以上这些纹饰都属于几何形纹饰，反映出服装面料应当属于锦、绮等织物。

（二）曲线形纹饰

曲线形纹饰的线条自然流畅，转角圆滑，能够形成这样特点的纹饰只有通过刺绣或绘画才能完成，东周时期曲线形纹饰多为绣纹。

相对于织物纹饰，刺绣纹饰的线条连贯自由、婉转曲折，没有规律可循。例如光山黄君孟夫妇墓出土有2件紫色绢（G2：F-1a、F1b），绢上用锁绣法绣成窃曲纹，纹饰由三色或四色绣线绣成，绣纹颜色上下行交错，有的地方则顺斜排列。纹饰互不雷同，看不出稿线，很可能是绣工信手而作（图2-33）[①]。荆州天星观M1出土木俑、江陵马山M1出土木俑、长沙楚墓出土木俑等也是将曲线纹分布在整个上衣。但从江陵马山M1出土的服饰实物来看，东周时期的绣纹饰仍遵循了一定的构图规则，即对称原则。具体表现为：其一，不同单元的图案以一条隐形中轴线为基准上下、左右或对角方向对称排列。其二，同一单元图案中也是以一根轴线为基准对称构图。

图2-33　窃曲纹图案（光山黄君孟G2：F-1a、F1b）

由于绣纹的以上这些特点，连贯自由、表达完整、无一雷同，因此能够形成具有更加鲜明主题的图案。如以凤鸟为核心展开的纹饰构图，周围配以龙、蛇、虎等动物以及花穗、蔓草等植物纹饰，具体表现为蟠龙飞凤纹、对凤对龙纹、一凤一龙相蟠纹、一凤二龙相蟠纹、一凤三龙相蟠纹、

① 河南信阳地区文管会、光山县文管会：《春秋早期黄君孟夫妇墓发掘报告》，《考古》1984年第4期。

舞凤逐龙纹、舞凤飞龙纹、龙凤相搏纹、飞凤纹、凤鸟纹、凤鸟花卉纹、凤鸟践蛇纹、龙凤虎纹等纹饰（图2-34-1～图2-34-5）。这些纹饰中的凤鸟形态各异、鲜有重复，绝大多数有冠凤，少部分无冠凤，一些凤鸟的羽毛和尾部还变换为各种折枝花朵和蔓草[①]。

战国时期多有以纹样命名的织物，如望山遣册记有"▨需光之紩，缟裹，索（素）豢之纯"，有学者考证此处所记"需光"即是指宋地出产或者宋地式样的"需光"织物。所谓"需光"很可能为一种特殊的纹样或者写有"需光"文字作为纹样[②]。

图2-34　常见绣品纹样

1. 一凤一龙相蟠纹　2. 一凤二龙相蟠纹　3. 凤鸟践蛇纹　4. 凤鸟花卉纹　5. 凤鸟花卉纹

三、色　　彩

就色彩而言，不仅图像资料所揭示的东周时期的服装情况较少，即使服装实物本身也存在由于年代久远而导致服装色彩失真的情况。

根据江陵马山M1出土衣物的质料的属性及色彩特征，东周时期的服装色彩也可借此得到一点线索。从织物显色特征来看，作为服面的绢、罗、纱均为平纹织物，故一般都为单色。锦和绦为显花织物，因此不会少于两种色彩。东周时期的锦织物一般为二色锦或三色锦，最多不超过五

① 周能：《江陵马山一号楚墓凤纹图形研究》，《湖南考古辑刊》（第8集），岳麓书社，2009年，第291～297页。

② 刘国胜：《望山遣册记器简琐议》，《2007中国简帛学国际论坛论文集》，2007年，第1～5页。

色；绦一般有地色和花色两类，花色又常为两色或三色。与织物相比，刺绣色彩与其表现的纹饰一样取舍自由，故而色彩丰富。江陵马山M1出土绣品的绣线色彩多达到十二色，分别为棕色、红棕、深棕、深红、朱红、桔红、浅黄、金黄、土黄、黄绿、绿黄、钴蓝。需要强调的是，虽然绣线色彩丰富，但作为纹饰色彩，在服面的占有面积毕竟有限，因此对衣物整体色彩构成的影响不大，服装的主体色彩仍然是绣地织物的色彩。根据笔者的粗略统计，江陵马M1出土的20件衣物用绢主要集中在藕色、灰白、深黄、深棕、深褐、红棕等几种色彩中，其中深黄色11例，占到了55%，其次分别为灰白色4例、红棕色2例、深棕色、深褐色、藕色各1例。罗和纱均为素色。锦的丝线色彩集中于浅棕、深棕、红棕、土黄、灰黄、深黄、朱红、深红等色彩。绦的丝线色彩则有红棕、深棕、土黄、钴蓝四色。综合而言，棕、黄、红、白四个色系是主要的织物色彩，其中，棕色和黄色的比例最大。就上衣而言，里料色彩普遍比面料淡雅，衣缘色彩普遍比面料色彩厚重。如绵衣M1：N14和M1：N12的里料为灰白色，面料则为黄地绢并有刺绣纹饰；M1：N15、M1：N16和M1：N19三件绵衣的里料为黄色，面料则采用色彩更为多样厚重的织锦。

当然，以上分析仍只是基于对一座墓出土服饰的认识，相对于服装的质料和纹饰，对服装色彩的认识具有更大的局限性。在染色技术已基本成熟的条件下，对色彩的选择范围实际是很大的，东周时期是否偏好于某种色彩单凭个案情况很难得到全面认识。但江陵马山M1出土的实物至少表明，过去认为的“楚人有尚赤之风”这样的观点在服饰中很难得到支持。另外，通过这些服饰质料以及江陵雨台山、江陵纪南城、江陵望山、荆门郭店、当阳曹家岗、长沙五里牌、长沙浏城、长沙仰天湖、长沙子弹库、长沙广济桥、慈利石板村等众多楚墓出土的纺织品发现可以看到，楚地出土的服饰质料多数为黄色以及近似的褐色色系，也有少量红色，基本属于“正色”[①]。但来自文献方面的记载又似乎表明，类似“紫色”这样的间色由于种种原因在当时也盛行一时[②]。譬如，《韩非

① 《礼记·礼运》云：“五色，六章、十二衣，还相为质也。”孔疏：“五色谓青、赤、黄、白、黑。”见（清）阮元校刻：《礼记·礼运》，《十三经注疏》，中华书局，2009年，第3081页。《礼记·玉藻》云：“衣正色，裳间色。”皇氏注：“正谓青、赤、黄、白、黑，五方正色也。”见（清）阮元校刻：《礼记·玉藻》，《十三经注疏》，中华书局，2009年，第3200、3201页。

② 紫色在当时被视作“姦色”。《释名·释财帛》：“紫，疵也，非五色，五色之疵瑕以惑人者也。”

子·外储说》："齐桓公好服紫，一国尽服紫，当是时也，五素不得一紫。"[①]《左传·哀公十七年》也载："紫衣狐裘。"杜预注："紫衣，君服。"[②]对此，孔孟曾有过激烈的抨击，《论语·阳货》云："恶紫之夺朱也。"[③]《孟子·尽心》："恶紫，恐其乱朱也。"[④]考古发现表明，文献记载也并非空穴来风，光山县黄君孟夫妇墓中孟姬墓曾出土有紫色的绣绢，很可能即这种称为"齐紫"的衣物用料。当然，以上文献材料大部分应当反映了齐国的情况，黄国也曾一度在政治上依附于齐国，与齐国具有相近的考古学文化。但保留大量楚文化因素的曾侯乙墓也丝毫未表现出对紫色的排斥，相反，紫色成为该墓的主色调，不仅出土衣箱（E61）箱盖上清晰的阴刻有"紫锦之衣"，同墓出土的记录有紫色器物的竹简多达96支，占到了总简数量的45%，这些器物大部分属于丝、竹、皮、革制品[⑤]。以上这些现象说明，东周时期以黄、红等正色作为服饰色彩是与历史文献记载相吻合的，但五色以外可能存在有更为复杂的服色面貌。

---

① （清）王先慎：《韩非子集解》，《诸子集成》（五），中华书局，2006年，第210页。

② （战国）左丘明撰，（晋）杜预集解：《春秋经传集解》，上海古籍出版社，1997年，第1827页。

③ （清）刘宝楠：《论语正义》，《诸子集成》（一），中华书局，2006年，第379页。

④ （清）焦循：《孟子正义》，《诸子集成》（一），中华书局，2006年，第607页。

⑤ 湖北省博物馆：《曾侯乙墓》，文物出版社，1989年，第353页、图二一五-3；刘信芳：《曾侯乙墓衣箱礼俗试探》，《考古》1992年第10期。

第三章　东周服饰文化的二元格局与深衣体系的建立

东周服饰之所以被认为在中国古代服饰发展史上具有特殊地位，是由于政权分立和战乱冲突导致的东周服饰在空间和时间两个维度上的重要变革。在空间上，东周时期的服饰面貌复杂多样并呈现出显著的地域差异，存在各种服饰体系，在此基础上形成的两个服饰传统并行发展并相互影响，最终形成“发髻右衽”与“被发左衽”的服饰文化二元格局，间接折射出当时宗周诸国居中、周边四夷部族杂处的政治文化格局。在时间上，东周时期正式形成以深衣为主体的服饰体系，是端服体系向深衣体系转变的重要转折期，在中国古代服饰发展史上影响深远。

第一节　“服以旌礼”——“三礼”背景下的西周服饰

孔子在谈到为邦之道时，曾有一句著名的言论：“行夏之时，乘殷之辂，服周之冕，乐则《韶》《舞》”[①]，阐明了服饰与周代社会的密切联系。《左传·昭公九年》也有云：“服以旌礼，礼以行事。”[②]夏商周三代作为中国礼制文明的奠基时期，礼在巩固统治、维系社会秩序方面发挥着举足轻重的作用。从考古发现的人物形象来看，“冠冕之制在商代后期已规度初显”[③]。至周代，礼仪制度更加成熟，整个社会崇礼而重服，繁缛完备的服饰制度已然成为当时礼仪制度的重要内容。服饰被赋予了丰富的精神内涵，成为辨识名位尊卑的政治符号，完美地诠释着周代森严的等级制度。尤其是《周礼》的六冕之制，严格规定了冕服的使用场合与等

---

① （清）阮元校刻：《论语·卫灵公》，《十三经注疏》，中华书局，2009年，第5468页。

② （战国）左丘明撰，（晋）杜预集解：《春秋经传集解》，上海古籍出版社，1997年，第1324页。

③ 宋镇豪：《商代玉石人像的服饰形态》，《中国社会科学院历史研究所学刊》（第2集），商务印书馆，2004年，第71～108页。

级，并与是时的政治结构完美结合。这种结合对后世影响深远。冕服，作为周代君臣的礼服和祭服，不仅是周代服饰制度的最高层级，以冕服为标识的礼制传统也成为中国几千年“古礼复兴运动”的粉本[①]。此外，服饰也与西周重要的政治制度之一——册命制度关系密切，只有服饰可以作为册命的赏赐物。

如果说西周时期开创了以服饰为主要内容的礼制准则，东周时期则是对这一准则的第一次破坏，其服饰体系既有对西周服饰的继承，也有对西周服饰的改革。因此，探讨东周服饰首先要厘清西周服饰的基本状况，而讨论西周服饰的基本状况，必然无法回避西周社会的礼制背景。然而，三礼虽然对各式礼服之尺寸及其使用有烦琐的规定，北宋聂崇义又有《三礼图》作为图释，但附会想象成分居多，不足为据。下文拟从文献记载的服饰名义与考古发现的西周服饰形象入手，探本求原，以期究明东周服饰的形成基础。

一、“三礼”构建的西周服饰图景

有关周代的服饰制度集中保存在《周礼》《仪礼》《礼记》等历史文献中。其中，关于《周礼》的成书时间，虽然历来争议很大，普遍被认为是战国时期，但其构建的完备的冕服体系当是对西周时期的真实写照。《仪礼》的成书时间与内容也与《周礼》大致相当，还可能偏早，书中详细保留了周代传袭下来的礼俗制度，其中有很大一部分涉及礼服及其使用。《礼记》的成书时间虽然更是晚至西汉，但有《玉藻》《丧服》《深衣》等专篇记载周代服饰史事。三礼所记的服饰之名并不在少数，但分布零散又不成体系，加之没有图示，这就使得后来的注家对很多种服饰的形制产生主观臆测，根据只字片言构建先秦服饰之形貌，从而使先秦服饰状况更加晦涩不明，甚至造成前后抵牾之处。本节暂且忽略后世注说的诸多注解，根据三礼本身所记载的服饰内容，勾画西周服饰的基本面貌，初步构建起西周时期的服饰图景。

服饰在整个西周社会中占有重要地位，尤其与政治体制密切关联，即所谓的“壹命受职，再命受服”[②]。

三礼所记服名并没有统一的命名标准，综合来看，以形制、质地、

---

① 阎步克：《服周之冕——〈周礼〉六冕礼制的兴衰变异》，中华书局，2009年，第13～24页。

② （清）阮元校刻：《周礼·春官·大宗伯》，《十三经注疏》，中华书局，2009年，第1641页。

色彩命名的情况居多，如“冕”“爵弁”“长衣”是以形制命名；“皮弁”“宵衣”是以质地命名；“玄冠”“纁裳”是以色彩命名；还有少数以纹饰命名的服饰，如“衮衣”；以用途命名的，如“景”。总体来看，以首服和身服的名称最多。可见，首服和身服当是服饰中的主体，且以男性服饰为主体。下文拟对三礼涉及的这部分内容略作梳理。

据三礼记载，男女服饰最明显的区别在于首服。男性着冠，女性发髻。这里的冠是对男子首服的总称；女子的首服则是以发髻为主体，佐以各种发饰构成各种造型。从某种意义上说，西周的首服甚至比身服更加重要。孔子在称颂大禹业绩时就曾感慨道“恶衣服而致美乎黻冕”[①]。

就男性首服的种类而言，广义的冠主要包括冕、弁、冠三大类。《说文解字》云：“冠，絭也。所以絭发，弁，冕之总名也。从冖。元。元亦声。冠有法制，故从寸。”段注：“析言之，冕弁冠三者异制。浑言之，则冕弁亦冠也。”[②]冠礼乃士之成年嘉礼，《士冠礼》作为对这一重要礼仪的记录被置于《仪礼》之首篇，篇中提到正式典礼开始之前的准备工作，“爵弁、皮弁、缁布冠各一匴”，而后“初加缁布冠、次加皮弁、次加爵弁，每加益尊”，可见这三种冠当分别代表了当时礼服之首服的最重要的三种类型，按照尊贵程度递增，依次为冠、弁、冕。

冕者，乃最高等级之冠，大夫以上所服。《说文解字》云：“冕，大夫以上冠也，邃、延、垂、旒、紞、纩，从曰，免声。”[③]其形制的主要特点为前低后高、前圆后方，有俯伏之形，“名‘冕’者，俛也，低前一寸二分”[④]。此外，还并有邃、延、垂、旒、紞、纩等构件。据《周礼》所记，冕之名目大致有六：大裘冕、衮冕、鷩冕、毳冕、絺冕、玄冕，结合《仪礼·觐礼》，衮冕以下，又可统称为“裨冕”[⑤]。爵弁虽以“弁”

---

① （清）阮元校刻：《论语·泰伯》，《十三经注疏》，中华书局，2009年，第5403页。

② （汉）许慎撰，（清）段玉裁注：《说文解字注》，上海古籍出版社，1981年，第353页。

③ （汉）许慎撰，（清）段玉裁注：《说文解字注》，上海古籍出版社，1981年，第354页。

④ （清）阮元校刻：《仪礼·士冠礼》，《十三经注疏》，中华书局，2009年，第2050页。

⑤ 《仪礼·觐礼》：“侯氏裨冕。”郑玄注：“裨冕者，衣裨衣而冠冕也。裨之为言埤卑也。天子六服，大裘为上；其余为裨，以事尊、卑服之。”（清）阮元校刻：《仪礼·觐礼》，《十三经注疏》，中华书局，2009年，第2355页。

称，但亦为冕属，为冕之次[①]。

次等之冠谓之弁，冠礼中专指皮弁。《仪礼·士冠礼》注云："皮弁者，以白鹿皮为冠，象上古也。"[②]《释名》又云："以鹿皮为之，谓之皮弁。"其中，皮弁之有饰者又可称之为綦弁[③]。据任大椿考证，"皮弁乃合手之形，下广上锐，其制当取鹿皮一副分解之，每片广头向下，狭头向上，片片缝合，自成合手锐顶之状"[④]。于兵事中，则又有韦弁。《周礼·司服》："凡兵事，韦弁服。"《仪礼·聘礼》注："韦弁，靺韦之弁，兵服也。"

寻常之冠主要有两种，一种为缁布冠，为行冠礼时的初加之冠。《仪礼·士冠礼》记载："始冠，缁布之冠也。"[⑤]《礼记·郊特牲》："冠义，始冠之，缁布之冠也。"[⑥]另外一种是玄冠，乃与朝服搭配的正式场合所戴之冠，《仪礼·士冠礼》云："主人玄冠，朝服，缁带，素韠，即位于门东西面。"汉代注家对此句又有注曰："玄冠，委貌也。"[⑦]

女性的首服相对于男性比较简单，首不加冠，以发髻为主。先秦又称之为"紒"或"结"，上覆以"副""编""次""纚""笄"等各式发饰。

从传世文献记载来看，西周时期的礼服体系中，首服和身服的搭配固定，是一套完整的服饰组合。身服之名多与之搭配的冠相关，如"冕服""皮弁服""爵弁服"等。与首服相呼应，按照服饰的功能和穿着等

---

① （清）阮元校刻：《仪礼·士冠礼》，《十三经注疏》，中华书局，2009年，第2050页。

② （清）阮元校刻：《仪礼·士冠礼》，《十三经注疏》，中华书局，2009年，第2051页。

③ （清）阮元校刻：《尚书·顾命》，《十三经注疏》，中华书局，2009年，第510～511页。

④ （清）任大椿：《弁服释例》卷四九五～五〇二，《清经解》，上海书店，1988年，第484～493页。

⑤ （清）阮元校刻：《仪礼·士冠礼》，《十三经注疏》，中华书局，2009年，第2052页。

⑥ （清）阮元校刻：《礼记·郊特牲》，《十三经注疏》，中华书局，2009年，第3153页。

⑦ （清）阮元校刻：《仪礼·士冠礼》，《十三经注疏》，中华书局，2009年，第2038页。

级，西周的服饰大致有如下几个层级：冕服体系、弁服体系和冠服体系。

冕服体系中，与冕搭配的身服自上而下有大裘、衮衣、裨衣。《仪礼·觐礼》："天子衮冕负斧依。"注："衮衣者，裨之上也，绘之绣之为九章，其龙，天子有升龙、有降龙。依此衣而冠冕。"《仪礼·觐礼》："侯氏裨冕，释币于祢。"注："裨之为言埤也。天子六服，大裘为上，其余为裨，以事尊卑服之，而诸侯亦服焉。"[①]可见天子可穿上至大裘、下至裨衣的各种冕服，天子以下诸侯戴冕时则只能穿着裨衣。与爵弁搭配的衣服有"爵弁服"，为"纯衣"，《仪礼·士冠礼》："爵弁服，纁裳、纯衣。"[②]

弁服体系中，与皮弁搭配的有"皮弁服"，该服"用布十五升"，"皮弁之衣，乃白布为之"[③]。与韦弁搭配的则为"韦弁服"，据《仪礼·聘礼》所注："韦弁，韎韦之弁，兵服也。而服之者，皮、韦同类，取相近耳，其服盖韎布以为衣而素裳。"[④]

与士所着之玄冠相搭配的身服主要为"玄端"，如《仪礼·士冠礼》载："主人玄冠，朝服。"注："玄端即朝服之衣。"[⑤]《礼记·玉藻》："诸侯玄端以祭……朝服以日视朝于内朝"；"玄端而居"下又注"天子服玄端燕居"[⑥]。《仪礼·士昏礼》："从者毕玄端。"[⑦]可见玄端在当时非常普遍，各种阶层、各种场合均可穿着。可为天子之燕服，也可为诸侯卿士之朝服。

明确为女性的身服主要是《周礼·天官·内司服》所记载的王后之

---

① （清）阮元校刻：《仪礼·觐礼》，《十三经注疏》，中华书局，2009年，第2355、2356页。

② （清）阮元校刻：《仪礼·士冠礼》，《十三经注疏》，中华书局，2009年，第2050页。

③ （清）阮元校刻：《仪礼·士冠礼》，《十三经注疏》，中华书局，2009年，第2051页。

④ （清）阮元校刻：《仪礼·聘礼》，《十三经注疏》，中华书局，2009年，第2290页。

⑤ （清）阮元校刻：《仪礼·士冠礼》，《十三经注疏》，中华书局，2009年，第2038页。

⑥ （清）阮元校刻：《礼记·玉藻》，《十三经注疏》，中华书局，2009年，第3193页。

⑦ （清）阮元校刻：《仪礼·士昏礼》，《十三经注疏》，中华书局，2009年，第2078页。

六服，分别是“袆衣、揄狄、阙狄、鞠衣、展衣、缘衣”。《仪礼》所记的明确为女性所服的有“纯衣”“宵衣”“玄衣”“景”，《礼记》则有“深衣”等服名。

可以看到，以上三种冠服体系是基于男性穿着等级和场合而进行的分类，是当时社会背景下正式场合所穿用的服装。所有服饰的使用皆有特定的场合，冕服体系为祭祀这样特定场合的服装，弁服体系为兵戎之事这样的特定场合服装，冠服体系则是社会各个阶层均可穿着的正式场合的服饰。

我们注意到，尽管穿用的场合和身份不同，以上三种服饰体系的搭配模式却是相对固定的，即“冠”“上衣”“下裳”这样的完整组合。《周礼·司服》：“王之吉凶衣服。”注云：“凡冕服，皆玄衣纁裳。”[①]可见冕服体系中，与六冕配属的上衣皆为“玄衣”，下裳均为“纁裳”。《仪礼·士冠礼》：“爵弁服，纁裳、纯衣、缁带、韎韐”[②]，也是衣裳并举。弁服体系中，皮弁服也是衣裳相配，如《仪礼·士丧礼》对皮弁服注云：“其服白布衣，素裳。”[③]而在冠服系统中，衣裳相配的情况更加典型，与上衣相配之裳更加丰富，《仪礼·士冠礼》云：“玄端，玄裳、黄裳、杂裳可也。”[④]由是可见，“三礼”所构建的西周服饰面貌是以冠、上衣、下裳三大主体组合而成的礼制服饰体系，这一服饰体系是当时士以上阶层的主流服饰。

礼服中的上衣主要有玄衣、玄端、爵弁服、韦弁衣、皮弁衣、纯衣、采衣等，他们的共同特点是用于正式场合，且与下裳分开，配合穿着。“三礼”中多次涉及“端”这样的服饰，应是对以上这类上衣礼服的统称。如：《仪礼·特牲馈食礼》：“及筮日，主人冠、端玄，即位于

① （清）阮元校刻：《周礼·司服》，《十三经注疏》，中华书局，2009年，第1687页。

② （清）阮元校刻：《仪礼·士冠礼》，《十三经注疏》，中华书局，2009年，第2050页。

③ （清）阮元校刻：《仪礼·士丧礼》，《十三经注疏》，中华书局，2009年，第2449页。

④ （清）阮元校刻：《仪礼·士冠礼》，《十三经注疏》，中华书局，2009年，第2051页。

门外，西面”[①]；《礼记·乐记》：“吾端冕而听古乐”[②]；《周礼·司服》：“其齐服有玄端、素端”[③]。其他先秦文献对端服也多有涉及，如《论语·先进》：“端章甫，愿为小相焉”[④]；《荀子·哀公》：“夫端衣、玄裳，絻而乘路者，志不在于食荤”[⑤]。上海博物馆藏战国简47《容成氏》载：“文王于是乎，素耑，□裳（以）行九邦。”[⑥]李零、苏建洲、单育辰也均释读耑为端衣[⑦]。之所以称为“端”，概取其形制方正之意，《周礼·司服》郑注：“端者，取其正也。”疏：“端，正也，故以正幅解之。”[⑧]《释名·释衣服》：“玄端，其袖下正直端方，与腰接也。”[⑨]因此，进一步来说，西周服饰的总体面貌是以礼服为主流，礼服中又以端服为最重要的上衣，采取上下分制的服饰结构。

除首服和身服的搭配外，完整的礼服搭配中还常见有两种非常重要的佩饰——带和蔽膝，它们是西周礼服制度中的重要内容，常搭配使用，如《仪礼》中的“韐带”即蔽膝与带相搭配。“带”有束衣和佩物两种功能，用于束衣多为纺织品制成，用于佩物则为皮革制品。蔽膝自上古已出现，是一种古老的蔽前遮羞的服饰构件。西周时的蔽膝一般有“芾”“韍”“绂”“韠”“韐”等称谓，对于不同称谓间的差别学界有

---

① （清）阮元校刻：《仪礼·特牲馈食礼》，《十三经注疏》，中华书局，2009年，第2554页。

② （清）阮元校刻：《礼记·乐记》，《十三经注疏》，中华书局，2009年，第3334页。

③ （清）阮元校刻：《周礼·司服》，《十三经注疏》，中华书局，2009年，第1690页。

④ （清）阮元校刻：《论语·先进》，《十三经注疏》，中华书局，2009年，第5430页。

⑤ （清）王先谦撰：《荀子集解》，《诸子集成》（二），中华书局，2006年，第353页。

⑥ 马承源：《上海博物馆藏战国楚竹书》（二），上海古籍出版社，2002年。

⑦ 李零：《〈荣成氏〉释文考释》，《上海博物馆藏战国楚竹书》（二），上海古籍出版社，2002年；苏建洲：《〈荣成氏〉译释》，《〈上海博物馆藏战国楚竹书（二）〉读本》，台北万卷楼，2003年；单育辰：《〈荣成氏〉中的“端”和“屦”》，《湖南省博物馆馆刊》（第五辑），岳麓书社，2008年。

⑧ （清）阮元校刻：《周礼·司服》，《十三经注疏》，中华书局，2009年，第1690页。

⑨ （汉）刘熙撰，（清）毕沅疏证，（清）王先谦补：《释名疏证补》，中华书局，1984年，第167页。

多种认识，尚无定论，一般认为与其材质和使用者的身份等级和服用场合有关。

凡是种种，我们可以将“三礼”所构建的西周服饰图景概述如下：礼是西周服饰文化的基础，与西周的政治体系紧密相连。礼服是西周服饰中最重要的组成部分，依据其穿着场合和身份等级，西周的礼服大致有冕服、弁服、冠服三个服饰体系。西周的礼服以冠、服、韠、带为一套完整的搭配，冠冕在服饰整体中尤其重要，是等级和身份的重要标识。

二、考古发现所见的西周服饰形象

考古发现的西周服饰形象集中于金属器构件、玉雕人像和木俑，主要发现于山西、陕西、河南等地，其中服饰形象清晰者可见如下几例。

（一）金属器构件

（1）洛阳北窑西周墓

1963～1966年发掘，M210出土有镂空管銎人首铜戈（M210：11）（图3-1-1）。M451出土有1件人形车辖（M451：18），头梳高髻（图3-1-2）。年代均在西周早期。M658出土有2件铅人，正面浮雕状。一件头似戴冠，身着长衣，作站立状；另一件头梳圆髻（图3-1-3）。年代为西周晚期[①]。

（2）灵台百草坡西周墓

1967年发掘，M2出土铜戟上有人头形刺刃，披发（图3-1-4）。年代为西周早期康王时期[②]。

（3）宝鸡竹园沟墓地

1974～1981年发掘，BZM13出土1件人首管銎钺（BZM13：169），可见头部发型，前侧为平齐髡发，头后留一长辫（图3-1-5）。墓主为某一代㢚伯，年代为西周早期成王后期至康王初期。

（4）宝鸡茹家庄墓地

1974～1981年发掘，BRM1出土有1件铜人（BRM1乙：67），男像，光头。原来应该插在木质器座上（图3-1-6）。BRM2出土有1件半身铜人（BRM2：22），女像，头顶有三叉形发饰，原来应有木质立座（图3-1-7）。以上2件可能与祭祀或者巫术有关。一号车马坑一号车（BRCH1：1-1）人

① 洛阳市文物工作队：《洛阳北窑西周墓》，文物出版社，1999年，彩版八、九，图版二四、三二、一〇四。

② 甘肃省博物馆文物队：《甘肃灵台百草坡西周墓》，《考古学报》1977年第2期。

图3-1　西周金属器所见服饰形象

1. 洛阳北窑M210：11　2. 洛阳北窑M451：18　3. 洛阳北窑M658：1　4. 灵台百草坡M2：30　5. 宝鸡竹园沟BZM13：169　6. 宝鸡茹家庄BRM1乙：67　7. 宝鸡茹家庄BRM2：22　8. 宝鸡茹家庄BRCH1：1-1

形青铜辕构件，人物披发，上身有对称鹿纹，下身着短裤（图3-1-8）。BRM1为某一代強伯，年代为西周早中期[①]。

（5）平顶山滍阳镇应国墓地

1985～2007年，M50出土铜匍盉上的抱盖纽人物，头梳高髻，上衣下裙（图3-2-1）。墓主是应国侯族成员，是专门管理应国外交事务的官员——司使，名叫匍，年代为西周中期穆王时期晚段[②]。

（6）三门峡虢国墓地

1990年第二次发掘，M2001随葬有器物5293件，其中有1件龙纹铜

① 宝鸡市博物馆：《宝鸡強国墓地》，文物出版社，1988年，图六〇、图二五七、图二二一、图二七二，第73、315、375、403页。

② 河南省文物考古研究所、平顶山市文物管理局：《平顶山应国墓地》，大象出版社，2012年，第351页。

图3-2　西周金属器所见服饰形象

1. 平顶山滍阳M50：1　2. 翼城大河口M1：271-4照片　3. 翼城大河口M1：271-4线图
4. 翼城大河口M1017：20

盉，器足为4个裸体人像，乳房高隆，女性特征明显，发型清楚。同墓还出土人首铜辖1件。墓主为虢国的国君虢季，年代为西周晚期晚段[①]。

（7）曲沃天马-曲村晋侯墓地

1992～1993年发掘，ⅠⅡM31出土铜盉器足为半蹲裸体人形，髡发[②]。ⅠⅡM63出土有鼎形方盒和方座筒形器各1件，器足均为裸体人形，髡发。被盗的1件铜辖也有髡发人物。年代均为西周晚期[③]。

（8）翼城大河口霸国墓地

2007～2008年发掘，M1出土1件铜人顶盘，头发后梳，后脑有发髻，跽坐跣足，身着立领衣，下垂斧形蔽膝（图3-2-2、图3-2-3），年代为西周早期晚段康王晚期到昭王时期[④]。2009年发掘的M1017出土有1件铜人顶盘，很可能为男性，跽坐，上身裸露，下身着蔽膝（图3-2-4）。年代为西周中期偏早阶段[⑤]。

（二）玉器

目前，考古发现的玉雕人像在山西、陕西、河南、甘肃均有出土，其中，服饰形象清楚的有以下数件。

（1）洛阳东郊郑州铁路局钢铁厂西周墓

1959年发掘，出土1件玉人，头戴高冠，上衣下裳，戴斧形蔽膝（图3-3-1）。年代为西周时期[⑥]。

（2）灵台百草坡西周墓

1967年发掘，M1和M2分别出土1件玉人，M1：99头梳螺髻，裸身

---

① 河南省文物考古研究所、三门峡市文物工作队：《三门峡虢国墓》第一卷，文物出版社，1999年，第67、97页。

② 山西省考古研究所、北京大学考古学系：《天马—曲村遗址北赵晋侯墓地第三次发掘》，《文物》1994年第8期。

③ 山西省考古研究所、北京大学考古学系：《天马—曲村遗址北赵晋侯墓地第四次发掘》，《文物》1994年第8期。

④ 山西省考古研究所大河口墓地联合考古队：《山西翼城县大河口西周墓地》，《考古》2011年第7期；山西省考古研究院、临汾市文物局、翼城县文物旅游局联合考古队等：《山西翼城大河口西周墓地一号墓发掘》，《考古学报》2020年第2期。

⑤ 山西省考古研究所、临汾市文物局、翼城县文物旅游局联合考古队等：《山西翼城大河口西周墓地1017号墓发掘》，《考古学报》2018年第1期。

⑥ 傅永魁：《洛阳东郊西周墓发掘简报》，《考古》1959年第4期。

（图3-3-2）；M2：59头戴高冠，身穿抽象服饰（图3-3-3）。年代为西周早期康王时期[①]。

（3）曲沃天马-曲村晋侯墓地

1992～1993年发掘，ⅢM8出土有3件立人像，ⅢM8：184和ⅢM8：203头顶有高大的冠，梯形下裳，佩市（图3-3-4）；ⅢM8：202足部弯曲蜷缩。年代为西周晚期宣王时期[②]。ⅢM63出土有7件类似立人像，有的头顶双螺髻，有的头顶高冠，有的髡发，下穿斧形蔽膝（图3-3-6～图3-3-9）。年代也是在西周晚期[③]。

（4）韩城梁带村芮国墓地

2007年发掘，M26发现1件女性玉人站立形象（图3-3-5）。年代为西周中晚期[④]。

此外，西周人形玉器还有很大一部分为圆雕或片雕的侧身蹲坐人形，线条粗犷写意，服饰形象不清，唯头部似有高冠或螺髻。如山西曲沃天马—曲村晋侯墓地M29出土的玉人；陕西张家坡墓地M157和M163出土的2件玉人[⑤]，扶风黄堆老堡子M25出土的玉人[⑥]、强家村M1出土玉人[⑦]；河南三门峡虢国墓地M2009出土的2件玉人[⑧]，平顶山应国墓地M1出土玉人、M2001出土2件人形玉佩等[⑨]。

---

① 甘肃省博物馆文物队：《甘肃灵台百草坡西周墓》，《考古学报》1977年第2期。

② 北京大学考古学系、山西省考古研究所：《天马—曲村遗址北赵晋侯墓地第二次发掘》，《文物》1994年第1期；古方：《中国出土玉器全集·山西卷》，科学出版社，2005年，第89页。

③ 山西省考古研究所、北京大学考古学系：《天马—曲村遗址北赵晋侯墓地第四次发掘》，《文物》1994年第8期；古方：《中国出土玉器全集·山西卷》，科学出版社，2005年，第115～118页。

④ 陕西省考古研究所、渭南市文物保护考古研究所、韩城市文物旅游局：《陕西韩城梁带村遗址M26发掘简报》，《文物》2008年第1期。

⑤ 中国社会科学院考古研究所：《张家坡西周墓地》，中国大百科全书出版社，1999年，第266、267页。

⑥ 古方：《中国出土玉器全集·陕西卷》，科学出版社，2005年，第76页。

⑦ 古方：《中国出土玉器全集·陕西卷》，科学出版社，2005年，第74页。

⑧ 河南省文物考古研究所、三门峡市文物工作队：《三门峡虢国墓》第一卷，文物出版社，1999年，第158、159页；古方：《中国出土玉器全集·河南卷》，科学出版社，2005年，第167、173页。

⑨ 古方：《中国出土玉器全集·河南卷》，科学出版社，2005年，第175页。

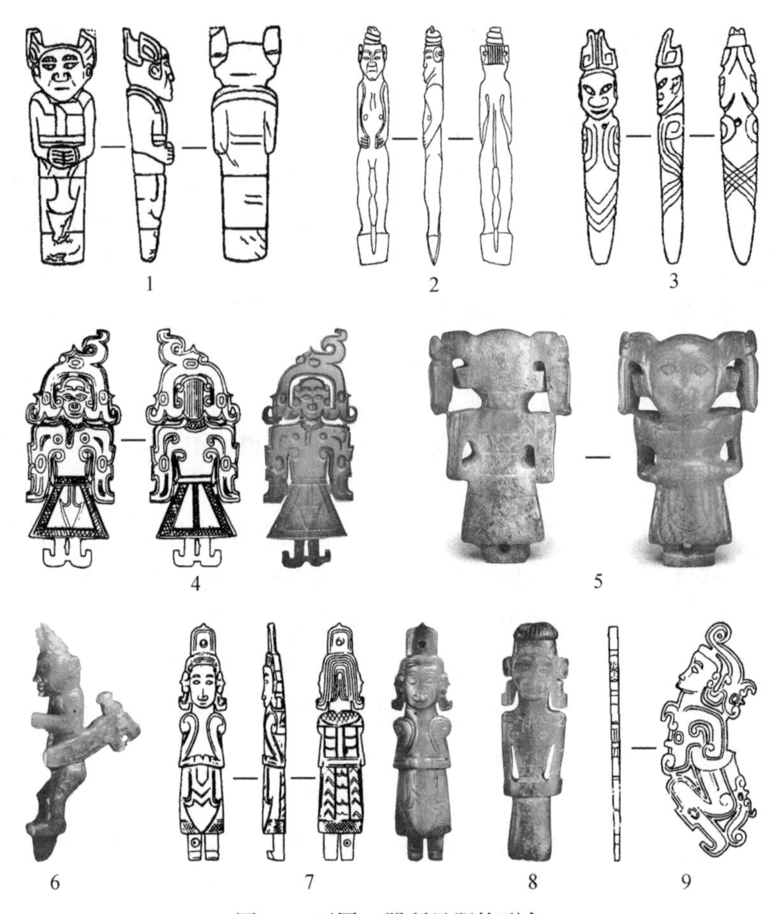

图3-3　西周玉器所见服饰形象

1. 洛阳郑州铁路局钢铁厂西周墓　2. 灵台百草坡M1：99　3. 灵台百草坡M2：59　4. 曲沃天马-曲村ⅢM8：203　5. 韩城梁带村M26：186　6. 曲沃天马-曲村ⅢM63　7. 曲沃天马-曲村ⅢM63：90-15　8. 曲沃天马-曲村ⅢM63　9. 曲沃天马-曲村ⅢM63

（三）木俑

（1）韩城梁带村芮国墓地

2007年发掘，M502的墓室四角各发现木俑1个，最高的两个均达到了1米，由整块木头雕刻出头部与躯体，再以卯榫结构连接单独雕出的手臂及足，并用黑色和红色涂抹出头发、皮肤、衣服和鞋子等。均作站立状，基本是两两相对，分别为双手持物状和捧物状（图3-4-1～图3-4-4）。年代为西周晚期①。

---

① 陕西省考古研究院、渭南市文物保护考古研究所、韩城市景区管理委员会：《梁带村芮国墓地——2007年度发掘报告》，文物出版社，2010年，第47～49、224～225页，彩版五二～彩版五四。

（2）翼城大河口霸国墓地

2007～2008年发掘，M1东部二层台出土漆木俑2件，双足站立在漆木龟上，双手持物状（图3-4-5）。墓主为霸伯，年代为西周早期晚段[①]。

（3）南阳夏响铺鄂国墓地

2012～2013年发掘，M6出土木俑2件（图3-4-6）。墓主为鄂侯，年代为西周晚期[②]。

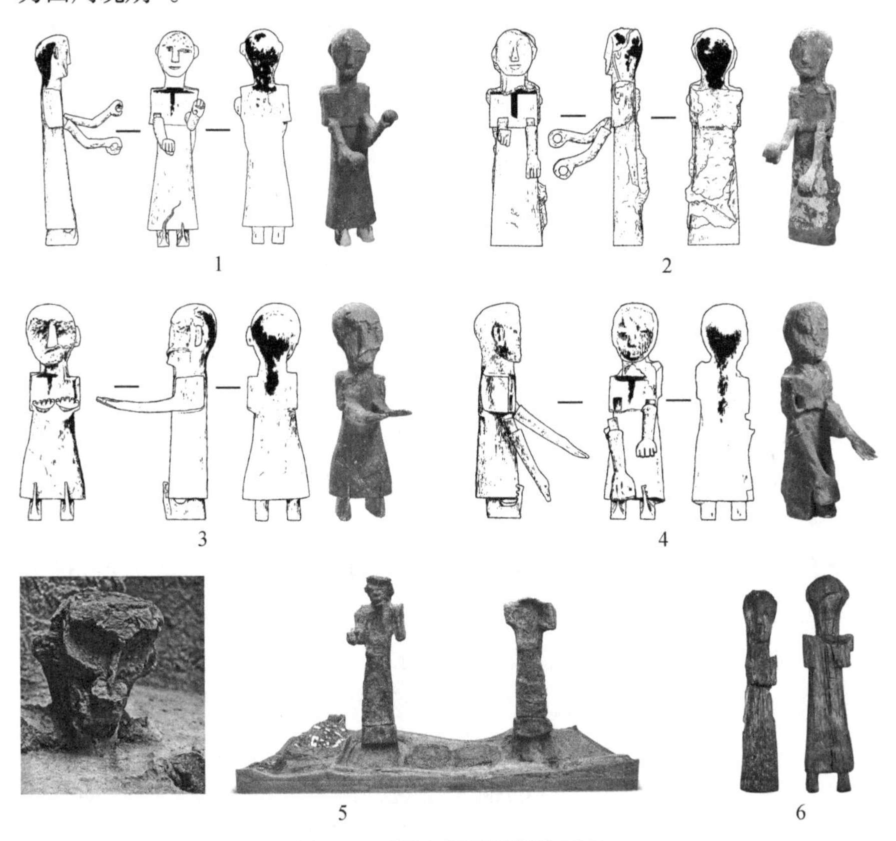

图3-4　西周木俑所见服饰形象

1. 韩城梁带村M502：164　2. 韩城梁带村M502：165　3. 韩城梁带村M502：166　4. 韩城梁带村M502：167　5. 翼城大河口M1　6. 南阳夏响铺M6：59、M6：86

① 山西省考古研究所大河口墓地联合考古队：《山西翼城县大河口西周墓地》，《考古》2011年第7期；山西博物院、山西省考古研究所：《发现霸国——讲述大河口墓地考古发掘的故事》，山西人民出版社，2012年，第20～38页。

② 南阳市文物考古研究所：《河南南阳夏响铺鄂国贵族墓地》，《华夏考古》2013年第3期；河南省文物局南水北调文物保护办公室、南阳市文物考古研究所：《河南南阳夏饷铺鄂国墓地M5、M6发掘简报》，《江汉考古》2020年第3期。

以上材料反映的西周服饰大体可分为两类。一类是以冠、衣、裳、蔽膝为一套完整组合的具有礼仪性质的服饰。就首服而言，以上材料有一部分由于保存条件受限，如木俑和个别金属器构件，已不见发型，更勿谈冠式。冠式可见的则形态各异，很可能为弁或冠类体系的首服。就身服而言，上下分制。我们注意到，无论是金属构件还是玉器，所表现的人物上衣的领口均呈现“一”字形或近似“一”字形，中间向下延伸一小段，类似交领两襟拥掩的斜线，但又不贯穿至腰部，有些类似于今天领口开叉的贯头衣。木俑由于彩绘保存较差，领口形态不易见。下裳所表现的独立穿着的可能性则更加明显，晋侯墓地出土的几件玉人和天津博物馆收藏的1件玉人下裳呈梯形，四周一圈边缘有斜条纹纹饰，与上衣差别显著，很显然为单独的下裳。裳的长度一般仅在膝部以下，可见足部。以上服饰形象更为显著的特点是，大部分都可见蔽膝，且处于下裳正中，形象突出，很多呈斧形，如晋侯墓地出土的玉人服饰。

另一类是以周身花纹或部分裸身为特点的人像，这类人像全部为玉器或金属器构件，且姿态大部分为蜷缩屈膝或半蹲，大部分为器物构件。如宝鸡茹家庄墓地一号车马坑一号车人形青铜辕构件，清末莒县收藏家庄湛岩收藏有1件裸人方奁[①]，晋侯墓地M63出土玉人脚下有榫头，应该也是某类器物的插件。这类人像首服比较多样，少数戴冠，如甘肃灵台百草坡M2：59、陕西扶风黄堆老堡子M25：002，周身花纹的人像均可见手足，表明花纹很可能代表纹身或贴身穿着的衣服，宝鸡茹家庄墓地一号车马坑的人形辕构件对此刻画得较为清楚，上身背部有双鹿纹，下身着贴身短裤，四肢各有2条回文，很可能代表贴身衣服的缘部。翼城大河口墓地M1和M1017出土的铜人顶盘，铜人上身赤裸，下身却有一条很长的蔽膝垂于双腿间（见图3-2-2～图3-2-4）。与此十分类似的还有1件私人收藏的有铭“晋侯铜人”，1992年出现在香港拍卖会上，很可能为晋侯墓地被盗铜器。铜人头部似戴平顶帽，赤裸上身，下身着蔽膝，跽坐，双手反绑（图3-5）。河南三门峡虢国墓地、平顶山应国墓地出土的玉人，

图3-5　私人收藏“晋侯铜人”

① 《山东博物馆》编辑委员会：《山东博物馆》，伦敦出版（香港）有限公司，2012年，第66页。

也为裸身蔽膝。关于这类人的身份，一部分学者认为是奴隶，李零等则认为是淮夷首领[①]。

三、小　结

可以看到，文献与考古材料这两条线索所勾勒的西周服饰图景是丰富繁杂却又是彼此脱节的，两者似乎是在以两种不同的语言在构建着同一个时代的服饰面貌，相行不悖而又毫无交集。事实上，对于同一个时代的服饰面貌，文献抑或考古形象无非是描述服饰这一客观存在的两种形式，前者更多地给我们以最直接的服名，后者则是给我们视觉造成的直观形象，两者间的对应和契合便是我们对服饰历史面貌的认识，西周服饰虽距离我们久远，却也并无例外。

如前文所述，文献所构建的正是当时士以上阶层在正式场合所穿着的礼服，其中，冕服是最重要的政治活动——祭祀所穿着的礼服，正所谓“周人冕而祭”[②]。冕服最基本的形制是上下分属，且均为纯色，“凡冕属，其服皆玄上纁下”。《周礼·天官·染人》郑注云：“玄纁者，天地之色，以为祭服。”[③]这类服饰目前在考古形象中尚难找到直接的对应形象。弁服作为戎事活动等特定场合穿着，平时穿着的机会相对较少，考古材料中也较罕见。冠服体系的穿着人群最广、穿服场合最多，是士以上人群在很多场合的正装。他所代表的应当是西周服饰的主流。西周考古材料所见的第一类服饰正与此对应，考古形象所见的冠、衣、裳、蔽膝正是文献所说的“冠、服、韠”，后者之“服”包括上衣和下裳，这是完整礼服的基本搭配。关于这点，西周金文也屡见类似的表述，如：

> 大盂鼎：（西周早期）……易女……冕、衣、市、舄……
> 麦方尊：（西周早期）……臣二百家，剂用王乘车马、金

① 苏芳淑、李零：《介绍一件有铭的“晋侯铜人”》，《晋侯墓地出土青铜器国际研讨会论文集》，上海书画出版社，2002年；李学勤：《晋侯铜人考证》，《商承祚教授百年诞辰纪念文集》，文物出版社，2003年，第125～128页；李伯谦：《关于有铭晋侯铜人的讨论》，《中国文物报》2002年11月1日第7版；谢尧亭：《“格”与“霸”及晋侯铜人》，《两周封国论衡——陕西韩城出土芮国文物暨周代封国考古学研究国际学术研讨会论文集》，上海古籍出版社，2014年，第439～442页。

② （清）阮元校刻：《礼记·王制》，《十三经注疏》，中华书局，2009年，第2914页。

③ （清）阮元校刻：《周礼·天官·染人》，《十三经注疏》，中华书局，2009年，第1491页。

勒、冕、衣、市、舄……

吴方彝盖：（西周中期）……玄衮衣、赤舄……

颂鼎：（西周晚）……易女玄衣？屯，赤市朱黄

金文中大体描绘了婚嫁、赐服等重大典礼的场面，因此文中屡见的“冕”当是冕服系统的首服，但仍不外冠之属。按照金文记载，舄也当是完整礼服的重要部分，但由于考古材料在表现性上的局限，舄或屦实际上是难于辨识的。结合金文内容看，西周命服中“市”也是礼服系统中的重要内容，如“朱市”“赤市”等。但与传世文献记载相区别的是，金文中与“市”搭配使用的还常见“黄”“衡”“珩”，如毛公鼎中的赐服内容所见“朱市葱衡”，“黄”“衡”“珩”实为一物，虽然目前大部分学者比较倾向于视“黄”为玉佩①，但不可忽视的是有“佩”必有“带”，韦带之功用即在于系物，所系之物既包括市也包括玉佩，带与佩实乃不可分割的整体。因此，西周金文中强调并列的“市”与“黄”实是在强调赐服的具体内容，将玉佩之属统归于赐服；文献只单列“韠”而不提“黄”，更多的可能是囿于当时服饰观念，重在强调礼服本身，故玉佩之属未被视作服饰内容。

要之，无论是传世文献之“韠”抑或是金文之“市”，都尤其突出了蔽膝在整套礼服中的重要地位，这可以说是西周服饰尤其是礼服最重要的特点之一，说明西周时期的服饰礼仪较夏商时期有了进一步发展，礼服体系日益完备，服饰在西周政治体系中的地位更加重要。我们知道，“册命”是西周重要的政治制度，册命仪式是十分隆重的典礼，“册命于古代

① 对“黄”的理解故有两种观点：第一种认为“黄”为玉佩，以郭沫若为代表，郭宝钧、杨宽、白川静、孙机从此说；第二种认为“黄”为系市之带，以唐兰为代表，陈梦家、吴红松等从此说。详见郭沫若：《金文丛考》，人民出版社，1954年，第163页；郭宝钧：《古玉新诠》，《“中研院”历史语言研究所集刊论文类编·考古编》，中华书局，2009年；杨宽：《西周史》，上海人民出版社，2003年，第476页；白川静：《金文的世界：殷周社会史》，台湾联经出版公司，1989年，第122页；孙机：《周代的组玉佩》，《中国古舆服论丛》（增订本），文物出版社，2001年，第124页；唐兰：《毛公鼎“朱韍、葱衡、玉环、玉瑹”新解》，《百年学术——北京大学中文系名家文存·语言文献卷》，北京大学出版社，2008年；陈梦家：《西周铜器断代·释黄》，《燕京学报》（第1期），北京大学出版社，1995年，第277页；吴红松：《西周金文赏赐物品及其相关问题研究》，安徽大学博士学位论文，2006年，第58页。

又称锡命，锡者，赐也。谓授官任职同时有所赏赐”[①]。且册命赏赐与非册命的赏赐有根本不同，服饰就是册命中的赏赐物，而非册命的赏赐仅出现金、玉、贝、帛、车、马、戎奇、土地、田邑、人民等，甚至祭器，而不能有服饰[②]。这充分说明服饰在当时人们的观念中具有很高的认同感、是礼制社会区分等级的重要标识。

另一个值得注意的是服饰礼仪体系中的“衣”，除上下分制的结构特点外，上衣下裳还具有身四正幅、方领等方正端直的形制特点。具有类似特点的除文献所载的“端衣”外，还有“衰衣裳”“冕服”“爵弁服”“皮弁服”等，均以上衣下裳为基本特点，王关仕先生总结这类服装为“端系”服装，笔者以为概括得极是。其命名除“端衣”外，还常见有“玄端”“缁衣”“乡服”等表述，竹简中更常将其简称为“端”或“玄”。《礼记·玉藻》云：（诸侯）“朝玄端，夕深衣”。《礼记·内则》郑注：“玄端，士服也，庶人深衣。”此两句可谓是对端系服装最精准的概括，充分说明它是与深衣相对应的士族在正式场合所穿着的正装，是对整个上衣下裳的礼服的统称。鉴于后世文献多以“玄端”指代这类服装，且后文涉及对“深衣”的探讨，笔者以为将“玄端”指代这类服装更加合适。

第二节　“礼崩乐坏”——东周服饰文化的多元体系与二元格局

进入东周时期，战乱频仍、政权割据，西周构建起来的完备的服饰制度遭遇了前所未有的巨大挑战。就目前发现的考古材料来看，服饰的结构和形态在此期间呈现出多样化的面貌和风格，这种现象或与东周时期诸国林立的政治格局有一定关系。本节拟在第二章的类型学分析基础上，放眼整个东周时期的历史版图，以探讨东周时期服饰的五个地区的区域性特点和四种服饰体系，展开对东周服饰的共时性研究。这些服饰体系共同构成了以“发髻右衽”为主要特征的华夏服饰文化传统。

---

① 陈汉平：《西周册命制度研究》，学林出版社，1986年，第2页。

② 黄盛璋：《西周铜器中服饰赏赐与职官及册命制度关系发覆》，《周秦文化研究》，陕西人民出版社，1998年，第409～421页。

一、东周服饰的区域特征与服饰体系

东周时期是我国古代社会的激烈变革时期，诸国林立并各自拥有相对独立的区域文化。李学勤先生曾综合考古与文献材料将这些区域文化概括为七个文化圈，即以周和三晋为主体的中原文化圈、北方文化圈、齐鲁文化圈、楚文化圈、吴越文化圈、巴蜀滇文化圈和秦文化圈[①]。与服饰相涉的考古发现则集中分布于三晋两周文化区、北方的中山文化区、齐鲁文化区、楚文化区以及吴越文化区。与其他考古学文化类似，服饰文化也显示出明显的区域差异。同一文化区域中，服饰类型又不止一种。而在服饰的诸多区域性特点中，楚地和齐地的服饰最具特点。

（一）东周服饰区域特征

1. 三晋两周文化区服饰

三晋两周文化区是春秋战国时期的中原地区，代表了宗周文化的基本特征。出土东周服饰形象较集中的长治分水岭墓地地处长治地区，在战国时称为“上党”，为韩、赵、魏三国交界区，是当时军事、政治、经济、文化的中心。自三家分晋至秦昭襄王四十五年（公元前262年）后皆属韩，并曾置为“别都”，是当时贵族统治的重镇，分水岭墓地作为贵族墓地，其中出土的多数服饰形象可以客观反映出三晋两周地区的服饰文化面貌。

这里的服饰多数为上下连属，迄今所见数量最多的上衣种类主要为曲尺形交领服，既有长服，也有中长服和短服。这类上衣整体略显紧窄，服装整体结构均为交领式右衽，领口呈曲尺形[②]。如前文所述，所谓的曲尺形交领，实际上是指前襟交领边缘部位的形态。与斜直交领相比，领部边缘并没有斜直向下，而是向右侧弯折一小段后再斜直向下，由此形成一个折角。林巳奈夫认为这种有折角的领式很可能即《礼记·深衣》记载的

① 李学勤：《东周与秦代文明》，上海人民出版社，2014年，第10、11页。

② 需要强调的是，山西侯马东周铸铜作坊遗址出土的若干件人形陶范（如ⅡT81H417、人像ⅡT13⑤：10、人像ⅡT13H34：4、人像ⅡT23③：1）的上衣均为交领左衽，通过复原件可以看到陶范铸造成型的服饰本身实应为交领右衽。见山西省考古研究所：《侯马铸铜遗址》，文物出版社，1993年，第202、203页。

"曲袷如矩以应方"中的"曲袷"①。我们通过对这一地区出土类似上衣形象的观察后发现，这类折角的弯转程度以及折角尺寸并没有统一标准，这当然与表现服饰特征的材料来源有着直接关系。例如，侯马东周陶范遗址出土的两件人像陶范中的上衣交领尖角都短小平直（图3-6-1、图3-6-2），而洛阳针织厂东周墓出土玉人像的服饰交领尖角却宽大上翘，似乎刻意突出了这类服饰的款式特征（图3-6-3）。此外，这类服饰另外两个显著特点表现在袖筒和前襟两处。袖筒普遍紧窄；前襟也相对窄短，以覆掩身前使内衣不外露为限，这点与拥掩至身后的直裾长服有着明显差别。以上两方面的特点决定了这类服饰的下摆应该外撇不大，呈直筒形，少数略微外撇呈梯形。就目前来源清楚的材料来看，这款上衣有长短两种，女性多数着覆足长衣，下摆平齐，男性为长至膝部的中长服居多。关于这款服饰的搭配，长服多着靴，如上文提到的洛阳针织厂东周墓出土玉人小像；中长服或短服下身多数裸露或穿着紧身裤，足部则有跣足和着靴两种情况，如长治分水岭M14和M127出土的铜人（见图2-16-3、图2-16-4）、侯马东周铸铜遗址出土的男子陶范下身（见图2-16-1、图2-16-2）以及山西青铜博物馆藏的人形铜灯均为裸露小腿、跣足。三晋两周文化区出土的其他少数材料还表明，当地也有斜直交领直裾长服，例如，辉县固围村M2出土的人形铜冒（M2：108），但与曲尺形交领服相比，这种服饰在目前还是相对孤立的材料。

三晋两周文化区的首服或发型呈现出多样混杂的特点，即使同一种发型呈现出的面貌也会有所差异。综合来看，该区常见牛角形冠式，佩戴

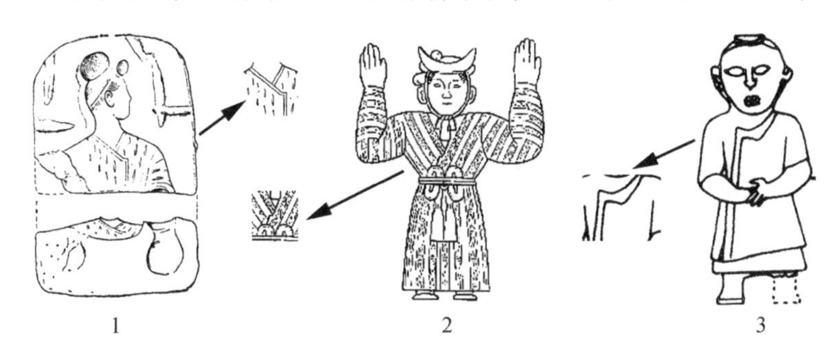

图3-6　曲尺形交领领口细部特征示例

1、2. 短小平直尖角（侯马铸铜遗址ⅡT23③：1、侯马铸铜遗址ⅡT13H34：4）

3. 宽大上翘尖角（洛阳针织厂C1M5269：35）

---

① 〔日〕林巳奈夫：《春秋戰國時代の金人と玉人》，《戰國時代出土文物の研究》，京都大學人文科學研究所，1988年，第66页。

在额前正中，两侧呈牛角状凸起，颔下有缨带系结。比较典型的如侯马东周铸铜遗址出土的人像陶范和三晋两周地区出土刻纹铜器上的人物冠式（见图2-23）。冠之后方多呈现出耸立的倒立三角形，或与高髻有关。另外还普遍流行扁平长冠，是一般中低阶层男性的常见冠式。该区女性有的结高髻，光山黄君孟夫妇墓虽处于楚文化分布区，但该墓出土的发髻实物（G2）向我们展示了类似高髻的绾结方法。具体步骤是先将披散头发均分为八股，在每股发梢处用丝线固定，将左边的几股先在头顶左部绾髻，再将右边剩下的几股向左侧并拢盘绕在左边发髻上（图3-7）[①]。除高髻外，A型低髻（垂髻）也是当地普遍流行的发型，陶器、铜器、玉器都可以见到类似发型，与高髻相比，这种发型似乎适用于该区更广泛的女性阶层。长治分水岭东周墓地M134出土有一组乐舞女陶俑，其中不仅有梳Ab型偏左高髻的舞女俑也有梳A型低髻的跽乐俑，这种组合进一步说明高髻和低髻在三晋两周文化区是同时存在的。还有少部分梳有A型中髻，如辉县固围村M2出土的人形铜冒（M2：108），脑后结圆髻（图3-8）。

图3-7　高髻绾结步骤示意图（光山黄君孟G2）
1. 绾髻前　2. 绾髻后

图3-8　辉县固围村M2出土人形铜冒

综上所述，曲尺形交领服是三晋两周文化区的代表性服饰。牛角形冠、扁平长冠是这一地区较为代表性的冠式，高、中、低发髻相结合，又以高髻和低髻居多，其中低髻的形态对西汉时期的女性发型影响深远。

① 河南信阳地区文管会、光山县文管会：《春秋早期黄君孟夫妇墓发掘报告》，《考古》1984年第4期。

2. 中山文化区服饰

在中山地区，时代和出土地点都比较明确的服饰材料目前只有平山中山王族墓地M3出土的玉人。从这批材料来看，服饰结构既有上下连体，如M3：2、M3：3、M3：4，也有上下分体，如M3：7、M3：8、M3：14，还有上身赤裸，下身着裙，如M3：6、M3：9。就上衣的款式特征而言，交领服以曲尺形交领居多，短前襟、小窄袖的细部款式特征与三晋两周文化区的服饰相似。还有几件的上衣似乎为贯头式的圆领上衣。

尽管服饰的结构款式存在多样的表现形式，中山地区服饰纹饰则是比较一致的，都为间隔连续的方形网格纹或三角形网格纹，笔者称其为“水田纹”。这种纹饰也见于中山王族墓地M3出土的长条形透纹石刻板上（图3-9），具有鲜明的地方特点。关于中山国的历史和族属问题，一直以来在学术界存在很大分歧[①]，但无论哪种观点，都比较一致地认为战国中山文化是中原华夏文化与当地白狄文化共存的考古学文化。黄盛璋先生虽力主中山王族墓葬“出于周室”“本身就是华族”，但他认为中山国统治下的人民多数仍为鲜虞族，中山王族墓葬出土的这几件穿窄袖长衣的玉人就是鲜虞人的形象，其服饰特征自然也就代表了鲜虞族的服饰特征。中山王族墓葬中的其他考古学文化也充分表明，虽然从战国早期开始，中山国文化即表现出强烈的中原化特征，但是具有中原特点的器物中仍保留有许多具有鲜虞白狄的民族特点。例如，年代为战国早期的中山贵族墓葬M8108、M8102出土有提链壶、络绳纹壶以及包金虎形饰件，这些器物在当地十分流行，具有极强的地方特征，其他地区却不多见。蟠虺纹中空扁圆茎青铜短剑目前也只发现于鲜虞中山活动的地区，为白狄特有器物。灵寿城城址外的一些墓葬中常出土有金丝圆形耳环，也被认作是春秋晚期鲜虞族的文化特点。据相关研究，中山王族墓M3出土的这13件玉人本身也

---

① 比较典型的两种看法是：一种认为战国时期的中山国是白狄建立的国家，春秋时称为鲜虞，李学勤、李零、段连勤坚持这种观点；第二种主要是黄盛璋提出的异族继承说，认为战国中山绝非白狄所建之国，而是鲜虞中山灭亡后，周桓公封其子建立的国家。见段连勤：《北狄族与中山国》，河北人民出版社，1982年，第57～81页；李学勤、李零：《平山三器与中山国史的若干问题》，《考古学报》1979年第2期；李学勤：《平山墓葬群与中山国的文化》，《文物》1979年第1期；黄盛璋：《关于战国中山国墓葬遗物若干问题辨证》，《文物》1979年第5期；黄盛璋：《再论平山中山国墓若干问题》，《考古》1980年第5期。

图3-9　中山王族墓地出土透雕石刻板（M3：218-1.2）
1. 纹饰拓片　2. 纹饰线图

为“中山式玉器”[①]。凡此种种，我们有理由认为这种方形网格纹或三角形网格纹饰也是具有鲜虞白狄文化的一种装饰纹样，比较普遍地运用于各种物质文化中，服饰也并不例外。

基于以上的认识，我们不妨将其他地区出土的具有中山文化服饰特征的考古发现或传世的收藏品拿来作比对分析，以便更深入地了解中山地区的服饰特征。这些发现包括：侯马西高祭祀遗址730号坑出土的1件玉人（J730）（图3-10-1）、洛阳西工墓出土的1件玉人（图3-10-2）、临淄单家庄LSM1出土的1件人形玉佩（图3-10-3）、荆州院墙湾M1出土的神人操两龙形玉佩（图3-10-4）、枣阳九连墩M2出土的叠人踏僥玉佩（图3-10-5）、荆州熊家冢PM4出土的神人龙形佩（图3-10-6）、随州长堰M19出土1件人形御龙玉佩（图3-10-7）。传世品包括：蓝田山房藏1件四舞女上下连体玉佩（图3-11-1）、上海博物馆藏1件坐姿玉人（图3-11-2）、天津博物馆藏玉人（图3-11-3）、台北震旦艺术博物馆藏1件玉人（图3-11-4）、哈佛大学福格艺术博物馆藏1件三叠人玉佩（图3-11-5）以及Bahr收藏的1件女子玉佩（图3-11-6）。通过以上这些材料可以看到，这些玉人虽可见男女之别，但他们的共同特征都是在服饰上装饰有“水田纹”，衣领领口更清晰的表现为曲尺形交领，其他方面也与中山王族M3出土玉人的上衣款式相似。可以作为补充的是，这些材料表现的曲尺形交领服不仅有上下分体的上衣，也有长及鞋面的长服，在款式上与三晋两周文化区常见的曲尺形交领服完全吻合。另外一些服饰窄袖加长，

① 杨建芳：《平山中山国墓葬出土玉器研究》，《文物》2008年第1期。

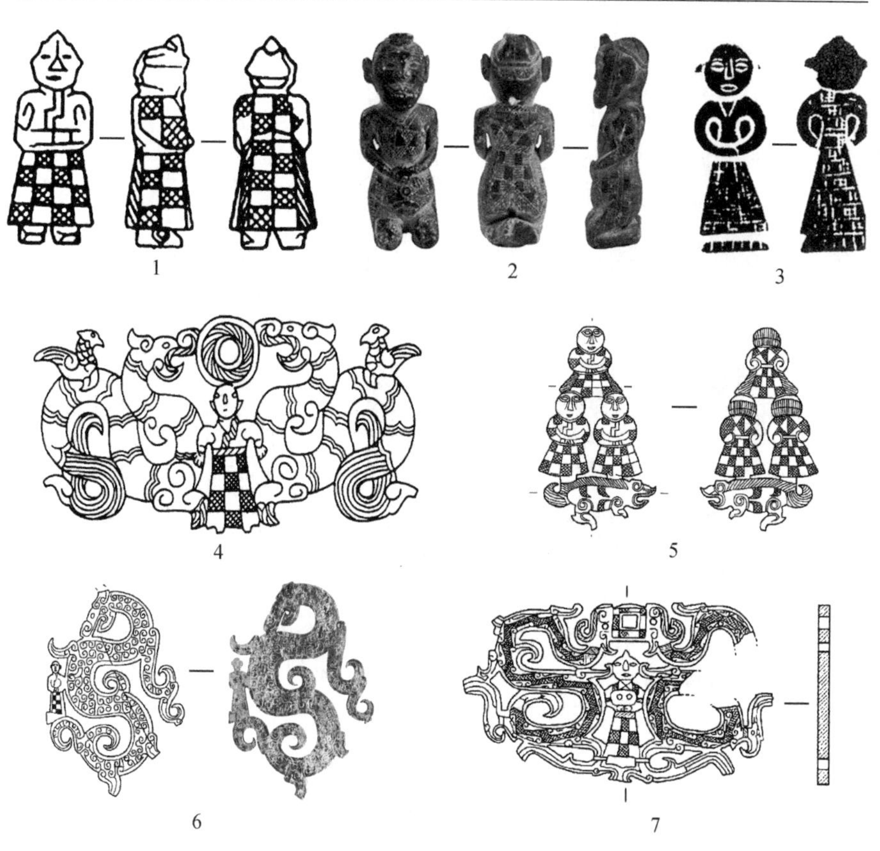

图3-10　考古出土玉器所见水田纹服饰形象

1. 侯马西高J730　2. 洛阳西工墓　3. 临淄单家庄LSM1P3：28　4. 荆州院墙湾M1：36
5. 枣阳九连墩M2：481　6. 荆州熊家冢PM4：69　7. 随州长堰M19：4

甩于一侧，似乎暗示了这种服饰作为舞女表演服饰的一些特征。在纹饰方面，出现了不同纹饰交叉在一起的复合纹饰。例如，Bahr个人收藏的女子玉佩服饰，上衣为卷云纹、下衣为方形网格纹长裙；蓝田山房所藏的四舞女上下连体玉佩的服饰纹饰则更加复杂，服面上以卷云纹为主体，纹饰间隙填充方形网格纹，袖筒上为间隔的方形网格纹。

中山文化区的冠式、发型与三晋两周文化区类似。例如，中山王族墓地M3出土玉人的前额处均戴牛角冠形饰。此外，蓝田山房所藏舞女玉佩的发型比较特别，头顶正中结一小髻，脑后为左右对称的两个卷曲纹，似表示盘卷的小髻。这种发型在东周时期并不多见，从脑后形态来看，似与江苏丹徒北山顶84DBM号墓中出土的青铜鸠杖（M：24）下的人物发型类似，但后者在两卷曲纹中间还有一小辫，头顶上的发型也不尽相同。由此看来，这两种发型很难直接等同，对于以上这种发型的认识尚需要更多

图3-11　传世玉器所见水田纹服饰形象

1. 蓝田山房　2. 上海博物馆　3. 天津博物馆　4. 台北震旦艺术博物馆
5. 哈佛大学福格艺术博物馆　6. Bahr

的考古学材料来佐证。

综上所述，中山地区的服饰有上下分体和上下连体两种结构，上衣主要为曲尺形交领服，有的戴牛角形冠。以上这些特征说明，中山文化区的服饰款式、发型及发饰多与三晋两周文化区类似，但与后者不同的是，该地区的服饰纹饰以“水田纹”为主要特征，具有地方特点，“可被视为以周、三晋为核心的中原地区服饰传统的一个亚型”①。

3. 齐鲁文化区服饰

以临淄为中心的齐鲁地区是春秋战国时期最著名的纺织业中心，丝织业发达，正所谓“齐冠带衣履天下，海岱之间敛袂而往朝焉”。自西周至战国，齐鲁文化一直与中原的周文化保持着密切联系，但齐鲁地区的服饰却具有极强的地方特点，很多款式特征在中原未见。齐鲁地区出土的服饰材料大部分为陶俑，既有上衣下裙的搭配，也有上下连体的长服或中长服。上衣下裙的服饰搭配中，上衣多数掖于裙内，因此长度很难判定。但

① 王方：《战国“水田”纹服饰探讨》，《中国国家博物馆馆刊》2020年第7期。

从穿着便捷的角度考虑，这类交领上衣很可能为短服。下衣全部为大喇叭形长裙。

就长服的服饰类型而言，主要为圆形交领式上衣，也有曲尺形交领服（见图2-8）。圆形交领式长服极具地方特点，领口有圆形和斜直交领两种，但多数表现为圆形交领。圆形交领服的领式类似贯头式圆领服。交领服的前襟较宽，可延伸至身体右侧，斜直衣裾。相对来说，曲尺形交领服前襟很短，类似对襟，且仅为淄博临淄范家南墓地出土陶俑这一孤例（见图2-9-3～图2-9-6），当是特殊人群的服制，具有三晋两周地区服饰的早期服饰款式特征。齐鲁文化区另一个比较特殊的款式特征则是披肩式半袖（图3-12-1）。从临淄南马坊南墓地出土的部分陶俑来看，有些上衣似为无袖或短袖的对襟服（图3-12-2、图3-12-3），类似今天的坎肩或马甲，由于下摆在下裙内，尚无法清晰观察其衣长。

更加突出的是下摆部分，无论是长裙还是长服的下摆，后部均有一个内凹圆弧，与之相配套的是圆弧内露出的拖尾式的后摆。从临淄东夏庄、临淄赵家徐姚、章丘女郎山、泰安康家河出土女俑的表现形式看，这种大拖尾式后摆十分普遍，并且不连属于外衣，应是内部裙裳的一部分或单独附加的一种装饰，类似装饰在荆门包山M2擎灯人像和美国纳尔逊阿特金斯博物馆藏的擎灯人像服饰中也有所体现（图3-12-4～图3-12-6）。

图3-12　齐鲁文化区服饰款式细部特征

1. 披肩式半袖（临淄南马坊南LNSM1K：26）　2、3. 无袖对襟（临淄南马坊南LNSM1K：31、临淄南马坊南LNSM1K：10）　4～6. 拖尾式后摆（临淄赵家徐姚M2K：10、荆门包山M2：428、美国纳尔逊阿特金斯博物馆）

从穿着有类似装饰的人物形象来看，多数表现为舞蹈动作，因此，这种大拖尾装饰可能为舞女服饰的一种特殊装饰或在正式场合穿着的一种具有礼仪性质的特殊饰物。目前，这种下摆后部呈内凹弧形并附有大拖尾装饰的款式只见于齐鲁文化区，并且对西汉早期山东、苏北地区的服饰特征影响较大。

就装饰特点而言，齐鲁文化区的服装纹饰比较多地运用了纵向条带和圆点的组合。通常来说，是以彩色纵向条带为地，条带有宽窄之分，再于条带上装饰圆点。常见的有红地白点、黑地白点、白地黑点等。条带纹一般装饰在领缘、双肩、裙面等部位。另一类是通体圆点纹，均匀分布在整个服面上。当然也有综合运用两种装饰的情况。后垂的大拖尾装饰则全部为左右对称的细线装饰，形似羽毛类织物。

齐鲁文化区的首服多样，除了冠外，还有帽，东周时期的帽类首服并不多见。男性冠式主要流行冕形冠和覆髻冠两种，还有一种竖立在前额上方的覆髻冠，目前这两种冠式在其他地区尚不多见。女性的发型有A型和C型高髻以及D型中髻两种，A型高髻数量最多，一种表现为扁圆形大髻，另一种为小髻。前者不仅为舞女俑的发型，六安白鹭洲发现的女性形象也梳有类似发型。此外，长岛王沟出土的侍女俑（M10：76-3/4）还有头顶正中高髻和脑后两侧分别结髻这两种发型。临淄郎家庄M1出土漆器残片图案上的人物发型也主要为头顶凸起的高髻。这些发现均表明，发髻尤其头顶结高髻是齐鲁地区女性流行的主要发型。

综上所述，齐鲁文化区的服饰在结构、款式、纹饰等方面均表现出极强的地方特点，领口、袖口和下摆的形态比较特别，是区别于其他地区服饰款式的突出元素。其中，下摆后部的内凹特征又对西汉早期的服饰款式产生了较大影响。六安白鹭洲M566出土人形铜灯较清晰地展示了齐鲁地区女性服饰及发型的整体特点，是齐鲁女性服饰的典型代表（见图2-12-2、图2-12-3）[①]。

4. 楚文化区服饰

楚文化区的服饰多为上下连体，上衣有斜直交领曲裾长服、斜直交领直裾长服、高腰紧身中长服、中腰紧身中长服、对襟式中长服等。其中，斜直交领曲裾长服和斜直交领直裾长服的数量较多，是楚文化区服饰的主

---

① 王方：《六安白鹭洲出土铜灯人像的发型与服饰及相关问题》，《考古》2013年第5期。

要类型。对襟式中长服也主要发现于楚文化分布区，虽然临淄南马坊南墓地出土部分陶俑形似对襟，但以目前材料来看还不十分清楚，需要进一步确认。高腰紧身中长服则在款式搭配方面与斜直交领式的上衣差别较大，是受多重服饰文化交叉影响的地方类型。

斜直交领曲裾长服有A、B两种类型，就目前的考古发现来看，着A型曲裾长服的木俑主要出土于长沙和豫南地区；着B型曲裾长服的木俑则集中分布在江陵周边地区，潜山、安吉等地也有零星发现。由于发现数量有限，目前尚无法建立起曲裾长服完整的发展演变序列，但从已有的材料看，自战国中期晚段至战国晚期中段，两种类型的曲裾长服基本上为同时存在、并行发展，自战国晚期晚段开始，B型曲裾长服普遍流行并完全取代了A型，成为这时曲裾长服的主要样式。具体于服装款式上，主要表现为长服前后襟下摆的形态变化，由原来的平齐和不平齐两种并存形态逐渐发展为普遍平齐的前后襟下摆。其他方面的特征则变化不大，譬如，两种类型的曲裾长服均有较宽的领缘、袖缘、裾缘和下摆缘，曲裾均为斜直三角形。需要说明的是，结合秦至西汉早期出现的长曲裾以及更多圈的绕襟长服，部分B型曲裾长服在战国晚期以后开始出现曲裾加长的趋势，考古发现的汉初几件舞女玉佩、传洛阳金村大墓出土的舞女玉佩、临淄徐家村南出土的彩绘贝壳画上的女性人物以及长沙仰天湖楚墓出土的彩绘女俑均反映出战国末期至秦这一阶段的服饰特点（图3-13）[①]，即曲裾多从身前正中向右后方斜直拥掩，自身后围绕近一周后掖于身前。正视穿着这种长服的人物形象，在腰间常可以观察到曲裾末端的尖角。前后襟下摆均平

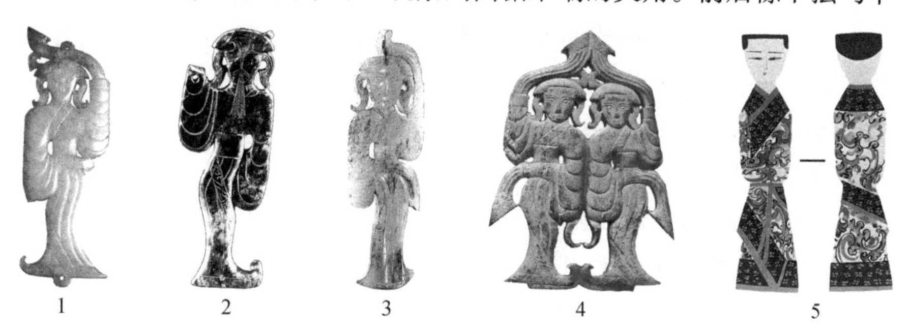

图3-13　曲裾长服形制

1. 南昌海昏侯M1：727-1　2. 广州凤凰岗M1：23　3. 宜城跑马堤M26：13　4. 洛阳金村大墓　5. 长沙仰天湖楚墓

① 沈从文：《中国古代服饰研究》，上海世纪出版集团，2005年，第58页图二六。

直。这种特点当是战国与汉代曲裾长服的过渡形态。关于曲裾长服的称谓，长沙仰天湖楚墓出土衣物疏简中的第5号简文记载：“一结衣。”[①]《广雅·释诂》云：“结，曲也。”[②]彭浩先生认为结衣即为曲裾衣，长沙仰天湖楚墓出土木俑所着的曲裾衣就是“结衣”的真实写照[③]。

斜直交领直裾长服同样是楚地比较流行的服饰类型之一，类似款式的考古发现主要分布于江陵、荆门、鄂城、信阳、沙洋等地。以目前的考古发现来看，主要流行于战国早期至战国晚期，款式没有明显的早晚演变规律。不同类型间的直裾长服，在袖筒及袖口形态方面的差异明显，江陵马山M1出土的三种不同式样的直裾长服表明，直裾长服的三种类型是并行存在的。Aa型直裾长服袖筒宽大有垂胡，当为礼仪性服饰，也与身份地位相关。江陵马山M1墓主穿着的直裾长服全部为宽袖或窄袖，未见大垂胡的阔袖形态，这反映了作为常服穿着时的服饰款式特点。

基于以上的分析我们可以看到，无论是曲裾长服还是直裾长服，它们的款式差别主要存在于裾式和下摆形态两个方面，其他细部特征却有许多类似之处。譬如，两种服饰均为斜直交领；普遍有较宽的领缘、袖缘、裾缘和下摆缘；袖筒有宽袖也有阔袖。就目前的考古材料而言，前两点款式特征具有普遍性，各种身份的服饰均呈现相同特征。袖筒宽度却与穿着服饰的人物身份关系密切，如长沙陈家大山楚墓帛画女子形象所着服装类似A型曲裾长服，袖部刻画细腻，为明显的垂胡阔袖、袖口内收。对于画中的女子形象，学界比较一致的看法是这件帛画人物反映了墓主形象（图3-14-1）[④]。信阳楚墓中穿着Aa型直裾长服的木俑，阔袖垂胡，腰间垂悬有玉环、玉璜等组成的玉佩挂件（见图2-3-1、图2-3-2）。从这样的装饰看，木俑所代表的身份等级应该不低。另外，这几件木俑的袖口、衣裾等部位全部表现为数层，可见里面还有其他衣服，说明这种衣服是穿在外部的，很可能具有礼服性质。

此外，包山M2出土漆奁上的人物（M2：432）（图3-14-2）、长沙子弹库战国墓出土帛画上的男子形象（图3-14-3）、长沙楚墓出土漆卮上

① 湖南省博物馆、湖南省文物考古研究所、长沙市博物馆、长沙市文物考古研究所：《长沙楚墓》，文物出版社，2000年，第421页。

② （清）王念孙：《广雅疏证》卷一下，江苏古籍出版社，1984年，第32、33页。

③ 彭浩：《楚人的纺织与服饰》，湖北教育出版社，1996年，第156页。

④ 中国美术全集编辑委员会：《中国美术全集·绘画编（1）》，人民美术出版社，1986年，第50页。

的女性人物（图3-14-4）、哈佛大学福格艺术博物馆和大英博物馆分别收藏的3件玉佩（图3-14-5～图3-14-7），也都穿着直裾或曲裾长服，衣袖宽肥。其中，包山M2出土漆奁上的漆画可称为“行迎图”，有学者认为场景描绘了先秦昏礼的场面，是贵族礼制活动的反映，画中乘车者、跪迎者、前行者很可能是楚国贵族及贵族夫人形象①。长沙子弹库帛画上的男子形象表现了墓主升天画像，身份为士一级的贵族②。与此相反，信阳长台关M1出土漆瑟上的猎户形象，短衣、围裙、尖顶帽（见图2-15-2）。凡此种种，我们似可归纳出阔袖在身份等级方面的重要识别作用，类似于武士、文官、贵妇、舞女等人物的服饰一般袖体宽肥、褒衣博带，这可能反映出等级较高的人物穿着礼服时的状态。猎户、乐工等等级较低的人物服饰则一般衣长较短，即使着长服，袖筒也普遍偏窄。

图3-14　阔袖长服形制

1. 长沙陈家大山楚墓　2. 包山M2：432　3. 长沙子弹库M365：1　4. 长沙楚墓
5、6. 哈佛大学福格艺术博物馆　7. 英国大英博物馆

---

① 胡雅丽：《包山2号墓漆画考》，《文物》1988年第5期；陈振裕：《楚国车马出行图初论》，《江汉考古》1989年第4期；张闻捷：《包山二号墓漆画为婚礼图考》，《江汉考古》2009年第4期；徐渊：《包山二号楚墓妆奁漆绘“昏礼亲迎仪节图”考》，《三代考古》（八），科学出版社，2018年。

② 湖南省博物馆：《新发现的长沙战国楚墓帛画》，《文物》1973年第7期。

另一个值得关注的特征是，与阔袖长服搭配的束带普遍较宽，譬如，江陵九店东周墓出土女俑、沙洋严仓M1漆棺画中六驾车上的贵族人物以及长沙陈家大山帛画女子穿着的阔袖曲裾长服、信阳楚墓和沙洋塌冢楚墓出土木俑穿着的阔袖直裾长服。腰带普遍宽于一般的束带，类似一块围布自后向前围绕在腰部，于身前固定。腰带的质地和固定方式大致有两种，一种是用纯纺织品腰带，带余两端各有一个穿孔，孔中有系带，于腰前正中系结。望山楚简记载有"一绲带"，即大带[①]。另一种很可能是称为"缂"的腰带，长沙、江陵等地楚墓出土竹简中常见有"缂带""缂绅""缂席""革带"等称谓，"缂"是用绢和皮革复合而成的一种材料，用这种材料制成的腰带称为"缂带"或"革带"[②]。江陵马山M1出土木俑所系的皮腰带很可能就是这样的缂带，缂带两端钻有小孔，以黄色锦带相连[③]。除以上这种以锦带系结的方式外，带钩很可能是另一种用于固定头端的工具。信阳楚墓出土的第207简记载有："一索（素）缂带，有玉钩。"[④]长沙五里牌406号楚墓曾出土有一件铜带钩和皮带（M406：031），出土时带钩仍按在皮带上[⑤]。带钩与缂带配合使用的方式由此可见一斑。据此可以认为，腰部系结宽带的特征或可看作是礼服搭配中必不可少的细部装饰。

综合以上分析我们得到的初步认识是，斜直交领曲裾长服和斜直交领直裾长服的主要区别只局限在衣裾式样以及与此相关的下摆形态上，其他方面的特征，包括款式、搭配、组合、纹饰、质料等，总体来说大同小异，可以视为同一个服饰体系中的不同类型。另一方面，袖宽以及相关搭配装饰在区分等级方面优先于曲裾和下摆等方面的款式。

在楚地众多类型的服饰中，高腰紧身服尤其值得关注，这类服装分布相对集中，主要发现于荆州地区的黄冈、江陵、纪城等地，洛阳地区也有零星发现，楚地南部地区则没有发现。与前两种类型的长服相比，高腰紧身服结构相对简单，款式特征比较鲜明。这类型服装独特的款式特点主

---

① 刘国胜：《望山遣册记器简琐议》，《2007中国简帛学国际论坛论文集》，2007年，第1~5页。

② 彭浩：《楚人的纺织与服饰》，湖北教育出版社，1996年，第93页。

③ 湖北省荆州地区博物馆：《江陵马山一号楚墓》，文物出版社，1985年，第80页。

④ 河南省文物研究所：《信阳楚墓》，文物出版社，1986年，第129页。

⑤ 中国科学院考古研究所：《长沙发掘报告》，科学出版社，1957年，第49~50、59页，图四三。

要表现在以下方面，如偏高的束腰位置、仅至胫部的衣长、简单的梯形下摆、“V”字形的领口形态等。这些款式特征不仅在楚地其他服装类型中未曾见到，在其他地区的服装中也并不多见。其中，B型方格纹高腰紧身服更是值得关注的一类，这类服饰“作交领小袖式，分块拼合如水田衣，左右对称但设色相反”。呈大方格形布满整个上衣服面的纹饰特征看似与中山文化区的方形网格纹上衣类似，但细观两者的款式及纹饰细部特点，两者其实是有本质区别的。关于这点，沈从文先生很早就明确指出，两种衣着“貌似而实不同”[①]。此外，高腰紧身服的装饰部件尤其特别。木俑普遍系一条宽窄适中的腰带，腰带尾端的“绅”垂于身体前方正中或偏右侧[②]。江陵枣林铺M1和荆州纪城M1出土的木俑更清晰地显示出这种腰带的固定方式，系用带钩固定在身前正中（见图2-11）。相比之下，B型高腰紧身服的装饰更复杂一点，不仅有垂余的带䩞，身前腰带的左右两侧还对称垂挂两条很长的玉佩，上面系挂有玉璜、玉环、玉珠、玉管和短绦带等杂佩。关于此类服饰的性质，沈从文先生结合考古材料最早提出这类服饰既是春秋时期的“偏衣”形象，孙机先生肯定了这种说法并进一步指出偏衣“应归入法服之例”[③]。《左传·闵公二年》云：“大子（晋太子申生）帅师，公衣之偏衣，佩之金玦。”杨伯峻注：“偏衣，《晋语》一亦作‘偏裻之衣’。裻，背缝也，在背之中，当脊梁所在。自此中分，左右异色，故云偏裻之衣，省云偏衣。其色之一与公服同，故下文先友云‘衣身之偏’，左右异色而不相对称。”[④]《国语·晋语》：“太子遂行”，“衣偏衣而佩金玦”[⑤]。笔者也曾结合近年淄博齐故城范家南墓地出土的陶俑服饰考证B型方格纹高腰紧身服为“偏衣”。A型高腰紧身服也具有与偏衣类似的礼仪性质，当与楚地某种带有巫祝祛邪的仪式相关，很可能是丧葬礼仪中的礼服[⑥]。

---

① 沈从文：《中国古代服饰研究》，上海世纪出版集团，2005年，第49页。

② 带的垂余部分称为“绅”。《礼记·玉藻》：“绅长，制，士三尺，有司二尺有五寸。子游曰：‘参分带下绅居二焉。’”郑注：“绅，带之垂者也。”见（清）阮元校刻：《礼记·玉藻》，《十三经注疏》，中华书局，2009年，第3210页。

③ 孙机：《中国古代的带具》，《中国古舆服论丛》（增订本），文物出版社，2001年，第253页。

④ 杨伯峻：《春秋左传注》（第一册）修订本，中华书局，1990年，第269页。

⑤ 徐元诰撰，王树民、沈长云点校：《国语集解》，中华书局，2002年，第268页。

⑥ 王方：《“偏衣”的考古学识读》，《江汉考古》2021年第3期。

对襟式服是常见于楚文化区的又一类服装类型，目前楚地有关对襟式服的发现基本在战国中期以后。很多学者根据古代丧礼“浴衣于箧”的记载，认为“緥衣”可能是“生者为死者助丧所赠”之“浴衣”[①]。这种推测虽略显牵强，但可以肯定的是，它所表现的显然不适用于日常穿服，为助丧衣物无疑。就服装的细部加工来看，这件衣服对质料的利用十分充分，细部表现也尤其精细，因此，即使为助丧所服，也很可能代表了当时一种常规剪裁方法。作为日常所服的对襟衣虽然总体风格变化不大，但自战国中期至战国晚期晚段，对襟服中一些细部款式的变化仍然是显而易见的。这种变化主要表现在：两襟由闭合连属转向开口不连属；两襟下摆由中间低、两侧高的斜直边缘演变为平直下摆；衣长加长，逐渐过膝。与前文所述的诸类服饰不同，对襟衣的穿着方式比较特殊，不能单独穿着，一般套在长服外面作为外套。譬如，长沙楚墓出土木俑M569：6所着服饰即是将对襟衣穿于外层，内套Ab型曲裾长服这样的搭配（见图2-14-2）。

除上述四种常见上衣类型外，楚文化区还发现有中腰紧身中长服和曲尺形交领服这样的服饰款式，前者属于东周时期比较普遍的一种服饰形制，实用性强，为常服服制，因此在各个文化区都可以见到，地域特征并不明显。后者主要以“水田纹”服饰的曲尺形交领为代表，最典型的即荆州院墙湾M1和随州长堰M19出土的神人操两龙形玉佩、枣阳九连墩M2出土的叠人踏彘玉佩以及荆州熊家冢4号殉葬坑出土人形玉佩（见图3-10-4～图3-10-7）。笔者认为这几件玉器本身应是本地生产，但服饰风格当属于中原地区[②]。此外，曾侯乙墓出土编钟架柱下的铜人上衣领口也为曲尺形交领且为上下分体结构，腰中佩剑，应为男性，从铜人表现的动作和身份来看，这几件铜俑很可能为“武士”或“侍卫”，等级不高（见图2-16-5、图2-16-6）。众所周知，东周时期作为铜器构件的人像，多数级别较低并且代表异族人形象，曾侯乙墓出土的这几件铜人是否也存在类似情况值得关注。

通过对以上几种服饰类型的分析可以看到，楚地服饰多数为上下连体，并且有着丰富多样的上衣类型。但服饰类型学的分析同时表明，楚地也有诸如“裙”“袴”这样的下衣。除了江陵马山M1出土的下衣实物外，曾侯乙墓一个衣箱上写有“□属”二字，经学者推定，缺字应为

① 沈从文：《中国古代服饰研究》，上海世纪出版集团，2005年，第101页。

② 王方：《战国“水田”纹服饰探讨》，《中国国家博物馆馆刊》2020年第7期。

“君”字反书，此借为“帬”，古书又作“裙”[①]。据此可知，楚地服饰中也存在裙这样的下衣，但从楚墓目前所见的人物形象来看，裙、袴等下衣一般都作为内服隐于长服内。

就首服与发型而言，楚文化区的男性主要戴高冠和各种式样的复合型冠，且与身份等级相关。女性主要有发髻和束发两种类型。发髻形态中普遍为结于脑后的中髻和垂于背部的B型低髻，具体而言，主要为A、B、C型中髻，也有极个别的为A型高髻。结合江陵马山M1和江陵九店东周墓M410出土的发髻实物看，中髻普遍系盘发而成，盘髻步骤相对简单。即将头发拢束后以逆时针方向扭曲压实，同时将压实的扭曲发束逆时针盘旋成圆形发髻，最后用木笄插入发髻固定（图3-15）[②]。就目前发现的这些发髻材料来看，无论贵妇还是侍女，发髻均为中髻，在等级上差别不大。B型低髻和束发是楚地女性极具地方性的发式形态，B型低髻还有着很复杂的装饰，除在前额凸起、脑后反绾这些修饰外，鬓部还有垂下留发且向外卷翘。《楚辞·招魂》提到：“盛鬋不同制，实满宫些……长发曼鬋，艳陆离兮。二八齐容，起郑舞些……激楚之结，独秀先些。”鬋，鬓也，洪兴祖补曰：“女鬓垂貌”[③]，是指对鬓部头发修剪。根据朱熹《楚辞集注》，《激楚》为楚地歌曲之名[④]，即汉高祖所说的楚歌楚舞，据此，这类发型很可能代表楚地的舞女发型。但是，从长沙楚墓出土漆卮上的女性人物来看，鬓角也有垂发，根据这些女性所处的场景，很可能不是舞女。由此来看，B型低髻和束发很可能在楚地女性中有着更为广泛的适用范围。此外，如上文所述，光山县黄君孟夫妇墓女性墓主结有偏左高髻，该墓主要位于楚文化区，但其发髻形态实际上更接近于三晋两周地区的高髻形态，充分反映出文化交界

图3-15　中髻绾结步骤示意图
（江陵九店M410）

① 刘信芳：《曾侯乙墓衣箱礼俗试探》，《考古》1992年第10期。

② 湖北省文物考古研究所：《江陵九店东周墓》，科学出版社，1995年，第128页。

③ （宋）洪兴祖：《楚辞补注》，中华书局，1983年，第205～210页。

④ （宋）朱熹：《楚辞集注》，上海古籍出版社，1979年，第142页。

地带服饰发型的兼容性特征。

由于东周时期的服饰考古材料在楚地发现较多，楚地服饰的类型、款式、质料、纹饰、色彩乃至首服发型都得以较全面的展现。结合楚墓的年代来看，这些服饰材料应集中反映了战国中期至战国晚期的楚服特征。结合其他方面的考古学文化，这一时期正是楚文化的发展成熟期，已形成自己独特的文化体系，但就服饰面貌来看，仍然存在有统一中的多样性特征。

5. 吴越文化区服饰

位于长江下游的吴越文化区曾先后属于吴、越、楚的势力范围，该地出土的服饰材料相当有限。就目前所见的考古材料来看，主要存在两种截然不同的服饰风格，一种是春秋时期的裸身剪发形象，另一种是战国晚期结中髻、着交领右衽曲裾长服的风格。

就第一种风格而言，比较典型的材料有绍兴坡塘M306出土铜屋人像、蚌埠双墩M1和丹徒北山顶84DBM出土铜鼓纽环人像，丹徒北山顶84DBM、湖州棣溪墓、六安九里沟M364、绍兴浬渚中庄村墓、樟树国字山M1S21等出土的青铜鸠杖人物（见图2-30），它们时代相近、发型着装风格相似，发型共同特征是以顶骨为界，头发分前、后两个部分。前部从顶骨至眉际可见平齐剪发，正面视之，平齐发线则由眉线处向两边延伸至双耳上方，或者将平齐剪发中分后向上掠起；后部则视性别而有所差异，丹徒北山顶84DBM中出土的青铜鸠杖人像（M：24），系在脑后正中雕刻一根短小发辫，左右对称雕刻两卷云纹；绍兴浬渚中庄村墓出土的鸠杖人像则在脑后扎束有一个小髻；绍兴坡塘M306房屋模型（M306：13）内的女像在头顶结小髻，男像则在脑后纵向结发，并在头顶置有一小平板状冠形饰。这些人形均为裸身或通体装饰有卷云纹、形似纹身，这种通身不着装的特点显示出较原始的装饰形态。

战国中期以后，随着楚文化势力的渗入，吴越故地的服饰面貌已经大为改观，斜直交领曲裾长服、对襟服等服饰类型均已出现，服饰纹饰也与楚地极其相似。例如安吉五福M1出土的木俑服饰上通身装饰有卷草纹或卷云纹，衣缘大多为红地黑点，具有锦类织物的特征。发型方面，也基本为楚地常见的脑后结髻，例如江苏武进孟河战国晚期墓出土的一件女性俑头，头发梳于脑后做尖形发髻[①]。但与楚地服饰不同的是，这一地区出现有大喇叭形外撇的多褶皱长裙，这种类型目前在其他地区尚未见到。

---

① 镇江市博物馆：《江苏武进孟河战国墓》，《考古》1984年第2期。

（二）东周列国的服饰体系与服饰文化交流

通过上文对东周列国服饰特征的分析总结后发现，东周时期至少存在有四种风格各异的服饰体系。即以曲尺形交领上衣为基本特征的服饰体系、以圆形交领上衣为基本特征的服饰体系、以斜直交领上衣为基本特征的服饰体系以及以高腰紧身上衣为基本特征的服饰体系。这四种服饰体系之间不仅存在领式形态方面的差别，更重要的是在服饰类型、服饰搭配以及与服装相配合的发型等方面自成系统，彼此之间的整体风格差异明显。之所以将领式作为区分服饰体系的基本标准，是因为领式的差异实际上反映出服装结构和剪裁工艺的差别，《释名》云："领，颈也，以拥颈也，亦言总领衣体为端首也。"①

根据服饰纹饰的不同，曲尺形交领上衣的服饰体系中又大致可分为两类子系统：第一类是以网格"水田"纹为主体纹饰的曲尺形交领上衣；第二类则是这种服饰纹饰以外的其他曲尺形交领上衣。除纹饰方面的差别外，第一类子系统中上下分体的服饰结构比较常见，上衣下裳或者上衣下裙。第二类子系统中基本为上下连体，比较常见的是及地长服。与两类子系统组合的首服有牛角形冠和扁平长冠，发型主要有高髻和A型低髻两种。就分布区域而言，曲尺形交领上衣的服饰体系主要分布于黄河中游的两周三晋文化区、中山文化区以及燕赵地区。其中第一类子系统主要分布于中山文化区。发现表明，曲尺形交领服体系的北界很可能已至燕赵一带。例如，浑源李峪村M1的女性墓主头部发现有骨笄1件（M1：1），从长度和出土位置判断，这件骨簪与高髻关系密切。浑源位于春秋战国时期的燕国版图，从共出的其他器物来看，墓葬的整体面貌与燕文化是一致的，墓地年代约在春秋中晚期至战国中晚期②。易县燕下都遗址采集的男性铜人（64G：043）也为曲尺形交领长服，很可能是当地服饰款式的真实反映。

圆形交领上衣的服饰体系面貌相对复杂。既有上衣下裙的分体结构，也有上下连体的长服结构，但两种结构形式一致的表现为下衣及地甚至拖地长裙。领式形态主要为圆形交领，类似贯头式的圆形领口。圆领交领服中，披肩式短袖上衣很可能为等级相对较高的一类款式。例如，章丘

---

① （汉）刘熙撰，（清）毕沅疏证，（清）王先谦补：《释名疏证补》，中华书局，2008年，第165页。

② 山西省考古研究所：《山西浑源县李峪村东周墓》，《考古》1983年第8期。

女郎山M1出土的完整舞女组合中，穿着类似款式的2位女性分别位于两列观赏俑纵队的队首、身份特殊。此外，形似毛皮的拖尾以及条带圆点纹装饰也是服饰体系中独具特色的方面。从与之组合的首服发型特征来看，男性主要流行覆髻冠、冕形冠等，女性均结高髻，并且为偏左高髻。这类服饰体系主要分布在黄河下游的齐鲁文化区。

斜直交领长服体系中有曲裾长服和直裾长服两类子系统，其中曲裾长服又常在外部搭配有对襟式外套。从款式特征来看，曲裾长服尤其是Aa型曲裾长服有较长的曲裾、前襟下摆有突出的两个尖角，这两点可视作这类服饰系统中最为突出的两个元素。陈家大山楚墓出土帛画中的女子服饰形象以及沙洋严仓M1漆棺上的男女贵族形象（图3-16）前襟下摆两个交输尖角极尽夸张的表现手法充分展示了下摆特征在曲裾长服中的突出地位。斜直交领服饰体系中，性别间的服饰特点并不明显，但以阔袖为主要特征的上衣款式似乎是两类子系统中区分等级的重要标识。另外，上衣中普遍有较宽的衣缘并强调缘部和服面的纹饰修饰也是该系统中独树一帜的特点。与此相适应的男性主要戴高冠和复合型冠，女性发型主要为结于脑后的中髻、B型低髻和束发。应当说明的是，目前的发现表明，梳有B型低髻的人物均为舞女形象并且全部着曲裾长服，沙洋严仓M1漆棺上的舞女虽从正面看无法确知其具体发型，但为低髻或束发无疑。据此，我们可以初步认定以B型低髻和曲裾长服为主要特点的服饰组合应该是斜直交领长服体系中的舞女服饰类型。就分布区域而言，这一系统主要分布在长江

图3-16　沙洋严仓M1漆棺人物形象

中游的楚文化区。战国中晚期后，随着楚文化势力的日益增进，长江下游地区也出现与这一系统类似的服饰特征。综合以上分布特点，可暂将这一系统的服饰命名为“楚式系统”。

高腰紧身上衣为主要特征的服饰体系主要也分布于长江中游的楚文化的势力范围。如前文所述，文献所载的“偏衣”即属于其中的一种亚系统。就其服饰的总体面貌来看，这类服饰体系不同于一般的楚式系统，很可能有着特殊用途。结合木俑呈现出的双手平举捧物的动作和埋葬环境，很可能与楚地巫祝丧仪有关，这类服饰很可能为行使此类仪式的特殊服饰。

综合以上分析可以看到，东周时期的四类服饰体系各自有着相对独立的分布区域，间接体现出服饰文化的区域性或功能方面的差别。尽管如此，不同服饰体系间仍存在有诸多共同点，例如：服饰结构为以上下连体为主，多数被体深邃、衣长及地，交领式居多并且全部为右衽；与此相配合的首服基本戴冠，发型基本以发髻为主。尽管齐鲁文化区出现有类似上衣下裙分体这样的服饰结构，但结合表现这类服饰的人物形象看，她们均为舞女这样的特殊群体，因此所穿着的服饰并不能完全代表日常所服，我们不能以此否认东周诸国服饰的共性特征。这里需要补充的是，在长服比较普及的条件下，人物形象多数难以表现出下衣和足衣的具体形态，但江陵马山M1的裙装实物表明，下衣应该有裤和裙两种，并且主要是作为内衣来穿着的。《太平御览》卷696引《释名》：“裙，下裳也。”“又曰，裙，裹衣也。古服裙不居外，皆有衣笼之。”①总体而言，这种以衣笼裙的现象在东周时期是比较普遍的。

东周时期各区域客观存在的服饰体系以及服饰体系间的显著差异并不意味着服饰文化的完全隔绝，大量的考古发现表明，东周时期地域间的服饰文化交流非常频繁。辉县固围村M2出土的铜冒人物身着斜直交领直裾长服、脑后结圆髻，为典型的楚式系统女服（见图3-8）。临淄徐家村南M32出土彩绘贝壳画中的人物形象也身着典型的楚式服装。洛阳解放路战国墓陪葬坑出土的男性跪姿铜俑，身着高腰紧身上衣，身前正中垂

① （宋）李昉等：《太平御览》卷六九六《服章部》一三，中华书局，1960年，第3107页。

“绅”、两侧佩有玉饰挂件[①]。洛阳西工墓出土的男性玉人，上衣为方格纹和条带纹相间的复合纹饰，为典型的中山文化区服饰传统（见图3-10-2）。淅川徐家岭春秋晚期至战国中期墓葬M2曾出土一件玉人，头顶前部剪发，脑后正中梳一辫，通体装饰卷云纹，与春秋时期吴越地区常见的发型类似[②]。由此可见，地处于文化交界地带的两周地区在各区域间的服饰文化交流中扮演了重要角色。此外，另一部分考古发现则表明，中山文化区与楚地之间的服饰有着频繁的互动交流。譬如，灵寿中山王“成公”墓出土的银首人俑铜灯（M6：113），身着阔袖曲裾长服，曲裾很长，绕身体一周有余，有宽衣缘，上衣中有繁缛的刺绣纹饰，为典型的楚式服饰系统（见图2-1-4）。而楚地发现的部分材料也可见中山文化区服饰的显著特征，例如，荆州院墙湾M1和随州长堰M19出土的神人操两龙形玉佩、枣阳九连墩M2出土的叠人踏凫玉佩以及荆州熊家冢4号殉葬坑（PM4）出土人形玉佩，均穿着“水田纹”的曲尺形交领服，从款式至纹饰均为典型的中山文化区服饰特征（见图3-10-4～图3-10-7）。地处吴越文化区的苏州真山东周墓（D1M1）出土擎灯铜人像，身着宽肥的斜直交领外服，应为典型的楚式风格服装（图3-17）。

当然，需要特别指出的是，以上的考古发现多数为铜俑或者玉人，这就不能排除器物本身从发源地流传至出土地的可能。在这种情况下，所谓的“交流”在本质上仍然是表现服饰特征的器物之间的交流，器物表现的服饰也就并不能代表器物出土地点的服饰风格。然而，目前所见的考古

图3-17　苏州真山D1M1出土擎灯人像（D1M1：13）

---

① 洛阳市文物工作队：《洛阳解放路战国陪葬坑发掘报告》，《考古学报》2002年第3期。注：瑞典远东博物馆藏有一件与此类似的人像铜器，见〔日〕林巳奈夫：《春秋戰國時代の金人と玉人》，《戰國時代出土文物の研究》，京都大學人文科學研究所，1988年，图9。

② 南阳市文物考古研究所：《南阳古玉撷英》，文物出版社，2005年，第139页图105。

材料中仍有证据表明，服饰本身的交流同样是存在的，并且这一层面的交流很可能是在器物交流的基础上发生发展的。安吉战国晚期楚墓出土有14件陶俑和木俑，其中7件陶俑所着服饰具有明显的楚式服饰特征，另外7件木俑中有4件为上衣下裙的立俑，上衣为斜直交领服，与楚式服饰类似，但下衣表现的大喇叭形褶皱长裙并不见于楚式服装中。根据报告，同墓出土的其他随葬器物也显示出典型的楚式特征，这与战国晚期楚灭越以及楚文化势力逐渐渗入安吉地区当有直接关系。结合这样的历史背景，木俑上衣下裙的特殊款式很可能即是当地服饰特征与楚式服饰相互影响融合而形成的新式样。此外，荆州地区普遍发现的高腰紧身上衣虽然总体上面貌独特、自成体系，但细部特征也显示出不同服饰体系交互影响的迹象。譬如，荆州天星观M1出土的木俑均为A型高腰紧身上衣，其中M2：26的服饰纹饰表现为以凤鸟为主体的曲线纹，应该属于刺绣纹饰；而木俑M2：27和M2：28则通体装饰有大菱形纹饰，应为织锦类服装质料。以上这两类风格都与楚式服饰的装饰传统相似。而B型高腰紧身上衣，即“偏衣”，某些服饰款式也与其他服饰体系十分近似，如江陵武昌义地M6出土木俑表现出来的领口形状都有一个向上突出的弧形尖角，并非楚式系统服饰中斜直向下的交领形态。以此来看，B型高腰紧身上衣的一些细部特征都明显受到了来自曲尺形交领上衣服饰传统的影响。结合以上的两个方面我们可以看到，高腰紧身上衣的服饰传统在形成过程中很可能是受到了来自南北两个方向的服饰传统的交叉影响。此外，曾侯乙墓出土的编钟柱下的铜人像也值得关注。众所周知，大部分曾国青铜器受到了楚文化因素的影响，但这几件铜像表现出来的服饰特征却与楚式系统服饰有着明显不同。虽然宽领缘和裙幅上装饰有繁缛纹饰的特征与楚式系统类似，但上下分体的服饰结构却在楚地并不多见。相反，较短的前襟以及曲尺形交领这些细部特征款式与来自三晋两周地区的服饰体系更加相似。

以上诸多案例展示出东周时期纷繁复杂的服饰面貌，常见的四种服饰系统之外，很可能广泛存在有更多的服饰系统交叉影响下的服饰类型乃至于更多的服饰体系。

二、“被发左衽”与东周服饰文化的二元格局

通过以上的分析，大致廓清了东周时期常见的几种服饰系统，但文献记载表明，在这些服饰系统之外，还广泛存在有一种被称为“被发左衽”的服饰组合，构成了东周诸国服饰传统以外的另一类传统。这两个传统并行发展，初步构建起东周时期的服饰文化格局。

（一）“被发左衽”的考古学认读

春秋时期，孔子曾发出这样的感慨：“微管仲，吾其被发左衽矣。”[①]后来，“被发左衽”即被学者反复引用为周边部族的服饰形态，以强调“华夷之别”[②]。多数学者的看法是，“被发”是指一种发型；“左衽”则是指交领式左衽的上衣。王宇清先生认为“中国初始的上衣形制就是方领左衽，或左右衽并存。及至周代制礼作乐，特定右衽为‘法服’，遂自通行右衽，独‘夷狄’仍行左衽”[③]。这种说法推测成分居多，诸多考古发现表明，周边部族的实际服饰面貌远比这四字复杂，“被发左衽”当有着更为丰富的内涵，考古学研究或可以另外一种认读方式诠释这种内涵。

关于被发的内涵和性质，在学界产生的分歧较大，学者普遍认为“被发”是一种发型，具体有披散说、辫发说、索头说、剪发说种种。曹彦生认为被发是指“不挽不束，头发自由下垂”[④]。程溯洛根据刘宝楠《论语正义》认为“‘被发’或‘编发’，古可通指。”[⑤]并进一步根据《汉书·终军传》“殆将有解编发”颜师古注“编，读曰辫”指出：“‘被发’‘编发’，古可通指辫发。”[⑥]尚衍斌对此观点表示赞同[⑦]。也有一种观点认为“被发”就是“索发”或者“索头”，其形态应该是留蓄全部头发后披，长到一定程度后以绳索在发端扎系[⑧]。讨论最为普遍，同时也是争议最大的当是“被发”为剪发说，贾齐华认为“被”字与

---

① （清）阮元校刻：《论语·宪问》，《十三经注疏》，中华书局，2009年，第5457页。

② 这里的“夷”泛指宗周列国以外的部族。

③ 王宇清：《周礼六冕考辨》，南天书局有限公司，2001年，第83页。

④ 曹彦生：《北方游牧民族的发式传承》，《黑龙江民族丛刊》1995年第1期。

⑤ “皇疏云：‘被发，不结也。’礼男女及时则结发于首，加冠笄为饰；戎狄无此礼，但编发被之体后也。”见（清）刘宝楠：《论语正义》，《诸子集成》（一），中华书局，2006年。

⑥ 程溯洛：《中国古代北方民族发式考略》，《新疆大学学报》1991年第2期。

⑦ 尚衍斌：《中国古代西北民族辫发与断发考释》，《西北民族研究》1993年第1期。

⑧ 张久和、傅宁：《东胡系各族发式考辨》，《内蒙古社会科学（文史哲版）》1990年第5期。

“披”字为通假字与本字的关系，“披”字有“剖开、断开、分开、斩截”之义，故“被”也有剪断的意思，“被发”与“剪发”词义相同[①]。但大多数学者对此说法持反对意见，认为“被发”与“剪发”不能完全等同。吕丹从音韵学和训诂学角度出发，论证“被发”不能释为“剪发”，并进一步指出越族发式实为剪断其发而被之，是一个发式在成型过程中顺接的两个步骤[②]。汪少华则认为“被发”与“剪发”并不排斥，可以集于一头，只是由于观察角度的差异而造成称谓上的不同[③]。由此可见，认为“被发”为一种发型的争议焦点仍集中于这种发型的具体形态上。

笔者认为，澄清“被发”的最终指向，首先应回归到文献记载本身去寻找分歧的症结。《左传·僖公二十二年》云：“初平王之东迁也，辛有适伊川，见被发而祭于野者，曰：‘不及百年，此其戎乎？其礼先亡矣。’”杜预注：“被发而祭，有象夷狄。”[④]《战国策·赵策二》云：“被发文身，错臂左衽，瓯越之民也。”[⑤]《韩非子·说林上》：“鲁人身善织履，妻善织缟，而欲徙于越。或谓之曰：‘子必穷矣。’鲁人曰：‘何也’，曰：‘屦，为履之也，而越人跣行，缟，为冠之也，而越人被发。以子之所长，游于不用之国，欲使无穷，其可得乎。’”[⑥]以上几条文献表明，“被发”乃东周时期夷、狄、瓯、越等地的先民发型，这些部族主要分布在东夷百越和北方游牧民族的活动地带。

根据这些地区的考古发现，人物形象的发式造型实则差异很大。正如上文所述，吴越文化区春秋时期的人物形象均为剪发，具体表现为以顶骨为界，头发分前、后两个部分。前部从顶骨至眉际可见平齐剪发，正面视之，平齐发线则由眉线处向两边延伸至双耳上方，不覆耳。长沙树木岭M1647出土的1件人形匕首，头顶正中有一发辫下垂至颈部（图3-18-1）。

① 贾齐华：《也论“被发文身”》，《南京师范大学文学院学报》2006年第1期。

② 吕丹：《“被发”“断发”两不同》，《咬文嚼字》2005年第8期。

③ 汪少华：《“被发文身”正义》，《古汉语研究》2002年第2期；汪少华：《再论“被发”》，《语言研究》2008年第4期。

④ （清）阮元校刻：《左传·僖公二十二年》，《十三经注疏》，中华书局，2009年，第3936页。

⑤ 范祥雍：《战国策笺证》卷十九，上海古籍出版社，2006年，第1047页。

⑥ 陈奇猷：《韩非子集释》卷七，上海人民出版社，1974年，第441页。

高至喜先生认为这件匕首人物反映的是百越民族的发型特征[①]。与此发型类似的匕首人像在越南东山和那山等遗址均有发现（图3-18-2），黄展岳先生认为这几件青铜器与两广地区的青铜器有着密切关系[②]。北方地区则是一个较为泛泛的地理概念，东周时期这里自东北至西北曾广泛地分布有戎、狄、羌、月氏、塞族等诸多游牧部族，大体位于今天的陕、甘、晋、冀等省份的以北、以西地区。辽宁西丰西岔沟和铁岭平岗墓地都曾出土有若干件表现武士活动的青铜饰牌，这些人物的头发全部后披，在背部扎结为垂髻（图3-18-3、图3-18-4）。西安客省庄遗址出土的1件青铜饰牌上，摔跤的两位武士也梳有类似的垂髻发型（图3-18-5），宁夏固原草庙墓地出土的牌饰上，登骆驼的人披发短衣着靴（图3-18-6）。众所周知，北方长城以北地区曾先后是林胡、娄烦、匈奴等部族的势力范围，饰牌上表现的狩猎、摔跤等活动正是这些族属的真实生活写照。在夏家店上层文化和战国燕文化之间的间歇期，约相当于春秋时期，燕长城以南地区还活跃着一支以畜牧业为主要经济生活方式的东胡族[③]。这一族群自商时就与中原发生往来，在春秋时期位于燕国正北，战国时期不断壮大并不断侵掠燕、代地区。内蒙古敖汉旗周家地墓地正是这一族群文化的典型代表，其中M45的男性墓主头部保存有多根发辫，分别分布在头顶左、右前方、左后方和左右两颞部。从保存较好的几段发辫来看，发辫均由三股毛发交织编成[④]。以发辫为俗在北方游牧部族间并不罕见，西北新疆东部地区的部族普遍以发辫为俗。譬如，约当战国时期的新疆苏贝希三号墓地M8中的成年女性梳有后垂的双辫[⑤]；新疆哈密艾斯克霞尔墓地的M2中的老年女性死者，其

---

① 湖南省博物馆、湖南省文物考古研究所、长沙市博物馆、长沙市文物考古研究所：《长沙楚墓》，文物出版社，2000年，第188页，图一二七-7；湖南省博物馆：《长沙树木岭战国墓阿弥岭西汉墓》，《考古》1984年第9期；高至喜：《湖南发现的几件越族风格的文物》，《文物》1980年第12期；高至喜：《长沙树木岭出土战国铜匕首的族属问题》，《文物》1985年第1期。

② 黄展岳：《论两广出土的先秦青铜器》，《考古学报》1986年第4期。

③ 林沄：《东胡与山戎的考古探索》，《环渤海考古国际学术讨论会论文集》，知识出版社，1996年，第174～181页。

④ 中国社会科学院考古研究所内蒙古工作队：《内蒙古敖汉旗周家地墓地发掘简报》，《考古》1984年第5期。

⑤ 新疆文物考古研究所、吐鲁番地区博物馆：《鄯善县苏贝希墓群三号墓地》，《新疆文物》1994年第2期。

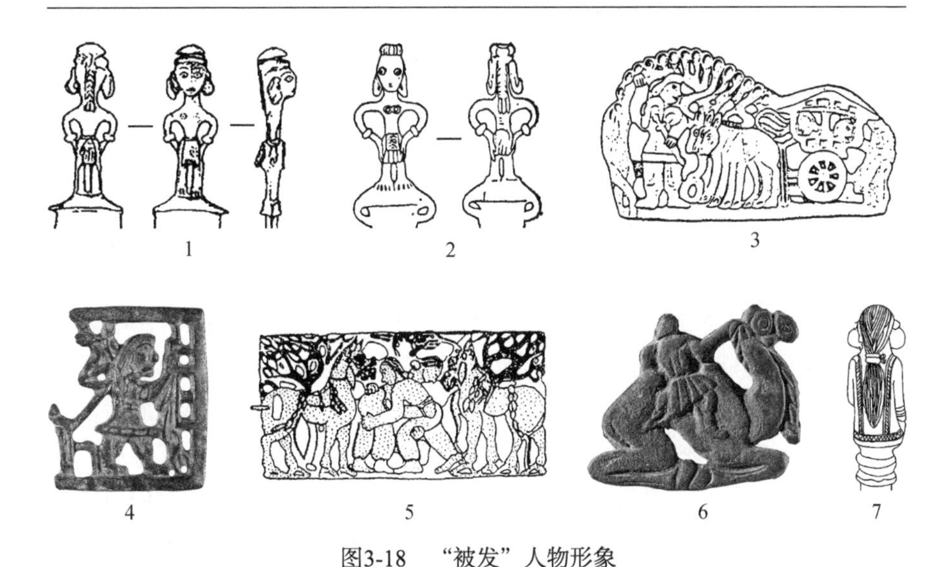

图3-18　“被发”人物形象

1. 长沙树木岭M1647：3　2. 越南东山遗址　3. 西丰西岔沟墓地　4. 铁岭平岗墓地
5. 西安客省庄K140：7　6. 固原草庙遗址　7. 江川李家山M18：1

身旁还放置有一条假发辫[1]。黄文弼先生认为这一地区是车师及山北六国的主要分布地区，姑师—车师是生活在新疆东部地区的一支古老的土著民族。在战国秦汉时期，他们和汉王朝、匈奴及当时新疆的其他一些国家都有很密切的联系[2]。张玉忠先生也根据墓葬封丘的分布规律、头骨钻孔习俗、随葬器物以及体质人类学特征等判定这些保留发辫的墓葬属于车师上层人物墓葬[3]。

以上诸例表明，分布于东周诸国东南部的吴越与北方诸族的发式形态存在有显著差别，这与文献记载的两地均为“被发”显然是不相吻合的。同时我们不难发现，虽然发型外貌不同，但相对于东周列国地区普遍结髻的状况，它们实则具有一些相似之处，即头发多数披散或者拖垂于背。需要说明的是，东南吴越文化区所见的人物形象虽个别也可见发髻，但仍是在剪短的基础上盘结的，发量少而发髻形态狭小，与东周诸国所谓的“发髻”仍存在很大差异，因此剪发仍是该地的主要特征。北方地区所见的垂髻虽也为一种发髻形式，但从整体外形上看，已与高髻和中髻相去

① 新疆文物考古研究所、哈密地区文物管理所：《新疆哈密市艾斯克霞尔墓地的发掘》，《考古》2002年第6期。

② 黄文弼：《汉西域诸国之分布及种族问题》，《西北史地论丛》，上海人民出版社，1981年，第58～59页。

③ 张玉忠：《天山阿拉沟考古考察与研究》，《西北史地》1987年第3期。

甚远，却与拢束在一起拖于后背的发辫甚为相似。如果以这样的形态标准衡量，那么“被发”显然不是一种发型，而是对具有低垂拖背、形态简单的发型的泛称。正如古文字学者所指出的：“‘被’的本义是‘被子’，引申为‘披在身上’……‘被’和‘披’既是古今字，又是本字和通假字。”[①]基于这样的认识，其他地区的考古发现也都具有类似的“被发”特征。例如，云南江川李家山滇墓中的杖头跪坐女俑（M18：1）、铜剑上的跪坐女像（M24：85），均为束发，于颈后扎结（图3-18-7）[②]。年代早至西周时期的宝鸡茹家庄墓地一号车马坑（BRCH1）出土的铜轸饰BRCH1：1-1上的人物发型也披于身后，很可能表现的也是类似周边部族的人群（见图3-1-8）。这些发型都具有与“被发”相同的外形特点。据此我们可以认为，考古发现所见的剪发、发辫、垂髻、束发应当同属于文献记载的“被发”范畴。结合历史背景来看，梳有类似发型的人群均处于不发达的社会发展阶段，很多还保留有原始氏族部落的社会组织形式。与东周诸国相比，还未被赋予太多的等级、礼仪等复杂观念和文化内涵。此外，这种形态简单的发型也是与当地地理气候等自然环境相适应的结果，尚处于发型的早期发展阶段[③]。

从服装结构来看，“左衽”专指交领式上衣中以右襟压左襟的领口形态，学界对此并无异议，考古发现中也可见类似领口形态的上衣。甘肃天水张家川回族自治县马家塬墓地是战国晚期西式部落首领的墓地，墓中显示出秦文化、西戎文化以及北方草原文化等多种文化因素，其中M3出土有大型车马器和精美铜器，规格较高，墓中出土的1件射箭武士锡俑（M3：75）穿着1件交领左衽上衣，系腰带，登裹腿长靴（图3-19-1）。这类交领左衽上衣很可能即代表了西戎或北方草原部族的服饰形态。但另一考古材料则表明，并非所有周边部族均着交领左衽上衣，例如，前文所述的江川李家山滇墓出土的杖头女俑即着对襟上衣搭配短筒裙（见图3-18-7）。洛阳金村大墓出土的1件青铜女性立人，穿着贯头式圆领上衣、足部蹬靴（图3-19-2）。西安北郊战国铸铜工匠墓曾经出土有1件表现女性和儿童的人纹牌模（99SXLM34：28），女子上衣为圆领窄袖、下

---

① 汪少华：《再论“被发”》，《语言研究》2008年第4期。

② 云南省博物馆：《云南江川李家山古墓群发掘报告》，《考古学报》1975年第2期；中国青铜器全集编辑委员会：《中国青铜器全集·滇、昆明卷》，文物出版社，1993年，第147页图一七八、一七九。

③ 王方：《东周时期“被发”的考古学解读》，《东南文化》2010年第5期。

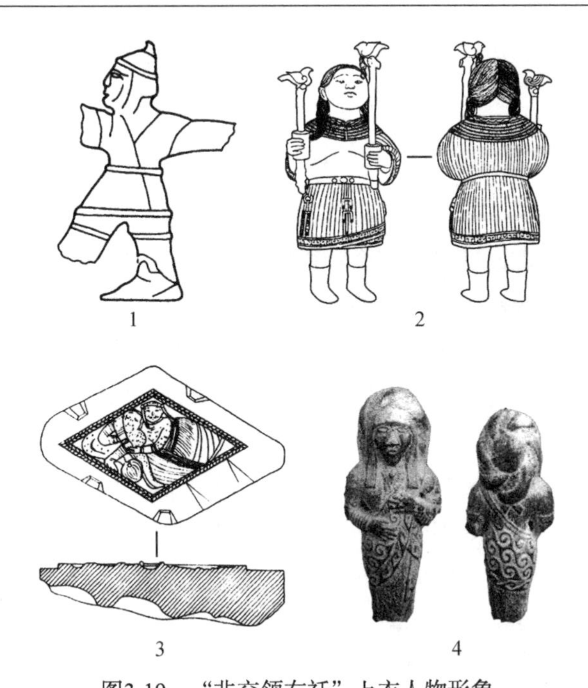

图3-19　“非交领右衽”上衣人物形象

1. 张家川马家塬M3：75　2. 洛阳金村大墓　3. 西安北郊99SXLM34：28　4. 巍山三鹤村遗址

身穿百褶长裙（图3-19-3）。巍山三鹤村遗址出土的1件女性人形杖头外着单肩披身式上衣（图3-19-4）[①]。吴越文化区的人物甚至无外层服装、纹身跣足。以上诸例说明，以“交领左衽”为主要特征的上衣只是周边诸多部族服饰的一种类型，除此以外，周边部族尚有对襟式、贯头式、披身式等多种类型的服饰，并且北方部族多数着靴、南方部族多数跣足。“左衽”只是对东周列国以外诸族服饰传统的代称，严格意义上说，“左衽”实际上是指“非交领右衽”。

通过以上的考古发现和相关分析，我们可对“被发左衽”的基本内涵试予如下释读：与传统认识不同，“被发左衽”并非“一种发型”与“交领左衽”的简单服饰组合，而是对东周诸国以外部族的发型服装系统的通称，是相对于华夏衣冠文明而提出的非华夏冠服传统。所谓的“‘华’与‘夏’在含义上起初并不相同”，“到了西周春秋时期，二者分别具有文化与族称的含义，并且含义合一，同指‘中国’”，“意指具有礼仪文化的中国人”。进一步讲，“被发左衽”所反映的不仅是宗周诸国与周边部族在发式和服装形态方面的差别，而且是通过区分服饰文化的基本差异，

① 刘喜树、范斌：《巍山发现一批古代青铜器》，《云南文物》2007年第1期。

辨明宗周诸国与周边部族在社会形态以及文明发展程度方面的不同步，是“华夏诸国对自己文化优越感的显露和华夏中心意识的表现”[①]。

（二）东周时期的服饰文化格局

尽管“被发左衽”一词所蕴含的服饰面貌相当复杂，东周列国以外的具体服饰面貌难以通过这四个字得以详尽展现，但无可否认的是，“被发左衽”客观上揭示了东周时期并行存在的两种服饰传统，即以“发髻右衽”为核心特征的华夏冠服传统和以“被发左衽”为核心特征的周边部族服饰传统，两种传统奠定了东周时期的二元服饰文化格局。当然，所谓的二元服饰文化格局并不存在完全清晰的界限，但我们仍可以大致勾勒出“发髻右衽”的服饰传统居中，“被发左衽”的服饰传统围绕四周的分布格局。在春秋早期至战国晚期的五百余年间，两种服饰传统此消彼长，相互交流并发生影响。总体而言，“发髻右衽”的华夏服饰传统在吸收周边部族服饰传统的基础上呈现出不断扩大的态势。考古实证表明，处于交界地带的燕赵、中山等北方诸国以及荆楚、吴越等地的服饰面貌将这种态势表现得最为深刻。

正如上文所述，三晋中山等地的发型中，垂髻与高髻并行，并且流行在额前正中戴牛角形冠，这种发型发饰很可能即来自于北方戎狄部族。纵观三晋地区的地理变迁，这一地区一直处于与戎狄部落的接触地带，从晋国立国之初就确立起“启以夏政，疆以戎索”的立国方针[②]。在与诸戎狄部落的长期共存中互相影响渗透，在政治、经济、军事、文化方面，几乎都不难发现彼此影响的成分。可见，在华夷融合中，晋国扮演了重要角色[③]。正是缘于以上的历史背景，北方戎狄部族传统的垂髻得以在三晋地区广泛的流行开来。关于牛角形冠，笔者认为其出现时间很早并且流传时代较长，最早很可能与戎狄部族尤其是白狄有着密切联系。在东周时期，不仅分布于三晋两周文化区，也见于中山文化区。据《左传·定公四年》记载，春秋中晚期开始（公元前507年），作为戎狄之属的鲜虞族即已建

① 李龙海：《汉民族形成之研究》，科学出版社，2010年，第120、121、265页。

② 《左传·定公四年》：“命以唐诰而封于夏墟，启以夏政，疆以戎索。”见（战国）左丘明撰，（晋）杜预集解：《春秋经传集解》，上海古籍出版社，1997年，第1620页。

③ 林天人：《先秦三晋区域文化研究》，台湾古籍出版有限公司，2003年，第191页。

立起鲜虞中山，其后的二百余年间，中山国虽经覆灭与重建，但取而代之的实际上仍是与鲜虞同种的白狄[①]。据有关学者研究，白狄曾经经历了一个自西向东的迁徙过程[②]。杨建芳先生也根据太原、侯马、洛阳、平山等地出土的白狄铜剑与玉石饰肯定了这一传播趋向，并进一步指出其迁徙年代在春秋末期至战国中期偏晚之间[③]。如果此说成立，那么白狄之源当在关中以西地区，年代可早至西周。陕西宝鸡茹家庄西周邢姬墓曾出土有一件戴牛角形冠饰的铜俑（见图3-1-7）[④]，黄盛璋先生肯定了这件铜俑与白狄发型的相似之处[⑤]。根据《左传·成公十三年》载："白狄及君同州，君之仇雠，而我之婚姻也。"[⑥]由此可见，白狄确与秦同处一地。据此，西周时期常见的牛角形冠应与白狄有关。随着白狄中山与华夏诸国的不断交流，至战国中期，中山文化已经逐渐融入到华夏诸国的文化体系中。与此相适应，白狄部族的发型装饰传统也得以保留，并开始影响到晋、赵、魏等国。据此，我们可以看到，"被发左衽"的服饰传统在参与华夏冠带服饰传统的形成过程中起到的重要作用。需要补充说明的是，近年来三星堆祭祀坑的最新发现中也见到有戴类似冠式的人物形象（图3-20），说明这种冠式的渊源可早至商代，其文化属性及与北方戎狄部族的联系值得进一步关注。

图3-20　三星堆祭祀坑出土戴"牛角形"冠的人物形象

至战国中晚期，我们所能看到的楚地服饰已属于典型的"发髻右衽"的华夏服饰传统，在服饰纹饰方面甚至比其他地区更为发

---

① 《左传·昭公十二年》："晋荀吴伪会齐师者，假道于鲜虞，遂入昔阳。"杜预注："鲜虞，白狄别种。"见（战国）左丘明撰，（晋）杜预集解：《春秋经传集解》，上海古籍出版社，1997年，第1350页。

② 段连勤：《北狄族与中山国》，河北人民出版社，1982年，第57～63页。

③ 杨建芳：《白狄东徙的考古学研究》，《庆祝何炳棣先生九十华诞论文集》，三秦出版社，2008年，第474～484页。

④ 宝鸡市博物馆：《宝鸡㢠国墓地》，文物出版社，1988年，第375页图二五七。

⑤ 黄盛璋：《关于战国中山国墓葬遗物若干问题辨正》，《文物》1979年第5期。

⑥ （战国）左丘明撰，（晋）杜预集解：《春秋经传集解》，上海古籍出版社，1997年，第724页。

达[①]。但根据历史文献记载，春秋早期楚武王、文王时，楚国不过是偏隅于荆蛮之地的一个小国，直属疆土不过100平方千米。直至春秋中期以后，伴随着楚国疆域的不断扩张，楚文化开始积极向华夏文化靠拢，终于融入到“发髻右衽”的华夏服饰传统中。种种迹象表明，即使这样成熟的楚式服饰系统仍保留有原始部族服饰传统中的一些遗绪，楚地舞女中普遍流行的B型低髻很可能就是从早期的“被发”传统演变而来。

与楚地服饰类似，吴越文化区的服饰面貌也呈现出服饰传统的转变过程。西周至春秋之初，吴国尚处在不发达的社会发展阶段。春秋中期以后，随着军事力量的强大，吴国在林立的诸侯国中迅速崛起，建立起一个强大的军事性奴隶国家[②]。与吴国相似，继之而起的越国也曾一度在春秋晚期跻身于霸主之列。即使如此，根据《左传》《史记》《吴越春秋》等文献的记载，与同时期的中原宗周诸国以及临近强国相比，这时的吴越仍然十分落后，“断发纹身”仍是当地服饰的主要特征，属于原始的“被发左衽”服饰传统。直至楚灭越后楚文化不断渗入，吴越文化区才逐渐融入到华夏冠带文明的服饰体系中来。

“发髻右衽”与“被发左衽”的二元服饰文化格局一方面反映出东周时期“分层次的华夏族群认同结构特征”[③]；另一方面，两种服饰传统的交流与融合还间接折射出华夏诸国与周边夷狄戎蛮之间深层面的文化互动。在互动中，周边诸族的服饰文化元素源源不断地被华夏冠服传统吸收同化，并间接融入到后来的汉服体系中，成为华夏“汉服”服饰传统中不可或缺的重要组成部分。

在以上认识的基础上，笔者想就目前尚存争议的几例服饰个案略作补充分析。一件为据传洛阳金村大墓出土的银质人像（图3-21-1）[④]，另一件为中山王𠐭墓墓前采集的铜俑器足（MZ：50）（图3-21-2）[⑤]。这两件器物均表现为男性，发型服装相似。脑后结一小髻，金村大墓出土

---

① 楚式纺织品上的刺绣纹饰多数呈曲线盘旋，格罗塞认为“装饰中如果有弧线出现，则其艺术必高于野蛮人”。见〔德〕格罗塞著，蔡慕晖译：《艺术的起源》，商务印书馆，2008年，第112、113页。

② 张敏：《吴王余眛墓的发现及其意义》，《东南文化》1988年第3、4期合刊。

③ 李龙海：《汉民族形成之研究》，科学出版社，2010年，第254页。

④ 〔日〕梅原末治：《洛陽金村古墓聚英》（增訂版），京都小林出版部，1944年，图版第45之2。

⑤ 河北省文物研究所：《𠐭墓——战国中山国国王之墓》，文物出版社，1996年，第333页图一五四。

银人的发髻下还有垂余，额前均留成绺刘海，分向两侧。均身穿窄袖短衣，跣足。金村银人的短服为交领右衽直裾，腰部有束带；铜俑器足则似外套铠甲，领式不详[①]，腰间有束带。与此类似的还见于侯马东周铸铜作坊遗址出土的人形陶范（ⅡT31③：2），这件陶范虽只有背面像，但脑后的圆髻清晰可见，窄袖短服、腰间束带、跣足等特征也与前两件人像类似（图3-21-3）[②]。从这些特征来看，这3件人像很可能代表同一族属的人群。对于银制人像的族属，梅原末治与容庚先生均认为是“胡人”，孙机先生则根据文献与考古实物论证了这件人像应代表华夏人[③]。

以笔者之见，以目前所见到的服饰特征对应其族属仍然是一件比较困难的事情，但窄袖短服的确为三晋地区服饰中常见的服饰类型，并且多为男性服饰。跣足不仅在三晋服饰中可以见到，高腰紧身服系统中也有类似

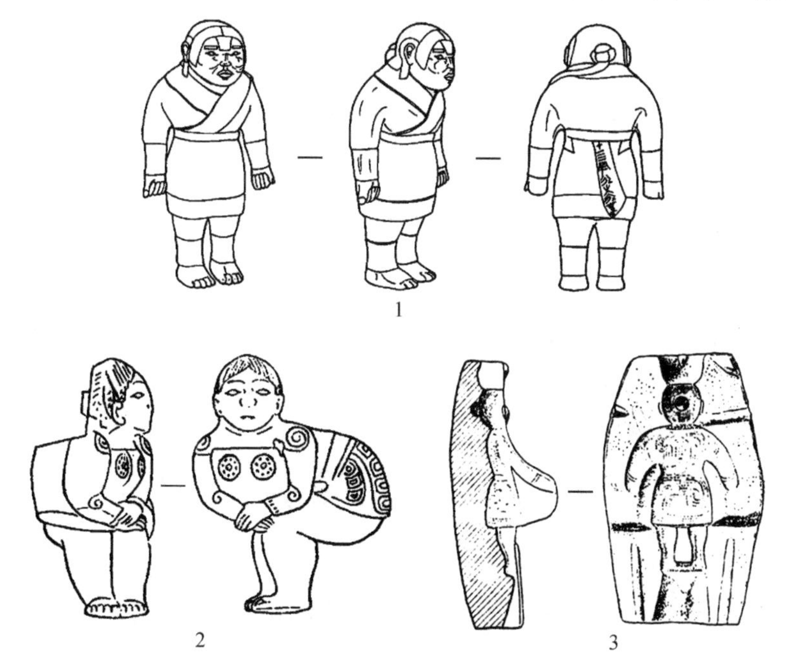

图3-21　刘海结髻、窄袖短衣的人物形象

1. 洛阳金村大墓　2. 中山王嚳墓MZ：50　3. 侯马铸铜作坊遗址ⅡT31③：2

① 报告称这件人像的服饰为“左衽”，但据笔者观察，人像上衣并非交领，因此“左衽”也就无从谈起了。

② 山西省考古研究所：《侯马铸铜遗址》，文物出版社，1993年，第203页，图一〇二-3。

③ 孙机：《洛阳金村出土银着衣人像族属考辨》，《中国古舆服论丛》（增订本），文物出版社，2001年，第151页。

情况。因此，总体而言，这类服饰仍属于“发髻右衽”的服饰文化传统。但从发型特征来看，华夏诸国的男性服饰体系中多数着冠，这样脑后结髻的情况并不多见。此外，银质人像和铜俑器足的额前刘海也值得关注，这种额前留发下垂的特征似与“被发”系统更为接近。结合这些特点，或可认为这几件人像穿着的服饰是已经华夏化的了服饰传统，但发型方面仍遗留有一些早期被发特征，是两种服饰传统交叉影响下的结果。需要进一步指出的是，鉴于东周时期频繁而广泛的人群交流，同一族群的服饰可能保留有多种服饰传统的元素；不同族属也可尽现相同面貌的服饰特征。尽管服饰是族属的重要标识，但并不是唯一标识。基于这样的认识，笔者认为，对于其族属仍有着更加广泛的探讨空间。

第三节　东周服饰的时代符号——深衣

“深衣”是先秦两汉文献中常见的一种服饰名称，被认为是发源于东周的一种服饰类型，为历代学人关注并反复征引和探讨。深衣之所以能够引起历代学者的长期关注，当然不是作为一种简单的服饰类型而被涉及，更多地是因为它对研究战国秦汉服饰尤其是中国古代早期服饰演变进程的重要意义。深衣的出现终结了西周时期构建的完美的服饰礼制，历经春秋时期至战国早期的多元格局，最终取代端服，开创了中国历史上又一个影响深远的服饰文化局面。本节着眼于东周时期服饰文化的共性特点，展开对东周服饰的历时性研究。

一、“深衣”再释

在众多文献中，《礼记》是涉及“深衣”最多的古代文献之一，《深衣》《玉藻》《王制》等篇都有对深衣的相关记载，《深衣》更以专篇述之。郑玄、孔颖达等人的注疏则进一步对深衣的形制款式、尺寸、剪裁方法、象征意义、用途与功能等方面进行了全面阐释。此后，有关深衣的形制、剪裁等问题便成为学界长期争论的焦点[①]，至今未有共识。因

① 有关深衣的研究自汉末至今始终未绝，以北宋和清代学者的考证最为详实。除《礼记·深衣》之注疏外，重要的著述还有：朱熹的《家礼》、陈祥道的《礼书》、江永的《深衣考误》和《乡党图考·深衣考》、张惠言的《仪礼图》、沈从文的《中国古代服饰研究》、孙机的《深衣与楚服》、王抒的《深衣释衽——江陵马山一号楚墓出土遗物的启示》、彭浩的《楚人的服饰与纺织》、周锡保的《中国古代服饰史》、袁建平的《中国古代服饰中的深衣研究》等。

此，与深衣相关的几个问题，有必要在这里作进一步探讨。为便于读者理解，附《礼记·深衣》之全篇如次：

> 古者深衣，盖有制度，以应规、矩、绳、权、衡。短毋见肤，长毋被土，续衽钩边，要缝半下。袼之高下，可以运肘。袂之长短，反诎之及肘。带，下毋厌髀，上毋厌胁，当无骨者。制，十有二幅，以应十有二月。袂圜以应规，曲袷如矩以应方，负绳及踝以应直，下齐如权衡以应平。故规者，行举手以为容，负绳抱方者，以直其政，方其义也。故《易》曰："坤，六二之动，直以方也。"下齐如权衡者，以安志而平心也。五法已施，故圣人服之。故规矩取其无私，绳取其直，权衡取其平，故先王贵之。故可以为文，可以为武，可以摈相，可以治军旅，完且弗费，善衣之次也。具父母、大父母，衣纯以缋，具父母，衣纯以青，如孤子，衣纯以素。纯袂缘，纯边，广各寸半[①]。

通过上文可以看到，《礼记·深衣》主要以大量篇幅论述了深衣的有关形制，并对其象征意义和用途进行了集中阐释。就其形制而言，主要涉及深衣的衣长、衣衽、衣袖、衣领、下摆等方面的款式以及腰围与下摆的宽度比例，不同部位的款式均有其明确的指代意义。《礼记·玉藻》中又对其具体形制和尺寸有所增补，正所谓："深衣三祛，缝齐倍要，衽当旁，袂可以回肘"，"袷二寸，祛尺二寸，缘广寸半"[②]。概观经文对深衣的记载，深衣的款式大致可以总结为以下几个特征：深衣衣长及地，"短毋见肤，长毋被土"；有"续衽钩边"；下裳部分由十二幅布拼接而成；腰宽窄于下摆，对此，正义有更加详细的阐释，所谓的"要缝半下"是指"要中之缝，尺寸阔狭，半下畔之阔，下畔一丈四尺四寸，则要缝半之，七尺二寸"，以此"可下容举足而行，故宜宽"[③]；束腰之带上不过

① （清）阮元校刻：《礼记·深衣》，《十三经注疏》，中华书局，2009年，第3611～3613页。

② （清）阮元校刻：《礼记·玉藻》，《十三经注疏》，中华书局，2009年，第3200页。

③ （清）阮元校刻：《礼记·深衣》，《十三经注疏》，中华书局，2009年，第3612页。

胸，下不过髀；衣领为交领并饰缘，正所谓“曲袷如矩以应方”，“袷二寸，缘广寸半”；衣袖则长可覆臂，袖筒宽阔，有垂胡，正所谓：“袼之高下可以运肘，袂之长短反诎之及肘”，郑注：“袼，衣袂当掖之缝也”，“袂圜以应规”，陆德明注：“圜音圆。胡下，下垂曰胡”[①]；袖口有衣缘，宽一寸半。郑玄《三礼目录》中则对深衣的形制有更为精炼的概括，郑氏注：“深衣者，谓连衣裳而纯之以采也。”正义云：“所以此称深衣者，以余服则上衣下裳不相连，此深衣衣裳相连，被体深邃，故谓之深衣。”

通过前章对东周服饰的考古学研究可以看到，东周时期服饰的款式特点大多可与文献记载之深衣相合，诸如上下连属、衣长及地、袖筒宽阔、纯之以缘等。但需要注意的是，东周时期的服饰不仅地域差别显著，存在有多种服饰体系，甚至并行有两种完全不同的服饰传统。因此，有关深衣之确指则需要作进一步的探讨。

长期以来，学人对深衣形制的认识实际并无定论，探讨最多也是争议最大的即对“续任钩边”的理解。对这四字的最早注解见于《礼记·深衣》郑注：“续，犹属也。衽，在裳旁者也，属连之，不殊裳前后也。钩，读如鸟喙必钩之钩，钩边若今曲裾也。”在这条注释中，郑玄明确提出先秦所谓的“钩边”类似汉代的“曲裾”。曲裾在东周至两汉的很多服饰类型中均可以看到，这里不作详述，而这句话的实际分歧则主要集中在对“衽”的理解上，如上文所述，《礼记·玉藻》篇中提及：“衽当旁，”郑注：“衽，谓裳幅所交裂也，凡衽者，或杀而下，或杀而上，是以小要取名焉。”[②]正义在郑注的基础上对“衽”衍生出一系列见解，其核心思想即认为衽是深衣之裳幅，下裳有十二幅，与此相对应，裳的前后左右也都有衽，并且“杀而上”，“杀而下”则是专指丧服之衽[③]。“续衽钩边”中的衽则专指下裳一侧的衽，接续此衽而钩其旁边[④]。简言之，孔氏所指“续衽钩边”之“衽”是针对右侧之“衽”而言。

---

① （清）阮元校刻：《礼记·深衣》，《十三经注疏》，中华书局，2009年，第3611页。

② （清）阮元校刻：《礼记·玉藻》，《十三经注疏》，中华书局，2009年，第3200页。

③ 根据《礼记·深衣》记载，下裳由多幅组成，每幅布分别交解为两幅后形成一头狭窄、一头宽阔三角形，三角形布幅狭头在上、阔头在下称为“杀而上”，反之，则称为“杀而下”。

④ 见《礼记·深衣》和《礼记·玉藻》之孔疏。

对此，江永进行了全面反驳，他明确指出孔疏之误："衽者，斜杀以掩裳际之名，深衣裳前后当中者不名衽，唯当旁而斜杀者为衽。"[①]另一方面，他认为郑玄所注的"续衽钩边"实为并列结构，"续衽"是指连属左侧之"衽"[②]，"钩边"则是"别用一幅布裁之缀于裳之右旁"[③]。其后，任大椿援引《尔雅》《离骚》《战国策》《方言》《释名》《说苑》等诸多文献再次证实了江氏的观点，他进一步阐释到："深衣裳衽本在旁也，凡衣裳在旁者多曰衽"，"'衽当旁'三字实指裳之在旁者也"[④]。现代学者孙机、周锡保等先生也多依此见。

伴随着后来考古实物的出土，沈从文先生对"衽"的式样与具体部位提出新解。他根据江陵马山M1出土的小菱形纹绛地锦绵衣指出，衽是缝于绵衣腋下的嵌片，又称"小要"，其形与棺盖上同被称为"衽"的木榫相似，正如《礼记·檀弓》之孔疏，其形"两头广，中央小也"[⑤]，也合于《礼记·深衣》郑注中对"衽""或杀而下，或杀而上"之形的描述（图3-22）[⑥]。此说也得到了王抒先生的支持，他认为《礼记·深衣》中所说的"衽"是狭义的"衽"，即汉代人所谓的"小要"[⑦]。

图3-22　"小腰"示例

综合以上诸解可以看到，目前对"衽"的具体位置还未见定论，一种认为衽在下裳的两侧；另一种则认为衽在腋下。尽管如此，仍不妨我们对深衣形制的认识，无论哪种见解，"衽"在衣身之两侧是可以确知的。那

---

① （清）江永：《深衣考误》卷一，《清经解》，凤凰出版社，2005年，第1936页。

② （清）江永：《乡党图考》卷六《深衣考》，《清经解》，凤凰出版社，2005年，第2065页。

③ （清）江永：《深衣考误》卷一，《清经解》，凤凰出版社，2005年，第1938页。

④ （清）任大椿：《深衣释例》卷三十四，《清经解续编》，凤凰出版社，2005年，第960、961页。

⑤ （清）阮元校刻：《礼记·檀弓》，《十三经注疏》，中华书局，2009年，第2801页。

⑥ 沈从文：《中国古代服饰研究》，上海世纪出版集团，2005年，第99～100页。

⑦ 王抒：《深衣释衽——江陵马山一号楚墓出土遗物的启示》，《第五届国际服饰学术会议论文集》（《国际服饰学会志》第4号），东京，1986年。

么，“续任钩边”就可以理解为衣身一侧连属，另一侧别以一块布附之，即所谓的“钩边”，也就是汉时的“曲裾”。考古实证表明，拥有“曲裾”款式的上衣类型中只有“交掩式”上衣，据此可以认为，“续任钩边”实际上暗示了深衣之领式即为交领。在澄清了有关衣“衽”的基本问题后，我们不妨对服饰研究中常用的“交领右衽”“交领左衽”这样的称谓给予如下的阐释。在交领式服装中，必会出现两襟前后叠压的状况，穿着后，衣身的一侧之“衽”必为前襟所掩，因此，所谓“交领右衽”实际是指在具有交领式领口的服装中，前襟末端所处的位置，位于衣身右侧之衽，称为“右衽”；反之，位于衣身左侧之衽，则称为“左衽”。换句话说，以左襟压右襟称为“右衽”；以右襟压左襟称为“左衽”。

有关领式问题，《礼记·深衣》中也有明确记载，正所谓“曲袷如矩以应方”。郑注：“袷，交领也，古者方领如今小儿衣领。”正义云：“郑以汉时领皆向下交垂，故云：‘古者方领。’似今拥咽，故云若今小儿衣领，但方折之也。”[①]由此观之，深衣领式当为交领应无异议。但倘若参以考古实证则不难发现，东周时期的服装虽交领居多，但形态不一，概言之，有斜直交领、曲尺形交领、圆形交领等。因此，就“曲袷”的具体所指仍在学界存有诸多见解。林巳奈夫最早根据春秋战国时期出土或传世的玉人铜人雕像指出，“曲袷”应是指曲尺形交领[②]。《礼记·曲礼》所载：“天子视不上于袷，下不于带。”郑注：“袷，交领也。”孔疏：“袷谓朝祭服之曲领。”[③]根据以上这些记载，《礼记》中所称之“袷”应当就是特指交掩的领式，两襟交掩则“曲”，故又可称为“曲袷”或“曲领”。比对考古实物可知，曲领即是西周时期常见的方口曲尺形交领。如前文所述，西周时期用于祭祀等正式场合的端服全部拥有类似领式，因此，可以认为，文献中的“曲领”正是延续了西周的领式，为东周时期的曲尺形交领。

与“续衽钩边”关涉的另一个问题就是“钩边”的方向、位置和形态。长期以来，学者多纠缠于对“衽”的位置和形态的理解，却极少关注“续衽”的形制款式。关于这个问题大致有两种见解：任大椿认为：“在

---

① （清）阮元校刻：《礼记·深衣》，《十三经注疏》，中华书局，2009年，第3611、3612页。

② 〔日〕林巳奈夫：《春秋戰國時代の金人と玉人》，《戰國時代出土文物の研究》，京都大學人文科學研究所，1988年，第66页。

③ （清）阮元校刻：《礼记·曲礼下》，《十三经注疏》，中华书局，2009年，第2794页。

旁之衽，前后属连曰续衽，右旁之衽不能属连，前后两开必露里衣，恐近于亵。故别以一幅布裁为曲裾，而属于右后衽，反屈之向前，如鸟喙之勾曲，以掩盖里衣，而右前衽即交乎其上，于覆体更为完密。其名钩边者，盖此幅属于右后衽之边，勾向左前衽之边耳。"[①]任氏所指的"右后衽"实际是指交领右衽上衣中的后襟，即右襟，他提出的"右旁之衽不能属连""别以一幅布裁为曲裾"并没有问题，但有关钩边（即曲裾）连属于后襟并向前拥掩的提法却谬以千里。考古实证表明，交领右衽上衣中的"钩边"均是连属于前襟（即左襟）并自左向右拥掩至身后，有些较长的钩边甚至可绕身数周形成"绕襟"。对此，孙机先生很早即指出了其中的谬误："（任氏）指出深衣用曲裾拥掩，这同实际情况是相当接近的。惟任氏说曲裾反屈向前，却不无疏失。"[②]另一种认识最早可见于《家礼》之注，朱熹认为："（曲裾）云用布一幅，如裳之长，交解裁之，如裳之制。但以广头向上，布边向外，左掩其右，交映垂之，如燕尾状。又稍裁其内，旁太半之下，渐如鱼腹而末为鸟喙，向内缀于裳之右旁。"[③]以朱子的理解，前后两襟似均应有"钩边"，前襟之"钩边"自左向右顺时针向后拥掩；后襟之钩边略短，自右向左内掩于前襟之下。然结合前文有关"续衽钩边"的分析可知，"钩边"是针对衣身右侧的一片衽而言，因此，朱熹的观点仍可商榷[④]。"钩边"之位置与方向即已明确，那么有

① （清）任大椿：《深衣释例》卷三十四，《清经解续编》，凤凰出版社，2005年，第960、961页。

② 孙机：《深衣与楚服》，《中国古舆服论丛》（增订本），文物出版社，2001年，第140页。

③ （宋）朱熹：《家礼》，《朱子全书》（第七册），上海古籍出版社、安徽教育出版社，2002年。

④ 朱熹的见解虽难合文献所记之"续衽钩边"，但考古实证说明这种两襟皆有续接布幅的情况在现实中是存在的，在理论上也是合理的。徐州米山汉墓出土的侍女俑中，很多服饰下摆后部圆弧内可见两下垂的尖角，根据笔者实地观察，右侧尖角实为为曲裾之末梢；而左侧尖角隐于外服内侧，从走向来看，当为内襟（即右襟）自右向左拥掩至后形成的尖角。这类服饰形象比较明确的目前只发现于西汉早期，据此，朱熹所称的这种服饰款式中的尖角似指文献所称的"交输"。《汉书·江充传》："充衣纱縠禪衣，曲裾，后垂交输。"颜注引如淳云："交输，割正幅，使一头狭若燕尾，垂之两旁，见于后，是礼深衣'续衽钩边'。"（见《汉书·江充传》，中华书局，1962年，第2176页）东周时期类似形象较少，陈家大山楚墓帛画中的贵妇服饰的后摆可能与之类似。

关它的形态则不难理解。根据《礼记·深衣》郑注，“钩边”即汉代的“曲裾”，由此可略知其形，但“曲”而非“直”。需要补充的是，结合东周秦汉时期的服装类型分析可知，东周与两汉的“曲裾”形态实际并不完全相同，东周时期的“曲裾”横向较短、纵向较高，呈上阔狭下的三角形（图3-23-1），一般绕至身后或身之左侧，战国晚期逐渐加长，少数可绕身一周延至身前左侧。秦代至西汉早期，“曲裾”形式多样，一种延续东周的曲裾形态，横向加长、纵向变矮，出现绕身数周的“绕襟”（图3-23-2）；另一种则以一短小的等腰三角形略掩于身后，成为“小曲裾”（图3-23-3）。西汉中期以后，“曲裾”又继续演变为右宽左窄的“细长曲裾”（图3-23-4），这种形态逐渐定型并一直流行至东汉时期。

图3-23 “曲裾”演变示意图

1. 三角形曲裾 2. 绕襟曲裾 3. 小曲裾 4. 细长曲裾

此外，对衣缘的装饰也是深衣的一个重要特点。对此，《礼记·深衣》开篇郑玄之《三礼目录》中即有明确交代：“深衣者，谓连衣裳而纯之以采也。”[①]《礼记·玉藻》正义云：长中继揜尺，若深衣则缘而已[②]，由此可见，深衣不仅有衣缘，衣缘还是“深衣”与“中衣”“长衣”等服饰的重要区别，后者的袖筒不以缘接续，而是别以半幅布接续在袖筒处[③]。就深衣的用途来看，深衣多为吉服，“凡深衣，皆用诸侯士大夫夕时所著之服”，“庶人吉服亦深衣，皆著之在表也”，因此在这种

① （清）阮元校刻：《礼记·深衣》，《十三经注疏》，中华书局，2009年，第3611页。

② （清）阮元校刻：《礼记·玉藻》，《十三经注疏》，中华书局，2009年，第3201页。

③ 《礼记·玉藻》：“长中继揜尺”，正义曰：“继袂揜一尺者，幅广二尺二寸，以半幅继续袂口，揜余一尺。”见（清）阮元校刻：《礼记·玉藻》，《十三经注疏》，中华书局，2009年，第3201页。

情况下，深衣之衣缘多为采缘。用作丧服之时则“纯以缋、以青之属也，唯孤子深衣纯之以素”[①]。就衣缘的装饰部位而言，袖口、曲裾、下摆均有衣缘并且各有名称和统一的尺寸，《礼记·深衣》云：“纯袂缘、纯、边，广各寸半。”孔疏：“纯袂者，纯缘也，谓纯其袂缘，则袂口也。又云缘，读为緆，谓深衣之下纯也。纯边者，谓深衣之旁侧也。广各寸半者，言纯袂口及裳下之緆，并纯旁边，其广各寸半。”[②]由此可知，“袂缘”“边”“緆”分别指代袖口、曲裾和下摆之缘，宽一尺半寸。

在澄清了与之相关的几个概念后，大致可以总结出深衣以下几方面的特征，深衣之总体面貌为上下连属、被体深邃、衣长及地，在细部款式方面则具有交领右衽、袖筒宽阔、续任钩边、纯之以缘的特点。结合前文有关服饰考古类型学的研究不难发现，东周时期流行的很多服装类型均有上下连属、衣长及地、交领右衽、袖筒宽阔等特点，就形制而言，交领曲裾长服与深衣最为接近，这种服装类型主要流行于楚地，是楚地服饰体系中的主要类型之一。但楚服中的斜直交领并非文献所描述的那种曲袷如矩以应方的曲尺形交领，笔者以为曲尺形交领为古制，当是西周上衣的基本形制，发展至战国晚期，领式已然发生了较大变化。关于楚服与深衣之关系，孙机先生很早便予以关注并有专篇论述[③]。但需要说明的是，结合本文对东周时期服饰的分析，楚地服饰体系中实际并非一种类型，其中，曲裾斜直交领长服当是与深衣直接相关的服装类型，可以被视为成熟定型后的“深衣”形态。概观东周时期的诸多服装类型，曲裾和衣缘也正是这类服装区别于其他地区服装的两个重要款式特征。通过这类服装的款式分析不难发现，江永等人依据经文形制尺寸所绘的深衣图并未完全反映出深衣的实际面貌（图3-24）[④]。

---

① （清）阮元校刻：《礼记·深衣》，《十三经注疏》，中华书局，2009年，第3611页。

② （清）阮元校刻：《礼记·深衣》，《十三经注疏》，中华书局，2009年，第3613页。

③ 孙机：《深衣与楚服》，《中国古舆服论丛》（增订本），文物出版社，2001年，第139～150页。

④ （清）江永：《乡党图考》，《清经解》，凤凰出版社，2005年，第2020页。

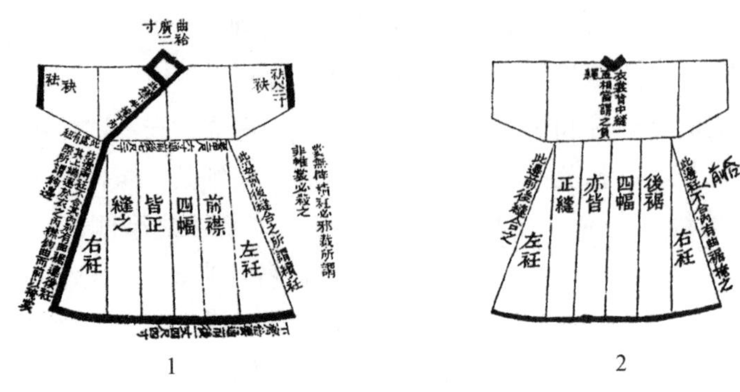

图3-24　江永所绘“深衣图”

1. 前视图　2. 后视图

二、深衣体系的建立与端衣体系的余续

之所以将“深衣”独立成节而专门讨论，是源于深衣与东周服饰核心特征的紧密联系。基于前文对深衣形制的基本认识，我们可对深衣的渊源、发展和传承略作梳理。

（一）深衣的形成时间

关于深衣的形成时间，根据《礼记·王制》：“有虞氏皇而祭，深衣而养老”①，或可上溯至三代以前的上古时期。但更多的文献记载显示，深衣流行的时间仍集中于两周时期。对于这个问题，现代学者提出一些较新的观点，他们认为“深衣”在战国前还有一段较长的发展历史，新石器时代的贯头衣“尽管不很规范和完备，但具备了上衣下裳相连、被体深邃这一深衣的基本特征”，因此是“最原始的深衣，是深衣的源头”②。又有学者认为“‘深衣’的出现并不会太晚”，“在商代亦已出现”，“只是未列入贵人服式之列，当然也不能用于重要的祭礼场合，比起冠饰的讲究大逊一截”。就其源头来说，“深衣很可能是由底层社会简单连裤衣直接改进而来的”③。

通过以上文献与考古的互证分析可知，深衣除上下连属、被体深邃、衣长及地的基本特征外，交领右衽、袖筒宽阔、续任钩边、纯之以缘

---

① （清）阮元校刻：《礼记·王制》，《十三经注疏》，中华书局，2009年，第2914页。

② 袁建平：《中国古代服饰中的深衣研究》，《求索》2000年第2期。

③ 宋镇豪：《商代玉石人像的服饰形态》，《中国社会科学院历史研究所学刊》（第2集），商务印书馆，2004年，第79～81页。

等也是深衣的重要特点。以此来看，仅领式一项，贯头衣就很难符合，绝非深衣之属。就目前可见的商周时期的服饰形象来看，服装大多衣身较短，束身紧窄，对襟领式较多，极少具备深衣的款式特点。其中被认为具有深衣之形的几件交领服实际也与楚地流行的交领服相距甚远。以现藏于哈佛大学福格艺术博物馆的圆雕石人立像为例，年代约在商，其服装的领口为交领右衽，前裳长仅过膝，后裳下摆及地。腰中束腰，并于腹部下垂一条斧形蔽膝（图3-25-1）[①]。这种下摆前裳短、后裳长的形态特点在商代并不是孤立，年代相当于商代晚期的广汉三星堆二号器物坑出土的大型立人像（K2②：149、K2②：150）[②]，其服装的下裳部分即表现出这种前短后长，后裳扣合于前裳的形态，而其上衣的内外三层均为贯头式的领口（图3-25-2）[③]。由此可见，哈佛大学福格艺术博物馆所藏石人雕像的服装，倘若上衣为“交领”，则下裳的形态在实践中是不成立的，这种结构更像是上下分体，并不是深衣。

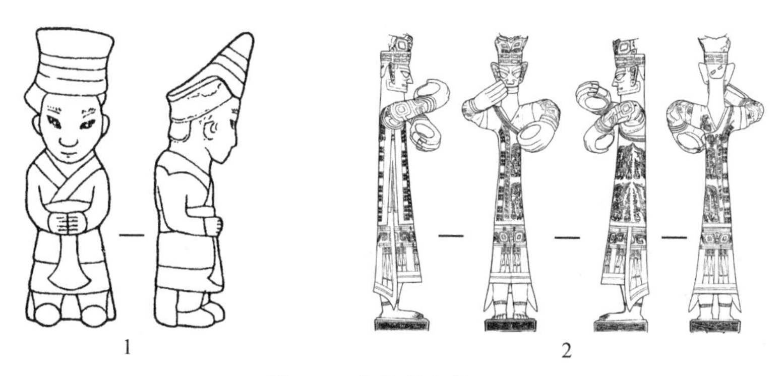

图3-25　商代的服装领式
1. 哈佛大学福格艺术博物馆　2. 广汉三星堆K2

从传世文献记载来看，“深衣”最早见于《礼记》却不见于《仪礼》，这是尤其值得关注的现象。我们知道，就成书时间来看，学界普遍认为《礼记》成书于汉代，虽记周代史事，但由于年代久远，难免掺杂作者主观臆测及汉代实况。

---

① 石璋如：《殷代头饰举例》，《“中研院”历史语言研究所集刊论文类编·考古编》，中华书局，2009年。

② 四川省文物考古研究所：《三星堆祭祀坑》，文物出版社，1999年，第162页，图二八。

③ 王孖、王亚蓉：《广汉出土青铜立人像服饰管见》，《文物》1993年第9期。

考古实证表明，西周时期的很多服装也不具备深衣的款式特点，而是与当时普遍流行的端衣相合。譬如，曲沃晋侯墓地ⅢM63出土的玉人服装（见图3-3-7、图3-3-8），ⅢM8出土的玉人服装（见图3-3-4），宝鸡茹家庄BRM1出土的铜人（见图3-1-6）、BRM2出土的铜人（见图3-1-7），韩城梁带村M26出土的玉人（见图3-3-5）。

根据前一节对东周时期服饰类型的分析，三晋地区、齐鲁地区等华夏服饰传统的分布地区中虽然也有部分服饰类型出现类似上下连体、衣长及地、交领右衽的特点，但都不见续连的“钩边”，领式也非斜直交领，很可能为“深衣”的早期形态。需要补充说明的是，三晋地区发现的大部分材料，其年代在春秋时期，以此推断，战国以前的服饰类型均未表现出文献所指的深衣的款式形态。那么，文献所及之深衣，及深衣的成熟定型后的款式，其形成时间就不会早至战国中期，战国楚地服饰体系为深衣的成熟形态提供了范本。

尽管如此，另一个问题仍不容忽视，春秋时期虽然尚未出现严格意义上的深衣，但就部分服装的形态来看，已具备了上下连属、被体深邃的基本特点。且这种形制并不可能瞬间出现，而是经历了很长的发展过程。从这个意义上说，文献所指的周之深衣应该是战国中期以后基本定型后的楚系服装；而广义的“深衣”则可能于西周服饰礼仪初创时即已形成，只是碍于端服作为礼服主体的地位，深衣一直作为一种非正式的燕居之服，被视为“善衣之次”，《玉藻》云：“朝玄端，夕深衣，完且弗费，善衣之次也。”注曰：“善衣，朝、祭之服也。”疏云：“深衣为朝、祭之次服也。”此外，当时在命名上也并未以“深衣”称之。据王关仕先生的研究，《仪礼》所涉及的“长衣”“麻衣”“纯衣”“宵衣”等其实均“制同深衣”[①]。从考古材料来看，广义的“深衣”在两周800余年的发展中，形制变化也很大，有的是战国新出现的款式特点，如“续衽钩边”；有的则是依古制延续很久的产物，其中最典型的就是“曲袷”。

如前文所述，“曲袷”即曲尺形交领。经过比对我们不难发现，三晋两周和中山地区流行服装的曲尺形交领形态实际上兼具西周与战国楚地服装的领口特点。西周服装的衣领大部分为方折矩形，且均有一条向下曲折的短线表示前衽缘边。从剪裁角度来看，当是一正幅和一斜幅连属后的形态。而三晋两周和中山地区的曲尺形交领领缘已经向下斜直，凸起的尖角似乎暗示了其早期形态的剪裁方法，突出了尖角作为斜幅端角的特点。以

① 王关仕：《仪礼服饰考辨》，文史哲出版社，1977年，第205页。

此观之，曲尺形交领很可能为西周端衣领式与战国楚地斜直交领的过渡形态，换句话说，东周时期的曲尺形交领实际上为西周遗制。

关于以上这点，材料的出土地点也给我们以重要启示。我们注意到，三晋两周和中山地区类似服装款式的分布区大致与西周时期类似服装款式的分布区重合，而楚地则与三晋两周地区南北相对。这些现象似乎都暗示了深衣在款式形成过程中可能存在的来源指向与传播路线，即从宗周地区向楚地逐渐转移。楚地很可能在继承了宗周深衣形制的基础上进行了款式方面的创新和改良，并且将款式固定下来，成为后世文献所记载的标准“深衣”。

（二）深衣体系的建立与端衣体系的余续

纵观东周时期“发髻右衽”的服饰传统，无论是哪种服饰体系，都普遍具有上下连属的特点，这是与西周时期端衣体系最显著的区别。需要补充说明的是，从目前考古发现的人物形象来看，有些服饰虽然上下纹饰显著不同，初看似上下分裁、上衣下裳，但通过观察右侧前襟开合处线条可以发现，实际上仍为上下连属，最典型的如六安白鹭洲M566出土铜灯人像的服饰（图3-26）。以此来看，上下纹饰迥异不能作为判断上下分体的唯一依据，荆门包山M2和枣阳九连墩M1出土铜灯人像的围裙式下裳也不排除连属于上衣的可能（见图2-17-2、图2-17-3）。

如果说端衣实现了布幅相连而成裳，深衣则进一步实现了衣裳相连。因此，我们不妨将东周时期的具有上下连属、被体深邃、衣长及地特点的长服统称为“深衣体系”。这样的称谓即是基于东周时期异彩纷呈的服饰面貌的基本特点，也是基于东周时期服饰在整个中华民族服饰传承过程中的转折性地位。如果说西周时期奠定了中华民族“交领右衽”的基本服饰结构（端衣）并开创了服饰作为精神符号和社会标识的局面，东周时

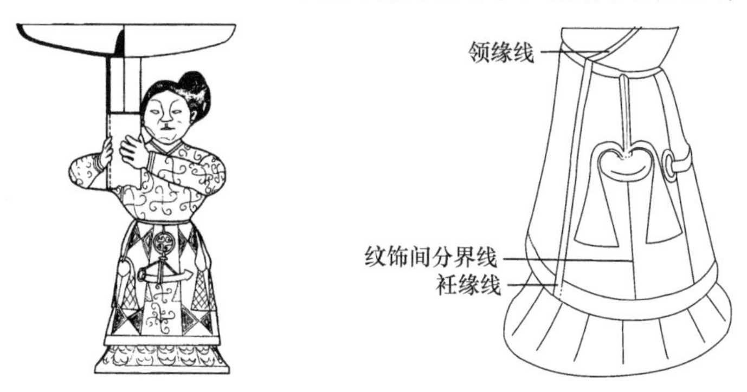

图3-26　铜灯人像衣裳关系示意图（六安白鹭洲M566：1）

期的“深衣体系”则在服饰形制上进一步完善，并以此为基础开始了汉服两千年的发展传承。可以说，“深衣体系”发端于东周时期华夏服饰传统的深厚土壤，它的建立是中华服饰文明史上里程碑式的创举。

当然需要强调的是，东周时期尤其是春秋时期至战国早期，三晋两周地区的考古发现仍可见上下分制的端衣体系的服装，如长治分水岭墓地M84出土的铜人像所穿服饰上下纹饰区别明显，下身着的裳有着竖线和三角纹饰，这种人像所表现的很可能是当时的祭服（图3-27-1）；澄城刘家洼M1出土的2件木俑上下衣分别为朱墨二色（图3-27-2），很可能表现了文献所载的“玄端朱裳”，用于丧葬仪式特殊神职人员的礼服。以上这些都应该是西周端衣的余续。随着战国时代兼并战争的常态化和白热化，西周建立起来的完备礼仪遭到前所未有的破坏，服饰礼仪自然也随之衰败，端衣体系逐渐退出历史舞台，更适合日常穿着的深衣体系被更广泛地使用。这既是服饰体系的转变，也是东周社会特点的历史见证。

图3-27　端衣

1. 长治分水岭M84：20　2. 澄城刘家洼M1

第四章　秦汉时期汉民族服饰的考古发现与主要类型

秦汉时期是指公元前221年秦始皇建立秦帝国至公元220年东汉灭亡的一段历史时期，先后经历了秦、西汉、新莽、东汉四个朝代。这一历史时段内的服饰考古资料数量众多、来源广泛，揭示出以汉民族为主体的秦汉时期服饰丰富多彩、传承有序的文化面貌。无论是服装的类型款式，还是服装的质料、纹饰和色彩，都彰显出汉民族服饰独具一格、自成体系的典型特征。

第一节　服饰的考古发现

秦汉时期的服饰考古研究材料来源广泛，出土服饰实物虽然数量有限，但大量的俑、玉牙人像、铜器人像、模型明器等立体人物服饰形象以及壁画、画像砖石、各种器物上的人物服饰形象为秦汉服饰研究提供了方方面面的线索和信息。有着明确出土年代的衣物疏简牍资料也成为秦汉服饰研究的重要补充。

一、服饰实物的考古发现

秦汉时期的服饰实物数量不多，集中发现于两湖地区和甘蒙地区。两湖地区以长沙马王堆汉墓和江陵凤凰山汉墓出土的服饰实物最具代表性；甘蒙地区以武威磨嘴子汉墓群和居延遗址出土的服饰实物最具代表性。其他服饰残件零星发现于山东、广西、四川、陕西等省、自治区的墓葬中，多为鞋、冠和发髻实物。就时段而言，西汉时期的发现略多于秦和东汉时期。

（一）两湖地区出土的服饰实物

（1）长沙马王堆M1

1972年发掘。墓主尸体保留真发和缀连假发，作盘髻式并插有3支发笄。出土完整的服饰27件，主要分布在四个区域：第一，棺内，尸体两足穿1双鞋，此外还有墓主贴身穿着的衣物20层，大部分已残，其中可辨识的绵衣6件、禅衣7件。第二，西边箱329和357号竹笥，出土绵衣11件、禅衣3件、裙2件、袜2双、衣缘1件。第三，北边箱，出土有夹衣1件、手套3双、鞋2双。第四，东边箱65号竹笥，出土鞋1双。墓主为第一代轪侯的妻子“辛追”。年代为西汉早期，约当文帝前元五年至景帝中元五年（公元前175年～前145年）[①]。

（2）长沙马王堆M3

1973年发掘。出土服饰大部分残损，主要分布在四个区域：第一，棺内，墓主贴身穿着的衣物18层，严重腐朽，其中可辨识的绵衣6件、夹衣8件。第二，东边箱112号竹笥，推测原有夹衣和裙，已残损。第三，西边箱19和21号竹笥，推测原有棉衣和绢衣，已残损。第四，北边箱162号漆奁，出土完整的1件漆纱冠以及残纱片、铁丝、纱带、圆木棒等，另有1件冠的残件，还有1双绢面麻鞋。墓主为第一代轪侯的儿子。年代为西汉早期文帝前元十二年（公元前168年）[②]。

（3）江陵凤凰山M167

1975年发掘。棺中尸体包裹有大量衣物，但已腐朽。棺内还出土有鞋4双、袜1双。鞋面为丝制或麻质，鞋缘为锦。墓主为女性。年代为西汉早期[③]。

（4）江陵凤凰山M168

1975年发掘。出土丝麻服饰11件，分布在内棺与外棺。主要有纱冠2件、麻鞋1双、丝鞋2双、麻衣1件、麻裙2件、麻夹袜1双，以及其他丝织物残片。墓主为五大夫遂。年代为西汉早期文帝前元十三年（公元前167年）[④]。

---

① 湖南省博物馆、中国科学院考古研究所：《长沙马王堆一号汉墓》，文物出版社，1973年。

② 湖南省博物馆、湖南省文物考古研究所：《长沙马王堆二、三号汉墓》，文物出版社，2004年。

③ 凤凰山一六七号汉墓发掘整理小组：《江陵凤凰山一六七号汉墓发掘简报》，《文物》1976年第10期。

④ 纪南城凤凰山一六八号汉墓发掘整理组：《湖北江陵凤凰山一六八号汉墓发掘简报》，《文物》1975年第9期；湖北省文物考古研究所：《江陵凤凰山一六八号汉墓》，《考古学报》1993年第4期。

（5）其他发现

1956～1957年，长沙左家塘墓的椁室北端发现有1团发髻，发髻尾端系有丝线，年代为秦代[①]。1974～1975年，长沙象鼻嘴M1竹笥内出土有褐色绢和方目纱，形状无法辨识[②]。1975～1976年，云梦睡虎地M11出土有冠的残件，年代为秦始皇三十年（公元前217年）[③]。1992年，荆州关沮萧家草场M26出土麻鞋1双，年代为西汉初年，不晚于景帝时期[④]。2023年，武隆关口M1出土有编织履1双，年代为西汉初年（公元前186年）[⑤]。

（二）甘蒙地区出土的服饰实物

（1）武威磨嘴子汉墓群

1956～1972年，甘肃武威城南磨嘴子汉墓群先后进行了3次发掘，共清理墓葬70余座，M48、M62和M49是保存较完整的3座墓葬。其中，M48为夫妻合葬墓，男性墓主头部蒙丝绵黄绢覆面，外穿黄褐色绢面丝绵袍，内层上衣着蓝色绢襦，下身着绢袴，穿革履。女性墓主也罩相似的米黄色覆面，覆面有蓝绢边缘。外穿黄褐色麻布禅衫，腰束白绢带，带结在后。内衣上身着浅蓝色绢面丝绵襦，袖端续接白绢，下穿黄绢丝绵裙，裙腰为白绢，下摆缘为蓝绢。年代为西汉晚期。M62也是夫妻合葬墓，男性墓主头戴冠，身穿红绢禅衫，腰系带，内穿丝绵襦两层，足穿革履；女性墓主覆面罩，半高髻。年代为新莽时期。M49男墓主头戴漆縰制的冠，年代为东汉中期[⑥]。

2003年，武威磨嘴子中日联合发掘中，M6男性墓主穿交领麻布长袍，腰间系腰带，下身着绵裤；女性墓主头戴帽，身穿麻布绵衣，下身着

① 湖南省文物管理委员会：《长沙左家塘秦代木椁墓清理简报》，《考古》1959年第9期。

② 湖南省博物馆：《长沙象鼻嘴一号西汉墓》，《考古学报》1981年第1期。

③ 《云梦睡虎地秦墓》编写组：《云梦睡虎地秦墓》，文物出版社，1981年，第59页。

④ 湖北省荆州市周梁玉桥遗址博物馆：《关沮秦汉墓清理简报》，《文物》1999年第6期；湖北省荆州市周梁玉桥遗址博物馆：《关沮秦汉墓简牍》，中华书局，2001年，第179页。

⑤ 黄伟、叶小春：《重庆武隆关口一号墓》，“文博中国”公众号，2024年2月。

⑥ 甘肃省博物馆：《武威磨咀子三座汉墓发掘简报》，《文物》1972年第12期；甘肃省博物馆：《甘肃武威磨咀子汉墓发掘》，《考古》1960年第9期。

蓝色绵裤，脚穿鞋。年代为新莽时期[①]。M25出土有零散的麻鞋、发带、覆面等。年代为东汉中期[②]。

2005年，发掘的武威磨嘴子M1中的女性墓主，身穿衣物和丝织品，同出的还有6件完整丝织品和织锦衣领边缘。其中出土有广山锦。年代为西汉晚期至东汉初期[③]。

（2）居延、敦煌烽燧遗址

1972～1976年，居延肩水金关遗址出土大量丝、麻、革制衣物以及1双麻鞋，性别不详。年代为西汉晚期[④]。

1979年，敦煌马圈湾烽燧遗址出土织锦、绢、沙罗等各类丝织物残片123件、毛织物12件以及冠縰、斗篷领等。年代为西汉晚期到新莽时期[⑤]。

1990年，敦煌甜水井附近的悬泉置遗址发现了大量简帛文书、文具以及生活用品。其中包括皮革和丝绸制品共6000余件。丝织品均为衣服残片，质地有绢、帛、缯。皮革和麻布类制品主要有大人和小孩的鞋、鞋垫、袜子等。由于遗址带有军事防御性质，这些衣物很可能为男性穿着，性别特征难于确定。根据出土纪年简文，遗址年代从西汉武帝元鼎六年直至东汉晚期，期间又分为早、中、晚三期[⑥]。

（三）其他地区出土的服饰实物

陕西、河北、四川、江苏、北京、广西、山东等地也零星出土有服饰实物，主要为冠、鞋及衣物残片。

---

① 甘肃省文物考古研究所、日本秋田县埋藏文化财中心、甘肃省博物馆：《2003年甘肃武威磨咀子墓地发掘简报》，《考古与文物》2012年第5期。

② 甘肃省文物考古研究所：《甘肃武威磨咀子东汉墓（M25）发掘简报》，《文物》2005年第11期。

③ 武威市文物考古研究所：《甘肃武威磨嘴子汉墓发掘简报》，《文物》2011年第6期。

④ 甘肃居延考古队：《居延汉代遗址的发掘和新出土的简册文物》，《文物》1978年第1期。

⑤ 甘肃省博物馆、敦煌县文化馆：《敦煌马圈湾汉代烽燧遗址发掘简报》，《文物》1981年第10期；甘肃省文物考古研究所：《敦煌马圈湾汉代烽燧遗址发掘报告》，《敦煌汉简》，中华书局，1991年。

⑥ 甘肃省文物考古研究所：《甘肃敦煌汉代悬泉置遗址发掘简报》，《文物》2000年第5期。

1955年，西安洪庆村M86陶瓮内发现1双布鞋，性别不详，年代为秦代①。1968年，满城汉墓M1、M2均出土有各色平纹织物、沙罗织物、重经起圈织物、经编织物此刺绣织物等服饰残片，年代为西汉中期②。1971年，奉节风箱峡崖墓残棺中出土有草鞋残件，墓主可能为男性，年代为西汉早期③。1973年，连云港海州霍贺墓出土有纱冠、白色围巾和黄地云纹外衣，年代为西汉晚期④。1973～1979年，秦咸阳宫一号宫殿遗址中的窖穴XYNIJ3中发现1包炭化丝织物，从形制可分辨出襌衣、夹衣和棉衣，襌衣为平纹绢；夹衣和绵衣的面料为平纹绢、绢地锁绣或锦，里料为平纹绢，年代为秦代⑤。1974～1975年，北京大葆台M1的外棺与中棺底板上出土有绢类、刺绣、漆纱、组带12件，年代为西汉中晚期⑥。1976年，贵县罗泊湾M1出土有漆冠残片，1、2、3号殉葬墓中女性死者足部均穿有麻鞋，1号殉葬墓中女性死者还穿有麻布袜，年代为西汉早期⑦。1978年，临沂金雀山周氏墓群中M13、M14夫妻合葬墓分别出土1双麻鞋及纱冠残片，年代为西汉中期⑧。1983年，临沂金雀山M28、M31和M33共出土有3双麻鞋，M31的年代为西汉早期，M28、M33为西汉中期或晚期⑨。2016～2017年，青岛土山屯墓群4号封土下M147墓主头部出土武弁，墓

---

① 陕西省文物管理委员会：《陕西长安洪庆村秦汉墓第二次发掘简记》，《考古》1959年第12期。

② 中国社会科学院考古研究所、河北省文物管理处：《满城汉墓发掘报告》，文物出版社，1980年，第153～160、307～311页。

③ 四川省博物馆：《四川奉节县风箱峡崖棺葬》，《文物》1978年第7期。

④ 南京博物院、连云港市博物馆：《海州西汉霍贺墓清理简报》，《考古》1974年第3期。

⑤ 秦都咸阳考古工作站：《秦都咸阳第一号宫殿建筑遗址简报》，《文物》1976年第11期；陕西省考古研究所：《秦都咸阳考古报告》，科学出版社，2004年，第352、353页。

⑥ 大葆台汉墓发掘组、中国社会科学院考古研究所：《北京大葆台汉墓》，文物出版社，1989年，第56～60页。

⑦ 广西壮族自治区博物馆：《广西贵县罗泊湾汉墓》，文物出版社，1988年，第86页。

⑧ 临沂市博物馆：《山东临沂金雀山周氏墓群发掘简报》，《文物》1984年第11期。

⑨ 临沂市博物馆：《山东临沂金雀山九座汉代墓葬》，《文物》1989年第1期。

主为刘氏宗亲刘赐，随葬木牍显示其年代为西汉晚期元寿二年（公元前1年）①。

二、服饰形象的考古发现

秦汉时期表现有服饰形象的载体依然与东周时期的情况类似，但数量明显增多，尤其以陶俑、壁画和画像石为代表的物质遗存成为秦汉服饰研究最主要的材料。此外，立体的服饰形象还见于玉人以及人形铜器、模型明器上的人物，平面服饰形象则主要见于壁画和画像砖、石。值得注意的是，以俑为代表的立体服饰形象和以画像石为代表的平面服饰形象资料，虽然数量众多，但由于是在程式化模具下的批量化生产，其服饰形象的共性特征多而个性化特征少。因此，对于这部分材料，本书尽可能收集服饰形象较典型的材料作为研究对象。对于类似模型明器、器物图像上的线条简略、人物形象较小、服饰特征模糊的材料，本书只选取典型者予以介绍。

（一）立体服饰形象

秦汉时期的立体服饰形象以俑的数量最多，陶俑为主、木俑次之；还有少量玉人、铜灯人像和模型明器上的人物服饰形象。综合来看，部分俑和铜灯人像的服饰形象刻画清晰、服饰信息较丰富，其他则由于写意简约的表现手法，只能提供服饰的轮廓或大概。

1. 俑

就俑的情况而言，陶俑贯穿于秦汉整个时代，且有数量逐渐增多的趋势。但在表现的真实性方面，秦至西汉前期的陶俑比新莽东汉更加生动，服饰细部的刻画更加清晰。就陶俑的表现手法来看，除了传统模制方法外，还有大量的捏塑制品，这两种制品在人物服饰的刻画方面均有着较大的局限性。模制陶俑由于模范相同、批量生产，表现的服饰形态单一，内容大部分雷同，服饰的种类差别难于表现；捏塑陶俑表现抽象、形态矮小，服饰的细部特征很难通过陶俑得到真实反映。就陶俑的身份来看，秦至西汉时期的陶俑多为帝、王、侯等高等级墓葬的陪葬品，因此人物服饰

---

① 青岛市文物保护考古研究所、黄岛区博物馆：《山东青岛土山屯墓群四号封土与墓葬的发掘》，《考古学报》2019年第3期；国家文物局：《2017中国重要考古发现》，文物出版社，2018年，第107～112页。

形象当代表了当时贵族和上层社会的一些情况；新莽东汉时期的陶俑则多出土于中小型墓葬，其种类和数量相对于西汉时期更加丰富，表现的人物形象更加多样，尤其是表现各种动作的成组陶俑出土，反映了现实生活中的各种场面，因此，中下阶层普通百姓的服饰情况在这一时期通过陶俑得以充分的展现，尤其是川渝地区出土的刻画细腻的陶俑，为服饰研究提供了丰富的研究材料。木俑在秦汉时期有式微之势，材料主要集中在西汉早期的两湖地区和西汉晚期的江苏地区。与陶俑的服饰相比，秦汉时期的木俑材料不仅数量少，表现的真实性方面也有所欠缺。

（1）北京市

北京秦至西汉时期俑的发现较少，目前只有大葆台汉墓出土的陶俑、老山汉墓出土木俑；新莽东汉时期的个别遗址和中小型墓葬常随葬有若干劳作俑，表现劳动场面，如庖厨俑、舂米俑、踏碓俑等。制作手法多为红陶模制，个别外部施釉，刻画粗糙。

1974～1975年发掘的房山大葆台西汉诸侯王墓，其中，M1外回廊和题凑门西侧出土有240件陶俑，但只见服饰大致轮廓，衣纹阴刻简练、造型古朴。M1为广阳顷王刘建墓，M2为其夫人墓，年代为西汉中晚期[①]。2000年，石景山老山汉墓出土有木俑，墓主和年代目前有两种推测，一种认为是西汉中期的燕敬王刘泽之王后；另一种认为是西汉晚期燕王刘旦后妾或太子妃嫔[②]。

新莽东汉时期的陶俑发现主要有：1958年，平谷西柏店和唐庄子出土的伎乐俑、庖厨俑等若干件，年代为东汉晚期灵帝时期[③]。1959～1960年，怀柔城北M31出土的侍立俑、踏碓俑2件，年代为东汉晚期[④]。1975年，顺义临河村汉墓出土的踏碓陶俑、侍立俑以及陶灯上百戏俑若干件，

---

① 大葆台汉墓发掘组、中国社会科学院考古研究所：《北京大葆台汉墓》，文物出版社，1989年。

② 北京市文物研究所：《北京出土文物》，北京燕山出版社，2005年，第214页；靳宝：《北京大葆台汉墓墓葬年代与墓主人考略——兼谈北京老山汉墓墓葬年代及墓主人》，《秦始皇帝陵博物院》，2012年；祁普实：《老山汉墓出土主要文物刍议》，《首都博物馆论丛》（第25辑），北京燕山出版社，2011年。

③ 北京市文物工作队：《北京平谷县西柏店和唐庄子汉墓发掘简报》，《考古》1962年第5期。

④ 北京市文物工作队：《北京怀柔城北东周两汉墓葬》，《考古》1962年第5期。

年代为东汉晚期[①]。2003年，大兴亦庄东汉墓出土的陶俑，年代为东汉时期[②]。2005年，房山南正遗址出土的17件陶俑，年代为东汉中期至晚期[③]。2006年，房山岩上墓葬区M46和M57出土3件陶俑，年代为东汉晚期[④]。2016年，通州路县故城城址周边墓葬发现有陶俑，年代为东汉时期[⑤]。

（2）河北省

河北西汉时期的俑多为陶俑，也有个别石俑，集中发现于满城汉墓和燕下都两汉墓葬。1968年发掘的满城M1和M2为西汉诸侯王及王后墓。M1出土石俑5件、陶俑18件。男女石俑跽坐，4件分别位于门道两侧、后室、侧室，分别代表门卫和男女仆从，1件男俑位于中室铜帐构附近，形体最大，代表身份较高的男仆。陶俑全部出土于中室，为一般仆从。墓主为中山靖王刘胜，年代为西汉中期[⑥]。易县燕下都两汉遗址6号居址内有西汉早期墓23座，出土陶俑24件，为侍俑与乐俑。西汉中期墓葬M23出土陶俑2件[⑦]。1960年，邯郸彭家寨汉墓出土若干件西汉时期的陶俑[⑧]。

河北东汉时期的陶俑以劳作俑为主，每座墓随葬若干件陶俑。1954年，阜城桑庄M1出土庖厨俑1件，年代为东汉晚期偏早段[⑨]。1955年，石

---

① 北京市文物管理处：《北京顺义临河村东汉墓发掘简报》，《考古》1977年第6期。

② 北京市文物研究所：《北京亦庄考古发掘报告（2003～2005年）》，科学出版社，2009年。

③ 北京市文物研究所：《房山南正遗址——拒马河流域战国以降时期遗址发掘报告》，科学出版社，2008年。

④ 北京市文物研究所：《岩上墓葬区考古发掘报告》，《北京段考古发掘报告集》，科学出版社，2008年。

⑤ 国家文物局：《2016中国重要考古发现》，文物出版社，2017年，第92～96页。

⑥ 中国社会科学院考古研究所、河北省文物管理处：《满城汉墓发掘报告》，文物出版社，1980年，第206页。

⑦ 河北省文物研究所：《燕下都遗址内的两汉墓葬》，《河北省考古文集》（二），北京燕山出版社，2001年，第67～140页。

⑧ 河北省博物馆文物管理处：《河北省出土文物选集》，文物出版社，1980年，图251～图252。

⑨ 河北省文物研究所：《河北阜城桑庄东汉墓发掘报告》，《文物》1990年第1期。

家庄北宋村出土绿釉庖厨俑1件，年代为东汉晚期[①]。1955年，望都所药村M2出土庖厨俑、女侍俑共13件，骑马石俑1件，该墓内出土买地券记载该墓年代为东汉晚期灵帝光和五年（公元182年）[②]。1960年，内丘南三岐出土绿釉执灯陶俑，年代为东汉晚期[③]。1970年，燕下都遗址汉墓出土有庖厨俑、侍女俑、舂米俑4件，年代为东汉晚期[④]。1973年，无极南池阳村出土3件男女庖厨俑，年代为东汉中晚期[⑤]。1988年，沙河兴固汉墓出土侍立陶俑1件，年代为东汉晚期[⑥]。1990年，迁安于家村出土庖厨俑、侍立俑、踏碓俑5件，年代为东汉晚期偏早段[⑦]。1993年，衡水武邑中角汉墓群M4出土2件陶俑，年代为东汉中晚期[⑧]。1999年，深州下博东汉墓M24出土有跪坐俑、执物俑、妇人俑6件，年代为东汉中晚期[⑨]。此外，还有涿州光明小区出土庖厨俑2件，年代为东汉时期[⑩]。

（3）江苏省

江苏的俑集中分布于5处。一是作为西汉楚国都城的徐州地区，出土全部为陶俑；二是属于西汉东海郡的连云港地区，全部为木俑；三是属于西汉广陵国的扬州地区，也以木俑为主；四是属于西汉泗水国的宿迁地区；

---

① 河北省文物管理委员会：《石家庄市北宋村清理了两座汉墓》，《文物》1959年第1期。

② 河北省文化局文物工作队：《望都二号汉墓》，文物出版社，1959年；中国国家博物馆：《中华文明——古代中国基本陈列》，北京时代华文书局，2017年，第378页。

③ 河北省博物馆文物管理处：《河北省出土文物选集》，文物出版社，1980年。

④ 河北省文物研究所：《燕下都遗址内的两汉墓葬》，《河北省考古文集》（二），北京燕山出版社，2001年，第67～140页。

⑤ 王巧莲、樊瑞平、刘友恒：《河北省无极县东汉墓出土陶器》，《文物》2002年第5期。

⑥ 河北省文物研究所、邢台地区文物管理所：《河北沙河兴固汉墓》，《文物》1992年第9期。

⑦ 迁安县文物保管所：《河北迁安于家村一号汉墓清理》，《文物》1996年第10期。

⑧ 河北省文物研究所、衡水地区文物管理所：《武邑中角汉墓群4号墓发掘报告》，《河北省考古文集》，东方出版社，1998年，第261～271页。

⑨ 河北省文物研究所、衡水市文物管理所、深州市文物保管所：《河北省深州市下博汉唐墓地发掘报告》，《河北省考古文集》（二），北京燕山出版社，2001年，第214～243页。

⑩ 涿州市文物保管所：《涿州文物藏品精选》，北京燕山出版社，2005年。

五是盱眙地区出土木俑。目前发现的江苏地区的俑全部属于西汉时期，未见秦与东汉时期的俑。

1）徐州地区出土陶俑

徐州古称彭城，乃西汉重要诸侯国楚国的封地，刘氏十二位楚王均葬于徐州周边。经过调查发掘，目前已经确认九处楚王墓，早期楚王墓多随葬有数量较多的陶俑[①]。此外，还有像宛朐侯刘埶墓这样的列侯墓和一些中小型汉墓出土有陶俑。有学者统计，20世纪90年代徐州地区共出土陶俑6000余件[②]。

龟山楚王墓。1982年，徐州西北的龟山发现1座横穴式崖洞墓（M2），此前于1972年曾发现龟山M1，二座墓葬时代相近。M2是目前发现的规模最大的横穴崖洞墓。出土陶俑10件，为侍俑和舞俑。出土龟纽银印表明，墓主为第六代楚襄王刘注。年代为西汉中期以后，上限为武帝元狩五年（公元前118年）[③]。

狮子山楚王墓。经过30余年的勘探发掘，布局基本清晰。该墓以楚王墓为核心，四周围绕王后墓及50余座陪葬墓、数十座陪葬坑、陵园建筑遗址。1984年，在楚王墓西侧发现6条兵马俑坑，埋藏各类兵马陶俑4000余件；1994～1995年，发现楚王墓，外墓道后端、中墓道后端、中墓道东侧陪葬墓、E1庖厨间、E3侧室出土有彩绘陶俑95件。2000年，在狮子山北侧发现羊鬼山楚王后墓，东部清理了十余座陪葬祭祀坑群，其中4座坑集中出土有代表不同身份的男女俑。该墓墓主学界仍有争议，倾向性认为是第二代楚王刘郢客或第三代楚王刘戊。年代为西汉早期[④]。

---

① 葛明宇：《狮子山西汉楚王陵墓考古研究》，河北出版传媒集团·河北美术出版社，2018年，第18页。

② 边策：《试论徐州地区出土的西汉陶俑》，《两汉文化研究》（第一辑），文化艺术出版社，1996年，第300～306页。

③ 南京博物院、铜山县文化馆：《铜山龟山二号西汉崖洞墓》，《考古学报》1985年第1期；徐州博物馆：《江苏铜山县龟山二号西汉崖洞墓材料的再补充》，《考古》1997年第2期。

④ 狮子山楚王陵考古发掘队：《徐州狮子山西汉楚王陵发掘简报》，《文物》1998年第8期；韦正、李虎仁、邹厚本：《江苏徐州市狮子山西汉墓的发掘与收获》，《考古》1998年第8期；葛明宇：《狮子山西汉楚王陵墓考古研究》，河北出版传媒集团·河北美术出版社，2018 年；中国国家博物馆、徐州博物馆：《大汉楚王——徐州西汉楚王陵墓文物辑萃》，中国社会科学出版社，2005年；李银德：《楚王梦：玉衣与永生（徐州博物馆汉代珍藏）》，江苏凤凰美术出版社，2017年，第96页。

北洞山楚王墓。1986年正式发掘。墓葬由墓道、主体建筑和附属建筑三部分构成，内设19个墓室和7个壁龛。出土陶俑430余件，均保存完整、服饰形象清晰。墓室陶俑共207件，为侍立俑、跽坐俑和乐舞俑；壁龛内陶俑共计224件，均为彩绘仪卫俑。年代为西汉早期①。

卧牛山楚王墓。20世纪80年代发现，由2座楚王墓和2座王后墓组成，分属于两位楚王，其中M2与M3为东西并列的一代楚王和王后墓，两墓共有大小16个墓室和8个小龛。出土有侍俑和舞俑。推测墓主可能第五代楚安王刘道。年代为西汉中期武帝时期②。

驮篮山楚王墓。1990年发现，为东西并列的楚王及王后墓，两墓共出陶俑247件，其中M1出土72件，M2出土175件，陶俑有侍俑、跽坐俑、乐舞俑。墓主可能为第三代楚王刘戊或第四代楚王刘礼。年代为西汉早期③。

簸箕山M3（宛朐侯刘埶墓）。1994年发掘，墓葬分为上下两层，西北陪葬俑坑共出土陶俑25件，为男女侍俑。年代为西汉早期，景帝前元三年（公元前154年）左右④。

除以上王侯级墓葬出土的俑，徐州地区很多中小型西汉墓也出土有陶俑。1973年，江山汉墓出土陶俑30件，为侍俑和乐舞俑，年代为西汉早期⑤。1976～1977年，子房山M2出土陶俑150件，年代为西汉早期⑥。1986～1991年，米山4座汉代墓葬出土陶俑31件，年代为西汉早期偏晚⑦。1990年，李屯汉墓出土陶俑27件，为侍俑、舞俑、骑马俑，年代为西汉

---

① 徐州博物馆、南京大学历史学系考古专业：《徐州北洞山西汉楚王墓》，文物出版社，2003年；徐州博物馆、南京大学历史系考古专业：《徐州北洞山西汉楚王墓发掘简报》，《文物》1988年第2期。

② 葛明宇：《狮子山西汉楚王陵墓考古研究》，河北出版传媒集团·河北美术出版社，2018年，第28页。

③ 葛明宇：《狮子山西汉楚王陵墓考古研究》，河北出版传媒集团·河北美术出版社，2018年，第25页。

④ 徐州博物馆：《徐州西汉宛朐侯刘埶墓》，《文物》1997年第2期。

⑤ 江山秀：《江苏省铜山县江山西汉墓清理简报》，《文物资料丛刊》（1），文物出版社，1977年，第105～110页。

⑥ 徐州博物馆：《江苏徐州子房山西汉墓清理简报》，《文物资料丛刊》（4），文物出版社，1981年，第59～69页。

⑦ 徐州博物馆：《江苏徐州市米山汉墓》，《考古》1996年第4期。

中期[1]。1991年，后楼山汉墓出土陶俑共14件，该墓为北洞山楚王墓的陪葬墓，墓主为男性，很可能为楚王的近臣或亲属，年代为西汉早期[2]。1992年，韩山M1出土陶俑21件，M2出土陶俑10件，年代为西汉早期[3]。1995～1996年，东甸子3座汉墓出土陶俑47件，年代为西汉早期偏晚[4]。2000年，顾山M1墓室南部出土女陶俑12件，为侍俑和乐舞俑，西北部陪葬坑出土男仪仗俑60件，年代为西汉早期偏晚段[5]。此外，火山汉墓、凤凰山汉墓、拖山汉墓皆出土一定数量的陶俑，俑的体量较小，高度皆在18厘米左右。

2）连云港地区出土木俑

今连云港地区属于西汉东海郡，该地区出土俑全部为木俑，年代为西汉中期至晚期，个别可至东汉早期。比较重要的木俑发现有：1962年，海州网疃汉墓出土1件彩绘木俑，年代为西汉晚期偏晚[6]。1979年，花果山唐庄砚台池出土有木俑2件[7]。1980年，唐庄高高顶汉墓出土彩绘木俑11件，年代为西汉晚期偏晚[8]。1981～1982年，锦屏青龙山纱帽寺出土木俑1件，年代为西汉晚期；海州凤凰山水库汉墓出土木俑2件；云台区砖厂西汉中晚期残墓陆续发现有木俑13件；另外一些小型木椁墓出土木俑27件[9]。1985年，连云港陶湾西郭宝墓汉墓出土8件木俑，年代为西汉中晚期[10]。1993年，东海尹湾M6出土木俑7件，有持盾俑、武士俑、持铲俑、

---

① 徐州博物馆：《江苏铜山县李屯西汉墓清理简报》，《考古》1995年第3期。

② 徐州博物馆：《徐州后楼山西汉墓发掘报告》，《文物》1993年第4期。

③ 徐州博物馆：《徐州韩山西汉墓》，《文物》1997年第2期。

④ 徐州博物馆：《徐州东甸子西汉墓》，《文物》1999年第12期。

⑤ 徐州博物馆：《江苏徐州市顾山西汉墓》，《考古》2005年第12期。

⑥ 南京博物院：《江苏连云港市海州网疃庄汉木椁墓》，《考古》1963年第6期。

⑦ 连云港市博物馆：《连云港地区的几座汉墓及零星出土的汉代木俑》，《文物》1990年第4期。

⑧ 周锦屏：《连云港市唐庄高高顶汉墓发掘报告》，《东南文化》1995年第4期。

⑨ 连云港市博物馆：《连云港地区的几座汉墓及零星出土的汉代木俑》，《文物》1990年第4期。

⑩ 连云港市博物馆：《连云港市陶湾黄石崖西汉西郭宝墓》，《东南文化》1986年第2期。

侍女俑，年代为西汉晚期，上限为成帝元延三年（公元前10年）[①]。

3）扬州地区出土陶、木俑

汉代的扬州地区先后属于吴国、江都国、广陵郡、广陵国，该地木俑集中出土于扬州城郊区和仪征市，木俑风格与连云港地区类似，年代集中在西汉中期至晚期。

1979年，邗江胡场M1出土木俑30件，为侍俑、舞俑、乐俑、说唱俑，年代为西汉中期，上限不早于宣帝时期[②]。1980年，同墓地M5又出土彩绘木俑13件，为坐俑、立俑、舞俑。根据同墓出土的木牍，墓主为王奉世夫妇，年代为西汉中期宣帝本始四年（公元前70年）[③]。1983年，平山养殖场M3出土有彩绘木俑23件，为乐俑、舞俑、侍俑、仪仗俑，年代为西汉中晚期[④]。1985年，邗江甘泉M101出土木俑11件，主要为乐舞俑，年代为西汉晚期[⑤]。1985年，仪征烟袋山汉墓出土木俑115件，为仪仗俑、侍俑、伎乐俑、杂要倡优俑，年代为西汉中期[⑥]。20世纪80年代，仪征胥浦M101出土木俑15件，有官吏俑、乐俑、携童俑、侍俑，年代为西汉晚期偏晚[⑦]。1990年，仪征张集团山M1出土木俑8件，M2出土木俑4件。根据随葬器物，墓葬很可能为江都王陪葬墓，年代为西汉中期偏早，下限不晚于武帝元狩五年（公元前118年）[⑧]。1994～1997年，仪征刘集联营M1出土木俑10件，为侍俑；M4出土陶俑17件，主要为乐俑，年代为西汉早期[⑨]。

4）宿迁地区出土木俑

该地木俑集中出土于泗阳大青墩汉墓。2002～2003年，泗阳三乡庄大

---

① 连云港市博物馆：《江苏东海县尹湾汉墓群发掘简报》，《文物》1996年第8期。

② 扬州博物馆、邗江县文化馆：《扬州邗江县胡场汉墓》，《文物》1980年第3期。

③ 扬州博物馆、邗江县图书馆：《江苏邗江胡场五号汉墓》，《文物》1981年第11期。

④ 扬州博物馆：《扬州平山养殖场汉墓清理简报》，《文物》1987年第1期。

⑤ 扬州博物馆：《江苏邗江姚庄101号西汉墓》，《文物》1988年第2期。

⑥ 南京博物院：《江苏仪征烟袋山汉墓》，《考古学报》1987年第4期。

⑦ 扬州博物馆：《江苏仪征胥浦101号西汉墓》，《文物》1987年第1期。

⑧ 南京博物院、仪征博物馆筹备办公室：《仪征张集团山西汉墓》，《考古学报》1992年第4期。

⑨ 仪征市博物馆：《江苏仪征刘集联营1-4号西汉墓发掘简报》，《东南文化》2017年第4期。

青墩汉墓南外藏椁出土木俑74件，为侍从俑和骑兵俑；西侧陪葬坑分为上下两层，上层出土木俑87件，下层出土木俑141件，为侍从俑、骑兵俑和伎乐俑。根据椁板“王宅”“泗水王冢”等刻铭，推测为西汉某代泗水王，年代为西汉中期以后①。

5）盱眙地区出土木俑

该地区木俑主要出土于江都王刘非墓园。2009～2011年，盱眙江都王墓园东南角K7中出土有大量木俑，与木俑同出的还有50余辆明器马车，表现军阵场面。年代为西汉早期②。此外，中小型汉墓主要有盱眙东阳墓地出土的一批木俑，其中，M01出土木俑3件、木片俑7件，M6出土木片俑3件，年代为西汉中晚期③。2011年，金马高速东阳段M72出土有木俑，年代为西汉中期④。

（4）安徽省

安徽出土俑集中于六安地区，这里属于西汉时期的九江郡和六安国，阜阳等地也出土有部分俑。此地以木俑为主，一般为立姿或跪姿侍俑，时代集中在西汉早期和中期。1977年，阜阳双古堆M1头箱出土木俑3件，年代为西汉文帝十五年（公元前165年），墓主为第二代汝阴侯夏侯灶⑤。1986～1987年，六安霍山砖瓦厂M1和M3出土有木俑3件，均为侍俑，俑身仅具轮廓，可见服饰基本式样，年代为西汉早期⑥。1996年，巢湖放王岗M1出土木俑128件，男俑形体高大，共79件；女俑面目清秀、体型瘦小，共49件。墓主为男性。年代为西汉中期，约为武帝元狩五年至昭帝时期（公元前118年～前74年）⑦。2001年，六安九里沟M177出土木

---

① 南京博物院：《南京博物院建院70周年特展——泗水王陵考古》，（香港）王朝文化艺术出版社，2003年。

② 南京博物院、盱眙县文广新局：《江苏盱眙县大云山汉墓》，《考古》2012年第7期。

③ 南京博物院：《江苏盱眙东阳汉墓》，《考古》1979年第5期。

④ 李则斌、陈刚：《江苏盱眙东阳汉墓群考古发掘获重要收获》，《中国文物报》2013年7月5日第8版。

⑤ 安徽省文物工作队、阜阳地区博物馆、阜阳县文化局：《阜阳双古堆西汉汝阴侯墓发掘简报》，《文物》1978年第8期。

⑥ 安徽省文物考古研究所、霍山县文物管理所：《安徽霍山县西汉木椁墓》，《文物》1991年第9期。

⑦ 安徽省文物考古研究所、巢湖市文物管理所：《巢湖汉墓》，文物出版社，2007年。

俑4件，年代为西汉早期[①]。2004年，天长汉墓群M19出土有木俑14件。墓主为地方官吏，年代为西汉中期早段[②]。2006年，庐江服装工业园区M1出土木俑，该墓出土“临湖尉印”铅印，年代为西汉中期。同年，六安双墩M1出土木俑，该墓出土封泥印文表明墓主很可能为六安国始封王共王庆，年代在西汉中期[③]。2008年和2012年，六安经济开发区汉墓群也出土有木俑，年代为西汉中期。

（5）山东省

山东俑集中出土于西汉时期的墓葬中，以陶俑为主，偶见木俑，西汉中期以后木俑有逐渐增多的趋势。诸侯王墓及其从葬坑往往出土成组的、规模较大的俑群，有兵俑、侍俑、官吏俑、乐舞俑等多种。其他中小型墓葬则多出土若干侍俑，西汉中期以后也见有劳作俑。

1）诸侯王墓及其从葬坑出土陶木俑

章丘洛庄汉墓从葬坑。1999年，章丘洛庄汉墓发现有大小从葬坑36个，个别坑中出土有泥俑和木俑，其中8、10、12、15号坑埋藏有仪仗俑、御手俑、牵马俑；14号坑随葬有乐舞俑22件。墓主为第一任吕国国王吕台，年代为西汉初年吕后时期（约为公元前187～公元前180年）[④]。

章丘危山汉墓从葬坑。2002～2003年由一号坑中出土173件骑俑和兵俑、二号坑中出土5位侍女俑。目前初步认定属于唯一的一代济南国国王刘辟光之墓。年代为西汉早期，景帝前元三年（公元前154年）[⑤]。

---

① 安徽省文物考古研究所、六安市文物管理所：《安徽六安市九里沟两座西汉墓》，《考古》2002年第2期。

② 天长市文物管理所、天长市博物馆：《安徽天长西汉墓发掘简报》，《文物》2006年第11期。

③ 国家文物局：《2006中国重要考古发现》，文物出版社，2007年；汪景辉、杨立新：《安徽六安双墩一号汉墓考古发掘获重大发现》，《中国文物报》2007年2月28日第4版；高飞、张利萍、李华清、袁传勋：《六安双墩一号汉墓木俑前期处理》，《文物研究》（第15辑），黄山书社，2007年，第374～377页。

④ 济南市考古研究所、山东大学考古系、山东省文物考古研究所等：《山东章丘市洛庄汉墓陪葬坑的清理》，《考古》2004年第8期；崔大庸、房道国、宁荫堂：《章丘发掘洛庄汉墓》，《中国文物报》2000年6月7日第1版。

⑤ 王守功：《危山汉墓——第五处用兵马俑陪葬的王陵》，《文物天地》2004年第2期；王守功、崔圣宽：《章丘市危山汉代陪葬坑》，《中国考古学年鉴（2003）》，文物出版社，2004年，第216～218页；国家文物局：《2002中国重要考古发现》，文物出版社，2003年；李铭：《济南危山发现汉代兵马俑》，《济南考古》，科学出版社，2013年。

青州香山汉墓从葬坑。2006年出土俑1000余件，其中人俑800件，可分为骑俑、侍立俑，侍立俑又有大、中、小之分。服饰色彩保存完好、鲜艳华丽。初步认定与菑川国第一代诸侯王刘贤有关，年代为西汉早期[①]。

临淄山王村汉墓陪葬坑。出土人物俑中，军士俑319件、官吏俑13件、侍从俑34件、歌舞俑9件、杂役俑23件。有学者认为该坑所属墓主可能为"七国之乱"以后的三位齐王之一，最有可能是齐懿王刘寿，年代为西汉早期偏晚[②]。

2）其他中小型汉墓出土陶木俑

20世纪70～90年代，临沂城南金雀山和银雀山汉墓群多座墓葬集中出土有陶俑或木俑。银雀山M1、M2、M4、97M10各出土有陶俑4件，有侍俑和乐俑两种，年代为西汉早期至武帝前后[③]。金雀山M9出土有陶俑2件，均为女侍俑，年代为西汉早期[④]。金雀山M10、M13、M14为周氏家族墓地中的3座墓，其中，M10出土木侍俑10件，M13出土陶俑5件和木俑1件，均为侍俑；M14出土有陶俑19件，包括骑马俑、牧马俑、养牛俑、御手俑、女侍俑、顶水壶女俑等。以上3座墓的年代为西汉早中期[⑤]。金雀山M27、M31和M34分别发现有陶俑1件、7件和3件，均为彩绘女侍俑，年代为西汉早期。金雀山M33出土木俑5件，年代为西汉中晚期[⑥]。

---

① 崔圣宽、郝导华：《青州市香山汉墓陪葬坑》，《中国考古学年鉴（2007）》，文物出版社，2008年，第269～272页；国家文物局：《2006中国重要考古发现》，文物出版社，2007年。

② 山东省文物考古研究所、临淄区文物管理局：《临淄山王村汉代兵马俑》，文物出版社，2017年；徐龙国：《山东临淄山王村汉墓陪葬坑的几个问题》，《考古》2019年第9期。

③ 山东省博物馆、临沂文物组：《山东临沂西汉墓发现〈孙子兵法〉和〈孙膑兵法〉等竹简的简报》，《文物》1974年第2期；山东省博物馆、临沂文物组：《临沂银雀山四座西汉墓葬》，《考古》1975年第6期；银雀山汉墓发掘队：《临沂银雀山西汉墓发掘简报》，《文物》2000年第11期。注：本次为1997年发掘的10座汉墓，报告编号与20世纪70年代的6座汉墓重复，为便于区分，本书凡涉及这次发掘的墓葬，均在编号前标示年份，如97M1。

④ 临沂金雀山汉墓发掘组：《山东临沂金雀山九号汉墓发掘简报》，《文物》1977年第1期。

⑤ 临沂市博物馆：《山东临沂金雀山周氏墓群发掘简报》，《文物》1984年第11期。

⑥ 临沂市博物馆：《山东临沂金雀山九座汉代墓葬》，《文物》1989年第1期。

金・民M2出土有2件女侍俑，年代为西汉中期武帝前后①。

此外，其他地区中小型汉墓也有零散发现。1958年，高唐东固河汉墓出土绿釉陶庖厨俑，年代为东汉时期②。1969年，济南无影山M11出土1组彩绘乐舞杂技俑群，22人固定在陶盘上，表现有歌咏、舞伎、杂技、乐工、观看者等人物，年代为西汉早期③。1977年，嘉祥清凉寺出土5件陶俑，三男二女，有御手俑、说唱俑和侍俑，年代为西汉早期④。1978年，莱西岱墅发现2座南北并列的墓葬，M2脚箱出土有彩绘木侍俑13件，其中11件为男性、2件为女性。墓主可能为胶东国统治者的亲属或近臣，年代为西汉中晚期⑤。1984年，临沂庆云山M2出土陶俑4件，均为女侍俑，年代为西汉早期⑥。1986年，曹县江海村汉墓出土陶俑10件，其中男俑2件、女俑4件、小俑4件，均为侍俑，年代为西汉中期⑦。1987年，日照大古城M2出土5件木俑，年代为西汉晚期⑧。2016~2017年，青岛土山屯墓群4号封土下M147出土木俑4件，其中2件表现为伏羲女娲，墓主为刘氏宗亲刘赐，随葬木牍显示其年代为西汉晚期元寿二年（公元前1年）⑨。

---

① 金雀山考古发掘队：《临沂金雀山1997年发现的四座西汉墓》，《文物》1998年第12期。

② 《山东博物馆》编辑委员会：《山东博物馆》，伦敦出版（香港）有限公司，2012年，第29页。

③ 济南市博物馆：《试谈济南无影山出土的西汉乐舞、杂技、宴饮陶俑》，《文物》1972年第5期；夏鼐：《无产阶级文化大革命中的考古新发现》，《考古》1972年第1期；高春明：《中国历代服饰艺术》，中国青年出版社，2009年，图316。

④ 李卫星、吴征苏：《山东嘉祥清凉寺出土汉代陶俑》，《考古》1992年第10期。

⑤ 烟台地区文物管理组、莱西县文化馆：《山东莱西县岱墅西汉木椁墓》，《文物》1980年第12期。

⑥ 临沂市博物馆：《临沂的西汉瓮棺、砖棺、石棺墓》，《文物》1988年第10期。

⑦ 孙明：《山东曹县江海村发现西汉墓》，《考古》1992年第2期。

⑧ 日照市博物馆：《山东日照市大古城汉墓发掘简报》，《东南文化》2006年第4期。

⑨ 青岛市文物保护考古研究所、黄岛区博物馆：《山东青岛土山屯墓群四号封土与墓葬的发掘》，《考古学报》2019年第3期；国家文物局：《2017中国重要考古发现》，文物出版社，2018年。

（6）河南省

河南秦俑较少，且主要为木俑；两汉随葬俑较多，主要为陶俑。陶俑主要出土于洛阳、南阳、济源、三门峡等地的墓葬，其中，洛阳地区西汉时期的俑具有地方特点，俑头陶质、俑身木质。西汉时期诸侯王墓及一般中小型墓葬均有陶俑随葬，多为侍俑；新莽东汉时期列侯墓的俑较少见，中小型墓葬有陶俑随葬，多见成组伎乐俑、俳优俑和乐舞俑，也有部分劳作俑，数量几件至十几件不等。

1）诸侯王、列侯墓出土陶、石俑

20世纪90年代发掘的永城柿园汉墓出土陶俑50件。根据陶俑形制、大小、造型、位置等可分为守陵俑、守门俑、女俑、骑俑。墓主为梁共王刘买或梁孝王妃嫔，年代为西汉早期景帝至武帝早期。永城夫子山M1出土陶俑17件，均为侍俑。墓主为某代梁王，年代为西汉中期[①]。1988年，淮阳安寿亭侯刘崇墓出土3件石俑，年代为东汉中期偏晚段[②]。

2）中小型墓出土陶、木俑

秦俑主要为1978年泌阳城东北M3出土的4件木俑，均为拱手侍俑，俑身残留有红、黑彩绘[③]。

西汉时期的陶俑发现主要有：1955～1956年，洛阳国营砖窑场M358出土陶俑2件，年代为西汉中晚期[④]。1956年，陕县刘家渠M97出土陶伎乐俑和骑马俑各1件[⑤]。1957年，新安铁门镇汉墓出土俑头17件，年代为西汉早期[⑥]。1957～1958年，洛阳西郊金谷园出土陶俑11件，有伎乐俑、舞

---

① 河南省商丘市文物管理委员会、河南省文物考古研究所、河南省永城市文物管理委员会：《芒砀山西汉梁王墓地》，文物出版社，2001年，第171～189页，第295～298页。

② 周口地区文物工作队、淮阳县博物馆：《河南淮阳北关一号汉墓发掘简报》，《文物》1991年第4期。

③ 驻马店地区文管会、泌阳县文教局：《河南泌阳秦墓》，《文物》1980年第9期。

④ 赵国璧：《洛阳西汉墓出土粉绘陶俑》，《考古通讯》1958年第4期。

⑤ 黄河水库考古工作队：《河南陕县刘家渠汉墓》，《考古学报》1965年第1期。

⑥ 河南省文化局文物工作队：《河南新安铁门镇西汉墓葬发掘报告》，《考古学报》1959年第2期。

俑和侍俑，年代为西汉中期[1]。1969年，济源泗涧沟M8出土陶俑7件，有骑马俑、武士俑、乐舞杂技俑；M24出土有乐舞杂技俑3件，两墓年代均为西汉晚期[2]。1969年，济源桐花沟M63出土陶俑头3件，年代为西汉中期[3]。1981年，淮阳于庄汉墓出土1件陶制庄园，中庭主体建筑内有陶伎乐俑6件，年代为西汉前期[4]。1985年，新乡杨岗M7出土2件俑头，年代为西汉早期[5]。1991年，济源泗涧沟M4出土彩绘陶俑头1件，年代为西汉武帝前期[6]。1992年，三门峡立交桥M4出土陶俑2件，年代为西汉晚期[7]。1992年，洛阳北邙飞机场M903出土釉陶俑3件，年代为西汉晚期[8]。1995年，新乡火电厂M16出土陶俑头2件，年代为西汉中期[9]。1996年，洛阳北郊C8M574出土陶俑头12件、陶发髻模型3件，年代为西汉早中期[10]。1997年，新乡火电厂M15出土陶俑头1件，年代为西汉中期偏早[11]。1997年，洛

① 中国科学院考古研究所洛阳发掘队：《洛阳西郊汉墓发掘报告》，《考古学报》1963年第2期。

② 河南省博物馆：《济源泗涧沟三座汉墓的发掘》，《文物》1973年第2期。

③ 河南省文物考古研究所：《河南省济源市桐花沟汉墓发掘简报》，《文物》1999年第12期。

④ 周口地区文化局文物科、淮阳太昊陵文物保管所：《淮阳于庄汉墓发掘简报》，《中原文物》1983年第1期；淮阳县博物馆：《淮阳出土西汉三进陶院落》，《中原文物》1987年第4期。

⑤ 新乡市博物馆：《河南新乡杨岗战国两汉墓发掘简报》，《考古》1987年第4期。

⑥ 河南省文物考古研究所：《河南济源市泗涧沟墓地发掘简报》，《华夏考古》1999年第2期。

⑦ 三门峡市文物工作队：《三门峡市立交桥西汉墓发掘简报》，《华夏考古》1994年第1期。

⑧ 洛阳市文物工作队：《洛阳北邙飞机场903号汉墓》，《考古与文物》1997年第5期。

⑨ 新乡市文物管理委员会：《1995年新乡火电厂汉墓发掘简报》，《华夏考古》1997年第4期。

⑩ 洛阳市文物工作队：《洛阳北郊C8M574西汉墓发掘简报》，《考古与文物》2002年第5期。

⑪ 新乡市文物工作队：《1997年春新乡火电厂汉墓发掘简报》，《华夏考古》1998年第3期。

阳邙山汉墓出土陶俑头5件，年代为西汉初期到中期[①]。1999～2000年，南阳牛王庙M4出土2件俑头，年代为西汉时期[②]。2006年，郑州河南日报社住宅小区M7出土陶俑5件，年代为西汉晚期至新莽时期[③]。2012年，许昌十王墓地M24出土陶俑头14件，年代为西汉早期[④]。

新莽东汉时期的陶俑发现有：1953年，洛阳烧沟M23、M84、M113出土百戏陶俑42件，年代为东汉中期[⑤]。1954年，洛阳汉河南县城M335出土绿釉陶俑1件，年代为东汉晚期[⑥]。1955年，洛阳4座汉墓出土陶俑26件，年代为东汉晚期[⑦]。1955年，洛阳涧西M10和M45出土陶俑2件，年代为东汉早期[⑧]。1964年，新安古路沟汉墓出土坐俑5件，年代为东汉中期[⑨]。1965年，洛阳烧沟西M14出土伎乐俑14件，年代为东汉早期[⑩]。1971年，洛阳东关汉墓出土陶俑22件，年代为东汉晚期[⑪]。1972年，灵宝张湾汉墓出土陶俑3件，年代为东汉晚期[⑫]。1972年，洛阳涧西七里河汉

---

① 洛阳市第二文物工作队：《洛阳邙山战国西汉墓发掘报告》，《中原文物》1999年第1期。

② 南阳市文物考古研究所：《南阳牛王庙汉墓考古发掘报告》，文物出版社，2011年，第16页。

③ 河南省文物考古研究院：《郑州汉墓》，大象出版社，2015年，第134页。

④ 河南省文物局：《许昌考古报告集（一）——襄城前顿与许昌十王墓地》，科学出版社，2016年，第165页。

⑤ 中国科学院考古研究所：《洛阳烧沟汉墓》，科学出版社，1959年，第142页、图版叁捌、叁玖。

⑥ 黄展岳：《一九五五年春洛阳汉河南县城东区发掘报告》，《考古学报》1956年第4期。

⑦ 洛阳市文物工作队：《洛阳发掘的四座东汉玉衣墓》，《考古与文物》1999年第1期。

⑧ 河南省文化局文物工作队：《一九五五年洛阳涧西区小型汉墓发掘报告》，《考古学报》1959年第2期。

⑨ 河南省文化局文物工作队：《河南新安古路沟汉墓》，《考古》1966年第3期。

⑩ 洛阳市文物工作队：《洛阳烧沟西14号汉墓发掘简报》，《文物》1983年第4期。

⑪ 余扶危、贺官保：《洛阳东关东汉殉人墓》，《文物》1973年第2期。

⑫ 河南省博物馆：《灵宝张湾汉墓》，《文物》1975年第11期。

墓出土伎乐俑6件，年代为东汉晚期[①]。1983年，洛阳东关夹马营路汉墓出土俑7件，年代为东汉晚期[②]。1985年，济源承留汉墓出土陶俑7件，年代为东汉中期[③]。1991年，济源桐花沟M10出土伎乐俑8件，年代为东汉早中期[④]。1992年，洛阳东北郊C5M860出土陶俑17件，年代为东汉中期[⑤]。1992年，洛阳南昌路92CM1151出土伎乐俑11件，年代为东汉晚期[⑥]。1993年，洛阳苗南新村M528出土伎乐舞俑9件，年代为东汉中期[⑦]。1995年，南阳中建七局画像石墓出土说唱俑10件，年代为西汉晚期至新莽时期[⑧]。1996年，南阳教师新村M10出土坐俑1件，年代为东汉中期[⑨]。1997年，洛阳偃师北窑乡汉墓出土陶俑，年代为东汉时期[⑩]。1999年，巩义“赵岗”墓出土1件陶俑，年代为东汉早中期[⑪]。2000年，洛阳吉利区C9M2367出土伎乐俑7件，年代为东汉中期晚段[⑫]。2001年，南阳一中墓

---

① 洛阳博物馆：《洛阳涧西七里河东汉墓发掘简报》，《考古》1975年第2期。

② 洛阳市文物工作队：《洛阳东关夹马营路东汉墓》，《中原文物》1984年第3期。

③ 张新斌、卫平复：《河南济源县承留汉墓的发掘》，《考古》1991年第12期。

④ 河南省文物考古研究所：《河南济源市桐花沟十号汉墓》，《考古》2000年第2期。

⑤ 洛阳市文物工作队：《洛阳东北郊东汉墓发掘简报》，《文物》2000年第8期。

⑥ 洛阳市第二文物工作队：《洛阳南昌路东汉墓发掘简报》，《中原文物》1995年第4期。

⑦ 洛阳市第二文物工作队：《洛阳苗南新村528号汉墓发掘简报》，《文物》1994年第7期。

⑧ 南阳市文物研究所：《南阳中建七局机械厂汉画像石墓》，《中原文物》1997年第4期。

⑨ 南阳市文物研究所：《南阳市教师新村10号汉墓》，《中原文物》1997年第4期。

⑩ 洛阳市文物管理局：《洛阳陶俑》，北京图书馆出版社，2005年，第22～37页。

⑪ 河南省文物局：《河南文物》，文心出版社，2008年。

⑫ 洛阳市文物工作队：《洛阳吉利区汉墓（C9M2367）发掘简报》，《文物》2003年第12期。

群5座墓出土陶俑17件，年代为东汉中期[①]。2001年，郑州人民公园M14出土陶俑头4件，年代为西汉前期[②]。2002年，南阳防爆厂M62和M84出土陶俑7件，年代为东汉晚期[③]。2002年，南阳丰泰M62出土陶俑15件，年代为东汉晚期[④]。2003年，济源沁北电厂M10出土陶俑3件，年代为东汉晚期[⑤]。2005年，郑州大上海城M3出土釉陶俑3件，年代为东汉时期[⑥]。2009～2010年，洛阳朱仓M709墓园遗址出土陶俑1件，年代为东汉中晚期[⑦]。

（7）湖北省

湖北秦至西汉时期出土的俑仍然以木俑为主，相对于战国楚墓出土木俑，这段时间的木俑数量逐渐减少，且集中出土于西汉早期汉墓，多表现为侍俑和御手、骑俑，有的有避邪作用的木片俑。在分布空间方面，荆州地区较集中。东汉时期则以陶俑为主，数量较少。

秦至西汉时期出土木俑的墓葬主要有：1972年，云梦大坟头M1发现彩绘木俑10件，有骑俑和侍俑，年代为西汉早期[⑧]。1973年，襄阳光化五座坟M3出土有侍俑、跪姿俑等100多件，年代为西汉中期[⑨]。1973年，江陵凤凰山M8～M10出土有木俑74件，其中侍俑66件、木片俑8件。根据M9和M10出土的纪年木牍可知，年代为文帝至景帝之间[⑩]。1975年，江陵

---

① 南阳市文物考古研究所：《南阳一中战国秦汉墓》，文物出版社，2012年，第140页。

② 王彦民、汪旭、张文霞、秦德宁：《郑州人民公园秦、汉墓发掘简报》，《郑州文物考古与研究》（一），科学出版社，2003年，第745～770页。

③ 南阳市文物考古研究所：《南阳市防爆厂住宅小区汉墓M62、M84发掘简报》，《中原文物》2008年第4期。

④ 河南省南阳市文物考古研究所、武汉大学历史学院考古系：《南阳丰泰墓地》，科学出版社，2011年，第156页。

⑤ 胡成芳：《河南济源出土的几件釉陶俑》，《考古与文物》2007年第1期。

⑥ 河南省文物考古研究院：《郑州汉墓》，大象出版社，2015年，第303页。

⑦ 洛阳市文物考古研究院：《洛阳朱仓东汉陵园遗址》，中州古籍出版社，2014年，第100页。

⑧ 湖北省博物馆：《云梦大坟头一号汉墓》，《文物资料丛刊》（4），文物出版社，1981年，第1～28页；湖北省博物馆、孝感地区文教局、云梦县文化馆汉墓发掘组：《湖北云梦西汉墓发掘简报》，《文物》1973年第9期。

⑨ 湖北省博物馆：《光化五座坟西汉墓》，《考古学报》1976年第2期。

⑩ 长江流域第二期文物考古工作人员训练班：《湖北江陵凤凰山西汉墓发掘简报》，《文物》1974年第6期。

凤凰山M167边箱出土彩绘木俑24件，根据随葬木简文字可知这些木俑分别代表谒者、御手、奴婢，年代为文帝至景帝之间[①]。江陵凤凰山M168头箱及边箱共出土木俑46件，有侍女俑、武士俑、御手男俑、赶车男俑、划船男俑，还有木片俑15件。根据随葬竹简记录，木俑分别代表大奴、大婢等身份，墓主身份等级属于汉代的五大夫，下葬于汉文帝前元十三年（公元前167年）[②]。1975～1978，云梦睡虎地陆续发掘了一批秦汉墓，共出土木俑29件，有侍俑和御手俑。其中M8、M9、M43、M44年代为秦统一前后；M1、M2、M39、M47为西汉初至西汉早期[③]。1978年，襄阳擂鼓台M1出土有侍俑90件，年代下限为文帝前元十三年[④]。20世纪70年代，江陵纪南城凤凰山先后发掘有数百座汉墓，其中几座出土有木俑。20世纪80年代，江陵张家山先后发现数百座汉墓，多座随葬木俑。其中M247和M249出土10件木俑[⑤]。1982年，荆州荆南寺M1出土木俑18件，大部分为侍女俑，年代为西汉早期文帝时期[⑥]。1985和1988年，江陵张家山M127和M136出土木俑28件，有侍俑、骑俑、车俑、船俑和木片俑。根据M136简文，年代为文帝前元七年（公元前173年）[⑦]。1990年，江陵扬家山M135出土木片俑16件，年代为秦[⑧]。1992年，荆州高台秦汉墓地中M2、M3、M6、M17、M18、M28、M33出土木俑117件，其中侍俑81件、坐俑26件、骑俑10件。M2、M6、M17、M18、M33的年代为西汉早期前段，

---

① 凤凰山一六七号汉墓发掘整理小组：《江陵凤凰山一六七号汉墓发掘简报》，《文物》1976年第10期。

② 纪南城凤凰山一六八号汉墓发掘整理组：《湖北江陵凤凰山一六八号汉墓发掘简报》，《文物》1975年第9期；湖北省文物考古研究所：《江陵凤凰山一六八号汉墓》，《考古学报》1993年第4期。

③ 《云梦睡虎地秦墓》编写组：《云梦睡虎地秦墓》，文物出版社，1981年；云梦县文物工作组：《湖北云梦睡虎地秦汉墓发掘简报》，《考古》1981年第1期；湖北省博物馆：《1978年云梦秦汉墓发掘报告》，《考古学报》1986年第4期。

④ 襄阳地区博物馆：《湖北襄阳擂鼓台一号墓发掘简报》，《考古》1982年第2期。

⑤ 荆州地区博物馆：《江陵张家山三座汉墓出土大批竹简》，《文物》1985年第1期。

⑥ 荆州博物馆：《荆州荆南寺》，文物出版社，2009年，第226～236页。

⑦ 荆州地区博物馆：《江陵张家山两座汉墓出土大批竹简》，《文物》1992年第9期。

⑧ 湖北省荆州地区博物馆：《江陵扬家山135号秦墓发掘简报》，《文物》1993年第8期。

M18下葬于文帝前元七年，M3的年代为西汉早期后段，M28的年代为西汉中期[①]。1992年，荆州关沮萧家草场M26出土木俑12件，其中侍女俑4件、御手俑1件、木片俑7件。年代为西汉早期，下限为文景时期[②]。1997年，武汉新洲技校M27出土彩绘木俑2件，年代为西汉早期[③]。2007年，荆州谢家桥M1出土有木俑38件，主要为乐俑和骑俑，年代为西汉早期早段[④]。2008年，随州孔家坡M8出土有侍女俑6件，年代为西汉早期[⑤]。

东汉时期的陶俑数量不多，主要分布于湖北三峡库区，陶俑形象与服饰风格与四川地区相仿。1990年，随州西城区M1出土有武士俑和女俑4件，年代为东汉晚期[⑥]。1995～1997年，秭归庙坪遗址M25和M48共出土陶俑3件，年代为东汉晚期[⑦]。2000年，蟒蛇寨墓群出土有陶俑12件[⑧]；2002年，秭归小厶姑沱遗址发现陶俑7件[⑨]，年代为均为东汉晚期。2002年，秭归大沱湾遗址发现陶俑若干件，年代为东汉时期[⑩]。2003年，巴东

① 湖北省荆州博物馆：《荆州高台秦汉墓——宜黄公路荆州段田野考古报告之一》，科学出版社，2000年，第212～216页；湖北省荆州地区博物馆：《江陵高台18号墓发掘简报》，《文物》1993年第8期。

② 湖北省荆州市周梁玉桥遗址博物馆：《关沮秦汉墓清理简报》，《文物》1999年第6期；湖北省荆州市周梁玉桥遗址博物馆：《关沮秦汉墓简牍》，中华书局，2001年，第174、214页。

③ 武汉市新洲县文物管理所、武汉市博物馆：《武汉市新洲技校汉墓发掘简报》，《江汉考古》1998年第3期。

④ 荆州博物馆：《湖北荆州谢家桥一号汉墓发掘简报》，《文物》2009年第4期。

⑤ 湖北省文物考古研究所、随州市文物局：《随州市孔家坡墓地M8发掘简报》，《文物》2001年第9期。

⑥ 王善财、王世振：《湖北随州西城区东汉墓发掘报告》，《文物》1993年第7期。

⑦ 湖北省文物事业管理局、湖北省三峡工程移民局：《秭归庙坪》，科学出版社，2003年，第157～169页。

⑧ 广东省文物考古研究所、湖北省秭归县博物馆：《秭归蟒蛇寨汉晋墓群发掘报告》，《湖北库区考古报告集》（第一卷），科学出版社，2003年，第636～663页。

⑨ 湖北省文物考古研究所：《小厶姑沱遗址发掘报告》，《湖北库区考古报告集》（第三卷），科学出版社，2006年，第160～182页。

⑩ 宜昌博物馆：《秭归大沱湾遗址发掘简报》，《湖北库区考古报告集》（第五卷），科学出版社，2010年，第190～201页。

张家坟M1出土侍立陶俑和俑头若干件，年代为东汉晚期①。

（8）湖南省

湖南秦汉时期俑的数量较战国更少。西汉早期的俑发现较多，且仍以木俑为主，集中分布于长沙附近。目前尚未发现秦俑，东汉零星发现有陶俑。

1）诸侯王墓出土木俑

1961年，长沙砂子塘汉墓发现有木俑，其中彩绘木俑2件。墓主很可能为长沙靖王吴著，年代为西汉文帝时期②。1993年，长沙望城坡渔阳墓出土木俑118件。墓主为吴氏长沙国某一代王后“渔阳”，年代为西汉文帝至景帝早期③。

2）列侯墓出土木俑

长沙马王堆汉墓。1972年，长沙马王堆M1共出土木俑162件，分为6种类型，分别是戴冠男俑2件、着衣女侍俑10件、着衣歌舞俑8件、彩绘立俑101件、彩绘乐俑5件以及辟邪木俑36件。年代在文帝前元五年（公元前175年）至景帝中元五年（公元前145年）④。1973年，长沙马王堆M3共出土有木俑106件，分为6种类型，分别是着衣女侍俑4件、着衣歌舞俑20件、雕衣俑4件、皂衣俑4件、彩绘立俑72件以及桃枝小俑2件。年代为文帝前元十二年（公元前168年）⑤。

沅陵虎溪山M1。1999年，出土木俑63件，分为侍立俑、跪姿俑。墓主为第一代沅陵侯吴阳，年代为西汉早期⑥。

---

① 恩施自治州博物馆：《巴东县张家坟墓群发掘简报》，《湖北库区考古报告集》（第四卷），科学出版社，2007年，第232～239页。

② 湖南省博物馆：《长沙砂子塘西汉墓发掘简报》，《文物》1963年第2期。

③ 长沙市文物考古研究所、长沙简牍博物馆：《湖南长沙望城坡西汉渔阳墓发掘简报》，《文物》2010年第4期。

④ 湖南省博物馆、中国科学院考古研究所：《长沙马王堆一号汉墓》，文物出版社，1973年，第97～101页。

⑤ 湖南省博物馆、湖南省文物考古研究所：《长沙马王堆二、三号汉墓》，文物出版社，2004年，第170～179页。

⑥ 湖南省文物考古研究所：《沅陵虎溪山一号汉墓》，文物出版社，2020年，第93页；湖南省文物考古研究所、怀化市文物处、沅陵县博物馆：《沅陵虎溪山一号汉墓发掘简报》，《文物》2003年第1期。

3）其他中小型汉墓出土木俑

1951年，长沙伍家岭M203出土侍俑42件，年代为西汉晚期[①]。1956年，长沙南塘冲M2出土侍立俑、哺乳俑，年代为东汉晚期[②]。1957年，长沙左家塘墓残存侍立女俑1件，年代为战国晚期至西汉早期[③]。1976年，衡阳道子坪M1出土牵马陶俑2件，年代为东汉晚期[④]。

（9）广东省

广东秦汉俑集中出土在广州及周边地区以及顺德发现的中小型墓葬中。有陶俑和木俑两种，陶俑风格简约，有侍俑、胡人俑、舞俑、劳作俑等。20世纪50年代，广州汉墓M4013出土十多件残木俑，年代为东汉前期[⑤]。1955年，广州东郊砖室墓出土的舞女俑、乐俑、侍立俑等若干件，年代为东汉早期章帝建初五年（公元80年）[⑥]。1956年，广州西村皇帝冈M4029出土侍立俑和跽坐俑6件，年代为东汉前期；另有东汉晚期墓M5041、M5062、M5064、M5080出土舞女俑、乐俑、侍立俑、跽坐俑等15件及陶俑残件[⑦]。1960年，广州三元里马鹏冈M1134出土有骑马俑、武士俑、侍女俑等82件木俑，M1048出土有木俑38件，年代为西汉早期[⑧]。1983年，广州象岗南越王墓东耳室出土木俑2件，年代为西汉早期晚段至

---

① 中国科学院考古研究所：《长沙发掘报告》，科学出版社，1957年，第124页。

② 湖南省文物管理委员会：《湖南长沙南塘冲古墓清理简报》，《考古通讯》1958年第3期。

③ 湖南省文物管理委员会：《长沙左家塘秦代木椁墓清理简报》，《考古》1959年第9期。

④ 湖南省博物馆：《湖南衡阳县道子坪东汉墓发掘简报》，《文物》1981年第12期。

⑤ 广州市文物管理委员会、广州市博物馆：《广州汉墓》，文物出版社，1981年，第356～357页。

⑥ 广州市文物局：《广州市东郊东汉砖室墓清理纪略》，《文物参考资料》1955年第6期。

⑦ 广州市文物管理委员会、广州市博物馆：《广州汉墓》，文物出版社，1981年，第356、357、431、432页，图版一二〇、图版一五九、图版一六〇。

⑧ 广州市文物管理委员会、广州市博物馆：《广州汉墓》，文物出版社，1981年，第178页；广州市文物管理委员会：《广州三元里马鹏冈西汉墓清理简报》，《考古》1962年第10期。

中期早段[①]。此外，与广州地区有类似风格的陶俑也见于广东顺德东汉早期墓[②]以及番禺地区的东汉墓中，如番禺地区6座东汉晚期墓出土有26件陶俑[③]；番禺小谷围岛山文头岗东汉中晚期墓M1出土的7件侍立俑[④]；2001年，番禺员岗村M2出土陶俑12件，年代为东汉晚期[⑤]。

（10）广西壮族自治区

广西秦汉墓中所出俑也有陶俑和木俑之分，还有个别就地取材制作的滑石俑，数量较少。东汉墓中陶俑出土不多，个别墓葬出土有胡人俑。比较典型的有：1971年，合浦望牛岭汉墓出土的侍立陶俑12件，年代为西汉晚期[⑥]。1976年，贵县罗泊湾发现东西并列的夫妻合葬墓，M1出土木俑头2件，M2出土木俑2件，墓主为当地官吏，年代为西汉早期[⑦]。1980年，贵县风流岭发现2座夫妻合葬墓，M31出土有1件木质侍俑，年代为西汉中期武帝时期[⑧]。1983年，兴安石马坪M10出土男俑，年代为东汉早期[⑨]。

---

① 广州市文物管理委员会、中国社会科学院考古研究所、广东省博物馆：《西汉南越王墓》，文物出版社，1991年，第69页、图版三〇。

② 广东省博物馆、顺德县博物馆：《广东顺德县汉墓的调查和清理》，《文物》1991年第4期；广东省博物馆、顺德县博物馆：《广东顺德陈村汉墓的清理》，《文物》1991年第12期。

③ 广州市文物考古研究所、广州市番禺区文管会办公室：《番禺汉墓》，科学出版社，2006年，第302～305页。

④ 广州市文物考古研究所：《番禺小谷围岛山文头岗东汉墓》，《羊城考古发现与研究》，文物出版社，2005年，第88～106页。

⑤ 广州市文物考古研究所：《番禺员岗村东汉墓》，《华南考古》1，文物出版社，2004年，第222～247页。

⑥ 广西壮族自治区文物考古写作小组：《广西合浦西汉木椁墓》，《考古》1972年第5期。

⑦ 广西壮族自治区博物馆：《广西贵县罗泊湾汉墓》，文物出版社，1988年，第110页，图版五八-1、2；广西壮族自治区文物工作队：《广西贵县罗泊湾二号汉墓》，《考古》1982年第4期；广西壮族自治区文物工作队：《广西贵县罗泊湾一号墓发掘简报》，《文物》1978年第9期。

⑧ 广西壮族自治区文物工作队：《广西贵县风流岭三十一号西汉墓清理简报》，《考古》1984年第1期。

⑨ 广西壮族自治区文物工作队、兴安县博物馆：《兴安石马坪汉墓》，《广西考古文集》，文物出版社，2004年，第247、248页。

1987～1988年，合浦文昌塔M149出土1件滑石坐俑，年代为东汉时期①。

（11）重庆市

重庆出土的秦汉俑基本是在1992～2001年配合三峡工程建设的发掘中出土的，且年代基本都在东汉时期，个别可早至西汉晚期。三峡地区的万州、涪陵、丰都、忠县、云阳、奉节、巫山等地都出土有陶俑，一般表现为劳作、庖厨、持物、乐舞等场面，有些墓葬还出土发型清晰的俑头②。

1）万州区

2000年，沙田M5出土陶俑15件。2001年，礁芭石出土陶俑19件，老棺墓地出土陶俑13件，团堡地出土陶俑12件，曾家溪出土陶俑9件，柑子梁出土陶俑35件，武陵镇出土陶俑10件，大坪墓群出土陶俑13件，金狮湾墓群出土陶俑12件。年代均为东汉时期。

2）涪陵区

2000年，太平村M4出土陶俑5件、M6出土陶俑15件、M12出土陶俑12件、M13出土陶俑8件、M14出土陶俑8件、M15出土陶俑1件、M16出土陶俑3件、M20出土陶俑11件，年代为东汉中晚期。2001年，镇安遗址出土陶俑21件，北岩墓群出土陶俑19件，年代为东汉晚期。

3）武隆区

2023年，武隆关口M1出土有大量木俑，有大小两种，大者高约25厘米，小型俑高约8厘米，面部以墨、漆勾勒。墓中出土的骑马俑和护卫俑构成了完整的仪仗出行场面。根据同墓遣册可知木俑为墓主亲属、奴仆等身份。年代为西汉初年（公元前186年）③。

---

① 广西文物保护与考古研究所：《广西合浦文昌塔汉墓》，文物出版社，2017年，第150页。

② 重庆市文物局、重庆市移民局：《重庆库区考古报告集·1998年卷》，科学出版社，2003年，第58～102、119～146、172～188、389～415、766～812页；重庆市文物局、重庆市移民局：《重庆库区考古报告集·2000年卷》，科学出版社，2007年，第25～47、296～340、395～423、780～805、831～888、889～904、1057～1082、1139～1187页；重庆市文物局、重庆市移民局：《重庆库区考古报告集·2001年卷》，科学出版社，2007年，第204～241、415～436、469～524、608～625、626～681、869～902、941～961、962～978、979～1019、1195～1279、1301～1321、1322～1345、1348～1402、1600～1612、1788～1831、1832～1876、1930～1978、2010～2041页。

③ 黄伟、叶小青：《重庆武隆关口一号墓》，“文博中国”公众号报道，2024年2月。

4）丰都县

1992～1994年，丰都县进行了三次全面系统的调查，赤溪汉墓群M2、M3出土有侍立俑、持物俑、庖厨俑、抚耳俑共计33件，其中M3的年代为东汉早期；冉家路口M4出土有侍立俑、武士俑、抚耳俑、执物俑、庖厨俑、乐俑等人物俑39件，年代为东汉中晚期[①]。1998年，汇南墓群出土陶俑71件。2000年，上河嘴墓群M3出土陶俑6件，年代为东汉中期偏晚段。2001年，槽房沟墓地出土东汉晚期陶俑28件；大湾墓群出土东汉中晚期陶俑17件；毛家包墓地M11出土陶俑10件及俑头3件、M12出土陶俑15件；陈文英堡墓地M19出土陶俑6件、M20出土陶俑8件、M24出土陶俑3件、M25出土陶俑1件；袁家堡墓地M6出土陶俑19件、M8出土陶俑4件、M17出土陶俑头2件；黄泥堡墓地M39出土陶俑6件、M40出土陶俑7件、M43出土陶俑12件、M45出土陶俑18件、M46出土陶俑4件，以上年代均在东汉时期[②]。2003年，二仙堡墓地AM3出土陶俑12件、AM4出土陶俑5件、AM6出土陶俑5件、BM2出土陶俑1件、BM3出土陶俑6件、BM5出土陶俑7件、BM7出土陶俑12件、BM9出土陶俑4件、BM10出土陶俑1件。2005年，二仙堡墓地AM2出土陶俑6件、AM3出土陶俑1件、AM4出土陶俑18件、AM10出土陶俑7件、AM14出土陶俑头2件、BM4出土陶俑。二仙堡墓地除2003BM9和2003BM10为新莽时期，其余均为东汉中晚期[③]。

5）忠县

2000年，老鸹冲墓群出土有陶俑24件，宣公墓群出土有陶俑18件。2001年，沿江四队墓群出土陶俑13件。以上年代均为东汉时期。2001～2008年，将军村墓地M101出土陶俑16件、M54出土有陶俑7件[④]。2002年，仙人洞墓地M35和M36各出土陶俑1件，年代为东汉前期。2003～2006年，忠县土地岩墓地M1出土有陶俑11件、M2出土有陶俑3件、M3出土陶俑8件、M10出土有陶俑5件、M13出土陶俑7件、M19出

① 四川省文物考古研究所：《丰都县三峡工程淹没区调查报告》，《四川考古报告集》，文物出版社，1998年，第281～349页。

② 重庆市文物局、重庆市移民局：《丰都官田沟》，科学出版社，2016年，第95～341页。

③ 重庆市文物局、重庆市移民局：《丰都二仙堡墓地》，科学出版社，2016年，第17～95页。

④ 重庆市文物考古所：《重庆市忠县将军村墓群汉墓的清理》，《考古》2011年第1期。

土陶俑5件，其中M3、M10为东汉前期，M1、M13和M19的年代为东汉后期[①]。

6）云阳县

1998年，故陵楚墓出土陶俑10件。2001年，马岭墓地出土陶俑7件，云阳马沱墓地出土陶俑8件，年代为东汉晚期。

7）奉节县

2001年，宝塔坪遗址M7001出土陶俑14件，年代为东汉中晚期；赵家湾墓群出土陶俑86件，年代为东汉晚期。2003年，营盘包墓地Ⅰ区M10出土陶俑5件、M14出土陶俑5件、M51出土陶俑16件，Ⅱ区M1出土陶俑6件，年代为东汉中晚期[②]。

8）巫山县

1997年，巫峡镇麦沱山M40出土陶俑6件，年代为西汉晚期[③]。1998年，双堰塘遗址出土陶俑14件，麦沱墓群出土陶俑18件，琵琶洲遗址出土陶俑4件，年代为东汉前期[④]。2000年，巫山古城遗址出土陶俑16件，胡家包出土陶俑12件，高唐观墓群出土陶俑10件[⑤]。2001年，下西坪墓群出土陶俑7件。

（12）四川省

四川秦和西汉时期俑发现较少，主要出土于竖穴土坑木椁墓中，等级较高，多为木俑。新莽东汉时期陶俑增多，数量庞大，多出土于崖墓中，表现乐舞和劳动场面，极富生活气息，集中表现了当时的世俗服饰。陶俑有庖厨俑、执物俑、侍立俑、奏乐俑、劳作俑、舞蹈俑、听琴俑等，有些只保留发型清晰的俑头。

---

① 重庆市文物局、重庆市移民局：《忠县仙人洞与土地岩墓地》，科学出版社，2008年，第82～151页。

② 重庆市文物局、重庆市移民局：《奉节营盘包墓地》，科学出版社，2016年，第102～141页。

③ 重庆市文化局、湖南省文物考古研究所、巫山县文物管理所：《重庆巫山麦沱汉墓群发掘报告》，《考古学报》1999年第2期。

④ 四川省文物考古研究所：《丰都县三峡工程淹没区调查报告》，《四川考古报告集》，文物出版社，1998年，第281～349页。

⑤ 重庆市文物局、重庆市移民局：《重庆库区考古报告集·2000年卷》，科学出版社，2007年，第25～47、296～340、395～423、780～805、831～888、889～904、1057～1082、1139～1187页。

1）秦和西汉时期的陶、木俑

主要出土于绵阳双包山汉墓和成都老官山汉墓，等级较高。1992～1995年，绵阳永兴双包山M1出土陶俑8件、木俑2件，M2出土木俑134件，有侍立俑、跽坐俑、驾驭俑、骑马俑等，两墓年代相近，均为西汉早中期，M2稍晚至西汉武帝时期①。2012～2013年，成都老官山发现4座汉墓，出土织工俑和侍俑，M1墓主为关东豪族“景氏”，年代为西汉中期武帝时期②。

2）东汉时期的陶俑

主要分布在成都、中江、三台、彭山等地。早在1941～1942年，中央研究院历史语言研究所和中央博物院筹备处就合作发掘了彭山崖墓，其中修复完整的陶俑共计259件以及各类表现服装细部的俑体残件，年代多为东汉中晚期③。近年来陶俑发现集中在成都及周边地区。1996年，成都青白江区跃进村汉墓出土陶俑26件，年代为东汉早期④。2001年，成都博瑞“都市花园”汉墓群出土陶俑10件，年代为东汉中期⑤。2002年，成都新都互助村M3、M4出土陶俑若干件，年代为东汉中期偏晚阶段。2002年，成都泰兴凉水村M2出土陶俑13件，年代为东汉中晚期⑥。2002年，中江塔梁子崖墓群共出土陶俑9件，其中M1的年代为东汉中期，M3、M6、M7、

---

① 四川省文物考古研究所、绵阳博物馆：《绵阳双包山汉墓》，文物出版社，2006年；绵阳博物馆、绵阳市文化局：《四川绵阳永兴双包山一号西汉木椁墓发掘简报》，《文物》1996年第10期；四川省文物考古研究所、绵阳市博物馆：《绵阳永兴双包山二号西汉木椁墓发掘简报》，《文物》1996年第10期。

② 索德浩：《成都老官山汉墓M1墓主族属考察》，《考古》2016年第5期；成都文物考古研究所、荆州文物保护中心：《成都天回镇老官山汉墓发掘简报》，《南方民族考古》2016年第1期。

③ 南京博物院：《四川彭山汉代崖墓》，文物出版社，1991年，第42～80页。

④ 成都市文物考古工作队、青白江区文物管理所：《成都市青白江区跃进村汉墓发掘简报》，《文物》1999年第8期。

⑤ 成都市文物考古工作队：《成都博瑞“都市花园”汉、宋墓葬发掘报告》，《成都考古发现》（2001），科学出版社，2003年，第141～143页。

⑥ 成都市文物考古研究所、新都区文物管理所：《成都市新都区互助村、凉水村崖墓发掘简报》，《成都考古发现》（2002），科学出版社，2004年，第330～349页。

M8的年代为东汉晚期[①]。2002年，三台郪江崖墓群的12座墓葬均出土有数量不等的陶俑或俑头，其中金钟山Ⅱ区M4、紫荆湾M12为东汉早期；紫荆湾M5、M11、柏林坡M1为东汉中期；金钟山Ⅱ区M2、M3、M5、天台山M1、紫荆湾M3、M7、M10、柏林坡M2、M5为东汉晚期[②]。2003年，成都天回乡汉墓出土陶俑7件，年代为东汉中期[③]。2006年，成都邛崃土地坡M3和M4共出土有侍立俑7件，年代为东汉早期[④]。

（13）陕西省

西安及周边地区乃秦至西汉京畿之地。西安临潼秦始皇陵兵马俑和陵区从葬坑出土俑保存有最完整丰富的秦代服饰研究材料。该地区出土的西汉时期的俑数量多、等级高，集中分布在西汉长安城周边，主要出土于帝王陵的陪葬坑或高级贵族墓葬中[⑤]。人俑服饰形象具有西汉时期的典型特点。根据相关研究，西安地区的陶俑有着衣式和塑衣式两种，前者随葬墓的等级较高，但由于服饰残朽，只见裸体躯干，故展示更多的是首服和发髻形象；后者虽然等级相对较低，但服饰刻画清楚细腻，有些还残留有色彩，是研究西汉服饰的绝佳材料。由于代表着帝王近侍，本地区秦至西汉时期的人俑形象多为官吏仪卫俑、兵俑、侍俑、乐舞俑四大类。与西汉不同的是，东汉时期关中地区的中小型墓葬开始流行随葬陶俑，但数量不多。陶俑大多为捏塑，多表现劳作、说唱、杂技等现实生活题材。由于制作粗糙，服饰形象仅具轮廓而不见细部特征，故这个时代的陶俑只作参照而不列入本书重点考察对象。

---

① 四川省文物考古研究院、德阳市文物考古研究所、中江县文物保护管理所：《中江塔梁子崖墓》，文物出版社，2008年；四川省文物考古研究所、德阳市文物考古研究所、中江县文物保护管理所：《四川中江塔梁子崖墓发掘简报》，《文物》2004年第9期。

② 四川省文物考古研究院、绵阳市博物馆、三台县文物管理所：《三台郪江崖墓》，文物出版社，2007年；三台县文化体育局、三台县文物管理局：《四川三台郪江崖墓群2000年度清理简报》，《文物》2002年第1期；四川省文物考古研究院、绵阳市文物管理局、三台县文物管理所：《四川三台郪江崖墓群柏林坡1号墓发掘简报》，《文物》2005年第9期。

③ 成都市文物考古研究所、金牛区文物管理所：《成都市天回乡东汉砖室墓发掘简报》，《成都考古发现》（2003），科学出版社，2005年，第323～327页。

④ 成都市文物考古研究所、邛崃市文物局：《邛崃土地坡汉墓群发掘简报》，《成都考古发现》（2006），科学出版社，2008年，第263～268页。

⑤ 柴怡：《西安地区汉代人物俑的发现与分析研究》，《文博》2017年第4期。

1）秦始皇陵陪葬墓、从葬坑出土陶俑

秦始皇陵是中国帝王陵墓中规模最大、埋藏最丰富的大型陵园。经近50年的考古工作，陵园布局和结构已经基本明晰。陵区东侧1.5千米处的3座兵马俑坑是陵区陶俑的集中分布区，3座兵马俑坑共出土步兵、车兵、骑兵等各类陶俑近8000件，表现出秦代大型军阵。其中，1974年开始发掘的一号俑坑有陶俑6000余件，以步兵为主；1976～1977年发掘的二号俑坑预计有各式陶俑2000余件，分四个单元，为弩兵、车兵、骑兵、步兵的混合编组。1977年开始发掘的三号俑坑共出土陶俑68件，似表现军队指挥部中的中高级军吏，担任警卫职务的御手、甲士等[①]。

此外，秦始皇陵区内外还发现有数量庞大的从葬坑，真实地再现了秦帝国各方面的生活。陵区内城中，封土南侧3号坑发现大型陶俑残块。2000年，陵园内城以内封土西南角发现K0006，出土侍立俑和御手俑共12件，报告认为该坑象征了秦帝国中央政权的廷尉官署[②]。内外城之间区域中，20世纪70年代，在西门以南陆续发现一批从葬坑，西侧内外城之间南部的曲尺形马厩坑发现有陶俑11件。内城西门以南珍禽异兽坑两侧南北向分两列排列有跽坐俑坑14座，均面向珍禽异兽坑[③]。东内外城之间东南角K9901北部过洞处出土有面东的大型百戏俑11件[④]。外城之外的区域，1996年，外城东北角动物从葬坑发现有跽坐俑3件、侍立俑3件以及许多陶俑残片；20世纪40年代至70年代，在外城东南上焦村发现98座马厩坑，坑内发现有秦王朝中央厩苑的陶文，还出土有很多饲马的仆役俑、跽坐

① 陕西省考古研究所、始皇陵秦俑坑考古发掘队：《秦始皇陵兵马俑坑一号坑发掘报告（1974-1984）》，文物出版社，1988年；秦始皇帝陵博物院：《秦始皇帝陵一号兵马俑陪葬坑发掘报告（2009～2011年）》，文物出版社，2018年；袁仲一：《秦兵马俑的考古发现与研究》，文物出版社，2014年；秦始皇兵马俑博物馆：《秦始皇帝陵》，文物出版社，2009年。

② 陕西省考古研究所、秦始皇兵马俑博物馆：《秦始皇帝陵园考古报告（2000）》，文物出版社，2006年；秦始皇陵考古队：《秦始皇陵园K0006陪葬坑第一次发掘简报》，《文物》2002年第3期。

③ 秦俑坑考古队：《秦始皇陵园陪葬坑钻探清理简报》，《考古与文物》1982年第1期。

④ 陕西省考古研究所、秦始皇兵马俑博物馆：《秦始皇帝陵园考古报告（1999）》，科学出版社，2000年。

俑[1]；2001～2003年，在外城东北角发掘的铜禽坑K0007，出土跽坐和箕踞陶俑15件，很多学者对其性质做出各种推测，但比较令人信服的还是认为他们是用音乐驯化水禽的乐工[2]。

2）西汉帝陵陪葬墓、从葬坑出土俑

汉高祖长陵杨家湾陪葬墓。1965年清理了11个陪葬坑，共出土骑兵俑583件、各式步兵俑1965件[3]。1970～1976年发掘的M4、M5及其7个陪葬坑又清理出土各类兵俑数百件[4]。两次清理的塑衣式陶俑共计2548件，墓主为汉初周勃或周亚夫，年代为西汉早期文景时期。

汉高祖长陵咸阳三义村陪葬墓。1991年发掘出土有白彩着衣式女陶俑，年代为西汉早期[5]。

汉惠帝安陵韩家湾狼家沟陪葬墓。位于安陵东侧2千米处，1950年发现。四周有陪葬坑，南侧最北坑出土兵俑，西侧北部坑出土兵俑，北侧西

---

① 陕西省文物管理委员会：《秦始皇陵调查简报》，《考古》1962年第8期；《秦始皇陵附近出土秦陶俑和石柱础》，《文物》1964年第9期；秦俑考古队：《临潼上焦村马厩坑试掘简报》，《考古与文物》1980年第2期；秦俑坑考古队：《秦始皇陵东侧马厩坑钻探清理简报》，《考古与文物》1980年第4期；临潼县博物馆：《秦始皇陵东侧发现五座马厩坑》，《考古与文物》1983年第5期；程学华：《始皇陵东侧又发现马厩坑》，《考古与文物》1985年第2期。

② 陕西省考古研究院、秦始皇兵马俑博物馆：《秦始皇帝陵园考古报告（2001～2003）》，文物出版社，2007年；陕西省考古研究所、秦始皇兵马俑博物馆：《秦始皇陵园K0007陪葬坑发掘简报》，《文物》2005年第6期；刘钊：《论秦始皇陵园K0007陪葬坑的性质》，《中国文物报》2005年8月9日第7版；焦南峰：《左弋外池——秦始皇陵园K0007陪葬坑性质蠡测》，《文物》2005年第12期；张文立：《秦始皇陵七号坑蠡测》，《考古与文物》2004年增刊；袁仲一：《关于秦始皇陵铜禽坑出土遗迹遗物的初步认识》，《秦文化论丛》（第十二辑），三秦出版社，2005年，第703页；段清波：《秦始皇陵园的地下园林》，《文物天地》2004年第12期；刘占成：《秦陵七号坑性质和意义刍论》，《文博》2002年第2期。

③ 陕西省文物管理委员会、咸阳市博物馆：《陕西省咸阳市杨家湾出土大批西汉彩绘陶俑》，《文物》1966年第3期。

④ 陕西省文管会、博物馆、咸阳市博物馆、杨家湾汉墓发掘小组：《咸阳杨家湾汉墓发掘简报》，《文物》1977年第10期；展力、周世曲：《试谈杨家湾汉墓骑兵俑——对西汉前期骑兵问题的探讨》，《文物》1977年第10期；中国国家博物馆：《中华文明——古代中国基本陈列》，北京时代华文书局，2017年，第283页。

⑤ 葛洪、严小琴、何倩：《咸阳三义村汉长陵陪葬墓出土白彩着衣式陶俑的研究》，《文物世界》2016年第4期。

部出土兵俑。据推测，四周都应随葬陶俑，数量在3000件以上，年代为西汉早期[①]。

汉惠帝安陵11号陪葬墓。位于安陵东侧2千米处，封土下墓室上口周围从葬沟出土塑衣式兵俑84件，年代为西汉早期[②]。

薄太后南陵从葬坑。1975年，在南陵西北发现有从葬坑20座，呈西北—东南走向有规则的三行排列。其中K15和K16陶棺分别出土有塑衣式陶俑1件，似为侍俑。2017～2019年，南陵西侧发掘K1～K3，出土有陶木合制的官吏俑若干。年代为西汉早期[③]。

薄太后南陵白鹿原行知学院从葬坑。位于西安财经学院行知学院内，水井中出土陶俑碎片，修复人俑39件，其中着衣式陶俑26件、塑衣式陶俑13件，其身份有侍卫俑、侍俑和骑兵俑。年代为西汉早期[④]。

薄太后南陵西栗家村汉墓。东距薄太后南陵2.6千米，2018～2019年发现4座大型墓葬，很可能为南陵陪葬墓。其中M1出土大量塑衣式陶俑，其身份有文官俑、侍女俑、伎乐俑、舞女俑。年代为西汉早中期[⑤]。

汉文帝霸陵从葬坑。2017～2018年，于江村大墓东北区发掘了K15、K19、K20三座从葬坑，西南区发掘了K22、K27、K29、K32、K38五座从葬坑。其中K22发现陶俑13件，其中着衣式陶俑6件、半裸陶俑7件；K32出土塑衣式陶俑1件；K38西侧有陶俑碎片、着衣式陶俑3件、半裸陶俑8件。年代为西汉早期[⑥]。

汉文帝霸陵任家坡从葬坑。1966年，西安东郊白鹿原发现47个从葬坑，这些坑有规则的东西排列为8行，出土有塑衣式彩绘陶俑42件，其中9件站立、29件跽坐，可能为侍俑和乐舞俑。据考证，这些坑可能为汉文帝

---

① 刘庆柱、李毓芳：《西汉十一陵》，陕西人民出版社，1987年，第30～31页，封皮二：1950年陕西咸阳顺陵区狼家沟出土汉代陶俑，《文物》1955年第4期；谭前学、王建荣、王保平、夏居宪、郭燕：《三秦瑰宝·陶俑卷》，三秦出版社，2015年。

② 咸阳市博物馆：《汉安陵的勘查及其陪葬墓中的彩绘陶俑》，《考古》1981年第5期。

③ 陕西省考古研究所：《汉南陵从葬坑的初步清理——兼谈大熊猫头骨及犀牛骨骼出土的有关问题》，《文物》1981年第11期；国家文物局：《2018中国重要考古发现》，文物出版社，2019年。

④ 柴怡：《西安白鹿原新见汉代陶俑析论》，《考古与文物》2017年第4期。

⑤ 国家文物局：《2019中国重要考古发现》，文物出版社，2020年。

⑥ 国家文物局：《2018中国重要考古发现》，文物出版社，2019年。

窦皇后陵的从葬坑，陶俑应系汉武帝初年为窦太后死葬时所作，年代为西汉早期，下限为武帝初年[①]。

汉景帝阳陵陪葬墓及从葬坑。自20世纪90年代起集中展开的阳陵考古勘探发掘工作全面揭示了汉阳陵的陵园布局，成果丰硕。根据历年发掘情况可知，汉阳陵既有着衣式陶俑，也有塑衣式陶俑，还有少量木俑。前者主要出土于阳陵从葬坑；后者主要出土于建筑遗址和大中型墓葬。阳陵从葬坑目前发现有195座，分属于帝陵从葬坑、后陵从葬坑和其他从葬坑。其中帝陵从葬坑由墓室向外可分为四个层次，目前已发掘第三、第四层次的从葬坑[②]。第三层次的从葬坑位于帝陵封土以外、帝陵陵园之内，共86座，目前已发掘东北侧的11座（DK11～21），出土四五百件着衣式陶俑。这些陶俑均为泥质灰陶，表面有彩绘，高约52～59厘米，多为立俑，发髻清晰，性别特征明显[③]。根据出土印章、封泥文字，发掘者认为这11座坑分别代表或象征了西汉王朝的宗正，少府下属的导官、徒府、太官、宦者、东织室、永巷及卫尉等官署机构[④]，这里出土的着衣式陶俑应代表了以上机构中的官吏和侍者。第四层次的从葬坑主要位于帝陵南北区从葬坑，各有24座，目前南区发掘清理有15座坑（第1～6、8、10、16～18、20～23号），坑内出土大量着衣式陶俑，全部为具有军事属性的各式兵俑[⑤]。此外，陪葬墓从葬坑M9K1也出土有若干着衣式陶俑，均为侍俑。陵园东区陪葬墓园中的M130，由于出土“周应”铜印一枚，可确定为西汉初年的郸侯周应墓，墓葬等级较高，属于阳陵早期陪葬墓。墓中出土了多件塑衣式陶俑并有彩绘，包括侍俑、乐舞俑和官吏俑[⑥]。四号建筑遗址

---

① 王学理、吴镇烽：《西安任家坡汉陵从葬坑的发掘》，《考古》1976年第2期。

② 焦南峰：《汉阳陵从葬坑初探》，《文物》2006年第7期。

③ 陕西省考古研究院：《汉阳陵帝陵东侧11～21号外藏坑发掘简报》，《考古与文物》2008年第3期；焦南峰、马永嬴：《汉阳陵帝陵DK11～21号外藏坑性质推定》，《汉长安城考古与汉文化》，科学出版社，2008年，第299～306页。

④ 刘振东：《中国古代陵墓中的外藏椁——汉代王、侯墓制研究之二》，《考古与文物》1999年第4期。

⑤ 陕西省考古研究所汉陵考古队：《汉景帝阳陵南区从葬坑发掘第一号简报》，《文物》1992年第4期；陕西省考古研究所汉陵考古队：《汉景帝阳陵南区从葬坑发掘第二号简报》，《文物》1994年第6期。

⑥ 陕西省考古研究所阳陵考古队：《汉景帝阳陵考古新发现（1996年-1998年）》，《文博》1999年第6期。

位于帝陵西南，被认为是寝园遗址，出土有230余件塑衣式陶俑和陶塑动物，主要表现祭祀礼乐场面[①]。以上发现的年代均为西汉早期，约景帝前元五年（公元前152年）至景帝后元三年（公元前141年）。

汉宣帝杜陵从葬坑。1983年和1985年，分别对杜陵北侧陪葬坑K1和K4进行发掘。坑中出土了数以百计的着衣式立姿男俑，有的陶俑还带有铁戟，有的俑腹前还有小铜带钩。年代在西汉中期[②]。

汉宣帝杜陵凤栖原陪葬墓。2008年发掘，墓园由“甲”字形大墓M8及其6座从葬坑、中型墓M25、祠堂建筑、道路、排水系统、兆沟组成。M8的从藏坑出土有2000多件着衣式陶俑和木俑，根据同出大量兵器判断其身份为兵俑和军官俑。根据M8出土“张”字青铜印和“卫将长史”封泥，推测可能是西汉昭帝大司马卫将军张安世，结合文献记载张安世死后御赐杜陵东茔地和“轻车介士”，谥曰“敬候”，可知该墓为列侯级墓葬，属杜陵陪葬墓，陶俑和木俑即为“介士”。年代在西汉中期宣帝元康四年（公元前62年）[③]。

3）西汉列侯墓、官吏墓出土陶、木俑

西安新安机砖厂积炭墓。1986年，出土具有仪仗队性质的着衣式陶俑，有骑马俑、侍俑和牵牛俑28件。墓主可能与武帝初年利乡侯刘婴有关，年代为西汉早期武帝元狩五年以前[④]。

扶风纸白墓地。2005年发掘，其中M2、M10、M11、M16、M19共出土塑衣式陶俑12件，有侍俑、御手俑。墓主很可能为汉初投降的秦故吏，

---

① 陕西省考古研究所：《汉阳陵》，重庆出版社，2001年；汉阳陵博物馆：《汉阳陵博物馆》，文物出版社，2007年。书中称此建筑为一号建筑遗址，陕西省考古研究院重新整理资料编号时确认为四号建筑遗址。

② 中国社会科学院考古研究所：《汉杜陵陵园遗址》，科学出版社，1993年，第86页；中国社会科学院考古研究所杜陵工作队：《1982-1983年西汉杜陵的考古工作收获》，《考古》1984年第10期；中国社会科学院考古研究所杜陵工作队：《1984-1985年西汉宣帝杜陵的考古工作收获》，《考古》1991年第12期。

③ 丁岩、张仲立、朱艳玲：《西汉一代重臣——张安世家族墓考古揽胜》，《大众考古》2014年第12期；陕西省文物考古研究院：《西安凤栖原西汉墓地田野考古发掘收获》，《考古与文物》2009年第5期；张仲立、丁岩、朱艳玲：《长安凤栖原西汉家族墓地》，《中国文物报》2010年4月16日第4版；张仲立、丁岩、朱艳玲：《凤栖原汉墓——西汉大将军的家族墓》，《中国文化遗产》2011年第6期。

④ 郑洪春：《陕西新安机砖厂汉初积炭墓发掘报告》，《考古与文物》1990年第4期。

年代为西汉早期[①]。

蓝田支家沟汉墓。2009～2010年发掘，壁龛和墓室内随葬有立姿着衣式陶俑183件，其中男俑106件、女俑75件、宦者俑2件。个别陶俑身上还附着有织物残片。该墓很可能为列侯级别高等级墓葬。年代为武帝元狩五年至昭帝之间[②]。

西安东郊石家街汉墓。2012年发掘，K2出土着衣式陶俑280余件，墓室出土残俑及俑头。墓葬规模较大、规格较高，可能为列侯级别。年代为西汉中晚期[③]。

4）汉长安城遗址及周边出土西汉陶俑

汉长安城窑址。1987～1991年，西安市相家巷村汉长安城西北先后三次发现窑址共计20余座及若干灰坑。窑址位于汉长安城内的手工业作坊区，窑的形制结构基本相同。陶窑和灰坑中出土陶俑数量较多，但多数已残，有陶俑头、着衣式陶俑和塑衣式陶俑。陶俑以男性居多，个别为女性。种类有侍俑和兵俑。年代为西汉时期[④]。

汉长安城武库遗址。1975～1980年发掘，武库遗址6号建筑出土残俑1件，年代为西汉时期[⑤]。

汉长安城厨城门遗址。1985年在厨城门外唐家村发现大量陶俑残片，修复有5件陶俑，主要为持盾和持物的仪卫俑。年代为西汉时期[⑥]。

5）其他中小型秦汉墓出土陶俑

秦代出土俑的典型墓葬有：2001年，西安茅坡邮电学院M123，同墓

---

① 陕西省考古研究院、宝鸡市周原博物馆：《周原汉唐墓》，科学出版社，2014年，第18、35、41、66、112页。

② 陕西省考古研究院：《陕西蓝田支家沟汉墓发掘简报》，《考古与文物》2013年第5期。

③ 西安市文物保护考古研究院：《西安东郊石家街发现汉代列侯级别墓葬》，《中国文物报》2013年8月16日第8版。

④ 中国社会科学院考古研究所汉城工作队：《汉长安城1号窑址发掘简报》，《考古》1991年第1期；中国社会科学院考古研究所汉城工作队：《汉长安城2-8号窑址发掘简报》，《考古》1992年第2期；中国社会科学院考古研究所汉城工作队：《汉长安城23-27号窑址发掘简报》，《考古》1994年第11期；毕初：《汉长安城遗址发现裸体陶俑》，《文物》1985年第4期。

⑤ 中国社会科学院考古研究所：《汉长安城武库》，文物出版社，2005年，第76页。

⑥ 陈安利、马咏钟：《汉长安城遗址出土大型陶俑》，《文博》1989年第1期。

地发掘有317座秦墓。该墓北壁小龛内出土有塑衣式陶俑8件，分别为女侍俑4件、男侍俑1件、跽坐男俑1件、骑马俑2件[①]。

西汉早期出土陶俑的墓葬有：西安白家口M24出土陶俑7件，主要为乐舞俑和侍女俑[②]。1982年，西安临潼区新丰故城1座汉墓出土有彩绘陶俑5件，有女侍立俑、男侍立俑和骑马武士俑[③]。1983～1984年，南郑龙岗寺M1出土有彩绘塑衣式舞俑17件，有立姿和坐姿两种，似表现歌舞场面[④]。1990年，西安北郊十里铺村出土塑衣式陶俑2件，为女乐俑[⑤]。1991～1992年，西安汉长安城东南的龙首原上西北医疗设备厂汉墓群M89、M92、M120发现有塑衣式陶俑5件，为女性侍俑和乐俑[⑥]。2011年，西安郭杜雅居乐M9出土塑衣式彩绘侍俑4件[⑦]。

西汉中期至晚期出土陶俑的墓葬有：1955年，长安洪庆村M113出土塑衣式陶俑5件，其中男俑2件、女俑3件[⑧]。1998年，西安南郊三爻村M19出土有塑衣式陶俑8件，均为侍俑[⑨]。1998年，西安北郊尤家庄M18出土塑衣式陶俑6件，其中女侍俑3件、男侍俑3件[⑩]。2004年，西安南郊长延

---

① 西安市文物保护考古所：《西安南郊秦墓》，陕西人民出版社，2004年，第322、323页。

② 考古研究所陕西考古调查发掘队：《宝鸡和西安附近考古发掘简报》，《考古通讯》1955年第2期。

③ 赵康民：《临潼出土的汉彩绘陶俑》，《文博》1985年第2期。

④ 陕西省考古研究所汉水考古队：《陕西省南郑龙岗寺汉墓清理简报》，《考古与文物》1987年第6期。

⑤ 西安市文管处王九刚、孙敬毅：《西安北郊出土陶辟邪等汉代文物》，《考古与文物》1992年第5期。

⑥ 西安市文物保护考古所：《西安龙首原汉墓》，西北大学出版社，1999年，第109、122、143、229页；西安市文物管理处：《西北医疗设备厂福利区92号汉墓清理简报》，《考古与文物》1992年第5期。

⑦ 西安市文物保护考古研究院：《西安南郊郭杜镇西汉墓发掘简报》，《西部考古》（第9辑），科学出版社，2015年，第1～7页。

⑧ 陕西省文物管理委员会：《陕西长安洪庆村秦汉墓第二次发掘简记》，《考古》1959年第12期。

⑨ 陕西省考古研究所：《西安南郊三爻村汉唐墓葬清理发掘简报》，《考古与文物》2001年第3期。

⑩ 陕西省考古研究所：《西安北郊汉代积沙墓发掘简报》，《考古与文物》2003年第5期。

堡M1、M2出土塑衣式彩绘男女侍俑42件[①]。2004年，靖边张家坬M3出土塑衣式彩绘女俑1件[②]。2008年，靖边老坟梁墓地M77出土塑衣式彩绘女俑1件[③]；西安雅荷城市花园M85出土跽坐俑2件；陕西省交通学校M198和M200分别出土骑马俑1件[④]。

新莽东汉时期出土陶俑的墓葬主要有：1958年，长安三里村出土的陶俑2件，年代为东汉中期和帝永元十六年（公元104年）[⑤]。1960年，韩城芝川镇出土舞俑、乐俑12件[⑥]。1983～1984年，南郑龙岗寺M2和M4出土舞俑和侍立俑10件，年代为东汉中期至晚期[⑦]。1987年，西安净水厂M34出土盘坐陶俑1件，年代为东汉晚期[⑧]。1993年，眉县白家村东汉墓出土陶俑2件，年代为东汉晚期[⑨]。1997年，安塞王家湾西坬界汉墓出土彩绘女性陶俑1件，年代为新莽时期[⑩]。1998年，扶风官务村窑院组M1出土舞女俑、跽坐俑、胡人吹箫俑、连体俑等共13件，年代为新莽晚期[⑪]。20世纪90年代末至21世纪初，西安附近7座墓共出土有陶俑73件，其中有色M9出土1件、电信M67出土45件、雁鸣M1出土2件、石油M10出

① 西安市文物保护考古研究院：《西安南郊西汉墓发掘简报》，《文物》2012年第10期。

② 陕西省考古研究所、榆林市文物考古研究所：《陕西靖边县张家坬西汉墓发掘简报》，《考古与文物》2006年第4期。

③ 陕西省考古研究院：《2008年陕西省考古研究院考古调查发掘新收获》，《考古与文物》2009年第2期；国家文物局：《2008中国重要考古发现》，文物出版社，2009年。

④ 西安市文物保护考古所、郑州大业考古专业：《长安汉墓》，陕西人民出版社，2004年，第315页。

⑤ 陕西省文管会：《长安县三里村东汉墓葬发掘简报》，《文物参考资料》1958年第7期。

⑥ 陕西省文物管理委员会：《陕西韩城县芝川镇东汉墓》，《考古》1961年第8期。

⑦ 陕西省考古研究所汉水考古队：《陕西南郑龙岗寺汉墓清理简报》，《考古与文物》1987年第6期。

⑧ 陕西省考古研究所配合基建考古队：《西安净水厂汉墓清理简报》，《考古与文物》1990年第6期。

⑨ 尔雅：《陕西眉县白家村东汉墓清理简报》，《考古与文物》1997年第5期。

⑩ 杨宏明、谢妮娅：《陕西安塞县王家湾发现汉墓》，《考古》1995年第11期。

⑪ 周原博物馆：《陕西扶风县官务汉墓清理发掘简报》，《考古与文物》2001年第5期。

土15件、世家M169出土3件、卫光M1出土2件、邮电M1出土5件，年代为东汉中期至晚期[①]。2007年，临潼新丰M565出土陶俑4件，年代为东汉时期[②]。

（14）甘肃省

甘肃地区在汉代属河西四郡，自20世纪50年代武威、张掖等地多次发现汉墓群，其中很多墓出土有木俑。1956年，M1、M2出土舞俑、坐俑、立俑、牵马俑等木俑8件，年代为东汉早中期[③]。1959年，武威磨嘴子墓地的另外6座墓出土有木俑26件，其中M21、M22出土最多，个别残存有彩绘，多为侍立男俑，年代为东汉前期[④]。1972年，武威磨嘴子M48出土有木俑9件、彩绘六博木俑一套2件以及木轺车人物俑1件，年代为西汉晚期；武威磨嘴子M49出土木俑2件，年代为东汉中期（顺帝至桓帝）[⑤]。2003年，武威磨嘴子M6出土木俑4件，年代为新莽时期[⑥]；M25出土有木俑2件，年代为东汉中期[⑦]。2005年，武威磨嘴子M1又再次出土木俑9件，年代为西汉晚期至东汉早期[⑧]。

（15）其他省份

除以上省份外，其他地区亦出土有零散的秦汉时期陶木俑：1959年，山西孝义张家庄汉墓出土有陶俑12件，年代为西汉早中期[⑨]。1972年，辽

① 西安市文物保护考古所：《西安东汉墓》，文物出版社，2009年，第960～966页；西安市文物保护考古所：《西安尤家庄六十七号汉墓发掘简报》，《文物》2007年第11期；西安市文物保护考古所：《西安南郊潘家庄169号东汉墓发掘简报》，《文物》2008年第6期。

② 陕西省考古研究院：《临潼新丰——战国秦汉墓葬考古发掘报告》，科学出版社，2016年，第1887页。

③ 党国栋：《武威县磨嘴子古墓清理记要》，《文物参考资料》1958年第11期。

④ 甘肃省博物馆：《甘肃武威磨咀子汉墓发掘》，《考古》1960年第9期。

⑤ 甘肃省博物馆：《武威磨咀子三座汉墓发掘简报》，《文物》1972年第12期；王春法：《丝路孔道——甘肃文物菁华》，北京时代华文书局，2020年。

⑥ 甘肃省文物考古研究所、日本秋田县埋藏文化财中心、甘肃省博物馆：《2003年甘肃武威磨咀子墓地发掘简报》，《考古与文物》2002年第5期。

⑦ 甘肃省文物考古研究所：《甘肃武威磨咀子东汉墓（M25）发掘简报》，《文物》2005年第11期。

⑧ 武威市文物考古研究所：《甘肃武威磨嘴子汉墓发掘简报》，《文物》2011年第6期。

⑨ 山西省文物管理委员会、山西省考古研究所：《山西孝义张家庄汉墓发掘记》，《考古》1960年第7期。

宁盖县M2和M4出土陶俑4件，年代为东汉晚期①。1973年，浙江海宁东汉画像石墓出土乐舞俑若干件，年代为东汉晚期②。1976～1977年，天津武清出土有侍女俑、农夫俑等，年代为东汉中期③。1988～1992年，内蒙古三段地出土男女陶俑6件，年代为西汉晚期到东汉早期④。

2. 玉人像

秦汉时期玉人发现较多，且多表现为女性玉舞人，这些材料是秦汉女性服饰和舞蹈服饰研究的重要基础。目前已发表的玉人材料约有60余件，大多出土于西汉时期等级较高的诸侯王墓或列侯级墓葬中，多为女性墓主的玉饰构件，与其他玉饰成组出土。就玉人像与服饰的关系而言，玉器的表现技法直接影响到对服饰的表现力，圆雕和部分半圆雕玉人像刻画精致、服饰细节表现清晰，是服饰研究的重要材料；其他片雕玉人线条简约写意，表现手法趋于固定化和模式化，在表现服饰方面具有一定局限性。

服饰表现清楚的圆雕、半圆雕及扁平镂雕玉人主要有：1968年，河北满城中山靖王刘胜墓（M1）出土1件玉人，玉质洁白，跽坐扶几，底面阴刻铭文五行十字："维古玉人王公延十九年。"年代为西汉中期⑤。1973年，江西南昌东郊永和大队畜牧场M14出土的扁平镂雕玉舞人，年代为西汉中期⑥。1983年，广东广州象岗南越王墓出土玉人C137和E135，同墓西耳室、东侧室和主棺室还出土有其他8件玉舞人，年代为西汉早期晚段至中期早段⑦。1989～1990年，湖北襄樊真武山M2出土1件玉舞人，年代

---

① 许玉林：《辽宁盖县东汉墓》，《文物》1993年第4期。

② 嘉兴地区文管会、海宁县博物馆：《浙江海宁东汉画像石墓发掘简报》，《文物》1983年第5期。

③ 天津市文物管理处考古队：《武清东汉鲜于璜墓》，《考古学报》1982年第3期。

④ 魏坚：《三段地墓葬》，《内蒙古中南部汉代墓葬》，中国大百科全书出版社，1998年，第150～152页。

⑤ 中国社会科学院考古研究所、河北省文物管理处：《满城汉墓发掘报告》，文物出版社，1980年，第140页。

⑥ 江西省博物馆：《南昌东郊西汉墓》，《考古学报》1976年第2期；古方：《中国出土玉器全集·江西卷》，科学出版社，2005年，第68页。

⑦ 广州市文物管理委员会、中国社会科学院考古研究所、广东省博物馆：《西汉南越王墓》，文物出版社，1991年，第120、121、197、198、242～248页。

为西汉初期[1]。2010年，陕西西安汉宣帝杜陵陵区出土1对连体玉舞人服饰，年代为西汉宣帝时期[2]。

其他可资参考的服饰资料还有：1958年，山东即墨出土玉舞人4件，年代为汉代[3]。1968年，河北满城中山靖王刘胜王后窦绾墓（M2）出土白玉质舞人1件，年代为西汉中期[4]。1969年，河北定县中山穆王刘畅墓（M43）出土青玉舞人2件，年代为东汉晚期[5]。1972年，江苏徐州小龟山汉墓出土玉舞人6件，年代为西汉中期武帝至宣帝时期[6]。1972年，安徽淮南谢家集唐山公社九里大队M1出土玉人1件，年代为西汉时期[7]。1973年，河北定县八角廊中山怀王刘修墓（M40）出土玉舞人4件，年代为西汉中期宣帝五凤三年（公元前55年）[8]。1973年，陕西咸阳汉元帝渭陵建筑遗址出土玉人头像1件，年代为西汉晚期[9]。1974～1975年，北京大葆台M2出土的透雕玉人1件，年代为西汉晚期[10]。1975年，安徽涡阳稷山崖墓出土玉人1件，年代为西汉前期[11]。1975年，安徽天长北岗汉墓出土玉舞人2件，年代为西汉时期[12]。1977年，江苏扬州邗江甘泉“妾莫书”墓出土扁平镂雕玉舞人3件，年代为西汉晚期元帝至平帝时期[13]。1978年，

① 湖北省文物考古研究所：《襄樊市真武山西汉墓葬》，《江汉考古》1993年第4期。

② 刘云辉、刘思哲：《汉杜陵陵区新出土的玉舞人》，《文物》2012年第12期。

③ 阎磊、田醒农：《陕西省1958年的文物普查工作》，《文物》1959年第11期；王灵光：《即墨市博物馆收藏的汉代玉舞人》，《文物》2007年第8期。

④ 中国社会科学院考古研究所、河北省文物管理处：《满城汉墓发掘报告》，文物出版社，1980年，第295页。

⑤ 定县博物馆：《河北定县43号汉墓发掘简报》，《文物》1973年第11期。

⑥ 南京博物院：《铜山小龟山西汉崖洞墓》，《文物》1973年第4期。

⑦ 古方：《中国出土玉器全集·安徽卷》，科学出版社，2005年，第141页。

⑧ 河北省文物研究所：《河北定县40号汉墓发掘简报》，《文物》1981年第8期。

⑨ 古方：《中国出土玉器全集·陕西卷》，科学出版社，2005年，第156页。

⑩ 大葆台汉墓发掘组、中国社会科学院考古研究所：《北京大葆台汉墓》，文物出版社，1989年，第63、71页。

⑪ 刘海超、杨玉彬：《安徽涡阳稷山汉代崖墓》，《文物》2003年第9期；古方：《中国出土玉器全集·安徽卷》，科学出版社，2005年，第136页。

⑫ 古方：《中国出土玉器全集·安徽卷》，科学出版社，2005年，第124页。

⑬ 扬州市为博物馆：《扬州西汉“妾莫书”木椁墓》，《文物》1980年第12期；古方：《中国出土玉器全集·江苏卷》，科学出版社，2005年，第143页。

河南永城保安山梁王墓（M1）出土连体玉舞人1件，年代为西汉早期。1979年，陕西西安大白杨汉墓出土玉舞人2件，年代为西汉早期[①]。1980年，山东莱西董家庄M2出土玉舞人1件，年代为西汉晚期[②]。1982年，山东五莲张家仲崮M1和M3出土玉舞人7件，年代为西汉中期偏晚[③]。1982年，江苏徐州东洞山M2（石桥M2）出土玉舞人2件，年代为西汉中晚期宣帝时期[④]。1983年，陕西西安三桥镇汉墓出土玉舞人2件，年代为西汉时期[⑤]。1984年，河南永城僖山梁王墓（M1）出土玉舞人2件，年代为西汉晚期[⑥]。1987年，山东昌乐东圈菑川王后墓（M1）出土玉舞人4件，年代为西汉中晚期宣帝至元帝时期[⑦]。1988年，河南淮阳安寿亭侯刘崇墓（北关M1）出土玉舞人1件，年代为东汉中期偏晚段[⑧]。1992年，江苏徐州韩山M1出土玉舞人6件，年代为西汉早期[⑨]。1993～1994年，河北献县陵上寺河间国王后墓（M36）出土墨玉舞人4件，年代为西汉早期偏晚[⑩]。1994～1995年，江苏徐州狮子山楚王墓发现玉舞人3件，年代为西汉早

① 刘云辉：《陕西出土汉代玉器》，文物出版社、众志美术出版社，2009年，第201页。

② 莱西县文化馆：《莱西县董家庄西汉墓》，《文物资料丛刊》（9），文物出版社，1985年。

③ 潍坊市博物馆、五莲县图书馆：《山东五莲张家仲崮汉墓》，《文物》1987年第9期；古方：《中国出土玉器全集·山东卷》，科学出版社，2005年，第219页。

④ 徐州博物馆：《徐州石桥汉墓清理报告》，《文物》1984年第11期。

⑤ 古方：《中国出土玉器全集·陕西卷》，科学出版社，2005年，第146页。

⑥ 河南省商丘市文物管理委员会、河南省文物考古研究所、河南省永城市文物管理委员会：《芒砀山西汉梁王墓地》，文物出版社，2001年，第308页；古方：《中国出土玉器全集·河南卷》，科学出版社，2005年，第228页。

⑦ 潍坊市博物馆、昌乐县文管所：《山东昌乐县东圈汉墓》，《考古》1993年第6期。

⑧ 周口地区文物工作队、淮阳县博物馆：《河南淮阳北关一号汉墓发掘简报》《文物》1991年第4期；河南省文物局：《河南文化遗产》（二），文物出版社，2015年，第153页。

⑨ 徐州博物馆：《徐州韩山西汉墓》，《文物》1997年第2期。

⑩ 河北省文物研究所、沧州市文物管理处、献县文物管理所：《献县第36号汉墓发掘报告》，《河北省考古文集》，东方出版社，1998年，第256页；涿州市文物保管所：《涿州文物藏品精选》，北京燕山出版社，2005年，第41页。

期[①]。1996年，安徽临泉西郊古城出土玉舞人2件，年代为西汉早中期[②]。2001年，陕西西安东郊窦氏墓群M3出土玉舞人8件，年代为西汉早期[③]。2005年，陕西西安北郊井上村M24出土玉舞人1件，年代为新莽时期[④]。河南南阳烟草公司M24出土玉舞人2件，年代为西汉时期[⑤]。

3. 金属人像及金属器人形构件

相对于前两种立体的服饰形象，金属质的人物形象数量较少，但在细部表现上惟妙惟肖，尤其对服饰的细部刻画清楚，是秦汉服饰研究中不可或缺的资料。这部分资料既有铜器铸造的人像，如铜镇，以男性居多，4件一组；也有铜器上的人形构件，如灯具上的人像。还有个别金银质地的人物形象。这类立体服饰资料一般出土于等级较高的诸侯王及列侯墓葬中。

秦代最典型者是1980年陕西临潼秦始皇陵封土西侧从葬坑K3出土的两辆彩绘铜车马，铜车马结构复杂，车上人物造型逼真，真实再现了服饰细节，局部还可见纹饰和彩绘[⑥]，完美展现了秦代男性服饰形象。此外，2011年起，秦陵外城西侧发现9座大中型陪葬墓，其中QLCM1南侧边箱中发现有舞蹈金人像、乐舞百戏及骑马银人像[⑦]。

汉代的典型材料有：1955年，陕西西安洪庆村M119出土的铜质骑马

---

① 葛明宇：《狮子山西汉楚王陵墓考古研究》，河北出版传媒集团・河北美术出版社，2018年。

② 古方：《中国出土玉器全集・安徽卷》，科学出版社，2005年，第140页。

③ 西安市文物保护考古所：《西安东郊西汉窦氏墓（M3）发掘报告》，《文物》2004年第6期；刘云辉：《陕西出土汉代玉器》，文物出版社、众志美术出版社，2009年，第195～200页；古方：《中国出土玉器全集・陕西卷》，科学出版社，2005年，第145页。

④ 陕西省考古研究院：《西安北郊井上村西汉M24发掘简报》，《考古与文物》2012年第6期。

⑤ 南阳市文物考古研究所：《南阳古玉撷英》，文物出版社，2005年，第243页。

⑥ 秦始皇兵马俑博物馆、陕西省考古研究所：《秦始皇陵铜车马发掘报告》，文物出版社，1998年；陕西省秦俑考古队：《秦始皇陵一号铜车马清理简报》，《文物》1991年第1期。

⑦ 秦始皇帝陵博物院：《秦始皇帝陵考古的新进展——秦始皇帝陵陵西墓葬勘探与发掘取得重要收获》，《中国文物报》2020年6月19日第5版。

人像1件，年代为西汉中晚期①。1956～1957年，山东诸城太平葛阜口村出土铜灯1件，底座为一男性手执双灯，年代为汉代②。1956～1958年，广东广州市动物园M8出土女性跽坐铜人像1对，年代为西汉早期③。1968年，河北满城汉墓出土铜人像若干件，M1为西汉中山靖王刘胜之墓，出土铜当户灯1件，灯座为一单膝跪姿铜人，盘壁刻有铭文“御当户锭一”；同墓还出土有铜人3件，其中2件为倡优造型的铜镇。M2为王后窦绾墓，出土的1件长信宫灯因刻有“长信”二字而得名，灯的外形为一宫女持灯状；同墓还出土有骑兽人物博山炉、骑兽力士、小铜人等男性形象。年代为西汉中期④。1969年，甘肃武威雷台汉墓出土表现车马出行的铜人像45件，包括武士17件、奴婢28件，其中8件男性刻有“张氏奴”铭文，4件女性刻有“张氏婢”字样，年代为东汉晚期灵帝中平三年至献帝时期（公元186～219年）⑤。1973年，江西南昌东郊M14出土有男性铜镇4件，年代为西汉中期⑥。1980年，广西贵县风流岭M31出土男性跽坐铜人像1件，年代为西汉中期武帝时期⑦。1984年，山东博兴出土有铜灯1件，底座为男性骑士，年代为汉代⑧。1985年，山东泗水尹家城遗址出土人形铜灯器座

---

① 陕西省文物管理委员会：《陕西长安洪庆村秦汉墓第二次发掘简记》，《考古》1959年第12期。

② 既陶：《山东省普查文物展览简介》，《文物》1959年第11期。

③ 广州市文物管理委员会、广州市博物馆：《广州汉墓》，文物出版社，1981年，第148页，图版三六；广州市文物管理委员会：《广州动物园古墓群发掘简报》，《文物》1961年第2期；秦孝仪：《中华五千年文物集刊·服饰篇》，中华五千年文物集刊编辑委员会，1986年，第80页。

④ 中国社会科学院考古研究所、河北省文物管理处：《满城汉墓发掘报告》，文物出版社，1980年，第71、100、140、206、253、255、295、275页。

⑤ 甘博文：《甘肃武威雷台东汉墓清理简报》，《文物》1972年第2期；甘肃省博物馆：《武威雷台汉墓》，《考古学报》1974年第2期；中华人民共和国出土文物展览工作委员会：《中华人民共和国出土文物展览展品选集》，文物出版社，1973年；王春法：《丝路孔道——甘肃文物菁华》，北京时代华文书局，2020年。

⑥ 江西省博物馆：《南昌东郊西汉墓》，《考古学报》1976年第2期。

⑦ 广西壮族自治区文物工作队：《广西贵县风流岭三十一号西汉墓清理简报》，《考古》1984年第1期。

⑧ 博兴县文物管理所：《山东博兴县出土汉代骑马俑灯》，《考古》1987年第2期。

1件，年代为汉代[①]。1987年，山东临沂李官石家屯原诸葛墓出土的铜镇3件，年代为西汉时期[②]。2009～2010年，山东济南魏家庄M168出土人形铜镇4件，年代为西汉中晚期至东汉早期[③]。2009～2011年，江苏盱眙江都王墓出土有驯象人像和驯犀人像各1件、错金银俳优俑铜镇4件，年代为西汉早期[④]。

4. 模型明器人物

模型明器出现很早，但真正兴起却在秦汉时期，尤其是在西汉晚期至东汉时期达到顶峰。东汉时期，模型明器数量众多、种类丰富，集中分布在作为京畿之地的河南以及河北、陕西、江苏徐州、山东南部、两广、云贵川地区，其他省份也有零星出土。模型明器中绝大多数为陶制，包括与人类生活密切相关的囤、仓、井、圈、灶、磨、碓房、厕、楼、房屋、院落、田地、池塘、车船等，还包括部分陶灯、魂瓶等器物。其中，房屋、院落、田地、车船等表现建筑和交通工具的模型中人物居多。这类型材料表现的服饰形象比较简略抽象，因此这里择要介绍如下，以作为对比和参考。

河南地区出土的模型明器多陶楼、水榭等建筑或陶灶、陶灯等器物，模型常雕塑、绘制有人物，表现日常生活的场景。如1955年，陕县刘家渠汉墓出土的陶鸟灯、水榭、楼阁上均雕塑有人物，表现乐工、仆从、武士等形象，年代为东汉晚期[⑤]。1957年，巩县石家庄古墓群M1出土陶灶上绘制的人物，年代为东汉中期[⑥]。1972年，灵宝张湾汉墓出土的水上楼阁、陶楼上也表现有乐舞、武士等人物形象，年代为东汉时期。1980年，洛宁M4出土1件带有院落的陶楼模型，上有各式人物，年代为东汉中晚

---

① 山东大学历史系考古专业教研室：《泗水尹家城》，文物出版社，1990年，第270页。

② 李伯谦：《中国出土青铜器全集·山东卷》，科学出版社，2018年，第472页。

③ 郭俊峰、郝素梅、房振：《济南魏家庄考古获得重大收获》，《济南考古》，科学出版社，2013年，第114～117页。

④ 南京博物院、盱眙县文广新局：《江苏盱眙县大云山汉墓》，《考古》2012年第7期；南京博物院：《长毋相忘：读盱眙大云山江都王陵》，译林出版社，2013年，第55、323、337页。

⑤ 黄河水库考古工作队：《河南陕县刘家渠汉墓》，《考古学报》1965年第1期。

⑥ 河南省文化局文物工作队：《河南巩县石家庄古墓群发掘简报》，《考古》1963年第2期。

期[①]。此外，20世纪初，河北涿州开发区凌云集团工地出土的1件彩绘陶魂瓶，共有7层，上有歌舞艺伎，年代为东汉时期[②]。

南方两广地区除陶屋、陶井、陶仓外，还有极具地方特点的水田和陶船模型，上面雕塑有各种劳作人物，这些模型明器及其人物既有陶质也有木质，但刻画简单，性别难辨，服饰形象不清晰。广东地区，广州1953～1960年发掘的汉墓中很多模型明器上有人物，如西汉中期的M2050和M2060各发现有木船一件，船上有3～5个人物形象[③]；东汉前期M4011、M4007、M4016、M4024、M4029出土的陶屋和陶楼上均有若干人物形象[④]；东汉后期M5010、M5041、M5080出土的陶仓，M5046出土陶井，M5029出土陶囤，M5007、M5008、M5032、M5041出土陶屋[⑤]，M5032、M5041、M5043、M5080出土城堡，M5080出土陶船，M5064、M5080出土陶车，M5081出土水田均有各种姿态的劳作人物[⑥]。1992年，广州先烈南路汉墓出土3件陶屋上也有人物若干，年代为东汉时期[⑦]。1996年，广州沙河顶汉墓出土陶屋上有2个人物，年代为东汉后期[⑧]。1997年，广州黄花岗M3出土陶船和陶牛车上都有若干件人物，年代为东汉晚期[⑨]。此外，广州地区还出土有一批人形陶灯，年代从西汉中期至东汉晚期，如西汉中期的M2046，西汉晚期的M3018、M3020、M3021、M3026、M3029，东汉前期的M4016、M4019，东汉后期的M5018、

---

① 洛阳地区文化局文物工作队：《河南洛宁东汉墓清理简报》，《文物》1987年第1期。

② 涿州市文物保管所：《涿州文物藏品精选》，北京燕山出版社，2005页。

③ 广州市文物管理委员会、广州市博物馆：《广州汉墓》，文物出版社，1981年，第247页，图版七二。

④ 广州市文物管理委员会：《广州西村皇帝冈42号东汉木椁墓发掘简报》，《考古通讯》1958年第8期。

⑤ 广州市文物管理委员会：《广州动物园东汉建初元年墓清理简报》，《文物》1959年第11期。

⑥ 广州市文物管理委员会、广州市博物馆：《广州汉墓》，文物出版社，1981年，第334～337、417～431页，图版一四四～图二六九。

⑦ 广州市文物考古研究所：《广州市先烈南路大宝岗汉墓发掘简报》，《广州文物考古集》，文物出版社，1998年，第235～260页。

⑧ 广州市文物考古研究所：《广州市沙河顶汉墓发掘简报》，《广州文物考古集》，文物出版社，1998年，第213～221页。

⑨ 广州市文物考古研究所：《广州黄花岗东汉砖室墓发掘简报》，《广州文物考古集》，文物出版社，1998年，第222～234页。

M5032、M5036、M5043、M5046、M5061、M5063均出土有人像陶灯。顺德也出土类似的1件，陶灯人像，深目高鼻、宽鼻厚唇、身材矮小、体毛较密，不同于汉人。番禺也发现有个别模型明器，如2001年，番禺员岗村M2出土陶屋、陶灶、陶船、陶井，内均有人物若干，年代为东汉晚期[①]。

广西出土模型明器与广东基本相似。1954年，贵县东湖新村M22出土陶灶上有5人，年代为东汉时期。1982年，贵港铁路新村M3出土的多件陶楼、陶屋，上有人物若干，年代为东汉时期。2010年，贵港三合村梁君墓出土陶船上有15人，年代为东汉时期。

（二）平面服饰形象

平面服饰形象主要是指壁画、帛画、木板画、画像砖石上的人物所穿着的服饰形象，也包括部分以陶器、漆器、铜器为载体的图像中的人物服饰形象。秦至西汉时期的平面服饰形象数量不多但表现形式多样，帛画、壁画、画像砖石及各种器物上均表现有服饰形象且写实性较强；新莽东汉以后的平面服饰形象主要表现在壁画和画像砖石上，画像砖石上的人物服饰形象虽数量众多但多为模式化的表达，因此以此类材料为基础的研究也具有一定局限性。下文拟就表现有服饰形象的重要考古材料作简要介绍。

1. 壁画

秦汉时期的壁画主要以墓室中建筑材料为载体，建筑壁画目前只见于秦咸阳宫遗址。自秦咸阳宫遗址发现秦代壁画遗迹后，至西汉中晚期陕西和河南方又见壁画遗迹，此后墓室壁画逐渐增多，至新莽东汉时期，墓葬壁画已具有一定规模，集中分布于五大区域，墓葬壁画日臻成熟。与其他考古资料相比，壁画中的服饰形象在服饰色彩的表现上独具优势。

秦代壁画目前只发现于秦咸阳宫三号宫殿遗址，1979～1982年，遗址分两次出土壁画残片180余块，拼对完整的162块。壁画内容主要有人物车骑、车马出行、动物、植物、亭台楼阁、神灵怪异、图案装饰、杂画八个大类，其中的人物形象表现有部分的服饰情况[②]。

---

① 广州市文物考古研究所：《番禺员岗村东汉墓》，《华南考古》（1），文物出版社，2004年，第222～247页。

② 陕西省考古研究所：《秦都咸阳考古报告》，科学出版社，2004年，第535～564页；徐光冀：《中国出土壁画全集·陕西卷》，科学出版社，2012年，第1～3页。

汉代表现有人物形象的壁画墓兴起于西汉中晚期，主要分布于中原地区、关中地区、东北地区、北方地区、东方地区[①]，四川、广东、甘肃等地也有零星的壁画墓发现。东汉中晚期，壁画墓无论是数量还是分布范围都达到顶峰。迄今为止，两汉正式发掘的壁画墓已达到近70座。汉代壁画墓，除个别地区表现有升仙题材、日月星辰和动植物装饰图案外，大部分地区均有表现现实生活的题材，尤其是北方和河西地区的壁画墓基本以现实生活题材为主。就表现现实生活的壁画内容而言，这一时期的常见题材有夫妇对饮、乐舞百戏、庖厨、庄园劳作、农耕、狩猎、车马出行等场面，有些壁画的人物形象旁刻有清晰的榜题文字，对于辨识人物性别及身份尤其重要。与服饰相关的壁画墓发现分述如下。

（1）中原地区

以河南洛阳为中心的中原地区是汉墓壁画的传统分布地带，包括河南大部、河北南部和山西南部。其中，洛阳及周边地区的壁画墓不仅数量多，而且延续时间长，自西汉中晚期至东汉晚期均有发现，其他地区的壁画墓则多是新莽东汉时期。中原地区壁画墓中人物形象清晰的主要有几下诸例。

西汉中晚期壁画墓全部分布于河南省洛阳地区，主要有：现藏于美国波士顿美术馆的八里台壁画，据传出土于20世纪20年代的洛阳八里台壁画墓，上下两层共绘制有侍从、老者等男女老幼各式人物30人，据考证年代为西汉晚期元帝至成帝时期[②]。与此相似的海外藏品还有大英博物馆藏洛阳出土壁画，三组壁画表现有老者、仙人等人物形象，但细节漫漶不清，年代为西汉晚期[③]。1931年，传教士怀履光搜集了一批洛阳邙山出土的彩绘画像砖，现藏于加拿大皇家安大略博物馆，壁画中有西王母、仙人、武士等人物形象，年代为西汉晚期[④]。1957年，洛阳烧沟M61，壁画表现有“二桃杀三士”“鸿门宴”“孔子师相橐”等历史故事中的人物形象22人，以及方相氏为中心的傩戏人物8人，年代为西汉晚期元帝至成帝

① 有学者将河西地区独立作为一个汉代壁画分布区，见黄佩贤：《汉代墓室壁画研究》，文物出版社，2008年，第30页。

② 洛阳市文物管理局、洛阳古代艺术博物馆：《洛阳古代墓葬壁画》，中州古籍出版社，2010年，第68～73页。

③ 洛阳市文物管理局、洛阳古代艺术博物馆：《洛阳古代墓葬壁画》，中州古籍出版社，2010年，第88～91页。

④ 洛阳市文物管理局、洛阳古代艺术博物馆：《洛阳古代墓葬壁画》，中州古籍出版社，2010年，第100～103页。

时期[①]。1976年，洛阳邙山卜千秋壁画墓，表现有伏羲、女娲、方相氏、持节仙翁、仙人、墓主夫妇等人物形象，年代为西汉中期晚段昭帝至宣帝时期[②]。1992年，洛阳浅井头壁画墓，表现有伏羲、女娲、仙人、羽人等人物形象，年代为西汉中晚期[③]。2000年，洛阳磁涧里河村壁画墓，壁画清楚的19块砖可分为五组，其中有伏羲、女娲、女性神兽等人物形象，年代为西汉中晚期[④]。2009年，洛阳新区壁画墓中虽壁画砖不多，但可见伏羲、女娲等人物形象，年代为西汉中晚期[⑤]。

新莽时期中原地区壁画墓的分布地域已经拓展至河南以外的山西东南地区，主要有：1959年，平陆枣园壁画墓，表现有耧播场面中的若干农夫形象[⑥]。1978年，洛阳金谷园壁画墓，壁画中的太白、苍龙、黄龙、句芒、蓐收、祝融、玄冥等图像均描绘有类人的星神形象，年代为新莽地皇年间[⑦]。1984年，新安铁塔山壁画墓表现有门吏、墓主、侍者、舞者及观

---

① 河南省文化局文物工作队：《洛阳西汉壁画墓发掘报告》，《考古学报》1964年第2期；黄明兰、郭引强：《洛阳汉墓壁画》，文物出版社，1996年，第87～100页；洛阳市文物管理局、洛阳古代艺术博物馆：《洛阳古代墓葬壁画》，中州古籍出版社，2010年，第54～67页。

② 洛阳博物馆：《洛阳西汉卜千秋壁画墓发掘简报》，《文物》1977年第6期；黄明兰、郭引强：《洛阳汉墓壁画》，文物出版社，1996年，第61～76页；洛阳市文物管理局、洛阳古代艺术博物馆：《洛阳古代墓葬壁画》，中州古籍出版社，2010年，第32～43页。

③ 黄明兰、郭引强：《洛阳汉墓壁画》，文物出版社，1996年，第77～86页；洛阳市文物管理局、洛阳古代艺术博物馆：《洛阳古代墓葬壁画》，中州古籍出版社，2010年，第44～53页。

④ 洛阳市文物管理局、洛阳古代艺术博物馆：《洛阳古代墓葬壁画》，中州古籍出版社，2010年，第74～87页。

⑤ 洛阳市文物管理局、洛阳古代艺术博物馆：《洛阳古代墓葬壁画》，中州古籍出版社，2010年，第92～99页。

⑥ 山西省文物管理委员会：《山西平陆枣园村壁画汉墓》，《考古》1959年第9期；徐光冀：《中国出土壁画全集·山西卷》，科学出版社，2012年，第2、3页。

⑦ 黄明兰、郭引强：《洛阳汉墓壁画》，文物出版社，1996年，第105～120页；洛阳市文物管理局、洛阳古代艺术博物馆：《洛阳古代墓葬壁画》，中州古籍出版社，2010年，第150～167页。

赏者[①]。1991年，偃师辛村壁画墓，壁画表现有门吏、伏羲、女娲、西王母、杂役、舞者及观赏者[②]。2003年，宜阳尹屯壁画墓，壁画以云气纹为主，其间隐约可见若干仙人和星神形象[③]。2008年，偃师壁画墓壁画中表现有仙人、西王母、伏羲、女娲、梳妆人物、六博人物等[④]。

东汉早期壁画墓发现较少，主要有：1982年，洛阳金谷园壁画墓，表现有门吏形象[⑤]。1987年，洛阳北郊石油站壁画墓，表现有门吏、伏羲、女娲、仙人、侍者等形象[⑥]。

东汉晚期中原地区的壁画墓分布较广，河南、河北、山西均有发现。主要有：1952～1955年，望都所药村两座壁画墓，壁画虽有部分剥落，但色彩鲜艳且有题记，根据这些文字内容，可知两墓壁画主要表现的是“门下功曹”“门下贼曹”“主簿”等不同身份的官吏形象，年代

---

① 洛阳市文物工作队：《洛阳新安县铁塔山汉墓发掘报告》，《文物》2002年第5期；黄明兰、郭引强：《洛阳汉墓壁画》，文物出版社，1996年，第181～186页，该书作者认为此墓年代为东汉中期；洛阳市文物管理局、洛阳古代艺术博物馆：《洛阳古代墓葬壁画》，中州古籍出版社，2010年，第168～177页。

② 洛阳市第二文物工作队：《洛阳偃师县新莽壁画墓清理简报》，《文物》1992年第12期；黄明兰、郭引强：《洛阳汉墓壁画》，文物出版社，1996年，第121～140页；洛阳市文物管理局、洛阳古代艺术博物馆：《洛阳古代墓葬壁画》，中州古籍出版社，2010年，第104～113页。

③ 洛阳市第二文物工作队：《宜阳县尹屯新莽壁画墓》，《中国考古学年鉴（2004）》，文物出版社，2004年，第262、263页；国家文物局：《2003中国重要考古发现》，文物出版社，2004年；洛阳市文物管理局、洛阳古代艺术博物馆：《洛阳古代墓葬壁画》，中州古籍出版社，2010年，第114～149页。

④ 洛阳市文物管理局、洛阳古代艺术博物馆：《洛阳古代墓葬壁画》，中州古籍出版社，2010年，第178～181页。

⑤ 洛阳市文物管理局、洛阳古代艺术博物馆：《洛阳古代墓葬壁画》，中州古籍出版社，2010年，第200～205页。

⑥ 洛阳市文物工作队：《河南洛阳北郊东汉壁画墓》，《考古》1991年第8期；黄明兰、郭引强：《洛阳汉墓壁画》，文物出版社，1996年，第141～148页；贺西林：《洛阳北郊石油站汉墓壁画图像考辨》，《文物》2001年第5期；洛阳市文物管理局、洛阳古代艺术博物馆：《洛阳古代墓葬壁画》，中州古籍出版社，2010年，第182～199页。

均为东汉晚期，其中M2为灵帝光和五年（公元182年）[①]。1960年，密县打虎亭M2，壁画表现有迎宾、宴饮、劳作、车马出行等场面，墓主为东汉晚期弘农太守张德夫人[②]。1963年，密县后土郭壁画墓共有5座墓葬，M1壁画表现有窗内燕居人物、斗鸡少年等人物；M2壁画表现有出行人物；M3残存两位男性半身像，M1和M2的年代不晚于东汉晚期献帝初平元年（公元190年）[③]。1971年，安平逯家庄壁画墓，表现有大规模的车马出行的场面和官吏交谈、乐舞演奏、墓主端坐的场景[④]。1981年，洛阳西工C1M120（唐宫路玻璃厂壁画墓），表现有墓主夫妇、侍者、舞女等形象[⑤]。1984年，偃师杏园壁画墓，表现有车马出行大型场面，有墓主、属吏、随从等70余人[⑥]。1989年，夏县王村壁画墓，表现有射猎、乐队奉迎、车马出行、仙人导引等场面[⑦]。1990～1991年，洛阳机车厂壁画墓表

---

① 北京历史博物馆、河北省文化管理委员会：《望都汉墓壁画》，中国古典艺术出版社，1955年；河北省文化局文物工作队：《望都二号汉墓》，文物出版社，1959年；徐光冀：《中国出土壁画全集·河北卷》，科学出版社，2012年，第14～25页。

② 安金槐、王与刚：《密县打虎亭汉代画像石墓和壁画墓》，《文物》1972年第10期；河南省文物研究所：《密县打虎亭汉墓》，文物出版社，1993年。

③ 河南省文物研究所：《密县后土郭汉画像石墓发掘报告》，《华夏考古》1987年第2期；河南省文物局：《河南文化遗产》（二），文物出版社，2007年；徐光冀：《中国出土壁画全集·河南卷》，科学出版社，2012年，第89、90页。

④ 河北省文物研究所：《安平东汉壁画墓发掘简报》，《文物春秋》（创刊号），1989年；河北省文物研究所：《安平东汉壁画墓》，文物出版社，1990年；徐光冀：《中国出土壁画全集·河北卷》，科学出版社，2012年，第1～12页。

⑤ 洛阳文物工作队：《洛阳西工东汉壁画墓》，《中原文物》1982年第3期；黄明兰、郭引强：《洛阳汉墓壁画》，文物出版社，1996年，第149～154页；洛阳市文物管理局、洛阳古代艺术博物馆：《洛阳古代墓葬壁画》，中州古籍出版社，2010年，第236～241页。

⑥ 中国社会科学院考古研究所：《杏园东汉墓壁画》，辽宁美术出版社，1995年；洛阳市文物管理局、洛阳古代艺术博物馆：《洛阳古代墓葬壁画》，中州古籍出版社，2010年，第220～235页。

⑦ 侯八五：《山西夏县清理一座大型壁画墓》，《中国文物报》1989年12月1日第2版；山西省考古研究所、运城地区文化局、夏县文化局博物馆：《山西夏县王村东汉壁画墓》，《文物》1994年第8期；徐光冀：《中国出土壁画全集·山西卷》，科学出版社，2012年，第7～15页。

现有门吏、百戏、侍从、车马出行等人物形象[①]。1991年，洛阳朱村M2表现有墓主夫妇、侍者、车马出行、属吏等众多人物形象[②]。1992年，洛阳M3850表现有侍者和门吏若干[③]。1995年，荥阳苌村壁画墓表现有车马出行、抚琴人物、童叟对语、驯兽等场面和人物[④]。

（2）关中地区

关中地区壁画墓以西安为中心，周边的咸阳和宝鸡也有分布。该地区壁画墓自西汉中晚期出现一直延续至东汉晚期，虽然存续时间长，但总体数量不多。

西汉中晚期壁画墓主要有：1987年，西安交通大学附属小学壁画墓，壁画内容以星宿图案为主，星宿间穿插人物形象，年代为西汉晚期宣帝至平帝时期[⑤]。2004年，西安理工大学壁画墓表现有车马出行、狩猎、宴乐、斗鸡等生活场面，尤其是宴乐场面中有较多的现实题材的人物，墓主为两千石以上官秩的列侯或郡太守级别[⑥]。2008年，西安曲江翠

---

① 洛阳市文物工作队：《洛阳机车工厂东汉壁画墓》，《文物》1992年第3期；黄明兰、郭引强：《洛阳汉墓壁画》，文物出版社，1996年，第155～168页；洛阳市文物管理局、洛阳古代艺术博物馆：《洛阳古代墓葬壁画》，中州古籍出版社，2010年，第206～219页。

② 洛阳市第二文物工作队：《洛阳市朱村东汉壁画墓发掘简报》，《文物》1992年第12期；黄明兰、郭引强：《洛阳汉墓壁画》，文物出版社，1996年，第187～209页；洛阳市文物管理局、洛阳古代艺术博物馆：《洛阳古代墓葬壁画》，中州古籍出版社，2010年，第242～259页。

③ 洛阳市文物工作队：《河南洛阳市第3850号东汉墓》，《考古》1997年第8期。

④ 郑州市文物考古研究所、荥阳市文物保护管理所：《河南荥阳苌村汉代壁画墓调查》，《文物》1996年第3期；徐光冀：《中国出土壁画全集·河南卷》，科学出版社，2012年，第91～106页。

⑤ 陕西省考古研究所、西安交通大学：《西安交通大学西汉壁画墓》，西安交通大学出版社，1991年；陕西省考古研究所、西安交通大学：《西安交通大学西汉壁画墓发掘简报》，《考古与文物》1990年第4期；呼林贵：《西安交通大学西汉壁画墓》，《文物天地》1990年第6期；徐光冀：《中国出土壁画全集·陕西卷上》，科学出版社，2012年，第4～12页。

⑥ 西安市文物保护考古所：《西安理工大学西汉壁画墓发掘简报》，《文物》2006年第5期；国家文物局：《2004中国重要考古发现》，文物出版社，2005年；徐光冀：《中国出土壁画全集·陕西卷上》，科学出版社，2012年，第13～24页。

竹园壁画墓（M1），表现有门吏、侍者、贵妇和武士等人物形象[①]。

新莽时期表现有人物的壁画墓主要是1983年发掘的咸阳龚家湾壁画墓，描绘若干端坐人物形象[②]。

东汉时期壁画墓发现主要有：2000年发掘的旬邑百子村壁画墓表现有牛耕、宴饮、庖厨等场面的人物形象，其中有“邠王力士”“亭长”等标识身份的题记[③]。

（3）东北地区

东北地区壁画墓的调查与发掘工作开展较早，20世纪初期日本学者即有关注，这里的汉魏壁画墓不仅数量众多而且保存完好，主要分布在大连和辽阳两地，尤其以辽阳居多。辽阳在秦汉以后是辽东郡治襄平城所在，东汉末年公孙度统辖辽东、辽西两郡，故本区壁画墓以东汉晚期居多。壁画内容主要为门吏、夫妇对坐宴饮、庖厨和车马出行等现实题材。

东汉早期的壁画墓有1931年发现的辽宁大连营城子壁画墓，表现有门吏、墓主、侍者、仙人、孔子、老子等形象[④]。

东汉中期的壁画墓有1983年发掘的辽阳旧城东门里汉墓，壁画表现有宴饮和车马出行场面，其中有门吏、贵族和导骑形象[⑤]。

东汉晚期的壁画墓则较多，主要有：1918年，辽阳迎水寺壁画墓，表现有墓主、庖厨人物、劳作女子等形象[⑥]。1942年，辽阳南林子壁画

① 西安市文物保护考古所：《西安曲江翠竹园西汉壁画墓发掘简报》，《文物》2010年第1期；徐光冀：《中国出土壁画全集·陕西卷上》，科学出版社，2012年，第25～35页；国家文物局：《2008中国重要考古发现》，文物出版社，2009年。

② 孙德润、贺雅宜：《龚家湾一号墓葬清理简报》，《考古与文物》1987年第1期。

③ 陕西省考古研究所：《陕西省旬邑发现东汉壁画墓》，《考古与文物》2002年第3期；美茵兹罗马-日耳曼中央博物馆、陕西省考古研究所：《考古发掘出土的中国东汉墓（邠王墓）壁画》，2002年；徐光冀：《中国出土壁画全集·陕西卷上》，科学出版社，2012年，第106～130页。

④ 〔日〕内藤宽、森修：《營城子——前牧城驛附近の漢代壁畫甎墓》，刀江书社，1934年；徐光冀：《中国出土壁画全集·辽宁卷》，科学出版社，2012年，第1、2页。

⑤ 辽宁省博物馆、辽阳博物馆：《辽阳旧城东门里东汉壁画墓发掘报告》，《文物》1985年第6期。

⑥ 〔日〕八木奘三郎：《辽阳発现の壁画古坟》，《東洋學报》第11卷第1号，1921年。

墓，表现有宴饮场面，其中有乐舞人物及观赏者若干[①]。1943年，辽阳北园M1，壁画内容丰富，表现有宴饮、乐舞百戏、车马出行、斗鸡等场面，以及墓主、侍者、官吏、骑从、下层百姓等众多形象，并有“代郡廪”“小府吏”等题记[②]。1944年，辽阳棒台子M1壁画，表现有乐舞、宴饮场面，其中有墓主、门吏、侍者、舞女、乐工等人物形象[③]。1951年，辽阳三道壕第四窑场壁画墓，表现有墓主夫妇对坐、庖厨、车马出行等场面，其中有贵族、侍者、劳动人物、骑从等人物形象[④]。1955年，辽阳三道壕M1和M2，表现有多对夫妇对坐的场景[⑤]。1957年，辽阳棒台子M2，壁画表现有墓主夫妇对坐宴饮、车马出行、官吏躬立等场面，其中有贵族、侍者、官吏、骑从等形象，有并有题记“主簿”“议曹掾”“大婢常乐”[⑥]。1957年，辽阳南雪梅村M1，壁画表现有若干男子坐像[⑦]。1959年，辽阳北园M2，壁画表现有门吏形象[⑧]。1974年，辽阳三道壕M3同样表现有墓主夫妇对坐场面，其中有贵族、侍者、马夫等形象[⑨]。1975年，辽阳鹅房M1，壁画表现有宴饮场面和跽坐官吏[⑩]。1986年，辽阳北园M3壁画表现有门吏和躬立的若干属吏[⑪]。2004年，辽阳南郊街汉墓壁画表现有躬立的属吏若干及宴饮图中的贵族形象[⑫]。

---

① 〔日〕驹井和爱：《南满洲辽阳に于ける古迹调查（1、2）》，《考古學雜誌》第32卷第2、7号，1942年。

② 李文信：《辽阳北园画壁古墓记略》，《李文信考古文集》，辽宁人民出版社，1992年；徐光冀：《中国出土壁画全集·辽宁卷》，科学出版社，2012年，第18～31页。

③ 李文信：《辽阳发现的三座壁画古墓》，《文物参考资料》1955年第5期。

④ 李文信：《辽阳发现的三座壁画古墓》，《文物参考资料》1955年第5期。

⑤ 东北博物馆：《辽阳三道壕两座壁画墓的清理工作简报》，《文物参考资料》1955年第12期；徐光冀：《中国出土壁画全集·辽宁卷》，科学出版社，2012年，第14～17页。

⑥ 王增新：《辽阳市棒台子二号壁画墓》，《考古》1960年第1期；徐光冀：《中国出土壁画全集·辽宁卷》，科学出版社，2012年，第8～13页。

⑦ 王增新：《辽宁辽阳县南雪梅村壁画墓及石墓》，《考古》1960年第1期。

⑧ 辽阳市文物管理所：《辽阳发现三座壁画古墓》，《考古》1980年第1期。

⑨ 辽阳市文物管理所：《辽阳发现三座壁画古墓》，《考古》1980年第1期。

⑩ 辽阳市文物管理所：《辽阳发现三座壁画古墓》，《考古》1980年第1期；徐光冀：《中国出土壁画全集·辽宁卷》，科学出版社，2012年，第32、33页。

⑪ 徐光冀：《中国出土壁画全集·辽宁卷》，科学出版社，2012年，第6、7页。

⑫ 徐光冀：《中国出土壁画全集·辽宁卷》，科学出版社，2012年，第3～5页。

（4）北方地区

北方地区是指以内蒙古、陕北地区为中心的地区，该区汉代壁画墓自西汉晚期一直延续至东汉晚期，以东汉晚期居多。

西汉晚期壁画墓只有2007～2008年发掘的靖边老坟梁M42、M119，壁画题材有歌舞宴饮、车马出行、农耕生产、人物故事、升仙等，人物众多。墓葬中有少量北方草原民族的文化因素①。

新莽至东汉早期的壁画墓发现主要有：2001年，乌审嘎鲁图M1，壁画内容表现有丧葬送行的人物、楼阁内的男女侍者以及车马出行及宴乐场面的人物②。2003年，定边郝滩壁画墓，壁画表现有车马出行、牧马、升仙、庭院等场面，其中有墓主夫妇、侍从、星神、西王母、东王公、仙人等形象③。2005年，靖边杨桥畔M1，壁画涉及车马出行、牛耕、舞蹈等生活场面、升仙场面以及历史故事，表现有墓主、侍者、仙人、贵族、乐舞百戏人物、历史人物等④。2009年，靖边杨桥畔渠树壕壁画墓，表现有车马出行、拜谒、郊猎、乐舞等生活场面以及星象图和历史故事，其中有墓主、侍从、官吏、星官、历史人物等形象⑤。

东汉晚期表现人物形象的壁画墓显著增多，主要有：1956年，托克

---

① 陕西省考古研究院：《2008年陕西省考古研究院考古调查发掘新收获》，《考古与文物》2009年第2期；国家文物局：《2008中国重要考古发现》，文物出版社，2009年。

② 杨泽蒙、王大方：《内蒙古中南部发现汉代壁画》，《中国文物报》2001年12月7日第2版；鄂尔多斯博物馆：《乌审旗巴音格尔汉代壁画墓》，《中国考古学年鉴（2002）》，文物出版社，2003年，第160页；徐光冀：《中国出土壁画全集·内蒙古卷》，科学出版社，2012年，第13～17页。

③ 国家文物局：《2003中国重要考古发现》，文物出版社，2004年；陕西省考古研究所、榆林市文物管理委员会：《陕西定边县郝滩发现四十里铺东汉壁画墓》，《考古与文物》2004年第5期；陕西省考古研究所、榆林市文物管理委员会：《陕西定边县郝滩发现东汉壁画墓》，《文物》2004年第5期；陕西省考古研究所：《定边县四十里铺东汉壁画墓》，《中国考古学年鉴（2004）》，文物出版社，2005年，第380页；徐光冀：《中国出土壁画全集·陕西卷上》，科学出版社，2012年，第50～69页。

④ 国家文物局：《2006中国重要考古发现》，文物出版社，2007年；徐光冀：《中国出土壁画全集·陕西卷上》，科学出版社，2012年，第70～105页。

⑤ 国家文物局：《2015中国重要考古发现》，文物出版社，2016年，第116～119页；徐光冀：《中国出土壁画全集·陕西卷上》，科学出版社，2012年，第36～49页。

托壁画墓，表现有车马出行人物、庖厨人物、男女侍者若干，并有“闵氏从奴”“闵氏从婢”等题记①。1971年，和林格尔新店子小板申壁画墓有壁画46组，规模宏大，表现墓主的仕途经历和庄园生活，其中有墓主、官吏、门吏、贵妇、侍者、历史人物等形象并有“贼曹”“繁阳县仓”等大量墨书题记，年代为桓帝永和五年至灵帝熹平六年（公元140年～177年）②。1992年，鄂托克旗凤凰山M1，壁画中表现有庄园生活、宴饮百戏、车马出行、射弋等场景，其中有贵族、侍者、乐舞伎③。1995年，包头张龙圪旦壁画墓，残留有2个男性人物形象，旁有题记④。1999年，鄂托克旗米兰壕M1，壁画表现有居家、射猎等人物形象⑤。

（5）东方地区

东方地区包括鲁南、苏北、皖北的交界地带，该区壁画墓自新莽时期延续至东汉晚期。

新莽时期的壁画墓主要有2007年发掘的东平后屯M1，表现有乐舞百戏、门吏、观舞贵族、历史人物等形象⑥。

东汉早期的壁画墓主要有1953年发掘的梁山后银山壁画墓，表现有车马出行和楼阁人物，其中有官吏和历史人物形象，并有“曲成侯驿”“士”“怒（？）士”“游徼”“功曹”“主簿”“子元”“子

---

① 罗福颐：《内蒙古自治区托克托县新发现的汉墓壁画》，《文物参考资料》1956年第9期。报告认为此墓年代为西汉末年。

② 内蒙古文物工作队、内蒙古博物馆：《和林格尔发现一座重要的东汉壁画墓》，《文物》1974年第1期；内蒙古自治区文物工作队：《和林格尔汉墓壁画》，文物出版社，1978年；徐光冀：《中国出土壁画全集·内蒙古卷》，科学出版社，2012年，第22～69页。

③ 王大方、杨泽蒙：《鄂托克清理三座东汉壁画墓》，《中国文物报》1999年12月19日第1版；内蒙古文物考古研究所：《内蒙古中南部汉代墓葬》，中国大百科全书出版社，1998年，第169～174页；马利清：《内蒙古凤凰山汉墓壁画二题》，《考古与文物》2003年第2期；徐光冀：《中国出土壁画全集·内蒙古卷》，科学出版社，2012年，第1～12页。

④ 内蒙古文物考古研究所：《内蒙古中南部汉代墓葬》，中国大百科全书出版社，1998年，第266～274页。

⑤ 徐光冀：《中国出土壁画全集·内蒙古卷》，科学出版社，2012年，第18～21页。

⑥ 山东省文物考古研究所、东平县文物管理所：《东平后屯汉代壁画墓》，文物出版社，2010年；徐光冀：《中国出土壁画全集·山东卷》，科学出版社，2012年，第1～23页。

礼”“子仁”等题记[①]。

东汉晚期的壁画墓的发现主要有：1960年，徐州黄山陇壁画墓，表现有车马出行、宴饮乐舞场面，其中有贵族、官吏、门吏、伎乐、舞者等人物形象[②]。1974～1977年，亳县董园村M2壁画，表现有仙人、侍女等人物形象[③]。1986年，济南青龙山壁画墓，表现有门吏、车马出行人物等[④]。

（6）其他地区

除以上比较集中的壁画分区，四川、河西地区也有零星的汉代壁画墓发现，如1984年，武威韩佐五坝山M7，壁画表现有赤足戴面具人物，年代为西汉晚期[⑤]。1989年，武威磨嘴子壁画墓，表现有宴饮贵族和百戏人物，年代为东汉晚期[⑥]。2002年，三台柏林坡M1壁画内容有宴饮贵族和升仙人物，题记有人物姓名，年代为东汉安帝元初四年（公元117年）[⑦]。2002年，中江塔梁子M3有多幅宴饮图，表现有官吏、贵族、侍者、门吏等形象，多处有墨书题记，年代为东汉晚期[⑧]。2003年，武威磨嘴子M3、M9墓壁残存壁画中描绘有侍者形象，年代为新莽时期[⑨]。

---

① 关天相、冀刚：《梁山汉墓》，《文物参考资料》1955年第5期；徐光冀：《中国出土壁画全集·山东卷》，科学出版社，2012年，第24～37页。

② 葛治功：《徐州黄山陇发现汉代壁画墓》，《文物》1961年第1期；徐光冀：《中国出土壁画全集·江苏卷》，科学出版社，2012年，第57页。

③ 安徽亳县博物馆：《亳县曹操宗族墓葬》，《文物》1978年第8期。

④ 济南市文化局文物处：《山东济南龙山汉画像石壁画墓》，《考古》1989年第11期。

⑤ 何双全：《武威县韩佐五坝山汉墓群》，《中国考古学年鉴（1985）》，文物出版社，1985年，第245、246页；徐光冀：《中国出土壁画全集·甘肃卷》，科学出版社，2012年，第1、2页。

⑥ 党寿山：《甘肃武威磨嘴子发现一座东汉壁画墓》，《考古》1995年第11期；徐光冀：《中国出土壁画全集·甘肃卷》，科学出版社，2012年，第3、4页。

⑦ 徐光冀：《中国出土壁画全集·四川卷》，科学出版社，2012年，第143～147页。

⑧ 四川省文物考古研究院、德阳市文物考古研究所、中江县文物保护管理所：《中江塔梁子崖墓》，文物出版社，2008年；徐光冀：《中国出土壁画全集·四川卷》，科学出版社，2012年，第148～158页。

⑨ 甘肃省文物考古研究所、日本秋田县埋藏文化财中心、甘肃省博物馆：《2003年甘肃武威磨咀子墓地发掘简报》，《考古与文物》2002年第5期。

2. 帛画

秦汉时期帛画是战国时期帛画的延续，流行于西汉早期，主要发现于山东和湖南两省。西汉中期以后帛画逐渐衰微。相较于壁画，帛画发现较少，但帛画画像中有着完整场景，人物组合清楚，大多还表现有色彩，不失为服饰研究的又一重要材料。

山东临沂金雀山、银雀山汉墓中均出土有帛画，但大多保存状况不佳，目前比较清楚的有以下两幅。1976年，金雀山M9出土的帛画，长200、宽42厘米。画面以红色细线勾勒，平涂色彩，其间有蓝、红、白、黑四种颜色。画面表现了墓主及仆从宾客起居、宴饮、舞蹈、生产等方面的内容，年代为西汉早期[①]。1997年，金雀山金・民M4出土的帛画，呈长条形，竖幅覆盖在棺盖上。由于丝帛已朽，只残存印在棺盖和麻布上的印痕，无法判断帛画的实际长度。帛画内容分为上下两部分，上部表现房屋内主人与侍女的生活场景，屋檐下系三组帷幕，下有一主三仆。下部为另一组人物活动场面，隐约可见一人骑马，旁边有3位仆从。年代为西汉早期至中期武帝前后[②]。

湖南出土汉代帛画集中发现于长沙马王堆M1和M3。马王堆M1出土的彩绘帛画平铺于棺盖上，帛画呈“T”字形，绢地。色泽鲜艳，形象生动，技法精妙，保存完整。内容表现了墓主升天的景象，女性居多，年代为西汉早期，约当文帝前元五年至景帝中元五年（公元前175年～前145年）[③]。马王堆M3出土有帛画4幅，其中一幅与马王堆M1出土帛画相似，盖于棺盖上，内容也表现为升天场面，但画中大部分为男性。另一幅为“导引图”。其余两幅分别悬挂于棺室东西两壁，西壁为“车马仪仗图”，帛画为棕色绢地，呈长方形，图中绘制墓主及大量随从、车骑、鼓乐等人物，与军事联系密切，大部分为男性；东壁为“行乐图”，帛画也为棕黄色长方形，图中表现有骑射奔马、划船游乐景象，年代为西汉早

① 临沂金雀山汉墓发掘组：《山东临沂金雀山九号汉墓发掘简报》，《文物》1977年第1期。

② 金雀山考古发掘队：《临沂金雀山1997年发现的四座西汉墓》，《文物》1998年第12期。

③ 湖南省博物馆、中国科学院考古研究所：《长沙马王堆一号汉墓》，文物出版社，1973年，第39～43页。

期，绝对年代为公元前168年①。

3. 木板（简）画

木板画发现相对较少，目前比较典型的主要分布在河西地区和扬州地区。另外在湖北云梦郑家湖M243出土木椁板上绘制有完整的人物形象，服饰特征清晰，年代在秦汉之际②。

河西地区自20世纪50年代以来陆续出土有几批木板画。1957年，武威磨嘴子M5出土的1件木板画，上涂白粉，红、黑着色，绘制女性主仆二人，另外1件木板画上未见人物，年代为东汉时期。1972年，居延查科尔帖出土1件木简画，一面上方是一个官吏，另一面上下各有一个官吏。报告推测年代为西汉时期。1972年，武威磨嘴子M72出土的木板画上表现有少数民族形象，可能为古羌族形象，年代为东汉时期。1973年，居延肩水金关出土1件木板画，板画墨绘，有树、马、人、鸟诸物，年代为西汉时期。1974年，居延破城子出土1件木板画，表现有车马出行场景，年代为西汉时期③。

扬州地区出土木板画较多。1974年，盱眙东阳墓地M01出土木板画绘制有星象图以及“泗水捞鼎”历史故事和众多百戏人物形象，年代为西汉中晚期④。1979年，邗江胡场M1出土木板彩画2幅，一幅为人物图，另一幅为墓主生活图。前者彩绘有人物4人，似为官吏和武士；后者分为上下两部分，上层4人跽坐，表现观赏画面，下层为宴乐场面，表现有墓主和侍女、乐舞杂技表演者。年代西汉中期宣帝时期⑤。

4. 画像砖石

画像石和画像砖是汉代极具特色的一种墓葬装饰艺术，与墓室壁画不同，画像石、画像砖的载体相对广泛，不仅用于墓室壁面装饰，还广泛的

---

① 湖南省博物馆、湖南省文物考古研究所：《长沙马王堆二、三号汉墓》，文物出版社，2004年，第103～116页；傅举有、陈松长：《马王堆汉墓文物》，湖南出版社，1992年。

② 湖北省文物考古研究院、云梦县博物馆：《湖北云梦县郑家湖墓地2021年发掘简报》，《考古》2022年第2期。

③ 张朋川：《河西出土的汉晋绘画简述》，《文物》1978年第6期。

④ 南京博物院：《江苏盱眙东阳汉墓》，《考古》1979年第5期。

⑤ 扬州博物馆、邗江县文化馆：《扬州邗江县胡场汉墓》，《文物》1980年第3期。

用于祠堂、门阙、棺椁葬具等墓葬附属建筑构件上。

图像题材一般表现为打鬼升仙、祥瑞神话、现实生活等，其中表现人物形象的现实生活题材是服饰研究的重要方面。在这类现实生活题材中，诸如车马出行、狩猎、仕途等题材中的男性形象一般多于女性，但这恰为研究服饰的性别特点提供了线索。就雕刻技法而言，汉代画像石主要有“拟浮雕”和“拟绘画”两类[①]，两类技法在表现人物的服饰方面各有利弊，拟浮雕作品在服饰细部的表现上相对粗矿，但在整体塑造上形象立体、轮廓清晰，这类风格的画像石主要分布于南阳附近地区；与此相反，拟绘画作品在服饰细部的表现上流畅细腻、纹理清晰。

画像砖石虽然兴起于西汉中晚期，但此时数量较少，分布地点比较有限。新莽东汉时期画像砖石进入发展极盛时期，不仅数量多，分布地域也在不断拓展。根据信立祥先生在2000年的统计，“在全国范围内发现和发掘的汉画像石墓已超过二百座，汉画像石阙二十余对，包括已图面复原的石祠堂在内的汉画像石祠十余座，用汉画像石雕刻技法雕造的摩崖造像群一处，汉画像石总数已超过一万块”[②]。汉画像砖的数量也不在少数，仅四川地区发现和收藏的画像砖就有一千方左右[③]。就分布特点而言，根据《中国考古学·秦汉卷》的分区，画像石墓集中分布于四大区域，分别是：山东、苏北、皖北、豫东区；豫南、鄂北区；陕北、晋西北区；四川、滇北区[④]。画像砖主要分布于四川和河南两地，其他地区有零散出土。

（1）山东、苏北、皖北、豫东区的画像石

山东、苏北、皖北、豫东区是我国画像石的重要发源地，起源最早，延续时间最长，其中鲁南一带的画像石可早至西汉武帝以前，兴盛于东汉中晚期。这一地区大部分隶属于东汉时期的兖州刺史部和徐州刺史部，是目前画像石遗存保存最多的地区，不仅保存有大量的墓室画像石，还有数座保存完好的石阙、祠堂和石椁画像石，其中很多保留有题记，为画像石的年代提供了可靠依据。

---

① 滕固：《南阳汉画像石刻之历史的及风格的考察》，《张菊生先生七十生日纪念论文集》，商务印书馆，1937年。

② 信立祥：《汉代画像石综合研究》，文物出版社，2000年，第13页。

③ 袁曙光：《四川汉画像砖的分区与分期》，《四川文物》2002年第4期。

④ 中国社会科学院考古研究所：《中国考古学·秦汉卷》，中国社会科学出版社，2010年，第529页。

山东省发现的年代较早的画像石中主要有几下诸例。1984年，临沂市庆云山M2石椁内壁东、西、南三面中部各阴刻两个人物形象，年代为西汉早期①。1986年，平阴新屯M2厅堂图中有侍女形象，年代为西汉晚期②。1988年，济宁师专西汉墓群中M4、M10、M16等画像石上有各种造型的人物形象，年代为西汉晚期③。1990年，枣庄小山M2石椁上有人物形象，年代为西汉晚期早段④。

新莽至东汉早期比较典型的有长清孝堂山石祠⑤和沛县栖山汉墓⑥等。东汉中期比较典型的有1984年发掘的泗洪重岗汉墓⑦、1986年发掘的铜山汉王乡“元和三年”汉墓⑧、1992年发现的铜山汉王乡“永平四年”画像石⑨。东汉晚期比较典型的有桓帝灵帝时期的嘉祥武氏祠和武氏阙⑩、1953年发掘的沂南北寨村汉画像石墓⑪、1954年发掘的睢宁九女墩汉墓⑫、1956年发掘的宿县褚兰汉画像石墓⑬、1959年发现的安丘董家

① 临沂博物馆：《临沂的西汉瓮棺、砖棺、石棺墓》，《文物》1988年第10期。

② 济南市文化局文物处、平阴县博物馆筹建处：《山东平阴新屯汉画像石墓》，《考古》1988年第11期。

③ 济宁市博物馆：《山东济宁师专西汉墓群清理简报》，《文物》1992年第9期。

④ 枣庄市文物管理委员会办公室、枣庄市博物馆：《山东枣庄小山西汉画像石墓》，《文物》1997年第12期。

⑤ 罗哲文：《孝堂山郭氏墓石祠》，《文物》1961年第4、5期合刊。

⑥ 徐州博物馆、沛县文化馆：《江苏沛县栖山汉画像石墓清理简报》，《考古学集刊》第2辑，中国社会科学出版社，1982年，第106～112页。

⑦ 南京博物院、泗洪县图书馆：《江苏泗洪重岗汉画像石墓》，《考古》1986年第7期。

⑧ 徐州博物馆：《徐州发现东汉元和三年画像石》，《文物》1990年第9期。

⑨ 王黎琳、李银德：《徐州发现东汉画像石》，《文物》1996年第4期。

⑩ 蒋英炬、吴文祺：《武氏祠画象石建筑配置考》，《考古学报》1981年第2期；蒋英炬、吴文祺：《汉代武氏墓群石刻研究》，山东美术出版社，1995年。

⑪ 南京博物院、山东省文物管理处：《沂南古画像石墓发掘报告》，文化部文物管理局，1956年。

⑫ 李鉴昭：《江苏睢宁九女墩汉墓清理简报》，《考古通讯》1955年第2期。

⑬ 王步毅：《安徽宿县褚兰汉画像石墓》，《考古学报》1993年第4期。

庄汉画像石墓[①]、1960年发掘的泰安大汶口画像石墓[②]、1966年发掘的铜山洪楼一号墓[③]、1967年发掘的诸城凉台孙琮画像石墓[④]、1969年发掘的嘉祥南武山画像石墓[⑤]、1974年发掘的亳县董园村汉墓[⑥]、1978年发掘的铜山青山泉汉墓[⑦]、1978年发现的嘉祥宋山小石祠[⑧]、1982年发掘的邳县“元嘉元年”缪宇墓[⑨]、1984年发掘的泗水南陈村“汉安元年”墓[⑩]、1986年发掘的平阴孟庄汉墓[⑪]、1990年发掘的邹城高李村汉画像石墓[⑫]、1993年发掘的莒县东莞镇汉墓[⑬]。

鲁南苏北地区不仅经济文化发达，并且具有深厚的儒学渊源，基于这样的社会背景，画像石内容具有极强的写实性，现实生活题材虽在数量比例上不占优势，但反应内容丰富全面，除了其他地区常见的乐舞百戏、庖厨、庄园生活等内容外，还有一部分反映纺织手工业生产的画像石，是服

① 殷汝章：《山东安邱牟山水库发现大型石刻汉墓》，《文物》1960年第5期；山东省博物馆：《山东安丘汉画像石墓发掘简报》，《文物》1964年第4期；安丘县文化局、安丘县博物馆：《安丘董家庄汉画像石墓》，济南出版社，1992年。

② 泰安市文物局：《泰安大汶口汉画像石墓》，《文物》1989年第1期。

③ 王庆德：《江苏铜山东汉墓清理简报》，《考古通讯》1957年第4期。

④ 诸城县博物馆任日新：《山东诸城汉墓画像石》，《文物》1981年第10期；王恩田：《诸城凉台孙琮画像石墓考》，《文物》1985年第3期。

⑤ 嘉祥县文物管理所：《山东嘉祥南武山汉画像石》，《文博》1986年第4期。

⑥ 安徽省亳县博物馆：《亳县曹操宗族墓葬》，《文物》1978年第8期。

⑦ 王黎琳、武利华：《江苏铜山县青山泉的纺织画像石》，《文物》1980年第2期。

⑧ 嘉祥县武氏祠文管所：《山东嘉祥宋山发现汉画像石》，《文物》1979年第9期；济宁地区文物组、嘉祥县文管所：《山东嘉祥宋山一九八〇年出土的汉画像石》，《文物》1982年第5期。

⑨ 南京博物院、邳县文化馆：《东汉彭城相缪宇墓》，《文物》1984年第8期。

⑩ 泗水县文管所：《山东泗水南陈东汉画像石墓》，《考古》1995年第5期。

⑪ 济南市文化局文物处、平阴县博物馆：《山东平阴孟庄汉墓》，《文物》2002年第2期。

⑫ 邹城市文物管理处：《山东邹城高李村汉画像石墓》，《文物》1994年第6期。

⑬ 刘云涛：《山东莒县东莞出土汉画像石》，《文物》2005年第3期。

饰质地及其工艺研究的重要材料[①]。此外，祠堂画像中“祠主受祭图”以及身边侍女形象是研究女性服饰的重要资料，类似烈女图这样的反映历史故事的画像内容也是当时当地女性服饰的间接反映。

（2）豫南、鄂北区的画像石

以南阳为中心的豫南、鄂北区汉画像石墓也起源较早，该地区在两汉时大致位于荆州刺史部的南阳郡辖地。这一地区的汉画像石注重写实，现实生活题材农作、鱼猎、庖厨、乐舞百戏、宴饮等生产生活场面。

本地区西汉时期的画像石墓主要有以下诸例：1962年，南阳杨官寺画像石墓出土画像石上表现有人物服饰形象，年代为西汉晚期[②]。1976年，南阳赵寨砖瓦厂画像石墓出土的画像石上表现有人物形象，年代为西汉中期晚段[③]。1980年，唐河石灰窑村画像石墓出土画像石上表现有高髻女子形象，年代为西汉晚期[④]。

新莽至东汉早期的典型画像石墓有：1965年发掘的南阳新店英庄画像石墓[⑤]、1966年发掘的军帐营汉墓[⑥]、1972年发掘的石桥汉墓[⑦]、1973年发掘的南阳市王寨汉墓[⑧]、1973年发掘的唐河电厂汉墓[⑨]、1978年唐河新店

① 根据吴文祺和武利华的统计，纺织图目前发现有24块，集中分布于山东滕州和江苏徐州地区，安徽、四川等地也有少量发现。本书资料来源于武利华先生的个人统计和吴文祺先生文章。见吴文祺：《从山东汉画象石图象看汉代手工业》，《中原文物》1991年第3期。

② 河南省文化局文物工作队：《河南南阳杨官寺汉画像石墓发掘报告》，《考古学报》1963年第1期。

③ 南阳市博物馆：《南阳县赵寨砖瓦厂汉画像石墓》，《中原文物》1982年第1期。

④ 南阳地区文物队、唐河县文化馆：《河南唐河县石灰窑村画像石墓》，《文物》1982年第5期。

⑤ 南阳博物馆：《河南南阳英庄汉画像石墓》，《中原文物》1983年第3期。

⑥ 南阳博物馆：《河南南阳军帐营汉画像石墓》，《考古与文物》1982年第1期。

⑦ 南阳博物馆：《河南南阳石桥汉画像石墓》，《考古与文物》1982年第1期。

⑧ 南阳市博物馆：《南阳县王寨汉画像石墓》，《中原文化》1982年第1期。

⑨ 《南阳汉画像石》编委会：《唐河县电厂汉画像石墓》，《中原文物》1982年第1期。

村发掘的"冯君孺人画像石墓"[①]、1983年发掘的唐河针织厂M2[②]。

东汉中期的画像石墓有1962年发掘的方城东关汉墓[③]、1973年发掘的邓州长冢店画像石墓[④]。

东汉晚期的画像石墓有1959年发现的密县打虎亭M1[⑤]、1963年发掘的襄城县茨沟汉墓[⑥]、1973年浚县姚厂村出土的"延熹三年"画像石[⑦]、1973年南阳卧龙区许阿瞿墓[⑧]、1980年发掘的新野前高庙画像石墓等[⑨]。

（3）陕北、晋西北区的画像石

陕北、晋西北区在两汉时隶属于上郡和西河郡辖地，陕北地区画像石几乎全部是东汉中期的作品，兴盛时期是在和帝永元元年至顺帝永和五年（公元89年～140年），晋西北区则全部是东汉晚期作品，大致兴盛于桓帝和平元年至灵帝熹平四年（公元150年～175年）。这一地区的画像石基本全部出自墓葬，墓葬形制一般为砖石混筑结构，画像石一般布满墓葬的墓门、各墓室门，形成画像石门楣、门柱和门扉。该地区表现现实生活的画像石中最突出的是狩猎、播种、收割等农业劳作场面以及车马出行、宴饮乐舞等。此外，升仙内容也是该地较为突出的表现题材。就雕刻技法而言，该地区最常用剔地平面线刻，这种方法将雕刻与彩绘结合，物像平滑、线条流畅，在表现服饰色彩和细部特征方面具有独特优势。比较

---

① 南阳地区文物队、南阳博物馆：《唐河汉郁平大尹冯君孺人画象石墓》，《考古学报》1980年第2期。

② 南阳地区文物工作队、唐河县文化馆：《唐河县针织厂二号汉画像石墓》，《中原文物》1983年第3期。

③ 河南省文化局文物工作队、南阳市文物管理委员会：《河南南阳东关晋墓》，《考古》1963年第1期。

④ 《南阳汉画像石》编委会：《邓县长冢店汉画像石墓》，《中原文物》1982年第1期。

⑤ 河南省文物研究所：《密县打虎亭汉墓》，文物出版社，1993年。

⑥ 河南省文化局文物工作队：《河南襄城茨沟汉画像石墓》，《考古学报》1964年第1期。

⑦ 高同根：《简述浚县东汉画像石的雕塑艺术》，《中原文物》1986年第1期。

⑧ 南阳市博物馆：《南阳发现东汉许阿瞿墓志画像石》，《文物》1974年第8期；南阳市博物馆：《南阳汉代画像石刻》，上海人民美术出版社，1981年，图1。

⑨ 南阳地区文物工作队、新野县文化馆：《新野县前高庙村汉画像石墓》，《中原文物》1985年第3期。

典型的画像石墓主要有1971年发掘的米脂官庄M1～M4[①]，1972和1976年分别发掘的绥德延家岔的2座画像石墓[②]，1980年发掘的米脂官庄汉画像石墓[③]，1982年发掘的绥德苏家疙瘩画像石墓[④]，1983～1984年发掘的绥德黄家塔汉墓群[⑤]，1990年发掘的离石马茂庄M2～M4[⑥]，1992～1994年离石马茂庄再次发掘的M14、M19、M44[⑦]，1996年发掘的神木大保当汉墓群[⑧]，1997年发掘的离石石盘村画像石墓[⑨]。

（4）四川、滇北区的画像石

四川地区的画像石形式多样，大体有石棺、石阙、崖墓等几种，这几种形式鲜见于其他地区，极具地方特色。这些画像石在东汉中晚期普遍流行，虽然形式各异，但画像石的内容基本一致，多表现现实生活的题材，以宴饮图和车马出行图最为常见，也有少数历史故事、神话人物、天上世界等内容题材，其中西王母形象是该地区比较有代表性的女性神仙形象。比较典型的有1940年发现的乐山麻浩M1[⑩]、彭山崖墓[⑪]，1981年发掘的成

① 陕西省博物馆、陕西省文管会写作小组：《米脂东汉画象石墓发掘简报》，《文物》1972年第3期。

② 戴应新、李仲煊：《陕西绥德县延家岔东汉画像石墓》，《考古》1983年第3期；李林：《陕西绥德延家岔二号画像石墓》，《考古》1990年第2期。

③ 吴兰、学勇：《陕西米脂县官庄东汉画像石墓》，《考古》1987年第11期。

④ 绥德县博物馆：《陕西绥德汉画像石墓》，《文物》1983年第5期。

⑤ 绥德县博物馆：《陕西绥德发现汉画象石墓》，《考古》1986年第1期；戴应新、魏遂志：《陕西绥德黄家塔东汉画像石墓群发掘简报》，《考古与文物》1988年第5、6期；李林：《陕西绥德县黄家塔汉代画像石墓群》，《考古学集刊》（第14集），文物出版社，2004年。

⑥ 山西省考古研究所、吕梁地区文物工作室、离石县文物管理所：《山西离石马茂庄东汉画像石墓》，《文物》1992年第4期。

⑦ 山西省考古研究所、吕梁地区文物工作室、离石县文物管理所：《山西离石再次发现东汉画像石墓》，《文物》1996年第4期。

⑧ 陕西省考古研究所、榆林市文物管理委员会办公室：《神木大保当——汉代城址与墓葬考古报告》，科学出版社，2001年；陕西省考古研究所：《陕西神木大保当汉彩绘画像石》，重庆出版社，2000年。

⑨ 王金元：《山西离石石盘汉代画像石墓》，《文物》2005年第2期。

⑩ 乐山市文化局：《四川乐山麻浩一号崖墓》，《考古》1990年第2期。

⑪ 梅养天：《四川彭山县崖墓简介》，《文物参考资料》1956年第5期。

都曾家包汉墓[①]，2000年发掘的三台郪江崖墓群[②]、雅安高颐阙、渠县赵家村无铭阙[③]等。

（5）河南和四川地区的画像砖

画像砖是古代嵌砌在墓室壁面上的一种图像砖，以模印的方式表现艺术形象以及花纹图案[④]。四川和河南地区是汉画像砖墓的集中分布地区，其中河南地区是出土画像砖数量最多的地区，全省均分布有画像砖墓，又以洛阳、郑州、南阳等地最多，多为印模印制，线条简单清晰。内容主要为表现社会现实生活的题材，如宴饮、百戏、狩猎、拜谒、出行等，也有少部分表现历史故事和升仙祥瑞方面的内容。

河南地区的画像砖多有著录[⑤]，这些画像砖的年代从西汉晚期开始延续至东汉中晚期。比较典型的有：1972年，郑州新通桥汉墓出土的空心砖画像上表现有执彗、对刺、乐舞、鼓舞等大量现实生活题材内容，年代为西汉晚期[⑥]。1974年发掘的淅川下寺汉画像砖墓[⑦]。1988年，郑州市南仓西街2座汉墓中发现有数幅空心砖画像，画像表现有出行、骑射、乐舞、斗虎等场面，年代为西汉晚期[⑧]。2005年，洛阳出土的一批汉代壁画空心砖也有彩绘人物画像，年代为西汉中晚期到新莽时期[⑨]。

---

① 成都市文物管理处：《四川成都曾家包东汉画像砖石墓》，《文物》1981年第10期。

② 四川省文物考古研究院、绵阳市博物馆、三台县文物管理所：《三台郪江崖墓》，文物出版社，2007年，第165～168页。

③ 重庆市文化局、重庆市博物馆：《四川汉代石阙》，文物出版社，1992年，第31～34、42、43页。

④ 张文军、田凯、王景荃：《河南画像砖概论》，《中国画像砖全集·河南卷》，四川美术出版社，2006年，第13页。

⑤ 密县文管会、河南古代艺术研究会：《密县汉代画像砖》，中州书画社，1983年；张秀清：《郑州汉画像砖》，河南美术出版社，1988年；张晓军：《南阳汉代画像石砖》，陕西人民美术出版社，1989年；赵成甫、柴中庆：《南阳汉代画像砖》，文物出版社，1990年；薛文灿、刘松根：《河南新郑汉代画像砖》，上海书画出版社，1993年。

⑥ 郑州市博物馆：《郑州新通桥汉代画像石空心砖墓》，《文物》1972年第10期。

⑦ 淅川县文管会：《淅川县下寺汉画像砖墓》，《中原文物》1982年第1期。

⑧ 河南省文物研究所：《郑州市南仓西街两座汉墓的发掘》，《华夏考古》1989年第4期。

⑨ 沈天鹰：《洛阳出土的一批汉代壁画空心砖》，《文物》2005年第2期。

四川地区的画像砖墓又大体分为三区，即成都区、广汉区和彭山区。成都区画像砖线条刻画细腻、构图复杂，内容多表现车马出行、双阙、宴饮六博、市井生活、西王母等题材；广汉区画像砖多为浮雕刻画，内容以反映市井生活的题材居多；彭山区画像砖多出于崖墓，表现形式简单，内容以神仙世界居多[①]。比较典型的有：1955年发掘的新繁清白乡东汉画像砖墓[②]、1984年发掘的广汉大堆子画像砖墓[③]、1987年发掘的新都新民乡梓潼村“永元元年”墓[④]等。

此外，河南和四川以外还有些零星的画像砖墓发现，如1994年甘肃高台骆驼城汉墓发现有画像砖58块，主要内容为墓主日常生活、狩猎、升仙，其间表现有大量男女人物画像[⑤]。

5. 其他平面服饰资料

两汉时期，漆木器、铜器、陶器等器物上还流行以人物故事作为装饰，彩绘、刻画有清晰的人物形象，其中又以西汉居多。主要分布于江苏、河南、湖北、湖南、广西、陕西等省、自治区。

彩绘漆木器的发现主要有以下诸例。1972年，甘肃武威磨嘴子M48出土漆樽上表现有舞蹈和车马出行的画面，年代为西汉时期；磨嘴子M53出土木屋绘画上，有一喂狗男子，后壁有劳作女子，年代为东汉时期[⑥]。1973年，江苏连云港海州侍其繇墓出土的漆奁上有彩绘人物花纹，表现有人物舞蹈、奏乐、听琴形象，年代为西汉晚期[⑦]。1973年，湖北江陵凤凰山M8出土漆盾的正背面均有侍立人物形象，年代为西汉早期[⑧]。1973年，湖南长沙马王堆M3出土漆奁盖外壁有一周狩猎纹人物形象，年代为西汉

---

① 袁曙光：《四川汉画像砖的分区与分期》，《四川文物》2002年第4期。

② 四川省文物管理委员会：《四川新繁清白乡古砖墓清理简报》，《文物参考资料》1955年第12期。

③ 敖天照：《广汉县出土一批汉画像砖》，《四川文物》1985年第4期。

④ 张德全：《新都县发现汉代纪年砖画像砖墓》，《四川文物》1988年第4期。

⑤ 张掖地区文物管理办公室、高台县博物馆：《甘肃高台骆驼城画像砖墓调查》，《文物》1997年第12期。

⑥ 甘肃省博物馆：《武威磨咀子三座汉墓发掘简报》，《文物》1972年第12期；张朋川：《河西出土的汉晋绘画简述》，《文物》1978年第6期。

⑦ 南波：《江苏连云港市海州西汉侍其繇墓》，《考古》1975年第3期。

⑧ 长江流域第二期文物考古工作人员训练班：《湖北江陵凤凰山西汉墓发掘简报》，《文物》1974年第6期。

早期[①]。1975年，湖北江陵凤凰山M70出土漆木梳篦的正背面分别表现有宴饮、侍从、乐舞、角抵等人物形象，年代为秦代[②]。1975年，陕西咸阳马泉汉墓出土漆奁上有人物狩猎、出行的纹饰，年代为西汉晚期[③]。1978年，湖北襄阳擂鼓台M1出土圆形漆奁1件，盖顶一周有侍立女子人物，年代为西汉早期，下限为文帝前元十三年（公元前167年）[④]。1984年，江苏扬州邗江姚庄M101出土有一件漆盘，盘上绘制有车马出行、抚琴听琴图，年代为西汉晚期[⑤]。2002年，江苏泗阳陈墩汉墓出土有一件贴金漆奁，漆奁上有人物、走兽、羽人、持弩人物，年代为西汉中晚期，昭帝至宣帝时期[⑥]。

铜器上的彩绘人物形象主要表现在铜镜上，个别为铜容器也有彩绘，主要有以下诸例。1963年，陕西西安秦兴乐宫和汉长安城遗址以南出土有一面彩绘铜镜（1963HMP采：11），镜面上有4组共19个人物，分别表现了谒见、对语、涉猎、归游等社会生活场面，年代为西汉早期[⑦]。1976年，广西贵县罗泊湾M1出土有1件漆绘提梁筒（M1：42），器物表面自上而下分4层刻绘有各种场景的人物形象，1件彩绘铜盆外壁上也彩绘有表现战争场面的4组人物形象（M1：15），年代为西汉早期[⑧]。1983年，广东广州南越王墓西耳室出土有1件绘制有多组人物形象的绘画镜（C175-73），表现有格斗、侍立等人物形象，年代为西汉早中期[⑨]。1994年，江苏徐州宛朐侯刘埶墓出土1面铜镜（M3：67），镜面被分割为4组

---

① 湖南省博物馆、湖南省文物考古研究所：《长沙马王堆二、三号汉墓》，文物出版社，2004年，第146页。

② 陈振裕：《秦代漆器群研究》，《考古学研究》（六），科学出版社，2006年，第217～262页。

③ 咸阳市博物馆：《陕西咸阳马泉西汉墓》，《考古》1979年第2期。

④ 襄阳地区博物馆：《湖北襄阳擂鼓台一号墓发掘简报》，《考古》1982年第2期。

⑤ 扬州博物馆：《江苏邗江姚庄101号西汉墓》，《文物》1988年第2期。

⑥ 江苏泗阳三庄联合考古队：《江苏泗阳陈墩汉墓》，《文物》2007年第7期。

⑦ 傅嘉仪：《西安市文管处所藏两面汉代铜镜》，《文物》1979年第2期。

⑧ 广西壮族自治区博物馆：《广西贵县罗泊湾汉墓》，文物出版社，1988年，第36、37页。

⑨ 广州市文物管理委员会、中国社会科学院考古研究所、广东省博物馆：《西汉南越王墓》，文物出版社，1991年，第84～86页。

场景，上面刻绘有侍立对语、驯虎、听琴等各种人物图像，年代为西汉早期[①]。

陶器上的人物形象发现主要出现在河南和陕西出土的模型明器上。1963年，河南密县后土郭M1出土陶仓楼上正面绘制有收租场面6人、两面各有门吏1人，背面为饲马1人，年代不晚于东汉晚期献帝初平元年（公元190年）[②]。1963年，河南洛阳七里河M10出土1件彩绘陶尊，四周绘制有跽坐人物，年代为西汉晚期[③]。1972年，河南洛阳金谷园车站M11出土2件彩绘陶奁，其中1件陶奁腹部彩绘有男女老少共5位人物，年代为西汉晚期[④]。1974年，河南洛阳金谷园洛阳地区食品购销站C1M35出土1件陶壶，上有狩猎人物，年代为西汉中期[⑤]。1981年，河南淮阳于庄汉墓出土1件陶制庄园，表面刻绘有侍女、舞乐女子等形象，年代为西汉早期[⑥]。1988～1992年，陕西西安西北医疗设备厂M100、M107、M108、M167出土的陶壶、陶奁、陶鼎上绘制的狩猎人物，年代为西汉晚期。1991年，陕西西安西北有色金属研究院M12出土陶壶、陶灯上绘制的狩猎人物，年代为西汉晚期。1996～1997年，陕西西安市电信局第二长途通信大楼M14、M28、M110、M164、M166、M197出土的陶壶、陶奁、陶鼎上绘制的狩猎人物，年代为西汉晚期至新莽时期。1997～2000年，陕西西安方新村开发公司97M22、98M30、99M3、00M1、00M2出土陶壶、陶奁、陶罐上绘制的狩猎人物，年代为西汉晚期至新莽时期[⑦]。1998年，河南洛阳金谷园

---

① 李银德、孟强：《试论徐州出土西汉早期人物画像镜》，《文物》1997年第2期。

② 河南省文物研究所：《密县后土郭汉画像石墓发掘报告》，《华夏考古》1987年第2期。

③ 河南省博物馆：《河南省博物馆》，文物出版社，1985年，图版68。

④ 洛阳市文物工作队：《洛阳金谷园车站11号汉墓发掘简报》，《文物》1983年第4期。

⑤ 王绣、霍宏伟：《洛阳两汉彩画》，文物出版社，2015年，第165页。

⑥ 周口地区文化局文物科、淮阳太昊陵文物保管所：《淮阳于庄汉墓发掘简报》，《中原文物》1983年第1期；淮阳县博物馆：《淮阳出土西汉三进陶院落》，《中原文物》1987年第4期。

⑦ 西安市文物保护考古所、郑州大学考古专业：《长安汉墓》，陕西省人民出版社，2004年。

小学ⅠM1254出土的彩陶壶，壶身绘制有人物车马，年代为西汉中期①。1998年，陕西西安市图书馆M8出土陶壶上绘制的狩猎人物，年代为新莽时期。1998年，陕西西安陕西省交通学校M121、M130出土的陶壶、陶奁上的狩猎人物，年代为西汉晚期。1999年，陕西西安雅荷城市花园M58出土陶奁上的狩猎人物，年代为西汉晚期。2002年，陕西西安佳馨花园M80出土陶壶、陶奁上的狩猎人物，年代为新莽时期②。2003年，重庆奉节营盘包墓地Ⅰ区M18出土陶壶和陶盒各1件，周身绘有云气人物纹饰，年代为西汉中晚期③。

三、服饰类简牍的考古发现

秦汉时期的简牍出土数量大、分布范围广阔、内容更加丰富，其规模远超战国时期。秦代简牍随着20世纪以来的新发现，出土数量激增，但主要为方技、数术类书籍及法律类文书，其中，数术类简牍多见“制衣”篇，涉及衣物的剪裁方法。此外，云梦睡虎地M4出土家书中也涉及零星服饰信息。汉代简牍中与服饰相关的主要有两类文书：一类是集中出土于江淮、两湖地区的遣册，年代为西汉时期；另一类是集中出土于河西四郡所在的甘肃和内蒙古以及新疆的边塞遗址的文书，其中簿籍、信札、地方档案等记录有若干服饰信息，年代集中于西汉中期武帝以后至东汉中期。这些记载是当时社会服饰面貌的真实反映，为秦汉时期服饰研究提供了重要史料，尤其是对服饰的名物研究助益很大。

（一）遣册

就遣册而言，两湖地区约有10余座墓葬出土有保存完整、字迹清晰的简牍，且沿袭了战国简牍的风格，以竹简为主，还有个别为衣笥外的木牌文字，年代多为西汉早期。苏鲁地区出土遣册的墓葬10余座，集中分布于苏北的连云港及附近地区，苏中的扬州、仪征、邗江等地也有个别遣册类简牍发现。该地遣册以木牍居多，正、反面记载有随葬衣物的名称、数量等方面信息，有些自名为“衣物疏”或“衣物券”。年代大部分为西

---

① 洛阳市第二文物工作队：《洛阳金谷园小学ⅠM1254西汉墓发掘简报》，《文物》1999年第9期。

② 西安市文物保护考古所、郑州大学考古专业：《长安汉墓》，陕西省人民出版社，2004年。

③ 重庆市文物局、重庆市移民局：《奉节营盘包墓地》，科学出版社，2016年，第42页。

汉晚期，个别可能早至西汉中期晚段。西北地区偶见遣册，年代多为东汉晚期。

此外，东汉末年至曹魏时期还流行随葬有铭石牌，也具有遣册性质。其中最典型的即河南安阳西高穴曹操高陵出土的66枚有铭石牌，其中记载随葬衣物的石牌大多为六边形，记载有衣物的名称和数量。年代为东汉晚期[①]。

（1）江苏省

连云港海州网疃庄汉墓。1962年发掘，为夫妻合葬墓。男女棺内各出土有木牍1枚，其中1枚腐朽，另外1枚长23、宽6.7厘米。自上而下分五行书写，字迹大多无法辨识。根据隐约可见"□□衣一领"的字样，可知其性质为衣物疏牍。年代为西汉晚期偏晚[②]。

盐城三羊墩汉墓。1963年发掘，M1出土有木牍1枚，长22.8、宽3.5、厚0.5厘米，双面书写，正面墨书四栏，背面文字不可辨。墓主为地方官吏及其家属，年代为西汉晚期至东汉早期[③]。

连云港海州霍贺墓。1973年发掘，为夫妻合葬墓。出土有木牍7枚。其中1枚木牍长22、宽6.5厘米，双面书写，墨书隶体，正面分四栏。内容主要为随葬衣物清单。根据这块木方记载，男性墓主随葬衣物应在十几件之多。年代为西汉晚期[④]。

连云港海州侍其繇墓。1973年发掘，为夫妻合葬墓。两棺各出土1枚木牍。2枚木牍均长23、宽7.5、厚0.5厘米。男棺内的木牍保存完好，字迹清晰，墨书隶体，双面书写，正面分上、中、下三栏，共25行，186字。内容为随葬衣物清单，根据记录，随葬衣物达30件以上。年代为西汉中期

---

① 河南省文物考古研究院：《曹操高陵》，中国社会科学出版社，2016年，第231页；国家文物局：《2009中国重要考古发现》，文物出版社，2010年。

② 南京博物院：《江苏连云港市海州网疃庄汉木椁墓》，《考古》1963年第6期。

③ 江苏省文物管理委员会、南京博物院：《江苏盐城三羊墩汉墓清理报告》，《考古》1964年第8期；李均明、何双全：《散见简牍合集》，文物出版社，1990年，第131页；中国简牍集成编辑委员会：《中国简牍集成》第十九册，敦煌文艺出版社，2001年，第1895页。

④ 南京博物馆、连云港市博物馆：《海州西汉霍贺墓清理简报》，《考古》1974年第3期；中国简牍集成编辑委员会：《中国简牍集成》（第十九册），敦煌文艺出版社，2001年，第1891、1892页；窦磊：《汉晋衣物疏补释五则》，《江汉考古》2013年第2期。

至西汉晚期[①]。

连云港海州戴盛墓。1976年发掘，出土有1枚衣物疏木牍，墓葬年代及墓主性别不详。

连云港唐庄高高顶汉墓。1980年发掘，两椁一棺。北椁室出土1枚木牍。残长23.1、宽6.6厘米。双面书写，墨书隶体，正面分为四栏、背面接续两栏。字体多不可辨识，偶见字迹为衣物名称。年代为西汉晚期[②]。

连云港陶湾西郭宝墓。1985年发掘，墓主为男性。出土有木牍4枚，其中2枚为木谒，另2枚为衣物疏，夹于木谒中。木牍长21.5、宽6.5、厚0.8厘米，其中1枚五栏40行，共241字；另1枚三栏25行，共82字，全部墨书隶体。2枚均记载有各种随葬衣物的名称和数量。墓主可能为东海郡太守。年代为西汉中晚期[③]。

仪征胥浦M101。发掘于20世纪80年代中期，为夫妻合葬墓。简牍均出于甲棺内，竹简内容主要有具有遗嘱性质的“先令券书”“山钱”以及赗赙记录和衣物疏木牍等。其中，衣物疏木牍1枚，长23.6、宽3厘米，分四行书写，墨书隶体。根据这枚木牍记录，该墓共随葬衣物25枚。另外一枚记录赗赙的木牍长23.3、宽7.5厘米，正反两面记载了钱物往来账目，其中涉及当时纺织品衣物的名称和物价情况。甲棺女墓主为“朱夌”，男性墓主为“朱孙”。年代为西汉末期，平帝元始五年墓（公元5年）[④]。

---

① 南波：《江苏连云港市海州西汉侍其繇墓》，《考古》1975年第3期；李均明、何双全：《散见简牍合集》，文物出版社，1990年，第94、95页；中国简牍集成编辑委员会：《中国简牍集成》（第十九册），敦煌文艺出版社，2001年，第1849、1850页。

② 周锦屏：《连云港市唐庄高高顶汉墓发掘报告》，《东南文化》1995年第4期。

③ 连云港市博物馆：《连云港市陶湾黄石崖西汉西郭宝墓》，《东南文化》1986年第2期；石雪万：《西郭宝墓出土木谒及其释义再探》，《简帛研究》（第二辑），法律出版社，1996年，第386～389页；武可荣：《连云港市历年出土简牍简述》，《书法丛刊》1997年第4期；马怡：《西郭宝墓衣物疏所见汉代织物考》，《简帛研究》（二〇〇四），广西师范大学出版社，2006年，第248～275页；田河：《连云港市陶湾西汉西郭宝墓衣物疏补释》，《中国文字学报》（第四辑），商务印书馆，2012年，第132～136页。

④ 扬州博物馆：《江苏仪征胥浦101号西汉墓》，《文物》1987年第1期；徐良玉：《扬州馆藏文物精华》，江苏古籍出版社，2001年；仪征市博物馆：《仪征出土文物集萃》，文物出版社，2008年；中国简牍集成编辑委员会：《中国简牍集成》（第十九册），敦煌文艺出版社，2001年，第1902页。

连云港东海尹湾汉墓。1993年发掘，共6座汉墓，M2和M6各出土有一批竹木简牍。其中M6为夫妻合葬墓，男性墓主为东海郡功曹史师饶。其足部出土有竹简133枚、木牍23枚，共近4万字。内容主要为成篇文赋、文书档案、名谒、历谱、衣物疏等九个方面的内容。其中12号木牍长23、宽7、厚0.4厘米，正面自题有“君兄衣物疏”，记载有各类衣物49种；13号木牍尺寸相同，正面自题“君兄缯方缇中物疏”，记载有少量随葬衣物。年代为西汉晚期，上限为成帝元延三年（公元前10年）。M2墓主为女性，只出土有1枚衣物疏木牍，木牍长18、宽7、厚0.6厘米，正、反两面均有文字记录随葬衣物的名称和数量。年代为西汉晚期，可晚至新莽时期甚至东汉初年①。

连云港海州凌惠平墓。2002年发掘，两墓并列。M1为两椁四棺，一男三女，根据印文2号棺男性墓主为“东公”，3号棺女性尸体保存完好，为正妻“凌惠平”。该墓出土木牍2枚，其中2号棺木牍长23、宽7厘米，一段4行，字迹不可辨；3号棺木牍墨书隶体，双面书写，正面四栏31行、反面一栏8行。M2保存较差。年代为西汉中晚期②。

（2）山东省

日照海曲汉墓。2002年发掘，86座土墩墓中有2座墓出土有木牍。M129出土有木牍2枚，1枚完整，墨书隶体，正面五栏34行，字迹清晰，反面残存一栏10字；另1枚正面一栏4行文字，字迹清晰，背面模糊。M130出土木牍2枚，均为墨书隶体，双面分栏书写。1枚完整，正面三栏26行，背面两栏10行；另1枚正面残存两栏12行，背面残存两栏10行。年

---

① 连云港市博物馆：《江苏东海县尹湾汉墓群发掘简报》，《文物》1996年第8期；窦磊：《汉晋衣物疏补释五则》，《江汉考古》2013年第2期；滕昭宗：《尹湾汉墓简牍概述》，《文物》1996年第8期；连云港市博物馆、东海县博物馆、中国社会科学院简帛研究中心、中国文物研究所：《尹湾汉墓简牍初探》，《文物》1996年第10期；连云港市博物馆、中国社会科学院简帛研究中心、东海县博物馆、中国文物研究所：《尹湾汉墓简牍》，中华书局，1997年；李均明：《读〈尹湾汉墓简牍〉杂记》，《简帛研究》（二〇〇一），广西师范大学出版社，2001年，第392～396页；马怡：《尹湾汉墓遣策札记》、《诸于考》，《简帛研究》（二〇〇二、二〇〇三），广西师范大学出版社，2005年，第259～269、275～279页；周群丽：《尹湾汉牍衣物诸词考——读〈尹湾汉简〉札记之一》，《法制与社会》2006年第19期。

② 连云港市博物馆：《江苏连云港海州西汉墓发掘简报》，《文物》2012年第3期。

代为西汉中晚期至东汉早期①。

武汉大学简帛研究中心藏衣物疏。据现有资料可知该木牍2009年出自苏鲁交界处山东界汉墓，残长16.5、宽6.6、厚0.3厘米。正面墨书隶体，分三栏书写②。

青岛土山屯汉墓。2016～2017年，4号封土下M147、M148出土有木牍。M147出土木牍11枚，其中1枚为衣物疏，自名“堂邑令刘君衣物疏”，字迹清楚，墨书隶体，五栏书写。墓主为刘氏宗亲刘赐，木牍显示其年代为西汉晚期元寿二年。M148出土木牍残片1枚，残长6、宽2.5、厚0.4厘米，墨书若干衣物名。年代稍早，为西汉晚期③。

（3）湖北省

云梦大坟头M1。1972年发掘。头箱中出土有木牍1枚，长24.6、宽6.1、厚0.3厘米。字迹清晰可辨，分四栏书写，共271字，内容为随葬器物清单，所记与出土器物绝大部分相吻合，其中个别涉及纺织品情况。年代为西汉早期④。

江陵凤凰山汉墓。1973～1975年发掘有两批汉墓，第一批M8、M9、M10三座家族墓出土竹简和木牍共400多枚，M8和M9为夫妻合葬墓，M8墓主为男性，为地方官吏，M9墓主为女性。两墓共出土竹简255枚，木牍3枚，内容与格式基本相似。其中M8共出土竹简176枚，完整者165枚。简长22.4～23.8、宽0.55～0.8、厚约0.1厘米，共有文字780余字，墨书隶体。其中1～35号简为衣物简，单独放置，详细记录了随葬衣物以及各种质料的丝织品。M9出土竹简80枚，大多字迹模糊。M10出土有6枚木牍，6号木牍为遣册。根据M9和M10出土纪年木牍，M9的年代为文帝

---

① 何德亮、郑同修、崔圣宽：《日照海曲汉代墓地考古的主要收获》，《文物世界》2003年第5期；刘绍刚、郑同修：《日照海曲汉墓出土遣策概述》，《出土文献研究》（第十二辑），中西书局，2013年，第202～212页。

② 李静：《武汉大学简帛研究中心藏衣物数试释》，《简帛》（第十辑），上海古籍出版社，2015年，第211～216页；窦磊：《汉晋衣物疏集校及相关问题考察》，武汉大学博士学位论文，2016年，第76～80页。

③ 国家文物局：《2017中国重要考古发现》，文物出版社，2018年，第107～112页；青岛市文物保护考古研究所、黄岛区博物馆：《山东青岛土山屯墓群四号封土与墓葬的发掘》，《考古学报》2019年第3期。

④ 湖北省博物馆、孝感地区文教局、云梦县文化馆汉墓发掘组：《湖北云梦西汉墓发掘简报》，《文物》1973年第9期；陈振裕：《云梦西汉墓出土木方初释》，《文物》1973年第9期。

初元十六年（公元前164年），M10的年代为景帝前元四年（公元前153年），均属西汉早期。M8的年代基本相近，可能略早①。第二批M167、M168也出土有竹木简牍，均墨书隶体，字迹清晰。M167出土木简74枚，长23、宽1～1.5、厚0.2～0.3厘米，遣册内容350余字。所记器物及丝织品均有实物出土，年代为西汉早期文景时期②。M168出土竹简66枚，长24.2～24.7、宽0.7～0.9、厚0.1厘米，遣册文字346字，年代为西汉早期文帝前元十三年（公元前167年）③。

云梦睡虎地M4。1975～1976年发掘，该墓出土有2枚木牍，11号木牍保存完好，长23.4、宽3.7、厚0.25厘米，正面有墨书秦隶五行，249字；背面六行，110字。6号木牍残长16、宽2.8、厚0.3厘米，正面墨书秦隶五行，87字；背面五行，81字。记录秦楚战争期间黑夫写家信向家中索要衣服、布和钱的事情，反映了秦军士兵自备兵服的情况。年代约在秦昭襄王五十一年（公元前255年）④。

江陵张家山汉墓。20世纪80年代发掘，张家山汉墓发现的5座墓葬出土有简牍。1983～1984年，M247、M249、M258出土了大量竹简，其中以M247出土最多、保存最好，达1000余枚。简长30～33、宽0.6～0.7厘米。竹简共计4万余字，内容涉及汉代律法、律令、历谱、脉书等九大类，其中M247律令中涉及衣物，还有少量遣册类竹简记录有随葬衣物情况。

---

① 长江流域第二期文物考古工作人员训练班：《湖北江陵凤凰山西汉墓发掘简报》，《文物》1974年第6期；黄盛璋：《江陵凤凰山汉墓简牍及其在历史地理研究上的价值》，《文物》1974年第6期；金立：《江陵凤凰山八号汉墓竹简试释》，《文物》1976年第6期。

② 凤凰山一六七号汉墓发掘整理小组：《江陵凤凰山一六七号汉墓发掘简报》，《文物》1976年第10期；吉林大学历史系考古专业赴纪南城开门办学小分队：《凤凰山一六七号汉墓遣册考释》，《文物》1976年第10期。

③ 纪南城凤凰山一六八号汉墓发掘整理组：《湖北江陵凤凰山一六八号汉墓发掘简报》，《文物》1975年第9期；湖北省文物考古研究所：《江陵凤凰山一六八号汉墓》，《考古学报》1993年第4期。

④ 《云梦睡虎地秦墓》编写组：《云梦睡虎地秦墓》，文物出版社，1981年。睡虎地M4的年代虽然在秦统一六国之前，鉴于其反应内容大致为秦人史事，故陈述于本章。

3座墓葬的年代均为西汉早期，下限为景帝时期，墓主性别不详①。1985年和1988年，江陵张家山地区又发掘M136（现编号M336）和M127，共出土竹简1130枚，其中M136出土竹简827枚，保存完整，字迹清晰，墨书隶体。遣册类竹简共计56枚，简长25、宽0.7～1、厚0.15厘米，残断相对严重，记录有随葬物品的名称和数量。年代为西汉早期文帝前元七年（公元前173年），墓主性别不详②。

（4）湖南省

长沙马王堆M1。该墓墓主为女性，东边厢北端出土有312枚竹简和49枚木楬，竹简长27.6、宽0.7厘米，厚约1毫米。竹简文字全部为墨书隶体，部分带有小篆笔法，共2063字。内容全部为随葬物品的清单，包括食物、衣物、漆器、陶器、乐器、明器用具等，内容丰富，多数可与随葬器物对照。木楬顶端为半圆形，下部长方形，长7.1～12、宽3.8～5.7厘米，上墨书有"衣笥""缯笥"等名称。年代为西汉早期文帝前元五年至景帝中元五年（公元前175年～前145年）③。

长沙马王堆M3。该墓墓主为男性，出土有竹木简602枚、木牍7枚以及52枚木楬。简牍分为"遣册"和"医术"两部分内容，其中遣册简402枚、遣册木牍6枚，大部分出于西椁箱，只有1枚木牍出于东椁箱。竹简长27.4～27.9、宽0.7厘米，木牍长28、宽2.5～2.6厘米。简牍排列有序，分别记录了男女仆从、车马、食物、漆器、土器、杂器以及丝织物等方面的内容，木牍似为清单的小结。简牍记载的大部分名称与出土实物吻合，东椁箱出土的木牍详细记载了因故未随葬的衣物名称及数量。木楬顶端为半圆形，下部长方形，长6.4～6.9、宽4.3～6.5、厚0.15～0.25厘米，其上墨书有"衣两笥""衣薈乙笥"等名称，此木楬很可能是衣物竹笥的签牌。

---

① 荆州博物馆彭浩：《江陵张家山汉墓出土大批珍贵竹简》，《江汉考古》1985年第2期；荆州地区博物馆：《江陵张家山三座汉墓出土大批竹简》，《文物》1985年第1期；张家山汉墓竹简整理小组：《江陵张家山汉简概述》，《文物》1985年第1期；张家山二四七号汉墓竹简整理小组：《张家山汉墓竹简（二四七号墓）》，文物出版社，2001年，第172、189、303页。

② 荆州地区博物馆：《江陵张家山两座汉墓出土大批竹简》，《文物》1992年第9期；荆州博物馆：《湖北江陵张家山M336出土西汉竹简概述》，《文物》2022年第9期；荆州博物馆：《张家山汉墓竹简（三三六号墓）》，文物出版社，2022年。

③ 湖南省博物馆、中国科学院考古研究所：《长沙马王堆一号汉墓》，文物出版社，1973年，第130～154页。

年代为西汉早期文帝前元十二年（公元前168年）①。

长沙望城坡渔阳墓。1993年发掘，墓主为女性。墓葬东、南藏室以及棺室出土100余枚木楬、签牌和封泥匣，字数达2000字以上。木楬均呈长方形，上圆下方，首部涂黑，有两穿。其中3枚木楬集中记录了随葬衣物的名称和数量。年代为西汉初年文帝至景帝时期②。

（5）广西壮族自治区

贵县罗泊湾M1。1976年发掘，墓主为男性，另有6位殉葬女性。出土了具有遣册性质的简牍，包括木简9枚、木牍5枚，2枚保存较完整，3枚存留墨书。其中1枚木牍长38、宽5.7、厚0.2～0.7厘米，自题为“从器志”，全牍共372字、19个符号，字体为略带篆书笔法的隶书。内容包括衣物、纺织品、食物、兵器等随葬物品70余种。年代为西汉早期③。

（6）重庆市

武隆关口M1。2023年发掘，墓中出土遣册简牍8枚，其中1枚为告地书，另外4枚记载了随葬品的名称、数量和尺寸等。由于简牍有明确纪年，其文字成为秦篆向汉隶转变的重要文字资料。年代为西汉初年（公元前186年）④。

（二）边塞文书

边塞文书是指发现于西北地区河西走廊和新疆维吾尔自治区的汉代边塞遗址所出的军队和官府文书档案，这些文书集中反映了军事屯戍生活、中西交通、民族交往等方面的内容。

河西走廊地区乃汉代河西四郡之所在，位于今甘肃省境内和内蒙古自治区的额济纳河流域。这里作为边塞遗址，所出汉代边塞文书众多，是汉代简牍出土最集中的地区，在敦煌、张掖、酒泉、玉门、武威、居延、天水、甘谷等地先后出土汉代简牍30余次，所出简牍大多为木简，竹

---

① 湖南省博物馆、中国科学院考古研究所：《长沙马王堆二、三号汉墓发掘简报》，《文物》1974年第7期；湖南省博物馆、湖南省文物考古研究所：《长沙马王堆二、三号汉墓》，文物出版社，2004年，第43～73页。

② 长沙市文物考古研究所、长沙简牍博物馆：《湖南长沙望城坡西汉渔阳墓发掘简报》，《文物》2010年第4期。

③ 广西壮族自治区博物馆：《广西贵县罗泊湾汉墓》，文物出版社，1988年，第86页。

④ 黄伟、叶小青：《重庆武隆关口一号墓》，“文博中国”公众号报道，2024年2月。

简极少。根据出土埋藏环境，主要有两种埋藏情况，一是出自烽燧和驿置遗址，位于居延、敦煌、酒泉、玉门等地，这部分简牍数量巨大，占到99%，内容基本为屯戍文书，包括档案、薄籍、信札等，时间集中在西汉中期武帝以后至东汉中期。二是出自墓葬，位于武威、甘谷、天水等地，内容以文献典籍为主，如《仪礼》《日书》《星分度》《黄钟》《志怪故事》等，年代自秦至汉均有。涉及服饰衣物的简牍主要出自边塞遗址，文书有阁名籍、受阁卒市买名籍、病死衣物名籍、物故衣出入簿等，集中多批次出土于居延、敦煌两地。

居延汉简。居延地区出土简牍是汉代张掖郡居延、肩水两都尉出土的文书档案，先后出土30000余枚。1930年，中瑞西北科学考查团团员贝格曼曾在额济纳河流域和黑城南卅井塞遗址等30个地点发现汉简1万余枚，其中一半出自甲渠候官（破城子）（A8，贝格曼编号），习惯上称这批汉简为“居延汉简”。1972～1974年，甘肃省博物馆在额济纳流域甲渠候官（破城子）、甲渠塞第四隧和肩水金关发掘20000多枚汉简，为便于区分，这批简被称作“居延新简”。1998～2001年，内蒙古考古研究所在甲渠候官地区又发掘汉简500～600枚。居延汉简反映了大约自西汉汉武帝太初三年（公元前102年）至东汉建武初年的屯戍生活[①]。

敦煌汉简。敦煌汉简是指在疏勒河流域汉代烽燧遗址出土的汉代简牍，因最先发现于敦煌而得名。这里属汉代敦煌郡的玉门都尉、中部都尉和宜禾都尉，也有小部分涉及汉代酒泉郡的北部都尉、西部都尉和东部都尉，先后出土简牍2480余枚。1907年，斯坦因首次在敦煌发现简牍708枚。1913～1915年，斯坦因又在此掘得简牍189枚（含酒泉汉简105枚）。

---

① 劳干：《居延汉简考释·释文之部》，商务印书馆，1943年；劳干：《居延汉简考释·考证之部》，中央研究院历史语言研究所，1944年；劳干：《居延汉简·图版之部》，“中央”研究院历史语言研究所，1957年；劳干：《居延汉简·考释之部》，“中央”研究院历史语言研究所，1960年；中国社会科学院考古研究所：《居延汉简》（甲乙编），中华书局，1980年；陈直：《居延汉简研究》，天津古籍出版社，1986年；甘肃省文物考古研究所、甘肃省博物馆、中国文物研究等：《居延新简·甲渠候官》，中华书局，1994年；中国简牍集成编辑委员会：《中国简牍集成·甘肃省内蒙古自治区卷》，敦煌文艺出版社，2001年；甘肃简牍保护研究中心等：《肩水金关汉简》（壹～伍），中西书局，2011～2016年；史语所简牍整理小组：《居延汉简》，“中央”研究院历史语言研究所，2014年；张德芳：《居延新简集释》，甘肃文化出版社，2016年。

1920年，周炳南在敦煌小方盘城发掘出土17枚汉简。1944年，西北科学考察团又在小方盘城附近获得汉简49枚。1977年，嘉峪关市文物保管所在玉门花海农场附近的汉代烽燧遗址获得汉简91枚，属于汉代酒泉郡北部都尉的文书档案。1979年，甘肃省文物考古研究所等又在小方盘城附近的马圈湾烽燧遗址经科学发掘获得汉简1217枚，这次发掘是敦煌汉简出土最多、规模最大、发掘最为科学系统的一次。1981年，敦煌市博物馆在酥油土汉代烽燧遗址采集汉简76枚。1986～1988年，敦煌市博物馆又在此地采集汉简137枚。除以上烽燧遗址这样的防御性建筑所出的几批汉简外，1990年作为传置建筑的敦煌悬泉置遗址又出土简牍35000枚，内容分为15类近百种。敦煌汉简的年代集中在西汉中期武帝至东汉桓帝永兴年间[①]。

第二节　服装的主要类型

秦汉时期，上下连体的长服依然是社会服饰风尚的主流，因此，在服装类型的分析中仍然以上衣的形制为主体，作为下衣的裙和裤由于部分显露在外，其形制也由此可窥一斑。相较于东周时期，足衣变化较多，尤其是鞋出现了很多新款式。

一、上衣的主要类型

秦汉时期的上衣具有内外层次，但就形制而言，考古发现所见的形制仍限于对外服的讨论。这时的上衣依然有长服、中长服、短服三类。相较于东周时期丰富多样的领式变化，秦汉时期的领口式样趋于统一，以交领式为主，且均为右衽，长服中存在圆领式，中长服中存在对襟式。其形制的变化更多的体现在下摆和裾式方面。

（一）长服

秦汉时期的长服是当时上衣的最常见式样，其长度自近踝处至拖垂地面长度不等，介于此等长度之间的上衣均在长服之涉。

---

① 甘肃省文物考古研究所：《敦煌汉简》，中华书局，1991年；甘肃省文物考古研究所：《甘肃敦煌汉代悬泉置遗址发掘简报》，《文物》2000年第5期；张德芳：《敦煌马圈湾汉简集释》，甘肃文化出版社，2013年。

1. 交领式

交领式长服是秦汉时期数量最多的上衣类型，且绝大部分为交领右衽。秦汉时期，其总体面貌变化不大，但领、袖、腰际线、襟、裾以及下摆等细部款式一直发生着变化，依据这些变化，可将交领式长服分为以下十二型。

A型：整体瘦长贴身，下摆略外撇。交领开口低，领缘窄细，可见内衣凸起的一圈拥颈。宽袖，袖长较短。腰际线较低，近臀部。前襟宽大，向后延伸形成弧缘小曲裾[①]。下摆前长后短，后侧可见内凹弧形。根据领口位置、袖长、下摆等细部款式，可分为二个亚型。

Aa型：领口交叉位置很低。宽袖，长袖。下摆外撇程度大，前长后短，前部平齐及地，后部较短，仅及膝下，呈略内凹的弧形。根据袖筒和下摆形态，又可分为二式。

Ⅰ式：宽袖无垂胡，后摆内凹弧度略大。

典型者如汉景帝阳陵陪葬墓出土的文官俑（图4-1-1）和侍女俑，年代为西汉早期。西安灞桥区栗家村汉墓出土的男侍女俑，年代为西汉早中期。临淄山王村汉墓陪葬坑出土的文官俑（图4-1-2），年代为西汉早期偏晚段。

Ⅱ式：阔袖，袖口内收，形成垂胡。后摆内凹弧度趋平缓。

典型者如曹县江海村汉墓出土女俑（图4-1-3），年代为西汉中期偏早段。永城夫子山M1出土侍俑（图4-1-4），年代为西汉中期。

Ab型：领口交叉位置较Aa型略高。宽袖，但有些袖长较短，甚至为半袖。下摆外撇程度略小，下摆前长后短，但前部至跗，后部较Aa型略长，呈圆弧形内凹，常可见内衣下摆的燕尾形尖角。

典型者如徐州北洞山楚王墓出土女侍俑（图4-1-5），年代为西汉早期。徐州顾山M1出土女侍俑（图4-1-6），年代为西汉早期。徐州米山汉墓出土男女侍俑，年代为西汉早期偏晚段。徐州子房山M2出土女侍俑（图4-1-7），年代为西汉早期。

B型：整体瘦长贴身，上下等宽，呈直筒型。交领开口较高，领缘宽窄适中。直裾。根据袖宽、下摆长度及形态，可分为三式。

Ⅰ式：领口凸起一圈拥颈。窄袖。腰际线适中。下摆及地，前后平齐。

---

① 小曲裾是介于直裾与典型曲裾间的一种形态，一般表现为短窄的小三角形。

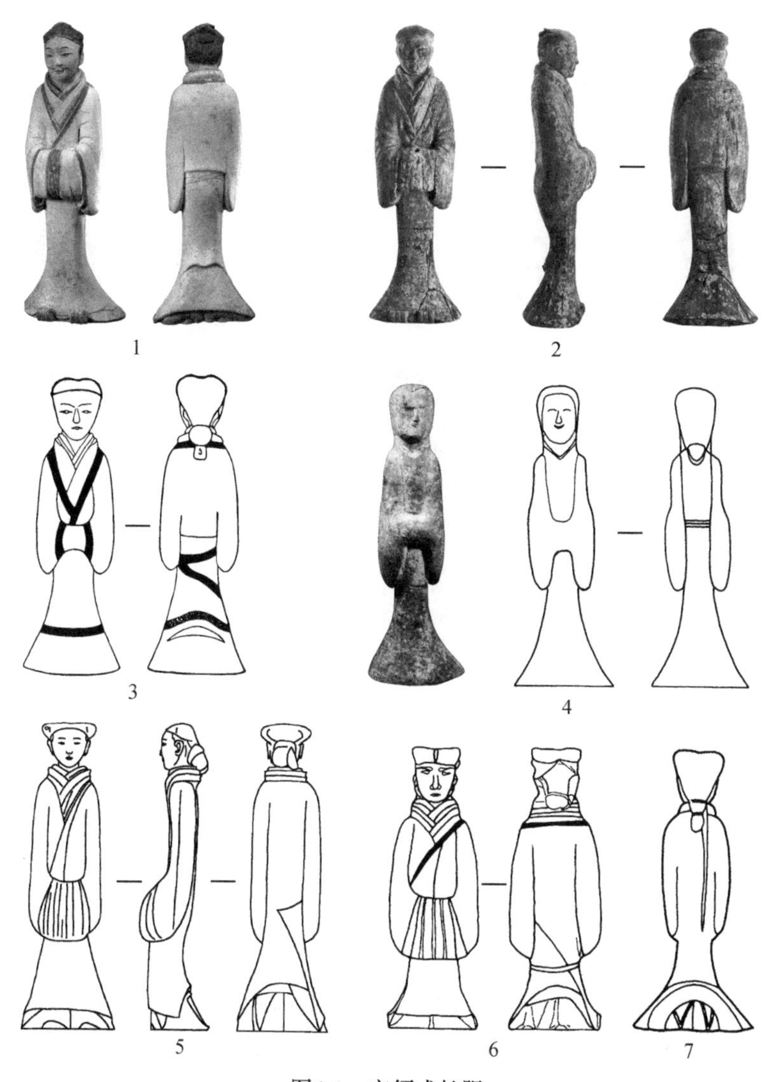

图4-1　交领式长服

1、2. Aa型Ⅰ式（汉景帝阳陵陪葬墓、临淄山王村YK：354）　3、4. Aa型Ⅱ式（曹县江海村汉墓、永城夫子山FM1：53）　5～7. Ab型（徐州北洞山2501、徐州顾山M1：39、徐州子房山M2）

典型者如西安茅坡邮电学院M123出土的侍俑（图4-2-1），年代为秦晚期。

Ⅱ式：领口可见内衣凸起的一圈拥颈。宽袖。腰际线较低。下摆至跗，前长后短，前部平齐，后部略微内凹。

典型者如徐州北洞山楚王墓出土仪仗俑（图4-2-2），年代为西汉早期。徐州羊鬼山楚王后墓陪葬坑出土仪仗俑，年代为西汉早期。徐州顾山M1出土仪仗俑，年代为西汉早期。临淄山王村汉墓陪葬坑出土仪仗俑

图4-2 交领式长服

1. B型Ⅰ式（西安茅坡邮电学院M123：7） 2、3. B型Ⅱ式（徐州北洞山EK2：18、临淄山王村YK：93） 4～6. B型Ⅲ式（西安曲江翠竹园M1、东平后屯M1、荥阳苌村壁画墓）

（图4-2-3），年代为西汉早期偏晚段。

Ⅲ式：领口低平。阔袖。腰际线适中。下摆至胫骨中间，前长后短，前部平齐。

典型者如西安曲江翠竹园M1中的门吏和武士形象（图4-2-4），年代为西汉晚期。东平后屯M1的官吏形象（图4-2-5），年代为新莽时期。辽阳北园M1壁画中“代郡廪”“小府吏”等官吏形象，年代为东汉晚期。荥阳苌村壁画墓前室上部的男子形象（图4-2-6），年代为东汉晚期。

C型：整体有如A型，唯袖很长，有的有续接的水袖。衣裾也很长，为绕襟曲裾，有的甚至围绕身体数周。下摆形态各异，表现有交叉错落的各式尖角。根据下摆形态，可分为二个亚型。

Ca型：下摆及地。两襟下摆斜裁成尖角，内衣下摆亦然，前后内外交错形成错落效果。

典型者如汉景帝阳陵四号建筑遗址出土舞女俑（图4-3-1、图4-3-2），年代为西汉早期。

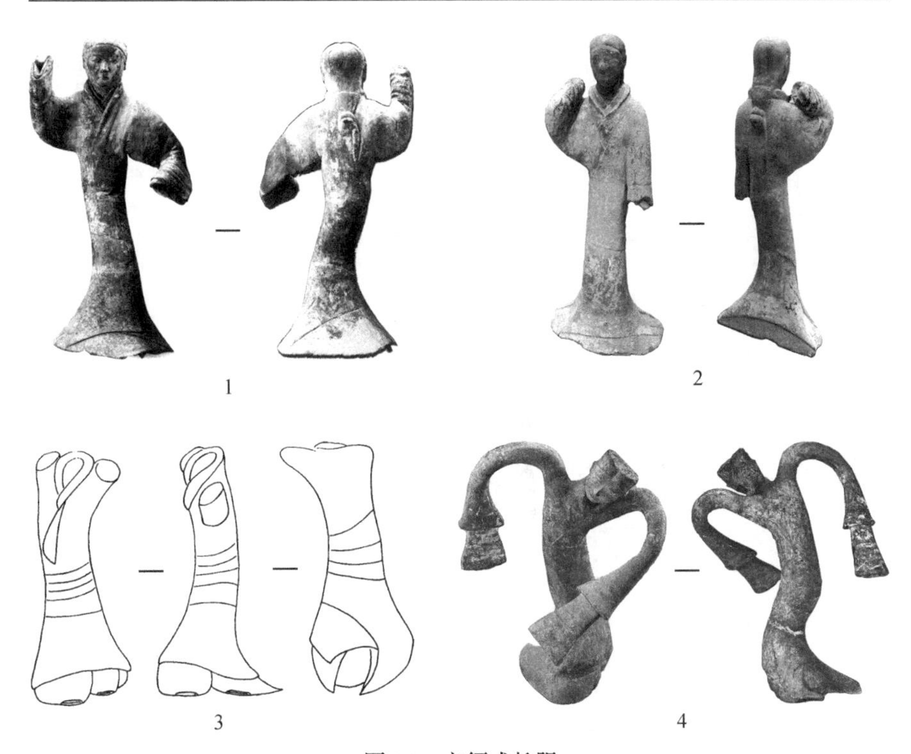

图4-3　交领式长服

1、2. Ca型（汉景帝阳陵四号建筑遗址）　3、4. Cb型（徐州北洞山2560、徐州驮篮山楚王墓）

Cb型：下摆很长，向后拖垂。前部近于平齐，长至跗，后部为内凹圆弧形，可见两襟的斜圆尖角。

典型者如徐州北洞山楚王墓出土舞女俑（图4-3-3），年代为西汉早期。徐州驮篮山楚王墓出土舞女俑（图4-3-4），年代为西汉早期。

D型：整体较A型更加瘦长贴身，上下呈直筒状。交领开口高，领缘低平。窄袖。腰际线适中。下摆呈直筒状，无外撇，前后平齐及地。宽领缘、袖缘、裾缘和下摆缘。根据裾的形态，可分为三个亚型。

Da型：前襟短，可见内襟，呈三角形斜裁，向后拥掩呈曲裾，曳于右后侧腰间。

典型者如长沙马王堆M1出土曲裾长袍（图4-4-1、图4-4-2），长沙马王堆M3出土彩绘立俑所穿服饰也为相同类型（图4-4-3～图4-4-5），年代均为西汉早期文帝时期。长沙南郊砂子塘墓出土木俑，年代为西汉早期文帝时期。武汉新洲技校M27出土木俑，年代为西汉早期。

Db型：前襟长，可见内襟，顺时针延伸围绕成绕襟曲裾。

典型者如云梦大坟头M1出土女侍俑（图4-4-6），年代为西汉早期。

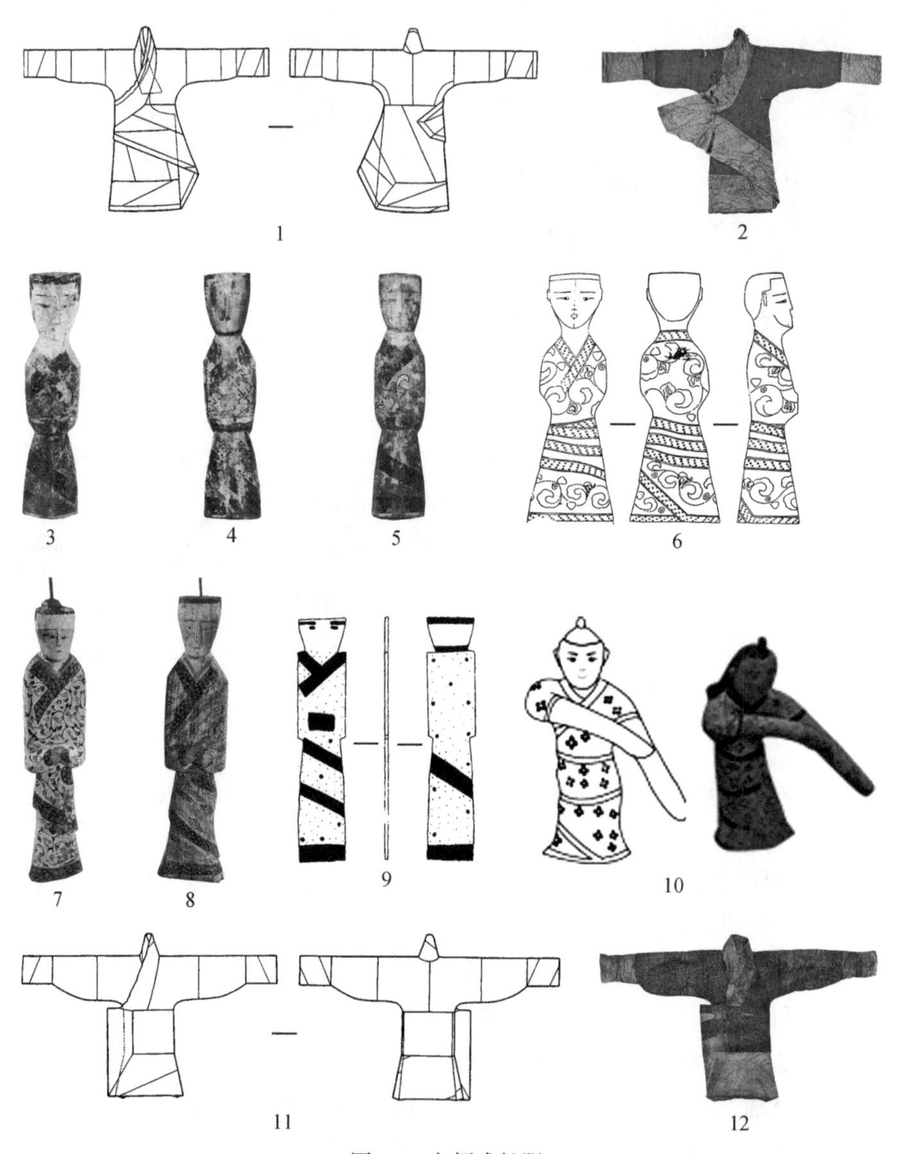

图4-4 交领式长服

1～5. Da型（长沙马王堆M1：329-10、长沙马王堆M1：329-8、长沙马王堆M3：北2、长沙马王堆M3：北14、长沙马王堆M3：北26） 6～10. Db型（云梦大坟头M1、长沙马王堆M1、荆州关沮萧家草场M26：28、济南无影山M11） 11、12. Dc型（长沙马王堆M1：329-12、长沙马王堆M1：329-13）

长沙马王堆M1出土彩绘立俑（图4-4-7、图4-4-8），年代为西汉早期汉文帝时期。荆州关沮萧家草场M26出土木片俑（图4-4-9），年代为西汉早期文景时期。济南无影山M11出土陶舞俑（图4-4-10），年代为西汉早期。

Dc型：直裾。

典型者如长沙马王堆M1出土直裾长袍（图4-4-11、图4-4-12）。长沙马王堆M3出土的彩绘立俑所穿服饰，年代均为西汉早期文帝时期。

E型：整体瘦长贴身，下摆外撇。交领开口较低，领缘窄细低平。宽袖或阔袖。腰际线较低，近臀部。衣裾形态不明显，偶见直裾。下摆外撇。根据下摆长度及形态，可分为二个亚型。

Ea型：下摆前后平齐及地。

典型者如江陵凤凰山M168出土的女侍俑（图4-5-1）和M8出土的侍俑（图4-5-2、图4-5-3）以及广州动物园M8出土铜俑（图4-5-4）、随州孔家坡M8出土侍俑、江陵张家山M127和M136出土侍俑、云梦睡虎地M1出土侍俑，以上发现的年代均为西汉早期。此外，天长北岗M19出土侍俑，也

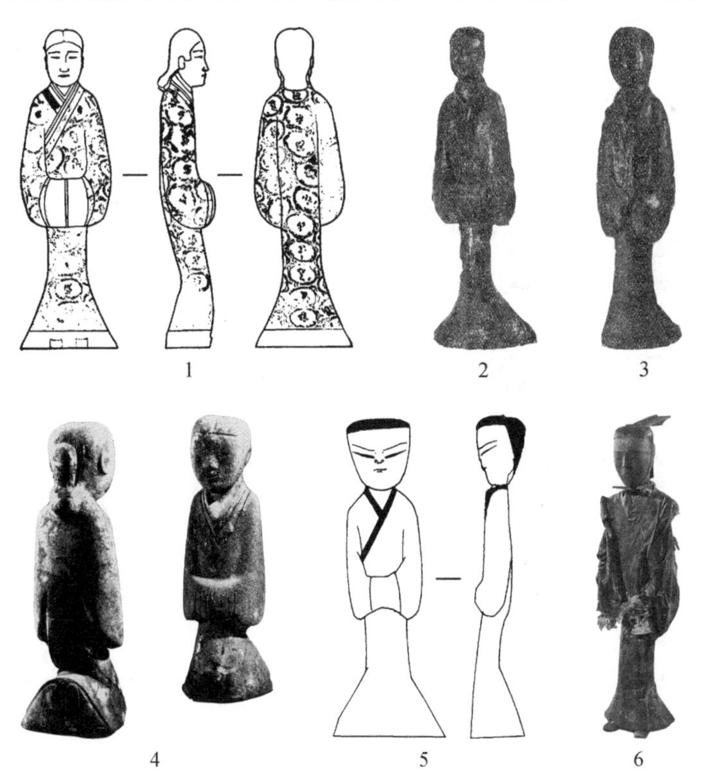

图4-5　交领式长服

1～5. Ea型（江陵凤凰山M168：28、江陵凤凰山M8、广州动物园M8、天长北岗M19：44）

6. Eb型（长沙马王堆M1：235）

着类似款式（图4-5-5），年代为西汉中期偏早段。

Eb型：下摆较短，前后平齐，下摆缘宽大。常与及地外撇的内衣搭配。

典型者如长沙马王堆M1出土着衣男俑（图4-5-6）和长沙马王堆M3出土的车马仪仗图中的列队军吏所穿的服装，年代均为西汉早期文帝时期。

F型：整体较宽肥，下摆外撇。领口开口位置适中。阔袖，有的袖口内收，袖筒形成垂胡。腰际线上移。细长曲裾。下摆外撇为喇叭形，前后均平齐，个别下摆后部略有内凹。根据领口及下摆形态，可分为二式。

Ⅰ式：领缘略外凸，下摆自膝盖外撇，幅度较大。

典型者如临淄山王村汉墓陪葬坑出土的侍女俑（图4-6-1），年代为西汉早期偏晚段。

Ⅱ式：领缘低平，窄领缘或无领缘。下摆自腰下外撇，幅度较小。

典型者如徐州龟山M2出土侍俑（图4-6-2）。与此款式类似的还见于徐州铜山李屯汉墓出土的坐俑、卧牛山M3出土的侍俑（图4-6-3），以及永城夫子山M1出土的女侍俑（图4-6-4），以上年代均为西汉中期。

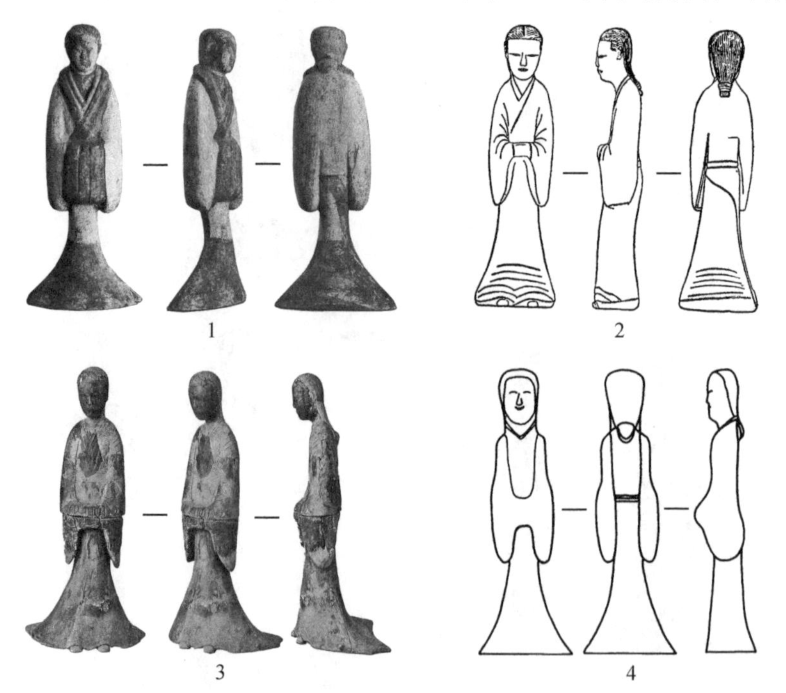

图4-6　交领式长服

1. F型Ⅰ式（临淄山王村YK：363）　2～4. F型Ⅱ式（徐州龟山M2、徐州卧牛山M3E2：23、永城夫子山M1：53）

此外，三门峡立交桥M4出土侍俑也着有类似款式的外服，年代为西汉晚期。

G型：整体紧窄贴身，上下成直筒状。交领开口位置较高。袖窄且短。束腰位置适中。曲裾窄长。下摆呈直筒状无外撇，前后均平齐及地。有窄领缘、袖缘、裾缘和下摆缘。根据领口形态及曲裾长短，可以分为二式。

Ⅰ式：领口有竖立拥颈。前襟与曲裾相连，曲裾相对较短。

典型者如西安茅坡邮电学院M123出土的女侍俑（图4-7-1、图4-7-2），年代为秦代。

Ⅱ式：领口低平，无竖立拥颈。细长曲裾。

典型者如孝义张家庄汉墓出土的3件女侍俑（图4-7-3），年代为西汉早中期。

图4-7　交领式长服

1、2. G型Ⅰ式（西安茅坡邮电学院M123：8照片、西安茅坡邮电学院M123：8线图）

3. G型Ⅱ式（孝义张家庄汉墓）

H型：整体宽松适体，下身略外撇。交领开口适中，领缘低平，宽窄适宜。腰际线适中。前襟宽大，向后延伸形成斜直细长曲裾。下摆前部平齐及地，后部略呈圆弧形内凹。根据袖宽及下摆形态，可分为三式。

Ⅰ式：宽袖，下摆略外撇。

典型者如西安南郊三爻村M19出土的男女侍俑（图4-8-1），西安北郊尤家庄M18出土男侍俑（图4-8-2），年代均为西汉中期晚段。西安南郊长延堡M1和M2所出男女侍俑（图4-8-3），年代为西汉晚期早段。

Ⅱ式：阔袖，袖口或有内收，形成垂胡。下身自腰下外撇，外撇程度加大。

典型者如靖边老坟梁M42壁画中的老子形象（图4-8-4），年代为西汉晚期。彭山崖墓M601出土的女侍俑（图4-8-5），年代为东汉中晚期。类

图4-8　交领式长服

1～3. H型Ⅰ式（西安三爻村M19：11、西安尤家庄M18：12、西安长延堡M2：9）
4～7. H型Ⅱ式（靖边老坟梁M42、彭山M601：6、三台郪江柏林坡M1：31、丰都上河嘴M3：28）　8. H型Ⅲ式（辽阳三道壕第四窑场壁画墓）

似服饰在江苏及皖东地区、川渝地区也比较常见，如西汉中期晚段的扬州邗江胡场汉墓、扬州平山养殖场汉墓出土的侍俑服饰；西汉晚期偏晚段的连云港唐庄高高顶汉墓出土侍俑服饰；东汉中晚期的三台郪江柏林坡M1（图4-8-6）、忠县土地岩、丰都上河嘴M3（图4-8-7）、巫山双堰塘等川渝地区崖墓出土侍俑服饰。

Ⅲ式：阔袖，袖口无内收。下身自腰下外撇，外撇程度小。

典型者如辽阳三道壕第四窑场壁画墓宴饮图中的侍女形象（图4-8-8），年代为东汉晚期。

Ⅰ型：整体宽松适体，下身外撇。交领开口适中，领缘低平，宽窄适宜。宽袖。腰际线适中，宽腰带。前襟宽大，向后延伸形成斜直细长曲裾。下摆外撇，前后均平齐，后摆两侧有开叉。根据袖宽及下摆外撇程度，又可分为二式。

Ⅰ式：袖筒紧窄，下摆略外撇。

典型者如临沂金雀山M13、M14出土的顶壶女俑（图4-9-1），年代为西汉中期早段。

Ⅱ式：袖筒宽且长，袖口有收分。下摆外撇程度大，呈大喇叭形外撇。

典型者如西安杜陵陵区出土的玉舞人（图4-9-2），年代为西汉中期晚段。西安北郊尤家庄M18出土的女侍俑（图4-9-3），年代为西汉中期晚段。西安南郊长延堡M1和M2所出女侍俑（图4-9-4），年代为西汉晚期早段。

J型：整体宽松肥大，自腰下呈喇叭形外撇。交领开口较高，领缘低平，宽窄适宜。阔袖。腰际线较高，宽腰带。下摆前后平齐。

典型者如靖边老坟梁M42壁画中的贵妇形象（图4-10-1），年代为西汉晚期。东平后屯M1持包女性、舞女等人物形象（图4-10-2），年代为新莽时期。鄂托克凤凰山M1壁画中贵妇形象（图4-10-3），年代为东汉晚

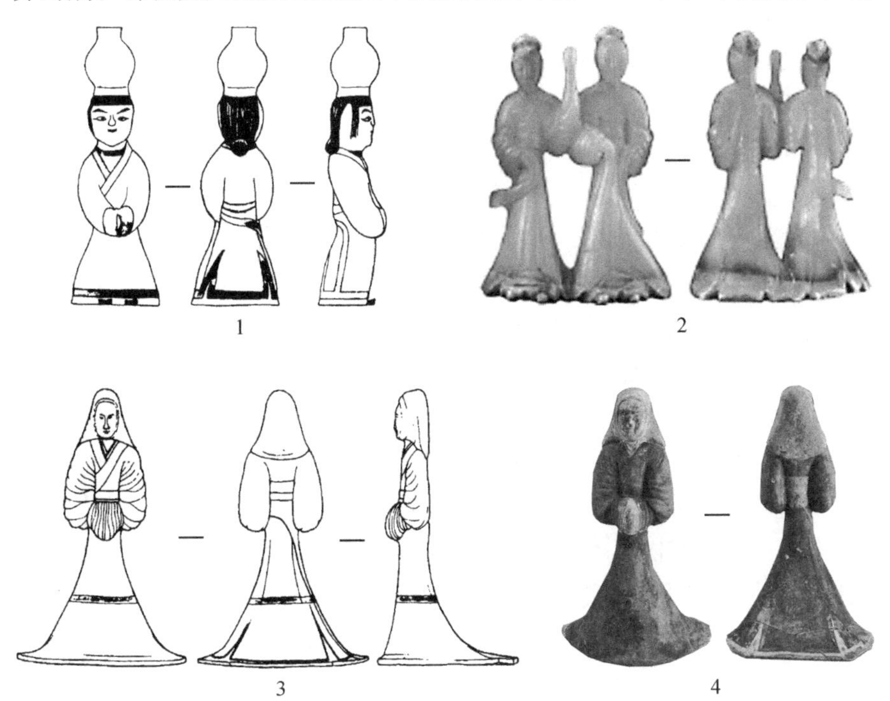

图4-9　交领式长服

1. I型Ⅰ式（临沂金雀山M14：23）　2～4. I型Ⅱ式（西安杜陵、西安尤家庄M18：18、西安长延堡M2：13）

图4-10 J型交领式长服

1. 靖边老坟梁M42 2. 东平后屯M1 3. 鄂托克凤凰山M1 4. 旬邑百子村壁画墓 5. 荥阳苌村壁画墓 6. 和林格尔新店子M1

期。旬邑百子村汉墓壁画中“亭长夫人”等贵妇形象（图4-10-4），年代为东汉晚期。荥阳苌村壁画墓前室上部的贵妇形象（图4-10-5），年代为东汉晚期。和林格尔新店子M1壁画中历史人物（图4-10-6），年代为东汉晚期。

K型：整体宽松适体，下身略外撇。交领开口偏上，领缘低平，宽窄适宜。半袖，袖筒呈喇叭形，边缘有荷叶形花瓣褶皱为缘。腰际线适中。前襟宽大，向后延伸形成斜直细长曲裾。下摆前后均平齐及地，并装饰有褶皱花边作为下摆缘。

典型者如彭山崖墓M661出土的多件舞女俑（图4-11-1），年代为东汉中晚期。三台郪江紫荆湾M10出土舞女俑（图4-11-2），年代为东汉晚期。成都泰兴凉水村M2出土舞女俑（图4-11-3），年代为东汉中晚期。

L型：整体宽松宏裕，衣长较短，覆足或仅及胫部。交领开口偏上，领缘低平，宽窄适宜。阔袖，有的袖口略微内收。腰际线高。下摆宽肥不外撇。

典型者如密县打虎亭M1和M2描绘的男性和女性贵族形象（图4-12-1、图4-12-2）、洛阳朱村M2宴饮图中的侍女服饰（图4-12-3），年代均为东汉晚期。沂南北寨村汉画像石墓后室南壁隔梁东面的侍女形象，年代为东汉晚期。

图4-11　K型交领式长服

1. 彭山M661：13　2. 三台郪江紫荆湾M10：1　3. 成都泰兴凉水村M2：1

图4-12　L型交领式长服

1. 密县打虎亭M1　2. 密县打虎亭M2　3. 洛阳朱村M2

2. 圆领式

圆领式长服最典型的发现是西安南郊长延堡M1所出的7件男侍俑（图4-13-1）。长服整体宽松适体，上下呈直筒状。长服自前向后反闭穿着，于身后左后侧竖直开合，圆形领口。腰际线适中，腰前侧有长方形抱腰。下摆前后均平齐及地。年代为西汉晚期早段。

东汉以后，类似的圆领式服多穿作内衣。如丰都槽房沟M9出土舞俑（图4-13-2），年代为东汉晚期。靖边杨桥畔M1后室北壁壁画中墓主也可见明显圆领内衣，年代为东汉晚期（图4-13-3）。

（二）中长服

中长服的细部款式很多与长服类似，交领右衽是其基本特点，领口、袖口、裾式、下摆等细节方面也均可见于长服，唯长度稍短，一般衣长至膝，自股至胫长度不等。另有对襟式中长服在秦汉时期更加普遍。

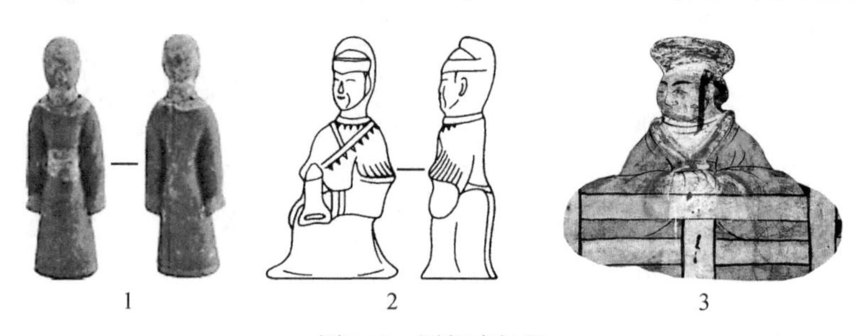

图4-13　圆领式长服

1. 西安长延堡M1：11　2. 丰都槽房沟M9：13　3. 靖边杨桥畔M1

1. 交领式

秦汉时期交领式中长服绝大部分为交领右衽，极少交领左衽。服饰总体面貌直筒型居多，多宽袖或窄袖，腰际线适中，多直裾，下摆的细部款式变化明显。依据这些变化，可将交领式中长服分为以下八型。

A型：整体贴身适体，上下呈直筒型，衣长至膝部上下。交领开口较高，领缘窄细，有的无领缘。窄袖，袖长较短。腰际线适中。直裾，有的略微弧度呈近似三角形。下摆前后平齐。根据前襟长度，可分为二个亚型。

Aa型：前襟较长，围绕至身侧偏后部位或身后，下摆前后平齐。根据下摆长度，可分为二式。

Ⅰ式：可见内衣凸起的一圈拥颈，下摆长至膝部或膝上。

典型者如秦始皇陵兵马俑中大多数军吏士兵穿着的服饰（图4-14-1、图4-14-2），年代为秦代。

Ⅱ式：领口低平，下摆增长至膝下。

典型者如徐州狮子山楚王墓、咸阳杨家湾陪葬墓、青州香山汉墓、临淄山王村汉墓陪葬坑兵俑所穿着的服饰（图4-14-3、图4-14-4），年代为西汉早期。荆州关沮萧家草场M26出土武士俑服饰（图4-14-5），年代均为西汉早期偏早段。成都青白江区跃进村M4出土劳作俑服饰（图4-14-6），年代为西汉晚期至东汉早期。彭山崖墓出土劳作俑，年代为东汉中晚期。绵阳何家山M2出土铜牵马俑服饰（图4-14-7），年代为东汉。

Ab型：前襟较短，仅掩盖后襟，至身前右侧，下摆前后平齐。

典型者如秦始皇陵兵马俑中的骑兵穿着的服饰（图4-14-8、图4-14-9），年代为秦代。

B型：整体贴身适体，上下呈直筒型，衣长至膝部上下。交领开口较高，领缘窄细。窄袖，袖长较短。腰际线适中。前襟围绕至身侧偏后部位

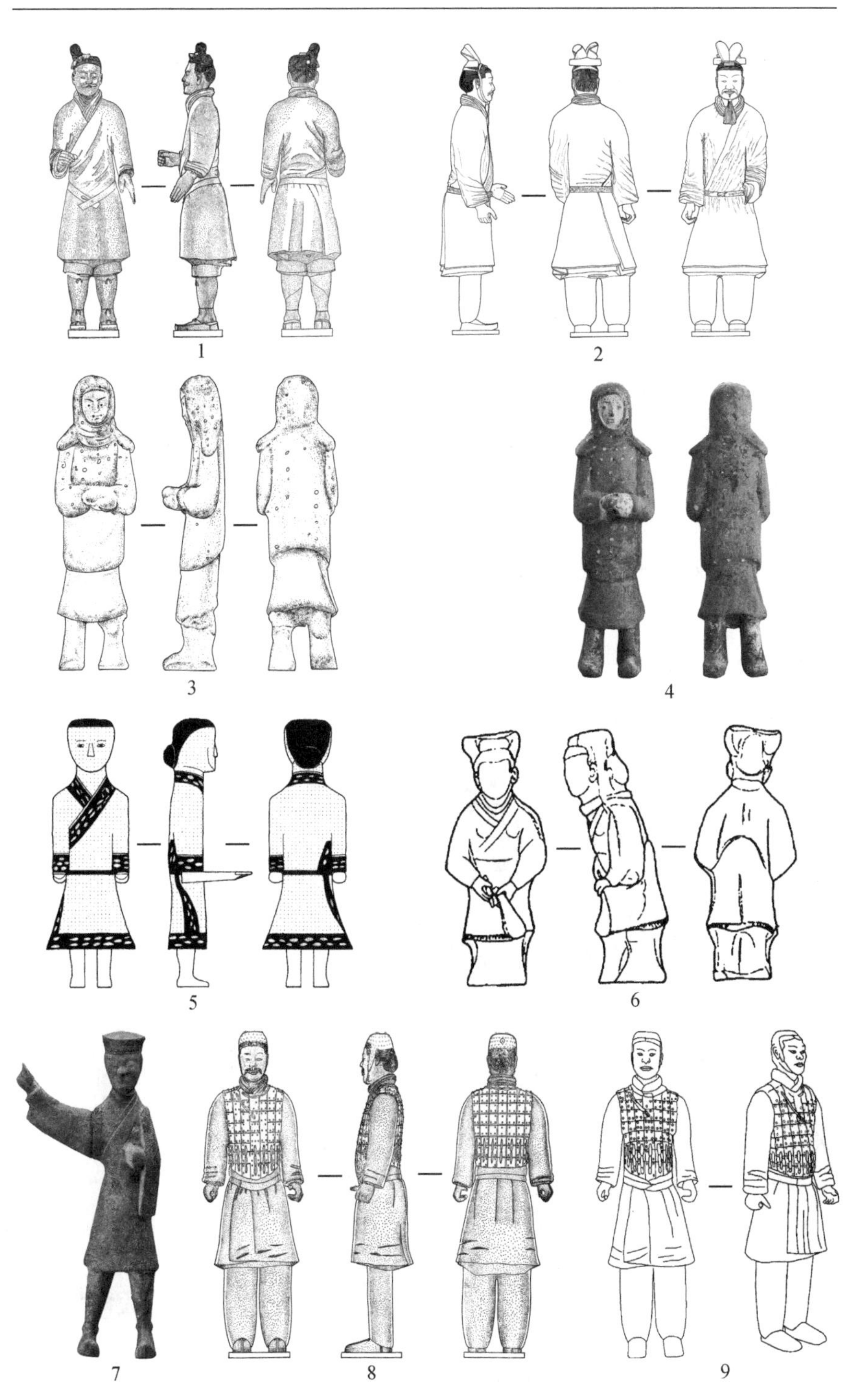

图4-14　交领式中长服

1、2. Aa型Ⅰ式（秦始皇陵兵俑T10G7：10、秦始皇陵将军俑）　3～7. Aa型Ⅱ式（临淄山王村YK：车4-7、临淄山王村YK：279、荆州关沮萧家草场M26：19、成都跃进村M4：1、绵阳何家山M2）　8、9. Ab型（秦始皇陵T12：1）

或身后。下摆不平齐，内外襟下缘形成高低不平的尖角。根据下摆形态，可分为三个亚型。

Ba型：下摆两头长，中间短，正视呈内凹三角形。前后襟下缘斜直。根据下摆长度，可分为二式。

Ⅰ式：下摆长至膝部。

典型者如徐州狮子山楚王墓兵马俑中士兵穿着的服饰（图4-15-1），年代为西汉早期。

Ⅱ式：下摆增长至膝下。

典型者如东平后屯M1武士形象（图4-15-2），年代为新莽时期。

Bb型：下摆前部平直，后部较长垂下两尖角。根据尖角长度及由此形成的下摆形态，可分为三式。

Ⅰ式：下摆前部平齐，后侧可见前后襟下缘露出的小尖角。

典型者如秦始皇陵兵马俑中军吏士兵穿着的服饰（图4-15-3），年代为秦代。

Ⅱ式：下摆后侧前后襟下缘尖角加长。

图4-15　交领式中长服

1. Ba型Ⅰ式（徐州狮子山兵俑）　2. Ba型Ⅱ式（东平后屯M1）　3. Bb型Ⅰ式（秦始皇陵兵俑T1K：74）　4. Bb型Ⅱ式（徐州狮子山兵俑）　5. Bb型Ⅲ式（东平后屯M1）　6、7. Bc型（洛阳八里台壁画墓、靖边老坟梁M42）

典型者如徐州狮子山楚王墓兵马俑中士兵穿着的服饰（图4-15-4），年代为西汉早期。

Ⅲ式：下摆后侧前后襟下缘尖角最长。

典型者如东平后屯M1持剑武士形象（图4-15-5），年代为新莽时期。

Bc型：下摆中间长，两头短，正视呈外凸三角形。前后襟下缘斜直。

典型者如洛阳八里台壁画墓中的持戟武士形象（图4-15-6），年代为西汉晚期。靖边老坟梁M42中的武士形象（图4-15-7），年代为西汉晚期。

C型：整体贴身适体，衣长过膝，膝下踝上处。交领开口较高，领缘窄细。窄袖，袖长较短。直裾。下摆前后平齐。根据腰际线位置，及直裾形态可分为二个亚型。

Ca型：有的可见内衣凸起的一圈拥颈。腰际线靠下，近臀部。直裾，末端可见略微外凸的尖角。根据下摆的外撇程度，可分为二式。

Ⅰ式：上下呈直筒型。

典型者如西安任家坡霸陵从葬坑出土的女侍俑、汉景帝阳陵四号建筑遗址出土的女侍俑、汉南陵15号从葬坑出土的女侍俑以及徐州羊鬼山楚王后墓陪葬坑出土侍卫俑（图4-16-1～图4-16-3）。以上年代均为西汉早期。

Ⅱ式：下摆外撇，较宽松。

典型者如辽阳三道壕第四窑场壁画墓庖厨图中的中下层女子服装（图4-16-4），年代为东汉晚期。和林格尔新店子M1执物侍女服装（图4-16-5），年代为东汉晚期。

Cb型：领口低平，无凸起拥颈。腰际线适中。平直直裾。衣缘相较Ca型宽。

典型者如荆州关沮萧家草场M26出土侍女俑（图4-16-6），年代为西汉早期。

D型：整体贴身适体，上下呈直筒型，衣长过膝，膝下踝上处。交领开口较高，领缘窄细。有的可见内衣凸起的一圈拥颈。窄袖，袖长较短。腰际线靠下，近臀部。下摆长短不齐，内外尖角错落垂下。

典型者如汉景帝阳陵四号建筑遗址出土的女侍俑（图4-16-7），年代为西汉早期。

E型：整体贴身适体，上下呈直筒型，衣长过膝，膝下踝上处。交领开口较高，领缘窄细。领口低平，无凸起拥颈。腰际线适中。细长曲裾，绕身数周。下摆前后均平齐。

典型者如汉景帝阳陵四号建筑遗址出土陶俑、荆州关沮萧家草场M26出土木俑（图4-16-8、图4-16-9），年代均为西汉早期。

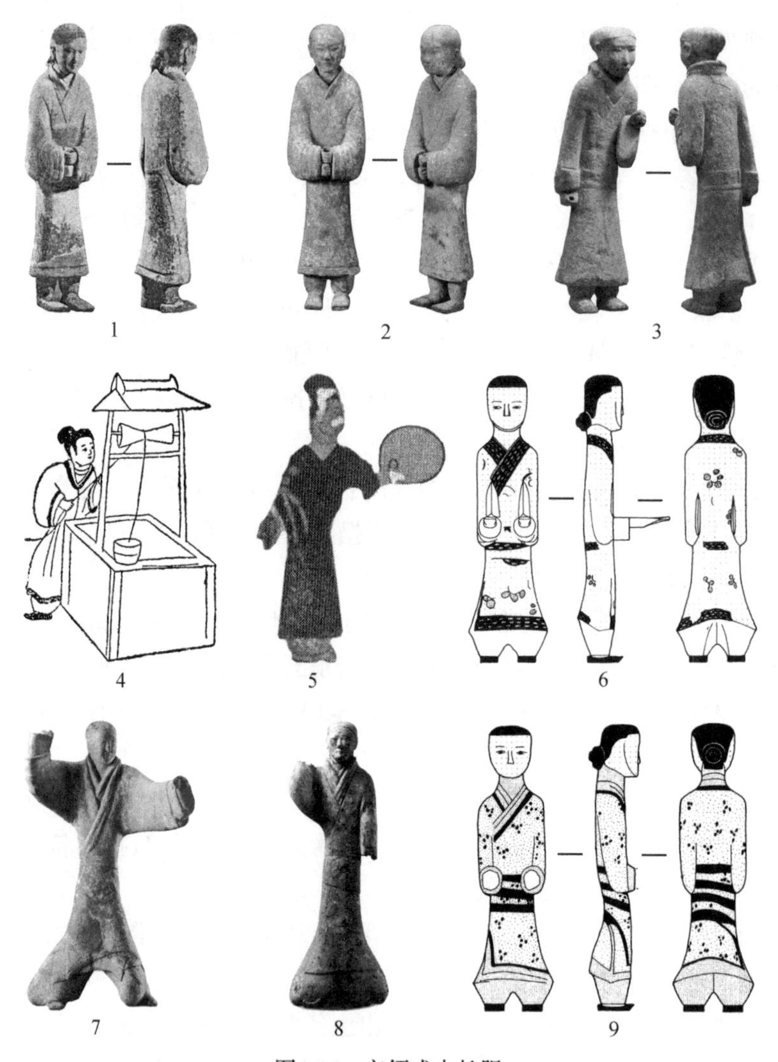

图4-16 交领式中长服

1～3. Ca型Ⅰ式（西安任家坡霸陵从葬坑、汉景帝阳陵四号建筑遗址、徐州羊鬼山楚王后墓）
4、5. Ca型Ⅱ式（辽阳三道壕第四窑场壁画墓、和林格尔新店子M1） 6. Cb型（荆州关沮萧家草场M26：72） 7. D型（汉景帝阳陵四号建筑遗址） 8、9. E型（汉景帝阳陵四号建筑遗址、荆州关沮萧家草场M26：15）

F型：整体宽松适体，下身略外撇。衣长过膝。交领开口适中，领缘低平，宽窄适宜。窄袖。腰际线适中。前襟宽大，向后延伸形成斜直细长曲裾。下摆前部近踝，后部略呈圆弧形内凹。

典型者如西安南郊长延堡M1和M2所出男侍俑（图4-17-1、图4-17-2），年代为西汉晚期早段。

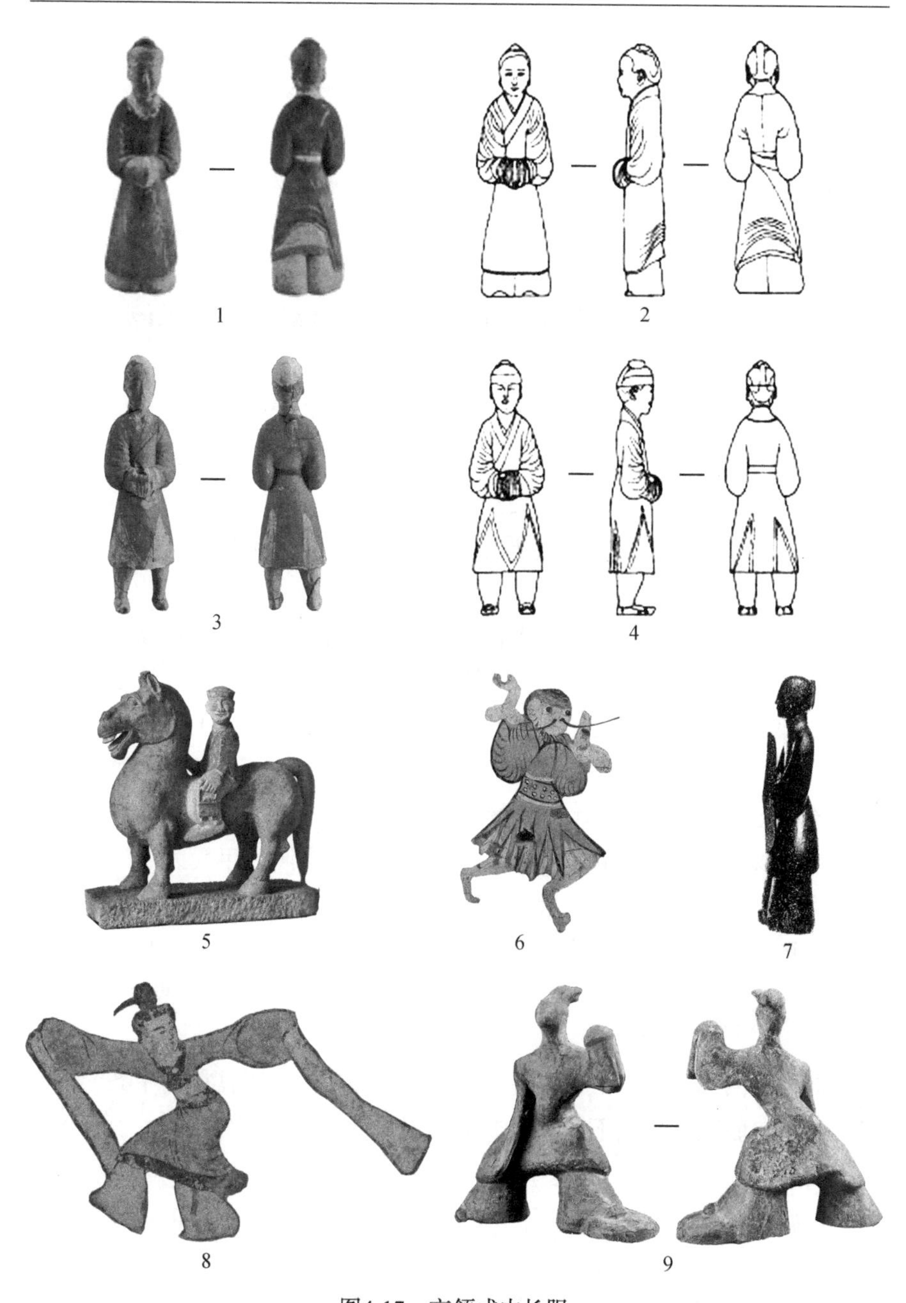

图4-17　交领式中长服

1、2. F型（西安长延堡M2：23、西安长延堡M1：21）　3、4. Ga型Ⅰ式（西安长延堡M2：16照片、西安长延堡M2：16线图）　5. Ga型Ⅱ式（望都所药村M2）　6. Gb型（武威五坝山M7）　7～9. H型（连云港唐庄高高顶汉墓、东平后屯M1、洛阳涧西七里河汉墓）

G型：整体宽松适体，下身略外撇。衣长及膝。交领开口适中，领缘低平，宽窄适宜。窄袖。腰际线适中。花瓣形下摆。根据下摆长度及形态，可分为二个亚型。

Ga型：下摆呈稀疏花瓣形，根据长度可分为二式。

Ⅰ式：下摆略长至膝。前侧及左右侧分别为三片，呈花瓣形；后侧一片呈长方形。

典型者如西安南郊长延堡M2所出男侍俑（图4-17-3、图4-17-4），年代为西汉晚期早段。

Ⅱ式：下摆很短，长至臀下。

典型者如望都所药村M2出土骑马俑（图4-17-5），年代为东汉晚期。

Gb型：下摆呈密集的尖角花瓣形。

典型者如武威五坝山M7壁画中的羽人形象（图4-17-6），年代为西汉晚期。

H型：整体宽松肥大，自腰下呈喇叭形外撇。交领开口较高，领缘低平，宽窄适宜。窄袖或宽袖。腰际线适中。下摆前后平齐，衣长至膝。

典型者如连云港唐庄高高顶汉墓出土侍俑（图4-17-7），年代为西汉晚期。偃师辛村壁画墓中室东壁舞女，年代为新莽时期。东平后屯M1舞女形象（图4-17-8），年代为新莽时期。洛阳烧沟西M14出土的女舞俑，年代为东汉早期。洛阳苗南新村M528出土百戏女俑，年代为东汉中期。洛阳涧西七里河汉墓出土七盘舞陶俑（图4-17-9），年代为东汉中期。和林格尔新店子M1壁画中乐舞女子，年代为东汉晚期。

2. 对襟式

对襟服两襟等宽，上下平齐呈直筒状，多半袖，下摆前后平齐，多衣缘。衣长自股至膝长度不等。根据对襟服长度、两襟闭合状况、衣缘形态等方面的特征，可分为二型。

A型：衣长及膝，半袖，下摆前后平齐，衣缘较宽有纹饰。根据两襟闭合状况，可分为二个亚型。

Aa型：两襟平直向下，无闭合，直接穿套在外层。

典型者如长沙马王堆M3出土雕衣俑（图4-18-1、图4-18-2），年代为西汉早期。西安南郊三爻村M19出土女侍俑（图4-18-3），年代为西汉中期晚段。

Ab型：两襟平直向下，穿套在外层，但外有束腰，两襟闭合。

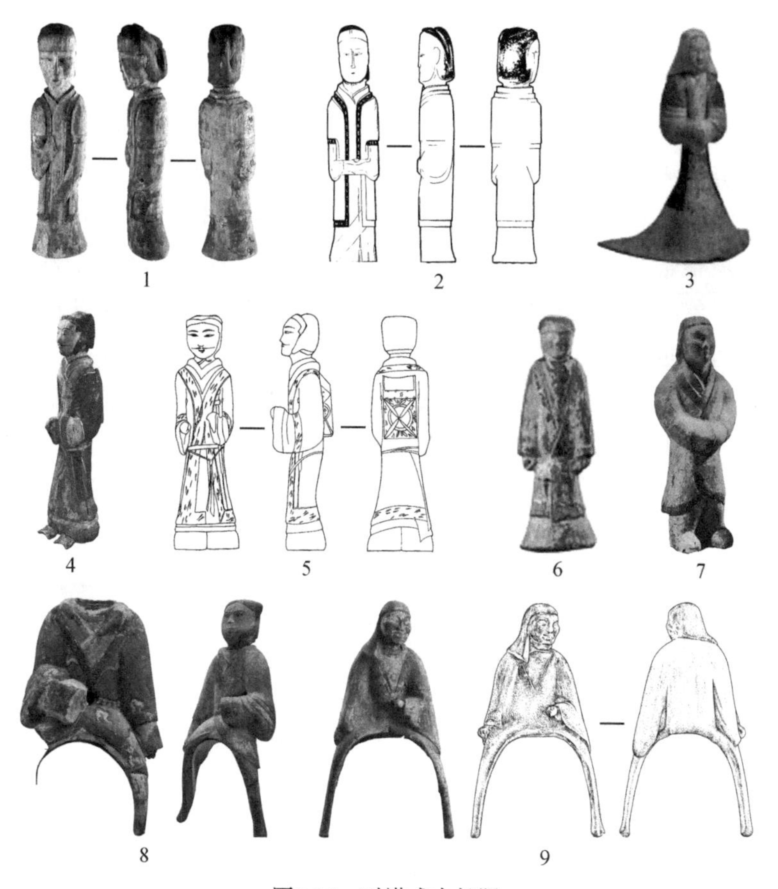

图4-18　对襟式中长服

1～3. Aa型（长沙马王堆M3：北151照片、长沙马王堆M3：北151线图、西安三爻村M19：13）

4～6. Ab型（徐州北洞山WK2：20、徐州北洞山WK2：24、洛阳偃师汉墓）

7～9. B型（邯郸彭家寨汉墓、青州香山汉墓、临淄山王村YK：359）

典型者如徐州北洞山楚王墓和洛阳偃师汉墓出土男俑[①]（图4-18-4～图4-18-6），年代为西汉早期。

B型：衣长较短，长至膝上，宽大半袖，襟边至下摆有弧度，衣缘较窄。

典型者如邯郸彭家寨汉墓出土男俑（图4-18-7），年代为西汉中期。青州香山汉墓出土兵俑（图4-18-8），年代为西汉早期。临淄王村汉墓陪葬坑出土骑兵俑（图4-18-9），年代为西汉早期偏晚段。

---

① 洛阳市文物管理局：《洛阳陶俑》，北京图书馆出版社，2005年，第14页。

（三）短服

短服是相对于长服和中长服而言的上衣，衣长很短，只长至臀部，有的则短至腰部。与交领式中长服一样，交领式短服的很多款式特点也近似于交领式长服。由于短服多作为内衣穿在内部，因此考古材料中的间接服饰形象很难展现其具体形制。虽然数量有限，但个别服饰实物将汉代的短服形象清晰展现出来。典型者如武隆关口M1出土的木俑身着短服，年代为西汉初年（图4-19-1）。武威磨嘴子M48女性墓主身穿的内衣，交领右衽，无领缘；窄袖，袖较长，两袖口分别续接一段白绢袖端；腰间有束腰，束腰下端微张，似亦以白绢续接而成（图4-19-2），年代为西汉晚期。

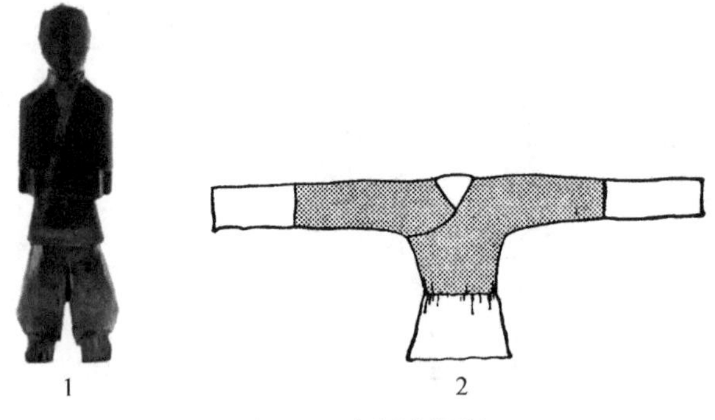

图4-19　交领式短服

1. 武隆关口M1　2. 武威磨嘴子M48

二、下衣的主要类型

秦汉时期，常见的下衣种类仍然是裙和裤。

（一）裙

根据剪裁方式，分为围裙和筒裙两类。

1. 围裙

围裙由多幅布拼连而成长方形，两侧不连属，腰间有裙带用于固定。根据长度，可分为二型。

A型：长裙。

典型者如长沙马王堆M1出土有2件围裙实物，形制相同，均用宽一幅的4片绢缝制而成。以其中的单裙M1：329-1为例，整体上窄下宽。中间的2片绢宽度相同，相对较窄；两侧的2片绢宽度相同，相对较宽。裙的上侧附加1条窄细裙腰，向两侧延伸为用于固定的裙带。从2件裙的尺寸来看，2件单裙的身长均为87厘米，类似形制的裙穿着后，应恰好及地。M1：329-1单裙腰宽1.45米，下摆宽1.93米；接腰宽3厘米；裙带宽2～2.8厘米；左带长45厘米，右带长42厘米（图4-20-1）。M1：329-2单裙腰宽1.43米，下摆宽1.53米；接腰宽2厘米；裙带宽1.2～1.5厘米，左带长40厘米，右带长33厘米（图4-20-2），年代为西汉早期。由这个宽度可以推知，这种裙的穿着方式应是将长方形布幅向一个方向围裹数周后用裙带固定，其穿着效果应是紧窄裹身、下摆微外撇的形态。

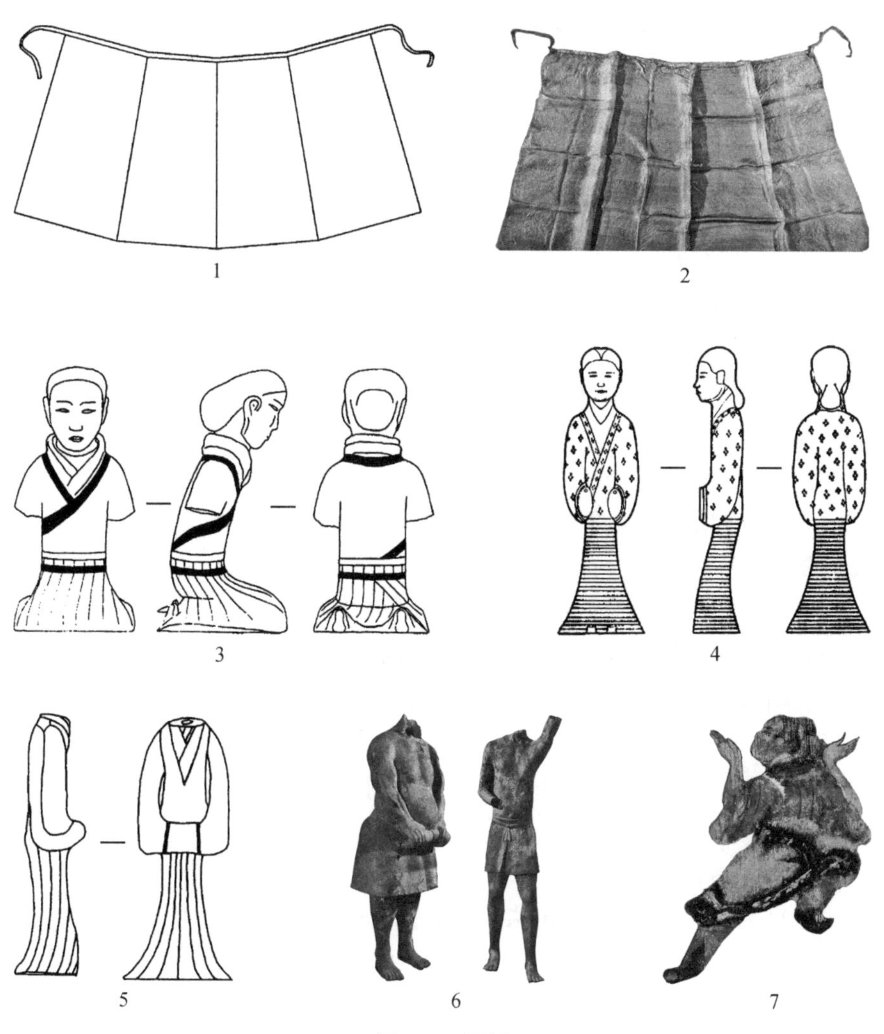

图4-20　围裙

1～5. A型（长沙马王堆M1：329-1、长沙马王堆M1：329-2、徐州北洞山2381、江陵凤凰山M168：18、西安西北医疗设备厂M89：9）　6、7. B型（秦始皇陵兵俑K9901、密县打虎亭M2）

徐州北洞山楚王墓出土的2381号跽坐女俑很可能身着类似围裙，长可及地。陶俑身后可见围裹身体后的三角形末梢。裙腰由一圈腰带固定。裙筒整体裹束身体，较为紧窄（图4-20-3）。类似的形象还见于江陵凤凰山M168持物女俑和西安西北医疗设备厂M89侍女俑，其裙身均装饰有彩绘平行条纹，前者为红黑相间的横向条纹，后者为纵向条纹（图4-20-4、图4-20-5），这两件俑虽未表现后部的固定方式，但从穿着效果看与围裙相似。以上实例年代均为西汉早期。

B型：半身裙，裙长至膝。

典型者如秦始皇陵兵马俑K9901出土的百戏人物，所着裙开合部分多在前部（图4-20-6）。密县打虎亭M2中室北壁壁画中的抛丸人物形象（图4-20-7），年代为东汉晚期。

2. 筒裙

筒裙的布幅两端连属呈圆筒状，根据穿着效果，可分为五型。

A型：直筒裙。上下等宽呈直筒状。下摆及地。

典型者如武威磨嘴子M48出土的裙的实物，上缘连缀一条窄细裙腰，下摆连缀一条相对较宽的下摆缘（图4-21-1），年代为西汉晚期。

B型：喇叭裙。裙身肥大，自胯部向下外撇为喇叭形。下摆及地。

典型者如连云港唐庄高高顶汉墓出土侍俑（图4-21-2），年代为西汉晚期。扬州平山养殖场M3出土坐俑（图4-21-3），年代为西汉中晚期。

C型：百褶裙。前部平展，后部有多层褶皱，腰后结有花结。下摆略微外撇，前后均平齐。有窄细下摆缘。

典型者如丰都上河嘴M3出土侍俑（图4-21-4），年代为东汉中晚期。成都青白江区跃进村M5出土侍俑，腰后尚未见花结（图4-21-5），年代为西汉晚期至东汉早期。忠县沿江四队M1出土侍俑（图4-21-6），年代为东汉早期。

D型：大喇叭裙。裙身肥大外张呈大喇叭形。下摆拖地。根据下摆形态，可分为二个亚型。

Da型：下摆平齐。

典型者如西安翠竹园M1所绘的侍女（图4-22-1），年代为西汉晚期。偃师辛村壁画墓中室东壁的女子，年代为新莽时期。乌审嘎鲁图M1中的送葬女子形象（图4-22-2），年代为东汉早期。和林格尔新店子M1壁画中历史人物和贵妇形象（图4-22-3），年代为东汉晚期。辽阳棒台子M2宴饮图中的侍女形象“大婢常乐”（图4-22-4），年代为东汉晚期。荥阳苌村

图4-21　筒裙

1. A型（武威磨嘴子M48）　2、3. B型（连云港唐庄高高顶汉墓、扬州平山养殖场M3：24）
4～6. C型（丰都上河嘴M3：23、成都跃进村M5：55、忠县沿江四队M1：29）

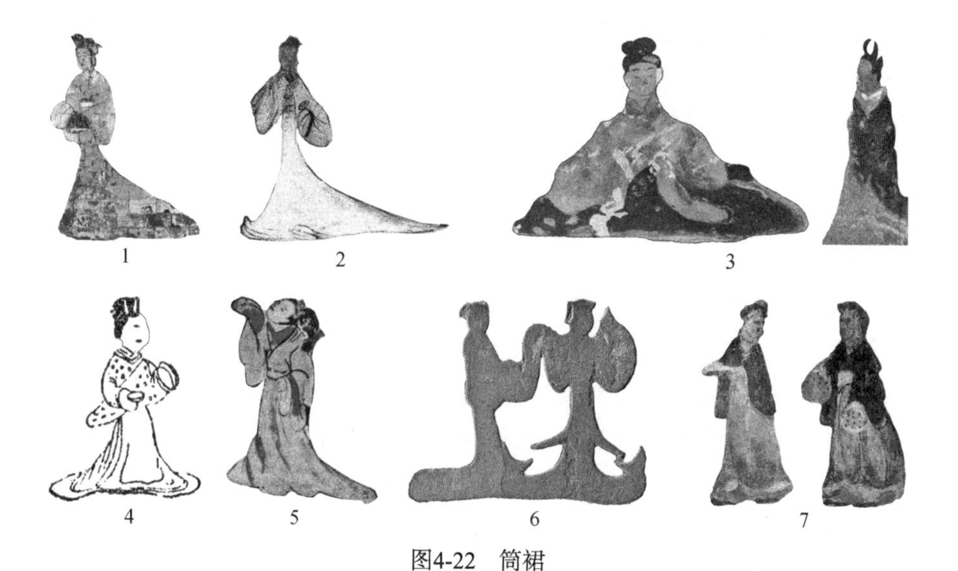

图4-22　筒裙

1～5. Da型（西安翠竹园M1、乌审嘎鲁图M1、和林格尔新店子M1、辽阳棒台子M2、荥阳苌村壁画墓）　6. Db型（神木大保当M1）　7. E型（密县打虎亭M2）

壁画墓中前室顶南壁西端中的人物（图4-22-5），年代为东汉晚期。

Db型：下摆拖地、两侧上翘形似鱼尾。

常见于陕北画像石中的舞女形象。典型者如神木大保当M1和M5右门柱舞女形象（图4-22-6），年代为东汉中期偏晚段。

E型：高腰裙。整体宽大，束腰位置较高。下摆至足上。

典型者如密县打虎亭M2的大部分侍女形象（图4-22-7），年代为东汉晚期。

（二）裤

裤的形制变化一般体现在裤腰、裤裆、裤筒、裤脚四个部位。裤腰有平齐和折角两种形态。裤裆则时有时无，裤裆形状一般为长方形或三角形。裤筒有直筒、喇叭等多种形态。秦汉时期的裤的实物较少，裤的形象又较少暴露在外，根据可见的裤筒部分大致可分为五型。

A型：直筒裤。整体宽肥，上下等宽。裤脚略有内收。

典型者如秦始皇陵兵马俑中御手俑穿着的裤（图4-23-1），年代为秦代。汉景帝阳陵四号建筑遗址出土的侍女俑（图4-23-2），年代为西汉早期。

B型：阔腿灯笼裤。整体宽肥，裤脚处更加肥大。裤脚下呈圆弧内收，有如灯笼。

典型者如汉景帝阳陵四号建筑遗址出土的女俑穿着的裤（图4-23-3），徐州北洞山楚王墓出土仪卫俑（图4-23-4）、驮篮山楚王墓出土舞女俑等穿着的裤，年代均在西汉早期。荆州关沮萧家草场M26出土侍女俑也着类似裤装（图4-23-5），年代为西汉早期。洛阳烧沟M61执戟卫士所穿裤，年代为西汉晚期。

C型：阔腿喇叭裤。整体宽肥，上窄下宽，裤筒下部外张，类似现今的喇叭裤。

典型者如西安理工大学壁画墓墓室东壁骑马人物（图4-23-6），年代为西汉晚期。洛阳八里台壁画墓前山墙上的武士形象（图4-23-7），年代为东汉早期。洛阳涧西七里河M55出土的舞蹈俑（图4-23-8），年代为东汉中期。靖边杨桥畔渠树壕汉墓前室西壁武士形象（图4-23-9），年代为东汉晚期。

D型：短裤。整体贴身，裤短至膝上，直筒形。

典型者如秦始皇陵兵马俑中的步兵俑和跪射俑所着裤（图4-23-10），年代为秦代。泗水尹家城遗址出土的人形铜灯器座（图4-23-11），年代

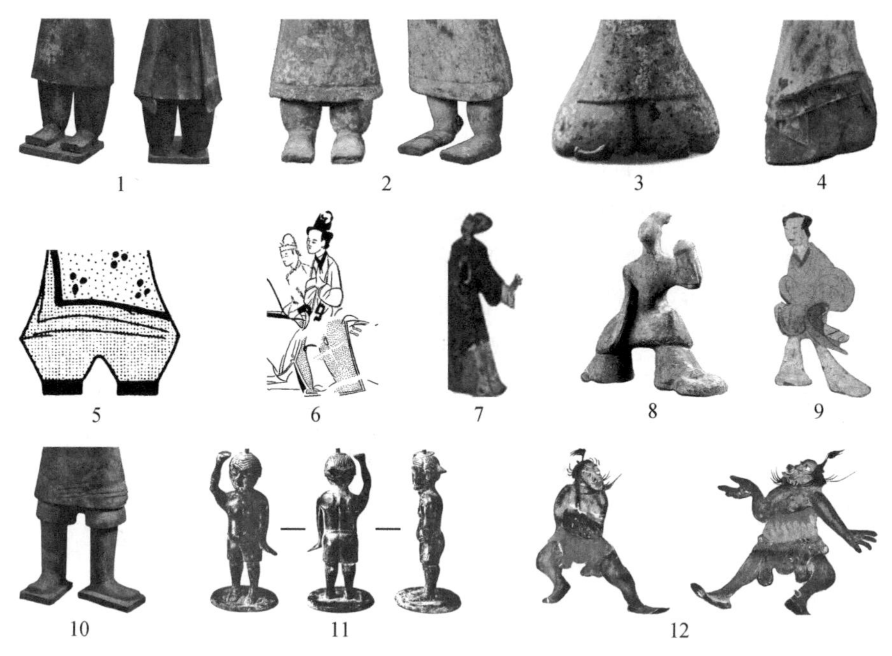

图4-23　裤

1、2. A型（秦始皇陵御手俑、汉景帝阳陵四号建筑遗址）　3～5. B型（汉景帝阳陵四号建筑遗址、徐州北洞山楚王墓、荆州关沮萧家草场M26：15）　6～9. C型（西安理工大学壁画墓、洛阳八里台壁画墓、洛阳涧西七里河M55、靖边杨桥畔渠树壕汉墓）　10、11. D型（秦始皇陵跪射俑、泗水尹家城H354：2）　12. E型（密县打虎亭M2）

为汉代。

E型：短裤。短小无裤筒，形似牛鼻。

典型者如密县打虎亭M2中室的角抵人物形象（图4-23-12），年代为西汉晚期。

三、足衣的主要类型

足衣是对足部所着衣物的统称，主要包括鞋与袜。

（一）鞋

根据是否有鞋靿，鞋类可以分为无靿的鞋和有靿的靴。另有一类草编鞋，没有鞋面而只用草编绳固定，形制特殊，故单列介绍。

1. 鞋

秦汉时期的鞋的款式主要体现在鞋头、鞋面的开口形状、鞋底等部位。鞋头有平、翘两种形态及不同的形状，以双尖形居多；鞋面开口有圆、方两种形状；鞋底有单、复之分并且个别有竖长的犹如冰刀的鞋底装饰。根据以上特点，可大致分为五型。

A型：双尖翘头。鞋头呈双尖上翘的形态，方口，鞋帮浅。侧视整个鞋如前尖后阔的弧曲舟形。

典型者如长沙马王堆M1出土的4双鞋，长26、宽7、深5厘米，丝质麻底（图4-24-1）。同墓出土木俑所穿鞋的形制相同，年代为西汉早期。江陵凤凰山M168所出麻鞋亦同制（图4-24-2），年代为西汉早期①。

B型：半圆翘头。鞋头呈半圆形上翘的形态，方口，鞋帮浅。

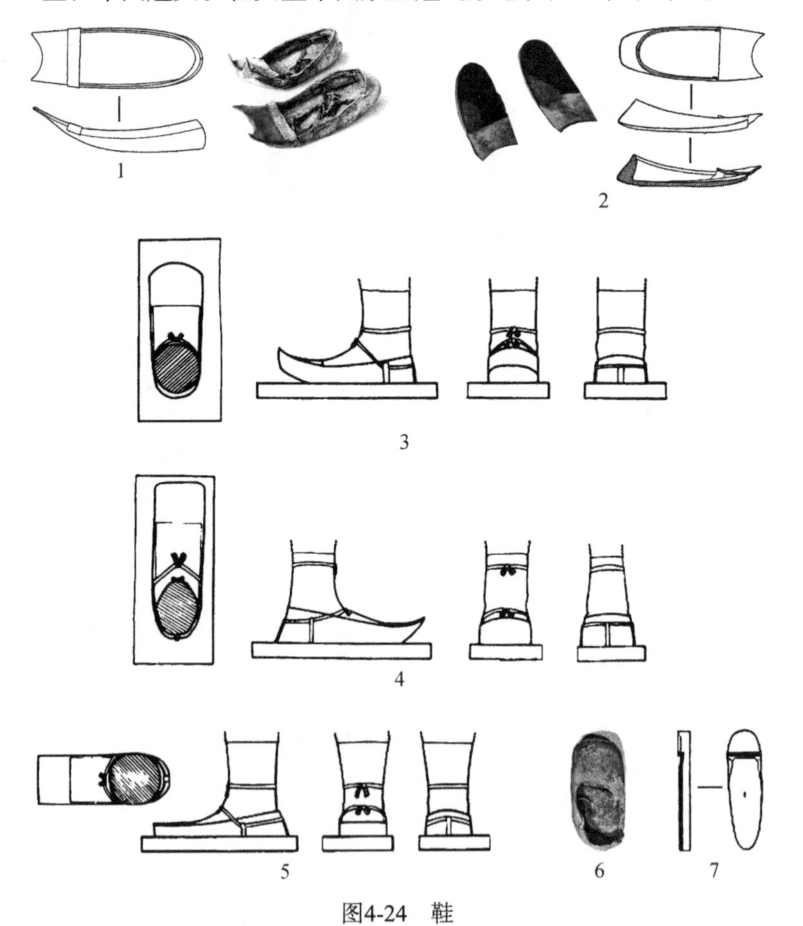

图4-24　鞋

1、2. A型（长沙马王堆M1：N04、江陵凤凰山M168：296）　3. B型（秦始皇陵T1K：142）　4. C型（秦始皇陵T19K：50）　5. D型（秦始皇陵T10K：46）　6、7. E型（敦煌悬泉置遗址、长沙马王堆M1：235）

---

① 秦孝仪：《中华五千年文物集刊·服饰篇》，中华五千年文物集刊编辑委员会，1986年，第56页。

典型者如秦始皇陵兵马俑部分兵俑所穿鞋，鞋根后侧及左右两侧有纽鼻，中间穿有绑带（图4-24-3），年代为秦代。类似形象还见于徐州睢宁九女墩汉墓侍者献食图中的侍女形象，以及沂南北寨村汉画像石墓后室南壁的侍女形象，年代均为东汉晚期。

C型：方形翘头，鞋头呈方形上翘的形态，方口，鞋帮浅。

典型者如秦始皇陵兵马俑中兵俑所穿着的鞋，鞋根后侧及左右两侧有纽鼻，中间穿有绑带（图4-24-4），年代为秦代。

D型：方形平头。鞋头为方形或圆角方形，偶有微翘，方口。

典型者如秦始皇陵兵马俑中大部分兵俑所穿着的鞋，鞋根后侧及左右两侧有纽鼻，中间穿有绑带（图4-24-5），年代为秦代。

E型：圆形平头。鞋头为半圆形平头，偶有微翘，圆口或方口。

典型者如敦煌悬泉置遗址出土的皮鞋（图4-24-6），年代为西汉中晚期。长沙马王堆M1木俑所穿鞋（图4-24-7），年代为西汉早期。浚县出土的陶鞋，鞋面有包头及绦带形象，长21.5、高0.6厘米，年代为东汉中晚期。

2. 复底鞋

复底鞋以双层鞋底为主要特点，考古出土形象不多，最典型者为乐浪彩箧冢出土的漆质复底鞋，底很厚，内装木楦，楦中有凹槽，原来装有松软之物（图4-25-1），年代为东汉[①]。

3. 草鞋

草鞋形制简单，通体草编，由鞋底和前后若干条绑绳构成。敦煌悬泉置遗址出土的草鞋由草绳编结成致密的鞋底，鞋身则由前后两组草编绳固定，鞋面4条、鞋跟2～3条（图4-25-2），年代为西汉中晚期。

4. 靴

秦汉时期的靴由靴身、靴靿两部分组成，款式变化不大。一般为圆头、低靿；靴靿上缘有开叉便于穿脱；靴身上有绦带，是不同靴片连接缝合部位；靴的根部及脚踝部位有纽鼻用于穿系绑带以固定束紧靴靿。秦始皇陵兵马俑中的部分兵俑所穿靴形象地展示了秦汉时期的靴的形制，短

① 孙机：《汉代物质文化资料图说》（增订本），上海古籍出版社，2008年，第296页。

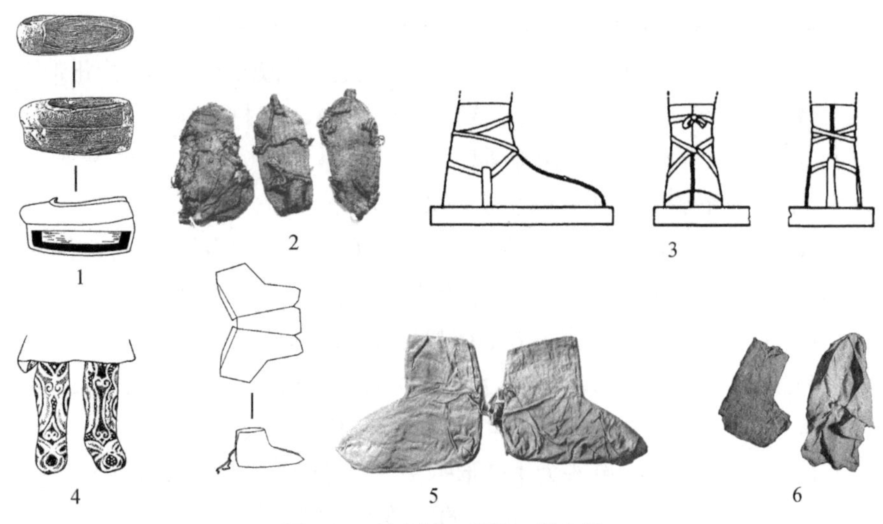

图4-25 复底鞋、草鞋、靴和袜

1. 复底鞋（乐浪彩箧冢） 2. 草鞋（敦煌悬泉置遗址） 3、4. 靴（秦始皇陵T1K：145、咸阳杨家湾汉墓） 5、6. 袜（长沙马王堆M1：329-3、江陵凤凰山M168：294）

勒、薄底、单梁、质地硬直，由靴底、左右靴帮共三片皮革缝合而成；款式差别不大，只是靴靿上缘的开叉部位略有不同（图4-25-3）。装饰华丽的靴子靿很高，上有彩绘纹饰，如咸阳杨家湾汉墓出土的武士俑和青州香山汉墓出土武士俑所穿着的靴（图4-25-4），年代均为西汉早期①。

（二）袜

同靴一样，袜的形制相对简单、变化较少。一般由袜身、袜靿两个部分组成，袜靿上有开口和系带。长沙马王堆M1出土的两双夹袜清晰地显示了当时袜的形制。两袜形制相同，均为平齐袜头，袜靿后有小开口，开口处附有系带。两双夹袜均用一块布帛缝制而成，其缝合口在袜面和袜靿后侧小开口下方。M1：329-3号袜底长23.4、袜靿长22.5、袜头宽8、口宽12、开口长8.7厘米（图4-25-5）；M1：329-4号袜底长23、袜靿长21、袜头宽10、口宽12.7、开口长10厘米。此外，袜的实物还见于江陵凤凰山M168，麻布质地较粗，齐头，袜靿后开叉，开叉处缝有袜带，缝合针迹位于脚面和后侧，袜底无缝。袜底长26.5、靿长18.5、头宽10.5、口宽14厘米（图4-25-6）。贵县罗泊湾M1殉葬坑和敦煌悬泉置遗址也出土有袜。

① 孙机：《汉代物质文化资料图说》（增订本），上海古籍出版社，2008年，第296页。

第三节　首服与发型

秦汉时期的首服和发型种类多样。首服是当时男性必不可少的头部服饰组成。女性的头部除少量可见发饰外，大部分通过发髻来表现其审美意趣，在这一过程中，各式各样的假发发挥了重要的作用。

一、首服的主要类型

秦汉时期的首服体系中主要有冠、帻、发饰三个大类。冠以安髻，是男性用以彰显身份和等级的主要首服。就其功用而言，冠类首服的礼仪性质显著，它们是男性服饰的重要组成部分。帻类首服在男性中的穿戴范围更加广泛，上至帝王、下至庶民均可选用。与冠相比，帻的功用性更强，具有韬发、敛发的实际功能。发饰的种类更多、适用范围更广，除了部分具有韬发的功能外，很多还具有礼仪性和装饰性，成为女性首服的日常。

（一）冠

广义的冠类首服包括冕、冠、弁三类。冕作为特殊的冠制，文献记载虽多，但秦汉时期的考古发现数量较少，适用人群单一，为乘舆公卿所服。秦汉时期的冠式庞杂，仅《续汉志》中就罗列有冠式十九种。考古发现所见的冠式同样呈现出多样性和复杂性，一般来说，冠由冠板、冠体、冠屋、系带几部分构成。根据冠体覆盖部位，主要有覆髻之冠和覆头之冠两个大类。弁是秦汉时期的另外一大类冠，以两手相合之形覆头为主要特点。

1. 冕

根据文献记载，冕由冠板和垂旒两个部分组成。考古所见之冕多自额前延伸至脑后，前后等高且等宽，覆于头顶，冠板呈圆角长方形。缨带系结，于颔下固定。根据冠体宽度及冠板倾斜角度，可分为二型。

A型：冠板平直无倾斜。

典型者如济南无影山M11出土观赏俑所戴冠（图4-26-1），年代为西汉早期。金乡朱鲔石室4号横枋上的人物（图4-26-2），年代为东汉晚期①。

---

① 山东省石刻艺术博物馆：《朱鲔石室》，文物出版社，2015年，第107页。

B型：冠板略微后倾。

典型者如长沙马王堆M1和M3出土帛画上层人物（图4-26-3），年代为西汉早期。

1
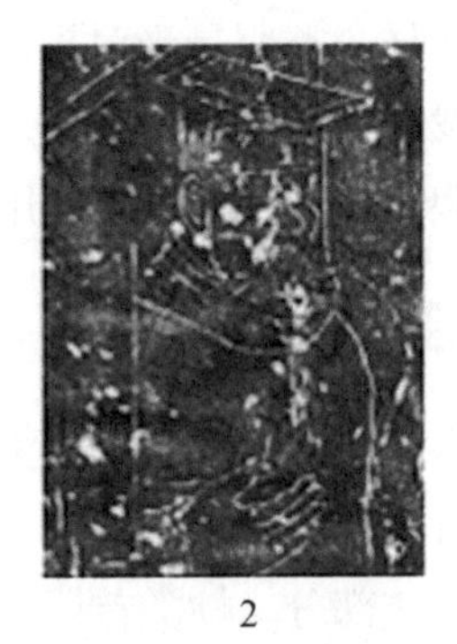
2
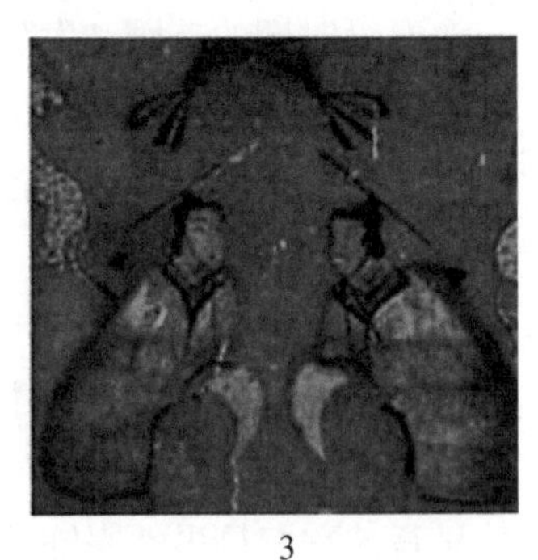
3

图4-26　冕

1、2. A型（济南无影山M11、金乡朱鲔石室）　3. B型（长沙马王堆M1）

2. 覆髻冠

覆髻冠是指冠体覆盖发髻的冠，一般冠体较小，有高、中、低之别，常以缨带固定于颌下。根据冠体形状，可分为十七型。

A型：梯形高冠。冠体呈梯形板状，前低后高；冠侧有的有封堵，有的无封堵；冠后内折在底部形成冠室。冠体頍带系结，冠下缨带固定。根据冠板弧度，可以分为二个亚型。

Aa型：冠板平直。

典型者如秦始皇陵兵马俑中的御手俑、车右俑和下级军吏俑（图4-27-1、图4-27-2），年代为秦代。

Ab型：冠板中间内凹呈弧形。有的冠板中间有一条阴刻纵线，表示冠体由两块板拼合构成。冠后向上扬起较高角度，冠尾有的作螺旋形卷曲内折。

典型者如秦始皇陵兵马俑中的御手俑和中级军吏俑（图4-27-3、图4-27-4），年代为秦代。济南无影山M11出土歌唱俑也戴类似冠（图4-27-5），年代为西汉早期。

B型：卷曲复合花瓣形高冠。冠的整体呈不规则形象，前低后高；冠体由若干弧形卷曲发散排列，环绕一周，形成冠下中空的冠室。冠体頍带系结，冠下缨带固定。

典型者如秦始皇陵兵马俑中高级军吏俑（图4-27-6、图4-27-7），年代为秦代。

图4-27　覆髻冠

1、2. Aa型（秦始皇陵军吏俑T1K：72、秦始皇陵军吏俑照片）　3～5. Ab型（秦始皇陵军吏俑T20G10：88、秦始皇陵军吏俑照片、济南无影山M11）　6、7. B型（秦始皇陵军吏俑T10G5：15线图、秦始皇陵军吏俑T10G5：15照片）　8、9. Ca型（长沙马王堆M1、东平后屯M1）　10. Cb型（汉长安城厨城门）　11. D型（济南无影山M11）

C型：竖长高冠。冠体前低后高，向后上方倾斜。冠板大体呈竖长条形，前侧为竖长形贴发冠板，后侧为竖长的冠板。冠体缨带系结，于颔下固定。根据后侧冠板的具体形状及是否有冠屋，可分为二个亚型。

Ca型：竖长冠板两侧有对称外沿三角形冠板，无冠屋。

典型者如长沙马王堆M1出土俑戴冠男俑（图4-27-8），年代为西汉早期。东平后屯M1表现的武士形象（图4-27-9），年代为新莽时期。

Cb型：竖长并立的高低两块冠板，冠后内折向下形成冠屋。

典型者如汉长安城厨城门出土的持盾仪卫俑（图4-27-10），年代为西汉早期。

D型：纵向环形高冠。冠体前低后高，向后上方倾斜。冠板侧视呈环形。冠体缨带系结，于颔下固定。

典型者如济南无影山M11出土观赏俑所戴冠（图4-27-11），年代为西汉早期。

E型：扁平低冠。冠体较小，低平，紧贴发髻。一般前侧为竖长形贴发冠板，与A、B型冠的前侧相似；后侧略微凸起或向两侧略延展呈马蹄形冠屋以扣住发髻。冠体缨带系结，于颔下固定。

典型者如西安茅坡邮电学院M123出土的御手俑（图4-28-1），年代为秦代。汉景帝阳陵四号建筑遗址出土的御手俑（图4-28-2），年代为西汉早期。徐州北洞山楚王墓壁龛内陶俑还保留小冠的痕迹（图4-28-3），年代为西汉早期。徐州李屯汉墓出土御手俑，年代为西汉中期。

F型：阶梯型扁平低冠。冠体前低后高，呈阶梯型紧贴发髻。前侧为竖长形贴发冠板，后侧为前窄后宽的扁平圆角梯形冠板。冠体缨带系结，于颔下固定。

典型者如西安白鹿原行知学院水井出土的仪卫俑（图4-28-4、图4-28-5），年代为西汉早期。

G型：长方形扁平小高冠。冠体前后等高且等宽。冠板前侧短小平直且贴发，后侧长方形冠板前后圆角内收，形成中空冠屋以覆髻。冠体缨带系结，于颔下固定。

典型者如西安灞桥区栗家村汉墓文官俑所戴冠（图4-28-6），年代为西汉早中期。满城M1出土跽坐玉人（图4-28-7）及铜人所戴冠（图4-28-8），年代为西汉中晚期。

H型：桃形竖长小高冠。冠体由左右两片组成纵长桃形。冠板前后侧较高，边缘呈圆弧形，形成冠屋以覆髻。冠体缨带系结，于颔下固定。

典型者如洛阳八里台壁画墓前山墙横梁右侧的交谈的士所戴冠

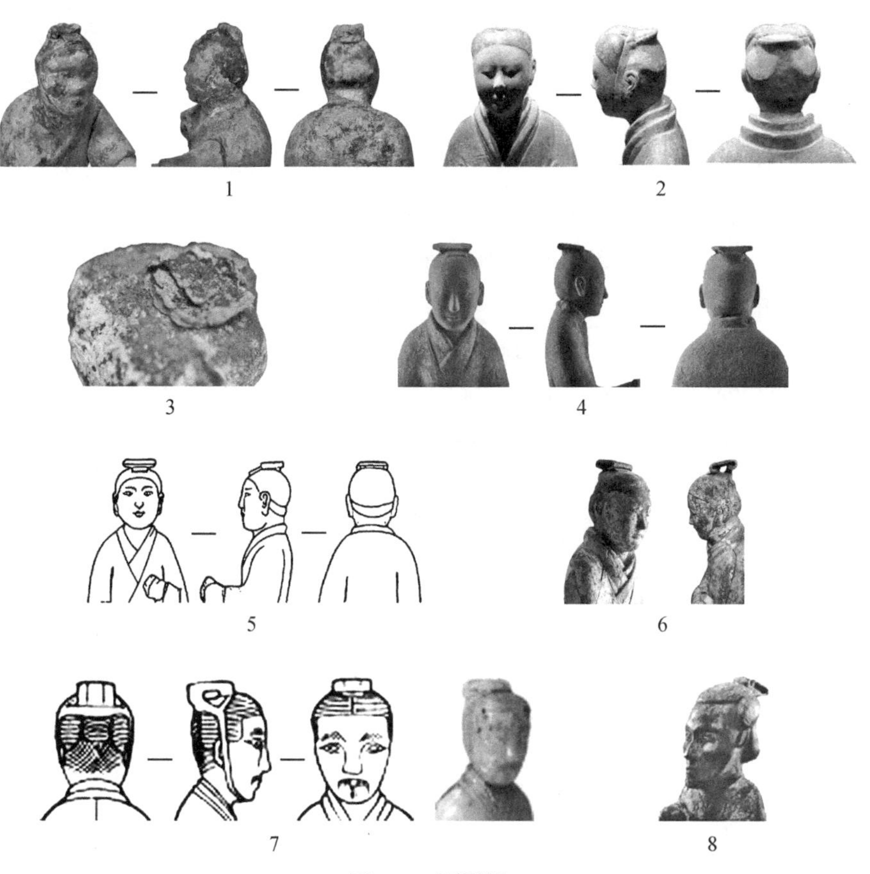

图4-28　覆髻冠

1～3. E型（西安茅坡邮电学院M123：1、汉景帝阳陵四号建筑遗址、徐州北洞山EK1：23）

4、5. F型（西安白鹿原行知学院J1：3照片、西安白鹿原行知学院J1：3线图）

6～8. G型（西安栗家村汉墓、满城M1：5172、满城M1：5089）

（图4-29-1），年代为西汉晚期。洛阳浅井头壁画墓顶部伏羲形象所戴冠（图4-29-2），年代为西汉晚期。

I型：方形扁平小高冠。冠体由单片左右两片组成正方形，前后等高且等宽。圆角方形冠板，前后侧内收形成冠屋以覆髻。冠体缨带系结，于颌下固定。根据冠板数量，可分为二亚型。

Ia型：两片冠板。

典型者如东平后屯M1表现的大多数士所戴冠（图4-29-3），年代为新莽时期。

Ib型：单片冠板。

典型者如靖边杨桥畔渠树壕壁画墓前室西壁的孔子侍从所戴冠（图4-29-4），年代为新莽时期。

J型：方形倾斜小高冠。冠体前高后低，前有一外翻翘板。冠板前侧较高，内折形成尖锐斜角，后侧较低，内卷形成冠屋以覆髻。冠体缨带系结，于颔下固定。

典型者如洛阳烧沟M61隔梁上的老者形象（图4-29-5），年代为西汉晚期。连云港海州侍其繇墓出土漆奁上士的形象（图4-29-6），年代为西汉晚期。靖边杨桥畔渠树壕壁画墓前室西壁的孔子形象（图4-29-7），年代为新莽时期。

K型：纵立高冠。冠体前高后低，纵立头顶。冠板前侧高直，上侧前高后低向下倾斜，后侧很低。冠体缨带系结，于颔下固定。

典型者如靖边老坟梁M42壁画中的老子形象（图4-29-8），年代为西汉晚期。靖边杨桥畔渠树壕壁画墓“二桃杀三士”中的齐景公形象（图4-29-9），年代为新莽时期。

L型：“√”形高冠。冠体侧视呈“√”型。冠板竖长，中间向下曲

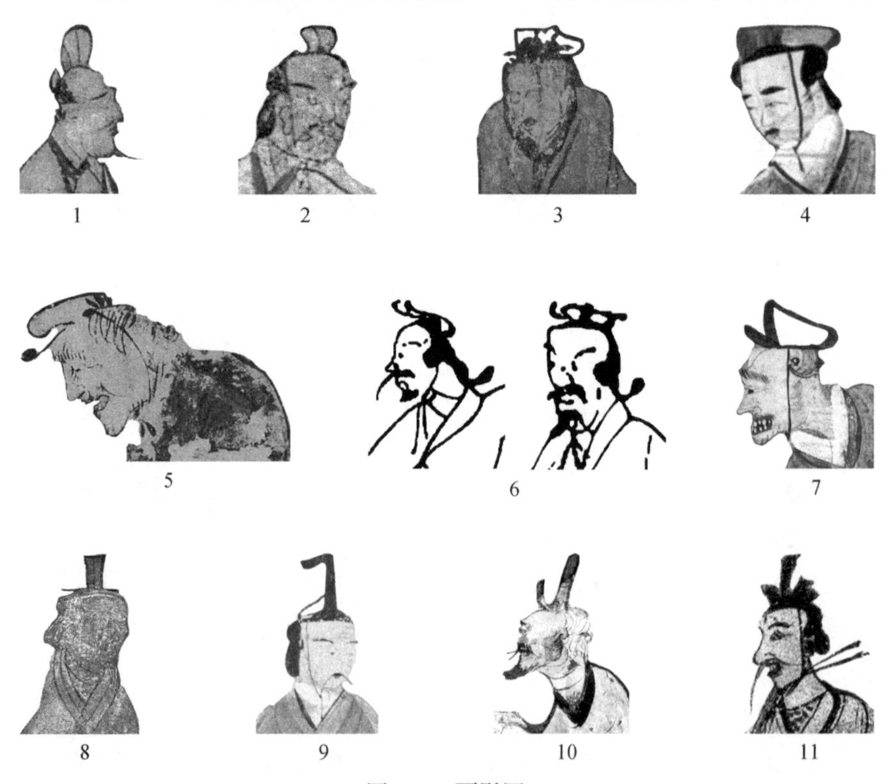

图4-29　覆髻冠

1、2. H型（洛阳八里台壁画墓、洛阳浅井头壁画墓）　3. Ia型（东平后屯M1）　4. Ib型（靖边杨桥畔渠树壕壁画墓）　5～7. J型（洛阳烧沟M61、连云港侍其繇墓、靖边杨桥畔渠树壕壁画墓）　8、9. K型（靖边老坟梁M42、靖边杨桥畔渠树壕壁画墓）　10、11. L型（靖边杨桥畔M1、大连营城子壁画墓）

折，前侧板短向前倾，后侧板长向后倾。冠体缨带系结，于颔下固定。

典型者如靖边老坟梁M42壁画中的孔子形象，年代为西汉晚期。靖边杨桥畔M1中的的孔子形象（图4-29-10），年代为东汉时期。大连营城子壁画墓中的孔子形象①（图4-29-11），年代为东汉早期。

M型："J"型高冠。冠体侧视呈"J"型。冠板竖长，前侧板短，后侧板长。与L型冠不同的是，后侧板与前侧板均向前倾。冠体缨带系结，于颔下固定。

典型者如东平后屯M1南门楣的武士形象（图4-30-1），年代为新莽时期。

N型：三叉形高冠。冠体正视呈三叉形。三条冠板细长。冠体缨带系结，于颔下固定。

典型者如东平后屯M1南门楣的武士形象（图4-30-2），年代为新莽时期。

O型：椭圆形直立高冠。冠体直立头顶。冠板呈椭圆形。冠体缨带系结，于颔下固定。

典型者如洛阳卜千秋墓中的仙人形象（图4-30-3），年代为西汉中期

图4-30　覆髻冠

1. M型（东平后屯M1）　2. N型（东平后屯M1）　3～6. O型（洛阳卜千秋墓、定边郝滩壁画墓、靖边杨桥畔渠树壕壁画墓、靖边杨桥畔M1）　7、8. P型（定边郝滩壁画墓、靖边杨桥畔M1）　9. Q型（荥阳苌村壁画墓）

---

① 这幅图像被认作是墓主祝祷升仙，笔者以为上层部分表现的应当是"孔子见老子"的传统题材。

晚段。定边郝滩壁画墓中的仙人形象（图4-30-4），年代为新莽至东汉早期。靖边杨桥畔渠树壕壁画墓前室顶部的仙人形象（图4-30-5），年代为新莽时期。靖边杨桥畔M1中的仙人形象（图4-30-6），年代为东汉时期。

P型：“山”形冠。冠体正视呈“山”字形。三块冠板竖长并立于头顶。冠体缨带系结，于颔下固定。

典型者如定边郝滩壁画墓中的东王公形象（图4-30-7），年代为新莽至东汉早期。靖边杨桥畔M1中的的仙人形象（图4-30-8），年代为东汉时期。

Q型：桃形冠。冠体正视呈近桃形，立于头顶正中，后侧后延一冠板。冠体缨带系结，于颔下固定。

典型者如荥阳苌村壁画墓中的老者形象（图4-30-9），年代为东汉晚期。

3. 覆首冠

覆首冠是以帻覆头、帻上加冠的一种冠式。其形制相对固定，变化较少，主要由展筩、介帻、颜题、梁、耳、缨几个部分构成。新莽以后逐渐流行。根据展筩、耳等处的形态变化，可分为二型。

A型：展筩前后等高或前略高于后，两耳较短。

典型者如靖边杨桥畔渠树壕壁画墓中的御者（图4-31-1）、历史人物画中的随从等形象（图4-31-2），年代为新莽时期。大连营城子壁画墓墓室北壁的墓主形象（图4-31-3），年代为东汉早期。梁山后银山壁画墓中“子元”“子礼”“子仁”等人物形象（图4-31-4），年代为东汉早期。旬邑百子村壁画墓中的大部分属吏形象（图4-31-5），年代为东汉早期。

B型：展筩前高后低，其前部折角尖锐前倾，两耳较长。

典型者如洛阳朱村M2墓室北壁的男墓主图（图4-31-6），年代为东汉晚期。安平逯家庄壁画墓前有侧室东壁的属吏形象（图4-31-7），年代为东汉晚期熹平五年（公元176年）。望都所药村M1前室北壁西侧的“主簿”形象（图4-31-8），年代为东汉晚期。辽阳棒台子M2右小室后壁的“议曹掾”形象（图4-31-9），年代为东汉晚期。辽阳北园M1、M3的“小府吏”等属吏形象（图4-31-10），年代为东汉晚期。

图4-31　覆首冠

1～5. A型（靖边杨桥畔渠树壕壁画墓、靖边杨桥畔渠树壕壁画墓、大连营城子壁画墓、梁山后银山壁画墓、旬邑百子村壁画墓）　6～10. B型（洛阳朱村M2、安平逯家庄壁画墓、望都所药村M1、辽阳棒台子M2、辽阳北园M1）

4. 弁

与冠相比，秦汉时期的弁属形象也很常见，但造型相对简单，大致呈现出逐渐增高的趋势。根据其外形变化，主要可分为六型。

A型：弁体窄短，两耳较窄，后延仅覆头顶，下不遮脑后。单独覆戴。

典型者如秦始皇陵兵马俑中的骑兵俑所戴弁（图4-32-1），年代为秦代。西安南郊茅坡邮电学院M123出土的骑俑戴弁（图4-32-2），年代为秦代。

B型：弁体加宽，两耳较宽，弁体自头顶覆盖至脑后。有时单独覆戴；有时弁下加縰。根据是否加縰，可分为二个亚型。

Ba型：单独戴弁。

典型者如徐州北洞山楚王墓出土的大部分官吏俑（图4-32-3），年代为西汉早期。徐州狮子山楚王墓陪葬坑出土的兵俑（图4-32-4），年代为西汉早期[①]。

Bb型：弁下加縰。

① 李银德：《楚王梦：玉衣与永生（徐州博物馆汉代珍藏）》，江苏凤凰美术出版社，2017年，第96页。

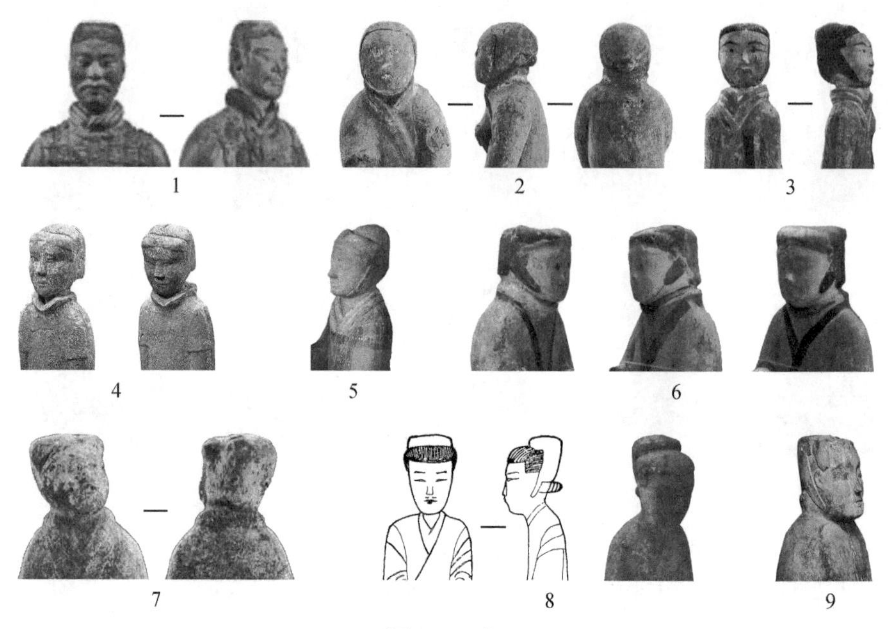

图4-32 弁

1、2. A型（秦始皇陵骑兵俑、西安茅坡邮电学院M123：3） 3、4. Ba型（徐州北洞山EK3：21、徐州狮子山楚王墓） 5～7. Bb型（咸阳杨家湾汉墓、青州香山汉墓、临淄山王村YK：302） 8、9. C型（徐州李屯汉墓、满城M1）

典型者如咸阳杨家湾汉墓出土的大部分兵俑（图4-32-5），年代为西汉早期①。青州香山汉墓出土的兵俑（图4-32-6），年代为西汉早期。临淄山王村汉墓陪葬坑出土的兵俑（图4-32-7），年代为西汉早期偏晚段。

C型：弁体自身形态与B型相差不大，但有逐渐加高的趋势，当与发髻的结髻位置上移有关。

典型者如徐州李屯汉墓出土骑兵俑（图4-32-8），年代为西汉中期。满城M1出土侍俑（图4-32-9），年代为西汉中期。

D型：弁体不仅加高而且加宽，弁下常衬帻，两护耳下搭在帻上。

典型者如武威磨嘴子M62墓主所戴弁的实物（图4-33-1），年代为新莽时期。洛阳八里台壁画墓壁画中的持节、持斧人物（图4-33-2），年代为西汉晚期。洛阳烧沟M61壁画持戟人物（图4-33-3），年代为西汉晚期。偃师辛村壁画墓中的持彗人物，年代为新莽时期。靖边杨桥畔渠树壕壁画墓车马出行图中的从吏形象（图4-33-4），年代为新莽时期。

---

① 中国国家博物馆：《中华文明——古代中国基本陈列》，北京时代华文书局，2017年，第283页。

E型：弁体略缩小，护耳缩短至消失，与弁下之帻连为一体。根据弁体形状及位置，可分为二式。

Ⅰ式：弁体呈正方体，全部覆于帻上。

典型者如靖边杨桥畔渠树壕壁画墓中的跪拜人物形象（图4-33-5），年代为新莽时期。梁山后银山壁画墓中的都亭作揖人物形象（图4-33-6），年代为东汉早期。

Ⅱ式：弁体呈椎体，上尖下圆，覆于帻上后半部，呈前低后高阶梯状。

典型者如辽阳北园M3西墓门壁画中的门吏形象（图4-33-7），年代为东汉晚期。

F型：弁体呈正方体，护耳缩短至消失，覆加于帻上后半部，且前低后高呈阶梯状。

典型者如东平后屯M1前室南壁的观舞者形象（图4-33-8），年代为新莽时期。偃师杏园壁画墓横堂南壁骑吏（图4-33-9），年代为东汉晚期。

图4-33　弁

1～4. D型（武威磨嘴子M62、洛阳八里台壁画墓、洛阳烧沟M61、靖边杨桥畔渠树壕壁画墓）
5、6. E型Ⅰ式（靖边杨桥畔渠树壕壁画墓、梁山后银山壁画墓）　7. E型Ⅱ式（辽阳北园M3）
8、9. F型（东平后屯M1、偃师杏园壁画墓）

（二）帻

广义的帻包括帻、巾、帽等覆头类软质首服。帻乃秦汉时“卑贱执事之所服”，是男性常见的首服。巾以软质织物包头，形制并不固定。帽在文献中出现较晚，被认为是“小儿及蛮夷头衣”，其形制与早期的帻很难区分。

1. 帻

帻的材质经历了由软至硬的发展过程，前期有如发巾，随髻成型，形态不固定；后期作颜题，有围绕头顶一周的介壁，形态逐渐固定，且常与冠、弁搭配使用。具体如下六型。

A型：帻体半圆，全部覆头。有的后端或侧面有开衩，开衩处穿有系带。这一类型帻的材质柔软有弹性，有如软帽，往往随着结髻位置呈现不同形态。

典型者如秦始皇陵兵马俑中的很多步兵俑所戴帻多为偏右的圆锥形（图4-34-1～图4-34-3），是因其发髻为右侧高髻。秦始皇陵K0007出土的驯禽俑则为扁圆形，因其发髻在脑后位置（图4-34-4、图4-34-5）。同样类型的帻也见于西安任家坡霸陵、徐州北洞山楚王墓、徐州羊鬼山楚王后墓等陵墓陪葬坑出土的大量杂役俑（图4-34-6～图4-34-8），年代从秦至西汉早期。临淄山王村汉墓陪葬坑出土的牵马俑则戴圆锥形帻，年代为西汉早期偏晚段。

B型：帻体半圆，半覆头，有如覆钵。两侧细系带固定于颔下，后侧以两角系结。

典型者如汉景帝阳陵出土骑兵俑（图4-34-9），年代为西汉早期。徐州李屯汉墓出土侍俑（图4-34-10），年代为西汉中期。

C型：帻体半圆，半覆头，头顶中空，顶髻外露。

典型者如咸阳汉元帝渭陵建筑遗址出土的玉人头像（图4-35-1），年代为西汉晚期。西安长延堡M1和M2出土的大多数男侍俑（图4-35-2），

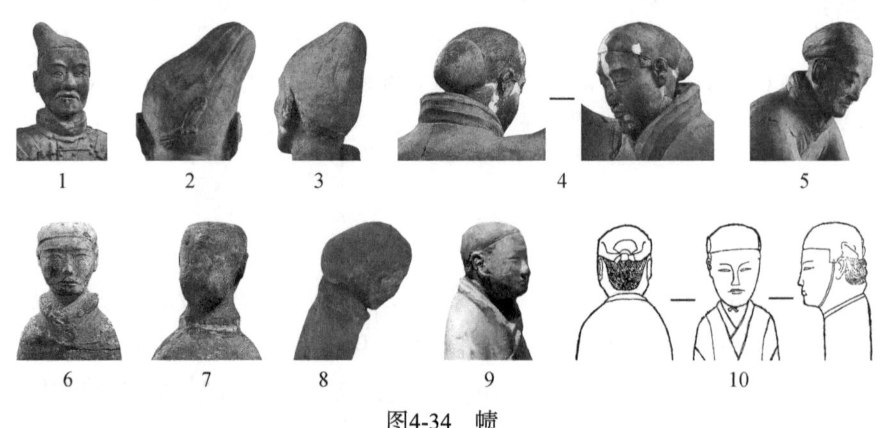

图4-34　帻

1～8. A型（秦始皇陵兵俑、秦始皇陵兵俑、秦始皇陵兵俑、秦始皇陵K0007、秦始皇陵K0007、徐州北洞山楚王墓2284、徐州北洞山楚王墓2358、徐州羊鬼山楚王后墓）　9、10. B型（汉景帝阳陵、徐州李屯汉墓：47）

年代为西汉晚期。西安理工大学壁画墓骑马狩猎人物，年代为西汉晚期。旬邑百子村壁画墓中的“邠王力士”和“亭长”形象，年代为东汉早期。大连营城子壁画墓中的跪拜属吏形象，年代为东汉早期。

D型：帻体形态固定。额上施颜题，头周围有一圈硬质介壁，帻顶呈尖顶屋，后竖两耳。

典型者如辽阳鹅房M1前室宴饮图的宾客形象，年代为东汉晚期。安平逯家庄壁画墓中的墓主形象（图4-35-3），年代为东汉晚期。武威雷台汉墓车中人物形象（图4-35-4），年代为东汉晚期。

E型：帻体形态固定。额上施颜题，头周围有一圈硬质介壁，帻顶平整。根据帻顶坡度，可分为二式。

Ⅰ式：帻顶前后平齐，十分常见。

典型者如望都所药村M1前室的“辟车五佰”形象（图4-35-5），年代为东汉晚期。密县打虎亭M1中的杂役，年代为东汉晚期。

Ⅱ式：帻顶前低后高。

典型者如望都所药村M2出土骑马石俑（图4-35-6），年代为东汉晚期。武威雷台汉墓出土骑马铜俑（图4-35-7），年代为东汉晚期。

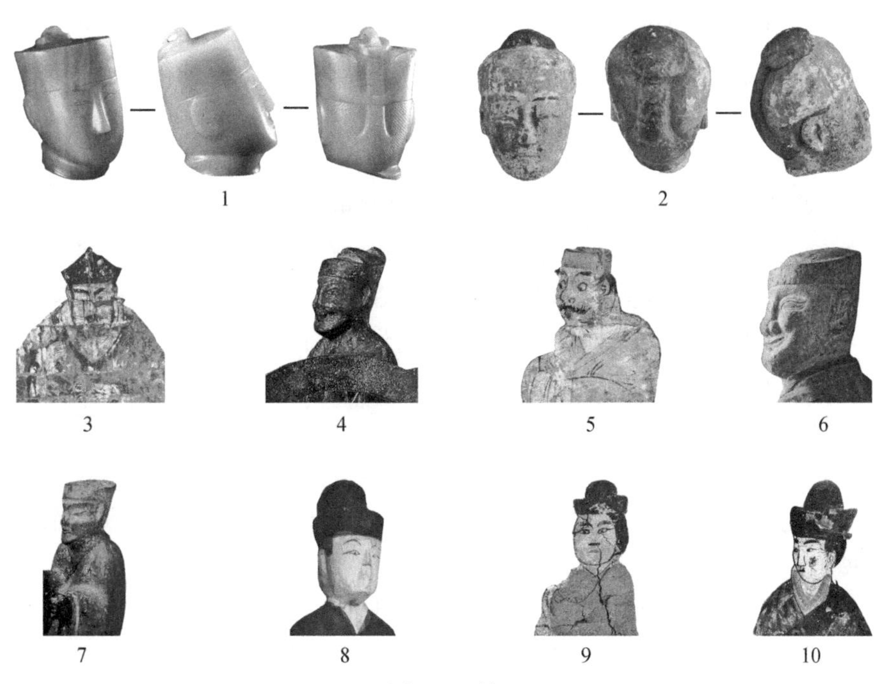

图4-35　帻

1、2. C型（汉元帝渭陵建筑遗址、西安长延堡M2：26）　3、4. D型（安平逯家庄壁画墓、武威雷台汉墓）　5. E型Ⅰ式（望都所药村M1）　6、7. E型Ⅱ式（望都所药村M2、武威雷台汉墓）　8～10. F型（武威磨嘴子M48、旬邑百子村壁画墓、鄂托克凤凰山M1）

F型：帻体形态固定。额上施颜题，头周有一圈宽厚的硬质介壁，帻顶呈圆形高耸凸起。

典型者如武威磨嘴子M48出土御手俑（图4-35-8），年代为西汉晚期。旬邑百子村壁画墓宴饮图中的“小史”（图4-35-9），年代为东汉早期。鄂托克凤凰山M1中的骑吏和门吏形象（图4-35-10），年代为东汉晚期。

2. 巾

发巾是一种软质首服，古时常见巾、帻连用，可见与帻具有相似的形态和功能。与帻在发展中形态逐渐固定的情况不同，巾的形状和用法始终比较灵活。一般来说，巾在未使用时只是一件织物，穿戴时以巾角扎结方可成形。秦汉时期的巾一种用以覆首，另一种则是将发巾缠绕于发髻内，露出巾角。具有韬发和美发的双重功用。依据这两种功能，秦汉的巾可分为两种类型。

（1）覆首巾

A型：发巾自额向后蒙首，同侧两角于项后扎结，另外两垂角向下披于身后。

典型者如临淄山王村汉墓陪葬坑出土的胡人俑（图4-36-1），年代为西汉早期偏晚段。类似发巾也见于徐州狮子山楚王墓兵马俑坑出土胡人俑（图4-36-2），年代为西汉早期。

B型：发巾自额向下蒙首，于颔下扎结，巾余垂搭在肩后。

典型者如西安长延堡M2所出女侍俑（图4-36-3），年代为西汉晚期早段。类似发巾也见于西安三爻村M19和尤家庄汉墓出土女俑（图4-36-4）。

C型：以发巾蒙首后，巾角于脑后扎结，带余自然垂搭或反趋向前。

典型者如三台郪江柏林坡M1出土女俑头（图4-36-5），年代为东汉中期。

（2）缠髻巾

A型：发巾包髻。

典型者如密县后土郭M3中的绿衣男子形象（图4-36-6），年代为东汉晚期。

B型：发巾缠绕于发髻根部，发巾尖角露出。

典型者如密县打虎亭M1中的杂役女子形象，年代为东汉晚期。洛阳朱村M2墓室北壁的侍女（图4-36-7），年代为东汉晚期。

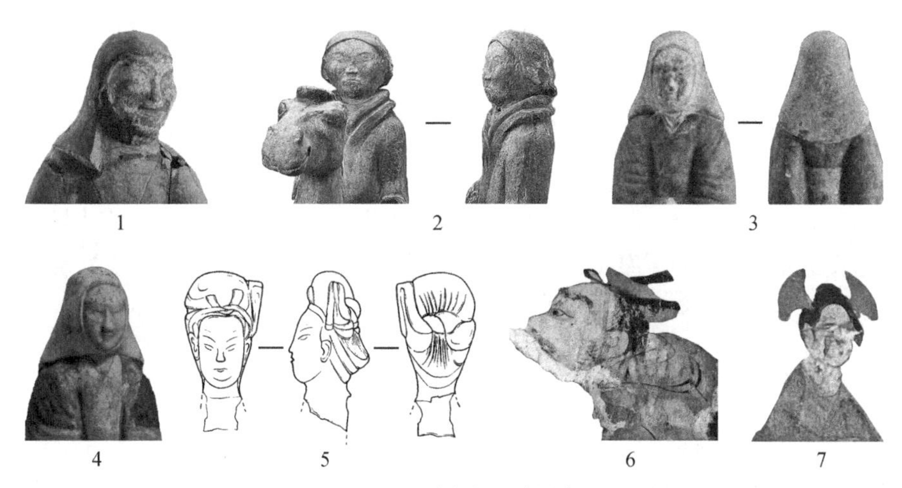

图4-36　覆首巾和缠髻巾

1、2. A型覆首巾（临淄山王村YK：358、徐州狮子山楚王墓）　3、4. B型覆首巾（西安长延堡M2：13、西安三爻村M19：13）　5. C型覆首巾（三台郪江柏林坡M1：13）　6. A型缠髻巾（密县后土郭M3）　7. B型缠髻巾（洛阳朱村M2）

3. 帽

帽也是一种覆首头衣，质地较软，形状固定而简单，便于直接穿戴。考古所见的秦汉时期的帽大多为尖顶或近似尖顶。典型者如满城M1出土的当户灯的灯座人物形象（图4-37-1），年代为西汉中期。内丘南三岐遗址出土的绿釉陶灯座的人物形象（图4-37-2），年代为东汉时期。荥阳苌村壁画墓中的车马出行图中的骑吏也着类似形象的帽。

图4-37　帽

1. 满城M1：4112　2. 内丘南三岐遗址

（三）发饰

秦汉时期以冠帻为主体的首服体系中，还包括縰、抹额、绡头、假发和假髻、簂、胜等各种发饰。其中，縰、抹额、绡头具有韬发、敛发的实用功能；假发、簂、胜则装饰性较强，为女性的常见首服。至东汉时期，女子发髻普遍高大、厚实，与当时女性普遍使用各种发饰有着直接关系，发饰与发髻成型密切相关。

1. 縰

縰是秦汉时期的一种外层髹漆的纱类织物，既可以韬发，也可以作为冠织，男女均可使用。作为发饰，縰一般被单独使用以韬发。根据文献记载，其形制当为长条形缁帛，长六尺，宽二尺二寸。考古所见的穿戴完整的縰的形象一般是由縰韬鬓，在人物额前形成左右对称尖角，再向后束结，于脑后扎结数圈，縰余垂下①。最典型者为满城M2出土的长信宫灯持灯侍女形象（图4-38-1），年代为西汉中期。类似的縰的形象在咸阳杨家湾汉墓出土兵俑、徐州北洞山楚王墓出土侍女俑（图4-38-2）、青州香山汉墓出土武士俑中均比较常见（图4-38-3），年代为西汉早期。

2. 抹额

抹额是一种发带，既可单独使用，也可与弁配合使用，常用作戎服中，根据宽窄不同可分二型。

A型：发带较宽，其固定方式为自额前向项后围拢固定。

典型者如汉景帝阳陵陪葬坑出土的很多武士俑，头部残留有红色的宽带抹额痕迹（图4-38-4），年代为西汉早期。

B型：发带较窄，其固定方式与A型略同，可见带尾在脑后髻缠绕固定。

典型者如咸阳杨家湾汉墓出土的武士俑，头戴窄带抹额，再以縰韬发，最后上覆武弁（图4-38-5），有些露髻武士的发型揭示出清晰的抹额固定方式（图4-38-6），年代为西汉早期。

---

① 王方：《说“縰”》，《艺术设计研究》2020年第5期。

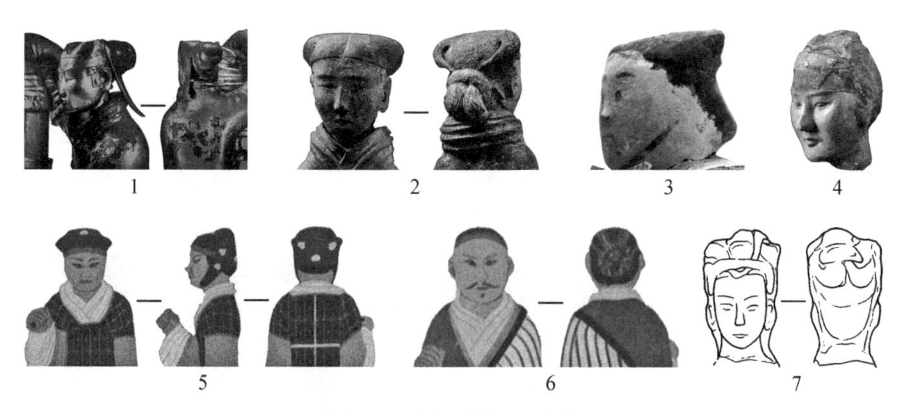

图4-38　縰、抹额和绡头

1～3. 縰（满城M2：4035、徐州北洞山楚王墓2501、青州香山汉墓）　4. A型抹额（汉景帝阳陵陪葬坑）　5、6. B型抹额（咸阳杨家湾汉墓、咸阳杨家湾汉墓）　7. 绡头（三台郪江柏林坡M1：40）

3. 绡头

绡头，也称作幓头，是一种窄而长的发带，既可单独使用，也可与发巾配合使用。其固定方式一般是自项后向前围拢，有的很长则需要环绕数周后，最后反折固定于额际，有些可缠绕至头顶的发髻上。典型者如三台郪江柏林坡M1出土女俑头（图4-38-7），年代为为东汉中期。彭山崖墓M669出土女俑头，年代为东汉晚期。

4. 假发和假髻

假发是指“假他人之发”，这里的“假”为动词，强调其假借功能。考古发现所见的假发类实物主要有束发和发辫两种，均系人发制成。长沙马王堆M1出土有1件束发实物，还有另外1件缀连在墓主尸体的真发下半部分，与真发混合在一起做成盘髻（图4-39-1）。发辫假发也见于长沙马王堆M1，衔接在着衣女侍俑的垂髻下。此外，贵县罗泊湾M1的7号殉葬墓也出土有发辫实物。年代均为西汉早期。

除条状假发外，东汉时还常见以假发成髻直接覆首的形象，便于直接摘戴。根据其外观，常见三种类型。

A型：三瓣双翅形假髻。假髻较高，分为三瓣，正中半圆凸起，两侧各有半圆形翅耳。

典型者如忠县土地岩M1出土的侍立女俑（图4-39-2），年代为东汉中晚期。万州大坪M14出土的听琴女俑（图4-39-3），年代为东汉晚期。

图4-39　假发和假髻

1. 假发（长沙马王堆M1）　2、3. A型假髻（忠县土地岩M1：20、万州大坪M14：6）
4、5. B型假髻（奉节赵家湾M4：21、巫山麦沱M47：62）　6. C型假髻（旬邑百子村壁画墓）

B型：扇形扁平假髻。假髻高耸扁平，左角处略有内凹折角。

典型者如奉节赵家湾M4出土的劳作女俑（图4-39-4），年代为东汉晚期。巫山麦沱M47出土的女俑（图4-39-5），年代为东汉晚期。

C型："门"字形平顶假髻。假髻较低，平顶覆首，左右两侧有垂耳。

典型者如旬邑县百子村汉墓壁画中的大部分女性形象（图4-39-6），年代为东汉时期。

5. 其他发饰

女性首服的装饰性特点较强，因此除假发外还有各类发饰。根据文献记载，有簂、华胜、导、簪、钗等，不一而足。就考古发现的发饰形象而言，主要有五种类型。

A型：冠类发饰。粗棒形状的发饰竖立头顶，有如小高冠。发饰四周环绕发髻。

典型者如济南无影山M11出土舞女俑所戴发饰（图4-40-1），年代为西汉早期[①]。

B型：花枝类发饰。发饰主体如树枝状，枝头上缀珠玉饰物。

典型者如长沙马王堆M1出土帛画上的墓主形象（图4-40-2），年代为西汉早期。

C型：插花类发饰。一般于假髻前侧插戴，一朵单独或数朵组合。

---

① 高春明：《中国历代服饰艺术》，中国青年出版社，2009年，图316。

图4-40　其他发饰

1. A型（济南无影山M11）　2. B型（长沙马王堆M1）　3、4. C型（成都互助村M2：7、丰都槽房沟M9：40）　5、6. Da型（密县打虎亭M2、辽阳三道壕第四窑场壁画墓）　7. Db型（长沙马王堆M1）　8. Dc型（洛阳烧沟M1037：42）　9～12. E型（偃师辛村壁画墓、嘉祥洪山画像石墓、滕县西户口画像石墓、邹县金斗山画像石墓）

典型者如成都三河镇互助村M2出土的女庖厨俑（图4-40-3），年代为东汉中期偏晚段。丰都槽房沟M9出土的持物女俑（图4-40-4），年代为东汉中晚期。

D型：发笄类发饰。可单独插戴，也可由若干根组合插戴。根据形状有三个亚型。

Da型：细长竖棍状或两端粗细不等的条板状。

典型者如密县打虎亭M1和M2中的很多贵族女性图像（图4-40-5），年代为东汉晚期。辽阳三道壕第四窑场壁画墓宴饮图中的贵妇形象也为类似发型（图4-40-6），年代为东汉晚期。

Db型：细长齿状。

典型者如长沙马王堆M1墓主所戴发笄，有竹、角、玳瑁质三种（图4-40-7），年代为西汉早期。

Dc型：双叉状，两头端有若干分叉。

典型者如洛阳烧沟M1037出土的发饰（图4-40-8），年代为东汉晚期。

E型：胜类发饰。头顶正中一横笄，两端各有一穗状饰物。

典型者如洛阳偃师辛村壁画墓中的西王母发饰形象（图4-40-9），嘉祥洪山、滕县西户口、邹县金斗山等地出土的画像石中的西王母发饰形象（图4-40-10～图4-40-12），年代为东汉中晚期①。

二、常见的发型

秦汉时期，发髻成为主流，剪发和束发已十分鲜见，编发一般局部使用以韬发或敛发。自秦至东汉，女性发髻呈现逐渐增高且多样化的态势，男性发髻由于上覆冠帻，形态相对单一。根据结髻位置，可分为低、中、高髻三大类。

（一）低髻

低髻是指结髻于颈部及以下的发髻。多采用绾髻方法，头发垂下后向内绾折。有些低髻采用了假发或綎类发饰，发挥出韬发、结发的作用。

① 山东省博物馆、山东省文物考古研究所：《山东汉画像石选集》，齐鲁书社，1982年，图126、图181、图219、图281、图287。

1. 背后低髻

结髻于背后，又称“垂髻”。根据是否分缝和成髻形态，可分为三种类型。

A型：头顶中分缝，两侧余发分别向后方梳拢，于背部扎结成髻。有些在结髻后又分出一缕垂发，根据是否有分髾，可分为二个亚型。

Aa型：有分髾。

典型者如汉景帝阳陵四号建筑遗址和陪葬墓M130出土的侍女俑（图4-41-1、图4-41-2），年代为西汉早期。西安任家坡汉陵从葬坑出土的女俑（图4-41-3），年代为西汉早期。长沙马王堆M1出土的女侍俑，分髾为发辫（图4-41-4），年代为西汉早期。

Ab型：无分髾。

典型者如永城柿园M1出土侍女俑（图4-41-5），年代为西汉早中期。曹县江海村汉墓出土的女侍俑（图4-41-6），年代为西汉中期。

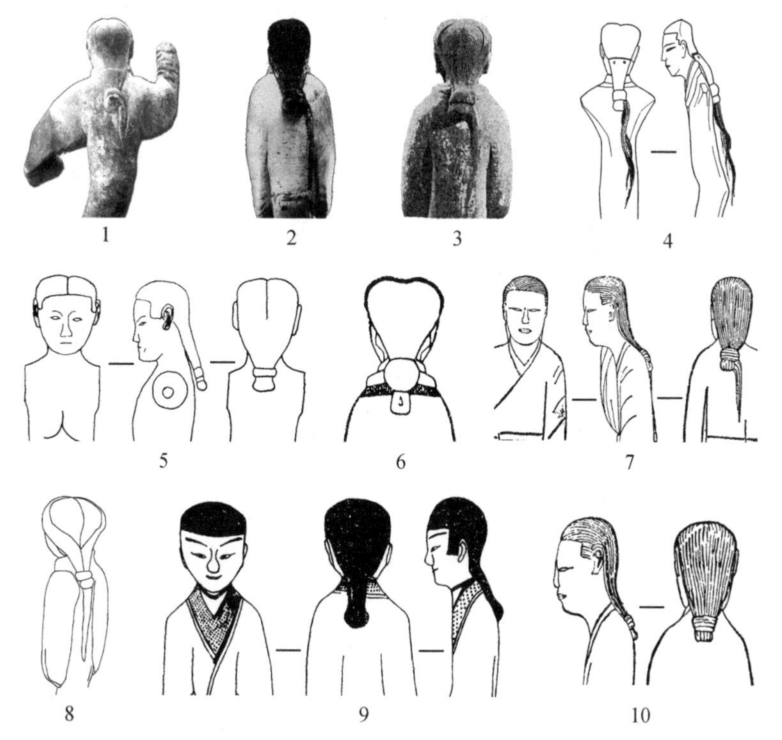

图4-41　背后低髻

1～4. Aa型（汉景帝阳陵四号建筑遗址、汉景帝阳陵M130、西安任家坡汉陵从葬坑、长沙马王堆M1：416）　5、6. Ab型（永城柿园M1：767、曹县江海村汉墓）　7. Ca型（徐州龟山M2）　8. B型（徐州子房山M2）　9、10. Cb型（临沂金雀山M31、徐州龟山M2）

B型：头顶中分缝，两侧余发分别向后方梳拢。于颈部扎结为细长小髻，余发不反绾，自然下垂，长至腰后。

典型者如徐州子房山M2出土女侍俑（图4-41-8），年代均为西汉早期偏晚段。

C型：头顶不分缝，头发直接向后梳拢，在背部结垂髻。根据是否有分髾，可分为二亚型。

Ca型：有分髾。

典型者如徐州龟山M2出土的舞女俑（图4-41-7），年代为西汉中期。

Cb型：无分髾。

典型者如临沂金雀山M31出土的侍女俑（图4-41-9），年代为西汉早期。徐州龟山M2出土的坐俑（图4-41-10），年代为西汉中期。

2. 项后低髻

结髻于项后。根据成髻形态，可分为四种类型。

A型：头顶中分缝，两侧余发分别向后方梳拢。于颈部扎结为圆角梯形扁髻。

典型者如江陵凤凰山M168出土的女侍俑（图4-42-1、图4-42-2），年代为西汉早期。绵阳双包山M1和M2出土的女侍俑（图4-42-3），年代为西汉早中期。

B型：头顶中分缝，两侧余发分别向后方梳拢，两颞处分别可见明显的凸起尖角，应是戴縰后形成的效果。于颈部由外向内反绾扎结为圆柱形大髻，有些在根部分出一缕分髾。根据是否有分髾，可分为二个亚型。

Ba型：有分髾。

典型者如徐州北洞山楚王墓出土的女俑头（图4-42-4），年代为西汉早期。

Bb型：无分髾。

典型者如徐州北洞山楚王墓出土的侍女俑（图4-42-5），年代为西汉早期。

C型：头顶中分缝，两侧余发分别向后方梳拢。于颈部扎结为圆髻。

典型者如汉景帝阳陵四号建筑遗址和西安任家坡汉陵从葬坑出土的侍女俑（图4-42-6、图4-42-7），年代为西汉早期。荆州关沮萧家草场M26出土的侍女俑，年代为西汉早期。满城M1门道内出土的跽坐女俑（图4-42-8），年代为西汉早期。

D型：头顶中分缝，两侧余发分别向后方梳拢。于颈部扎结为圆柱

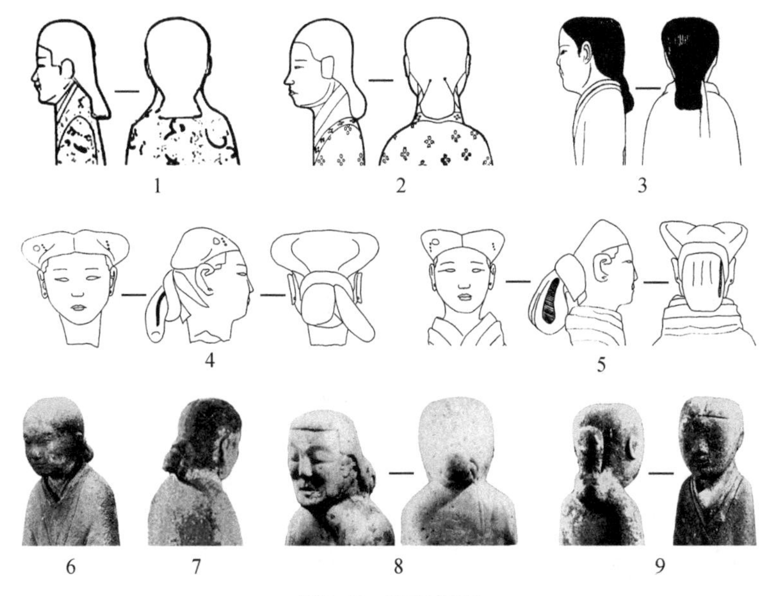

图4-42　项后低髻

1～3. A型（江陵凤凰山M168：28、江陵凤凰山M168：18、绵阳双包山M1：120）
4. Ba型（徐州北洞山楚王墓2502）　5. Bb型（徐州北洞山楚王墓2343）　6～8. C型（汉景帝阳陵四号建筑遗址、西安任家坡汉陵从葬坑11：9、满城M1：5016）　9. D型（广州动物园M8）

形髻。

典型者如广州动物园M8出土的铜侍女俑（图4-42-9），年代为西汉早期。

（二）中髻

中髻是指结髻于脑后的发髻。结髻方法有两大类，第一类是将头发自脑后下缘向上反折于近头顶处结髻，反折部分又采用了编、旋等方法，发髻呈扁方、长条等形状；第二类是直接将头发在脑后盘发结髻，发髻形态以圆形、圆锥形为主。

1. 反折中髻

将头发反折于近头顶处结髻。根据结髻方法和反折部分的发髻形态，可分为三种类型。

A型：将束发直接反折向上。反折部分一般呈扁平长条形。根据结髻位置及形态分为三个亚型。

Aa型：于近头顶处结小髻。

典型者如汉景阳陵从葬坑所出的武士俑所梳发型（图4-43-1），年代为西汉早期。西安长延堡M2出土的很多男侍俑（图4-43-2），年代为西汉晚期偏早段。

Ab型：于脑后先扎结，余发向上反折固定。

典型者如汉景帝阳陵从葬坑所出的武士俑所梳发型（图4-43-3），年代为西汉早期。

Ac型：于头顶处结盘髻，发髻较大。

典型者如长沙马王堆M1出土的女侍俑均梳类似发型（图4-43-4），年代为西汉早期。

B型：将编发于脑后反折向上，固定于近头顶处。反折部分一般呈扁平长方形。

典型者如秦始皇陵兵马俑中的很多戴冠军吏俑所梳发型，编发中以发夹固定（图4-43-5），年代为秦代。

C型：将两股发旋扭反折向上，反折部分一般呈麻花状。

典型者如徐州狮子山楚王墓兵马俑坑所出步兵俑（图4-43-6），年代为西汉早期。

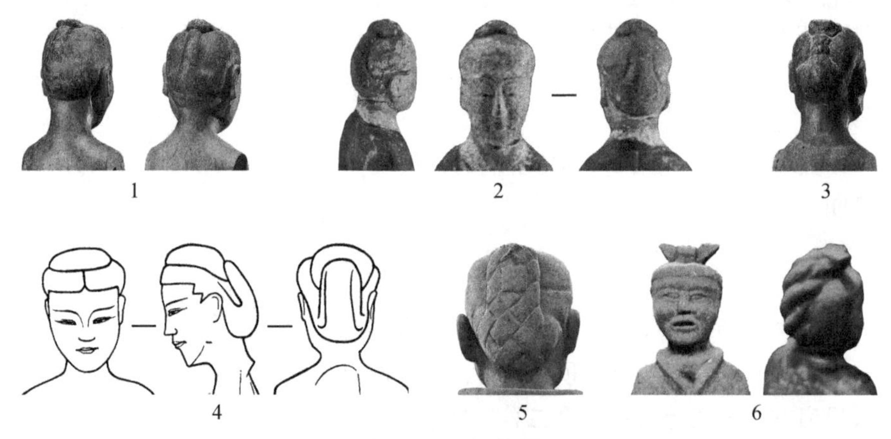

图4-43　反折中髻

1、2. Aa型（汉景帝阳陵从葬坑、西安长延堡M2：23）　3. Ab型（汉景帝阳陵从葬坑）
4. Ac型（长沙马王堆M1：405-2）　5. B型（秦始皇陵军吏俑）　6. C型（徐州狮子楚王墓）

2. 盘旋中髻

在脑后结髻，多为盘髻。根据发髻形态，可分为四种类型。

A型：圆锥形发髻，又称为“螺髻”。根据结髻位置分为二个亚型。

Aa型：结髻于脑后正中。

典型者如秦始皇陵陪葬坑出土跽坐俑（图4-44-1），年代为秦代。西安茅坡邮电学院秦墓M123出土的女侍俑（图4-44-2），年代为秦代。

Ab型：结髻于脑后偏侧。

典型者如广州南越王墓西耳室出土的玉舞人（图4-44-3），年代为西汉中期。

B型：圆髻。

典型者如汉景帝阳陵出土的骑兵俑，年代为西汉早期。咸阳杨家湾汉墓出土武士俑（图4-44-4），年代为西汉早期。孝义张家庄汉墓出土女俑（图4-44-5），年代也为西汉早期。

C型：竖长条形发髻。

典型者如巢湖放王岗M1出土的坐姿木俑（图4-44-6），年代为西汉中期。西安长延堡M1出土的男侍俑（图4-44-7），年代为西汉晚期偏早段。

D型：盘形髻。

典型者如仪征烟袋山M1出土的女侍俑（图4-44-8），年代为西汉中期。

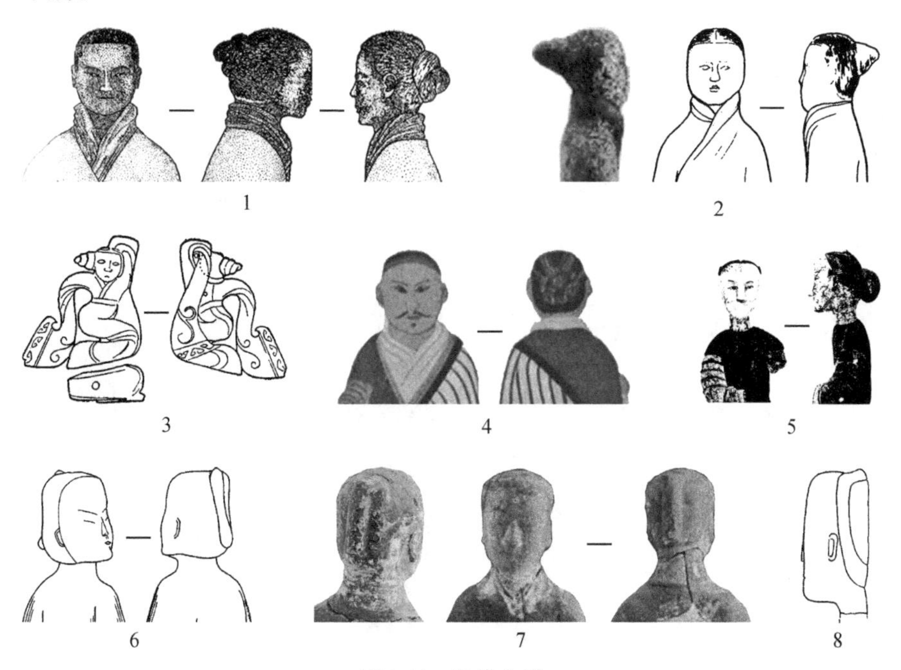

图4-44　盘旋中髻

1、2. Aa型（秦始皇陵陪葬坑、西安茅坡邮电学院M123：8）　3. Ab型（广州南越王墓C137）　4、5. B型（咸阳杨家湾汉墓、孝义张家庄汉墓）　6、7. C型（巢湖放王岗M1：158、西安长延堡M1：6、M2：9）　8. D型（仪征烟袋山M1：90）

（三）高髻

高髻是指结髻于头顶的发髻。其成髻方法相对复杂，有1～3个发髻不等。就结髻方法而言，以盘髻居多，常借助假发、发笄等发饰工具使发髻高大、达到美发效果。就高髻的发髻形态而言，有圆柱状、椭圆状、扁高状、鬟状髻等。根据发髻数量和是否使用发饰，可分为以下七个类型。

A型：单髻，发髻呈圆柱状。根据结髻位置，可分为二亚型。

Aa型：头顶右侧结髻。

典型者如秦始皇兵马俑中的步兵俑（图4-45-1），年代为秦代。

Ab型：头顶正中结髻。

典型者如仪征烟袋山M1出土的女侍俑头（图4-45-2），年代为西汉中期。连云港唐庄高高顶汉墓出土的女俑（图4-45-3），年代为西汉晚期。三台郪江柏林坡M1出土女侍立俑（图4-45-4），年代为东汉中期。

B型：单髻，扁平状盘绕。根据发髻形态，可分为二亚型。

Ba型：发髻盘亘头顶，两鬓留发。

典型者如西安南郊三爻村M19出土的侍女俑，头发盘亘于头顶，发

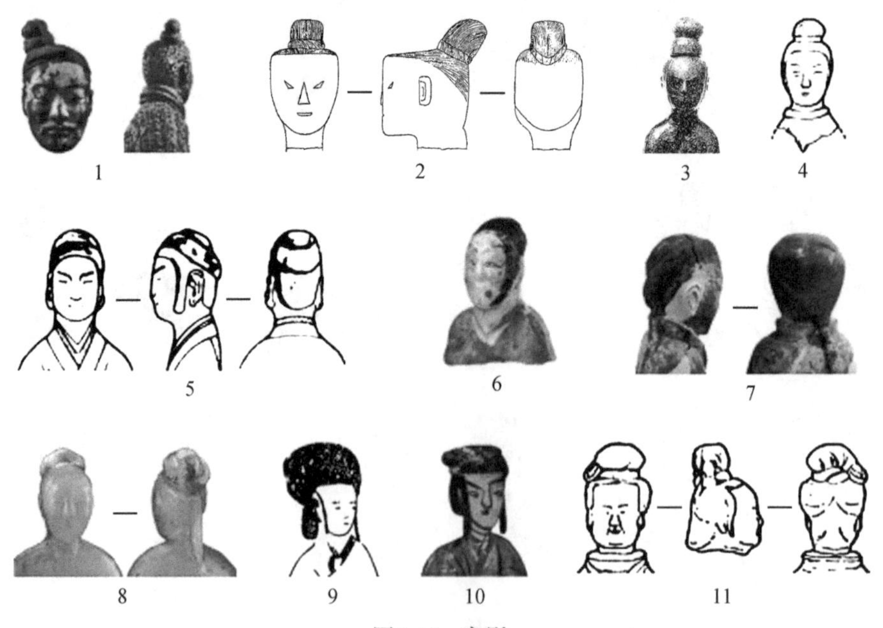

图4-45　高髻

1. Aa型（秦始皇陵步兵俑）　2～4. Ab型（仪征烟袋山M1：113、连云港唐庄高高顶汉墓、三台郪江柏林坡M1：38）　5、6. Ba型（西安南郊三爻村M19：11、靖边老坟梁M77）　7、8. Bb型（西安栗家村汉墓、西安杜陵）　9、10. Ca型（西安理工大学壁画墓、洛阳烧沟M61）　11. Cb型（彭山M601：6）

髻周围绕一圈发带（图4-45-5），年代为西汉中期晚段。靖边老坟梁墓地M77出土女俑（图4-45-6），年代为西汉中期晚段。

Bb型：发髻盘绕头周。

典型者如西安灞桥区栗家村汉墓出土女俑（图4-45-7），年代为西汉中期。西安杜陵出土玉舞人（图4-45-8），年代为西汉中期。

C型：单髻，发髻高大，呈椭圆状。根据两鬓是否留鬓发，可分为二亚型。

Ca型：有鬓发。

典型者如西安理工大学壁画墓西壁宴乐图中的几位女性人物形象（图4-45-9）。洛阳烧沟M61后山墙的侍女形象（图4-45-10）。年代均为西汉晚期。

Cb型：无鬓发。

典型者如彭山崖墓M601出土的侍立女俑（图4-45-11），年代为东汉晚期。武威雷台汉墓出土的“从婢”女俑，年代为东汉晚期。

D型：单髻，呈椭圆状。发髻根部向外垂搭发梢或发饰。两侧发蓬松。根据两鬓是否留鬓发，可分为二亚型。

Da型：有鬓发。

典型者如鄂托克凤凰山M1墓室后壁和西壁中的女性人物（图4-46-1），年代为东汉时期。

Db型：无鬓发。有些发髻上插戴多件一组发笄类发饰。

典型者如鄂托克凤凰山M1墓室北壁的墓主形象（图4-46-2），年代为东汉时期。中江塔梁子M3南侧室东壁上的女性墓主形象（图4-46-3），年代为东汉中晚期。密县打虎亭M1和M2中的贵妇形象（图4-46-4），年代为东汉晚期。

E型：双髻。

典型者如南阳许阿瞿画像石墓中踏盘舞伎的发型（图4-46-5），年代为东汉晚期[①]。酒泉下河清M1北壁三层四号壁画中的女子发型（图4-46-6），年代为东汉晚期。

F型：多髻。根据结髻位置，可分二亚型。

Fa型：头顶结多髻。

典型者如忠县土地岩M1出土舞女俑，头顶结三瓣大髻（图4-46-7），

① 南阳市博物馆：《南阳汉代画像石刻》，上海人民美术出版社，1981年，图1。

图4-46　高髻

1. Da型（鄂托克凤凰山M1）　2～4. Db型（鄂托克凤凰山M1、中江塔梁子M3、密县打虎亭M1）
5、6. E型（南阳许阿瞿画像石墓、酒泉下河清M1）　7. Fa型（忠县土地岩M1：18）
8、9. Fb型（微山两城画像石墓、彭山M900：01）　10. Ga型（西安曲江翠竹园M1）
11. Gb型（和林格尔新店子M1）

年代为东汉晚期。

Fb型：头顶结多髻外，脑后另盘发髻。

典型者如微山两城画像石中的女性人物发髻[①]（图4-46-8）、彭山崖墓M900出土的俑头（图4-46-9），年代均为东汉晚期。

G型：环状髻，又称为“鬟”髻。根据两鬓是否留鬓发，可分为二亚型。

Ga型：有鬓发。

典型者如西安曲江翠竹园M1东耳室南侧的侍女形象（图4-46-10），年代为西汉晚期。

Gb型：无鬓发。

典型者如和林格尔新店子M1中室北壁的历史人物（图4-46-11），年代为东汉晚期。

① 山东省博物馆、山东省文物考古研究所：《山东汉画像石选集》，齐鲁书社，1982年，图版一、图版四。

第四节　服装的质料、纹饰与色彩

秦汉时期考古资料所揭示的服装的质料、纹饰与色彩方面的信息日益增多。随着纺织技术水平的提高，秦汉时期的服装质料大幅提升、种类逐渐多样。受此影响，服装的纹饰与色彩也呈现出全新的面貌。

一、质　　料

秦汉时期，在中央政府的高度重视下，纺织业有了迅猛的发展。纺织品种类增多，纺织技术达到了前所未有的高度。根据《汉书》记载，“故时齐三服官输物不过十笥”[①]，汉武帝时期，仅齐三服官经营的纺织手工业作坊规模就比过去增加数百倍，发展速度惊人。在这样的历史背景下，服装质料也随之丰富起来。秦汉时期，服装的质料仍然以丝织品和麻纺织品为大宗，在特殊条件下还见皮革类的服装。就服装实物的出土情况而言，丝织物的数量较多，用途广泛，适用于各种款式的衣物，甚至其他类用品的外罩。麻布织物数量略少，主要局限于鞋履类的服装。但结合出土文献，麻布织物也应有着更加广泛的使用范围。

（一）常见类型

1. 丝织物

结合衣物疏简牍以及传世文献资料可知，秦汉时期的丝织品通称“缯”。《史记·樊郦滕灌列传》载：“颍阴侯灌婴者，睢阳贩缯者也。”[②]“缯”在这里是指制成衣服之前成幅的丝织品。考古实物中亦不乏实例，例如，长沙马王堆M3出土的竹笥上多标识有木牌，其中放置有丝织品的竹笥木牌上均标识有“缯笥”二字，“缯”字之前标明其具体质地或颜色，如“素缯笥”（南182）、“锦缯笥”（南187）、“绀缯笥”（南167）、“绮缯笥”（南177）、“绣缯笥”（南176）、“帛

---

① 《汉书·贡禹传》，中华书局，1962年，3070页。

② 《史记·樊郦滕灌列传》，中华书局，1959年，第2667页。

缯笥”（南186）[①]，盛装衣物的竹笥木牌则单独记载有“衣荟乙笥”（图4-47-1）。长沙马王堆M1中的竹笥中，“缯笥”（340号、354号）与“衣笥”（329号）也为分别书写于两块木牌（图4-47-2）。贵县罗泊湾衣物疏木牍上也有记载，如“缯六十三・匹三丈”“笠一，缯缘”。

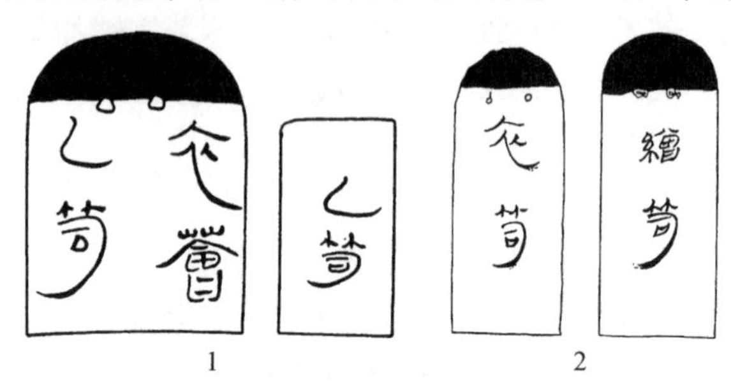

图4-47　盛放衣物的竹笥木牌

1. 长沙马王堆M3：东78、M3：东111　2. 长沙马王堆M1：329、M1：340

成衣后的丝织品则根据具体的丝织品质地有着不同的名称。就丝织品服装而言，其质料主要包括以下三个大类：第一类，织物素面无纹饰，色彩单一，组织结构简单；第二类，有暗纹织物，色彩相对单一，组织结构相对复杂；第三类，提花织物，色彩鲜艳多样，组织结构最为复杂。麻布织物相对简单，主要有粗布和细布两个系列。

第一类服装质料工艺相对简单，素雅无纹饰，多以织物本来色泽为主，数量最多。就组织结构而言，这类服装质料多为平纹组织，其织物最具有代表性的即绢和纱。以绢制作的衣物不仅种类多，数量也较多。以长沙马王堆M1出土的服装实物为例，複衣、袷衣、襌衣、袜、裙的不同部位均有用绢情况，单幅织物中，绢的数量比例也超过了50%（表4-1）[②]。北京大葆台M1出土有各类纺织品12件，其中也以绢织物的数量较多，这

① 根据传世文献，传统观点认为“缯”即是“帛”。见中国大百科全书总编辑委员会《纺织》编辑委员会：《中国大百科全书・纺织》，中国大百科全书出版社，1984年，第318页“缯”条、第10页“帛”条。这件竹笥木牌文字表明：“缯”与“帛”在西汉已经有一定区分，“缯”是丝织物的统称，“帛”虽然在先秦时期多笼统指代丝织品，但西汉时期已特指某一类丝织物。《仪礼・聘礼》《周礼・春官・大宗伯》之郑注：“帛，今之璧色缯。”有学者据此认为汉代的“帛”是指有着玉璧颜色的“缯”。见傅举有：《马王堆缯画研究——马王堆汉画研究之一》，《中原文物》1993年第3期。

② 湖南省博物馆、中国科学院考古研究所：《长沙马王堆一号汉墓》，文物出版社，1973年，第54页。

些绢均发现于中棺内底的南端，应属于衣物类的残片①。满城M1玉匣中出土的纺织品大部分也为这种绢类的平纹织物②，应为衣物之属。

表4-1 长沙马王堆M1出土衣物质料搭配表

服饰种类	标本号	绢	纱	绮	锦
複衣	329-14	里/缘	面		
	329-13	里/缘	面		
	329-12	里/缘	面/领		
	329-11	里/缘		面	
	329-10	里/袖口		面	缘
	329-8	里/缘		面	
	329-6				缘
	357-5	面/里			缘
	357-4	里/缘		面	
	357-3	面/里/缘			缘
	357-2	里/缘		面	
	357-1	里/缘		面	
	329-7	缘			
袷衣	437	里/缘/带		面	缘
襌衣	329-6	缘里	面		
	329-5	缘	面		
裙	329-2	面			
	329-1	面			
夹袜	329-4	面/里			
	329-3	面/里			

注：本表根据《长沙马王堆一号汉墓》“出土衣物情况表”改制。

根据遣册文字记载，具有这种组织结构的衣物质料名称很多，据笔者统计，大致有“帛”“素”“练”“绡”“纨”“缟”“绨”“缣”“纱”“縠”等几种，它们的区别很可能体现在组织结构的疏密、制作工

① 大葆台汉墓发掘组、中国社会科学院考古研究所：《北京大葆台汉墓》，文物出版社，1989年，第57页。

② 中国社会科学院考古研究所、河北省文物管理处：《满城汉墓发掘报告》，文物出版社，1980年，第153、154页。

艺、色泽等几个方面。

文献对此就有明确记载，《说文解字·糸部》："缣，并丝缯也。"[①]《释名》："缣，兼也，其丝细致，数兼于绢，染兼五色细致不漏水也。"[②]《急就篇》颜注："缣之言兼也，并丝而织，甚致密也。"[③]由此说明，"缣"不仅结构致密，同时又系"并丝而织"的组织结构。满城M1出土玉匣的左裤筒内发现一片双纬平纹织物（F-9），其组织循环为两根经丝四根纬丝，经纬密度为每平方厘米75×30根，很可能即文献提到的"缣"。

就组织结构的疏密程度而言，缣并非目前发现同类织物中的最致密者，如北京大葆台M1出土849号织物，其经纬密度为每平方厘米185×75根，平滑光洁细薄如纸；满城汉墓玉匣内的一件绢残片，经纬密度达到每平方厘米200×90根[④]；广州南越王墓出土织物甚至达到每平方厘米320×80根，都致密于前者。有学者认为这些致密残片很可能即文献提到的"纨"类丝织物，但以目前情况看，实物与文献记载的名称似乎很难对应，不同种类的丝织物之间似乎也并没有严格的疏密数量的界定。

秦汉时期，丝织物的命名标准并不统一，其名称往往根据工艺、色泽以及厚度方面的不同而加以区分。例如，根据是否经过煮湅工序，绢有"生""熟"之分。生绢中较典型的如"缟"，又称"鲜支"，《说文解字·糸部》："缟，鲜支也。"段注："支亦作卮。"[⑤]衣物疏文字中多以"鲜支"称该类衣物。熟绢较典型的有"练"，是指经过湅洗工艺加工而成的平纹丝织物。《说文解字·糸部》引任大椿释文："熟帛曰练，生帛曰缟。"[⑥]"素""纨"两种质料在衣物疏简牍中出现最多，据笔者

① （汉）许慎撰，（清）段玉裁注：《说文解字注》，上海古籍出版社，1981年，第648页。

② （汉）刘熙撰，（清）毕沅疏证，（清）王先谦补：《释名疏证补》，中华书局，2008年，第149页。

③ （汉）史游：《急就篇》，《丛书集成初编》（第1052册），中华书局，1985年，第122页。

④ 中国社会科学院考古研究所、河北省文物管理处：《满城汉墓发掘报告》，文物出版社，1980年，第154页。

⑤ （汉）许慎撰，（清）段玉裁注：《说文解字注》，上海古籍出版社，1981年，第648页。

⑥ （汉）许慎撰，（清）段玉裁注：《说文解字注》，上海古籍出版社，1981年，第648页。

统计，这两者的出现时间有着前后延续关系，西汉早期遣册资料中全部用“素”而不见“纨”，西汉中晚期后则全部称为“纨”，而不见“素”类织物。据此，可以认为两者至少在出土文献中可相互通指。《说文解字》释云：“纨，素也。”[①]可见两者的确具有相似之处，概均指由本色绢制成的衣物，质白而朴素，但在致密程度和色泽度上可能略有差异。据《释名》载：“素，朴素也，已织则供用，不復加功饰也……纨，焕也，细泽有光，焕焕然也。”[②]由此可见，相对于“素”，“纨”更为致密而富有光泽，这一定程度上反映了当时日臻成熟的织造技术。该类织物中，也常以厚薄区分，例如“绨”即指较为厚实的平纹织物，《说文解字》释云：“绨，厚缯也。”[③]《汉书·贡禹传》载：“孝文皇帝衣綈履革。”颜师古注曰：“綈，厚缯。”[④]

根据长沙马王堆M1出土衣物并结合出土文献记载，绢类织物多用作“衣”类服装，常用作襌衣面料、袷衣和複衣的里料，也有少数用作面料，但这种情况下往往为绢地，上有刺绣。

西汉时期作为衣服质料的纱也是一种平纹织物，孔眼均匀分布呈方形，结构精密细致、质地很薄，因此，以这种材质制成的衣物大多质地轻薄，是同类质料中的精品。根据传世文献，“纱”又称作“縠”，《释名》载：“縠，粟也，其形戚戚，视之如粟也，又谓之‘纱’，亦取戚戚如沙也。”[⑤]事实上，縠的表面常见有起皱，组织结构上有着细微区别，但衣物疏资料表明，“纱”“縠”不仅可单独命名，又可“纱縠”并称。例如，江陵凤凰山M8出土竹简载：“故纱複绔一。”[⑥]连云港陶湾西郭宝汉墓木牍第二栏记载：“相縠合衣一领。”[⑦]连云港侍其繇墓出土木牍第

---

① （汉）许慎撰，（清）段玉裁注：《说文解字注》，上海古籍出版社，1981年，第648页。

② （汉）刘熙撰，（清）毕沅疏证，（清）王先谦补：《释名疏证补》，中华书局，2008年，第150、153页。

③ （汉）许慎撰，（清）段玉裁注：《说文解字注》，上海古籍出版社，1981年，第648页。

④ 《汉书·贡禹传》，中华书局，1962年，第3070页。

⑤ （汉）刘熙撰，（清）毕沅疏证，（清）王先谦补：《释名疏证补》，中华书局，2008年，第152页。

⑥ 金立：《江陵凤凰山八号汉墓竹简试释》，《文物》1976年第6期。

⑦ 马怡：《西郭宝墓衣物疏所见汉代织物考》，《简帛研究》（二〇〇四），广西师范大学出版社，2006年，第255页。

二栏记载："纱縠複衣一领。"[①]

根据长沙马王堆M1的出土衣物，纱主要用作襌衣的面料，如M1：329-5和M1：329-6，也有用作複衣领缘（M1：329-12）以及敷彩后用作複衣面料的情况（M1：329-12、M1：329-13、M1：329-14）（见表4-1）。北京大葆台M1、长沙马王堆M1、武威磨嘴子M62、临沂银雀山M7、南昌海昏侯墓等出土的冠帻实物表明，纱的外表还可涂漆制成漆纱，称为"纚"，又称"縰"。传世文献对此也多有记载，如《续汉书·舆服志》载："长冠……促漆纚为之，制如板，以竹为里……法冠……以纚为展筩。"[②]临沂银雀山M7男性死者头部有金属质的细网片，呈规则的长条形，已经散落，原结构不明，应是冠饰[③]。青岛土山屯M147墓主头部戴漆纱冠，边缘和顶部以细竹筋支撑[④]。盱眙东阳墓地M7棺内墓主所戴冠的边缘箍竹圈，间有小漆棍，圈外为朱色漆纱[⑤]。可见所谓"冠"的质地主要为纚，辅助以竹筋、藤条、木棍等。遣册资料还表明，纱縠还广泛用作"袭""襦""绔"等衣物面料。

第二类是暗纹织物，运用平纹组织之间的变化或斜纹组织织出同色的斜纹花纹，这类织物中最具代表性的即"绮""罗"和"绫"。绮为平纹组织，即所谓的"素色提花织物"；"罗"为"罗纱组织"，即所谓的"纠经提花"，其织造技术相对复杂，"绮"与"罗"虽组织结构略有差异，但纹饰效果却较为类似。"绫"是斜纹组织或变形斜纹组织，"绫的表面呈特有的冰凌纹"[⑥]，因此在古代文献中又常称为"冰"。《释名》释云："绫，淩也，其文望之如冰淩之理也。"[⑦]出土衣物疏简牍也多以"冰"称之，如连云港侍其繇墓出土木牍第一栏载："□黄冰複襜褕一领。"[⑧]

---

① 南波：《江苏连云港市海州西汉侍其繇墓》，《考古》1975年第3期。

② 《续汉书·舆服志》，中华书局，1965年，第3664、3667页。

③ 银雀山考古发掘队：《山东临沂市银雀山的七座西汉墓》，《考古》1999年第5期。

④ 青岛市文物保护考古研究所、黄岛区博物馆：《山东青岛土山屯墓群四号封土与墓葬的发掘》，《考古学报》2019年第3期。

⑤ 南京博物院：《江苏盱眙东阳汉墓》，《考古》1979年第5期。

⑥ 陈维稷：《中国纺织科学技术史（古代部分）》，科学出版社，1984年，第317、318页。

⑦ （汉）刘熙撰，（清）毕沅疏证，（清）王先谦补：《释名疏证补》，中华书局，2008年，第226页。

⑧ 南波：《江苏连云港市海州西汉侍其繇墓》，《考古》1975年第3期。

相对于后两者，“绮”的出现时间较早，西汉早期的简牍中多载为“绮”，而同时的长沙马王堆M1出土衣物实物表明，这时其实已有“罗”类织物出现，并且数量很多。可见在西汉早期，同类的暗纹织物并未强调工艺上的区别，统以“绮”称之。夏鼐先生很早就注意到了这一点，他曾指出“纵使‘绮’是素织为纹，除了指起花的平织（包括畦纹）或斜纹织物之外，仍有可能是指简单的斜纹‘绫’或指起花的罗纹织物”[①]。西汉中晚期以后，“罗”“凌”这样的称呼才逐渐出现，用以区分不同工艺下的暗纹丝织品，例如连云港西郭宝汉墓出土木牍第一栏记载有：“□冰襌衣一领。”第三栏记载有：“缥□罗複襦一领。”第四栏记载有“红绮複衣一领”[②]。“冰”“绮”“罗”这时已同时出现于一块木牍上，表明当时三者之间已有一定区分。

就此类质料的用途而言，长沙马王堆M1出土的衣物中，多以罗作为複衣（M1：329-8、M1：329-10、M1：329-11、M1：357-1、M1：357-2、M1：357-4）或袷衣（M1：437）的面料，同墓出土的类似丝织物中还有部分用作刺绣的地料[③]。而出土简牍资料则表明，除“複衣”与“袷衣”外，这类织物还更广泛的用作襜褕、诸于、直领、襌襦、複襦、裙、袭等衣物的质料。

第三类是多色提花丝织物，生产工艺复杂，织物厚重华美。这种织物最典型即“锦”，以多彩纹饰著称。就工艺而言，锦的织造难度最大，但成都老官山汉墓出土的4台多综织机模型表明西汉时期的蜀地已出现大型复杂织机并具备了多样先进的提综技术[④]。除蜀地外，陈留郡的襄邑也是当时重要的织锦产地，专供乘舆公卿[⑤]。锦有不同的织造方法，例如，有采用重经组织经起提花的经锦、重纬组织的纬锦、双层组织的双

---

① 夏鼐：《新疆新发现的古代丝织品——绮、锦和刺绣》，《考古学报》1963年第1期。

② 连云港市博物馆：《连云港市陶湾黄石崖西汉西郭宝墓》，《东南文化》1986年第2期；石雪万：《西郭宝墓出土木谒及其释义再探》，《简帛研究》（第二辑），法律出版社，1996年，照片图版四。

③ 湖南省博物馆、中国科学院考古研究所：《长沙马王堆一号汉墓》，文物出版社，1973年，第49页。

④ 罗群：《成都老官山汉墓出土织机复原研究》，《文物保护与考古科学》2017年第5期。

⑤ 《后汉书·明帝纪》章怀注引：“乘舆刺绣，公卿以下皆织成，陈留襄邑献之。”

层锦[1]。长沙马王堆M1出土的锦类织物表明，秦汉时期的锦一般是采用重经线提花工艺织成的平纹经重组织。其具体织造方法又有两种，一种为经线提花的重经双面组织，成品可用作衣物面料。如江陵张家山M247出土竹简“锦帬（裙）一”[2]，江陵凤凰山M8出土竹简“故锦袍一”“新锦袍一”[3]。另外一种系由三枚经线提花织造并起绒圈的经四重组织，称为“起绒锦”，或称为“绒圈锦”或“起毛锦”，这种织物全部见于衣物的缘部（M1：329-6、M1：329-10、M1：357-3、M1：357-5、M1：437）（见表4-1）。长沙马王堆M3出土简文称之为“缋”，很可能是对起绒锦的专称。

2. 布织物

布织物是秦汉时期另外一大类服装质料，一般为素色，其穿着范围更加广泛。其原材料主要有麻和葛两类。就组织结构而言，麻布均为平纹组织，但经纬密度却有着极大不同。《说文解字·禾部》云：“布之八十缕为稯。”[4]稯是指经线的根数，也称为“緫”“升”，稯数越大，质料越好。“令徒隶衣七稯布”[5]，可见七稯为粗布，十稯之布则为常制，更细的布则多为苎麻线织的苎布[6]。《玉篇》载：“紵，麻属，所以缉布也。”[7]

长沙马王堆M1出土的麻布实物中，织纹较粗的麻布（M1：N29）的经纬密度为每平方厘米18×19根，相当于十二稯布，反映出当时一般布的情况。而细麻布（M1：N26）的经线密度可达到每厘米32～38根，相当于

---

① 中国大百科全书总编辑委员会《纺织》编辑委员会：《中国大百科全书·纺织》，中国大百科全书出版社，1984年，第133页。

② 张家山二四七号汉墓竹简整理小组：《张家山汉墓竹简（二四七号墓）》，文物出版社，2001年，第303页。

③ 金立：《江陵凤凰山八号汉墓竹简试释》，《文物》1976年第6期。

④ （汉）许慎撰，（清）段玉裁注：《说文解字注》，上海古籍出版社，1981年，第327页。

⑤ 《史记·孝景本纪》，中华书局，1959年，第448页。

⑥ 孙机：《汉代物质文化资料图说》（增订本），上海古籍出版社，2008年，第87页。

⑦ （梁）顾野王：《玉篇》，《四部备要·经部》，台湾中华书局，1981年，第47页。

二十稯布[①]，应当是当时布中的精细者。对于细布，除“苎”“紵”，秦汉时期还有“绪”“锡”“毋尊”“緽紕”“缕”等称法，常用作衣物面料[②]。粗麻布则常制成鞋履。

关于绪，唐兰先生最早提出“绪即紵字”，属细麻布织物[③]。长沙马王堆M3、江陵张家山M247、长沙望城坡渔阳墓、江陵凤凰山M8等西汉早期墓葬出土的简牍中，均记载有“绪禪衣”或“绪禪襦”字样。可见绪为“禪衣”“禪襦”的质料。汉代以后绪类织物，常称为“绪布”。

锡，又称作“緆”，《说文解字·糸部》云：“緆，细布也。”[④]长沙马王堆M3衣物疏简牍中有：“繿锡禪衣一。”[⑤]

毋尊也是汉代较为常见细布衣物质料，如长沙马王堆M3、江陵凤凰山M8、连云港尹湾M2和M6出土的衣物疏简牍均记载有数量不等的“毋尊禪衣”。《急就篇》云：“禪衣蔽膝布毋尊。”[⑥]居延汉简中有简文：“毋尊布一匹至□。”[⑦]肩水金关汉简中也常见类似的“毋尊布”，这些可作为“毋尊”为布类织物的直接证据。马怡考证这类布应至少相当于十升布或更高些，属于品种中等偏上的布料[⑧]。

緽紕是西汉中晚期以后出现的致密精细的布料。连云港西郭宝汉墓出

① 湖南省博物馆、中国科学院考古研究所：《长沙马王堆一号汉墓》，文物出版社，1973年，第52页。

② 马怡认为“缕”与“纑”通，亦为麻布，见马怡《西郭宝墓衣物疏所见汉代织物考》，《简帛研究》（二〇〇四），广西师范大学出版社，2006年，第252页。《说文解字·糸部》载，“缕，线也”“纑，布缕也”，笔者以为此两者更多的在强调其作为线的性质，可丝可麻。

③ 唐兰：《长沙马王堆汉轪侯妻辛追墓出土随葬遣策考释》，《文史》（第十辑），1980年，第1～60页。

④ （汉）许慎撰，（清）段玉裁注：《说文解字注》，上海古籍出版社，1981年，第660页。

⑤ 湖南省博物馆、湖南省文物考古研究所：《长沙马王堆二、三号汉墓》，文物出版社，2004年，第70页。

⑥ 《急就篇》颜注：“縛，或作尊，布毋縛，小衣也，犹犊鼻耳。”此说已被学者证明不确。见李家浩：《毋尊、纵及其他》，《文物》1996年第7期。

⑦ 谢桂华、李均明、朱国炤：《居延汉简释文合校》（下册），文物出版社，1987年，第517页。

⑧ 马怡：《汉墓中的布类葬服——兼论“毋尊单衣”及其性质》，2020中华民族服饰文化国际学术研讨会。

土衣物疏木牍正面第二栏记载有“緰紕襌衣一领”，马怡认为“緰紕”就是“緰幣”，为一种细布名称[①]。《急就篇》云：“服琐緰幣与缯连。”颜师古注：“緰幣，緆布之尤精者也。”[②]

除麻布外，秦汉时期还常见葛布，是以葛为原材料纺线织成的布料。葛衣也常见于先秦两汉时期，为普通百姓的服装，《韩非子·五蠹》云：“夏日葛衣。”[③]葛衣中的精细者名为“絺”，粗疏者名“綌”[④]。连云港尹湾M6出土衣物疏上记载有“葛中单一”。

综合以上出土实例可以看出，布属纺织品作为衣物面料的现象比较普遍，衣、襦、裙、袭、绔、市等服饰种类均有以布作为质料的情况。但值得关注的是，衣、襦、帬类的服装均为单层服装，即“襌衣”“襌襦”“襌帬”，未见“複衣”“袷衣”等涉及双面质料的服装。这说明布类衣服很可能与丝织衣服不同，为单面使用。

3. 皮革

皮革类是特殊的服装面料，为特殊条件下使用，常见的有“裘”“革”“韦”，可制衣、绔、履。裘为覆毛之皮，革和韦则为去除毛之后的皮，革为生皮，韦为熟皮。

（二）不同衣物的质料及其搭配

综合以上分析以及相关遣册资料的统计分析可以看到，由于每种质料的物理特性相对固定，其适用范围也相对固定；另外，也与服装种类及其着装位置相关，每种服装在质料选择方面也有相对固定的范围。以上两方面决定了不同服装种类在质料方面可能存在搭配并且遵循一定规律。

统计分析表明（表4-2），衣类服装质料种类最多[⑤]，共计14种，包括了丝织物和布织物两个大类的质料。三类丝织物都有用于衣类的情况，其

① 马怡：《西郭宝墓衣物疏所见汉代织物考》，《简帛研究》（二〇〇四），广西师范大学出版社，2006年，第253页。

② （汉）史游：《急就篇》，《丛书集成初编》第1052册，中华书局，1985年，第125页。

③ （清）王先慎：《韩非子集解》，《诸子集成》（五），中华书局，2006年，第6页。

④ 《诗经·周南》：“是刈是濩，为絺为綌。”（清）阮元校刻：《毛诗正义》，《十三经注疏》，中华书局，2009年，第580页。

⑤ 这里所作统计包括襌衣、袷衣和複衣三种。

表4-2　秦汉时期遣册所见衣物质料一览表

质料			襌衣	袷衣	複衣	襌襦	袷襦	複襦	长襦	裙	袴	履	韎	袍	襜/诸	缘
丝织物	一	绢1	▲													
		帛5	▲			▲		▲	▲	▲						
		素7				▲		▲		▲	▲	▲	▲			▲
		纨5	▲	▲	▲						▲				▲	
		绨2								▲				▲		
		练2				▲									▲	
		缟/鲜支2	▲						▲							
		缣4			▲					▲				▲	▲	
		纱/縠/纱縠8	▲	▲	▲		▲	▲	▲		▲			▲		
	二	绮8		▲	▲	▲		▲		▲				▲	▲	▲
		罗1						▲								
		绫/冰4		▲	▲									▲	▲	
	三	锦/缋3								▲				▲		▲
		绣5		▲		▲		▲		▲					▲	
布属		布4	▲			▲				▲	▲					
		绪2	▲								▲					
		缕1	▲													
		毋尊1	▲													
		緂紕	▲													
		漆1										▲				
		丝1										▲				
合计（种）			10	5	5	6	1	6	3	8	5	3	1	6	6	3
			14			9				8	5	3	1	6	6	3

中素面平纹丝织物中主要有绢、帛、纨、缟、缣、纱6种，占到了衣类全部质料的42.9%；有纹饰的丝织物中，暗纹丝织物中主要采用绮和绫2种，多色丝织物主要采用绣面织物，两者共占全部衣类质料的21.4%[①]；布属类的各种纺织物都有用作衣类服饰的情况，占全部衣类质料的35.7%。在

① 刺绣本不属于织物品种，但鉴于其纹饰华美、色彩艳丽、工艺复杂，外观效果与第三类的提花织物相似，为方便叙述比较，这里归入第三类一并分析。

所有衣类服饰中，禪衣采用的质料种类最多，达到10种，其中又以布属纺织物种类最多，为5种，占到了近禪衣质料的50%；其余5种丝织物全部为素面平纹织物，不见有纹饰的丝织物品种。袷衣共有5种，全部为丝织物，其中的3种有纹饰，分别为绮、绫和绣，另外2种为素面平纹丝织物纱和纨，纨为同类织物中质地精美的品种。複衣有也有5种，全部为丝织物，其中的3种为素面平纹织物中的纱、缣、纨，另外2种为暗纹织物绮和冰，未见以工艺复杂的提花织物锦为衣面的複衣，但长沙马王堆M1出土的实物资料表明，以绢或绮为地的複衣衣面大部分有复杂繁缛的绣纹。根据统计分析，袍的质料也全部为丝织物，共6种，其中有纹饰的丝织物包括绮、绫和锦3种，占到了袍所用的质料的50%，另外的3种为素面平纹织物中的纱、缣和绨，均为组织结构致密的上乘丝织物。作为一种常见外服款式，“襜褕”和“诸于”在衣物疏资料中也有个别记载涉及到其质地，根据统计，“襜褕”和“诸于”的质料全部为丝织品，共6种，分属于三个大类，素面平纹丝织物中，除练不常见，其他种类与衣类服饰基本一致。

总体而言，衣类服饰中，禪衣的质料偏素色，以布属为主，兼有一些像纨这样质地上乘但外观素雅的丝织品；袷衣和複衣的质料全部为丝织品，并且以质地厚实、纹饰繁缛精美的暗纹织物绮和色彩鲜艳华丽的提花织物锦为主，有的更以绢、绮等丝织物为地，其上有绣纹，也有少部分像纨、缣、纱縠这样的素面平纹织物。结合长沙马王堆M1出土的複衣实物资料可知，有纹饰的绮或刺绣织物多用作面料，而素面丝织物多用于里料。

襦类服饰的种类也较多，共有9种，仅次于衣类。除禪襦有麻布织物外，其余襦类服饰均为丝织品，并且涵盖到全部丝织品的三大类别。其中，素面平纹丝织物有帛、素、练、缟、纱共5种，占到襦类衣物全部质料的55.6%；有纹饰的丝织物中，暗纹丝织物主要有绮和罗2种，多色丝织物主要采用丝织地绣面，这与衣类服饰相同，有纹饰的丝织物占到襦类服饰质料的33.3%；麻布类衣料只有1种。在所有襦类服饰中，禪襦和複襦采用的质料种类最多，分别都有6种。其中禪襦的种类又更为丰富，丝织物和麻布织物的质料都有涉及，丝织物中又分别有帛、素、纱这样的素面平纹织物和绮、绣这样的有复杂纹饰的织物，在质料选择上相对平衡；与之相比，複襦全部为丝织物，并且素面平纹织物与有纹饰的织物各有3种，与複衣一样，这种平衡很可能与里料和面料的搭配有关。当然，这种联系并不绝对，有很多绣品的地料仍然为素面平纹织物。袷襦的情况比较简单，目前只见有纱縠质袷襦1种。就款式而言，长襦的质料也相对单一，全部为素面平纹织物，种类主要有帛、缟、纱3种。

总体而言，襦类服饰的质料状况与衣类服饰类似，襌襦的质料种类丰富，但总体仍以素料为主，有纹饰的较少。长襦情况与襌襦类似，质料相对简单素雅。与这两类相比，複襦集中于纹饰复杂、色彩丰富的质料，这与複衣情况极为类似。

对衣和襦的统计分析表明，上衣根据厚薄在质料选择上差别很大。襌衣或襌襦的质料种类在同类衣物中最多并且分布比较平均，风格相对简单素雅。这可能暗示了襌衣或襌襦的穿着层次相对自由，既可以经常性的作为内衣穿着，也可用作外服。

值得关注的是，“素”“纨”“纱”这三种素面平纹织物在全部上衣中使用的频率最高，尤其是“纱”类质地除不见于襌襦外，在其他各种上衣中均可使用。纱质上衣装饰手法多样，以长沙马王堆M1出土的“纱绵袍”（M1：329-12/13/14）和“素纱单衣”（M1：3329-5/6）为例，“素纱单衣”中的纱表面为淡黄色、无纹饰，为平纹织物；而“纱绵袍”中的纱作为複衣的面料，纱面上有印花敷彩，不仅有黄色和绛红色两种色彩，还有印花和彩绘[①]，纹饰繁缛精美程度丝毫不逊色于提花织物。纱衣外穿时，内层搭配色彩绚丽的衣袍，可形成“雾縠”的视觉效果。如前文所述，“素”和“纨”可视为同一类质料，以此观之，采用这种质料的衣物亦不在少数。两者之间除上文提到的似乎有早晚变化规律外，另一个值得注意的规律是“纨”多用于“衣”类服饰，“素”则多用于“襦”类服饰，“纨”的组织结构较“素”更为致密，这是否与“衣”“襦”的穿着层次有一定关系值得进一步关注。

複衣或複襦全部为丝织品，并且素面平纹织物与有纹饰的织物种类比较平均，但相对于其他类服装，複衣和複襦类采用绮、锦或以绢、绮为地的织绣丝织物比例是最高的。结合上文的搭配问题，複衣的这种情况很可能与其常作为外服有着直接关系。但複襦在考古服饰形象中作为外服的情况并不多见，这种现象或许与时代和穿着场合有一定联系，但目前尚缺少直接证据。袷衣与袷襦大体与複衣类似，作为外服的袷衣面料一般有纹饰、较华丽。

下衣中，裙和袴均有较为丰富的质料品种，但裙的种类明显多于袴并

---

① 湖南省博物馆、中国科学院考古研究所：《长沙马王堆一号汉墓》，文物出版社，1973年，第57、68、69页。

且分布均衡。根据统计，裙的质料种类共计有8种，仅次于襌衣，素面平纹织物4种、有纹饰的织物3种、麻布织物1种，分别为帛、素、绨、缣、绮、锦、绣、布。袴的质料共计有5种，分别为素、纨、纱、布、绪，丝织物与麻织物均有，但丝织物中全部为素面平纹织物。下衣的质料情况表明，一方面，由于下衣多隐于上衣内，装饰性质料明显偏少。另一方面，裙作为女性服装的常见种类之一，其部分装饰性面料在某些场合很可能直接外穿。

足衣的情况比较简单，履类实物十分常见，就其质料而言，有丝织品、布织物和草编三个大类。丝织品的履一般直接称为“丝履”或“素履”，偶尔也称为“缯履”[①]。“丝”字就目前所见，只用于描述鞋类，但其本质就是指素面平纹织物，与“素”完全相同。长沙马王堆M1出土有三双履，质料相同，均为丝织物[②]，根据同墓出土的简文记载，这三双履分别称为“素履”“丝履”和“青丝履”。需要注意的是，丝履的面料并非完全由丝织物制成，马王堆M1出土丝履的面料虽为青丝编织，但履的底部却是用麻线编织而成；江陵凤凰山M168棺中出土的履，虽同墓简文称其为“丝履一两”，但观其实物，只有履面和缘部为绢缝制，鞋底里层和鞋垫均采用麻线编织。由此可见，一般意义上的“丝履”常指鞋面的质料。单纯的布履在西汉时期出土较多，例如，临沂金雀山周氏墓群的M13就出土有一双麻履[③]。此外，出土文献中还常见“漆履”，这种履的实质仍应属于麻履，其工艺是将麻布织物作为底料，在外部涂一层防腐用漆。贵县罗泊湾M1的1、2、3号殉葬墓中的死者足部就穿有这种漆履，其底料均为麻质[④]。外部涂漆的做法在首服、足衣、腰带中比较常见，这种工艺可以增强底料的硬度和耐磨性，同时具有很好的防腐效果。如首服中的冠和縰常用这种髹漆工艺。临沂金雀山M33出土的皮质腰带

---

① 连云港市尹湾M6出土12号木牍背面载：“缯履一两。”见连云港市博物馆、东海县博物馆、中国社会科学院简帛研究中心、中国文物研究所：《尹湾汉墓简牍》，中华书局，1997年，第130页。

② 一双出自65号竹笥、另外两双出自北边厢。不包括尸体足部所穿着的一双。

③ 临沂市博物馆：《山东临沂金雀山周氏墓群发掘简报》，《文物》1984年第11期。

④ 广西壮族自治区博物馆：《广西贵县罗泊湾汉墓》，文物出版社，1988年，第86页。

（M33：48）表面起皱部位可明显看到有一层黄褐色漆[①]。足衣的另外一类——袜的质料仍然以平纹绢类织物和麻布织物为主。例如，长沙马王堆M1出土的夹袜，内外两面均用绢制成，袜里的用绢较粗，袜面的用绢较细，袜带有用绢也用纱。根据“韈”的字形，袜的早期形态中很可能还有皮革制品。

此外，秦汉时期的服装中还常用到具有装饰性质的“缘”，用作服装包边。根据对长沙马王堆M1出土衣物的分析，这些缘为经编丝织物，幅面窄小且有阴阳交错的复杂纹饰。根据缘带文字以及同墓出土简文，有“千金绦”和“繻缓绦”两种。满城M1也出土有类似绦。

就同一件服装而言，涉及的质料并不限于一种，例如，袷衣、複衣、袷襦、複襦都有里料与面料之分；而大部分衣物除面料外还有缘料，面料与缘料质地也多数不同。出土服装实物表明，涉及内外双层的衣物，尤其是外服中，面料比里料质地组织结构精细、纹饰繁缛，同一层面的面与缘之间质料多不同，缘的质料更为厚实、纹饰相对繁复。如长沙马王堆M1出土的9件複衣中，6件（M1：329-8/10/11、M1：357-1/2/4）为绮面+绢里；3件（M1：329-12/13/14）为纱面+绢里；1件袷衣（M1：437）为绮面+绢里。作为面料的纱为印花敷彩纱，较里料纹饰精美。

该墓同时保存有面和缘的14件衣物标本中，有4种面与缘的搭配，它们分别是：

A. 绢面+锦缘，共2例（M1：357-3/5）；

B. 纱面+绢缘，共5例（M1：329-12/13/14/5/6）；

C. 绮面+绢缘，共5例（M1：329-8/11、M1：357-1/2/4）；

D. 绮面+锦缘，共2例（M1：329-10、M1：437）。

缘的质料主要为绢和锦两类，直观来看，以绢作缘的情况在数量上似乎多于锦缘，但这不排除一部分绢缘可能为里缘的情况。结合遣册文字以及人物着装形象，以多色提花的锦作为缘的情况更为普遍，如长沙马王堆M3简文记载的衣物缘多为“缋”，也有像“桃华缘”“赤缘”这样的多色衣缘，这些描述均指锦类的质料。此外，简文表明，也有少数面料与缘料质地相同的情况，如简三六一记载：“青绮複衣一，青绮椽（缘）。”

---

① 临沂市博物馆：《山东临沂金雀山九座汉代墓葬》，《文物》1989年第1期。

二、纹　　饰

秦汉时期的服装纹饰除东周常见的织纹和绣纹外，又出现了印花纹样。工艺的多样化推动了秦汉时期的纹饰风格不断翻新。

（一）纹饰形成工艺及其表现风格

服装纹饰的形成与其质料有着直接关系，如上文所述，有纹饰的织物主要为绮和锦，这两种织物的纹饰受织造技术影响较大，它们多通过自身组织的变换形成纹饰。此外，秦汉时期还有另外两种形成纹饰的工艺，即刺绣和印花。与东周时期的工艺一脉相承，秦汉时期的刺绣仍旧以锁绣（辫绣）为主。印花是西汉时期新出现的纺织品装饰工艺，是指用染料或颜料在纺织物上施印花纹的工艺过程[1]。考古发现的纺织品实物表明，这一时期的印花方法主要有木模版印花和镂空版印花两种。起花织物、刺绣、印花这三种工艺下形成的纹饰效果差别很大、风格各异。

就纹饰的构图与分布而言，秦汉时期的三种工艺下的纹饰均是将单元图案在单位面积内向横向和纵向两个方向连续循环、横贯全幅。例如，长沙马王堆M1出土的几件刺绣织品，虽然在线路走向上比较自由，似无一定章法，但纵观整幅织物，这种自由变换的纹饰仍是由若干单元图案构成并且重复循环。

就单元图案的纹饰风格而言，三种工艺的线条的走向以及图案的构成特点都有明显区别。锦与绮的线条以直线为主，长短结合构成各种规矩形状的图案。受织物组织结构的影响，绮的单元图案以菱形为主，并且尺寸较大，组合方式比较简单、循环较大，形成的纹饰多为几何纹。锦的单元图案尺寸较小，图案是由矩形、菱形、三角形、条带形、不规则形等不同的形状排列连续，相互搭配形成完整图样，纹饰内容主要有几何纹、动物纹、人物纹、文字纹多种，但这一时期仍以几何纹比较多见。锦织物的纹饰内容虽然多样，但以线条特点来看，折角轮廓处多有锯齿，与刺绣形成的纹饰差别很大。因此，总体而言，绮与锦的纹饰比较接近，其单元图案的骨架均为直线或直线的交叉变形。

与东周时期相似，秦汉时期的刺绣仍以锁绣为主。刺绣线条在所有纹饰中最为灵活自由，与绮、锦等织物纹饰相比，线条折角圆润、流畅自

---

① 中国大百科全书总编辑委员会《纺织》编辑委员会：《中国大百科全书·纺织》，中国大百科全书出版社，1984年，第196页。

然，“可以随心所欲地表达各种图案，因此从技术上看绣不如锦，而从艺术性来说绣比锦更高”[①]。即使如此，这一时期整幅刺绣织品仍是由许多单元图案排列构成的，只是由于每个单元间的线条都为自然衔接，因此每个单元图案间的间隔不十分清晰，单元图案的尺寸较大。就针法而言，长沙马王堆M1出土绣品表明，除锁绣外，这时还出现了一种类似于接针的绣法和接近于打籽绣的绣法。就绣法而言，内棺外表面装饰采用了直针针法满绣而成的铺绒绣品。这些针法和绣法的运用，使得组成绣品图案的元素更为多元。例如，接针绣法使得纹饰细部尖端表现的更加细致；“打籽绣”则可以简单直接的形成直线分隔效果，方棋纹即是在这种针法下形成的纹饰。运用刺绣工艺的纹饰主要有云纹、几何纹和植物纹。

印花工艺下形成的纹饰与刺绣类似，其线条走向圆润流畅，其单元图案为连续循环排列，这是由模印工具重复模印所致。但也正是由于这个缘故，图案虽然交叉连续但常有套印不准确而造成的间隔不均以至互相叠压的现象。此外，由于模印工具的规格限制，印纹单元图案的尺寸相比刺绣要小一些。但与以上两种纹饰工艺不同的是，印花工艺除了使用模具印制外，还常结合彩绘，这就使得印花工艺的纹饰效果不仅有细部特征完全相同的曲线线条，也有自由添加的类似圆点的图案装饰。印花工艺下的纹饰主要有火焰纹和植物纹。

运用在服装中，以上三种纹样工艺主要会形成两种纹饰风格。第一，以规矩形为主，呈点状平均分布的纹饰风格。这种风格主要由单纯的绮、锦、印花纱等织物或者方棋纹绣品制成。第二，以变形纹为主，自由分布于整幅衣料。这种风格主要以单纯刺绣织物或者刺绣复合纹饰织物制成[②]。

（二）服装中的纹饰类型与布局

与上述两种纹饰风格相对应，服装纹饰的图案可分为几何纹、植物云纹、蚕纹、植物花朵纹、方棋纹、火焰纹、文字纹七个大类。这些图案一般单独循环构成纹饰，也有彼此间搭配形成纹饰的情况。

1. 几何纹

几何纹多是由绮、锦等织物形成的纹饰。常见几何纹主要有杯纹、磬纹、矩纹、不规则几何纹，也有少量云雷纹。

---

① 袁宣萍、赵丰：《中国丝绸文化史》，山东美术出版社，2009年，第56页。

② “单纯刺绣织物”主要是指以素面无纹饰的绢类织物为地；“复合刺绣纹饰”主要是指以绮、锦等有纹饰的织物为地。

杯纹是菱形纹的一种，是绮、罗等织物的常见纹饰，表现为在大菱形的两侧各附一个较小的菱形，俯视这种纹饰，形似耳杯，故称为杯纹。绮类织物形成的杯纹较小、形态简单，如长沙马王堆M1出土的菱纹绮（M1：340-1），由粗细不等的线条组成的重层菱形，整体比较方正（图4-48-1）；罗类织物形成的“杯纹”较大，如长沙马王堆M1出土的罗（M1：340-17），整体为纵向的瘦长菱形（图4-48-2）。鉴于绮类织物在服饰中运用较多，杯纹应比较常见，但由于这类纹饰多为暗纹，因此立体或平面人物形象所着的服装中很难表现出它的具体形态。长沙马王堆M1出土的92件彩绘立俑中，有18件木俑的外服纹饰为红、蓝两色线条交织而成的菱纹，形似杯纹，虽这些图案中描绘有色彩，但就其形态而言，应是外服绮类织物面的抽象表现（图4-48-3）。

磬纹是一种中间缺角的菱形纹饰，有如编磬。秦始皇陵兵马俑所穿服饰中菱形纹样所占比例很大，常见杯纹与磬纹纵向交叉排列，或磬纹与卷草纹组合排列（图4-48-4、图4-48-5）①。

图4-48 几何纹

1. 菱纹绮（长沙马王堆M1：340-1） 2. 菱纹罗（长沙马王堆M1：340-17） 3. 菱纹绮衣（长沙马王堆M1） 4. 磬纹、杯纹组合（秦始皇陵K9901T1G3） 5. 磬纹、卷草纹组合（秦始皇陵K9901T1G3） 6. 矩纹锦（长沙马王堆M1：354-9） 7. 矩纹起毛锦（长沙马王堆M1：N6-2） 8. 云雷纹衣缘（广州南越王墓C137）

---

① 陕西省考古研究所、秦始皇兵马俑博物馆：《秦始皇帝陵园考古报告（1999）》，科学出版社，2000年，第185、186页。

矩纹和不规则几何纹主要为锦类织物的纹饰，由各种形态的几何图案组成，单元图案较小、形态多样，彼此套叠或单独排列形成纹饰①。长沙马王堆M1出土的15件衣物中，有12件采用起绒锦作缘，每件标本中的几何图案均不完全相同，但由M1：354-9、M1：N15、M1：437、M1：357-5、M1：N6-2这几件标本的纹饰来看（图4-48-6、图4-48-7），其共同点是单个几何图案形态窄小、排列紧密。鉴于几何纹锦的这种特点，人俑形象的服饰衣缘一般都用圆点或小短线代表这类细密的几何形状。例如，长沙马王堆M1和M3出土的立俑外服宽领缘上有起绒锦式纹样，以两条并排小竖点表示其纹样。从考古发现的人俑形象看，以圆点表现的纹饰用于服饰衣缘的情况多于服装面料，这也从一个侧面反映出当时以锦为缘多于以锦为面的用料规律。

云雷纹在这一时期已经非常少见，广州南越王墓西耳室出土的玉舞人（C137）袖缘上就有这种类似纹饰（图4-48-8）。与商周时期的云雷纹相比，这种纹饰比较简单，左右两个图案方向相反，交错排列，彼此间没有自然衔接。从纹饰线条形态来看，这种云雷纹很可能属于锦类织物的纹饰。长沙马王堆M1出土的一件绣枕用锦的纹饰（M1：440）也似这样的曲折回旋，不同的是相邻两个图案间衔接在一起。

2. 植物云纹

植物云纹是指外部轮廓类似云纹，细部则由藤蔓植物和花苞、花蕾、花穗等图案元素构成的纹饰，为区别于典型的云纹和植物纹，这里以植物云纹称之。从出土的衣物实物看，这类纹饰多为刺绣纹饰，但也有少部分为印花纹样。对照长沙马王堆M1出土的遣册，同墓出土的“信期绣”“长寿绣”“乘云绣”等绣品图案均应属于类似的植物云纹。三种纹饰的基本图案都是由花穗或花穗的变形纹样交叉组合而成，可称为“穗状云纹”②，不同之处在于线条间的致密程度和排列规则。“长寿绣”线条圆润、曲度较大、排列最紧密（图4-49-1）；“信期绣”线条曲度相对较小、弯折较少、排列疏松（图4-49-2）；“乘云绣”似介于两者之间（图4-49-3）。宏观来看，三种绣品表现于服饰中，区别并不明显，以这类绣品为纹饰的服饰在秦汉人物形象中较为常见。

---

① 上海市丝绸工业公司、上海市纺织科学研究院：《长沙马王堆一号汉墓出土纺织品的研究》，文物出版社，1980年。

② 赵丰：《中国丝绸艺术史》，文物出版社，2005年，第124页。

例如，长沙马王堆M1和M3出土的彩绘立俑中大部分为植物云纹的服饰（图4-49-4）。长沙马王堆M1出土的彩绘帛画中的墓主也身着植物云纹的华丽外服（图4-49-5）。云梦大坟头M1出土侍女俑，外服上为红黑相间的植物云纹（图4-49-6）。天长M19出土的女俑（M19：28），其服饰上有彩绘植物云气纹饰（图4-49-7）。

此外，根据长沙马王堆M1出土的3件袷衣实物的面料纹饰（M1：329-12/13/14）以及绵衣衾残片（M1：N2、M1：N5），印花敷彩纱的图案也表现为藤本植物的变形纹样，由枝蔓、蓓蕾、花穗和叶组成（图4-49-8）。但与刺绣形成的植物云纹相比，印花形成的类似纹饰线条细密、单元图案小、循环小，表现在服饰中几乎不可详见其纹样，只能看到排列规则的白色致密圆点。燕下都遗址出土女俑的外服纹饰很可能即表现了这种印花纹饰的效果。

图4-49　植物云纹

1. 长寿绣（长沙马王堆M1）　2. 信期绣（长沙马王堆M1）　3. 乘云绣（长沙马王堆M1）
4～7. 植物云纹衣（长沙马王堆M1、长沙马王堆M1、云梦大坟头M1：20、天长M19：28）
8. 印花敷彩纱（长沙马王堆M1：N5）

3. 蚕纹

蚕纹是指采用辫绣工艺绣成的形似蚕的弯曲纹样，呈不规则排列。长沙马王堆M1出土的3件单幅织物中有类似纹饰（M1：340-3/5、M1：354-6），这种纹饰图案结构比较简单，多为单独一根，也有个别两根交叉形成“卍”形（图4-50-1、图4-50-2）。长沙马王堆竹筒

M3：南175-8内出土的残衣片上也可见到类似的蚕纹[①]。燕下都遗址出土侍女俑（D6T31②M8：15）的外服纹饰也与此类似（图4-50-3）。可见该类纹饰也广泛的用于当时的服装面料。

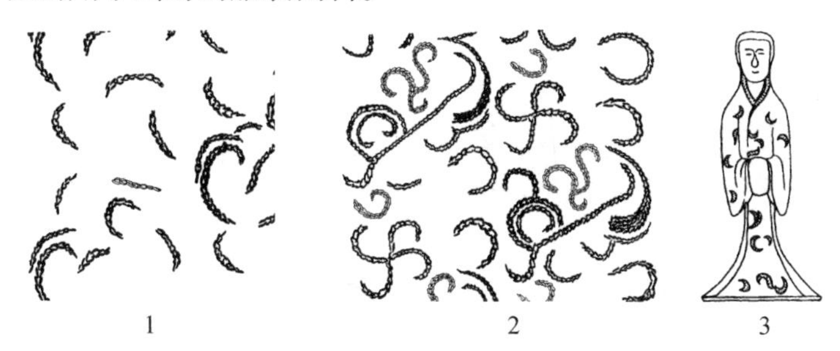

图4-50　蚕纹

1、2. 蚕纹绣（长沙马王堆M1：354-6、长沙马王堆M1：340-3）　3. 蚕纹绣衣（燕下都D6T31②M8：15）

4. 植物花朵纹

植物花朵纹是指以植物或花朵为元素组成的纹样，其图案结构中较多的运用了植物的茎叶、花穗等元素。但与植物云纹不同的是，这种纹饰几乎没有卷曲，图案之间没有明显的连续循环，呈散点分布。

长沙马王堆M1出土的“茱萸纹绣”就属于植物纹的一种，由花蕾、茎叶交缠组成，属于绣品（图4-51-1）。与其他纹饰相比，植物纹的表现形式相对自由多样，任何一种植物的元素均可独立构图或组合构图。徐州北洞山楚王墓出土的跽坐女俑2356和2358穿着的外服上就有类似的植物纹饰，单元图案均为单独的叶片。除作为服装面料的纹饰外，2356号女俑的领缘外部还镶嵌有一周联珠纹绦饰，绦饰以三瓣叶片状的流苏间隔为若干小段（图4-51-2）。

与植物纹的图案结构表现自由、有多种组合方式不同，花朵纹是以尺寸外貌均相同的小花朵规则排列的纹饰，报告中有时又称为“梅花纹”。例如，济南无影山M11出土舞女俑的外服均绘制有梅花纹饰（图4-51-3）。荆州关沮萧家草场M26出土的大部分木片俑也都有类似梅花纹饰，木俑M26：78的外服与衣缘均装饰有花纹，其中外服绘制有红色梅花纹，领缘、下摆缘及腰带为黑地红彩联珠纹（图4-51-4）。同墓出土的圆雕木俑M26：15，外服也为类似的花朵纹，但分布不甚均匀，花朵尺寸也不很规

① 报告又称为“辫子股绣”。见湖南省博物馆、湖南省文物考古研究所：《长沙马王堆二、三号汉墓》，文物出版社，2004年，第229页。

图4-51 植物花朵纹

1. 茱萸纹绣（长沙马王堆M1：N10） 2. 植物纹绣衣（徐州北洞山楚王墓2356）

3～6. 梅花纹绣衣（济南无影山M11、荆州萧家草场M26：78、荆州萧家草场M26：15、江陵凤凰山M168：18）

则（图4-51-5）。江陵凤凰山M168出土的女俑M168：18，其外服与衣缘均有朱绘花瓣状纹饰，花瓣系由四个小圆点组合而成（图4-51-6）。

5. 方棋纹

方棋纹是采用打籽绣工艺形成的特殊几何纹饰，与几何纹不同，这种纹饰不是以几何块面形式存在，而是以线条交叉排列为大方格，类似棋盘，因此称为方棋纹。方棋纹的空格中央和交叉点常填充或衔接有圆点、重环圆圈、小方格、花朵等几何图形。长沙马王堆M1出土的2件绢地残衣（M1：N18、M1：N12）上就绣有长宽各约3厘米的斜方格纹，M1：N18的四隅、两对角分别为重环和带花瓣的菱形图案，方格中间有四点（图4-52-1）；M1：N12的方格交叉处无图案，方格内为带蒂圆点和半包圆圈（图4-52-2）。长沙马王堆M3：东112-1、M3：东175-10竹笥内的袷衣残片上也可见到完全相同的纹饰。

这种纹饰也常见于人物的服饰形象中，但方格尺寸略有差异。例如长沙马王堆M3出土的侍立俑服饰，其方棋纹的方格四隅分别为四个圆点

（图4-52-3）。济南无影山M11出土舞女俑的外服表现有方棋纹，交叉点还有梅花状花纹（图4-52-4）[①]。与此纹饰类似的还有武汉新洲技校M27出土的女俑外服，方棋纹斜线交叉点上为柿蒂花瓣（图4-52-5）。有的方棋纹尺寸较小，例如徐州北洞山楚王墓出土的跽坐女俑2357，外服布满小方棋纹，斜线交叉点和方格正中均为梅花图案，交叉点的梅花四周又分别有小圆圈（图4-52-6）。

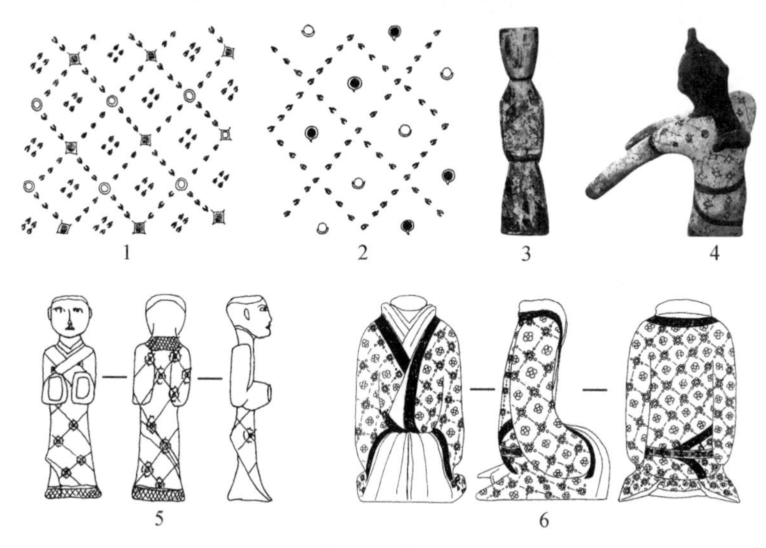

图4-52　方棋纹

1、2. 方棋纹绣（长沙马王堆M1：N18、长沙马王堆M1：N12）　3～6. 方棋纹绣衣（长沙马王堆M3：北14、济南无影山M11、武汉新洲技校M27、徐州北洞山楚王墓2357）

6. 火焰纹

火焰纹是指采用印花工艺，由均匀细密的曲线和许多小圆点组成的纹饰，由于其形态与火焰类似，故称其为“火焰纹”[②]。印有这种纹饰的织物目前只发现于长沙马王堆M1出土的泥金银印花纱（M1：340-24），纹饰的曲线为银灰色和银白色，小圆点为金色或朱红色。图案的外轮廓为菱形，错综连续排列，图案间的线条分布细密（图4-53-1）。此外，广州南

① 高春明：《中国历代服饰艺术》，中国青年出版社，2009年，图316。

② 又有学者称其为“火焰状云纹”，认为这种纹饰“总的来说，也是一种云气状，卷云缭绕，莫名其状，但纹样对称，循环较小，且以线条为主，故与其他云气纹图案风格相去甚远”。见赵丰：《中国丝绸艺术史》，文物出版社，2005年版，第124页。

越王墓西耳室出土丝织物的附近，还出土有2件青铜铸造的印花凸版（图4-53-2、图4-53-3），其纹样与马王堆M1出土的这件印花纱纹饰的图案极为相似。这种采用固定模板的印花工艺使该纹饰在服装织物中广泛传播成为可能。

图4-53　火焰纹

1. 火焰纹印花纱（长沙马王堆M1：340-24）　2、3. 火焰纹印花版及纹样（广州南越王墓）

7. 文字纹

文字纹一般为织锦织物上的纹饰。西汉晚期文字锦片已有不同数量的发现，内蒙古包头召湾M51甲室出土了较多锦片，其中一部分锦片上带有文字纹饰（图4-54-1）[①]。以文字纹锦装饰服装的情况比较少见，但长沙马王堆M1出土绦带实物表明，衣物边缘的装饰绦带上可能有文字纹。墓中出土的绦带有两种纹饰，均以斜方格纹为地纹，不同之处在于一种绦带上织有“千金”字样，主要作为手套边缘的装饰；另外一种无文字，主要为袷衣残片边缘的装饰（图4-54-2）。虽然衣物绦带无纹饰，但这种以文字装饰绦带的工艺传统表明，衣物绦带上也完全有可能以文字纹来装饰。

此外，长沙马王堆M3出土的锦、绮类织物中也可见到类似对鸟纹、夔龙纹、游豹纹这样的动物纹饰，这类纹样单独循环或与几何纹交错循环。虽然目前尚无法确定这类织物一定为服饰残片，但其中一部分出自衣物笥，因此衣物中使用类似纹饰的可能性依然是很大的。

综合以上分析可以看到，绣纹和印纹纹饰多用于外服的面的装饰，如植物云纹、蚕纹、火焰纹、植物纹、花朵纹、方棋纹等，采用以变形纹为主的第二类纹饰风格。缘部多为锦类织纹，如几何纹、文字纹等，采用以规矩形纹为主第一类纹饰风格。

---

① 魏坚：《内蒙古中南部汉代墓葬》，中国大百科全书出版社，1998年，第213页。

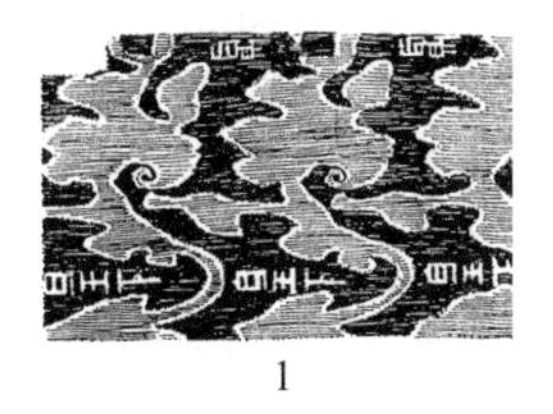
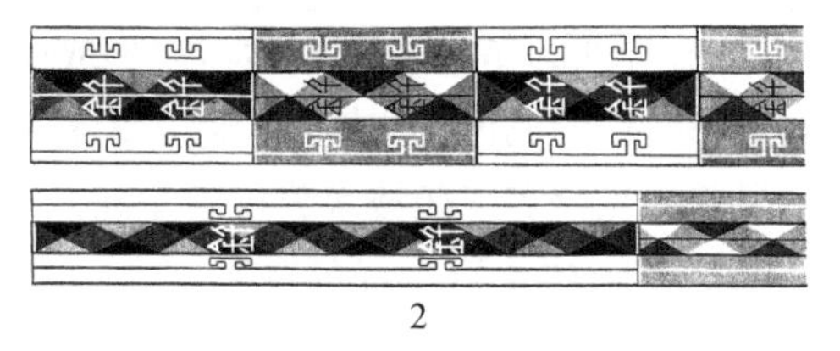

1　　　　2

图4-54　文字纹

1. 包头召湾M51文字锦摹本　2. 长沙马王堆M1“千金绦”

三、色　　彩

受纺织印染技术的直接影响，秦汉时期的服装色彩不仅种类多样，同一色彩中还存在有明暗、深浅方面的变化。黄、红、青、白、黑、紫等都是当时服装的常见色彩，同一件服装乃至内外服装的用色可见一定的搭配规则。

（一）着色工艺与色彩种类

服装色彩与织物和纹饰的色彩直接相关，织物与纹饰成色主要通过染整工艺来实现。染整工艺中最为常见的两种方法即染色和印花，染色是指采用物理和化学结合的方法使纺织材料全面上色；印花是采用特殊手段在纺织材料上按事先设定的布局部分上色。纤维、纱线和匹料均可使用以上这两种方法达到呈色效果[1]。

长沙马王堆M1出土的衣物表明，这两种方法在汉代都已经得到全面运用。根据粗略统计，墓中织物和丝线的色泽达到20余种，包括朱红、深红、茜红、深棕、金棕、浅棕、深黄、金黄、浅黄、天青、藏青、蓝黑、浅蓝、紫绿、黑、银灰、粉白、棕灰、黑灰等色[2]。从汉代文献记载的色彩名称可以看到，红、黄、绿、蓝等很多色系通过植物染料成色，如綟，指墨绿色，《说文解字》释云：“綟，帛，莀草染色也。”[3]红色主要通过茜草这样的植物染料成色，如“綪”，指深红色，《左传·定公四年》：“分康叔以大路、少帛、綪茷。”杜注：“綪，大赤，取染草

① 陈维稷：《纺织生产和纺织科学》，《中国大百科全书·纺织》，中国大百科全书出版社，1984年，第9页。

② 上海市丝绸工业公司、上海市纺织科学研究院：《长沙马王堆一号汉墓出土纺织品的研究》，文物出版社，1980年，第115页。

③ （汉）许慎撰，（清）段玉裁注：《说文解字注》，上海古籍出版社，1981年，第652页。

名也。”[①]栀子可以成黄色。靛蓝可以形成蓝青色。除植物染料外，矿物染料在这一时期的成色有所增加。除用朱砂（硫化汞）染制而成的朱红色外，通过紫外光谱等现代技术分析后发现，印花实物中的粉白色和银灰色采用了绢云母和硫化铅这样的矿物颜料。在染色技术上已能使用各种颜料，分别以涂染、浸染、套染和媒染等工艺技术，有效地染出各种复色色谱[②]。

结合帛画、壁画、俑等服饰形象可见，秦汉时期的服装色彩多样，主要有红、黄、白、黑、绿、蓝、紫等色系。经统计，秦始皇陵兵马俑中残存色彩的兵俑服饰有红、绿、蓝、紫、白、赭等多色系，其中以朱红、粉绿占比最大，也存在灰白杂黑、淡蓝杂绿等施杂色的现象[③]。长沙马王堆M3出土的《车马仪仗图》中有各类人物百余人，对照随葬简文，可能为“吏”“宦者”“击鼓”“铙铎”“从”“卒”“奴”等人物形象，他们所着的服装多为红、黄、青、白四色。长沙马王堆M1出土的帛画中，墓主身着赭底色袍服，上有斑驳纹饰色彩，身后仆从分别着红、白、黄三色服装。临沂金雀山M9出土帛画中的人物大多着红色和青色的外服。西安理工大学壁画墓中的人物形象多穿红、绿、黄、白色服装。西安曲江翠竹园M1中的人物形象多着绿、紫、黑等色服装。东平后屯M1中的人物形象多着绿、蓝、青、黑、赭色服装。靖边杨桥畔渠树壕壁画墓的人物形象多着红、黑、紫、绿、黄色服装。定边郝滩壁画墓中的人物服装以红、绿色为主。鄂托克凤凰山M1中的壁画人物形象以绿、红、黑、黄色为主。乌审嘎鲁图M1中的壁画人物形象多着绿、白、黑、蓝等色服装。

此外，服装的基本色彩又有着深浅、明暗方面的差别。根据马王堆M1的出土实物，黄色有深黄、金黄、浅黄等；红色有朱红、深红、茜红等；青色则有天青、藏青等。对此，出土文献记载有着不同称谓。根据衣物疏简牍资料记载，服装色彩主要有红、白、青、黄、绿、紫等，其中，黄、青、红、白四类色彩在衣物中的使用频率最高。此外，还有当前

① （战国）左丘明撰，（晋）杜预集解：《春秋经传集解》，上海古籍出版社，1997年，第1620、1624页。

② 上海市丝绸工业公司、上海市纺织科学研究院：《长沙马王堆一号汉墓出土纺织品的研究》，文物出版社，1980年，第115页。

③ 陕西省考古研究所、始皇陵秦俑坑考古发掘队：《秦始皇陵兵马俑坑一号坑发掘报告（1974～1984）》，文物出版社，1988年，第141页；秦始皇帝陵博物院：《秦始皇帝陵一号兵马俑陪葬坑发掘报告（2009～2011年）》，文物出版社，2018年，第124页。

已不常见的色彩名称，如“赤”“缇”“生”“绀”“繱”“缥”“霜”“相”“早”“䋣”“綪”“蒸栗”“流黄”等。

在这些色彩中，黄色系的色彩种类最多，包括黄、缇、霜、相、蒸栗、流黄。缇，《说文解字》释云：“缇，帛丹黄色也。”[1]霜，读为“缃”，马怡先生考证衣物疏简牍记载的“相”和“缃”都是指“缃”[2]，《释名》释云：“缃，桑也，如桑叶初生之色也。”[3]“烝栗”就是“蒸栗”，也是一种黄色[4]。《释名》释云：“蒸栗，染绀使黄色如蒸栗。”[5]《急就篇》：“烝栗绢绀缙红燃。”颜师古注：“烝栗，黄色若蒸熟之栗也。”[6]流黄，又作“留黄”“骝黄”，指褐黄色[7]。由此可见，不同黄色间深浅明暗的变化不仅丰富而且比较明显。青色系，常见的有青、生、绀、繱、缥几种。绀，指泛赤的青色。《释名·释采帛》：“绀，含也，青而含赤色也。”[8]生，《释名》释云：“青，生也，象物生时色也。”[9]繱，《说文解字》释云：“繱，帛青色也。”[10]

---

① （汉）许慎撰，（清）段玉裁注：《说文解字注》，上海古籍出版社，1981年，第650页。

② 马怡：《尹湾汉墓遣册札记》，《简帛研究》（二〇〇二、二〇〇三），广西师范大学出版社，2005年，第264页；马怡：《西郭宝墓衣物疏所见汉代织物考》，《简帛研究》（二〇〇四），广西师范大学出版社，2006年，第252页。

③ （汉）刘熙撰，（清）毕沅疏证，（清）王先谦补：《释名疏证补》，中华书局，2008年，第148页。

④ 马怡：《尹湾汉墓遣册札记》，《简帛研究》（二〇〇二、二〇〇三），广西师范大学出版社，2005年，第264页。

⑤ （汉）刘熙撰，（清）毕沅疏证，（清）王先谦补：《释名疏证补》，中华书局，2008年，第153页。

⑥ （汉）史游：《急就篇》，《丛书集成初编》（第1052册），中华书局，1985年，第120页。

⑦ 王念孙认为留黄、骝黄、流黄三种是同一种颜色，“留”“骝”“流”并通。见《广雅疏证·释器》卷七下。

⑧ （汉）刘熙撰，（清）毕沅疏证，（清）王先谦补：《释名疏证补》，中华书局，2008年，第153页。

⑨ （汉）刘熙撰，（清）毕沅疏证，（清）王先谦补：《释名疏证补》，中华书局，2008年，第147页。

⑩ （汉）许慎撰，（清）段玉裁注：《说文解字注》，上海古籍出版社，1981年，第651页。

缥，《释名》载："缥，犹漂也，漂漂浅青色也。"[①]根据描述，青色很可能为红绿间的一种色彩。红色系的色彩种类相对较少，包括红、赤、綪。綪，《说文解字》释云："綪，赤缯也，以茜染故谓之綪。"[②]绿色系包括绿、盭、盭，盭通"綟"，为墨绿色。《东观汉记·百官表》记载："复设诸侯王，金玺綟绶。"[③]白色系虽然目前只见"白"一种称谓，但衣物疏文字中"素"衣类的服装很多，由上文可知，"素"字本身即表现了服装的色彩，即白衣。黑色衣物多以"皂"或"早"来表示。连云港海州小礁山猴顶花果山砖厂汉墓出土的一号木方上有偷盗"皂衣"的记载。紫色衣物在衣物疏简牍文字中并不多见，目前只有长沙马王堆M3三六七号简文记载："紫绮複带襦一。"但壁画和陶俑服装材料表明，紫色服装也比较常见，如汉景帝阳陵陪葬墓M130出土的跽坐女俑即着紫色外服，洛阳卜千秋壁画墓中女娲的外衣也为紫色。

对于装饰有纹饰的外服，色彩则相对比较复杂，如信期绣、乘云绣、长寿绣等绣品以及印花纱织品都是由很多种颜色构成，衣物疏简牍中记载的"春草""桃华"等也均指服装中的这种杂色。概括而言，纹饰中的图案主要以红、绿、黄、白四色为主，纹饰中还夹杂有其他颜色。根据对长沙马王堆M1出土的刺绣和印花织品纹饰色彩的统计，纹饰自身的色彩以红色居多，其次为绿色，再次为棕色、灰色和黄色，也有少量的蓝色、灰色和白色夹杂其间。其中采用灰、白两色纹饰的均为印花织品（表4-3）。刺绣和印花纹饰中基本都以红色为基调，搭配其他色彩，而具体的搭配方式又不尽相同。如刺绣纹饰以红色和绿色搭配的情况较多，印花纹饰则不见绿色，基本为红色和灰白色为主的搭配。同墓出土的帛画中，居于中间的老妪即身着这样的云纹杂彩外服。

① （汉）刘熙撰，（清）毕沅疏证，（清）王先谦补：《释名疏证补》，中华书局，2008年，第148页。

② （汉）许慎撰，（清）段玉裁注：《说文解字注》，上海古籍出版社，1981年，第650页。

③ （汉）刘珍等撰，吴树平校注：《东观汉记校注》，中华书局，2016年。

表4-3　长沙马王堆刺绣印花纹饰色彩统计表

种类	名称	搭配	红			黄			绿				蓝	棕		灰			黑	白	
			朱红	浅棕红	绛	黄	金黄	土黄	深绿	橄榄绿	绿	草绿	深蓝	棕	浅棕	紫灰	银灰	深灰	墨	银白	粉白
绣	信	一	●						●						●						
		二	●		●	●															
		三		●						●			●			●					
	长	一		●					●	●						●					
		二	●		●					●			●								
		三	●				●	●			●										
		四	●							●			●		●						
	乘	一	●							●					●						
		二										●		●		●					
	茱		●	●									●	●							
	方							●	●		●			●							
印	泥		●				●										●			●	
	印		●														●	●	●		●
合计			9	3	2	1	2	2	3	5	2	1	4	3	3	3	2	1	1	1	1
			14			5			11				4	6		6			1	2	

注：表中种类条下“绣”“印”分别代表“刺绣”和“印花”；名称条下“信”代表“信期绣”、“长”代表“长寿绣”、乘代表“乘云绣”、“茱”代表“茱萸纹绣”、“方”代表“方棋纹锈”、“泥”代表“泥金银印花纱”、“印”代表“印花敷彩纱”。

（二）色彩搭配

秦汉时期，服装色彩种类多样，设色鲜明，同一色彩在明度和纯度方面也体现出一定差别，色彩的种类已臻于完备[①]。即便如此，同一类型服装的色彩选择并不单调，色彩杂而不乱，配色合理。不同种类的服装、服装的不同部位对色彩的选择又有所偏向，一套服装中整体与局部、内外服

---

① 色相、明度、纯度构成了色彩的基本属性。色相是指色彩的相貌，是色彩的主要特征，如红、橙、蓝等。明度即色的明暗程度，越接近白色明度越高，越接近黑色明度越低。纯度是指色彩的鲜浊程度，颜色中含色彩的比例越大，纯度越高，反之纯度越低。纯度也称为鲜艳度、彩度、饱和度等。见张殊琳：《服装色彩》，高等教育出版社，2003年，第17页。

装间存在一定的搭配规律。

上衣服装色彩多样，与内服相比，外服色彩更加鲜亮。在出现频率最高的红、黄、白、青四种服装色彩中，黄色和青色作为上衣色彩又显得尤其突出，数量上多于其他几种彩色。这两种色彩的明暗深浅的变化也相对丰富，这点不仅从上文所示的衣物疏名称中可见一斑，出土的衣物实物也有类似规律。长沙马王堆M1出土的12件衣物中，除1件残损外，其余11件均可看到色彩，色彩种类主要有绛色、朱红、黄色、黄棕、茶黄、褐色、绛紫和白色。就数量来看，黄色或褐色共有6件，占到了全部11件衣物色彩种类的55%。就黄色的明暗深浅差别来看，长沙马王堆M3单幅丝织品的颜色主要有黄色、褐色和深褐色，衣衾的颜色则有褐色、黄褐、赭褐、深褐多种，这与衣物疏记载有多种黄色名称的情况相一致。

研究表明，西汉时期的彩绘陶俑外服以黄色居多，并且色彩的明暗变化也相对丰富[①]。徐州北洞山楚王墓与驮篮山楚王墓出土的大批保留有彩绘的陶俑中多数也着黄色外服，有的以黄色外服为底色添加各种不同纹饰。根据笔者对徐州地区残留有色彩的近180余件陶俑的不完全统计，使用黄色或相似色彩作为外服的陶俑有75例，占到全部色彩的41.9%。此外，西安任家坡汉陵从葬坑出土的跪姿女俑所着外衣也多为黄色。结合衣物疏简牍记载来看，表示黄色的色彩名称也较多，如"黄""缇""相""霜""蒸栗""流黄"等，不同名称指示了黄色色彩明暗深浅的变化。东海尹湾M2衣物疏木牍记载的服装色彩中，以"霜"色为外服的情况比较多见，如"霜丸衣一领""霜丸合衣一领""练霜衣一领""霜丸複繻一领""霜绮直领一领"等。

除黄色外，以青色为外服的情况也比较普遍，如西安理工大学壁画墓中可以辨识的85位人物形象中，"襦、袍为青色者25人，约占29%。女性上衣以青色为主，画面中26位女子中穿青色上衣者10位，占38%"[②]。2008年发掘的西安曲江翠竹园M1壁画墓中，共有人物形象20个，女性人物基本全部着青色或青绿色外服。东海尹湾M2衣物疏木牍记载的服装色彩中，也常见以"缥"为外服的情况，如"缥长襦一领""帛缥複襦一领""缥绮複襦一领""缥散合襦一领""帛缥合直领一领""缥鲜支禪

① 王方：《西汉陶俑的服装色彩及相关问题》，《汉代城市和聚落考古与汉文化》，科学出版社，2012年，第354～364页。

② 张翔宇：《西安理工大学汉墓壁画人物服饰辨析》，《东南文化》2007年第6期。

诸于一领”等。

红色是仅次于黄色和青色的上衣色彩，着红色外服的情况多见于两湖地区，例如，长沙马王堆M1出土的朱红色的“罗绮绵袍”（M1：329-8），江陵凤凰山M168出土的袖手女俑，外服也为红色；长沙望城坡渔阳墓出土的衣物疏木牍记载有“红複要衣二”。

以白色装饰外服的情况相对少见，一般是以白色为底，上有红色或其他色彩的纹饰，如长沙马王堆M1出土的彩绘立俑外服多数是以白色为地，上面绘制有红色和黑色的纹饰。荆州关沮萧家草场M26出土的几种木俑外服也多数以白色为地，上绘制有红色或黑色的纹饰。

除黄色、青色、红色和白色四种常见色彩外，上衣色彩还有绿色、紫色和黑色，并且这些颜色多为外服色彩。

下衣的色彩相对比较单一，结合出土俑类及衣物疏简牍资料，主要集中于红、青、白、黑四种色彩，裙的色彩种类又相对多样。扬州平山养殖场汉墓出土的8件坐俑，所着服装均为上下分属，上衣与下裙间有着明显的色彩差异，下身着裙有黑色和红色两种。长沙望城坡渔阳墓出土衣物疏木牍记载有“白绮襌纱裙二”“缇合裙一”“青绮複裯裙”等白色、黄色和青色的裙装。绔装可见红色、绿色、蓝色、白色和紫色。秦始皇陵兵马俑所穿裤中主要有红色、绿色、紫色、白色；徐州地区出土陶俑中大多见红色袴装；东海尹湾M2出土衣物疏木牍记载有“绿丸绔一”“青素绔一”。

首服和足衣的色彩则相对单一。首服中的冠以黑色居多，如武威磨嘴子M49墓主头戴进贤冠为黑色，东汉壁画中官吏所戴冠均为黑色。弁则多为赭色、红色或黑色，如长沙马王堆M1出土的“大冠”为黑色；徐州北洞山楚主墓出土的侍卫俑多为赭色弁；武威磨嘴子M62墓主头戴武弁为红色。帻有黑、黄、青、白、红等多色，秦始皇陵兵马俑所戴帻多为红色，也有个别为绿色、蓝色和紫色。纚多为黑色，也有经矿物染料加工而成的“朱纚”[①]。足衣中一般的履主要为赭色，如秦始皇陵兵马俑所穿履。靴则色彩鲜艳，有些可见带有复杂纹饰的混色，如秦始皇陵兵马俑所着靴大部分为红色，少量为绿、蓝、紫色；咸阳杨家湾汉墓和青州香山汉墓所出兵俑中可见红、绿、白等色混合的彩色纹饰靴。

① 王方：《说“纚”》，《艺术设计研究》2020年第5期。

由于上衣中的外服占用布幅面积最大，因此外服色彩往往是整个服饰形象的核心，并以此为基础在细部点缀其他色彩进行搭配。就目前考古材料反映的情况来看，这种搭配主要涉及两个层面：第一，同服的设色搭配，主要是指外服的主体色调与缘部色彩的搭配；第二，服装的内外搭配，即外服与中服、内服的搭配，尤其是可以直接观察到的外服与内服缘部构成的搭配。

外服的缘部色彩包括领缘、袖缘、裾缘和下摆缘，一般情况下，同一件服装中这四个部位的缘部色彩均一致。缘部色彩通常有单色和多色两种，采用多色缘的情况多于单色缘。单色缘的色彩种类多样，以上列举的色彩几乎都可以看到。就缘部色彩与其外服整体色彩的关系而言，单色缘部的色彩一般比外服的主体色彩偏暗，如黄色外服常使用土黄色的缘部；红色外服则搭配以黑色或褐色的缘色。多色缘是指有纹饰的缘色，常见有红色和黑色，具体表现为黑地红彩或红地黑彩。衣物疏简牍文字中常见的“赤缘”或“缋缘”当是指这种黑地红彩或红地黑色的多色缘。此外，也见其他以紫色、赭色、灰色等暗色为地的多色缘。类似规律也见于下衣，如武威磨嘴子M48出土的女性墓主身着绢面绵裙，裙面由黄绢制成，裙腰为白色，下摆缘则为蓝色。总之，外服色彩与缘饰的搭配规律是整体反差较大，外服色彩偏亮、偏淡，产生扩张的视觉效果；缘部色彩则偏暗、偏深，比较厚重，起到制约与收敛的视觉效果。

在内外服搭配中，外服色彩一般相对鲜艳，内服色彩通过人物形象材料很难直接看到。汉景帝阳陵陪葬墓M130出土的几件侍俑，约略表现出红、蓝、黄色等内服色彩。衣物疏简牍文字也间接反映出内服的色彩情况，根据这部分资料，可能作为内服的禅衣、中单、襦等服饰的色彩种类也比较多样。禅衣的色彩最为丰富，各种色彩均有涉及，主要有“黄”“霜”“相”“青”“生”“绀”“繶”“緌”“白”“早”，涉及黄色、青色、绿色、白色和黑色几个色系，其中又以白色的素禅衣和“霜”禅衣居多。襦类服饰涉及的色彩有“霜”“青”“缥”“绿”“紫”“緌”“白”等，涉及黄色、青色、绿色、紫色和白色几个色系，其中又以青色和绿色偏多（表4-4）。

表4-4　秦汉时期遣册所见服装色彩一览表

服饰＼颜色	红	赤	黄	缇	霜	相	流黄	青	生	绀	繶	縹	绿	盭	紫	白	早
襌衣			▲		▲	▲		▲	▲	▲	▲			▲		▲	▲
袷衣					▲	▲	▲	▲				▲	▲				
複衣					▲				▲			▲					▲
袍			▲					▲		▲							
襌襦												▲				▲	
袷襦												▲					
複襦					▲			▲				▲	▲	▲	▲		
长襦												▲		▲			
直领					▲							▲					
中单								▲									
襜褕			▲														▲
诸于												▲					▲
複要衣	▲							▲									
裳				▲								▲					
裙				▲	▲			▲				▲				▲	
绔								▲								▲	▲
履								▲									
韎																▲	
缘		▲															

与内服的主体色彩相比，服饰形象更多的表现出内服的缘部色彩。根据考古发现，内服缘部的色彩一般为素色，较内服的主体色彩偏亮、偏淡。从这点来看，与外服中主体色彩较亮，缘部色彩较暗的情况恰好相反。这样的现象就会产生色彩交叉的搭配规律，而这种规律在交领的领口部位则体现得更加明显。由于交领形成的开口较大，内服的交领常常也可以表现出来，在这种情况下，交领的领口部位由内而外就会依次显露出内服领缘、内服主体、外服领缘、外服主体的色彩。通过上文的分析可知，内服的领缘色彩较亮，而主体色彩较暗；外服的领缘色彩较暗，而主体色彩较亮。在此基础上，领口即成为各种色彩的汇集部位，并且呈现一明一暗的交错排列，形成层次丰富、跳跃感极强的搭配效果。换句话说，有关服装色彩的内外搭配主要是通过领口得以体现的，领口交错呈现的色彩搭

配体现了服装内外搭配的基本规律。这种规律在秦始皇陵兵马俑、徐州地区和西安附近出土的汉代陶俑形象中都有十分频繁的表现。

总体而言，秦汉时期的服装色彩多样，不同色系又有明暗、深浅的变化。黄色在西汉比较流行，但并不是唯一的服装色彩。除黄色外，红色、青色、白色等也是当时比较常见的服装色彩。服装色彩也存在一定的搭配规律，主要涉及两个层面的搭配，缘部的色彩特征在这两种搭配中均起到了关键性作用。

第五章　秦汉时期汉民族的服饰文化面貌

秦汉时期以汉民族为主体的服饰在战国形成的服饰格局下继续深度融合，服饰的形制差异性逐渐缩小、面貌趋于统一，服饰的礼制性进一步削弱，向着更加实用、便捷的日常服饰发展。本章在前一章考古类型学分析的基础上，梳理出土文献并结合传世文献，名物互证以廓清秦汉时期服饰的主要构成及其基本特点，揭示秦汉时期以汉民族为主体的服饰文化的基本特征，探索秦汉服饰反映出的身份、性别、等级方面的特点，并尝试揭示服饰特征背后的服饰制度的影响。在此基础上，初步构建起秦汉时期汉民族的服饰文化面貌。

第一节　文献构建的秦汉服饰图景及相关认识

20世纪以来发现的简牍材料主要为战国秦汉时期的出土遗存。伴随着这类型材料的不断积累与相关整理研究的不断展开，学界对战国秦汉时期历史的研究日益深入，服饰研究也不例外。秦汉时期遣册和边塞文书的大量发现，改变了以往传世文献构建的秦汉时期服饰面貌。以出土文献为基础，结合传世文献，厘清秦汉时期服饰的基本构成及种类，这是探讨秦汉时期服饰文化的基础。

一、服饰的命名与分类原则

名称是认识事物的开端。秦汉时期传世文献所见的服饰名称繁缛庞杂，冠名更是名目众多，后人难尽其详。但结合出土文献来看，日常服饰的命名和分类实际上遵循着一定的原则，秦汉时期的服饰名类有迹可循。

文献所揭的秦汉服饰名称的命名原则十分多样，大体而言有以下几种：一，按照形制款式命名，如弁、襜褕；二，按照衣之长短命名，如“襦”，《说文解字》释云：“襦，短衣也”①；三，按照质料命名，如

---

①（汉）许慎撰，（清）段玉裁注：《说文解字注》，上海古籍出版社，1981年，第394页。

“裘”，《礼记·玉藻》云：“君衣狐白裘”[①]；四，按照功能命名，如“汗衣”，《释名》释云：“近身受汗垢之衣也”[②]；五，按照穿着层次命名，如“中衣”，《释名》释云：“言在小衣之外，大衣之中也”[③]，“亵衣”，长沙马王堆M3出土竹简三六二：“生绮複亵衣”；六，综合元素命名，如“袭”，《说文解字》释云：“袭，左衽袍。”[④]言其形制，《释名》又称其为“覆上”[⑤]，言其长短，《礼记·玉藻》郑玄注之：“有表里而无著。”[⑥]言其有衬里而无填充物。

综合以上六种命名方式可以看到，秦汉时期的服装以形制款式命名的居多。就上衣而言，又着重体现在袖和领式等部位，如依据袖的长度，有“半袖”衣，也有无袖之“衫”；根据袖的宽度及其弧度，有无胡的“褠”；根据领口形制及受其影响而形成的衽部式样，有左衽的“袭”，也有对襟的“直领”。

在命名原则的基础上，秦汉服装大体按照三个层级进行分类。

第一层级为服装的穿着部位，这种分类与现代服装分类基本一致，即头衣、上衣、下衣和足衣，还有穿着主体以外的其他服饰构件。但需要注意的是，作为常识性的认识，这种分类一般不会体现在服装名称中。头衣一般直接以种类命名，如“冠”“帻”等。上衣类服装一般称为“衣”，出土文献中常以“领”为单位，如“複衣一领”，也有“襜褕”“诸于”“袭”“中单”等特殊形制的服装；下衣类服装在出土文献中常以“两”作为单位，种类较少，只有绔、穷绔、裈、裙、裳等几种；足衣类服装在出土文献中也以“两”作为单位，主要包括履、屦、舄、屐、不借、鞜、鞮、袜等。其他类服装主要包括芾、帔、臂褠等。

第二层级习惯以是否有衬里及填充物作为基本分类准则，这种分类

---

① （清）阮元校刻：《礼记·玉藻》，《十三经注疏》，中华书局，2009年，第3206页。

② （汉）刘熙撰，（清）毕沅疏证，（清）王先谦补：《释名疏证补》，中华书局，1984年，第175页。

③ （汉）刘熙撰，（清）毕沅疏证，（清）王先谦补：《释名疏证补》，中华书局，1984年，第171页。

④ （汉）许慎撰，（清）段玉裁注：《说文解字注》，上海古籍出版社，1981年，第391页。

⑤ （汉）刘熙撰，（清）毕沅疏证，（清）王先谦补：《释名疏证补》，中华书局，1984年，第170页。

⑥ （清）阮元校刻：《礼记·玉藻》，《十三经注疏》，中华书局，2009年，第3201页。

在出土文献和出土服装实物中体现得尤其明显。所有记载有随葬衣服的遣册和边塞文书中，几乎所有服装均以“襌”“袷”“複”来区分。冠以“襌（單）”字的为单层无衬里的服装，《说文解字》释云：“襌，衣不重。”[①]《释名》释云：“襌衣，言无里也。”[②]如襌衣、單衣、單襦、單袭、單绔等。冠以“袷（合）”字的为有衬里的服装，又可称为“夹衣”，《说文解字》释云：“袷，衣无絮，从衣合声。”[③]《广雅·释诂》云：“袷，重也。”[④]如合衣、合襦、袷直领、合襜褕、合绔、合裙、合襪等。冠以“複（復）”字的为有衬里且有填充物的服装，《急就篇》云：“襜褕袷複褶袴褌。”颜注：“衣裳施里曰袷，褚之以绵曰複。”[⑤]可见複衣就是现代意义上的“绵衣”，如複衣、復襦、復袭、複襜褕、復绔、複裙等。服饰实物的考古发现也表明秦汉时期服装以“襌”“袷”“複”为区分的分类标准。长沙马王堆M1出土有27件服装实物，上衣共计15件，其中，单衣3件、夹衣1件、绵衣11件，正与出土文献记载的“襌衣”“袷衣”“複衣”相合。

第三层级的分类标准主要是按照服装的质料和色彩属性来区分，一般作为形容词修饰服装名词，质料色彩均出现的情况下，色彩在前，质料在后。如“皂布袍”“绿绮複襦”“缥纨合衣”“白布複袭”“白丸大绔”等。

二、常见的服饰种类及相关认识

秦汉时期的服装分为头衣、上衣、下衣、足衣四大类别及对应部位的服饰构件，其中上衣是整套穿搭中的核心，也是外露最完整、展示最直观的部分，因此种类、形制款式、色彩、质料方面都展现的最为多样。头衣、下衣和足衣则相对单一。在前述服饰名词的命名和分类原则下，结合出土文献和传世文献常出现的服饰高频词并参照前章的服饰类型，可将秦汉时期的服饰种类分列如次。

---

① （汉）许慎撰，（清）段玉裁注：《说文解字注》，上海古籍出版社，1981年，第394页。

② （汉）刘熙撰，（清）毕沅疏证，（清）王先谦补：《释名疏证补》，中华书局，1984年，第170页。

③ （汉）许慎撰，（清）段玉裁注：《说文解字注》，上海古籍出版社，1981年，第394页。

④ （清）王念孙：《广雅疏证》，江苏古籍出版社，1984年，第111页。

⑤ （汉）史游：《急就篇》，《丛书集成初编》（第1052册），中华书局，1985年，第143、144页。

（一）首服

首服又称“元服”“头衣”，秦汉时期的首服主要包括冠、帻两大系统及其他具有辅助修饰作用的发饰。出土文献也显示冠和帻是男性最常见的日常服饰，女性则多见笄、簪、假发等各种发饰。

1. 冠

“冠，贯也，所以贯韬发也”①，冠是秦汉时期有身份的男子最主要的首服，有广义和狭义之分。根据前章分类，广义的冠的形制有冕、冠、弁三个大类，秦汉文献统称为“冠”，这里所指当为广义之“冠”。此外需强调的是，《续汉志》中所录汉仪冠式十九种，尽管名类繁琐，但实际上多为正式场合的礼冠，秦汉时期的日常之冠往往只单称为“冠”，或冠前饰以大、小、高、狭来描述冠的形象。

“冕，犹免也；免，平直貌也”②，《续汉志》中也称为“冕冠”。文献对冕的形制和功用描述清晰，因此其形象很容易认定和区分，目前所见秦汉时期的冕的形象有A、B两型。相较于弁和冠，其穿用范围和场合比较有限。

“弁如两手相合抃时也”③，形制也比较清楚，先秦以“弁”相称呼，有“爵弁”“皮弁”“韦弁”之称，其中的“韦弁”用于兵事，其形制在秦汉时期稍有变化，先后表现为A～F六种类型。文献所称的“惠文冠”“鵔鸃冠”“鹖冠”“武冠”“武弁大冠”等，就其形制而言其实均属弁类，但秦汉文献仍以“冠”相称。对于弁，王国维最早提出它始自战国时的胡服④；近年来左骏根据考古出土的战国秦汉羊纹金饰片及金缨座、金泡等饰件，考证其皆为弁类装饰且缨座处原插戴有翎羽，即文献所载之“鵔鸃冠”，并且与欧亚草原流行的帽缀金饰习俗有关⑤。笔者以为

① （汉）刘熙撰，（清）毕沅疏证，（清）王先谦补：《释名疏证补》，中华书局，2008年，第154页。

② （汉）刘熙撰，（清）毕沅疏证，（清）王先谦补：《释名疏证补》，中华书局，2008年，第154页。

③ （汉）刘熙撰，（清）毕沅疏证，（清）王先谦补：《释名疏证补》，中华书局，2008年，第157页。

④ 王国维：《胡服考》，《观堂集林》，中华书局，1959年。

⑤ 左骏：《对羊与金珰——论战国至西汉羊纹金饰片的来源与器用》，《故宫博物院院刊》2020年第11期；左骏：《金珰曜鵔鸃——看战国至汉羊纹金饰的一个新视角》，《大众考古》2019年第10期。

此说甚当，秦汉时期的武弁与战国时期的武弁一脉相承，以武弁为基础，在冠体上增饰数量不等的金饰片（金珰）及插戴不同翎羽便成为文献所说的“鵔鸃冠”“鹖冠”“惠文冠”“貂蝉冠”，乃秦汉武官专有冠制，又根据金珰排列组合方式来区分不同等级，等级较高的武弁也成为身份较高的诸侯王的常冠。对于此类冠式的来源问题，笔者认为武弁确与欧亚草原流行的帽缀金饰习俗有关，一定程度上受到赵武灵王胡服改革的影响，但也并非完全的胡帽，而是在中原冠弁基础上博采众长的产物。

其他众多的冠类形象则很难与文献一一对应，目前比较清楚的是进贤冠和长冠。进贤冠又称为“梁冠”，其形制在秦汉四百余年间亦有前后变化，前章所列覆髻冠中的G、I型以及覆首冠均当为“进贤冠”之属。根据《续汉书》记载，进贤冠为古缁布冠的遗制，文儒者之服，前高七寸，后高三寸，长八寸。“却敌冠”的形制可能与此类似，唯尺寸稍低，前后坡度稍小，“前高四寸，通长四寸，后高三寸，制似进贤”；“方山冠”与进贤冠的区别在于冠色和用途，“似进贤，以五彩縠为之。祠宗庙，大予、八佾、四时、五行乐人服之”[①]。长冠的形制则前后变化不大，且主要流行于西汉，至东汉主要为祭服之冠。从形象上看，C型覆髻冠当为长冠之属，为先秦楚冠遗制，文献所称的“长冠”“斋冠”“刘氏冠”“却非冠”“竹皮冠”均属此类，其形制大同小异。

需要注意的是，日照海曲M129随葬遣册记录有“冠二”，而发掘者根据遣册内容认为该墓墓主为女性，墓葬年代为西汉中晚期至东汉前期[②]。这种情况打破了以往只有男性戴冠的认识，是否在西汉晚期以后出现了女性戴冠的情况抑或是该墓墓主性别判定有误尚期待更多的材料来证实。

出土文献举要如下：

“冠”（长沙马王堆M3）
“冠”（日照海曲M129）
“冠”（江陵凤凰山M168）
“蘭冠”（居延汉简三八·三九，乙叁叁版）
“蘭冠”（居延汉简六三·一三，乙伍柒版）
“蘭冠”（居延汉简一九四·六，甲一一一六）

① 《续汉书·舆服志》，中华书局，1965年，第3668、3669页。

② 刘绍刚、郑同修：《日照海曲汉墓出土遣策概述》，《出土文献研究》（第十二辑），中西书局，2013年，第202页；何德亮、郑同修、崔圣宽：《日照海曲汉代墓地考古的主要收获》，《文物世界》2003年第5期。

2. 帻

“帻”也有广义和狭义之分，由于帻、巾、帽在形制、材质、功用上比较相似，亦存在一定的传承发展关系，故本书将其同归入广义的帻属。《释名》将“帻”“帽”“巾”并列阐释，说明三者之间既有联系又存在区别。

“帻，蹟也，下齐眉蹟然也。或曰兑，上小下大，兑兑然也”[①]，可见帻的基本形制是上小下大，下齐眉迹，有如今天的帽。结合前章所列帻之六种类型，可知秦汉之帻经历了由软至硬的发展过程。秦至汉初的帻有如发巾，《说文解字》直接释为“发有巾曰帻”[②]，其他文献亦鲜见“帻”而多见“巾”。《方言》载“帻巾”又有“覆结”“承露”“覆鬃”的地方称谓[③]，可见其出现的早期是以软巾的形式出现并且覆盖在发髻上或发带上，前章所陈A、B型帻揭示了帻的早期形态。这时的帻乃“卑贱执事之所服”，穿用者的身份不高。西汉中晚期以后，帻巾开始加高颜题，头周形成固定的介壁，然头顶尚未施巾，是时称为“半头帻”或“空首帻”，C型帻即其具象，目前材料所见其流行年代为西汉晚期至东汉早期。史载“孝武时，天子以下未有帻。元帝额上有壮发，不欲使人见，乃使进帻，群僚随焉”[④]，明确交待了帻的这种形态变化。至新莽时，王莽由于秃发，又在帻顶施巾连题，使帻的外观更加硬挺固定，成为可随时穿戴的首服；同时又与冠、弁等相搭配形成新的冠形，成为贵族、官吏的日常首服，甚至天子东耕时亦戴帻[⑤]，帻的穿用范围逐渐扩大。前章陈列的D、E型帻展现了新莽以后的帻的普遍形象，其中D型很可能为“介帻”，与进贤冠搭配，为文官所服；E型Ⅰ式当为“平上帻”，Ⅱ式当为“平巾帻”，与惠文冠相配，为武官所服[⑥]。需要说明的是，这

---

① （汉）刘熙撰，（清）毕沅疏证，（清）王先谦补：《释名疏证补》，中华书局，2008年，第158页。

② （汉）许慎撰，（清）段玉裁注：《说文解字注》，上海古籍出版社，1981年，第358页。

③ （清）钱绎：《方言笺疏》，中华书局，1991年，第164页。

④ （汉）应劭：《汉官仪》，《汉官六种》，中华书局，1990年，第115页。

⑤ “天子东耕之日，亲率三公九卿，戴青帻，冠青衣，戴青旗，驾青龙。”（汉）应劭：《汉官仪》，《汉官六种》，中华书局，1990年，第182页。

⑥ 孙机：《汉代物质文化资料图说》（增订本），上海古籍出版社，2008年，第268页。

里的“介帻”“平上帻”“平巾帻”均为晋以后的称谓，东汉之帻与两晋之帻虽形制相似，但尚未出现此类称谓，仍多单称为“帻”，或前冠以“布”“白”“素”“青”“赤”“丧”等表质料、色彩或用途的修饰词。长沙马王堆M3出土遣册所记之“傅质”，“傅”与“覆”同为鱼部，“质”与“结”同为质部，“傅质”为“覆结”[①]，当为帻属。

“巾，谨也，二十成人，士冠庶人巾，当自谨修四教也”[②]，可见巾是成年庶人的常备首服，男女均可服用。自先秦至两汉一直存在有软质布帛的巾，如上文所述，秦汉时巾中的一部分分化为帻。就形制而言，没有固定形态，随髻成形，既可覆头也可缠髻。正是由于裹巾方式比较灵活，才可见文献中的“折上巾”“林宗巾”“假紒帛巾”“幅巾”“疎巾”等多种形式的头巾。

“帽，冒也”“所以覆冒其首”[③]，《说文解字》称帽为“小儿及蛮夷头衣”[④]，可见帽的形制和功用与巾、帻类似，但其穿用人群相对固定，因此在汉族服饰传统中鲜有对“帽”的记载。

出土文献举要如下：

“帛傅质”（长沙马王堆M3）
“皂帻”“赤帻”“白绪巾”（连云港陶湾西郭宝墓）
“帻”（连云港东海尹湾M6《君兄节司小物疏》）
“巾”（日照海曲M129）

3. 发饰

其他类发饰已在前章发饰分类中详有说明，这里仅就其名物对照略加补充。“纚，以韬发者也，以纚为之，因以为名。总，束发也，总而束之

① 湖南省博物馆、湖南省文物考古研究所：《长沙马王堆二、三号汉墓》，文物出版社，2004年，第73页。

② （汉）刘熙撰，（清）毕沅疏证，王先谦补：《释名疏证补》，中华书局，2008年，第158页。

③ （汉）刘熙撰，（清）毕沅疏证，（清）王先谦补：《释名疏证补》，中华书局，2008年，第158页。

④ （汉）许慎撰，（清）段玉裁注：《说文解字注》，上海古籍出版社，1981年，第394页下。

也”[①]，可见“縰”和“总”除作为韬发敛发的主要发饰，也表示先后的两个敛发步骤，先縰而后总[②]。类似步骤在《礼记》中已有明示，“鸡初鸣，咸盥漱，栉縰笄总，拂髦冠緌缨，端韠绅，搢笏”[③]。先秦时裹縰插笄的形象在秦汉以后逐渐被绡头等发饰取代。

抹额和绡头也是具有韬发敛发作用的发饰，外观上看较为相似，均类似发带。不同之处在于抹额较宽，阳陵兵俑形象显示其自前额向项后扎结，《史记》载“太后以冒絮提文帝”[④]，集解引应劭曰：“陌额，絮也。”晋灼曰：“巴蜀异物志谓头上巾为冒絮。”可见“冒絮”亦为发带之属，“陌额”即后世所称的“抹额”。绡头较窄，自项后向前额围拢，“绡，钞也，钞发使上从也，或谓之陌头，言其从后横陌而前也”[⑤]，类似发带在《方言》有着更多称谓，如关西秦晋地区称为“络头”，南楚江湘之间则称为“帞头”，河北赵魏地区称为“幧头”或称为“帑”“幓”，偏向一边的发带还可称为“鬢带”“㯷带”。

副是女性诸多首饰的承载物，《释名·释首饰》云：“王后首饰曰副。副，覆也，以覆首。亦言副贰也，兼用众物成其饰也。”[⑥]文献记载的假发类发饰较多，“副”“编”“次”“被”“髲”“鬄”，很可能是根据穿戴者的身份、假发形态等来命名，目前尚无充分证据来区分以上名称之种种，但考古发现明确印证了汉代之假发称为“副”，这件副出自长沙马王堆M1北边箱双层九子奁中的圆形小漆奁盒内，为一根束发，同墓出土的二二五号简记载：“员（圆）付蒌（篓）二，盛印副。”长沙马王堆M1为西汉早期的侯级墓葬，可见秦汉时期的副并非王后所专有。前章所陈之假发发髻则很可能为文献记载的“假紒”，又称“假结”“假髻”或“假头”。《晋书·五行志》载：“太元中，公主妇女必缓鬓倾髻，以为盛饰。用髲既多，不可恒戴，乃先于木及笼上装之，名曰假髻，或名假

---

① （汉）刘熙撰，（清）毕沅疏证，（清）王先谦补：《释名疏证补》，中华书局，2008年，第158页。

② 王方：《说“縰”》，《艺术设计研究》2020年第5期。

③ （清）阮元校刻：《礼记·内则》，《十三经注疏》，中华书局，2009年，第3165页。

④ 《史记·绛侯周勃世家》，中华书局，1959年，第2072页。

⑤ （汉）刘熙撰，（清）毕沅疏证，（清）王先谦补：《释名疏证补》，中华书局，2008年，第160页。

⑥ （汉）刘熙撰，（清）毕沅疏证，（清）王先谦补：《释名疏证补》，中华书局，2008年，第160页。

头。”[①]可见假髻下应有竹木制成的衬里，假发覆于其上可盘结为多种造型，如前章所陈之A～C型假髻。有些在假髻上又缠头巾，称为“假紒帛巾”，辽阳三道壕地区的壁画墓中的女性墓主所戴发饰很可能即假紒帛巾的形象（图5-1-1～图5-1-4）[②]。

图5-1　假紒帛巾

1～3. 辽阳三道壕M1女性墓主　4. 辽阳三道壕第四窑场壁画墓女性墓主

女性常戴的发饰还有簂、华胜、钗、导、簪、步摇等。《释名》称“簂，恢也，恢廓覆发上也。鲁人曰頍。頍，倾也，著之倾近前也。齐人曰帨，饰形貌也。”[③]前章所陈C型发饰概属此类，簂上除插花还当插有其他首饰，与假头类似，为各种首饰的组合，可随时摘戴。如《续汉书》载“公、卿、列侯、中二千石、二千石夫人，绀缯蔮，黄金龙首衔白珠”[④]。“华胜：华，象草木华也；胜，言人形容正等，一人著之则胜，蔽发前为饰也”[⑤]，史载西王母“戴胜而穴处”，考古发现的西王母形象较多，前章所陈E型发饰即属胜类。导、簪、擿、钗等均属发笄类发饰，考古发现实物较多，质地多样。导和簪为单支，导用以固冠，簪用以固髻，出土文献常见“顿牟簪”当指玳瑁质地的发簪，前章Da型发饰多属此类。擿为细长齿状发笄，为前章之Db型，长沙马王堆M1出土的擿有木、竹、玳瑁等多种质地。双叉之笄则称为“钗”，“钗，叉也，象叉之形因名之也”[⑥]，前章Dc型即为此类发饰，孙机先生称其为“三子

① 《晋书·五行志》，中华书局，1974年，第826页。

② 徐光冀：《中国出土壁画全集·辽宁卷》，科学出版社，2012年，第14～16页。

③ （汉）刘熙撰，（清）毕沅疏证，（清）王先谦补：《释名疏证补》，中华书局，2008年，第161页。

④ 《续汉书·舆服志》，中华书局，1965年，第3677页。

⑤ （汉）刘熙撰，（清）毕沅疏证，（清）王先谦补：《释名疏证补》，中华书局，2008年，第161页。

⑥ （汉）刘熙撰，（清）毕沅疏证，（清）王先谦补：《释名疏证补》，中华书局，2008年，第162页。

钗”[①]。钗头有雀鸟之形为“爵钗”。此外，笄首加饰则称为步摇，为发笄装饰之最盛者，《释名》载“步摇，上有垂珠，步则摇动也”[②]，B型花枝类发饰概属此类。

出土文献举要如下：

“副”（长沙马王堆M1）

“絮”“导”“顿牟簪”“黄簪”“羽林簪”（连云港东海尹湾M6《君兄节司小物疏》）

“薄巾絮”“靡絮”“盧絮”“綸”“顿牟簪”（连云港东海尹湾M2）

（二）上衣

秦汉时期的上衣按照长度划分有衣和襦两大类。但凡冠以“衣”的上衣，衣身较长，自膝以下至近踝处长度不等，具有上衣的常规形制。前章所列的长服和中长服大部分属于此类，除襌衣、袷衣、複衣外，根据形制又有襜褕、诸于、袿衣、直领等长上衣。冠以“襦”的上衣衣身较短，一种长至臀部，另外一种则短至腰部；还有一种衣长至股的“长襦”，前章所列的中长服概属此类，除單襦、複襦外，还有半衣、袭等短上衣。

按照穿着层次划分，上述上衣除部分襦类短服穿在内层外，大部分用于外服；穿在内层的“亵衣”除襦外，还有中衣、中单、汗衣等。

按照领式或下摆等不同部位的款式划分，领式除最常见的交领右衽外，还有对襟的“直领”、交领左衽的“袭”；下摆形态多样，有前长后短的短后衣、杂裾交错的“诸于”和“袿衣”、花瓣形的剪襟衣[③]、燕尾形下摆的长袍等。

1. 襌衣

“襌衣”是对有面料无衬里的一大类上衣的统称。无论出土文献还是传世文献，“襌衣”的出现频率都相当高，说明这是秦汉时期很常见的

---

① 孙机：《汉代物质文化资料图说》（增订本），上海古籍出版社，2008年，第284页。

② （汉）刘熙撰，（清）毕沅疏证，（清）王先谦补：《释名疏证补》，中华书局，2008年，第160页。

③ “剪襟衣”的说法为孙机先生提出。见孙机：《汉代物质文化资料图说》，中华书局，2020年，第290页。

一类上衣。从目前已公布的遣册资料来看，“禪衣”甚至在某种程度上比“複衣”和“袷衣”更为常见。据笔者的初步统计，出土于同一座墓葬的衣物，“禪衣”数量一般多于“複衣”和“袷衣”。以长沙马王堆M3为例，遣册记载的各种“衣”20件，“禪衣”13件，占到了65%。长沙望城坡渔阳墓出土遣册记载禪衣约26件，其数量占到绝对多数，未见“複衣”“袷衣”的记载。连云港东海尹湾M2出土遣册记载3件“禪衣”，也未见“複衣”与“袷衣”。

禪衣的形制和长短没有定制，但凡有面无里的上衣均可称为禪衣。既然如此，禪衣形制可以是多样的，例如，长沙马王堆M1出土有3件禪衣，1件直裾，2件曲裾。

禪衣的质料可缯可布。缯类禪衣有帛、练、缣、纨、鲜支、纱、縠等，如长沙马王堆M3出土遣册记录有“帛禪衣”“鲜支禪衣”，连云港海州侍其繇墓出土遣册记录有“□縠禪衣”。可以看到，丝织品类的禪衣以精细的帛类和粗疏的纱縠类为主，这两类禪衣在长沙马王堆M1均有出土，其中的2件纱质禪衣重量均不到50克，工艺精湛。布类禪衣有布、绪、锡、毋尊等不同升数的布料，如长沙马王堆M3出土遣册记录有“白绪禪衣”“毋尊禪衣”，西北边塞文书及《后汉书》中则多直接称布类禪衣为“布禪衣”。

相较于複衣，禪衣的服色较清淡素雅，一般为单色且白色居多，也有皂色，偶见黄色、绛色。如西北边塞文书中常出现“皂禪衣”，有纹饰的禪衣极少。

禪衣作为常服，穿着场合十分广泛，所有人均可日常穿着。《汉书·江充传》载江充被上召见时“自请愿以所常被服冠见上，上许之”，于是“充衣纱縠禪衣”觐见，可见禪衣确为平时穿着。与丝质禪衣相比，布类禪衣穿着更加普遍，是普通百姓和军队戍卒的常备服装。从穿着层次来看，禪衣作为汉代的重要服饰类型，常用作外服，《汉书·江充传》颜师古注：“禪衣，制若今之朝服中禪也。”[①]说明汉唐禪衣之制有别，汉代常以禪衣作为外服，唐代的朝服中则以禪衣作为内层的中衣穿着。

出土文献举要如下：

> “阑禪衣”“绪禪衣”“绀绪禪衣”“緂锡禪衣”“绪繸禪衣”“白锡禪衣”“齐繸禪衣”“毋尊禪衣”“鲜支禪衣”

---

① 《汉书·江充传》，中华书局，1962年，第2176页。

（长沙马王堆M3）

“白□禪衣”“□□禪衣”“皂绪禪衣”“故布禪衣”“新白禪衣”（江陵凤凰山M8）

“白缕”“縝紕禪衣”“白毋尊禪衣”“黄毋尊禪衣”“黄缕禪衣”“皂缕禪衣”（连云港陶湾西郭宝墓）

“白毋尊禪衣”“白布禪衣”（连云港东海尹湾M6《君兄衣物疏》）

“毋尊單衣”“單衣”“散單衣”（连云港东海尹湾M2）

“白□禪衣”（连云港海州霍贺墓）

“毋尊禪衣”（武汉大学简帛研究中心）

“禪衣”（仪征胥浦M101）

“丸单衣”“黄丸單衣”“缕單衣”“毋尊單衣”“白缕單衣”（日照海曲M129）

“□縠單衣”“青縠單衣”（日照海曲M130）

“禪衣”（居延汉简六七・三七，乙伍玖版）

“單衣”（居延汉简三八・三八，甲二七三）

“皂布章禪衣”（居延汉简一〇一・二三，乙捌拾版）

“皂服禪衣”（居延汉简一八一・一五，乙壹叁贰版）

“白布單衣”（居延汉简二〇六・二三，甲一一四二）

2. 袷衣、複衣和袍

“袷衣”是对有面料有衬里但夹层无填充物的上衣的统称。与禪衣和複衣对比，“袷衣”出现的频次相对较少。根据同墓随葬遣册的记录，大部分墓葬的袷衣数量少于禪衣和複衣；长沙马王堆M1出土的15件随葬上衣中，袷衣只有1件。传世文献对袷衣的记载也相对较少。

与禪衣相比，出土文献所载的“袷衣”质料全部为丝织品而不见布织品，如绮、纨、縠等，此类现象很可能与袷衣的发展变化及与袍的关系有关，详见下文。然而，袷衣的面料的色彩却较禪衣丰富很多，有些甚至有锦、绣纹饰，如生、缥、青、绿等青绿色系，也有枝、緤、相、霜、流黄等黄色系。《史记・匈奴列传》载：“使者言单于自将伐国有功，甚苦兵事，服绣袷绮衣、绣袷长襦、锦夹袍各一。”[1]

① 《史记・匈奴列传》，中华书局，1959年，第2897页。

出土文献举要如下：

“生绮禪合衣”“连珠合衣”（长沙马王堆M3）
“雪丸合衣”“枝縠合衣”（连云港海州侍其繇墓）
“缥丸合衣”“相縠合衣”“流黄冰合衣”（连云港陶湾西郭宝墓）
“缥丸合衣”（连云港东海尹湾M6《君兄衣物疏》）
“霜丸合衣”（连云港东海尹湾M2）
“□丸合衣”“霜合衣”（武汉大学简帛研究中心）
“素繢[①]”“绿袷”（仪征胥浦M101）
“青绮合衣白丸领”“相丸合□”（日照海曲M130）

“複衣”与“袷衣”的区别在于面料和衬里的夹层有填充物，是现代的绵衣。複衣在出土文献中的出现频次较多，长沙马王堆M1出土的15件上衣实物中，複衣就有11件，可见複衣是汉代常见的衣类。但值得注意的是，传世文献中却少见“複衣”这样的表述，现实存在而文献不载，最大的可能是文献中另有其他词汇来表现绵衣。《史记·叔孙通列传》贾逵案：“《礼记》‘袍必有表不单。’”[②]《说文解字》云：“以絮曰茧，以缊曰袍。”[③]可见“袍”也是有面有里以缊作为填充物的上衣。另外值得注意的是，从目前已公布的遣册资料来看，“複衣”和“袍”均见于出土简牍，却从未同时出现，这暗示出“袍”与“複衣”属性质相同的上衣，作为绵衣可互相取代。居延汉简中还常出现“複袍”这样的表述，进一步强调了袍作为绵衣的性质[④]。

从质料、纹饰和色彩来看，複衣与袷衣相似，均多丝织品而鲜见布类纺织品，如绮、冰、丸、纱、縠、罗等，其中很多为暗纹织物的面料。面料的色彩华美多样，如青、缥、缥、流黄、霜、相、白、皂等，还有像“春草”“野王”这样的暗纹。袍除具有与複衣相同的质料和色彩特点

① 有学者释此字为“繢”，根据《说文解字》为“重衣”，此说待考。见于丽微：《高台、关沮、胥浦汉墓简牍集释与文字编》，吉林大学硕士学位论文，2014年。

② 《史记·刘敬叔孙通列传》，中华书局，1959年，第2721页。

③ （汉）许慎撰，（清）段玉裁注：《说文解字注》，上海古籍出版社，1981年，第391页。

④ 中国社会科学院考古研究所：《居延汉简》（甲乙编），中华书局，1980年。

外，甚至有以锦作面的情况，纹饰更加华丽多彩；但与複衣不同的是，除丝织品外，也有布类袍，如居延汉简中常出现的“皂布袍”，此类现象当与袍在东汉时期的广泛流行有关。

需特别说明的是，文献中常出现以锦为面料的袍，如“故锦袍”“锦夹袍”，却不见以锦为面料的複衣，从侧面说明袍与複衣在穿着层次方面存在差别。《急就篇》载：“袍襦表里曲领裙。”颜注：“长衣曰袍下至足。”[①]《释名》：“袍，丈夫着，下至跗者也。袍，苞也，苞，内衣也。妇人以绛作衣裳，上下连，四起施缘，亦曰袍。”[②]可见袍除作为有填充物的绵衣外，还特别强调衣长、款式和穿着层次，长可至足且四起施缘，与襦相对作为外服穿着。沈从文先生还认为袍袖的特点为袖端较小、袖身较大[③]，即垂胡款式。综上，袍乃长可及地且有衣缘和华丽面料的外衣，如长沙马王堆M1出土帛画中的墓主和徐州北洞山楚王墓出土跽坐女俑所穿着的华丽外衣即当属袍（图5-2-1、图5-2-2），这与複衣只强调厚薄是存在区别的。《续汉书・舆服志》在描述天子通天冠之配服时提到的袍也值得关注，“《礼记》：‘孔子衣逢掖之衣。’缝掖其袖，合而缝大之，近今袍者也”[④]，这里的袍博袖宽大，显然与前述着袍形象不符，笔者认为这当与两汉四百年间的服制变化及由此导致的袍的内涵发生变化有关（详见第八章）。

1　　2

图5-2　袍

1. 长沙马王堆M1帛画墓主　2. 徐州北洞山楚王墓女俑

“袍”因其有面有里有填充物而得名，这点与複衣相同。但在实际穿着中袍的内涵更加丰富，强调了它作为外服的特质和长可及足的款式特点。相较而言，袷衣与複衣虽然也可作为外服穿着，但其名义更多的在于强调其厚薄，对长短及款式并无特殊

① （汉）史游：《急就篇》，《丛书集成初编》第1052册，中华书局，1985年，第143、144页。

② （汉）刘熙撰，（清）毕沅疏证，（清）王先谦补：《释名疏证补》，中华书局，2008年，第175页。

③ 沈从文：《关于长沙西汉墓出土丝织物问题》，《沈从文全集》（30卷），北岳文艺出版社，2002年，第88页。

④ 《续汉书・舆服志》，中华书局，1965年，第3666页。

要求①。正因如此，袍虽属衣类，但由于其特殊的形制常被特别提出，成为与“衣”并列的上衣，如贵县罗泊湾M1出土从器志记载：“衣袍五十领二笥。”在这样的命名原则下，长可及地作为外服的“複衣”即可以“袍”称之，而同样条件下无填充物的“袷衣”即可以“夹袍”称之。

出土文献举要如下：

“春草複衣”“青绮複衣”“生绮複亵衣”“皂複衣”（长沙马王堆M3）

“□野王绮復衣，皂丸缘”“缥绮復衣，流黄丸缘”“白野王绮復衣”“纱縠復衣”“雪丸復衣”“沙罗復衣”（连云港海州侍其繇墓）

“纱绮復衣”（连云港唐庄高高顶墓）

“缥绮復衣”“白冰復衣”“缥丸複衣”“流黄丸複衣”“皂複衣”“红绮複衣”（连云港陶湾西郭宝墓）

“绿複衣”（连云港海州凌惠平墓）

“皂複衣”“缥绮復衣”“皂丸復衣”“霜丸復衣”（连云港东海尹湾M6《君兄衣物疏》）

“白素復衣”“皂復衣”“流黄復□衣”（连云港海州霍贺墓）

“缥绮復衣”“缥丸復衣”“皂凌復衣”“霜凌復衣”“白縠復衣”“□缘復衣”（武汉大学简帛研究中心）

“青縠復裾衣青丸领袖”“□縠裾衣玄縠领袖”“青绮復裾衣绛縠领袖”“相绮復裾衣羽青领袖”“白绶黄復衣”“相丸復衣”“绪丸復衣”“□復衣”（日照海曲M130）

“白纱袍”“新□袍”“□绮袍”“故锦袍”“□锦袍”“黄皂袍”“新锦袍”（江陵凤凰山M8）

“绀袍”（江陵张家山M247）

“凌袍”“红袍”“青袍”（仪征胥浦M101）

“布袍”（居延汉简二七·一A，乙贰拾版）

“皂布複袍”（居延汉简一〇一·二三，乙捌拾版）

“皂布複袍”（居延汉简一二〇·五六，乙玖拾版）

“纁複袍”（居延汉简二〇六·二三，甲一一四二）

① 这里的长短是指上衣类长服的长短，不包括衣长较短的襦类上衣。

"皂複袍""缣长袍"（居延汉简二〇六·二八，乙壹肆捌版）

3. 襜褕

"襜褕"在出土文献中常写作"裾褕""袩褕"，在传世文献中又有"童容""襜褣""襜襦"等诸多别称。根据《释名》描述，襜褕具有"襜襜宏裕"的形制特点，《急就篇》颜师古注也直接注明："谓之襜褕者，取其襜襜而宽裕也。"[①]其后的《通雅》直接释"襜褕"为"敝衣"[②]。可见襜褕是由形制款式而命名的上衣类服装。除宽大下垂的形制特点外，《说文解字》对其有简明扼要的定义"直裾谓之襜褕"[③]，颜师古对《急就篇》《汉书·隽不疑传》中"襜褕"作注时也明确指出"襜褕，直裾禅衣"[④]，可见襜褕为直裾禅衣。此外，东汉人王逸注《楚辞》"被荷裯之晏晏"时云："裯，袛裯也，若襜褕矣。"[⑤]《说文解字》释"袛裯"为"短衣"，段注："凡衣，或曰襜褕，或曰襜襦。"[⑥]可见相较于一般的长服，襜褕衣长较短，但较之"襦"，襜褕又更长，故以"襜襦"称之。结合以上所述特点，本文的L型长服当为汉代襜褕的形象。

文献与考古资料表明，非但襜褕本身不会太长，汉代还有长度更短的短襜褕谓之"裋褕"，连云港陶湾西郭宝汉墓出土遣册则直接记录有"长襜褕""短襜褕"，可见襜褕的长度有长短之分。

襜褕属禅衣的一种，对此，《急就篇》有明确界定："襜褕，直裾禅衣也。"下文所示出土文献所录"襜褕"中，多为"襜褕"或"複襜褕"，"禅襜褕""袷襜褕"只出现在日照海曲M130和武汉大学藏衣物疏简牍中。这种情况说明襜褕一般以禅衣示人，故单独出现时无需冠以修饰词，但在有衬里或有填充物时需特别冠以"袷"或"複"字以区别于作为禅衣的"襜褕"。此外，我们注意到，"禅襜褕"的两次表述均是在同

---

① （宋）王应麟：《急就篇补注》，北京图书馆出版社，2006年。

② （明）方以智：《通雅》卷三六，清光绪刻本，第1525页。

③ （汉）许慎撰，（清）段玉裁注：《说文解字注》，上海古籍出版社，1981年，第389～392页。

④ 《汉书·隽不疑传》，中华书局，1962年，第3037页。

⑤ （汉）王逸注，（宋）洪兴祖补注：《楚辞补注》，台湾中华书局，1972年，第81页。

⑥ （汉）许慎撰，（清）段玉裁注：《说文解字注》，上海古籍出版社，1981年，第391页。

时随葬有禪、袷、複襜褕的情况下出现，特别在襜褕前冠以“禪”字很可能是出于对仗工整和特别强调方面的考虑。

襜褕的质料取材广泛，不仅有布、丝之属，还有细密与疏朗之别。但其共同点是基本全部为纯色，没有鲜艳斑驳的色彩，这也符合普通禪衣的用料和色彩特点。

出土文献和考古形象资料显示，“襜褕”出现时间不晚于西汉中期汉武帝时期。西汉中期以后，有关“襜褕”的记载大量出现，尤其在东汉时期广为流行，上至公卿下至戍卒均可身着襜褕。且作为装饰性很强的外服，出现诸如罽这样华丽名贵的质料，甚至以貂尾续缘，成为日常穿搭中的核心。穿着性别也从男性常服逐渐普及至男女通用，至东汉晚期女性着襜褕的风气逐渐普及开来[①]。尽管如此，襜褕仍是作为常服而流行，尚未成为重要场合的礼服，黄以周《礼书通故》中就以为襜褕非汉初上服[②]，因此才会出现《史记·魏其武安侯列传》《汉书·外戚恩泽侯表》所记武安侯田蚡衣襜褕入宫被视为不敬之事[③]。

出土文献举要如下：

“红野王绮復襜褕，红丸缘”“流黄冰復襜褕”“復皂冰襜褕”（连云港海州侍其繇墓）

“黄丸複襜褕”“皂複襜褕”“缣禪短襜褕”“缣禪长襜褕”（连云港陶湾西郭宝墓）

“锡绛襜褕”“缣丸襜褕”“缥丸襜褕”（连云港海州凌惠平墓）

“皂復襜褕”“皂纨襜褕”（连云港东海尹湾M6《君兄衣物疏》）

“縹罗復襜褕”“栗皂復襜褕”“□丸合襜褕”“□缘單襜褕”（武汉大学简帛研究中心）

“□丸襜褕”（盐城三羊墩M1）

“複襜褕”“桂丸復襜褕”“襜褕”“□绮□襜褕绿丸领

---

① 王方：《“襜褕”考》，《中国国家博物馆馆刊》2019年第8期。

② （清）黄以周撰，王文锦点校：《礼书通故》，中华书局，2007年。

③ 《史记·魏其武安侯列传》，中华书局，1959年，第2854页；《汉书·外戚恩泽侯表》，中华书局，1962年，第685页。

袖”“纱縠合襜褕绿丸领袖”“絣單襜褕”（日照海曲M130）

“布單襜褕”（居延汉简八二·三四，甲四八四）

“白布襜褕”（居延汉简二〇六·二三，甲一一四二）

4. 诸于和袿衣

“诸于”和“袿衣”为同类上衣，均属汉代女性的上等之服。传世文献对此有明确记载，《东观汉记》曾记有三辅官吏东迎更始诸将的事迹，称其穿戴“皆冠帻，衣妇人衣，诸于绣拥䘿”[①]，《释名》则直接称：“妇人上服曰袿。”[②]可见此两种上衣均为女性上衣。将两者等同起来则始见于颜师古的见解，《汉书·元后传》载：“政君坐近太子，又独衣绛缘诸于。”颜注：“诸于，大掖衣，即袿衣之类也。”[③]

此类上衣依形制而命名，《释名》称“其下垂者上广下狭如刀圭也”[④]，《方言》释“袿”为“裾”，可见“圭”乃衣襟绕至身后，末端形成的下摆形状，上广下狭。又有《史记·司马相如列传》言“蜚纖垂髾”[⑤]，大多注家以为“纖”和“髾”为袿衣的衣旒装饰，下摆形似燕尾[⑥]。以此验视前陈诸多类型，Ab、C型长服，D型中长服均当为诸于、袿衣之属，其中，C型长服和D型中长服除有下摆错落尖角外，还以绕襟曲裾和长袖为特点，并且内外均有燕尾形下摆，可见身着数层诸于（图5-3-1、图5-3-2）。从服饰剪裁特点和诸于形象来看，内外襟须较长且末端呈尖角形态方可达到燕尾形衣摆的效果，因此，诸于与袿衣大多为曲裾服。

---

① （汉）刘珍等撰，吴树平校注：《东观汉记校注》卷一一，中州古籍出版社，1987年，第392页。

② （汉）刘熙撰，（清）毕沅疏证，（清）王先谦补：《释名疏证补》，中华书局，2008年，第258页。

③ 《汉书·元后传》，中华书局，1962年，第4015～4016页。

④ （汉）刘熙撰，（清）毕沅疏证，（清）王先谦补：《释名疏证补》，中华书局，2008年，第258页。

⑤ 《史记·司马相如列传》，中华书局，1959年，第3011页。

⑥ “纖”和“髾”，史家有两种说法：第一种认为纖和髾均为袿衣之饰，前者为长飘带位于衣襟等处，后者为下垂的燕尾形尖角，持此说法的以司马彪、颜师古、李善为代表，当代学者孙机亦持此说；第二种认为纖为袿衣衣饰，髾与发相关，具体来说，张揖认为是后垂之髻，郭璞认为髾为发梢。

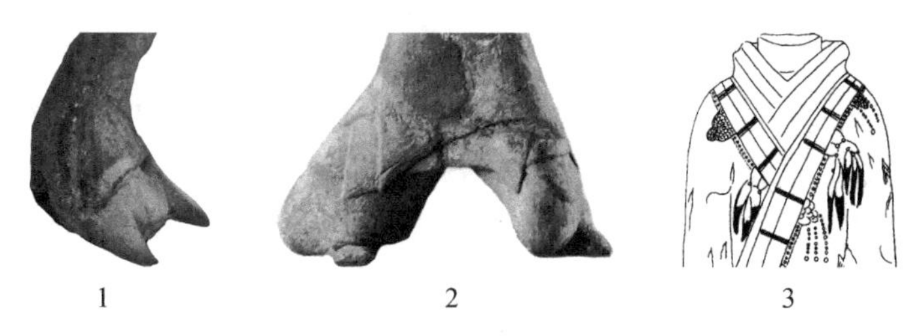

1　　2　　3

图5-3　袿衣与诸于的局部特点

1. 徐州北洞山楚王墓舞女俑下摆　2. 汉景帝阳陵侍女俑下摆　3. 徐州北洞山楚王墓女俑衣领垂旒

尽管在形制和穿用人群方面相似，属同类上衣，诸于与袿衣可能存在着前后相继的发展关系。东汉初年旁观老吏看到更始将领穿诸于的装扮后，“垂涕曰：‘粲然复见汉官仪’”，可见诸于乃西汉旧制，男性也可穿着。《汉书》载江充“衣纱縠禅衣，曲裾后垂交输”，如淳注“交输，割正幅使一头狭若燕尾，垂之两旁见于后”[①]，说明江充所穿禅衣正是诸于之属。但此类上服在东汉初年已经被视作“妇人衣”，可见诸于在东汉时期逐渐成为女性特有的服装。巧合的是，记载有“诸于”的出土文献目前只见于连云港尹湾M6和M2，M6为夫妻合葬，年代为西汉晚期，不早于汉成帝元延三年（公元前10年），随葬遣册出自脚箱，为夫妇共用，因此“诸于”既有可能为女性墓主随葬，也有可能为男性墓主随葬。如若为男性墓主所服，则说明至少在西汉晚期男性仍可穿着诸于；若非如此，则至迟到西汉晚期，诸于已为女性专有了。M2的墓主为女性，年代为新莽至东汉初年。综上，目前资料显示诸于的流行年代为东汉初年以前，并且在新莽前后逐渐成为女性专有服装。

袿衣虽属同类上衣，但年代可能稍晚于诸于，随着两汉服制变化，袿衣的形态可能逐渐趋于宽肥，且装饰更加华丽繁缛，当是诸于款式基础上的进一步改良。对此，任大椿曾有推测，他认为袿衣“乃缕缕下垂如旌旗之有旒，即所谓杂裾也，与曲裾交输见于两旁者形制相似而更加华盛耳”[②]。从目前所见的汉景帝阳陵和徐州北洞山楚王墓出土女俑来看，西汉时期的诸于仍偏重于下摆杂裾交输形成的装饰效果，衣襟部位也有垂旒装饰，但相对短小，如徐州北洞山楚王墓出土跽坐女俑的交领周围有垂旒装饰（图5-3-3），很可能即为文献所载的“纖”或“徽”，张衡《思玄

① 《汉书·江充传》，中华书局，1962年，第2176页。

② （清）任大椿：《深衣释例》卷三十四，《清经解续编》，凤凰出版社，2005年，第968页。

赋》“扬杂错之袿徽”[①]，当特指袿衣的衣旒。

需要说明的是，袿衣类的上衣起源较早，先秦时期即已存在，《周礼·内司服》孔疏：“今世有圭衣者，盖三翟之遗俗。”[②]三翟在周代为王后六服中等级最高的三种，可见以“纖”或“徽”等衣旒装饰上衣的作法由来已久。此外需注意的是，类似的“纖”或“徽”当不限于诸于和袿衣，所有上等礼服均有可能使用类似装饰，如青州香山汉墓骑兵俑的上衣领缘也使用了类似徐州北洞山楚王墓女俑的衣旒（图5-4），很可能为军吏服饰中的上服。东汉时期袿衣已不限于下摆的杂裾装饰效果，衣襟的衣旒长加大，成为真正意义上的“飞纖”[③]。

1

2

图5-4　青州香山汉墓骑兵俑衣旒装饰

诸于和袿衣有着后侧狭长、中间内凹的视觉效果，其剪裁方式必定不同于传统交领长服的剪裁。江陵凤凰山M168出土的男性墓主贴身麻衣（M168：289）衣身上下等宽，衣长至膝，两侧为尖角（图5-5-1），有学者已考证其为文献记载的“明衣裳”，乃丧葬服饰之属[④]。但这种侧襟的斜裁方式很可能被袿衣之属所借鉴（图5-5-2）。

出土文献表明，诸于的质料以丝织品为主，“丸”“绮”“鲜支”，均为面料柔滑、纹理致密的丝织品。色彩方面，“皂”“缥”“羽青”等，多为单色，色泽素雅。

---

① （梁）萧统编，（唐）李善注：《文选》卷第十五，上海古籍出版社，1986年，第669页。

② （清）阮元校刻：《周礼·内司服》，《十三经注疏》，中华书局，2009年，第1489页。

③ 孙机：《汉代物质文化资料图说》，中华书局，2020年，第299页，图62-30。

④ 湖北省文物考古研究所：《江陵凤凰山一六八号汉墓》，《考古学报》1993年第4期；张玲、彭浩：《湖北江陵凤凰山M168出土西汉“明衣裳”》，《文物》2022年第6期。

1

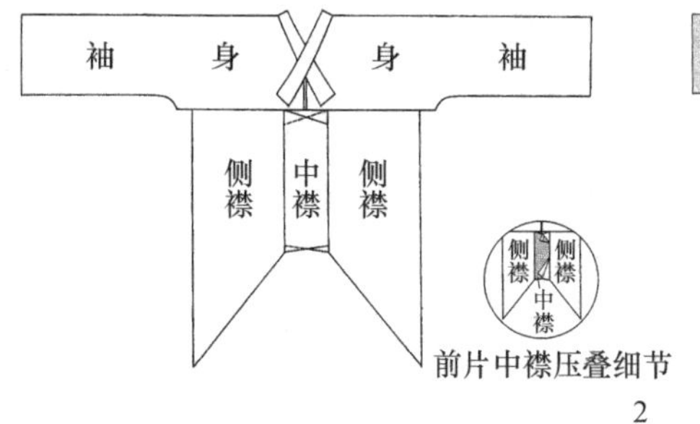

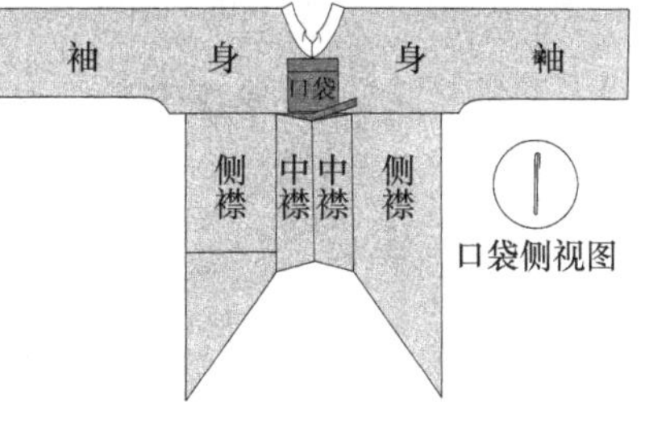

2

图5-5　“明衣裳”及剪裁示意图

1. 江陵凤凰山M168：289（正面、背面）　2. 剪裁示意图（正面、背面）

出土文献举要如下：

> “皂丸诸于”“缥丸诸于”（连云港东海尹湾M6《君兄衣物疏》）
>
> “紬绮诸于”“羽青诸于”“缥鲜支單诸于”（连云港东海尹湾M2）

5. 直领

“直领”是以领口式样命名的上衣，在传世文献中多释为“方领”，《释名》释云：“直领，斜直而交下，亦如丈夫服袍方也。”[①]这里的直领与后文的交领相对。《方言》亦将直领呼作“袒饰”[②]。结合出土上衣形象来看，直领当指两片衣襟垂直向下，即今“对襟”。本书所陈的A型对襟中长服当其所指，全部穿在最外层，区别在于Aa型无闭合，

① （汉）刘熙撰，（清）毕沅疏证，（清）王先谦补：《释名疏证补》，中华书局，2008年，第258页。

② （清）钱绎：《方言笺疏》，中华书局，1991年，第156页。

Ab型以腰带束腰闭合。若以腰带闭合则两襟必斜直向下在腰部交合，即文献所描述的“斜直交下”。除对襟的款式特点外，直领为长至膝部的中长服，即“长襦”，《广雅》对此亦有明示：“袓饰……长襦也。”①

直领也当有襌、袷、複之分，出土文献记载有“袷直领”“合直领”，数量不多，均为丝织品。形象资料显示，直领多为半袖或者稍短的长袖以露出内层衣袖，装饰性较强，当为男女均可穿着的罩于最外层的上等服。长沙马王堆M3出土女俑（M3：北152）身着半袖直领，同墓遣册记其为“美人”；徐州北洞山楚王墓官吏俑身着的直领以毛皮为衣缘。无论从穿着身份还是衣缘装饰都显示直领属外穿上服，具有礼服性质，《玉篇》：“直领，妇人初嫁所著上衣也。”《方言》释“袓饰”也称其为“妇人初嫁所著上衣”②，可见直领可作为女性婚服。《汉书》称直领为“刺方领袖”，晋灼注云：“今之妇人直领也，绣为方领上刺作黼黻文。”③

出土文献举要如下：

“缥冰直领”“缥丸袷直领”（连云港海州凌惠平墓）
“帛合直领”（连云港东海尹湾M2）
“直领”“缥绮直领”（武威张德宗墓）

6. 襦和长襦

“襦”是与“衣”相对的另外一大类上衣，以衣身短为显著特点。根据衣长又有襦、长襦、小襦之分，襦概属前章中的短服类，部分中长服（如H型）可能与长襦有关。根据厚薄，襦也有襌襦、袷襦（甲襦）、複襦（傅襦）的区别。与衣相似，襌襦素雅，多见“练”“丸”“鲜支”“素”“罗”等素净白色系质料；袷襦和複襦则有“纱”“縠”“罗”“绮”等质料和“绿”“缥”“緤”“青”“霜”“黄”“相”“红”“黑”等较丰富的色彩，甚至出现绣纹装饰的複襦。就穿着层次而言，西汉早期随葬遣册显示多为素色襌襦，当作为内衣穿着；西汉晚期以后的襦色彩丰富甚至出现绣纹装饰，很可能与襦逐渐外穿有关。长襦衣身较长，也极可能用于外

① （清）王念孙：《广雅疏证》，江苏古籍出版社，1984年，第230页。
② （清）钱绎：《方言笺疏》，中华书局，1991年，第156页。
③ 《汉书·景十三王传》，中华书局，1962年，第2430页。

穿，《史记》称“绣袷长襦”即为外服[1]。

此外，根据厚薄形制等特点，襦还有很多特殊的名称。襌襦也称为“單襦”“襜襦”“汗襦”“偏襌”“衫”，《方言》在提到“汗襦”时称“陈魏宋楚之间谓之襜襦，或谓之襌襦”，郭璞注：“今或呼衫为襌襦。”又称：“偏襌谓之襌襦。”[2]可见此五类上衣均属同类，需要注意的是，衫并未出现在《方言》中，而是到两晋时郭璞才将其与襌襦关联，《释名》虽有“衫”，但称其为“衫末无袖端”，这暗示衫很可能在东汉晚期才出现，并且自东汉晚期至两晋存在指向范围上的变化，即在出现时特指无袖襌襦，至两晋时衫所指向的范围逐渐扩大，成为对所有襌襦的统称，魏晋时期的陶俑形象也明确显示这时的襌襦不仅有袖筒，而且有些甚至为博袂。

有衬里的襦也称为“�”“複襂”。

緼见于出土文献，连云港尹湾M2的遣册小结部分有“右緼、單襦五领”的表述，为并列关系，可见緼与單襦均属襦类上衣，但存在区别。《广雅·释器》云：“複襂谓之裀。”王氏疏证：“此说文所谓重衣也，襂与衫同，其有里者则谓之裀，裀犹重也。”[3]可见緼与單襦的区别在于緼为有里之襦，但具体是否有填充物并未明示，因此緼可能为袷襦也可能为複襦。与衫的情况相似，衫既出现较晚，则複衫的表述也不会早于东汉末年，《广雅》成书年代较晚，其所释“複襂”正说明複衫为晚出之服。

此外，根据袖长情况，秦汉时期还有“短袖”“膐”等。顾名词义，“短袖”就是袖短上衣，武威张德宗墓出土遣册记有“故襦、短袖各一领”，将“襦”与“短袖”并列说明属同类短衣，区别在于袖短之襦特别以“短袖”称之，《释名》也称之为“半袖”。此外，还有一种无袖之襦，上衣裁片只覆盖胸背，称为“膐”，《释名》所记“裲裆”“衫”、《方言》所记“襩”均属此类短衣。更短小者只有肩带或前后系带的小衣则有“帕腹”“抱腹”“心衣”“鄙袓”“羞袓”等种种，西安长延堡墓地出土男俑腹部横裹的小衣当为“帕腹”之属（图5-6）。有些贴身穿着易沾汗垢又可称为“汗衣”，汗衣属亵衣，且出现时间较晚，先秦时这类内衣统以“泽”呼之。

---

① 《史记·匈奴列传》，中华书局，1959年，第2897页。

② （清）钱绎：《方言笺疏》，中华书局，1991年，第143页。

③ （清）王念孙：《广雅疏证》，江苏古籍出版社，1984年，第231页。

图5-6 帕腹类的服饰构件

出土文献举要如下：

"帛长襦""素禪带襦""鲜支长襦""繸縠长襦""帛小傅襦""生绮複褎衣"（长沙马王堆M3）

"绿绮複襦""故素單襦""新素單襦""□襦"（江陵凤凰山M8）

"□縠複襦一领，白丸缘""练禪襦一领""练禪襦"（连云港海州侍其繇墓）

"縹罗複襦""縹複襦""縹縠合襦""练禪襦"（连云港陶湾西郭宝墓）

"縹绮複襦""縹绮甲襦""蔄青復襦""霜袷甲襦""青復襦""练單襦"（连云港海州凌惠平墓）

"青绮複襦""縹丸複襦""綱青複襦""綱青薄襦""练單襦""鲜支單襦""青丸複襦""單襦"（连云港东海尹湾M6《君兄衣物疏》）

"青復襦""白罗復襦"（连云港海州霍贺墓）

"縹长襦""帛霜復襦""帛縹復襦""霜丸復襦""縹绮復襦""縹散合襦""木黄？襦""博縹鲜支單襦""练□單襦""□鲜支絪"（连云港东海尹湾M2）

"□縠復襦""罗單襦"（武汉大学简帛研究中心）

"禪襦""縹襦""红襦"（仪征胥浦M101）

"纱□復襦""绣□復襦"（盐城三羊墩M1）

"练襦""缣脅""脅""短袖"（武威张德宗墓）

"單襦"（日照海曲M129）

"相小襦羽青缘""單襦白丸领袖""青绮復襦白丸

领袖”“相绮復襦缘领”“□復襦白丸领”“相绮復襦流黄领”“□襦流黄”“白□復襦”（日照海曲M130）

“皂布襦”（居延汉简三四·一五A，乙贰捌版）

“布復襦”（居延汉简八二·三四，甲四八四）

7. 袭

“袭”又作“褶”，作为名词，最早出现时是指额外附加的一层上衣，《说文解字》释云：“袭，重衣也。”《释名》进一步释为：“褶，袭也，覆上之言也。”还有一种称为“留幕”的“大褶”，衣长下至膝，也称为“留牢”“幕络”，指“牢络在衣表”①。可见袭作为上衣之一种，主要用途在于作为罩衣套在外层，与襦相似，有大小之分，大褶长可至膝，为本书所指之中长服，则普通之褶的衣长当在膝部以上，为短服之属。

从出土形象来看，袭见于秦汉时期的军戎服饰。从出土文献记载来看，袭至迟在西汉晚期已成为军服装备中不可或缺的一种，成为军服的特定组成，常与袴、韦搭配成套，尤其与袴的搭配更加常见。居延汉简（居延汉简四一·一七，甲二九四）载：“袭八千四百领，绔八千四百两，常韦万六千八百。”袭与袴数量相等，韦靴翻倍，可见这批成套的军服装备中上下衣各一，另备有韦靴一双。类似搭配在西北边塞文书中十分常见，说明袴袭装束在汉代军队中已普遍流行。这种搭配在魏晋以后得到了进一步推广，袴褶装成为魏晋时期的日常穿搭，其渊源当始自秦汉。目前来看，袭的具体形制尚不明确，另有“複亵袭”“複前（剪）袭”这样的表述，其具体所指也尚不可知，推测可能与穿着层次和前襟长短相关。有学者认为秦始皇陵出土骑兵俑所穿的上衣，即前章所陈之交领式中长服Ab型为褶（袭）服②。

袭也当有单複之别，居延汉简中常见“複袭”。就质料而言，布、纱、缣、练各种材质均有，但以黑白为主，色系单一。

出土文献举要如下：

① （汉）刘熙撰，（清）毕沅疏证，（清）王先谦补：《释名疏证补》，中华书局，2008年，第258页。

② 袁仲一：《秦兵马俑的考古发现与研究》，文物出版社，2014年，第283～285页。

"素布袭"（江陵凤凰山M8）

"纱縠復袭"（连云港海州侍其繇墓）

"官袭"（居延汉简三八·三八，甲二七三；六七·三七，乙伍玖版）

"缣復袭"（居延汉简八二·三四，甲四八四）

"练複裦袭"（居延汉简一〇一·二三，乙捌拾版）

"练複前袭"（居延汉简一二〇·五六，乙玖拾版）

"练袭"（居延汉简二〇三·四五，乙壹肆陆版）

8. 反闭

"反闭"，《释名》称其为"襦之小者也，却向著之，领含于项，反于背后闭其襟也"①，可见反闭是以服装形制命名的上衣，其基本特点是衣襟于项后交掩，反向穿着。《释名》将反闭归为襦类，说明衣身较短。秦始皇陵中的部分兵俑即穿着类似泡钉衣，圆领，颈后衣领左右两片相互掩压（图5-7-1）②，袁仲一根据《释名》所记和云梦睡虎地秦墓出土简牍记载考证内衣只用布六尺③，其大小只能盖住胸背，长度仅及腰迹，这种反闭内衣也不会太长④。此外，结合出土服饰形象，反闭也有长至踝部的长服，如西安长延堡墓地出土男俑所着上衣，即前章所陈圆领式长服（图5-7-2、图5-7-3）。

与传统的大多数秦汉服饰不同的是，"反闭"是在颈后两襟直接闭合形成圆领，这种设计更具保暖蔽体的实用功能。就穿着层次而言，内外均可穿着，且作为内衣更加普通。

---

① （汉）刘熙撰，（清）毕沅疏证，（清）王先谦补：《释名疏证补》，中华书局，2008年，第258页。

② 付建：《"服以旌礼"观念下泡钉俑性质初探》，《秦始皇帝陵博物院》总捌辑，西北大学出版社，2018年。

③ 秦代做一件襌襦要用布二丈五尺，折合5.775米（睡虎地四号秦墓出土木牍乙M4：11）；做一件複襦要用布五十尺，折合11.55米，另加缘布五尺，折合1.155米（《睡虎地秦墓竹简》中的《封诊式》"穴盗"条），内衣仅用布六尺，约当做件襌襦用布的四分之一，约当做件複襦用布的九分之一。见《云梦睡虎地秦墓》编写组：《云梦睡虎地秦墓》，文物出版社，1981年，第25页；睡虎地秦墓竹简整理小组：《睡虎地秦墓竹简》，文物出版社，1978年，第271页。

④ 袁仲一：《秦兵马俑的考古发现与研究》，文物出版社，2014年，第286页。

图5-7　反闭
1. 秦始皇陵兵马俑泡钉衣　2、3. 西安长延堡墓地男俑

9. 中单

“中单”是依据穿着层次命名的上衣，又作“中衣”。此类上衣穿着在内服与外服之间，可能并无固定的形制和款式，凡穿在中层的上衣均可作“中单”。即便如此，从秦汉服饰形象来看，中单仍以交领右衽居多，东汉中晚期以后出现圆领；就其长度而言，遣册所记的中单习惯以上衣的常用量词“领”作为计数单位，但雷陔遣册记载“故□中衣一要”，有学者据此认为“要”通“腰”，反映出中单为衣长至腰迹的上衣①，可见中单的长度也并不固定。

出土文献和服饰形象资料显示，“中单”有缣、葛布等质料，总体来说色泽清淡素雅。

出土文献举要如下：

“缣中衣”（连云港陶湾西郭宝墓）
“繝中单”（连云港海州凌惠平墓）
“间中单”“青鲜支中单”“葛中单”（连云港东海尹湾M6《君兄衣物疏》）
“綱中单”“襳绞單”（武汉大学简帛研究中心）

10. 褠

“褠”亦作“韝”，《集韵》作“幝”，严格意义上说褠经历了从上衣局部的服饰构件扩展为直袖上衣的过程。先秦时期的褠专指“臂

① 窦磊：《汉晋衣物集校及相关问题考察》，武汉大学博士学位论文，2016年，第45页。

韝”，也称为“拾”“遂”，乃弓弩手司射执弓时的装备，右手拇指著决以钩弦，左臂著射韝以遂弦，以朱韦制成。《仪礼·乡射礼》“袒决遂”郑注：“遂，射韝也。”[①]《礼记·曲礼》：“野外军中无挚，以缨、拾、矢可也。”[②]这时的臂韝，有着特定的使用人群和场合。

其后，臂韝的用途和使用范围逐渐扩大，杂役、劳作者均可著之两臂以方便于事，这时以“韝”称之，或称为“臂衣”“攘衣”，《说文解字》段注引《古今注》：“攘衣，厮役之服，取其便于用耳，乘舆进食者服攘衣。”段氏按：“攘衣即韝也，以绳纕臂谓之絭，以衣敛袖谓之韝。”[③]《史记·张耳陈馀列传》记载高祖从平城过赵时“赵王朝夕袒韝蔽，自上食”，集解徐广曰：“韝者，臂捍也。”[④]《汉书·东方朔传》：“董君绿帻傅韝。”应劭曰：“宰人服也。”韦昭曰：“韝，形如射韝以缚左右手，于事便也。”师古曰：“韝，即今之臂韝也。”[⑤]《续汉书》所录诸侯王、列侯始封贵人、公主的大丧礼中“走卒皆布褠帻”[⑥]。以上所见的“韝”上至诸侯王、皇帝侍者，下至厮役、宰人均可穿戴，穿着场合也广泛用于礼仪和日常生活，但需要注意的是，即便适用广泛，但以中下等人员服用居多。

此外，目前所见的汉代文献所及之韝多指绑在双臂上的臂衣，是与上衣分离的服饰构件，如《后汉书·皇后纪》“苍头，衣绿褠，领袖正白”[⑦]，明确袖为白色，褠为绿色，为分离的两物；《后汉书·虞诩列传》注引《续汉书》：“多少随所典领，率皆赤帻缝褠。”[⑧]提到褠的穿戴方式为“缝”，可见为上衣的附属物。韝的形象也常见于汉墓壁画，如西安理工大学壁画墓墓室东壁的狩猎人物手持弓弩，绿色或红色上衣的袖口绑有黑色的褠（图5-8）。

---

① （清）阮元校刻：《仪礼·乡射礼》，《十三经注疏》，中华书局，2009年，第2152页。

② （清）阮元校刻：《礼记·曲礼》，《十三经注疏》，中华书局，2009年，第2750页。

③ （汉）许慎撰，（清）段玉裁注：《说文解字注》，上海古籍出版社，1981年，第235页。

④ 《史记·张耳陈馀列传》，中华书局，1959年，第2583页。

⑤ 《汉书·东方朔传》，中华书局，1962年，第2855、2856页。

⑥ 《续汉书·礼仪志》，中华书局，1965年，第3144页。

⑦ 《后汉书·皇后纪》，中华书局，1965年，第411页。

⑧ 《后汉书·虞诩列传》，中华书局，1965年，第1872页。

图5-8　褠（西安理工大学壁画墓狩猎人物）

戴有褠的上衣之袖斜直无胡，因此东汉以后“褠”的内涵进一步扩大，凡直袖无胡的上衣均可以“褠”称之。《释名》云：“褠，禪衣之无胡者也，言袖夹直形如沟也。”清代毕沅最早注意到其含义的变化，他认为褠最初附在前臂处，作用是敛衣袖以使袖直，其后引申直袖之衣为褠[①]。《江表传》载：“（吕）范出，更释褠，著袴褶，执鞭，诣阁下启事，自称领都督。”[②]穿与脱相对，褠与袴褶相对，可见褠是与袴褶同属的上衣。《三国志·虞翻传》注：“翻即奉命辞行，径到郡，请被褠葛巾与歆相见。”[③]“被”字点明褠乃穿披在身的上衣。《三国志·吕岱传》记载：（吕）岱赐徐原巾褠，后徐原死后，遗令殡以素棺、疏巾、布褠[④]，这里的巾与褠作为首服与上衣匹配为成套的赐服。以上诸例可见魏晋时褠更多指向为直袖无胡之衣。至唐代则将不垂胡的上衣直接称为“褠衣”“褠服”，如《通典》所记“大傩”礼，执事者著“赤帻褠衣”[⑤]，凡典谒……斋郎著介帻绛褠服[⑥]。

11. 帔

“帔”是秦汉时期披于肩背的局部服饰构件，《方言》又作“帍

---

① （汉）刘熙撰，（清）毕沅疏证，（清）王先谦补：《释名疏证补》，中华书局，2008年，第258页。

② 《三国志·吕范传》，中华书局，1959年，第1310页。

③ 《三国志·虞翻传》，中华书局，1959年，第1318页。

④ 《三国志·吕岱传》，中华书局，1959年，第1386页。

⑤ （唐）杜佑：《通典》卷一百三十三，中华书局，1988年，第3420页。

⑥ （唐）杜佑：《通典》卷一百八，中华书局，1988年，第2804页。

裱"[1]。《释名》云："帔，披也，披之肩背，不及下也。"[2]这里的"帔"是一种被巾，与《说文解字》所释的"帬帔"并非一物。以往经学家对帔的起源各有说法，叶德炯根据《潜确类书》所引《二仪实录》认为三代无帔，"秦有披帛，以缣帛为之，汉即以罗。晋永嘉中，制缝晕帔子"，因此披帛始于秦，帔始于晋。王先谦则认为帔始于汉末[3]。秦汉服饰形象表明，帔是装饰性较强的服饰构件，尤其常见于汉代的西王母、女娲、伏羲等神话人物形象，如西汉晚期的洛阳卜千秋壁画墓中的伏羲、女娲形象（图5-9-1、图5-9-2）、西汉晚期洛阳浅井头壁画墓墓室顶脊的伏羲形象（图5-9-3）、新莽时期偃师辛村壁画墓中后室横额壁画上的西王母形象（图5-9-4）、东汉晚期的巫山麦沱M47出土西王母俑M47：61（图5-9-5）。说明至迟在西汉晚期已出现类似帔的上衣装饰，但此时是否以"帔"称之尚无直接证据。另外一类披风长可及地，除装饰功能外，也兼

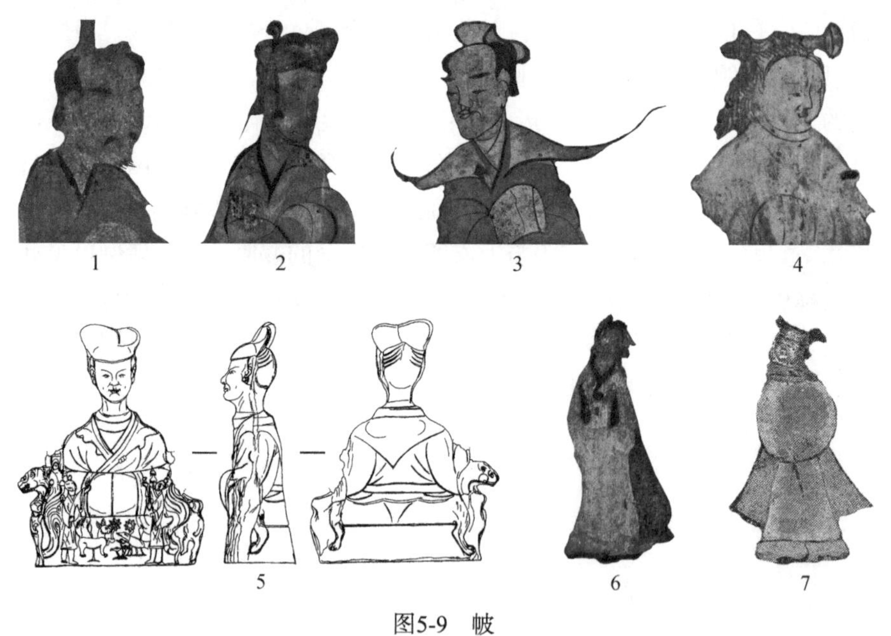

图5-9　帔

1. 洛阳卜千秋壁画墓伏羲　2. 洛阳卜千秋壁画墓女娲　3. 洛阳浅井头壁画墓伏羲　4. 偃师辛村壁画墓西王母　5. 巫山麦沱M47西王母　6. 密县打虎亭M2侍女　7. 靖边老坟梁M42相橐

① （清）钱绎：《方言笺疏》，中华书局，1991年，第158页。

② （汉）刘熙撰，（清）毕沅疏证，（清）王先谦补：《释名疏证补》，中华书局，1984年，第174页。

③ （汉）刘熙撰，（清）毕沅疏证，（清）王先谦补：《释名疏证补》，中华书局，2008年，第174页。

具保暖功能，见于密县打虎亭M2中室南壁下几位侍女（图5-9-6）以及靖边老坟梁M42壁画中的相橐（图5-9-7）。

（三）下衣

裙和绔是秦汉时期最主要的两类下衣，与上衣相比，下衣处于从属地位。尽管如此，从秦汉时期下衣的发展演变过程来看，裙和绔的外露部分逐渐增多，可见下衣在整体穿搭中发挥的作用逐渐增强。此外，秦汉时期还常见蔽膝和行縢等特殊用途的下衣。

1. 裳和裙

“裳”和“裙”属同类下衣，文献对此十分明确，《说文解字》释“裳”为“下裙”[①]，《释名》释“裙”为“下裳”，“裙，群也，连接裙幅也，辑下，横缝辑其下也，缘裙，裙施缘也”[②]，又作“帬”，《方言》又作“帔”“摆”。然而，连云港东海尹湾M6遣册《君兄衣物疏》同时记载有“帬”和“裳”，说明两者之间存在差异。该墓属夫妻合葬墓，因此裳和裙的差别很可能体现在穿着性别方面。结合其他汉代出土遣册来看，男性墓主随葬遣册中的下衣多记载为“裳”，女性墓葬则多记载为“帬”，进一步说明秦汉时期裳和裙的穿着男女有别。

裳和裙也有禅、袷、複之别。在质料方面，绨、缣、丸、罗、布等均可为之，色彩方面裙比裳的选择更多，霜、缥、羽青等相对鲜艳。江陵凤凰山M8出土遣册还记有“绣小複帬”，可见女性的下衣装饰性更强。

出土文献举要如下：

“绨禪便裳”（长沙马王堆M3）

“故缣帬”“布禪帬”“新素帬”“帬”“绣小複帬”（江陵凤凰山M8）

“帬”“缥丸下常”“缥下常”（连云港东海尹湾M6《君兄衣物疏》）

“帛霜帬”“帛缥帬”“羽青帬”“白缥帬”“缥丸合帬”“霜散合帬”“帛缥单帬”“缣单帬”（连云港东海尹湾

① （汉）许慎撰，（清）段玉裁注：《说文解字注》，上海古籍出版社，1981年，第358页。

② （汉）刘熙撰，（清）毕沅疏证，（清）王先谦补：《释名疏证补》，中华书局，2008年，第258页。

M2）

“中帬”（日照海曲M129）

“單裳”“裳”（仪征胥浦M101）

“罗複帬”（武汉大学简帛研究中心）

“帬”（武威张德宗墓）

2. 绔和褌

秦汉时期的裤按照穿着层次和形制分为“绔”和“褌”两个大类。“绔”同“袴”，《说文解字》云：“绔，胫衣也。”[①]《释名》云：“袴，跨也，两股各跨别也。”[②]依《方言》又作“蹇”“襱”，长沙马王堆M3出土简四三所记：“美人四人，其二人雠，二蹇。”即指二美人俑穿裤装。除“蹇”外，出土文献所示更多的绔是“大绔”和“小绔”，他们之间除形制尺寸的差别外，从实用角度考虑很可能还有穿着层次的区分。大绔穿着在外，《方言》又作“倒顿”，如前章所陈之裤A～C型均属此类。传世文献中常见武士穿着“短衣大绔”，西北边塞文书也多见“袭+绔”的搭配，服饰形象材料也多见中长服+绔的搭配，即说明秦汉时期的大绔已成为常见的外服，与短服或中长服等上衣相配伍。小绔则单独穿着或着多层绔时穿在内层，《方言》又作“校衦”，如前章所陈之短裤（D型裤）。出土文献显示小绔一般为练质，说明质地柔软适合内层穿着；穿着在外的军服中的短裤则为圆筒形，长至膝部。

绔以“两”计且以“胫衣”相称，故多数学者认为绔只有裤筒而无联裆，这与早期裳的流行有关。随着秦汉尤其东汉以后衣绔搭配的普遍流行，绔逐渐连腰合裆，即《汉书》所记之“穷绔”。绔也有褌、袷、複的区别，其质料色彩以平纹素色织物为主，纱、纨、练、绮、布等，寒冷地区的军服还见韦质和革质的皮绔；色彩以白、皂居多，也见黄、青、绿等色。

“褌”为最贴身之绔，合裆连腰，《释名》云：“褌，贯也，贯两脚，上系腰中也。”[③]《说文解字》作“幒”，《方言》又作“袦”，

① （汉）许慎撰，（清）段玉裁注：《说文解字注》，上海古籍出版社，1981年，第654页。

② （汉）刘熙撰，（清）毕沅疏证，（清）王先谦补：《释名疏证补》，中华书局，2008年，第258页。

③ （汉）刘熙撰，（清）毕沅疏证，（清）王先谦补：《释名疏证补》，中华书局，2008年，第258页。

长沙马王堆M3遣册中记有“紫縱”“綈褌縱”，“縱”在朱氏古韵中属丰部，从纽，“幒”亦在丰部，囱纽[①]，“縱”通“幒”，笔者以为这里的“縱”也是褌类的下衣。从穿着层次和功能看，某些情况下“褌”与“小绔”等同。无绔筒之褌称为“犊鼻裈”，《史记》载司马相如至临邛后“自著犊鼻裈，与保庸杂作，涤器于市中”[②]，这种无绔筒的小褌《方言》又作“襣”，以三尺布缠于下体。前章所陈之裤E型即为“犊鼻裈”。

出土文献举要如下：

“绪绔”“蹇”“紫縱”“綈褌縱”（长沙马王堆M3）

“布褌绔”“新素绔”“故纱複绔”（江陵凤凰山M8）

“白丸復绔”“流黄丸復绛绔”“白丸復绔”“白丸合绔”（连云港海州侍其繇墓）

“白丸大绔”“皂大绔”“练小绔”（连云港陶湾西郭宝墓）

“绿素小绔”“练缘绔”（连云港海州凌惠平墓）

“皂丸大绔”“练皂大绔”“皂布大绔”“练小绔”“白鲜支单绔”（连云港东海尹湾M6）

“流黄復大绔”（连云港海州霍贺墓）

“绿丸绔”“羽青绔”“青素绔”（连云港东海尹湾M2）

“青绔”“青绮绔”（武汉大学简帛研究中心）

“绔”（仪征胥浦M101）

“白丸绔”“流黄绔”（日照海曲M130）

“青褌”（武威张德宗墓）

“韦單绔”（居延汉简八二・三四，甲四八四）

“皂布複绔”（居延汉简一〇一・二三，乙捌拾版）

“皂複绔”“白布單绔”（居延汉简二〇六・二三，甲一一四二）

“皂绔”（居延汉简二〇六・二八，乙壹肆捌版）

---

① （清）朱骏声：《说文通训定声》，中华书局，2016年。

② 《史记・司马相如列传》，中华书局，1959年，第3000页。

3. 市和巨巾

“市”是指遮蔽前膝的下衣构件，发端很早、由来已久。《说文解字》：“市，韠也。”[1]《释名》云：“韍，韠也。韠，蔽膝也，所以蔽膝前也。妇人蔽膝亦如之，齐人谓之巨巾，田家妇女出，至田野，以覆其头，故因以为名也。”[2]可见“市”又称为“韍”“韠”“蔽膝”“巨巾”，可以覆头，用途灵活，《方言》又作“袆”“袚”“大巾”“衻”“絜襦”[3]，称谓很多。出土文献目前仅见“市”“巨巾”，可能与穿着位置、时代差别和不同地域的方言有关。以“巾”命名的“大巾”“巨巾”，乃至出土文献常见的“絜巾”“布巾”等是用途灵活的一类衣物，既可用作头巾，也可用作蔽膝；其他市类当专指蔽于膝前的服饰。

市的形象在考古所见的女性服饰形象中也比较常见，最典型者如靖边杨桥畔渠树壕和旬邑百子村壁画墓中的各类女性人物（图5-10-1），上至贵妇、下至侍女均有穿着，一般与下衣异色，蔽于衣前，上窄下宽。西安长延堡汉墓出土的女俑则头戴巨巾，西北地区风沙较大，以巾覆头的情形在当地比较常见（图5-10-2、图5-10-3）。从目前所见，两汉时期的市存在日益普及的发展演变过程，西汉时市的使用不多且多限于下层劳动女性，贵族女性虽偶有穿着，但多为特殊情况，如《汉书·东方朔传》载：馆陶公主迎武帝，蔽膝登阶[4]。又《汉书·王莽传》：“母病，公卿列侯遣夫人问疾，莽妻迎之，衣不曳地，布蔽膝，见之者以为僮，使问，知为

1

2

3

图5-10　市和巨巾

1. 旬邑百子村壁画墓女性人物市　2. 西安长延堡汉墓女俑巨巾　3. 西安三爻村汉墓女俑巨巾

① （汉）许慎撰，（清）段玉裁注：《说文解字注》，上海古籍出版社，1981年，第362页。

② （汉）刘熙撰，（清）毕沅疏证，（清）王先谦补：《释名疏证补》，中华书局，2008年，第169页。

③ （清）钱绎：《方言笺疏》，中华书局，1991年，第145页。

④ 《汉书·东方朔传》，中华书局，1962年，第2854、2855页。

夫人，皆惊。”[①]东汉以后女性着市的形象十分普遍乃至贵妇阶层穿着也习以为常了。

出土文献举要如下：

“青巨巾”“练巨巾”“缕巨巾”（连云港东海尹湾M2）
“絮市”（武威张德宗墓）

4. 行縢和护腿

“行縢”古称“邪幅”，《诗经·小雅·采菽》：“邪幅在下。”郑笺：“邪幅，如今行縢也，偪束其胫，自足至膝。”汉代也时有以“偪胫”直接呼之者[②]，《释名》云行縢“言以裹脚，可以跳腾轻便也”[③]，文献已将行縢的穿着位置和用途说明的十分详尽，即以布幅缠胫部使行动轻便。考古所见的行縢形象最逼真者莫过于秦始皇陵轻装步兵和少部分重装步兵以及咸阳杨家湾汉墓部分兵俑胫部所穿下衣。形象显示行縢是由一条宽约10厘米的单层布帛，自足踝至膝下右旋缠绕而成，然后用两条系带分别于足踝和膝下扎结，行縢的颜色多为赭色，系带则多为朱红色或粉紫色（图5-11-1）。西北文书中也见“缇行縢”的表述，可见行縢以红色系比较常见。行縢的用途广泛，但在军服中尤其常见，西北文书所载多见“行縢”，也常作“行蕂”“行幐”，一般武吏、劳作人员也经常穿戴。

另外一种用于军事目的的下衣是护腿，秦始皇陵兵马俑还显示穿着护腿的形象全部为铠甲俑，护腿有两种形式，一种为直筒形，长度自足踝至膝，上粗下细，足踝处收束似用紧口带扎束，长30～40厘米，最大径

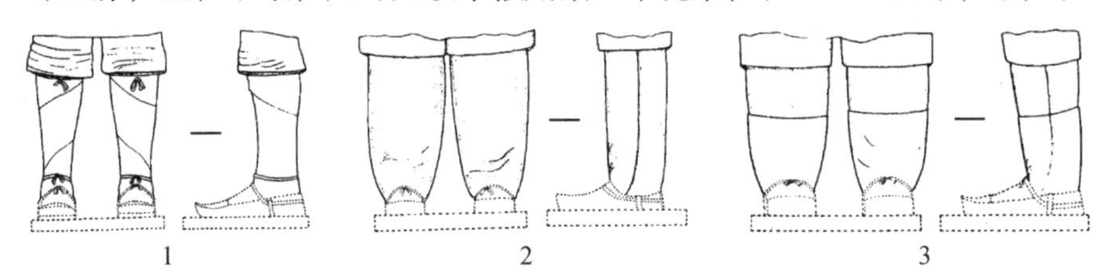

图5-11　行縢和护腿
1. 秦始皇陵兵马俑行縢　2、3. 秦始皇陵兵马俑护腿

① 《汉书·王莽传》，中华书局，1962年，第4041页。

② 《续汉书·礼仪志》注引《汉仪》曰：“虎贲羽林弧弓撮矢，陛戟左右，戎头偪胫，陪前向后。”《续汉书·礼仪志》，中华书局，1965年，第3131页。

③ （汉）刘熙撰，（清）毕沅疏证，（清）王先谦补：《释名疏证补》，中华书局，1984年，第176页。

为20厘米。把小腿全部套于筒内。粗壮，质地厚重。未见有开口，穿的方法似从足部套入。其中T10G5：12呈漏斗形，长度下至踝、上至腿肚，长35.6、上宽20、下宽10.4厘米，上抵膝下，下至足踝，上大下小。护腿上未见有束札的条带（图5-11-2）。另一种为上下两节相连的圆筒形，长度下至足踝上部至膝。从腿肚部分分为上下两节。两节接口多为下压上，少数上压下。T1G3：13分为上下两节，通长24厘米，上节长10、下节长14厘米；上端宽17、下端宽10厘米。上大下小，下端束住脚踝。护腿上未见有束札的条带。俑的护腿残存色彩且两节色彩相异，如T2G2：59，上节为朱红色，下节为粉绿色；T1G2：48上节为粉紫色，下节为粉绿色；T2G2：71上节粉绿色，下节天蓝色（图5-11-3）。

报告认为护腿具有卫体防护性质，笔者以为合理。如果说行縢为便于行走跳跃而出现，护腿与铠甲并用就是出于防护目的而出现。既然是用于防护，则以硬挺厚实的材质为佳，报告以为似装绵絮，且以“絮衣”称之，似乎不妥。秦汉时期但凡内充绵絮之服均习惯以“絮×”称之，如“絮衣”“絮巾”。这种护腿硬挺且上端并未像行縢那样有系带说明凭借自身延展性能便可以固定，符合以上特性的材质以韦为首选。《周礼·司服》：“凡兵事，韦弁服。”[①]这里的戎服不仅指以韦制弁，也包括以韦制衣。《左传·成公十六年》记楚晋交战，楚子派遣工尹襄赠送弓箭给穿着韎韦跗注的郤至，并称其为君子。杜预注：“跗注，戎服，若绔而属于跗，与袴连。”[②]有学者据此认为秦始皇陵铠甲俑所穿的护腿即为“跗注”[③]。若以形制、材质、功能考量，此说更为合理，姑备一说。西北文书中有“常韦”之称，常以“两”计数，并与“枲履”“犬袜”并列，很可能即为类似的护腿。

出土文献举要如下：

“行蔽”（敦煌汉简二三二七）
“缇行縢”（居延汉简E.P.T51：457）
“行幐”（居延汉简E.P.T52：93、E.P.T52：94）

---

① （清）阮元校刻：《周礼·司服》，《十三经注疏》，中华书局，2009年，第1687页。

② （战国）左丘明撰，（晋）杜预集解：《春秋经传集解》，上海古籍出版社，1997年，第750～759页。

③ 王学理：《秦俑专题研究》，三秦出版社，1994年，第498、499页。

（四）足衣

足衣包括鞋（履和靴）和袜两大类。

1. 履和靴

鞋依形制可分为履和靴，两者的基本区别在于是否有鞋靿。

出土文献显示秦汉时期日常之履多直接以“履”称之，履前冠以“丝”“漆”“韦”“革”“枲”“麻”“草”等材质，这些都是制履的常见质料。根据《释名》记载，“履”又有多种称谓，可作“屦”，复底之履又可作“舄”，其中有木者又作“複舄”，深头之履又作“鞁韦”，可舒解之履又作“鞵”；各地对“履”也有不同称谓，如关西称为“屦”，齐地称为“扉”“不借”“搏腊”，荆地称其为“麤”，关东地区称複履为“晚下”，东北朝鲜洌水间称为“鞠角”，西南地区则称为“屦”“豦”；依用途和材质也有各自称谓，如雨鞋可践泥称为“屐”，草鞋便捷称为“屩”、丝质之屩称为“帛屐”、皮革制的履称为“革鞮”。前章所列出土形象所见之鞋，其形制其实并没有太多变化，唯鞋头有平翘、方圆之分，可见秦汉鞋之命名仍是以材质为基本标准。需要提及的是，东平后屯M1、西安理工大学壁画墓等中舞蹈人物形象所穿鞋的鞋底常见一道纵向竖线（图5-12），很可能为漆履之齿，这种有齿之履文献称为“鞠角”，《方言》云：“大麤谓之鞠角。”郭注：“今漆履有齿者。”①

此外，草鞋除称作“屩”外，在南楚之间总称为“麤”。长沙马王

图5-12　履

1. 东平后屯M1舞者　2. 西安理工大学壁画墓舞者

① （清）钱绎：《方言笺疏》，中华书局，1991年，第166页。

堆M1和M3出土遣册所记丝履后均记有“接蠯一两”[①]，从遣册记录规律来看，此处当同属鞋履类，“接蠯”当与“丝履”对应，表示不同材质的鞋；如上文所示荆楚方言中也见称履为“蠯”者。另有由绳索编制的草鞋，其编绳称为“绞”，关东、关西地区又作“緉”或“緥”[②]。

有靿之鞋称为“靴”，《释名》又作“鞾”，“本胡服，赵武灵王始服之”[③]。秦汉时期靴的使用已比较常见，尤其在骑兵中更加普遍，西北文书中可见“韦鞜”。靴本胡服之制，自战国传入中原，首先在军服中普及开来，这与其实用功能密切相关。

出土文献举要如下：

“素履”“丝履”“青丝履”“接姦”（长沙马王堆M1）
“丝履”“接姦”（长沙马王堆M3）
“漆履”（江陵凤凰山M8）
“丝履”“素履”（江陵凤凰山M168）
“石青韋履”“绿韦履”（日照海曲M130）
“丝履”“缯履”（连云港东海尹湾M6）
“青缯履”“青丝履”“黄丝履”（连云港东海尹湾M2）
“糸履”（武汉大学简帛研究中心）
“糸履”（武威张德宗墓）
“枲履”（居延汉简六七·七，乙陆拾版）
“革履”“枲履”（居延汉简八二·三四，甲四八四）
“皂履”（居延汉简一〇三·四，乙捌拾版）
“白革履”（居延汉简二〇六·二三，甲一一四二）

2. 袜

与履相比，秦汉时期对袜的称谓与现今相同，比较简单。长沙马王堆M1出土实物显示袜有系带以便于扎结固定。袜的材质色彩也以布质素色

① 长沙马王堆M1和M3出土遣册的字形分别为“[illegible]”“[illegible]”，M1报告释为“姦”，属于袜的一种，M3报告和《马王堆汉墓简帛文字全编》已将此字新隶定为“蠯”，笔者以为当属履。见湖南省博物馆、复旦大学出土文献与古文字研究中心：《马王堆汉墓简帛文字全编》，中华书局，2020年，第1066页。

② （清）钱绎：《方言笺疏》，中华书局，1991年，第166页。

③ （汉）刘熙撰，（清）毕沅疏证，（清）王先谦补：《释名疏证补》，中华书局，2008年，第178页。

为主。袜一般为单层，双层之袜以“袷袜”称之。西北文书中还常见“犬袜”，与“布袜”并列出现，被认为是狗皮袜，属统一发放的军服[①]。

出土文献举要如下：

“素袜”（江陵凤凰山M8）
“素合韈”“白布韈”（连云港陶湾西郭宝墓）
“韈”（日照海曲M129）
“韈”（连云港东海尹湾M6）
“韈”（武汉大学简帛研究中心）
“新袜”（武威张德宗墓）
“犬袜”（居延汉简三四·一五A，乙贰捌版）
“犬袜”（居延汉简五三·二五B，乙肆玖版）
“布袜”（居延汉简五三·二五A，乙肆玖版）
“犬袜”（居延汉简六七·七，乙陆拾版）
“犬袜”（居延汉简一〇三·四，乙捌拾版）

第二节　秦汉时期的服饰文化

服饰的社会功能决定了服饰不会只属于单纯的物质文化范畴，而是身份、性别、功能和等级的载体，秦汉服饰通过其服饰种类、形制和款式、纹饰和色彩、质料及其种类等各服饰要素的组合实现着服饰的功能表达。相较于秦汉以后服饰的多样化风格，此时的功能表达略显简约，反映出秦汉时期朴素、简约、大气、内敛的服饰风格。

一、秦汉服饰的身份特点

秦汉时期，服饰总体面貌在基本稳定和统一的基础上，以特定款式和搭配彰显特定身份的人物服饰特点，其中，官吏、军戎、演艺、孩童、杂役劳作、历史人物、神仙人物等身份的人物，其服饰特征比较典型。

（一）官吏服饰

历史上的官吏服饰一般有祭祀场合穿着的祭服和平日朝会公务所穿的

---

① 中国简牍集成编辑委员会：《中国简牍集成》（第七册），敦煌文艺出版社，2001年，第230页。

朝服、公服、常服等。秦汉时期的官吏服饰体系尚没有严格界定，为便于区分，可将秦汉时期的官吏服饰系统分为礼服和常服两个大类。

秦汉时期官吏最高等级的礼服主要为祭服，《续汉书·舆服志》对祭服的服用等级有比较明确的规定。秦至西汉时期的祭服尚无定法，相对简单，秦代祭祀礼服为袀玄，西汉承秦制。东汉时期自世祖光武帝始才出现旒冕、文章衣裳、赤舄絇履相配属的祭服系统，具体而言，祭祀天地时，天子、三公、九卿、特进侯、侍祠侯，皆冠旒冕，衣裳玄上纁下。皇帝祭服十二章、三公诸侯九章、九卿以下七章，皆备五彩，大佩、赤舄、絇履。百官执事则冠长冠，皆袛服。祭祀五岳、四渎、山川、宗庙、社稷时，皆袀玄长冠，五郊各如方色。百官不执事，各服常冠袀玄以从。此外，根据江陵张家山M336出土竹简《朝律》的记载，汉代初年百官在“岁朝”这样重大的朝会场合也身穿“袀玄”。这里所谓的“朝”是指汉文帝初年施行的岁朝仪式制度，是在每年岁首十月朔日举行的贺岁大礼，比平时的朝会更加隆重。因此，虽然属于朝会场合的穿着，但实际上具有礼服性质[①]。另据《汉官仪》记载，西汉文帝时有待诏博士“朝服玄端，冠章甫”[②]，玄端、章甫均为礼服中的衣冠。史载孔子曾穿着此类搭配，为西汉时期儒生的主要服饰。

汉代官吏的朝服和常服主要以冠式和绶带相区别；服装种类以B型长服或B型中长服为主，中长服常配大绔，款式方面没有太大区别。官吏常服以文武为标准大致分为两类，文官服梁冠（G型、Ⅰ型覆髻冠和覆首冠）、皂色衣；武吏服武冠（弁）、绛色衣。其他一般执事属吏则戴帻，东汉以后各级文武官员在非正式场合亦常戴帻。

文官所服梁冠即“进贤冠”，汉代根据等级身份有三梁、两梁、一梁之别。公侯等级冠三梁；中二千石以下至博士，如御史中丞、太官等冠两梁[③]，刘氏宗室亦冠两梁；自博士以下至小史私学弟子及一般属官，如太

① 《续汉书·舆服志》，中华书局，1965年，第3662～3677页。

② （汉）应劭：《汉官仪》，《汉官六种》，中华书局，1990年，第129页。

③ “御史中丞，两梁冠，秩千石。内掌兰台，（外）督诸州刺史，纠察百僚”“尚书陈忠奏太官宜著两梁冠”。见（汉）卫宏：《汉旧仪》，《汉官六种》，中华书局，1990年，第88、91页。

史令、公车司马令等皆冠一梁[①]。洛阳朱村M2墓室北壁所绘的男性墓主、旬邑百子村壁画墓前室北壁的"丞主簿"、后室西壁的"邠王御吏"等人物形象，靖边杨桥畔渠树壕壁画墓前室东壁的"戍曹""门下曹"等人所戴的A型和B型覆首冠完整展示了新莽东汉时期梁冠的形制。

除梁冠外，文官还有像"刘氏冠""獬豸冠"等冠式，均为楚冠遗制，多见于秦至西汉时期。"刘氏冠"（Ca型覆髻冠）又作"斋冠""长冠""却非冠""竹皮冠"，为高祖作亭长时的冠式，高祖八年成为公乘以上的专有冠式，东汉以后则进一步升级为百官执事的祭服。长沙马王堆M1出土"冠人"俑，高明考证其为轪侯家的内小臣[②]，即为戴刘氏冠的侯国官吏形象。獬豸冠又名"法冠""柱后冠"，因獬豸兽喜触邪佞、别曲直的特性而取为执法者的冠名。先秦为楚冠，秦灭楚后，以其冠赐给御史，周官又有侍御史，为柱下史，也冠法冠，以铁为柱，故又称为柱后冠。可见獬豸冠是侍御史、廷尉等执法官吏的特殊冠制[③]。根据《续汉志》的描述，其形制有展筩和卷曲的铁柱，沈从文认为洛阳壁画墓"二桃杀三士"的晏子形象或赐桃使者形象所戴冠即獬豸冠[④]。

服装方面，官吏常服为梁冠和袍制襌衣相配属，内搭皂色边缘的中衣，"正月旦，天子御德阳殿，临轩。公、卿、大夫、百官各陪位朝贺。蛮、貊、胡、羌朝贡毕，见属郡计吏，皆陛觐。宗室诸刘杂会，皆冠两梁冠，单衣"[⑤]。又《续汉志》云："今下至贱更小史，皆通制袍，单衣，皂缘领袖中衣。"[⑥]

服色方面，秦汉时期文官的礼服和常服均为黑色系又略有差别，礼服之"袀玄"应是上下同色的玄色衣，玄色是一种黑中含红的颜色[⑦]；而一般的朝服和常服则是皂色。蔡邕《独断》云："公卿尚书衣皂而朝者曰朝

---

① "太史令冠一梁，秩六百石"，"公车司马令，周官也。秩六百石，冠一梁，掌殿司马门，夜徼宫中，天下上事及阙下"。见（汉）卫宏：《汉旧仪》，《汉官六种》，中华书局，1990年，第88页；（汉）应劭：《汉官仪》，《汉官六种》，中华书局，1990年，第133页。

② 高明：《长沙马王堆一号汉墓"冠人"俑》，《考古》1973年第4期。

③ （汉）应劭：《汉官仪》，《汉官六种》，中华书局，1990年，第115页。

④ 沈从文：《中国古代服饰研究》，上海书店出版社，第122～126页。

⑤ （汉）应劭：《汉官仪》，《汉官六种》，中华书局，1990年，第183页。

⑥ 《续汉书·舆服志》，中华书局，1965年，第3666页。

⑦ 彭浩、张玲：《说"袀玄"》，《简帛》（第二十六辑），上海古籍出版社，2023年。

臣。”《汉书·萧望之传》记载：“敞备皂衣二十余年。”如淳注：“虽有五时服，至朝皆著皂衣。”①东平后屯M1西壁北侧中层的一排人物头戴梁冠，身服皂色长服（图5-13-1）。中江塔梁子M3三室南侧室东壁和南壁跽坐的数人，根据榜题分别为“大鸿胪”及“蜀太守”、县官等郡县吏的形象，均服皂色衣、戴梁冠、佩绶，为典型的文吏形象（图5-13-2）。旬邑百子村壁画墓后室西壁5～7人旁边均有榜题“将军门下走”（图5-13-3）。

1

2

3

图5-13　文吏形象
1. 东平后屯M1　2. 中江塔梁子M3　3. 旬邑百子村壁画墓

武吏服武冠，又作“武弁大冠”“武弁”“大冠”，形制来看属于前章所陈的弁类，根据冠上饰物的差别又有“貂蝉冠”“惠文冠”“鵔鸃冠”“鹖冠”之称。根据文献记载，此冠为赵武灵王仿效胡服之冠，秦灭赵后以此冠赐侍中，汉代亦为侍中之冠，且“加金珰，附蝉为文，貂尾为饰，谓之貂蝉”②，故又称“貂蝉冠”或“赵惠文冠”。秦汉时期的中常侍也戴貂蝉冠，汉兴时银珰左貂，光武后金珰右貂③。汉代的五官、左右虎贲、羽林、五中郎将、羽林左右监等郎官则戴“鹖冠”，以双鹖尾竖武冠左右，主更直、执戟戍卫④。考古形象所见的戴武冠的官吏形象则更加普遍，从武弁A～F型的发展演变来看，武弁在秦时只为骑兵所属，西汉时此冠不仅遍布各兵种，也成为郎官、属吏、亭长和门吏之冠，至东汉时大部分高级别武冠亦戴此冠，下至鼓武吏，上至将军，各等级武冠均戴“赤帻大冠”。如旬邑百子村壁画墓后室西壁的对坐宴饮图右侧坐者戴黑帻大冠、身着绛衣、佩绶，为将军类的高级别武官（图5-14-1）。靖边杨

① 《汉书·萧望之传》，中华书局，1962年，第3277、3278页。
② （汉）应劭：《汉官仪》，《汉官六种》，中华书局，1990年，第137页。
③ （汉）应劭：《汉官仪》，《汉官六种》，中华书局，1990年，第138页。
④ 《续汉书·舆服志》，中华书局，1965年，第3670页。

桥畔渠树壕壁画墓前室东壁上的骑吏形象也戴有类似武冠（图5-14-2）。

汉代武吏的岁朝礼服虽然也是黑色系的“袀玄”，但常服的服色常为红色系，据《汉官旧仪》载“丞相车黑两幡，骑者衣绛”[①]，出土壁画形象中的骑吏、武官等常描绘有类似形象，如偃师杏园壁画墓中的骑吏头戴武冠、身着绛色衣、白色绔（图5-14-3）。级别稍高的武官头戴赤帻，据《东观汉记·段颎传》载段颎因破羌有功被“诏赐钱十万，七尺绛襜褕一具”，又“赤帻大冠一具”[②]，“旧时以八月都试，将习其射力，以备不虞，皆绛衣戎服，示扬威武”[③]。司空骑吏秦代因水德穿着“皂袴”，汉代火德着“绛袴”[④]。鼓吏亦“赤帻行縢”。

一些特殊武官还有特别的服饰，如虎贲中郎将除戴武弁外，还搭配穿着纱縠禪衣和虎纹锦袴。《史记·司马相如列传》所云“绔白虎，被豳文”即指虎贲骑的穿着，郭璞注“著斑衣”索引《舆服志》云“虎贲骑鹖冠，武文单衣即此斑文也”[⑤]。青州香山汉墓出土的骑兵俑多头戴武弁、穿虎纹绔、着靴，很可能即为虎贲形象（图5-14-4）。

东汉时期，冠的形制发生变化，文武官吏在燕居或在某些特殊正式场合也多只戴冠下之帻，如“凡斋，绀帻。耕，青帻。秋貙刘，服

图5-14　武吏形象

1. 旬邑百子村壁画墓　2. 靖边杨桥畔渠树壕壁画墓　3. 偃师杏园壁画墓
4. 青州香山汉墓

---

① （汉）卫宏：《汉官旧仪》，《汉官六种》，中华书局，1990年，第36页。

② （汉）刘珍等撰，吴树平校注：《东观汉记校注》卷一七，中州古籍出版社，1987年，第753页。

③ （汉）王隆撰，（汉）胡广注：《汉官解诂》，《汉官六种》，中华书局，1990年，第21页。

④ （汉）应劭：《汉官仪》，《汉官六种》，中华书局，1990年，第116页。

⑤ 《史记·司马相如列传》，中华书局，1959年，第3034页。

图5-15　旬邑百子村壁画墓小史形象

缃帻”①。大丧礼时，“百官皆衣白单衣，白帻不冠”②。夏县王村壁画墓中的“上计掾”“进守长”“式进与功曹”“安定太守裴将军”等有明确榜题的官吏形象，虽等级有别，均头戴一样的帻，可见帻为一般男性日常所服，与官阶无涉。

除文武官吏外，低级官吏和男性官奴也多戴各色帻，有些搭配中长服，有些还戴蔽膝、行縢。如旬邑百子村壁画墓后室西壁右侧站立的“小史”绛衣黑帻（图5-15）；鼓武吏“赤帻大冠，行縢”③；宦者及郎署长“各顾门户，择官奴赤帻，部领作者，扫除曰正”④；从侍中以下“为仓头，青帻”⑤；谒者“皆著缃帻大冠、白绢單衣”⑥；太官汤官奴“皆緹褠、蔽膝、绿帻”⑦。女性官婢服饰则与女性日常服饰无异。史载西汉“女侍史执香炉烧薰，从入台护衣”⑧，满城M2出土长信宫灯的女性形象很可能即为女侍史，她以縰包头，身着长服，最外层罩以半袖服。

如果说冠更多的用来区分官吏的文职和武职身份，绶带色彩则主要用以区分官吏品秩，其等级表现详见后文。

（二）军戎服饰

秦汉时期，整套的军戎服饰一般为首服、衣、裤、履靴的组合，常辅有行縢或护腿。

秦汉军服的首服主要为冠和帻，另外一部分露髻，秦和汉又略有区别。秦代军队未见戴胄者，军吏依官职高低戴A型和B型覆髻冠。大部分步兵则戴A型帻或直接露髻，发髻为右侧A型高髻或反折中髻；骑兵戴A型弁。汉代军戎首服更加统一化，除部分重装部队戴胄，无论官职高低普

① （汉）卫宏：《汉官旧仪》，《汉官六种》，中华书局，1990年，第57页。

② 《续汉书·礼仪志》，中华书局，1965年，第3141页。

③ （汉）卫宏：《汉官旧仪》，《汉官六种》，中华书局，1990年，第48页。

④ （汉）卫宏：《汉官旧仪》，《汉官六种》，中华书局，1990年，第47页。

⑤ （汉）卫宏：《汉旧仪》，《汉官六种》，中华书局，1990年，第47页。

⑥ （汉）应劭：《汉官仪》，《汉官六种》，中华书局，1990年，第133页。

⑦ （汉）卫宏：《汉旧仪》，《汉官六种》，中华书局，1990年，第91页。

⑧ （汉）卫宏：《汉旧仪》，《汉官六种》，中华书局，1990年，第33页。

遍戴B型弁或直接反折中髻，下衬繺，有时附加抹额。

上衣主要为襦、长襦和袭，款式以中长服为主，汉代的屯戍军队还常备有袍和襜褕等长服。交领式中长服A、B型，对襟式中长服B型，以及短服均为常见的军服类型。其中交领式中长服的Ab型和对襟式B型均为骑兵特有的上衣款式，两者均以短襟为主要特征，似存在前后相继的转变过程，这种设计充分考虑到骑马便捷的实用性。有学者认为中长服的Ab型即“袭”的形象，为胡服之制[①]，至汉代，对襟式B型上衣还常与A型覆首巾搭配，成为胡人骑兵的常见穿着，如临淄山王村汉墓陪葬坑和徐州狮子山楚王墓出土的胡骑俑（图5-16），可见这种骑兵特有的穿着确与胡服有关，与骑兵兵种本身一起对秦汉时期的军队建制和军戎服饰产生持续不断的影响。需要说明的是，袭服非汉代胡兵独有，青山香山汉墓出土的骑兵俑显示，一些汉人军吏也可着类似袭服，西汉晚期以后袭服在军队中的穿着范围更加普遍。秦始皇陵兵俑和汉代早期兵俑的衣领处还戴有凸起的厚实的围领，可以起到很好的防护作用。

1

2

3

图5-16　胡骑形象

1. 临淄山王村汉墓陪葬坑　2. 徐州狮子山楚王墓　3. 徐州狮子山楚王墓

军服中的裤与常服区别不大，但常见行縢等便于行军的服饰装备和各式护腿以用于防护。足衣为袜、履和靴，普通士兵之履比较简单，大部分为C型和D型的平头履，秦始皇陵兵俑中的军吏则多见翘头履。汉代西北边塞地区的军戎服饰还常备犬袜，这种厚实的皮袜有利于防寒。

根据出土的西北边塞衣橐检，汉代的军服供给为官府供给和私人自备两种方式。如官给衣物有袍、章衣、袭、裘、常韦、绔、犬袜、枲履、

① 袁仲一：《秦兵马俑的考古发现与研究》，文物出版社，2014年，第283～285页；王学理：《秦俑专题研究》，三秦出版社，1994年，第485页。

革鞮等，有学者归纳官发的军戎服饰都属“正装”，即现代穿在外面的衣物，凡记有颜色的衣物都是统一的黑色，说明汉代边塞对戍卒有统一着装的要求。私备衣物则多下裳、行縢、布袜、葛袜、常韦、面衣、絮巾、帻等小件衣物或内衣①。

汉代的军戎服饰还有类似标识的幡，或称为徽。《诗经·六月》：“织文鸟章，白旆中央。”郑笺云：“织，徽织也，鸟章，鸟隼之文章，将帅以下衣皆著焉。”②《礼书》卷133：“郑氏曰：徽织，旌旗之细缀于膊上，今城门仆射所被及亭长著绛衣皆其旧象。”《续汉书》称宫殿门吏，仆射“负赤幡”，这里的幡即徽，孙机先生考证咸阳杨家湾汉墓出土兵卒俑左肩所覆条形织物（图5-17-1、图5-17-2）和背后所系长方形薄片标志，均为汉代之徽（图5-17-3），其中，前者与前文所述袿衣等上服之徽具有相似作用。徐州狮子山楚王墓出土武士俑所负的长方形扁盒也有类似功能（图5-17-4）③。

军戎服饰是服务于战争实际需要的特定服饰类型，因此服饰款式必以便捷耐用的实用性为首要考量因素。从考古发现的秦代军队形象来看，除重装部队所穿的防护甲胄，与同时代的服饰款式没有明显区别，但在服饰的搭配中增加了防护性较强的装备和设计，如秦汉军队多配备行縢，重装部队还常备护腿；秦军上衣领部常加有一圈围领以利于防护颈部；骑兵戴

图5-17 徽

1、2. 咸阳杨家湾幡和汉墓负徽兵卒 3. 咸阳杨家湾汉墓负徽兵卒
4. 徐州狮子山楚王墓负徽兵卒

① 惠丹阳：《汉边塞出土衣橐检研究》，西北师范大学硕士学位论文，2020年，第27页。

② （清）阮元校刻：《诗经·小雅·六月》，《十三经注疏》，中华书局，2009年，第909页。

③ 图片采自孙机：《汉代物质文化资料图说》，中华书局，2020年，第291页。

弁着靴便于骑射；汉军头部常围抹额以便于更好的敛发等，这些都充分体现出秦汉军戎服饰便捷性和防护性较强的服饰特征。

此外，秦汉时期的军戎服饰存在逐渐专门化、标准化的发展趋势，如军队的首服构成由复杂趋于单一，秦始皇陵兵俑的首服构成是由冠、弁、帻、露髻等几种大类构成，每种首服有特定的穿戴等级和人群；汉代兵俑的首服构成则基本全部是弁，部分露髻，只有个别戴帻，完全不见冠。又如，秦始皇陵兵俑的服饰种类很多，没有统一的服色，至汉代则军戎服色多为绛色。这些变化说明，入汉以来，军戎服饰逐渐向专门化、标准化发展，军戎服饰作为一种特殊人群的服饰种类，代表其身份的服饰特点愈发凸显，与常服逐渐区别开来。

（三）乐舞服饰

考古资料展现的秦汉时期乐舞服饰主要见于汉代的乐舞图像，图像常表现出歌者、舞者、乐工等“俳优乐舞杂奏”的场面，属于汉代的俗舞。歌者和乐工的服饰与同时期的其他服饰基本相同，个性化特征并不明显；舞者由于舞蹈杂技等肢体动作的需要在服饰方面表现出较强的个性化特征。

舞者的发型与同时代的发型特点也差别不大，男性只结髻、鲜着冠，女性舞者的发型也与同时代的女性发型相同，唯个别女性戴发饰，装饰性较强，如济南无影山M11出土舞女俑除结背后低髻外，头顶正中还有一小髻；广州汉墓出土舞女俑头戴簂。

乐舞服饰主要为交领式长服、交领式中长服和裙装，表演杂技的人物还常着连体衣和短裤。用于舞蹈的交领式长服主要有C、Db、F型和I型Ⅱ式、K型等，交领式中长服主要有D、E、H型。下装常见Db型筒裙、B型围裙搭配C型裤。除上衣和下衣外，汉代考古发现的舞蹈形象还见一种鞋底带纵向齿状物的鞋（见图5-12），如前文所述，很可能为文献记载的“鞠角”，可以注意到穿这种特殊形制的鞋的舞蹈人物穿短裙、跪姿，动作幅度较大，表现的可能为汉代特殊的舞蹈种类。

乐舞服饰与汉代服饰的整体变化呈现较一致的发展趋势，C、Db型长服和D、E型中长服主要流行于西汉早期，F型、I型Ⅱ式长服主要流行于西汉中期，K型长服和Db型筒裙主要流行于东汉时期，H型中长服、下衣中的B型围裙搭配C型裤则广泛流行于西汉中晚期以后。

乐舞服饰的局部特征还常表现出一些区域性特点，如K型交领式长服的喇叭形袖口的“华袂”和花瓣形呈波浪状的装饰性下摆主要流行于川渝地区；Db型筒裙的鱼尾形下摆为陕北地区独有；I型Ⅱ式交领式长服目前仅见于关中地区。

综合来看，汉代乐舞服饰尚未独立为专业化服饰，但作为表演性质的服饰，其装饰性特点较为显著，主要表现在袖口、下摆和前襟等处以及内外服的搭配效果方面。

袖口方面，除“华袂”外，长袖是汉代舞服最常见的装饰，如徐州驮篮山楚王墓出土的舞女俑和广州南越王墓出土的舞女玉佩。汉代文献中也常见以长袖指代舞服的情况，如傅毅《舞赋》云：“罗衣从风，长袖交横。”[①]特别注意的是，从目前材料看，交领长服中的长袖在西汉早期多是衣袖的延长部分（图5-18-1、图5-18-2），西汉中期以后多是从袖口处另外接续一条水袖；交领中长服的长袖则大多从袖口处附接水袖并且在端口固定木杆以便控制水袖（图5-18-3）。这种差异反映出舞服的时代变化以及适用的不同舞蹈动作。

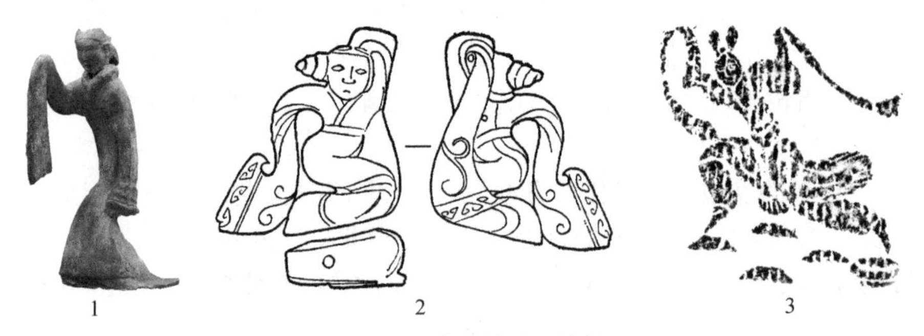

图5-18　乐舞服饰袖口特征

1. 徐州驮篮山楚王墓舞女俑　2. 广州南越王墓玉舞女　3. 南阳许阿瞿画像石墓乐舞人物

下摆方面，形态多样、错落复杂的装饰性下摆也是汉代舞服区别于常服的基本特点之一。C型、Ⅰ型Ⅱ式交领式长服，D型交领式中长服均可见内外交错的若干狭长尖角，当为“袿衣”，尖角即“袿衣”之“髾”，傅毅《舞赋》云“华袿飞髾而杂纤罗”[②]表现的就是类似下摆（见图4-3）。上文提到的K型交领式长服即表现有这样的花瓣形装饰性下摆，并有窄细的下摆缘（见图4-11）；Db型筒裙的鱼尾形下摆是陕北地区的特色舞服款式（见图4-22）。据有关学者统计，陕北地区发现的类似舞服共计

① （汉）傅毅：《舞赋》，《全汉赋》，北京大学出版社，1993年，第281页。

② （汉）傅毅：《舞赋》，《全汉赋》，北京大学出版社，1993年，第281页。

有28例[1]。即使有的舞服下摆没有任何装饰，也可通过其形态看到与常服的显著区别，例如徐州铜山龟山M2出土舞俑与同出的立俑、坐俑服饰完全相同，但喇叭形下摆的外撇程度更大。

前襟方面，西汉早期的舞服还有一个区别于常服的重要特点就是有着细长的前襟，绕身数周形成富有装饰效果的曲裾服（见图4-3）。类似的曲裾深衣在战国时期并不鲜见，上至贵族女性下至普通侍从均可穿着，秦至西汉早期这种曲裾服的前襟有继续加长的趋势，并且成为舞服的特殊款式。

内外服的搭配效果方面，经笔者实地考察，徐州驮篮山和北洞山楚王墓中的西汉早期乐舞陶俑中，隐约可见双袖筒上臂处有一细线（图5-19-1），年代稍早的济南无影山M11舞俑也有类似的细线（图5-19-2），年代更早的战国章丘女郎山和临淄赵家徐姚战国墓出土舞女俑也可见双袖的细线（图5-19-3），这种现象暗示此类舞服可能是内外两层搭配穿着。内衣长袖，下摆也有“髾”；外衣半袖，下摆之“髾”与内衣相错。内外互补形成舞女特有的装饰效果。

图5-19　乐舞服饰袖筒特征

1. 徐州驮篮山楚王墓乐俑　2. 济南无影山M11舞俑　3. 临淄赵家徐姚战国墓舞俑

总之，两汉时期的舞服基本都是在常服款式基础上稍加改造和修饰形成的特有的装饰效果，与常服的区别不大，尚没有形成专门的演艺服饰。汉代舞服的时代变化和款式特点是顺应汉代俗舞的多样化发展而出现的。以交领式上衣为例，其总体发展趋势是由紧窄到宽松，由长可及地逐渐缩短至膝部，这种变化突破了传统服装样式对舞蹈的束缚，为舞蹈动作的多样化发展开辟了更多的空间。发展至新莽东汉时期，连体衣的出现更是为顺应动作幅度更大、更灵活的百戏而设计的；男性俳优直接将上身袒露、

---

① 郑红莉：《陕北汉代画像石中所见舞蹈图试析》，《陕西历史博物馆馆刊》（第16辑），三秦出版社，2009年，第306页。

大腹便便的样子也同样是为达到调谐滑稽的艺术效果。从这个角度来看，新莽东汉时期的舞服已经初具专门演艺服饰的雏形。而同样是长袖舞，早期作为衣袖的延长部分，主要在于表现婉约娴静的舞蹈风格，即战国秦汉早期普遍流行的“翘袖折腰”舞；晚期成为附接水袖后，借用木杆来控制水袖，使长袖表现出如扬、甩、撩、抖、绞、拖等更多的视觉效果[①]，成为百戏中的基本动作，更注重腿部的跨越腾跳和步法，丰富了舞蹈动作和乐舞艺术的发展[②]。

（四）孩童服饰

考古发现的秦汉时期孩童形象相对较少，就所见的服饰种类而言基本与成人相同，兹不赘述。但仍有个别是孩童特有的发型和服饰类型，需特别介绍。

儿童普遍短发无髻或梳E型高髻，其中有的为两个圆形髻，有的为双丫形髻。就服饰而言，儿童多穿圆领式长服，且为反闭穿着，这种将圆领反闭服穿在最外层的情况目前只见于儿童，是儿童特有的上衣类型。有的孩童下身穿有犊鼻裈。

汉代壁画“孔子见老子”题材的画像中常见相橐形象，多表现为双丫形髻，穿圆领反闭式长服，双肩还披有类似披风的服饰构件[③]，如靖边老坟梁M42中的相橐（图5-20-1）以及靖边杨桥畔渠树壕新莽时期壁画墓的相橐（图5-20-2），均头梳双丫形髻，身穿圆领反闭长服。西安曲江翠竹园M1西壁的孩童身着圆领服（图5-20-3）。荥阳苌村汉墓前室的孩童梳着双丫髻，前额、两鬓处有垂发，头顶一周髡发（图5-20-4）。西安长延堡M1出土的7件男俑头顶光滑无髻，也穿着类似的圆领反闭式长服（图5-20-5），很可能为孩童形象。旬邑百子村壁画墓后室东壁中端坐的两个孩童也是短发无髻，领口未见交领开口，很可能为圆领反闭服（图5-20-6）。

---

① 苏丹：《从汉画看汉代乐舞蹈的形态特征》，《南都学刊》2001年第4期。

② 王方：《汉代舞服的考古学研究》，《博物院》2019年第1期。

③ 相橐故事在汉代广为流传，孔子见老子的历史题材图像中常见相橐站立于老子与孔子之间，相橐形象既是孩童形象的代表，也是历史故事场景中的常见人物，本节将之归入孩童服饰一并介绍。

图5-20　孩童服饰

1. 靖边老坟梁M42相橐　2. 靖边杨桥畔渠树壕壁画墓相橐　3. 西安曲江翠竹园M1孩童
4. 荥阳苌村汉墓孩童　5. 西安长延堡M1孩童　6. 旬邑百子村壁画墓孩童

（五）劳作服饰

考古发现中的杂役、农民、商贾等形象的服饰均属于劳作服饰。作为实用性很强的服饰，劳作服饰的搭配简单便捷，多为衣裤组合。上衣以中长服和短服为主，如C、H型中长服；下衣多为合身的A型裤。出于便捷性的考虑，首服多着帻或露髻，如诸城画像石墓中的杂役戴平上帻；靖边杨桥畔壁画墓墓室北壁的农耕图中的农夫形象露髻，身穿短服，搭配裤。发髻以项后低髻和盘旋中髻为主，新莽东汉后还常见头顶高髻。

除一般性装扮外，褠、蔽膝也常用于劳作服饰。文献常提到官奴婢的装扮组合为帻、褠、蔽膝，如《汉旧仪》载“太官汤官奴婢各三千人，置酒，皆缇褠、蔽膝、绿帻”[①]。类似的装扮也见于和林格尔、沂南北寨村（图5-21-1）、辽阳三道壕第四窑场（图5-21-2）、中江塔梁子（图5-21-3）、诸城前凉台（图5-21-4、图5-21-5）等汉墓壁画和画像石中以及四川地区汉墓出土陶俑中的劳作人物（图5-21-6、图5-21-7）。从服

①　（汉）卫宏：《汉旧仪》，《汉官六种》，中华书局，1990年，第91页。

图5-21　劳作服饰

1. 沂南北寨村汉画像石墓劳作人物　2. 辽阳三道壕第四窑场壁画墓劳作人物
3. 中江塔梁子M3劳作人物　4、5. 诸城前凉台画像石墓劳作人物　6. 成都跃进村M6劳作人物
7. 成都跃进村M5劳作人物

饰来看，男性多戴帻或简单结髻、身穿中长服或短服、搭配裤；有的男性则直接赤裸上身，下缠犊鼻裤，足下跣足或穿草鞋。女性侍从多头戴巾、身穿中长服，下身佩蔽膝。

值得注意的是，以百戏人物为代表的市井阶层的人物也多身着劳作服饰，同样是出于便于活动的实用性考虑。

（六）神话历史人物服饰

秦汉时期画像中常见有神话和历史题材，共同之处在于它们中的人物服饰既有同时代常服的基本特点，也有区别于常服的个性化特征。个性化特征主要表现在冠式、发饰和特殊服饰构件方面。

常见的历史题材主要有“孔子见老子”“二桃杀三士”“七女复仇”“牛郎织女”等，还有榜题有“弋赵夫人”“许穆夫人”的历史人物，其中大部分人物形象的服饰为当时常见的服饰类型，但有些历史人物的服饰反映出当时社会的历史观念。最典型例子是大连营城子壁画墓主墓室北壁的图像，该墓葬为东汉时期，上层表现的是“孔子见老子”的历史场景，孔子头戴L型“√”形覆髻高冠，此类冠也多见于西汉中晚期相似题材中的孔子形象（见图4-29-10、图4-29-11）；下层现实世界的场面中男性则头戴东汉时常见的A型覆首冠。以上事例一方面反映出人们清晰的历史观念；另一方面则说明此类冠式的年代特征，是西汉中晚期以后人们对特定历史人物赋予的特殊类型。与L型冠类似的还有K型覆髻高冠，见于孔子和齐景公形象，靖边杨桥畔渠树壕壁画墓中的齐景公所戴K型冠很可能即为文献所记载的“高山冠”或曰“侧注冠”（见图4-29-9），《续汉书·舆服志》引太傅胡广之语：“高山冠，盖齐王冠也。”秦灭齐后成为近臣谒者之冠[①]。女性历史人物多头梳G型鬟髻，身穿F型或J型的长服，阔袖垂胡、大喇叭下摆，如和林格尔新店子M1壁画中的历史人物。

神话仙人服饰也是秦汉时期的一类特殊类型，总体来看与常服差别不大，因为“大凡神话，其主体是‘人’以及人的活动”[②]。不同之处在于服饰的细部表现比较夸张，也有一些是神话仙界人物特有的服饰类型。

西王母和东王公是汉代神仙体系中的重要人物，新莽时期的西王母形象已经开始戴胜、身着帔，如偃师辛村壁画墓中的西王母发髻上直接戴胜，身着帔（见图5-9-4）。东汉以后，西王母戴胜着帔的形象更加固定且出现装饰性更强的装饰。如嘉祥、滕县、邹县等地出土的 西王母画像头戴胜两端有花穗状的垂饰（见图4-40-11、图4-40-12）[③]；川渝地区出土的西王母陶俑头戴装饰华丽的簂，簂上再戴胜[④]；重庆巫山麦沱古墓出土的西王母陶俑形象（M47：61），帔的下缘可见清晰的波浪形流苏（见图5-9-5）。东汉以后出现的与西王母配属的东王公形象常戴P型覆髻高冠，称为三山冠，如定边郝滩壁画墓中墓室东壁的东王公形象（见图4-30-7）。

伏羲女娲是西汉中晚期始即流行开来的神话人物形象，其服饰基本与同时代的服饰特征相一致，唯个别为突出其特殊地位，增加了装饰性很强的帔或羽饰，如洛阳烧沟卜千秋壁画墓、洛阳浅井头壁画墓中的伏羲和女

---

① 《续汉书·舆服志》，中华书局，1965年，第3666页。

② 白云翔：《西王母文化研究集成·图像资料卷》序言，广西师范大学出版社，2009年，第1页。

③ 中国画像石全集编辑委员会：《中国画像石全集·山东卷》，山东美术出版社、河南美术出版社，2000年，第91页，彩版九八。

④ 金沙、前宜、保生：《四川宜宾出土西王母陶俑》，《文物》1981年第9期。

娲形象均着帔（见图5-9-1～图5-9-3），洛阳磁涧里河村壁画墓中的伏羲女娲身后为类似翅膀的羽饰。

其他神话人物形象也常穿着类似的具有羽饰效果的上衣或裙，如洛阳烧沟卜千秋壁画墓的持节方士身着的长裙，下摆为错落的羽毛效果（图5-22-1）；荥阳苌村壁画墓前室上部仙人图像上下身均有羽饰（图5-22-2）；武威五坝山M7中的羽人形象身着Gb型的中长服（见图4-17-6）。

除了羽饰，有些仙人服装还有飞纖垂髾。发型首饰方面，女性仙子多G型鬟髻，如芦山王晖石棺画像中的掩门仙女；男性仙人则戴O型覆髻高冠，如洛阳卜千秋、定边郝滩、靖边杨桥畔豪树沟等壁画墓中的表现星官的仙人形象（见图4-30-3～图4-30-6），高耸外观符合仙人超脱世俗的外在形象。

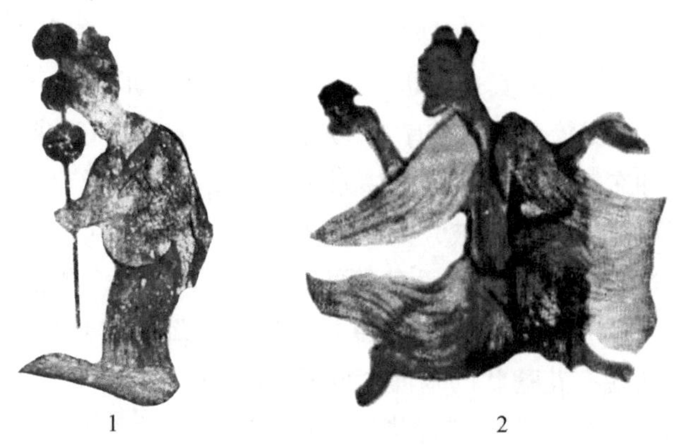

图5-22　羽服

1. 洛阳卜千秋壁画墓羽人　2. 荥阳苌村壁画墓羽人

二、秦汉服饰的性别特点

中国历代服饰的性别差异主要体现在首服和发型上，秦汉时期亦无例外。秦汉时期男性以冠帻为主，鲜有露髻；女性虽不着冠，但类型多样的发髻样式以及装饰繁缛的发饰成为区分女性服饰的重要方面。《礼记》之《曲礼》《冠义》云："男子二十，冠而字""（女子），十有五年而笄"[①]。"冠"和"笄"不仅是标志成年的首服，也是区分性别的重要符号。大量的考古实证也表明，首服与发型是秦汉时期区分性别的重要方面。

---

① （清）阮元校刻：《十三经注疏》，中华书局，2009年，第2688页。

（一）首服与发型的性别特点

秦至西汉时期，为适应戴冠需要，男子发髻多结中髻，其中扁平的反折中髻便于压在冠下，服帖利落，这种实用性特点决定了其样式成为男性独有，在秦至西汉时期广泛流行。这时的帻较柔软，可随髻成型，男子戴帻时，则可以结盘旋中髻或高髻。男子不戴冠帻的情况下还可头顶高髻。秦始皇陵兵马俑的首服中对以上三种情况有清晰的反映，有研究统计，秦始皇陵兵马俑一号坑中戴帻的有403件，戴冠的有58件[①]，其余露髻的则结头顶右侧高髻。西汉时期的男性基本延续了这种发髻特点，说明冠帻的形态变化不大，如汉景帝阳陵从葬坑、临潼新丰故城汉墓、长沙马王堆M1、永城芒砀山柿园汉墓、巢湖放王岗M1出土的男俑均为类似发髻形态。与之相比，女性因无需戴冠，发髻形态可以更自由多样的发展。低髻为秦至西汉早中期女性特有的发髻类型，如关中地区的汉景帝阳陵，徐州狮子山楚王墓、北洞山楚王墓、东甸子汉墓、顾山M1、米山汉墓、宛朐侯刘埶墓、后楼山汉墓，长沙马王堆M1和M3、伍家岭汉墓，永城芒砀山柿园汉墓，巢湖放王岗M1等，女性均结低髻。西汉中期以后，女性发髻普遍开始增高，出现各种各样的高髻类型。

东汉以降，随着帻巾的广泛流行，男子普遍着帻或帻上加冠，女子也头戴可直接摘戴的簂类发饰。在这种趋势下，高髻成为男女均可选择的发髻样式，这种样式将头发拢束于头顶，于发上覆加其他饰物。尽管普遍梳高髻，女性的发髻往往更高大、装饰性更强，除繁缛的发饰外，有些女性的发髻鬓角留有垂髾，发髻末梢有向外垂搭的分髾。

（二）服装搭配、类型与款式的性别特点

服装的性别差异更多体现在搭配方面，秦汉时期的汉族服饰虽以上下连体的外服为主要特征，但上下分属的服饰结构有逐渐增多的趋势，且更多为女性穿着。考古发现显示，男性和女性均穿裤和裙，如连云港东海尹湾M2墓主为女性，随葬简牍文字记载有“帛霜帬”“帛缥帬”“羽青帬”“霜散合帬”“缣襌帬”等各式裙装10条，同时也记载有“羽青绔”“青素绔”等裤装3条。江陵凤凰山M168墓主为男性，随葬有麻裙实物2件；江陵张家山M247墓主为男性，随葬简牍文字记载有“素绔”，

① 陕西省考古研究所始皇陵秦俑坑考古发掘队：《秦始皇陵兵马俑坑一号坑发掘报告（1974～1984）》，文物出版社，1988年，第114～127页。

也有“锦帬”“綈帬”“禪缣帬”；江陵凤凰山M8墓主为男性，随葬简牍文字也记载有“素禪绔”“新素绔”“缣帬”“布禪帬”等。尽管如此，外服中女性上衣下裙的装束明显多于男性，例如，长沙渔阳长沙国王后墓，随葬衣物简牍记载有“複裯裙”“禪纱裙”“缇合裙”“素禪裯裙”“素禪裙”“素禪裯直裙”等各式裙装近百条，唯不见有“绔”的记载。年代相当的长沙马王堆M1墓主为女性，也未见裤装实物出土。连云港东海尹湾M2与M6出土简牍内容相比，襦类上衣和裙明显较多，可能为襦裙搭配穿着。结合图像材料来看，东汉以后女性身着上襦下裙的情况更加常见，如密县打虎亭M2中的侍女、神木大保当汉墓画像砖上的女性均为上衣下裙的搭配，穿着各式裙装。男性的外服多为上衣下裤，裤有内外之分，如前文所述，连云港陶湾西郭宝汉墓和东海尹湾M6男性墓出土简牍文字有“白纨大绔”“早大绔”和“练小绔”字样，即是对男性这种内外裤的区分；女性墓葬的随葬简牍所记之“绔”则未见类似区分，这当与女性多外穿裙、内穿裤的搭配有关。

服装类型总体而言大同小异，除裙外个别服装也有性别差异。最明显的是上衣中的袿衣，如前文所述，诸于虽与袿衣属同类上衣，且西汉时男性也可穿着，但在东汉以后的发展演变中也逐渐成为女性专有之服。此外，帔、蔽膝等小型服饰构件虽然男女均有穿着，但在女性服装中更为常见。男性专有的服饰主要为军戎和劳役类的服装，如抹额、袭、襩、行縢、靴等均为男性常见的服装类型。外服中B型交领长服为男性常见的服装类型，C、Db、I、J、K型交领长服则多为女性专属。

就服装款式而言，秦汉服装的性别差异主要体现在领、袖、前襟、下摆等部位，一般而言，这些部位在女性服装中装饰性更强。譬如，水袖、华袂和鱼尾性下摆均为舞女服饰的特殊款式，有些女性服饰的腰带下还垂有长飘带，这些款式均不见于男性服装，适应于表现女性或轻盈柔美、或雍容华贵的性别特点。就前襟而言，女性多曲裾，男性多直裾，例如西安茅坡邮电学院M123中，女俑着曲裾长服，男俑却为直裾长服。云梦大坟头M1出土的木俑中，女俑着绕襟曲裾长服，男俑为直裾长服。当然男性也有着曲裾的情况，即使同为曲裾长服，女性服装的曲裾很长，往往多绕襟，而男性服装的曲裾则很短，往往只至身后。下摆方面，女性服装的下摆外撇弧度大，袿衣还有装饰性很强的“刀圭”装饰；男性服装的下摆则更加内敛，下端往往平齐。

三、秦汉服饰的等级与功能

服饰的等级性和功能性是服饰文化在阶级社会的基本属性。汉代也不例外，贾谊在他的《新书》中将“制服之道”阐述为“奇服文章，以等上下而差贵贱”，“贵贱有级，服位有等”[①]，这两句话一语中的地指出了建构汉代服饰制度的初衷和愿景。中国历代以服饰彰显等级的手段无外乎三种：其一，以首服示等级，正所谓“在身之物，莫大于冠”[②]；其二，以服色示等级，“以五采彰施于五色，作服”[③]；其三，以服饰纹饰示等级，如冕服之十二文章“日月星辰，山龙华虫”“宗彝藻火，粉米黼黻”[④]。秦汉时期服饰的等级性特点也是通过以上三个方面得以彰显。

（一）服饰的等级性

服饰穿搭中，首服的等级特点明显大于衣、袴等其他服装种类。有官秩和身份的男性才能戴冠，一般男性只能戴帻。在官吏服饰中，与唐代的服色制度不同，汉代官吏主要以冠和绶来区分官秩等级，即“冠绶别阶”。文官的进贤冠以梁数来区分等级，“公侯三梁，中二千石以下至博士两梁，自博士以下至小史私学弟子，皆一梁”[⑤]。武官则以是否有鹖尾、金珰等装饰来区分具体官职，如侍中和中常侍等职的武冠上加蝉纹黄金珰，后饰貂尾。绶带的等级特点更加鲜明，其出现的初衷即“别尊卑、彰有德”，以长度、密度和色彩作为区分等级的具体标准，但此类标准在西汉和东汉略有不同。女性的首服则常以首饰的繁缛程度来区分等级，如中江塔梁子M3宴饮图壁画中表现有不同等级的女性形象，墓主发髻上有复杂的发饰，外垂搭出一条发梢，“侍奴”只梳着简单的圆形单髻。类似情况也见于长沙马王堆M1帛画和和林格尔M1壁画中的不同等级的女性。此外，假发作为一种装饰性极强的发饰也是区分等级的重要方面，为高等级女性所用。

---

① （汉）贾谊撰，阎振益、钟夏校注：《新书校注》，中华书局，2000年。

② 黄晖：《论衡校释》，中华书局，1990年，第994页。

③ （清）阮元校刻：《尚书·益稷》，《十三经注疏》，中华书局，2009年，第298页。

④ （清）阮元校刻：《尚书·益稷》，《十三经注疏》，中华书局，2009年，第297页。

⑤ 《续汉书·舆服志》，中华书局，1965年，第3666页。

上衣的等级特点更多体现在款式尤其是长度方面，上下连属、被体深邃的长服一般为具有一定等级身份的人所服，上衣风格更强调外在形态的美观；中长服或短服则是等级较低的人所服，款式更注重于实用和便捷。

服色等级方面，除绶带以色彩区分等级外，祭服中的用色等级文献也有明文规定，如太皇太后、皇太后、皇后的入庙服，均为绀上皂下，蚕服，均为青上缥下；贵人的助蚕服为纯缥上下；公、卿、列侯、中二千石、二千石的夫人入庙佐祭服上下均为皂绢，助蚕服上下均为缥绢。除祭服外，朝服等其他服饰受政治影响，在西汉时期也曾一度以黄色为尊。汉兴之初，社会秩序尚未完全恢复，统治政权尚无暇顾及礼仪制度方面的建设，据《西汉会要·舆服志》载："汉初定，与民无禁。"颜师古注曰："国家不设国旗衣服之禁。"①服色基本是伐秦继周，为火德，色尚红。至汉文帝时，儒学思想的坚定拥护者贾谊向文帝提出一系列巩固政权的改革措施，他上表曰："汉兴至孝文二十余年，天下合洽，而固当改正朔，易服色，法制度，定官名，兴礼乐，乃悉草具其事仪法，色尚黄，数用五，为官名，悉更秦之法。"②至汉武帝时，司马迁等人继续上表坚持"服色数度，遂顺黄德"③。考古所见的西汉初年的服饰面貌一定程度上反映出这种政治倾向，如长沙马王堆M1和M3出土的服饰实物、徐州北洞山楚王墓出土的彩绘陶俑以及西汉中晚期出土的衣物疏简牍资料等均表明，服饰确实以黄色居多，但等级差别尚不明显。

纹饰从某种程度上说属于多色混合，在表现等级身份方面更加明显，在等级身份相近的人群中，服装有无纹饰以及纹饰的繁缛程度往往成为进一步区分其等级的显著特点。董仲舒就曾在《春秋繁露》中提到"散民不敢服杂彩"④。徐州北洞山楚王墓墓室内出土的女性跽坐俑为楚王身边的女官或身份较高的女侍，身着的服装上不仅有艳丽多彩的纹饰，腰带还是镶嵌有海贝、白珠的贝带，领缘有凸起的珠饰和流苏装饰，与同墓出土的普通女侍的单色外服差别明显。长沙马王堆M1出土帛画中的墓主身着多色卷云纹外服，身后侍女则身着单色外服，等级身份一目了然。江陵凤凰山M168出土有24件女俑，根据同墓出土简文可知其身份为"大婢"，位于墓主车附近的"美人女子"形体高大、等级最高，身着"方棋

① （宋）徐天麟：《西汉会要》，上海古籍出版社，2006年，第246页。
② 《史记·屈原贾生列传》，中华书局，1959年，第2492页。
③ （宋）徐天麟：《西汉会要》，上海古籍出版社，2006年。
④ （汉）董仲舒：《春秋繁露》，中华书局，2011年。

纹”或“云纹”长服，纹饰繁缛；另一类“养女子”形体和等级次之，身着服装虽也有彩绘花纹，但相对简单，精美程度却远不及前者；持农具的“田者”形体最小、等级最低，服装基本没有花纹。对此，汉代文献也有明确记载，如《汉书·元后传》《后汉书·齐武王传》提到汉武帝特派的使者、御史、直指等均身着绣衣，皇帝的守门卫士“虎贲”则着虎豹纹锦袴。由此不难看出，“杂彩”是区分服饰等级的重要方面，对此，董仲舒曾明确指出：“染五采，饰文章者，非以为益冗肤血气之情也，将以贵贵尊贤，而明别上下之伦，使教前行，使化易成，为治为之也。”[①]

服装的纹饰与质料直接相关，纹饰所反映出来的复杂精美程度实际上间接反映了服装质料的考究程度。汉代的服装质料总体以丝和麻来界定等级，贵族衣丝，平民穿麻。丝织品中又以工艺繁缛、纹饰多样的暗花和提花织物最为尊贵，即锦、绮等织物，尤其是锦具有多色显花的特点，纹饰效果更为精美。而像绢、纱类平纹丝织物和麻类织物却鲜有纹饰，工艺简单。《汉书》载高祖八年“贾人毋得衣锦、绣绮縠絺紵罽”[②]，充分显示出秦汉时期以面料别尊卑的服饰风尚，织物工艺的复杂程度直接反映出服用者的身份等级。布料则以致密度来区分等级，等级越高，服饰布料升数越多。

（二）服饰的功能性

秦汉服饰不仅彰显出一定的等级特征，在强调等级、礼仪、秩序等方面的同时，也充分考虑到服饰的实用功能，实现了等级性与功能性的较好结合，这种结合主要表现在服饰的种类和款式等不同方面。

秦汉服饰的实用功能较强，如前文所述，军戎、乐舞、劳作等具有实际用途的服饰尤其表现出强烈的实用便捷的特点。在服饰搭配方面，多为中长服或短服与绔的搭配，虽然乐舞服饰在西汉早期多为长服，但在西汉晚期以后上衣逐渐缩短、加宽，不断向着便于活动的趋势变化。军戎服饰中的袭前襟很短，这种设计充分考虑到骑兵骑乘的实际需要，也成为骑兵专有的服饰类型。行縢偪束胫部，多用于轻装步兵，便于长距离急行军；护腿厚重结实，则用于重装部队，具有很强的防护性能。劳作服饰短衣长裤的搭配以及臂褠、蔽膝等服饰配件的广泛使用也是为方便劳作、保护衣服清洁需要而设计的类型。综上可见，秦汉服饰的设计充分考虑到服饰的

---

① （汉）董仲舒：《春秋繁露》，中华书局，2011年。

② 《汉书·高帝纪》，中华书局，1962年，第65页。

便捷性。

贵族、官吏以及官奴婢等具有一定身份和等级的人物，虽然强调服饰的等级性，多身着长服，仪表庄重，但也充分考虑到在款式细节方面的实用性设计。我们注意到，西汉时期的及地长服的下摆处多内凹，中长服则有一种前长后短的短后衣，这些设计充分考虑到行动方便的实际需要，而袿衣的错落下摆和G型中长服的花瓣形下摆则兼具了装饰性与便捷性的实际需要。

第三节　秦汉时期的服饰制度

秦汉时期的服饰面貌一定程度上受到当时服饰制度的影响，秦汉服饰风格的最终形成是在服饰制度的推动下确立和完成的。汉代首次将《舆服志》作为重要典制补入正史，成为历代服饰制度的发端，推动中国古代社会的“等级舆服日益精致，最终尽其极致”[①]。秦汉时期发生过两次较大规模的冠服制度的变革：一是西汉初年由于政权更立而重新修订的冠服制度；二是东汉初年汉孝明帝的服饰改革。需要注意的是，这两次服饰改革的背景和内容完全不同，前者是对常服的小范围修订，后者则上升到对礼服体系中的最高等级——祭服的全面改革。

一、冠服制度中的汉承秦制

秦实现政治一统后，取法战国时期的六国服饰，形成了自己的冠服制度，如以楚之南冠赐执法近臣御史服之；以齐王高山冠赐近臣谒者服之；以赵之君冠赐近臣。祭服则在灭礼崇法的指导思想下，废除周礼中的冕服系统，以袀玄取而代之。对常服的规格进行了统一的规定，“乃命司服具饬衣裳，文绣有常，制有小大，度有短长，衣服有量，必循其故，冠带有常”[②]。在装饰方面延续战国时的绂佩装饰，保留系璲，并在系璲上连结彩组，成为“绶”，以“光明章表”。

可以看到，秦的服饰变革是因时而变、由繁至简的过程，但尚未形成属于秦自身的服饰体系。由于秦代除了秦始皇兵马俑服饰形象的集中发现

① 阎步克：《服周之冕——〈周礼〉六冕礼制的兴衰变异》，中华书局，2009年，第5页。

② （战国）吕不韦编，（汉）高诱注：《吕氏春秋》，《诸子集成》（五），中华书局，2006年，第75页。

外，其他服饰资料较少，故很难印证文献中的服饰相关制度。但值得注意的是，咸阳宫三号宫殿遗址出土的壁画残迹显示，宫廷人物的确穿着黑色系的上下连体袍服，这是秦代尚黑的表现之一。

自秦入汉，礼法多废，故西汉初年的制度多承袭秦制，只对冠服制度进行了零散的修订和完善。汉承秦故，在服饰制度方面主要表现在最高层级的礼服——祭服，秦代祭祀礼服为袀玄，汉初时延续了这一传统，对祭服未作改变；祭服中的冕制，西汉初年所见冕及爵弁均为先秦遗制，未见垂旒。当然，汉初也对六国和秦代的服饰制度进行了一些修补和增订，但从文献记载来看，这时的修订尚不全面，冠服制度尚不成体系。大体而言，修订的指导原则有二：一是在五行思想的影响下，将国运与服色相联系，变秦代水德为汉代火德，以服饰为代表的各方面也由尚黑转为尚黄，如前文所述，这种崇尚在考古材料中有一定体现，但尚不明显；二是在儒家崇礼的思想基础上进行的服饰改革，所谓的“礼”即强调服饰中的君臣纲常，强调等级与秩序。

在这种指导思想下，汉初的统治阶层对朝服和常服进行了一系列改革。如高祖八年“贾人毋得衣锦绣绮縠絺紵罽”[①]，景帝中元六年“夫吏者，民之师也，车驾衣服宜称”，而“吏多军功，车、服尚轻，故为设禁”[②]。这里对官吏服饰等级进行了提升，对民众服饰设置了禁忌，从商者更不得以锦绣加身。“孝文皇帝时，博士七十余人，朝服玄端，章甫冠”[③]，对具有特定身份的儒生服饰也做了规定。汉高祖刘邦微时常戴竹皮冠，显贵后仍“时时冠之”，称作“刘氏冠”，于是还是在汉高祖八年颁布法令“爵非公乘以上毋得冠刘氏冠”，将冠式与官爵挂钩，长冠成为身份、等级和权力的象征。另外，西汉时继续沿袭秦时已成形的佩绶制度，并“加以双印佩刀之饰”，“以别尊卑、彰有德”，还对其材质、尺寸和用度规格进行了规定，“绶长一丈二尺，法十二月；阔三尺，法天、地、人。旧用赤韦，示不忘古也，秦汉易之以丝，至今以为常制”，乘舆、太皇太后、皇太后、皇后黄赤绶，四采，长二丈九尺九寸，五百首；诸侯王、长公主、天子贵人等佩赤绶，四采，长二丈一尺，三百首；太师、太傅、太保、太尉、左右前后将军佩紫绶，二采，长丈七尺，百八十首；御史大夫、九卿、中二千石、二千石、诸国相国贵人佩青绶，三采，

---

① 《汉书·高帝纪》，中华书局，1962年，第65页。

② 《汉书·景帝纪》，中华书局，1962年，第149页。

③ （汉）卫宏：《汉旧仪》，《汉官六种》，中华书局，1990年，第57页。

长丈七尺，百二十首；千石、六百石黑绶，三采，长丈六尺，八十首；四百石、三百石、二百石黄绶，一采，长丈五尺，六十首[①]。

要之，西汉初年对官爵服饰的诸多特别规定，说明汉代服制开始将服饰与官阶政治密切联系在一起，形成了汉代独有的以冠绶相区别的官吏服饰系统。

二、汉明帝的服制改革

东汉明帝时期的服制改革是在延续光武旧制、推行儒学、大兴礼乐、整理典籍等一系列文化建设的大背景下进行的，是在《周官》《礼记》《尚书·皋陶篇》的基础上对礼服的全面改革，这次改制的礼服包括祭服和朝服，重点在祭服。

汉明帝对祭服的改革彻底打破了周礼服制中“冕”与“服”配伍成阶次的冠服系统，对祭服的种类及具体形制、穿用人群、穿用等级等进行了明确的规定和补充。就祭服整体搭配而言，祭服之冠包括冕、长冠、委貌、皮弁、爵弁、建华冠、巧士冠、方山冠八种；衣服为上下分裁，上衣下裳，服色和纹饰随身份、场合、性别而异；脚下为赤舄絇履；佩饰为大佩，白玉冲牙双瑀璜，穿系视冕旒而定，乘舆以白珠穿系，公卿诸侯以采丝穿系。女性的入庙服和蚕服以服色区分上衣下裳，首饰有翦氂蔮、假结、大手结、绀缯蔮、步摇、簪珥等不同种类。

祭服的使用主要分两种场合：一种是祭祀天地明堂时，等级最高。天子、三公、九卿、特进侯、侍祠侯，皆冠旒冕；衣裳玄上纁下，天子的纹饰为日月星辰十二章，三公、诸侯用山龙九章，九卿以下用华虫七章，皆备五彩；佩饰为大佩；足衣为赤舄，絇履。百官执事，则冠长冠，身着袛服。另外一种是祭祀五岳、四渎、山川、宗庙、社稷等其他。全部戴长冠，穿着袀玄，祭祀五郊时服色则随方向之色而变化。百官不执事者，各服常冠袀玄以从。

此外，祭祀时的特殊人员还有特定服饰。在行大射礼时，公卿、诸侯、大夫冠委貌，身着玄端素裳；执事者冠皮弁，衣缁麻衣，皂领缘，下素裳，即“皮弁素积”。祭祀天地五郊明堂时，进行云翘舞表演的乐人戴爵弁；育命舞表演的乐人则戴建华冠。祀宗庙时，大予、八佾、四时、五行乐人戴方山冠，冠色如其行方之色而舞。祭天时，卤簿中的黄门从官还

---

① 《汉书·百官公卿表》，中华书局，1962年，第724～743页；《续汉书·舆服志》，中华书局，1965年，第3665～3677页。

要戴巧士冠。公、列侯以下皆穿单缘禨祭服，服面上可制纹绣。

女性的礼服主要为入庙服和蚕服，均为深衣制。蚕服除用于亲蚕礼外，还用做二千石夫人以上至皇后的朝服。入庙服和蚕服随等级不同服色有差，太皇太后、皇太后、皇后的入庙服均为绀上皂下，蚕服均为青上缥下；公、卿、列侯、中二千石、二千石夫人入庙佐祭服为皂绢上下；助蚕服为缥绢上下。随戴首饰的等差则更加明显，太皇太后、皇太后为翦氂簂、簪珥；皇后为假结、步摇、簪珥；贵人大手结、墨玳瑁，加簪珥；长公主加步摇；公主大手结，皆有簪珥；公、卿、列侯、中二千石、二千石夫人为甘缯簂、簪珥。此外，自皇后以下女性不得服“诸古丽圭襂闺缘加上之服”，“司马相如《大人赋》曰：‘垂旬始以为襂。’注云：‘葆下旒也。’则襂之容如旌旒也”[1]。这里所提到的圭襂很可能即袿衣之属，东汉明帝的服制改革将这种华丽上服规定为皇后以上女性专享，故在东汉以后表现女性日常穿服形象中鲜有出现，这与考古发现情况是相合的。

可以看到，东汉明帝的服制改革对礼服的搭配、等级、身份、形制、性别等方面都有详细的规定，是对汉代服饰制度的总结和升华，可以说，完善的汉代服饰制度始于东汉明帝时期。这次服饰改制不仅对汉代服饰影响巨大，更对汉以后千余年的服饰制度，尤其是祭服制度影响深远。

① 《续汉书·舆服志》，中华书局，1965年，第3665～3677页。

第六章　秦汉时期边远地区的服饰文化面貌

随着秦汉王朝的建立和政治版图的不断扩展，中原地区的服饰传统开始与边远地区的服饰传统发生接触与交流，这其中最典型的代表就是西南地区的服饰传统和西北地区的西域文化服饰传统。根据《史记·西南夷列传》《华阳国志》记载，秦汉西南地区有“滇”“夜郎”等诸多部族。根据《史记·大宛列传》和《汉书·西域传》记载，西汉时期西域地区已内属汉王朝，在西汉末年有五十五国；至新莽东汉时期，西域原来的小国陆续合并为鄯善、于阗、焉耆、龟兹、疏勒、高昌六个大国，与中原地区的政治经济往来更加频繁。以西南和西北为代表的秦汉时期边远地区的服饰文化在延续自身传统的同时，开始受到来自中原服饰的影响。

第一节　西南地区的服饰文化传统

根据文献记载，今天的川西以及云贵高原是秦汉时期“西南夷”各部族的主要分布地区。20世纪50年代以来，在该地区陆续发现了诸多考古学遗存，研究表明，以石寨山墓地为代表的考古学文化与滇文化有直接关系。考古发现所见的人物服饰形象展示出以滇文化为代表的西南各部族服饰的典型土著特征，揭示了汉武帝开拓西南夷以前西南边陲部族的基本服饰面貌，它们代表了秦汉时期汉民族服饰传统以外的又一服饰传统，是秦汉服饰的重要组成部分。

一、服饰形象的考古发现

考古发现所见的西南部族服饰形象大部分为立体服饰形象，主要反映在滇墓出土的具有人物形象的青铜器上，这些青铜器集中出土于云南省的晋宁石寨山、江川李家山、昆明羊甫头等墓地中规模较大的墓葬，年代集中在西汉早期至西汉中期。

（1）晋宁石寨山墓地

墓地位于云南省昆明市晋宁区上蒜镇石寨村，1955～1996年先后进行了五次发掘，共发掘墓葬87座。1955～1957年，第一、二次发掘出土了大量具有人物形象的青铜器。这次发掘共清理墓葬23座，墓葬中以生产工具、兵器、生活用具、贮贝器等青铜器为大宗，人物形象多数为铜俑、铜饰件或贮贝器上的人物雕像，比较典型的有13件铜俑和7件有人物雕像的贮贝器，另有多件无法统计的铸有人物形象的青铜饰件，包括扣饰、杖头饰、剑饰等。出土有人物形象的墓葬年代大多为西汉中期[①]。

1996年第五次发掘的36座墓葬中，M71规模较大，出土有少部分有人物形象的青铜器，其中有1件铜俑、1件有人物雕像的贮贝器以及少量有人物形象的扣饰。这座墓葬的年代为西汉早期晚段武帝元狩五年（公元前118年）以前[②]。

（2）江川李家山墓地

墓地位于云南省玉溪市江川区李家山，于1972年和1991年先后两次进行发掘。1972年共发掘27座墓葬，出土有大量兵器、生产工具、纺织工具、生活用具、乐器等青铜器以及少数铁器，其中少数铜剑、杖头、刷形器上有人物饰件。出土有这些青铜人物形象的墓葬年代大部分为西汉中期以后[③]。

1991年以后共清理墓葬60座，全部为竖穴土坑墓，其中有7座大型墓、18座中型墓和34座小型墓。大型墓葬中出土有人形执物铜俑、有人物形象的贮贝器、铜鼓、杖头饰、人形扣饰等器物。出土这些器物的墓葬年代为西汉中期至晚期[④]。

（3）昆明羊甫头墓地

墓地位于云南省昆明市官渡区小板桥街道羊甫头村，1998～2001年分三次进行发掘。其中有滇文化大中型墓葬33座、小型墓葬777座，汉式墓葬7座。立体人物形象主要分属于大型滇墓及少数小型滇墓出土的青铜

---

① 云南省博物馆：《云南晋宁石寨山古墓群发掘报告》，文物出版社，1959年。

② 云南省文物考古研究所、昆明市博物馆、晋宁县文物管理所：《晋宁石寨山——第五次发掘报告》，文物出版社，2009年。

③ 云南省博物馆：《云南江川李家山古墓群发掘报告》，《考古学报》1975年第2期。

④ 云南省文物考古研究所、玉溪市文物管理所、江川县文化局：《江川李家山——第二次发掘报告》，文物出版社，2007年。

器上，如M113大型滇墓出土的人形铜杖头、跪坐女俑；小型墓M698 和M781出土的2件人形扣饰。年代为西汉中期至晚期[①]。

二、服装的主要类型

西南地区服饰的主要搭配为上衣下裤或上衣下裙，跣足，时常外加披肩，束腰带，腰带上有装饰繁缛纹饰的扣饰。主要类型兹列如下。

（一）上衣

上衣类型较为多样，对襟式数量居多，此外还有交领式、贯头式、披身式等领式的上衣。

1. 对襟式服

对襟式服数量最多，其基本特征是衣长及膝；无领，两襟相对。根据袖长及束带方式，可分为二型。

A型：袖宽且短，长及肘部，类似七分袖；无束带，两襟不闭合，可隐见内衣形态；下摆前后均平齐；领部折角为弧形，下摆折角方直。领、袖、襟、下摆均有窄细衣缘，衣面多有竖条纹装饰。

典型者如晋宁石寨山M12出土的贮贝器刻绘的头上顶物前行的女性的服装（图6-1-1）、M17和M20出土的铜执物女俑（图6-1-2、图6-1-3）、M18出土的杖头女俑（图6-1-4）以及江川李家山M69出土铜执伞女俑的服饰形象（图6-1-5）。年代均为西汉中期。

B型：无袖；身前仅见左右两片搭挂在两肩，腰中束带固定；衣长至股；有多重条纹装饰。

典型者如江川李家山M68出土的多件人物扣饰（图6-1-6）。年代为西汉中期至晚期。

2. 贯头式服

贯头式服可外穿，亦可内搭，在西南地区以后者居多并与对襟式服搭配穿着。款式方面主要为圆领，由于内穿，其他部位的款式不详。

典型者如晋宁石寨山M20和江川李家山M69出土的铜执物俑内衣

---

① 云南省文物考古研究所、昆明市博物馆、官渡区博物馆：《昆明羊甫头墓地》，科学出版社，2005年。

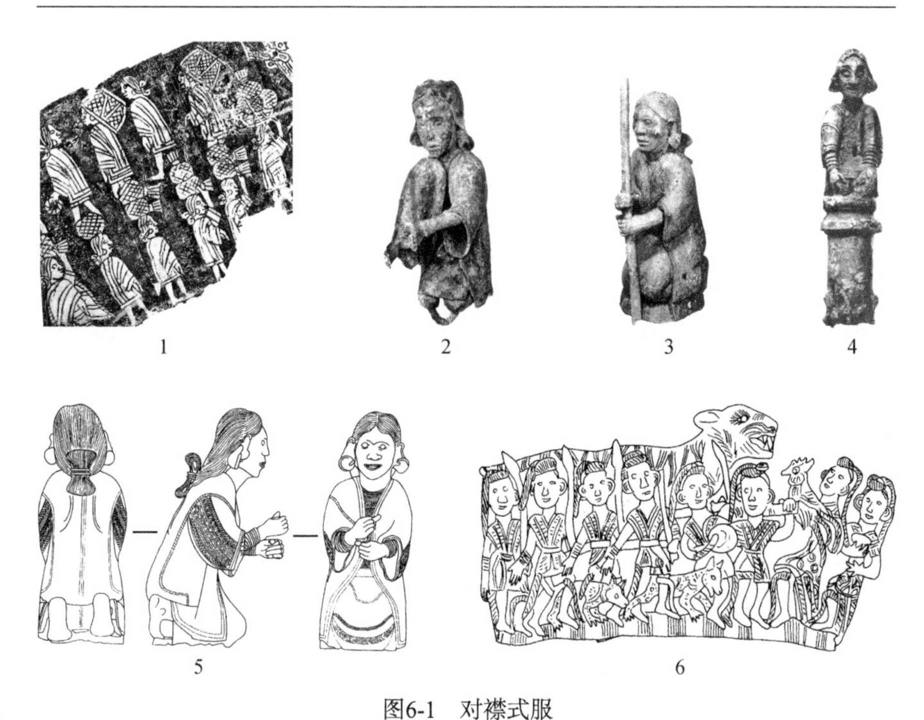

图6-1　对襟式服

1～5. A型（晋宁石寨山M12：1、晋宁石寨山M17：5、晋宁石寨山M20：2、晋宁石寨山M18：6、江川李家山M69：166）　6. B型（江川李家山M68X1：51-2）

（图6-2-1～图6-2-3）①，以及晋宁石寨山M12出土的贮贝器上的大部分女性形象，外穿对襟式服，内衣均表现为贯头式圆领。年代为西汉中期。

图6-2　贯头式服

1. 晋宁石寨山M20：2　2、3. 江川李家山M69：166

① 李伯谦：《中国出土青铜器全集·云南卷》，科学出版社，2018年，第194页。

3. 披身式服

所谓披身式服装，是指将服装布料整体披覆于身体，以腰带或系带固定的上衣类型。根据肩部款式，可分为二型。

A型：单肩披覆式。大多披覆右肩，袒露左肩，个别披覆左肩，袒露右肩；以单肩为支点，腰带固定；下摆前后均平齐。根据衣长，可分为二亚型。

Aa型：衣长及地。

典型者如晋宁石寨山M1出土贮贝器上从事纺织生产的女性人物形象（图6-3-1）[①]，以及江川李家山M69出土的贮贝器上的人物所穿服装（图6-3-2）。年代均为西汉中期。

Ab型：衣长及膝。

典型者如晋宁石寨山M13出土贮贝器上纳贡场面中的编发男子（图6-3-3），以及江川李家山M69出土的鼓形贮贝器上的人物所穿服装（图6-3-4）。年代均为西汉中期。

B型：双肩披风式。整衣披覆于双肩，以系带固定或辅以腰带，根据长短及固定方式又可分为三个亚型。

Ba型：上宽下窄，衣长及地，拖垂于后，有如拖尾；无袖；胸前系带固定，腰间有束带。从形态看一般材质厚实，很可能为动物皮毛或毡质。

典型者如晋宁石寨山M17出土的铜舞俑外穿披风（图6-3-5），M13出土贮贝器上纳贡场面中的男子服装（图6-3-6、图6-3-7），江川李家山M69出土铜鼓上的舞蹈人物服装[②]。年代均为西汉中期。

Bb型：基本形制与Ba型一样，唯衣长略短，披垂至腿后。

典型者如晋宁石寨山M13出土贮贝器上纳贡场面中的男子服装（图6-3-8），年代均为西汉中期。

Bc型：上下基本等宽，衣长至臀后；无袖；胸前系带固定，腰间有束带及很大的扣饰。从形态看材质较厚软，很可能为毡质。

典型者如晋宁石寨山M6、M13、M18、M71以及江川李家山M47、M51等出土的各种男女执物铜俑服装（图6-3-9、图6-3-10），年代均为西汉中期。

---

① 冯汉骥：《云南晋宁石寨山出土文物的族属问题试探》，《考古》1961年第9期。此文插图均用于本节图示，下文涉及者不再单独出注。

② 李伯谦：《中国出土青铜器全集·云南卷》，科学出版社，2018年，第154页。

图6-3　披身式服

1、2. Aa型（晋宁石寨山M1、江川李家山M69：139）　3、4. Ab型（晋宁石寨山M13：2、江川李家山M69：157）　5～7. Ba型（晋宁石寨山M17：23、晋宁石寨山M13：2、晋宁石寨山M13：2）　8. Bb型（晋宁石寨山M13：2）　9、10. Bc型（晋宁石寨山M18：1、晋宁石寨山M13：227）

4. 交领式服

西南地区所见的交领服与中原所谓的交领服差别较大，主要表现在前襟较窄短，介于对襟式与交领式之间，以腰带固定。根据形态可分为二型。

A型：衣长过膝；袖宽且短；交领右衽，左襟略压右襟，中间束腰固定，使不外敞；下摆前后平齐；衣襟边有窄衣缘。

典型者如晋宁石寨山M20出土的杖头饰（图6-4-1），以及M13出土贮贝器上纳贡场面中的戴冠男子及披风男子的内衣。年代均为西汉中期。

B型：衣长较短，长至臀部；紧窄长袖，袖端过手；交领右衽或左衽；下摆前后平齐。搭配同样窄长的裤子。

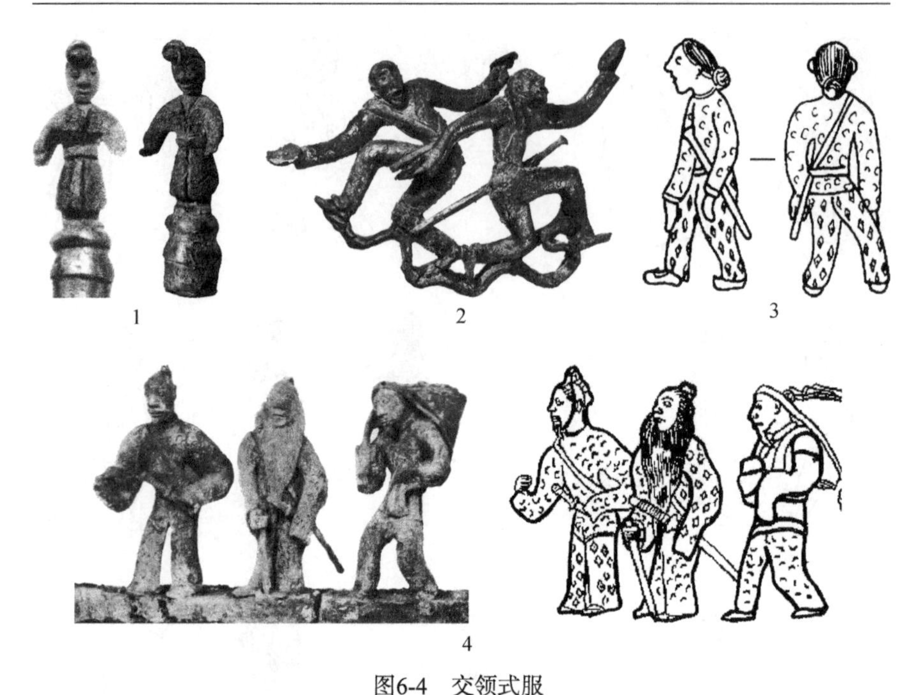

图6-4　交领式服

1. A型（晋宁石寨山M20：14）　2～4. B型（晋宁石寨山M13：38、江川李家山M69：157、晋宁石寨山M13：2）

典型者如晋宁石寨山M13出土的双人舞铜饰上的双人服饰（图6-4-2）、江川李家山M69出土贮贝器上的佩剑人物服饰（图6-4-3），以及晋宁石寨山M13出土贮贝器上纳贡场面中的戴小冠男子服饰（图6-4-4）。年代为西汉中期至晚期。

（二）下衣

西南地区的下衣为裙和裤。

1. 裙

一般为短筒裙。上至腰身，长仅及膝；上下基本等宽；纹饰精美，有平行的横条纹装饰。裙多掩于上衣之下，因此裙的两侧及后部形制尚不明确。

典型者如晋宁石寨山M13出土的四人乐舞铜饰人物所穿裙（图6-5-1），年代为西汉中期。昆明羊甫头墓地出土的几件铜扣饰上的女性形象（图6-5-2）和漆木器上的女性形象（图6-5-3）也穿着类似的裙子。年代为西汉早期晚段至西汉中期早段。

图6-5　裙

1. 晋宁石寨山M13：64　2. 昆明羊甫头M698：6　3. 昆明羊甫头M113：381

2. 裤

裤是西南地区的常见下装，多为男性穿着。根据长度，有三种类型。

A型：缠腰短裤，无裤筒，腰中束带固定，类似中原地区的犊鼻褌，似以一幅布缠绕而成。

典型者如晋宁石寨山M17出土的铜舞人的衣着（图6-6-1），年代为西汉中期。

B型：及膝短裤，长至膝部；裤上也常见竖条纹装饰。

典型者如江川李家山M57和M51出土扣饰上的武士穿着（图6-6-2～图6-6-4），年代为西汉中期至晚期。

C型：长裤，长可覆足面；裤筒窄细。

典型者如晋宁石寨山M13出土贮贝器上纳贡场面中的戴小冠男子（图6-6-5），以及同墓出土的双人舞铜饰上的双人服饰（图6-6-6）。年代为西汉中期。江川李家山M69出土贮贝器上的佩剑人物（图6-6-7），年代为西汉晚期。

三、首服与发型

西南地区的首服与发型极具地方特点。与汉文化服饰传统类似，男性的首服类型也多于女性，且首服和发型种类多样、形态复杂。

（一）首服

首服是西南地区男性的主要头部装饰，主要有头巾、帽、冠三个大类。相对于中原地区，头巾更为常见且有各式各样的缠法；冠、帽则是具有特殊身份的人的首服，或为特定场合使用。

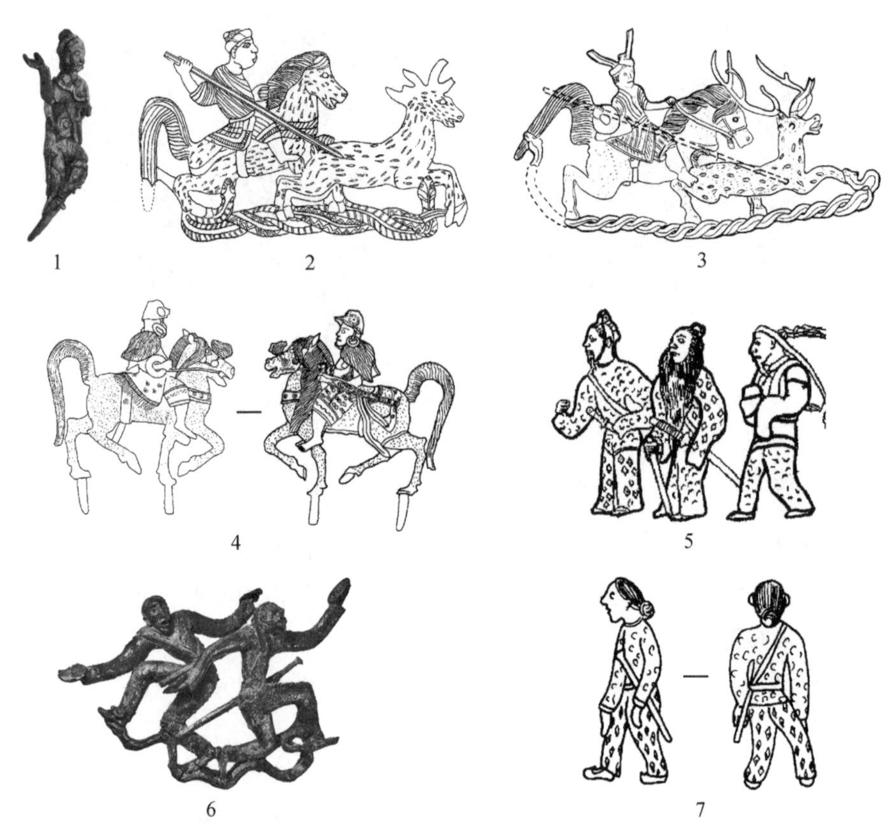

图6-6 裤

1. A型（晋宁石寨山M17：23） 2～4. B型（江川李家山M57：10、江川李家山M51：272、江川李家山M51：262） 5～7. C型（晋宁石寨山M13：2、晋宁石寨山M13：38、江川李家山M69：157）

1. 头巾

头巾是以织物缠绕头部的装饰物，随发成型，无固定形态。根据所见人物形象，西南地区的头巾有三种常见缠法。

A型：环绕头部一周，无端饰，此类最为常见。

典型者如晋宁石寨山M13出土贮贝器上纳贡场面中的男子所戴头巾（图6-7-1），年代为西汉中期。江川李家山M68出土的玉杆饰上的人物所戴头巾（图6-7-2）。年代为西汉中期至晚期。

B型：环绕头部一周，留出较长尾端作为装饰。根据尾端形态又可分为三亚型。

Ba型：尾端垂一头搭在一侧。

典型者如江川李家山M68X1出土的镂空铜扣饰上的人物所戴头巾（图

图6-7　头巾

1、2. A型（晋宁石寨山M13：2、江川李家山M68：270）　3、4. Ba型（江川李家山M68X1：30、晋宁石寨山M71：142）　5. Bb型（江川李家山M51：272）　6. Bc型（晋宁石寨山M17：23）　7. C型（晋宁石寨山M13：2）

6-7-3），晋宁石寨山M71出土贮贝器上的骑士头饰（图6-7-4）。年代均为西汉中期至晚期。

Bb型：尾端两头留出，高高竖起。

典型者如江川李家山M51出土的镂空铜扣饰的骑马人物所戴头巾（图6-7-5），年代为西汉中期至晚期。

Bc型：环绕头部，包裹发髻，尾端很长，头后交叉扎结后自然垂后。

典型者如晋宁石寨山M17出土的铜舞俑所戴头巾（图6-7-6），年代为西汉中期。

C型：环绕头部一周，额头正中竖起发巾尾端作为装饰。

典型者如晋宁石寨山M13出土贮贝器上纳贡场面中的男子所戴头巾（图6-7-7），年代为西汉中期。

2. 帽

西南地区的部分帽与冠差异不大，由于无法见到首服实物，首服材质无法知晓，故本文根据外形将覆头类的首服归入帽属，大致有三型。

A型：出檐盔式帽[①]。

典型者如晋宁石寨山M7和M13出土的骑士扣饰（图6-8-1、图6-8-2），年代为西汉中期。江川李家山M51出土铜鼓上骑士所戴的帽（图6-8-3），年代为西汉中期至晚期。

B型：高耸尖顶帽。根据装饰繁缛程度，分为二亚型。

Ba型：装饰简单。

典型者如江川李家山M69出土铜鼓上的2舞人所戴的帽（图6-8-4），年代为西汉中期至晚期。

Bb型：装饰复杂，帽体向外延伸多枝叉圆片饰物。

典型者如晋宁石寨山M13出土的舞人扣饰所戴的帽（图6-8-5），年代为西汉中期。

图6-8　帽

1～3. A型（晋宁石寨山M13：274、晋宁石寨山M7：34、江川李家山M51：262）　4. Ba型（江川李家山M69：162）　5. Bb型（晋宁石寨山M13：64）　6、7. C型（晋宁石寨山M13：2、晋宁石寨山M12：155）

① 此型可能为金属质盔类防护，暂根据其形态归入帽属。

C型：圈形帽，似为草编，额头正中有牌饰，前后搭桥形梁。

典型者如M13出土贮贝器上纳贡场面中的男子所戴的帽（图6-8-6），以及晋宁石寨山M12出土的扣饰上的骑士所戴的帽（图6-8-7），年代为西汉中期。

3. 冠

与帽相比，冠的覆盖面积较小，一般只覆髻而不盖头，故将这类具有类似形态的西南地区的首服归入冠属，大致有三型。

A型：直立高冠，在头顶发髻上直接戴圆锥体高冠，头周绕有一圈发巾。

典型者如江川李家山M69出土铜鼓上的2个舞人所戴冠（图6-9-1），年代为西汉中期至晚期。

B型：长板形平冠，有如中原地区的冕，也有学者称为“冕形冠”。

典型者如晋宁石寨山M13出土的八人乐舞扣饰（图6-9-2）和M6出土的五人缚牛扣饰所戴冠（图6-9-3），年代为西汉中期。

C型：覆髻小冠，形态较扁平，覆盖在长条形发髻上，以缨带系于颔下。

典型者如晋宁石寨山M13出土贮贝器上纳贡场面中的男子所戴冠（图6-9-4），年代为西汉中期。

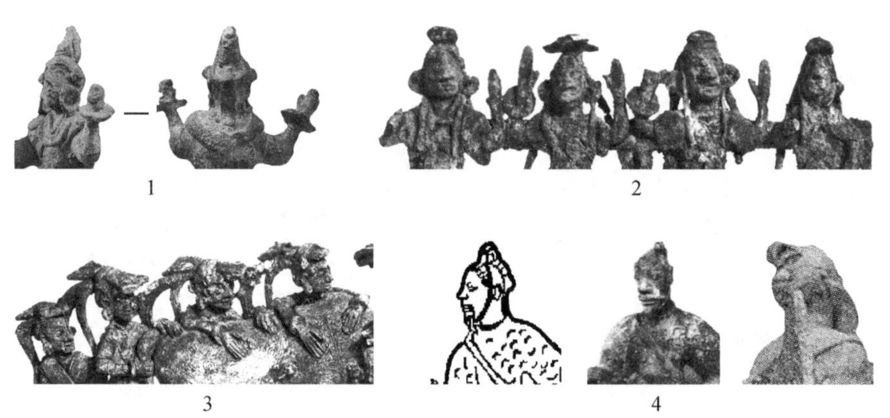

图6-9　冠

1. A型（江川李家山M69：162）　2、3. B型（晋宁石寨山M13：65、晋宁石寨山M6：30）
4. C型（晋宁石寨山M13：2）

（二）发型

西南地区的发型主要有发髻、编发和披发三种。

1. 发髻

西南地区的发髻形态多样，结髻位置集中分布在头顶和项后，也有个别结髻于脑后。根据结髻位置和发髻形态可分为六型。

A型：结髻于头顶正中。根据余发特征，可分为二亚型。

Aa型：头发全部拢束至头顶，结单髻。

典型者如江川李家山M47、M51出土执伞俑的发型（图6-10-1、图6-10-2），年代为西汉中期至晚期。

Ab型：头顶结髻，耳后垂下两条发。

典型者如晋宁石寨山M13出土贮贝器上纳贡场面中男子的发型（图6-10-3），年代为西汉中期。

B型：结髻于头顶偏后，发髻较大。根据形态及发饰，可分为二亚型。

Ba型：马鞍形大髻，以发带缠绕发髻根部，发带有长短之分。

典型者如晋宁石寨山M17出舞蹈人像的发型（图6-10-4）及M18出土执物铜俑的发型（图6-10-5），年代为西汉中期。

Bb型：圆柱形长髻，以发箍缠绕发髻根部。

典型者如晋宁石寨山M13出土的执物铜俑的发型（图6-10-6），年代为西汉中期。

图6-10 发髻

1、2. Aa型（江川李家山M47：25、江川李家山M51：260） 3. Ab型（晋宁石寨山M13：2）
4、5. Ba型（晋宁石寨山M17：23、晋宁石寨山M18：1） 6. Bb型（晋宁石寨山M13：227）
7. Ca型（晋宁石寨山M1） 8. Cb型（晋宁石寨山M20：14）

C型：前部头发结髻于额前，呈螺旋盘绕的锥形。根据余发形态，可分为二亚型。

Ca型：后部头发披散于脑后。

典型者如晋宁石寨山M1和M12出土贮贝器上人物的发型（图6-10-7），年代为西汉中期。

Cb型：全部头发结髻于额前。

典型者如晋宁石寨山M20出土的一件女俑杖头铜饰的发型（图6-10-8），年代为西汉中期。

D型：结髻于脑后正中，圆形盘髻。根据结髻位置及余发装饰可分为四亚型。

Da型：全部发结髻于脑后正中。

典型者如晋宁石寨山M1出土贮贝器上的女性形象的发型（图6-11-1），年代为西汉中期。

Db型：结髻于脑后正中，两鬓发旋纽弯折垂下。

典型者如晋宁石寨山M1出土贮贝器上纺织女性的发型（图6-11-2），年代为西汉中期。

Dc型：结髻于脑后正中，发余垂下。

典型者如晋宁石寨山M1出土贮贝器上纺织女性的发型（图6-11-3），年代为西汉中期。

Dd型：结髻于脑后侧方。

典型者如晋宁石寨山M1出土贮贝器上纺织女性的发型（图6-11-4），

图6-11　发髻

1. Da型（晋宁石寨山M1）　2. Db型（晋宁石寨山M1）　3. Dc型（晋宁石寨山M1）
4. Dd型（晋宁石寨山M1）　5. E型（晋宁石寨山M13：2）　6～8. F型（晋宁石寨山M20：2、江川李家山M69：166、昆明羊甫头M113：2）

年代为西汉中期。

E型：结髻于脑后正中，螺旋条形髻。

典型者如晋宁石寨山M13出土贮贝器上纳贡场面中男子的发型（图6-11-5），年代为西汉中期。

F型：结髻于项后，发髻形态为银锭形。

典型者如晋宁石寨山M20出土铜执物俑的发型（图6-11-6），年代为西汉中期。江川李家山M69出土执物铜俑的发型（图6-11-7），年代为西汉中期至晚期。昆明羊甫头M113出土人形铜杖首的发型（图6-11-8），年代为西汉早期晚段至西汉中期。

2. 编发

编发也称为“辫发”，西南地区流行的辫发一般为两根，另在两鬓部位又梳有小辫，或将额前发剪齐。有的搭配发巾类的发饰。根据发辫形态，可分为二型。

A型：单纯编发，后垂两根，鬓部垂小辫。

典型者如晋宁石寨山M1出土贮贝器上纺织女性的发型（图6-12-1），年代为西汉中期。江川李家山M69出土2件贮贝器上人物的发型（图6-12-2、图6-12-3），年代为西汉中期至西汉晚期。

B型：编发外在头顶偏后处结小髻。

图6-12 编发和披发

1～3. A型编发（晋宁石寨山M1、江川李家山M69：139、江川李家山M69：157）
4. B型编发（晋宁石寨山M13：2） 5. 披发（江川李家山M18：1）

典型者如晋宁石寨山M13出土贮贝器上纳贡场面中男子的发型（图6-12-4），年代为西汉中期。

3. 披发

披发是指将头发全部拖垂在后的披肩长发，或以捆扎方法将头发在颈部固定，束发自然垂落。

典型者如江川李家山M18出土的铜杖头跪坐女俑的发型（图6-12-5）和晋宁石寨山M12出土贮贝器上祭祀场面中有个别人物梳有这种发型。

四、西南服饰传统的基本特征

汉代西南地区的服饰传统保持着自身独立的发展轨迹，服饰种类、款式、搭配、质料、纹饰、色彩乃至首服与发型都与中原地区差异显著。在自成体系的背景下又存在着多元化的服饰风格。

（一）服装类型及搭配

西南地区的服装类型形态复杂，上衣、下衣和足衣的服饰面貌均与中原地区迥异。

与中原地区以交领式上衣为主体的情况不同，西南地区上衣的领式多样，主要有对襟式、披身式、贯头式、交领式四种，其中，又以前三种最为常见。对襟式与披身式多外穿；贯头式与交领式多内穿。对襟式与贯头式常同时穿着形成女性的内外搭配，披身式与贯头式或者披身式与交领式形成的内外搭配常为男性着装。

四种上衣样式中又以对襟式和披身式上衣最具特色。

对襟式上衣是西南地区最主要的服饰类型，并且是整套服装搭配的核心。从目前可见的年代较早的滇墓青铜器来看，这种对襟式上衣应当系本土起源，而受外来影响较小。例如，云南呈贡天子庙M41经^{14}C测定和树轮校正，年代可早至战国中期，墓中出土的杖头女俑M41：16外衣为对襟短服，内衣下身为及膝短裙[①]。江川李家山M18出土的杖头女俑（M18：1）、M22出土的青铜勺（M22：20）上的女性形象服饰也与此类似，年代可早至战国晚期至西汉早期[②]。

---

① 昆明市文物管理委员会：《呈贡天子庙滇墓》，《考古学报》1985年第4期。

② 云南省博物馆：《云南江川李家山古墓群发掘报告》，《考古学报》1975年第2期。

披身式上衣仅见于西汉时期的西南地区，无论是双肩披风式还是单肩披覆式上衣都常在腰部围有腰带用以固定。其中的单肩披覆式上衣款式类似西方古罗马时期的常见服装——“托加”（toga），古罗马时期的年代与西汉时期相当。有学者认为这种服装系由古希腊时期的披身长外衣希玛申（Himation）演变而来[①]。

交领式上衣在当地很少见，与中原地区的典型交领式上衣不同，西南地区的交领式上衣应称作“非典型交领式服”。上衣两襟较短窄，因此前襟只稍稍压盖后襟，主要以腰带闭合固定；由于形象材料展示限制，开襟方向尚不明确，但根据笔者对青铜人像实物的观摩，交领右衽较多。交领式上衣的两个亚型也区别较大，A型多穿在内层，衣长较长；B型外穿，且衣长较短，袖长很长，很可能是西南地区某类特殊族群的上衣类型，详见下文分析。

就衣长而言，除披覆式上衣有后垂拖地的情况外，其余上衣均长不过膝。衣袖也较短，除交领式上衣为特殊类型衣袖较长外，其余上衣的衣袖均长不过肘。上衣之外还多搭配有臂钏和巨大的扣饰，后者多为男性的特有装饰。

下衣以裙和裤为主，女性着裙、男性穿裤。但与中原地区不同的是，裙装多为及膝短筒裙。裤装多短裤，尤其以B型短裤居多；A型短裤类似中原地区的犊鼻裈，常与披覆式外衣搭配穿着，很可能为特殊身份人群的固定穿着；C型长裤也比较少见，应与特殊部族的人群相关，详见下文分析。

足衣方面，西南地区无论男女均跣足，个别穿着简易的草编鞋，还有个别来自山区的部族则穿靴。

总体而言，西南地区的服装类型及其搭配特点，明显受到了当地温暖湿润的气候环境影响，当然也有与之明显不同的另类穿着，这些当与山地气候和部族特点有着直接关系。

（二）服装质料与纹饰

西南地区的服装质料基本有两大类，并且与服装的形制密切相关。一种为经复杂纺织程序加工而成的纺织品。居于主流的对襟式上衣、贯头式上衣以及短裙和短裤贴身穿着、衣长较短，当具有凉爽透气的面料特

---

① 顾建华：《衣食住行话文明——服装》，北京工业大学出版社，2008年，第41页。

点。参照今天西南地区少数民族服装的材质特点，很多均为布质。这种传统可能由来已久，汉代西南地区大宗服装很多也应为布质。根据《华阳国志·南中志》记载，汉代此地流行“桐华布”，其纺织纤维来自梧桐木，“华柔如丝”，织为布后“幅广五尺以还，洁白不受污”；又有“兰干细布”有如苎，“织成文如绫锦”[①]之说。西南地区服饰的等级差异在款式上体现的并不明显，很可能是以面料区分等级，随着中原丝织品的大量输入，一些贵族最先开始穿着丝织品。另一种是经简单加工而成的毛皮和毡类制品，一般用做披身式的上衣、长腿裤和靴。根据笔者对青铜人像的实物观察，在披身式上衣中，A型单肩披覆式和Ba、Bb型双肩披覆式上衣应为毛皮制品且翻毛在外；Bc型双肩披覆式上衣则相对较软，笔挺贴身，很可能为毡质制品。这种毡质外披在云贵高原地区流传久远，东汉时称作“氀罽”，晋代又称作“罽旄”，宋代称为“毡罽”或“蛮罽”，南诏时期还曾作为贡品献给朝廷，大理国时期更加盛行，上下通行披毡。今天彝族聚居的大、小凉山地区依然流行这种披毡，当地称作“察尔瓦”[②]。

与服装质料相适应，无论是布质还是毡毛制品，其装饰与中原地区相比还是简单朴素的。毡毛制品一般没有特殊纹饰加工。布质服装通常在整个上衣衣面上装饰平行向下的数条竖条纹，也有一些在上衣的两对襟襟缘、袖缘、下摆缘、筒裙的下摆缘等边缘处滚边若干条纵向条纹。复杂一点的纹饰主要有云雷纹以及三角、线条、云纹等几何纹并列形成的纹饰带，一般装饰在袖筒后侧、袖缘、上衣背部正中等部位（图6-13）。其装饰特点与工艺也与今天西南地区少数民族的服装装饰类似。

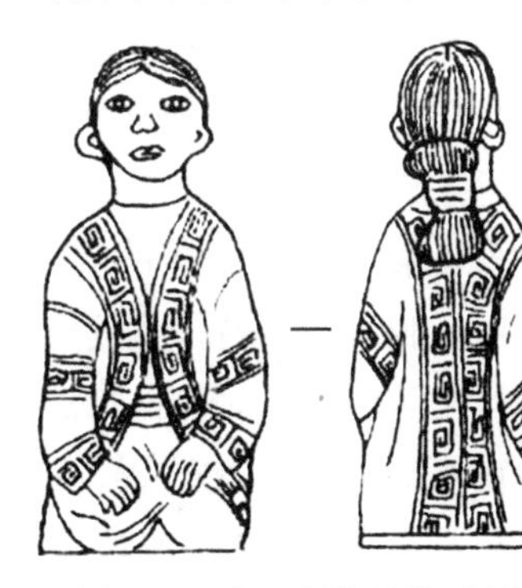

图6-13　滇地服饰纹饰示例
（江川李家山M69：139-1）

（三）首服与发型

与中原地区男子重冠的情况不同，西南地区无论男女多以简单结髻为主，复杂一些的以铜质发箍固定发髻根部；部分为拖垂的编发和披发。男

① （晋）常璩撰，刘琳校注：《华阳国志校注》，巴蜀书社，1984年，第430、431页。

② 梁旭：《走进“服饰王国”》，《云南少数民族服饰》，云南美术出版社，2002年，第4页。

子在戴首服的情况下，也是以各式的头巾或者C型草编帽为主，A型和B型帽以及冠应该都有着特殊的使用场合或人群。例如，A型帽可能为骑士专有的一种帽式；B型帽形制复杂，穿着繁琐，很可能与祭祀有关；A型和B型冠则见于舞蹈人物，也应是特定身份的人的首服，值得一提的是，这种戴冠舞蹈的人物是否是在表现汉族人群值得讨论。

发型方面，西南地区发髻种类多样，总体而言，男子多为高髻，结髻头顶，如A型和E型发髻即为明显的男子形象；女子多为垂髻，结髻项后，如C型和D型发髻，且多有垂发散落起到一定美化修饰的作用。B型和F型发髻以及编发和披发都是极具部族特点的发型，详见后文讨论。

五、多部族交汇下的西南服饰

秦汉时期的西南地区考古遗存分布广泛，内涵丰富，但总体来说大致可分为土著青铜文化和汉文化两类或夷、汉两个系统。考古发现和研究表明，即使土著青铜文化，其文化面貌也非常复杂，类型多样，而且不同文化在分布上有时还彼此交错[①]。考古学文化揭示出的多样性面貌正是对秦汉时期西南地区以滇人为主体的“西南夷”各部族土著文化的真实反映，这种情况同样也在服饰中得到生动的诠释。西南地区的服饰面貌复杂，这种复杂性和多样性正是西南夷各种土著文化杂居共生的结果，代表了滇文化及臣属其下各部族的服饰形象。从服饰角度来说，西南地区服饰多样性所反映的族属特征远远大于性别特征和等级特征。需要说明的是，西南地区土著服饰的多样性特点与当地夷系文化的时间轨迹完全重合，伴随着西南夷地区的汉化过程，西汉晚期以后当地的服饰特征也出现了明显的汉化。

（一）滇国主体部族的服饰特征

滇文化是西南夷地区最主要的土著文化之一，“兴起于西汉早期，至西汉晚期衰落”[②]。早在20世纪50年代，滇文化即随着“滇王之印”的出土得以从考古学上得到确认。目前，学界对滇国及滇文化的特点均比较明确，但滇国的族属构成问题，一直在学界存有较多争议，曾有“楚人”“僰人”“濮人”“越人”等不同认识。本书对此争议不作分析，姑

① 杨勇：《战国秦汉时期云贵高原考古学文化研究》，科学出版社，2011年，第331页。

② 徐学书：《关于滇文化和滇西青铜文化年代的再探讨》，《考古》1999年第5期。

且以“滇国主体部族”统称之。关于滇在西南夷地区的历史地位和服饰特征，早在《史记》中就有明确记载：“西南夷君长以什数，夜郎最大。其西靡莫之属以什数，滇最大。自滇以北君长以什数，邛都最大。此皆椎结，耕田，有邑聚。”[①]可见滇地的部族均为“靡莫之属”，以“椎结”或“椎髻”为典型发型特征，是当时夜郎、滇、邛都等族群的主要发型。需要说明的是，多数学者曾认为F型银锭形大髻即为《史记·西南夷列传》和《汉书·西南夷传》等文献记载的“椎髻”，其主要特点就是“以绯束之”和“垂于后”[②]。但结合该地数量众多的男性发髻特征，“椎髻”形态应当比较复杂多样，是与“编发”相区别的一大类发型，A～D型等发髻类型应当都属于广义的“椎髻”之属。

按图索骥，在晋宁石寨山、江川李家山、昆明羊甫头等墓地出土的青铜器上最常见的人物服饰类型即反映了滇国主体部族的服饰特点。如前文所揭，对襟式上衣、贯头式上衣、Ba和Bc型披身式上衣、短裙、短裤等均为滇文化的典型服饰特征；发型为“椎结”，鲜戴冠帽。这类服饰形象数量众多，服饰的等级特征并不明显，这其中既有乘坐肩舆上的等级较高的贵族，也有执伞、宰杀、放牧等等级较低的劳动人物形象。但性别特征稍有差别，男性一般结A型和B型高髻，身着贯头式上衣和披身式上衣，一般以腰带固定腰部，并搭配短裤；女性则结F型低髻，身着对襟式上衣和贯头式上衣，腰部无固定，并搭配短裙。男女均跣足（图6-14-1、图6-14-2）。关于滇地主体部族的这些服饰特点，学者们多无争议。

还有一部分特殊身份的人物，服饰形象较为特殊。如头戴A型出檐盔式帽（见图6-8-1～图6-8-3）和Ba、Bb型头巾的人很可能为武士（见图6-7-4、图6-7-5）；戴B型高耸尖顶帽的人很可能为主持祭祀类的神职人员（见图6-8-4、图6-8-5）；戴A型和B型冠的人很可能为滇族的表演人物，扮演的各类人物形象（见图6-9-1～图6-9-3），尤其是滇人所戴的A型“冕形冠”（见图6-9-2、图6-9-3），笔者认为很可能表现的是滇人扮演汉人的形象。

此外，冯汉骥先生认为披发也应为滇族女子特有的一种发型[③]。云南

---

① 《史记·西南夷列传》，中华书局，1959年，第2991页。

② 汪宁生：《晋宁石寨山青铜器图象所见古代民族考》，《考古学报》1979年第4期。以下汪氏观点均出自此文。

③ 冯汉骥：《云南晋宁石寨山出土文物的族属问题试探》，《考古》1961年第9期。以下冯氏观点均出自此文。

图6-14 滇国主体部族和靡莫之属的服饰特征
1、2. 滇国主体部族服饰 3～9. 靡莫之属服饰

呈贡天子庙M41经^{14}C测定和树轮校正，年代可早至战国中期，墓中出土的杖头女俑M41：16外衣为对襟短服，内衣下身为及膝短裙①。江川李家山M18出土的杖头女俑（见图6-12-5）、M22出土的青铜勺（M22：20）上的女性形象服饰也与此类似，年代可早至战国晚期至西汉早期②。但需要注意的是，这三件年代较早的青铜器人像发型却与西汉时期滇墓常见的椎结不同，其发型表现为将头发全部披于身后，于颈后拢束扎结。可见冯先生的推测是有一定依据的，披覆于背的束发很可能是西南地区女性的早期发式形态，至西汉早中期才出现类似的银锭形发髻。在这种认识的基础上，笔者推测椎结出现于西南地区很可能受到了来自中原地区的发髻影响，滇地主体部族的服饰文化很可能在西汉之前就与中原地区发生过联系。但就目前的考古材料来看，这种认识还仅限于一种假设。正如前文所述，无论结髻方法还是发髻形态，银锭形大髻都与中原地区的发髻有着显著不同，因此，从这一点看，也不排除银锭形发髻为本土起源的可能。至于滇国主体部族的族源，汪宁生先生认为属于濮人，张增祺先生则认为属

① 昆明市文物管理委员会：《呈贡天子庙滇墓》，《考古学报》1985年第4期。

② 云南省博物馆：《云南江川李家山古墓群发掘报告》，《考古学报》1975年第2期。

于越人[①]。

滇地主体部族的服饰文化对周边地区很可能也产生过一定影响。位于川西南的盐源地区曾征集到一件青铜杖首，杖首上有三位女子背水形象，三人头戴尖顶小帽，上身着紧身衣，下身着齐膝筒裙，裙上还有平行带状的刺绣花纹（图6-15）[②]。就这件青铜器本身而言，虽为采集品，但器型风格与滇西、川西地区的青铜文化均比较类似，并且与安宁河流域大石墓中的文化特征也有一定相似之处。因此，从这一点看，不排除这件青铜器上的人物服饰系当地女性服饰的真实写照。

图6-15　盐源地区征集的青铜杖首（C：643）

（二）其他部族的服饰特征

根据《史记》记载，西南夷地区的部族被称作“靡莫之属”，除滇外，还杂居生活着很多其他部族。冯汉骥先生早在《晋宁石寨山出土文物的族属问题试探》（以下简称“试探”）一文中，就根据服饰形象将西南夷地区出土青铜器上所见的人物图像分作七组，三类文化类型。其后，汪宁生先生又在《晋宁石寨山青铜器图象所见古代民族考》（以下简称“族考”）一文中，根据发型特点将人物分为四大类共十组。可见服饰是当地区分部族属性的重要特点之一，不同服饰发型的人物形象应代表了西南地区滇王统治下的不同族群。但值得注意的是，不同的部族也可能有类似的服饰特征，因此，服饰可作为区分部族的重要参照，但不是唯一参照。

对晋宁石寨山出土贮贝器M13：2上表现的场面，冯汉骥先生最早提出是向滇王进贡或献纳的图景，有如中原地区的“王会图”，此说极有见地。也正因为如此，这件青铜器上的人物形象集中展示了西南夷地区各部族男性首领的服饰形象。此外，石寨山M1出土纺织场面贮贝器又作为补充集中展现了各部族女性的服饰特点。但需要注意的是，第一，男女性形象不能简单的对应组合，以此来作为某一部族形象的代表；第二，服饰特征可以最直观的反映族属，但至于是哪种“靡莫之属”则需要更多的

① 张增祺：《晋宁石寨山》，云南美术出版社，1998年，第140～142页。以下张氏观点均出自此书。

② 凉山彝族自治州博物馆、成都文物考古研究所：《老龙头墓地与盐源青铜器》，文物出版社，2009年，第131、132页，图九三。

考据环节，不能简单对号入座。但尽管如此，服饰仍是反映族属的最明显的特征之一。结合文献和考古发现的人物形象来看，西南夷地区应存在“椎髻”和“编发”两个大的族属系统，又有窄长衣裤为代表的外来族属自成一类。这个观点也是冯汉骥先生最早提出来的，对今天的认识仍有启发意义。此外，梳有Ab型发髻（见图6-14-3）、头戴C型头巾的男性（见图6-14-4）以及梳有C型（见图6-14-5）和D型发髻（见图6-14-6～图6-14-9）的女性，也就是汪宁生先生提出的结髻和螺髻类的女性，其发型虽与主体部族略有差异，但均应为当地的“靡莫之属”。

“椎髻”之外具有比较典型的服饰特征的部族主要有昆明、嶲、濮、羌等。我们注意到，从发型来看，编发与各式各样的发髻形态区别明显，等级较高的首领在编发上还戴有C型头巾（见图6-7-7）；多数则为被用来充作牺牲的战俘。与之搭配穿着的往往是单肩披身式外衣和裤，质料厚重，上身多有蓖点状纹饰，很可能为毛皮类的材质。很多编发人手持盾、身佩剑，彪悍勇猛（见图6-3-4）。冯汉骥先生认为此乃《史记·西南夷列传》中提到的“嶲、昆明”为代表的游牧民族，生活在滇西山区。汪宁生先生则进一步区分出大多数辫发者就是“昆明人”（图6-16-1），属于氐羌民族系统，推测其中戴C型头巾的辫发者可能是史书中与“昆明人”并称的“嶲人”。这一服饰传统在当地也由来已久，巍山出土的一件青铜人形杖头，额前有平齐刘海，两鬓分别下垂两缕鬓发，厚重的发辫盘绕于头顶；身着单肩披身式外衣（见图3-19-4）。总体服饰面貌与披身式服饰及其搭配更为接近。结合共出的青铜器物，大部分可定在春秋末期至战国初期，不晚于战国中期，青铜器也与滇西地区的青铜文化面貌更为相似①。以此来看，这件青铜人物的服饰形象很可能为昆明族传统披身式外衣服饰组合的早期发展形态。

对于“嶲人”，张增祺先生则认为另有所属。我们注意到，西南夷地区有一类男性人物比较特殊，只出现在纳贡场面、双人舞盘铜饰中。他们头梳E型脑后小髻（见图6-11-5），个别戴C型覆髻小冠（见图6-9-4），身穿B型交领窄长袖上衣和C型窄长裤（见图6-4-2～图6-4-4），脚蹬尖头靴。长相也与滇地一般居民差异较大，往往高鼻深目且蓄须，张增祺认为这类人就是《史记·西南夷列传》上所说的滇西地区的游牧民族——“嶲人”，他们身佩的螺旋纹柄青铜剑也是滇西地区考古发掘中经常碰到的。“嶲人”原来并不是我国西南地区的土著民族，他们最早居住在中亚地

① 刘喜树、范斌：《巍山发现一批古代青铜器》，《云南文物》2007年第1期。

图6-16　其他部族的服饰特征

1. 昆明人服饰　2. 巂人服饰　3. 濮人服饰　4. 羌人服饰

区，是和斯基泰人血缘关系最为密切的游牧民族，我国古文献中多称他们为“塞人”“塞种人”或“叟人”（图6-16-2）。冯汉骥先生未能确定这类人的族属和族源，只笼统地说这些形象特殊的人可能与西北地区的游牧民族有关，在当时则可能是云南西北的游牧部落之一。汪宁生先生也只推测这类人可能是身毒人民，或僰人（缅甸）侨居滇西地区者。

此外，张增祺先生认为滇地主体部族内头梳B型高髻（见图6-10-4～图6-10-6）、身穿Ba型披身式外衣的人群属于“濮人”（图6-16-3），他们多为乐舞、祭祀劳工等地位低下的人物。濮人的发型全部向上梳掠，至头顶折叠成条形髻，中间束带使两端上翘，形似马鞍。与滇国主体民族越人的A类高髻相比，发髻多在头顶偏后，且髻上多用带束之，有的髻尖另有装饰。服装的差别更大，一眼就可以看得出来。濮人男女所穿的Ba型披身式窄袖长衫，腰中多束带，衣服的前襟短、后襟长，有的还下垂至地，酷似长尾拖于身后，这也许就是我国古文献上称濮人为“尾濮”的缘故。另外，纳贡场面中头戴C型帽的男性则属于“羌人”（图6-16-4），也属于西北地区游牧民族[①]。

---

① 图片采自张增祺：《绚丽多彩的滇、昆明青铜文化》，《中国青铜器全集·滇昆明》，文物出版社，1993年，第1～39页。

第二节　西北地区的服饰文化传统

以今天新疆为主的西北地区古称西域，根据《汉书·西域传》记载，“西域以孝武时始通”，宣帝神爵三年，置西域都护，并护南北二道[①]，自此，西域广大地区成为汉王朝政治版图的一部分。这里出土的服饰实物集中反映了汉晋时期西域诸国的服饰面貌以及逐步汉化的过程。

一、服饰实物的考古发现

西域地区的服饰材料多为实物，集中出土于今天的新疆地区，主要分布于罗布泊和塔克拉玛干沙漠南缘绿洲地区。这两个地区分别处于东西交通线路的“南道”和“中道”，气候干燥，具有保存尸体和纺织品的优越条件。

服饰实物大部分穿着在干尸身上，少数作为冥衣[②]覆盖在死者胸前、放置于随葬毛毡中或悬挂于旁边的木叉上。保存完好的干尸多数仍保留有完整的头发，清晰地表现出当时的发型特征。罗布泊地区的服饰发现主要出自楼兰古城遗址和营盘墓地，后者是迄今罗布泊地区发掘面积最大、文化内涵最丰富的一处墓地。塔克拉玛干沙漠南缘地区的服饰实物则主要出自尼雅遗址、扎滚鲁克墓地和山普拉墓地。此外，吐鲁番南麓的洋海墓地也有少部分汉代服饰遗存。

（1）楼兰古城孤台墓地

楼兰古城自20世纪初就进入到西方探险家们的视野，瑞典学者斯文·赫定、英国探险家斯坦因、日本人橘瑞超等都先后对楼兰遗址进行过调查。20世纪20年代后，黄文弼先生先后在楼兰古城及附近的罗布泊地区、焉耆地区进行了调查，发现有少量服饰及纺织品，种类有袴、履以及

---

① 《汉书·西域传》，中华书局，1962年，第3871～3874页。

② “冥衣”是新疆地区出土的一种丧葬衣物，尺寸较小，但形制多模仿现实衣物，因此对服饰研究具有重要的参考价值。新疆地区的“冥衣”主要出土于楼兰古城遗址、营盘墓地和小河墓地，该地区是当时中原商旅、军队在西域的聚居地，因此有学者认为这种葬俗很可能直接受到汉族葬俗的影响。见万芳：《营盘墓地出土的汉晋冥衣》，《大漠联珠——环塔克拉玛干丝绸之路服饰文化考察报告》，东华大学出版社，2007年，第106页。

部分衣物局部残片等[①]。1979～1980年，对楼兰古城遗址及城郊墓葬的调查和发掘工作填补了楼兰考古的空白，其中，古城东北孤台墓地MB1和MB2出土了大量丝、毛、棉织物、袍、鞋以及冥衣1件，墓葬年代约在东汉早期[②]。

（2）尉犁营盘墓地

营盘位于罗布泊西侧、塔里木河下游大三角洲西北缘尉犁县境内，处于“楼兰道”西端要冲之地，在沟通东西交通方面起到关键作用[③]。早在1893年即被俄国探险家科兹洛夫发现，此后，瑞典学者斯文·赫定、贝格曼，英国探险家斯坦因先后对该遗址进行了调查[④]。解放后，营盘墓地先后进行了三次较大规模的发掘，1989年清理了9座墓葬，出土了上衣、裤、袜、鞋等衣物以及大量毛、丝织物以及麻、棉织物残片[⑤]。1995年的抢救性发掘中共发掘墓葬32座、清理被盗墓葬120座， M9、M15、M19均出土有男尸，其中M15是保存最好、等级较高的一座墓葬，年代为东汉中晚期。M7、M10、M14、M22、M26出土有女尸。以上墓葬中出土完整衣物27件，大部分为女尸穿着衣物，种类主要有衣、袴、裙、鞋、袜等[⑥]。1999年第三次发掘墓葬80座，其中M6～M9、M13、M42、M59出土女尸，所着衣物主要有袍、短服、裤、鞋等。M7、M8、M13、M33出土男尸，出土少量袍、裤等衣物[⑦]。此外，1995和1999两次发掘中，共发现冥衣4件。营盘墓地的年代为东汉魏晋时期。

---

① 黄文弼：《罗布淖尔考古记——中国西北科学考察团丛刊之一》，国立北京大学出版社，1948年；黄文弼：《塔里木盆地考古记》，科学出版社，1958年；黄文弼：《新疆考古发掘报告（1957～1958）》，文物出版社，1983年。

② 新疆楼兰考古队：《楼兰城郊古墓群发掘简报》，《文物》1988年第7期。

③ 营盘墓地在以往的发掘报告和著述中有“因半”“燕平”的音译，本书统称为“营盘”。

④ 李文瑛、周金玲：《营盘墓地的考古发现与研究》，《新疆文物》1998年第1期。

⑤ 新疆文物考古研究所：《新疆尉犁县因半古墓调查》，《文物》1994年第10期。

⑥ 新疆文物考古研究所：《新疆尉犁县营盘墓地15号墓发掘简报》，《文物》1999年第1期；新疆文物考古研究所：《新疆尉犁县营盘墓地1995年发掘简报》，《文物》2002年第6期。

⑦ 新疆文物考古研究所：《新疆尉犁县营盘墓地1999年发掘简报》，《考古》2002年第6期。

（3）民丰尼雅遗址

该遗址位于塔克拉玛干沙漠腹地，东西宽约5、南北长约30千米，遗址内分布有百余处房屋、宗教建筑、城址、作坊、墓地等遗迹，出土遗物丰富，遗存的时代大致为汉晋时期。目前，学界普遍认为尼雅遗址就是精绝国故地，东汉时属鄯善。早在1901～1931年的三十年间，英国探险家斯坦因就曾四次进入到该地区进行调查并劫掠了大量文物。此后，美国、日本等探险家又先后数次深入到尼雅地区从事探险和劫掠活动。1959～1988年间，由中国专家组成的考察队对尼雅遗址进行了数次非正式的调查和清理工作。1988～1997年，由中日联合考察队对尼雅遗址展开了持续的、规模最大的调查和发掘工作，开始了尼雅考古的全面研究，取得了一些列成果[①]。其间，经科学发掘出土的东汉时期服饰发现主要有以下几处：1959年，民丰县北大沙漠古遗址墓葬区东汉合葬墓出土有大量丝织衣物，经修复后的完整衣物主要有男性袍1件、裤1件、袜1双、手套1双，女性内衣1件、外上衣1件、衬衣1件、裙1条、袜1双、袜带1双；女尸梳多辫。遗址中佛塔周围则发现有少量毛、棉质衣物残片[②]。1995年抢救性发掘的尼雅MNI号墓地共发掘墓葬9座，M3、M4和M8为箱式木棺墓，其中M3和M8的等级较高，出土有大量保存完好的衣物和丝织品，质地精良、外观华丽。M3为男女二人合葬墓，出土有男性风帽1件、毡帽1件、袍2件[③]、内衣1件、裤1件、皮鞋1双；女性袍1件、上衣1件、夹衣1件、裤1件、裙1件、袜1双、靴1双[④]。M8也为男女二人合葬墓，出土有男性风帽1件、袍1件、内衣1件、裤1件、手套1双、皮鞋1双，女性风帽

---

① 史树青：《谈新疆民丰尼雅遗址》，《文物》1962年第7、8期；新疆文物考古研究所：《尼雅考古回顾及新收获》，《新疆文物》1996年第1期；于志勇：《尼雅遗址的考古发现与研究》，《新疆文物》1998年第1期；刘文锁：《尼雅考古简史》，《新疆文物》2003年第1期。

② 新疆维吾尔自治区博物馆：《新疆民丰县北大沙漠中古遗址墓葬区东汉合葬墓清理简报》，《文物》1960年第6期；新疆维吾尔自治区博物馆考古队：《新疆民丰大沙漠中的古代遗址》，《考古》1961年第3期；克由木、霍加：《1959年新疆尼雅遗址考察和发掘的回顾》，《新疆文物》2002年第1、2期。

③ 包括M3：40和M3：22，报告分别称两件服装为“男尸夹绵袍”和“男锦面绵深衣”，为方便叙述，本书以“袍”统称之。

④ 中日共同尼雅遗迹学术考察队：《中日共同尼雅遗迹学术调查报告书》（第二卷），中村印刷株式会社，1999年，第88～110页；新疆文物考古研究所：《尼雅95一号墓地3号墓发掘报告》，《新疆文物》1999年第2期。

1件、袍1件、连衣裙2件、内衣1件、皮鞋1双[①]。M4为二男、一女、一幼儿四人合葬，分上下两层叠放，出土有男性帽2件、袍2件、裤1件、靴3双，女性头饰织物2件、连衣裙1件、靴1双[②]。其余6座墓葬为船形木棺墓，其中M1、M5、M6也出土有少量衣物和纺织品，M1为二男性合葬，分上下两层叠放；M5和M6为女子单人葬，3座墓出土有袍4件、夹衣1件、单衣1件、短衣1件、裤4件、裙1件、帽3件、袜4双、鞋4双[③]。墓地的年代可早至东汉晚期[④]。

（4）洛浦山普拉墓地

位于塔克拉玛干沙漠南缘和田地区洛浦县西南，墓地东西长6、南北宽1千米，其中分布有若干小型墓地。该墓地初步揭示了汉晋时期于阗国的文化发展轨迹。墓地先后经历了三次大规模发掘，1983～1984年发掘了墓地东部的Ⅰ号墓地[⑤]；1992～1993年发掘了墓地中部的Ⅱ号墓地[⑥]；1995年发掘了墓地西部的Ⅲ号墓地。三次发掘共清理墓葬68座，可分为刀型竖穴土坑墓和长方形竖穴土坑墓两种形制，出土保存完整的服饰共122

---

① 中日共同尼雅遗迹学术考察队：《中日共同尼雅遗迹学术调查报告书》（第二卷），中村印刷株式会社，1999年，第114～121页；新疆文物考古研究所：《新疆民丰县尼雅遗址95MNI号墓地M8发掘简报》，《文物》2000年第1期。

② 中日共同尼雅遗迹学术考察队：《中日共同尼雅遗迹学术调查报告书》（第二卷），中村印刷株式会社，1999年，第110～113页；新疆文物考古研究所：《尼雅95墓地4号墓发掘简报》，《新疆文物》1999年第2期。

③ 中日共同尼雅遗迹学术考察队：《中日共同尼雅遗迹学术调查报告书》（第二卷），中村印刷株式会社，1999年，第122～129页。

④ 关于尼雅遗址墓地中M3和M8的年代，一种观点根据^{14}C测年数据（距今1745±60年，约当公元205±60年）认为M8的年代上限为东汉末年，下限为晋—前凉时期，而M3打破M8，时代应更晚。见新疆文物考古研究所：《新疆民丰县尼雅遗址95MNI号墓地M8发掘简报》，《文物》2000年第1期。另一种观点认为M3的年代可早至东汉中晚期，约公元70年～170年。根据墓葬打破关系，M8的时代则应更早。见中日共同尼雅遗迹学术考察队：《中日共同尼雅遗迹学术调查报告书》（第二卷），中村印刷株式会社，1999年版，第110页。

⑤ 新疆维吾尔自治区博物馆：《洛浦山普拉古墓发掘报告》，《新疆文物》1989年第2期；阿合买提·热西提：《洛浦县山普拉古墓地》，《新疆文物》1985年第1期。

⑥ 新疆文物考古研究所：《洛浦县山普拉Ⅱ号墓地发掘简报》，《新疆文物》2000年第1、2期。

件[1]，其中毛织物85件、丝织物4件、棉织物2件、毡制品17件、皮制品14件，种类计有帽、外衣、上衣、裤、裙、袜、靴。多数女性还可见发型，有的保留有假发辫。墓地年代为可分为早晚两个时期，早期共52座墓，约当公元前1世纪～3世纪中期；晚期14座墓，约为公元3世纪中期～4世纪末[2]。

（5）且末扎滚鲁克一号、二号墓地

扎滚鲁克墓地位于且末县托格拉克乡扎滚鲁克[3]村绿洲及边缘地区，共有五处墓地。一号墓地是其中规模最大的一处，1989～1998年先后进行过四次发掘，共清理墓葬167座。该墓地共分为三期，其中第二期墓葬为该墓地的主体文化，集中出土有帽、靴、上衣、裙、裤、背心等完整衣物275件及少量丝、毛织品，出土衣物的墓葬年代大致相当于中原地区的春秋战国时期，出土丝织品的少数墓葬则相当于中原地区的西汉时期，为西域三十六国的且末国遗存。第三期墓葬的年代为东汉魏晋时期，出土有1件毡帽、衣物残片以及少量锦、绢、绣、毛、棉等纺织品[4]。1996年，对二号墓地的两座墓葬进行了抢救性发掘，其中96QZⅡM2出土了毛布裤和棉布裙各1件，并有零星的棉毛织物出土，该墓葬基本属于扎滚鲁克第二期文化遗存，年代约在西汉时期[5]。

---

① 报告统计服饰共207件，本文统计数据不包括带、覆面、手套等服饰装饰或丧葬服饰。

② 新疆维吾尔自治区博物馆、新疆文物考古研究所：《中国新疆山普拉——古代于阗文明的揭示与研究》，新疆人民出版社，2001年。

③ 以往的发掘报告中，扎滚鲁克墓地有“扎滚鲁克”和“扎洪鲁克”两种称谓，本书统称为“扎滚鲁克”。

④ 巴音格楞蒙古自治州文管所：《且末县扎洪鲁克古墓葬1989年清理简报》，《新疆文物》1992年第2期；新疆博物馆文物队：《且末县扎滚鲁克五座墓葬发掘报告》，《新疆文物》1998年第2期；新疆博物馆、巴州文管所、且末县文管所：《新疆且末扎滚鲁克一号墓地》，《新疆文物》1998年第4期；新疆维吾尔自治区博物馆、巴音郭楞蒙古自治州文物管理所、且末县文物管理所：《1998年扎滚鲁克第三期文化墓葬发掘简报》，《新疆文物》2003年第1期；新疆维吾尔自治区博物馆：《新疆且末扎滚鲁克一号墓地发掘报告》，《考古学报》2003年第1期。

⑤ 新疆博物馆考古部、巴音郭楞蒙古自治州文物管理所、且末县文物管理所：《且末扎滚鲁克二号墓地发掘简报》，《新疆文物》2002年第1、2期。

（6）鄯善洋海墓地

洋海墓地位于鄯善县土峪沟吐鲁番盆地南麓，于2003年进行抢救性发掘。该墓地共分三区，合计发掘墓葬521座。三处墓地可分为四期，从青铜时代延续至两汉时期。两汉时期的墓葬多为竖穴偏室墓，个别墓葬有少量衣物残片出土，包括ⅢM1：13出土的毛质发罩1件，ⅢM18出土的长衣2件、长裙1件、皮靴1件[①]。

二、服装的主要类型

西域地区的服装同样可以分为上衣、下衣、足衣三个大类。服装搭配也是衣和裤或者衣和裙的组合，足衣多为靴。

（一）上衣

西域的上衣以贯头式服和交领式服为主，也有个别为不典型的对襟式服。

1. 贯头式服

A型：圆领服，衣长至臀部，上下通裁，连为一体，下部略宽，呈直筒形。领口为圆形。袖窄且长。

典型者如尼雅遗址59MN001出土的贯头式圆领服，绢质禅衣，袖口有绿色缘。下摆两侧分别有分衩。衣长90、袖长20、腰身宽53厘米（图6-17-1），年代为东汉时期[②]。

B型：立领长服。衣长及地，上下通裁，连为一体，基本等宽，呈直筒形。领口为立领，前面正中开口。两袖宽且短。

典型者如尼雅遗址95MNIM5出土的长服，由四块灰白色绢缝制而成，上下呈直筒形。立领正中开口并略向外翻，领口下端两侧分别缀一条系带，胸前镶缀一块长方形绢。下摆两侧略微打褶内收，并分别续接一片三角形绢。衣身前后及肩部前后对称部位分别镶嵌一毛质绦带压于接缝线上。衣长166、袖长88厘米，领高18厘米（图6-17-2），年代为东汉时期。

---

① 新疆吐鲁番学研究院、新疆文物考古研究所：《新疆鄯善洋海墓地发掘报告》，《考古学报》2011年第1期。

② 李肖冰：《丝绸之路服饰研究》，新疆人民出版社，2009年，第44页图95。此书部分插图用于本节图示，下文涉及者不再单独出注。

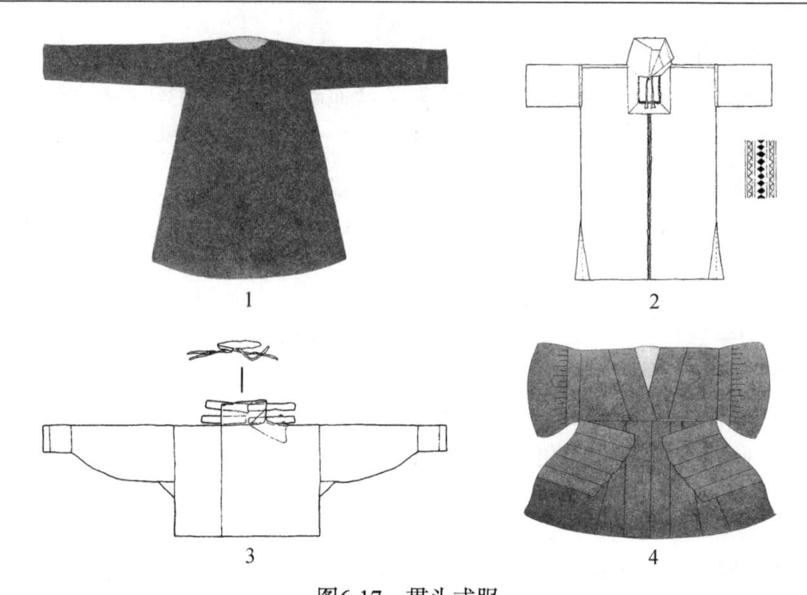

图6-17 贯头式服

1. A型（民丰尼雅59MN001） 2. B型（民丰尼雅95MNIM5） 3. C型（民丰尼雅95MNIM5：23） 4. D型（民丰尼雅59MN001）

C型：立领短服，衣长至臀部，衣身上下等宽。立领有开口，两侧均有系带。袖较宽，袖口内收。下摆平齐。

典型者如尼雅遗址95MNIM5出土的M5：23①，由四副绢裁制而成，每幅宽44厘米。领口有开口，由右侧向左侧拥掩，开口两侧各有两根宽约3厘米的系带。衣长57、袖长59、领高9厘米（图6-17-3），年代为东汉时期。

D型："V"形领服，形似交领，但下半部连缀于腰间，实际为贯头穿着，故以"贯头式'V'形领"称之。

典型者如尼雅遗址59MN001出土上衣，整体较宽松，以腰身为界，上下分裁。上身类似交领，但无开口，交掩处缝合在一起，呈"V"字形；下身外撇呈喇叭状，与腰身接合处有褶皱。袖短而宽，为半袖，袖口外张为喇叭形，有褶皱。腰身下方左右两侧对称缝缀五条绢带。衣长120、袖长70、袖口宽40、腰宽80、下摆宽77厘米（图6-17-4），年代为东汉时期。

① 报告称这件衣物为"胸衣"，本书统以服装款式称之。

2. 交领式服

A型：长服，整体较宽大，类似连衣裙装。交领右衽，有宽领缘。宽袖，袖口内收，窄袖缘。束腰位置较高。下摆外敞，百褶式下摆。

典型者如尼雅遗址95MNIM5出土的女装M5：15，为内外绢质夹衣，下摆缘内填丝绵。衣长158、袖长84、领高14厘米（图6-18-1），年代为东汉时期。

B型：中长服。交领右衽。袖长且窄。腰部略内收。下摆微外撇。有领缘、袖缘和下摆缘，并相互衔接。领口左右两侧各有一条系带。

典型者如尼雅遗址95MNIM3女尸所着的外服M3：43，为锦面绢里，中间衬一层薄丝绵。服面锦的纹饰为"人物禽兽纹"，领口、袖口和下摆的缘部为"世毋极锦宜二亲传子孙纹"。衣长135厘米（图6-18-2），年代为东汉时期。

C型：中长服，衣长至臀部。以腰部为界限，上下分裁。根据衣襟开口方向，可分为二亚型。

Ca型：交领左衽，向左侧斜尾端有缝缀的系带。两袖窄长。下摆微向外张。

典型者如尼雅遗址95MNIM3出土的夹衣M3：45，面里均绢质。不仅有领缘和袖缘，两肩下侧还夹缀二窄条黄色绢边。衣长85、袖长95厘米（图6-18-3），年代为东汉时期。

Cb型：交领右衽，左襟略宽于右襟，压在右襟上，襟部有窄缘，领口竖立，中间有开口。窄袖，袖口有缘。下摆略外撇。

典型者如尼雅遗址59MN001出土的女服，蓝色素绢制成。立领处系白色绢带，左右两襟腰间开口处也各有一条系带。下摆平齐。衣长85、袖长84.5、立领高9厘米（图6-18-4），年代为东汉时期。

D型：短服，衣长至臀部。交领左衽，右襟略宽于左襟，向左侧斜掩，圆形领口，两口处多有系带。两袖较长，近于阔袖。两襟转角部位对称接缀三角形尖下摆，下摆处多数贴缀有缘饰。该类服饰多数为夹衣。

典型者如尉犁营盘墓地出土短服97M7：14，袖口处略残，袖筒较宽，袖筒中段接插有一段朱红色绢；领口、衣襟均有绢带；两襟下的尖角形下摆由下至上依次用红色、绿色、贴金黄色、棕色的绢作缘边。整件衣长80、袖残长92厘米（图6-18-5、图6-18-6）。同墓地出土有类似的3件短服（97M7：21、97M7：22、97M8：16），其中97M8：16的袖口

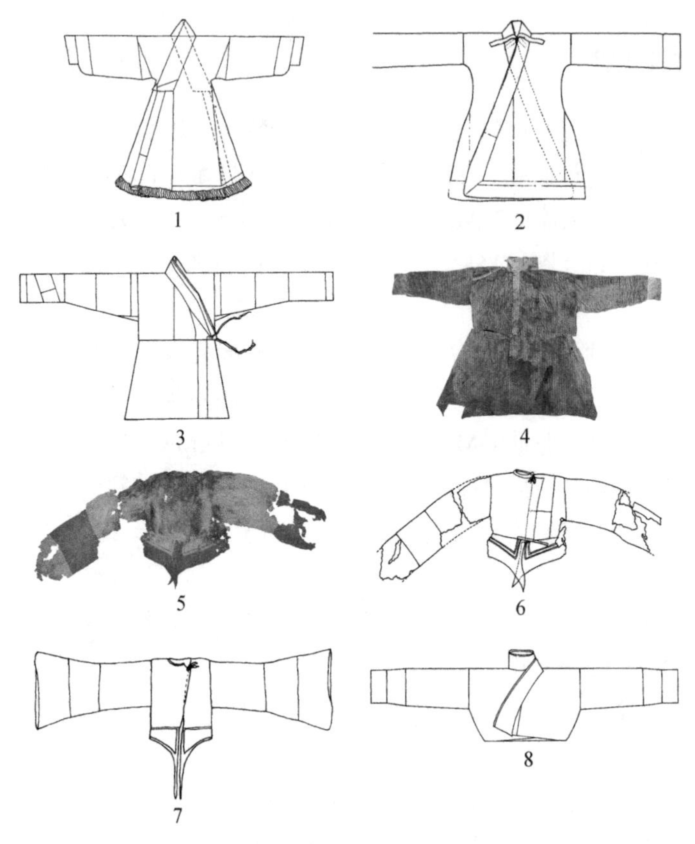

图6-18 交领式服

1. A型（民丰尼雅95MNIM5：15） 2. B型（民丰尼雅95MNIM3：43） 3. Ca型（民丰尼雅95MNIM3：45） 4. Cb型（民丰尼雅59MN001） 5～7. D型（尉犁营盘95M7：14照片、尉犁营盘95M7：14线图、尉犁营盘99M8：16） 8. E型（民丰尼雅95MNIM3：46）

完整，袖筒长且阔，袖口外撇呈喇叭状。衣长110、肩宽45、袖长90、宽33.5～56厘米（图6-18-7），年代均为汉晋时期。

E型：短服，衣长极短，仅至腰部，自上向下内收。交领右衽，左襟略宽于右襟，向右侧斜掩，立领。袖长且窄。

典型者如尼雅遗址95MNIM3出土的短服，为女尸贴身穿着，绢质。左襟缘部附缀一条宽12、长40厘米的绢带，类似围巾，可围绕在脖颈上。衣长50、袖长105厘米，立领高12厘米（图6-18-8），年代为东汉时期。

3. 对襟式服

对襟式服衣长较短[①]。领口呈“V”字形。袖窄而长，袖口内收。腰部略微内收。典型者如尼雅遗址59MN001，为夹衣，面、里均为绢质，中间絮有丝绵。领口、双肩、腰围、袖口处均有刺绣纹饰，腰部下方左右两侧对称缝缀四对绿色绢带。衣长94、袖长115、袖口宽16、下摆宽61厘米，每条装饰绢带长37、宽9厘米（图6-19），年代为东汉时期。

图6-19　对襟式服（民丰尼雅59MN001）

（二）下衣

1. 裤

西域地区裤的裆部一般较深，根据外观可分为三型。

A型：深裆阔筒裤。菱形合裆，裤筒宽肥，裤腿下口不内收或略微内收。

典型者如尉犁营盘墓地M6出土棉布襌裤M6：6，裤腰双层，中间穿系有毛绳腰带。裤长92、裤筒宽36、裤腰残宽80厘米。M8出土的女裤M8：17款式与此类似，唯尺寸异常肥大。裤长125、裤腿宽53厘米。M22出土的夹裤面里均由平纹褐制成。裤腿单独裁剪完成后另外附加裤腰和袴脚，裤腿、裤腰、裤脚连接处均略内收，有褶皱。裤腰中间有系带。裤脚宽5厘米。尼雅遗址出土的女裤95MNIM5：22也表现为类似款式。毛质、肥腰、直筒。裤腰宽50、裤腿长108、118厘米（图6-20-1）。年代均为东汉。类似形制的裤在山普拉墓地也比较常见。

B型：深裆窄筒裤。裤腰中部下凹，两侧翘起。裤裆较深呈三角形。裤筒相对紧窄。

典型者如尼雅遗址95MNIM3出土的女尸锦裤，以锦作面，裤腰两侧附有绢带作为裤带。裤长118、裤腿宽20、裤裆宽30厘米（图6-20-2）。年代为东汉时期。

① 本章所见“对襟式服”与前文略有不同，目前见到的新疆上衣标本，正视左右两襟等宽，对称分布于两边，但从照片无法看出腰身下部是否开缝，报告也未对相关情况作出说明，因此，这里的分类仅限于笔者观察照片并参考李肖冰先生的描述后的结论。见李肖冰：《丝绸之路服饰研究》，新疆人民出版社，2009年，第43页图92。

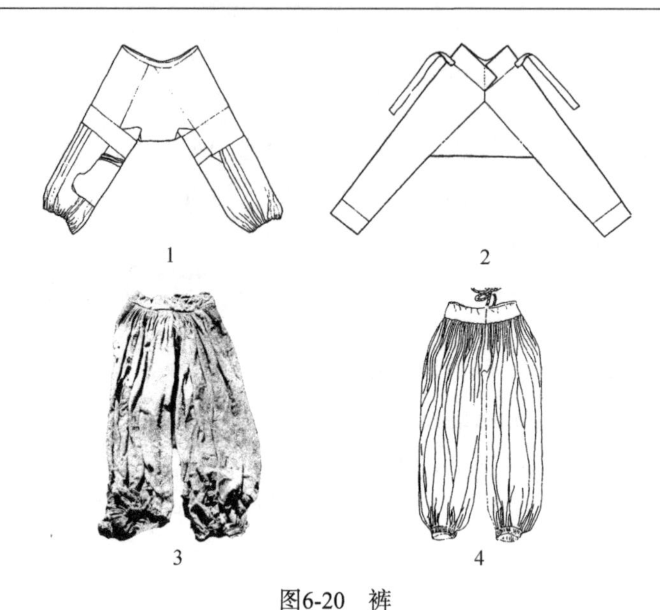

图6-20 裤

1. A型（民丰尼雅95MNIM5：22） 2. B型（民丰尼雅95MNIM3：47）
3、4. C型（尉犁营盘M4：3照片、尉犁营盘M4：3线图）

C型：灯笼裤。裤腿宽大，与裤腰、裤口连接处明显内收形成褶皱。

典型者如尉犁营盘墓地M4出土女裤，裤腿肥大，与裤腰接缝处有褶皱60个，褶皱间距0.5厘米；与裤口接缝处的褶皱更加细密。裤腰前部正中开口，中间穿系一条绳带。裤腰宽74、裤长105、裤脚宽11.2厘米（图6-20-3、图6-20-4）。年代为东汉时期。

2. 裙

西域地区的裙有半身裙和连身裙两种类型。

（1）半身裙

半身裙又有围裙和筒裙之分。根据裙腰及下摆的特点，可分为以下三型。

A型：低腰长裙，筒裙，裙摆微张，裙幅较少。

典型者如尉犁营盘墓地出土女裙M22：25，由两幅本色平纹褐竖向拼缝，呈筒形。裙长80、下摆宽50厘米。尼雅遗址59MN001出土长裙系黄色绮制成，裙腰内收，中缝缀有两条白色绢带。裙身正中开缝处自上而下装饰一条宽约10厘米的“人兽纹”刺绣。裙的下摆外张，下端前后均平齐。裙长93、腰宽50、下摆宽130厘米（图6-21-1）。年代均为东汉时期。

B型：大喇叭形长裙，筒裙。长裙及地，裙摆外撇幅度大，大喇叭形下摆，系由多幅布拼接而成，裙腰与裙摆连接处形成多褶皱，因此又可称“百褶裙”。根据拼接裙面的布幅方向又可分为二亚型。

Ba型：纵向拼接布幅。

典型者如尉犁营盘墓地出土长裙，裙幅较多，形成多褶皱外撇更大的喇叭形长裙，由六幅平纹褐拼接而成，浅黄和红色两色相间，裙腰处打褶，每幅约15个褶，每个褶皱宽约1厘米。每幅褐的正中自上而下缝一道宽约2.2厘米的浅褐色绢条，每幅褐的接缝处夹缝同样宽的浅黄色绢条。复原后的裙长110、腰宽90、下摆宽160厘米（图6-21-2）。年代为东汉时期。

Bb型：横向拼接布幅。类似款式的裙装布幅常由相似色彩的纺织品拼接，形成“间色裙”，裙的下摆常装饰荷叶形的缀织绦。

典型者如山普拉墓地出土的12件裙装残片，这些裙装大部分只残留下摆的缀织绦部分（图6-21-3）。新疆博物馆藏的一件毛布长裙保存完整，除裙腰较高、呈直筒形外，形制多与这种款式类似，裙腰与裙摆连接处有多层褶皱，大喇叭形下摆。裙摆自上而下分为六层，系由红、黄两色系毛布拼接而成的间色裙。裙残长94、裙腰宽83～89、下摆宽246厘米（图6-21-4）[①]。

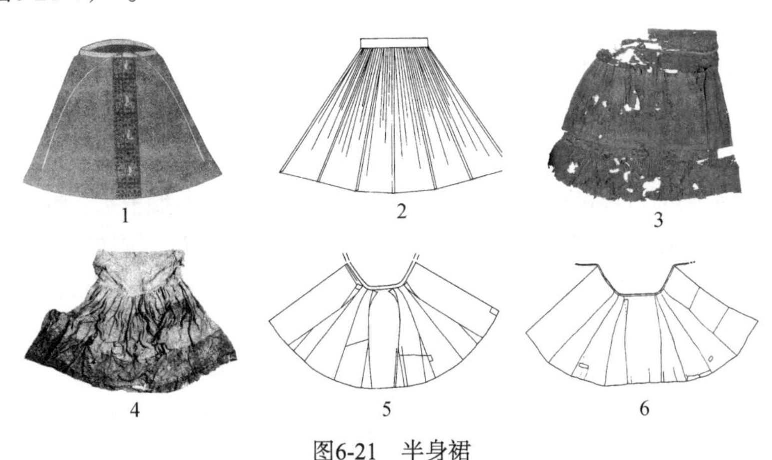

图6-21　半身裙

1. A型（民丰尼雅59MN001）　2. Ba型（尉犁营盘95C：24）　3、4. Bb型（洛浦山普拉M4：3、新疆博物馆）　5、6. C型（民丰尼雅95MNIM3：15、民丰尼雅95MNIM5：18）

---

① 这件裙装标本是2003～2004年新疆维吾尔自治区博物馆从乌鲁木齐市刑警大队接受的两批文物中的一件，有研究者根据纹饰图案认为这件裙为汉代遗物。见王明芳：《新疆博物馆新获纺织品》，《新疆文物》2007年第2期。

C型：半身围裙。多幅布拼接而成，中间不缝合。

典型者如尼雅遗址出土围裙95MNIM3：15，以九幅茶黄素绢拼联而成，裙腰上有系带。裙腰周长144、裙长154、下摆周长500厘米（图6-21-5）。M5也出土一件类似围裙95MNIM5：18，不同的是该裙无裙腰，围裙上端各系一条系带代替裙腰。裙摆亦是由九幅淡红色素绢缝制而成，其中两侧和中间单片为一整幅，幅宽46厘米，其余七幅均为上窄下宽。裙长110、下摆周长320、系带分别长18和32厘米（图6-21-6）。年代为东汉晚期。

图6-22 连身裙（洛浦山普拉墓地）

（2）连身裙

贯头式，上下连体，形似长服。山普拉墓地出土一件残损的连衣裙，只剩下身体部分的四分之一，上身胸侧有附加的三角，大喇叭形下摆，下摆缘有褶边。裙长254、下摆宽212.5厘米（图6-22）。年代为汉代。

（三）足衣

在西域地区，鞋、靴和袜是足衣的基本构成。

1. 鞋

西域地区所见的鞋与中原地区形制相同，多数为圆形平头。鞋口一般为圆口或椭圆形口，鞋底为平底。个别鞋面有髹漆传统，例如新疆罗布泊曾出土外涂漆的麻布履残片[①]。

典型者如尉犁营盘墓地M22出土女鞋，长23.6、宽7.6～9.2、高4厘米。鞋以丝麻两种原料制成，鞋面以红、黄两色丝线为纬，浅褐色合股麻线为经。鞋底经纬均用麻线。鞋里用浅黄色麻线编结，正中织入红、黄两色粗纬线，形成纵向彩色纹路。鞋底正中系一条黄色绢带。鞋帮上有三道横向连续的红色窄条上有编织纹饰，自上而下分为三部分，最上面为

① 黄文弼先生对此持不同看法，他认为这种涂漆残片应为当时包裹器物之用。见黄文弼：《罗布淖尔考古记——中国西北科学考察团丛刊之一》，国立北京大学出版社，1948年，第167页。

红地黄色几何纹和对龙纹，中间是黄地红色曲线纹和对称的文字纹，近鞋头处为红地黄色菱格纹（图6-23-1、图6-23-2）。与此类似的丝鞋还有M7：18，鞋长22.5、高4.5厘米。鞋身用深棕色、土黄色丝线编织成几何纹。鞋口和近鞋底处用红、绿、黄色丝线编织出窄细的花边。尉犁营盘墓地95M20：6，长28.4、宽5～8.9、高4.4厘米。鞋面、鞋底均用牛皮缝制，鞋面呈褐色，厚0.2毫米；鞋底黄白色，厚3.3毫米。鞋里衬黄色毛毡，缝合在鞋的口沿及鞋帮底相接处。鞋头表面正中用浅黄色双股毛线交叉缝出一道纵向辫子纹（图6-23-3）。年代均为东汉晚期。

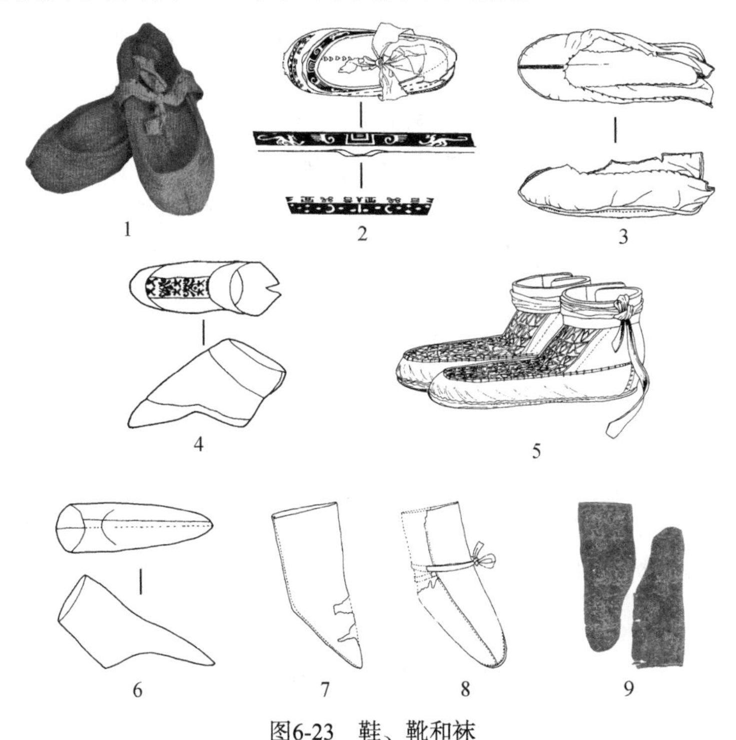

图6-23　鞋、靴和袜

1～3. 鞋（尉犁营盘95M22：17照片、尉犁营盘95M22：17线图、尉犁营盘95M20：6）4. A型靴（民丰尼雅95MNIM5：19）　5. B型靴（民丰尼雅95MNIM3：38）　6、7. A型袜（民丰尼雅95MNIM5：20、尉犁营盘95M31：3）　8、9. B型袜（尉犁营盘95M25：26、民丰尼雅59MN001）

2. 靴

由靴面和靴靿构成，主要为皮革制品，发现于新疆地区。形制简单，一般靴靿较低。根据形制，可分为二型。

A型：尖头，圆跟，靿后有开衩。

典型者如尼雅遗址出土的类似低靿靴，靴面由褐制成，以黄绢镶口缘，靴内衬毛毡，靴面下部接靴底处包一圈皮革。靴面正中有一条宽纹饰带。整个靴长29、宽16.5厘米（图6-23-4）。年代为东汉时期。

B型：圆头，圆跟。

典型者如尼雅遗址出土的低靿勾花皮靴，靴面由网格纹装饰（图6-23-5）。年代为东汉时期。

3. 袜

西域地区的袜形制简单，一般由袜身、袜腰和系带组成。形态多呈直筒，无跟，短腰，有些有系带。根据袜头形状，可分为二型。

A型：尖头。

典型者如尼雅遗址出土女袜95MNIM3：15，由绢、麻两种质料缝合而成，袜腰为素绢、袜身为素麻。袜腰上口宽17.6、袜长36.8厘米。M5出土的女袜95MNIM5：20，尖头，平底，高腰。长34.6、高20厘米（图6-23-6）。类似款式的还有尉犁营盘墓地出土的麻布袜95M31：3，接缝在袜底至袜腰一侧，袜底贴缝一周有系带。袜底长20.8、袜腰长23.2、宽16.8厘米（图6-23-7）。年代为东汉时期。

B型：圆头。

典型者如尉犁营盘墓地出土棉布袜，圆形袜头并有褶皱，袜底和袜面一侧有接缝，直至袜腰。袜腰后缝两条系带。袜底残长27、袜腰长20厘米（图6-23-8）。与此类似的还有尼雅遗址59MN001出土的一双锦袜，斜方格纹，锦边缘有“阳”字。袜长37、宽14厘米（图6-23-9）。年代均为东汉时期。

三、首服与发型

西域地区的首服和发型极具地域特点。与中原地区重冠帻和发饰的首服状况不同，西域地区的首服多为以纺织品制成的帽；与中原地区复杂多样的发髻形态不同，西域地区以编发为主要发型。

（一）首服

西域地区的首服主要为帽，根据帽的顶部形态，可以分为以下三型。

A型：平顶帽。帽的顶部为平顶，根据帽沿的形态，又可分为二亚型。

Aa型：平顶或略呈弧形，帽沿有镶边，帽沿的后侧开口并有系带。这类型帽多为毛织物，也有少量为绢类丝织物。

典型者如洛浦山普拉墓地出土的几件毛布帽。帽沿周长在38.4～44.4厘米，高22.1～26.1厘米（图6-24-1、图6-24-2）。年代为汉代。

Ab型：平顶，帽沿四周呈筒形。两侧耳披较长，能保护脖颈。帽耳下缘两尖角缝缀有系带。

典型者如尼雅遗址出土的平顶帽，在额前多附加有其他装饰物，例如59MN001出土女帽系白绢制成，前额缝缀一条菱形锦装饰带（图6-24-3）。女帽95MNIM5：12系淡绿色绢制成，帽的前额缝缀一个“凤头”形装饰物，上有动物毛发及珠饰。整个帽直径18.8、高17.6、耳披长66.4、宽17.5厘米（图6-24-4）。年代均为东汉时期。

B型：尖顶帽。一般由两片毡制品裁制而成，中间缝合，帽后开叉。

典型者如洛浦山普拉墓地出土的毡帽84LSIM01：c150和84LSIM01：c151，前者帽高26、口宽28厘米（图6-24-5）。年代为汉代。

C型：圆顶帽。毡制，在缝制方法上与B型尖顶帽相似，但缝合后帽顶为圆形，帽沿部位类似，开叉并有系带。

典型者如洛浦山普拉墓地出土毡帽84LSIM02：354和84LSIM01：c165，帽高在15～20、口宽25～26.6厘米（图6-24-6）。年代为汉代。

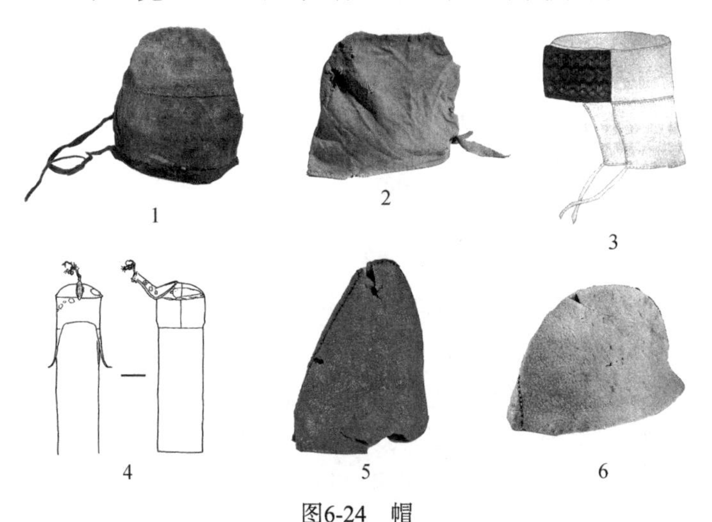

图6-24　帽

1、2. Aa型（洛浦山普拉84LSIM01：383、洛浦山普拉84LSIM01：c127）　3、4. Ab型（民丰尼雅59MN001、民丰尼雅95MNIM5：12）　5. B型（洛浦山普拉84LSIM01：c150）　6. C型（洛浦山普拉84LSIM02：354）

（二）发型

编发和披发是西域地区的主要发型类型，偶见发髻。根据考古发现的干尸及毛发实物，编发更为常见，且类型较多样。

1. 编发

编发在西域地区极其常见，不仅有各种编发形态，有的还续以假辫。根据发辫的数目及其形态，可分以下三型。

A型：一根发辫。全部头发拢于脑后，直接梳为一根发辫。

典型者如洛浦山普拉墓地出土的男尸发型（图6-25-1）。年代为汉代。

B型：两根发辫。全部头发中分，两边各梳有一条发辫。

典型者如尼雅遗址59MN001出土的女尸，头部左右各有一条发辫，并盘成团状，压在枕骨后。年代为东汉时期。

C型：多根发辫。头发中分，两侧各垂有若干股发辫。

典型者如尼雅遗址95MNIM5出土女尸，头发为黄褐色，头顶中分发，两侧各编有4根发辫垂于胸前，辫长65厘米。此外，在前额与脑后中部各编有一条细辫，前额的细辫与两串珠用丝线捆结于前额中原，细辫折回置于头顶，串珠垂于两颊（图6-25-2）①。与此类似的发辫形式还见于洛浦山普拉墓地（图6-25-3）。

2. 披发

西域地区也偶见披发。根据发型形态，可分为二型。

A型：头发全部自然下披。

典型者如楼兰地区发现的女尸，头发呈褐色（图6-25-4）。

B型：将前部分头发束于头顶，绾结一个小髻，后部余发自然垂下。

典型者如尼雅95MNIM4出土男尸和尼雅95MNIM6出土女尸，前额两鬓头发束于头顶，头部裹有黄褐色毛布和丝绵，头发呈深褐色，前额及两颊处均饰串珠，余发披肩（图6-25-5、图6-25-6）。

---

① 阮秋荣：《尼雅遗址出土干尸的发式——兼谈隋唐以前西域先民的发式》，《新疆文物》2001年第1、2期。下文发型图示均出自本书，不再单独出注。

图6-25　编发、披发和发髻

1. A型编发（洛浦山普拉墓地）　2、3. C型编发（民丰尼雅95MNIM5、洛浦山普拉墓地）
4. A型披发（楼兰铁板河古墓）　5、6. B型披发（民丰尼雅95MNIM4、民丰尼雅95MNIM6）
7～9. 发髻（洛浦山普拉墓地）

3. 发髻

西域地区也偶见发髻，形态比较简单，一般是在头顶直接扎结一小髻。典型者如洛浦山普拉墓地和尼雅遗址出土干尸的发型（图6-25-7～图6-25-9）。

四、西域服饰传统的基本特征

先秦两汉时期，西域地区的服饰风格由单一化向多元化发展，但严格意义上说，所谓的“多元化”仍是在自身服饰传统基础上的选择性吸收，风格变化不大。服装类型及搭配、质料与纹饰、首服发型特征等方面与青铜时代的服饰文化遗存一脉相承，呈现出独立连续的发展轨迹。

（一）服装类型及搭配

西域地区的服装种类齐备，上衣、下衣、足衣三个门类中的服装种类多样、款式新颖。

1. 上衣

与中原地区相比，西域地区考古发现的上衣种类多样、结构复杂，不仅存在像交领式、贯头式、对襟式这样传统的上衣种类，多数还保留有不同上衣种类的交叉特征，形成新的服装类型。譬如，中原地区的对襟式上衣一般为两襟对称开缝，彼此不相连属，而西域服装中的对襟式上衣则是连属闭合在一起。说明这两种类型的上衣在穿着搭配方面可能存在差别，前者直接套穿于外层，显露出内层的交领长服；而闭合式的对襟衣则无需搭配其他类型的上衣，可以独立穿着。西域地区的所谓“交领式上衣”，实际上也并非中原地区自东周至东汉的交领式样。一般来说，西域地区的交领服两襟宽度相差不大，前襟上方较高、宽度较窄，由此形成的外观特点常常为窄前襟，某种程度上近似于对襟；两襟相交形成的“V”字形领口极小，外襟直接交纽于一侧，内襟衣缘几乎不可见。此外，交领式上衣在交掩方向上也并不固定，既有左衽，也有右衽，没有一定规律。在领口式样上，一部分为斜直交领，另外一部分则类似立领式的交领，还有一部分则直接围有一圈围脖，款式特殊。这些特征都是在中原地区的交领服中未曾见到的。贯头式上衣中不仅有常见的低矮圆形领口，也有立领和“V”字形领。

以上以领式为基本特征的不同类型上衣中，均有长服、中长服和短服，有些长服长可及地，也有短服长仅至腰间。具体而言，贯头式上衣一般具有衣身较长、袖筒较短的特点，例如，尼雅遗址95MNIM5出土的贯头式服M5：15，衣长为166、袖长88厘米，比例为1.89：1。与此相反，交领式上衣的衣身偏短，多为中长服或短服，但袖筒较长，例如，尼雅遗址95MNIM3出土的一件交领服M3：45，衣长85、袖长95厘米，比例为0.89：1；同墓出土的另一件交领服M3：46，衣长只有50厘米，袖长却长达105厘米，比例为0.48：1。

就上衣的整体形态而言，交领式上衣一般有明显的束腰或者呈上窄下宽的梯形，即使短服也不例外。例如尼雅遗址95MNIM3出土的交领短服M3：46，虽然衣长仅至腰部，但在腰部收口处仍呈现出明显的内收。与这种身形显著不同，贯头式上衣一般呈上下直筒状，无论长服或短服均表现有这样的特点，如尼雅遗址MNIM5出土的贯头式短衣M5：23，报告称之为“胸衣”，可见其衣长极短，即使如此，这件上衣的整体身形仍为上下等宽的直筒状。

通过以上的分析可以看到，贯头式、交领式、对襟式上衣在很多款式细节处差别显著。总体而言，贯头式与交领式是西域服装中的主要上衣类型。但结合新疆地区青铜时代、早期铁器时代墓葬出土的服装实物来看，交领式上衣并非当地服饰传统，贯头式和对襟式上衣则在西域传统服饰中比较常见。需要指出的是，作为西域传统的上衣类型，从青铜时代至早期铁器时代，贯头式和对襟式上衣在整体和细部款式方面实际都已经发生了明显变化，我们可通过以下早晚服装的对比分析来廓清这种新变化。扎滚鲁克一号墓地第二期文化中集中出土有一批服装，第二期的大部分墓葬集中于公元前790年～前300年，约当中原地区的春秋战国时期。这批服装中有长服和短服共计123件[①]，领式主要有贯头式和对襟式两种，其中对襟式略多，长短服合计62件，占到了50.4%。就款式而言，贯头式与对襟式上衣的整体形态类似，均为直筒形，圆领，窄袖较短。唯一区别在于身前正中是否开口，开口小领为对襟式，将开口缝合在一起则形成贯头式，两者的总体形态差别不大（图6-26-1、图6-26-2）。至东汉时期，贯头式上衣基本保留了早期贯头服的一些特点，可以看做是早期贯头服的延续，唯

① 本文所指的“长服”相当于报告中的“袍”，统计数字不包括“套头裙衣”。见新疆维吾尔自治区博物馆：《新疆且末扎滚鲁克一号墓地发掘报告》，《考古学报》2003年第1期。

图6-26　且末扎滚鲁克一号墓地出土贯头式长服与对襟式长服
1. 贯头式长服（M100C：2）　2. 对襟式长服（M14D：60）

在领口、袖筒等部位发生了一些变化，细部装饰也更加复杂。例如，领口普遍由原来的低平圆形领演变为竖起的立领。贯头式“V”形领上衣则变化更大，虽然领口仍相对低平，只是由圆形变化为“V”字形，但整体形态已由直筒形转变为腰间内收的束腰式上衣。与贯头式上衣相比，对襟式上衣不仅数量减少，款式方面也变化较大。从尼雅遗址59MN001出土的唯一一件东汉时期的对襟式上衣来看，整体形态与贯头式“V”形领上衣十分类似，均为中部束腰、下摆外张。纵观西域地区这两类传统上衣的演变，呈现出整体衰微的发展趋势，对襟式上衣基本已被交领式上衣取代；贯头式上衣的基本款式虽得以保留，但随着细部款式的变化，在原来的简单贯头式上衣的基础上又衍生出许多其他类型。

2. 下衣

西域地区的下衣主要为裤和裙，裙装的数量和类型又略多于裤。与中原地区的裙相比，西域地区的裙装不仅有种类丰富的半身裙，还有造型独特的连身裙。就结构而言，半身裙又有筒裙和围裙两种式样。综合这几种裙装类型，它们共同的款式特征是多数为长裙或中长裙，下摆宽大。一般来说，裙长在80厘米至110厘米之间，山普拉墓地出土的连身裙可长至246厘米；下摆宽从50厘米至246厘米不等，但基本在160厘米上下范围浮动。山普拉墓地出土的连身裙残损严重，具体形态不十分清楚，但类似的连身裙早在扎滚鲁克一号墓地就已经出现，例如，M64出土的一件连身裙M64H：20：1，呈贯头式，整体瘦长，系由两块平纹布缝制，中间无束腰，类似贯头式长服[①]。半身裙一般均为上窄下宽的梯形，有些有裙腰和

① 新疆维吾尔自治区博物馆：《新疆且末扎滚鲁克一号墓地发掘报告》，《考古学报》2003年第1期。

下摆，裙身系由多幅布拼接而成，拼接方式有纵向和横向两种，其中横向拼接半身裙在早期铁器时代墓葬中经常出现，应为西域地区的传统类型。与中原同时代的横向拼接半身裙平行发展。例如，年代约在战国前后的苏贝希三号墓地中，M6：B为一老年女性，下身即着一条毛布半身长裙，裙面系由红、黄、白、绿四色彩条毛布横向拼接，裙腰有一条彩色粗毛线带[①]。与苏贝希三号墓地年代相当的鄯善三个桥墓地Ⅰ型墓中也有类似式样的半身长裙，如M13出土的一件毛布裙（M13：7），裙身也是由黄、蓝、红、绿等数十条彩带横向拼接而成，裙的上端有一条黄色毛布裙腰并缝缀有白色毛编织带[②]。

裤装常见的阔筒裤、窄筒裤、灯笼裤三种类型在出现时间上有着早晚差别。考古发现表明，至迟在早期铁器时代，阔筒裤已经出现，款式特征表现为直筒合裆。扎滚鲁克一号墓地二期文化遗存中，共出土有53件裤装，虽制作方法不完全相同，但全部为“满裆裤”，裆布表现为前后对称的阶梯式菱形（图6-27）[③]。东汉以后，满裆裤的裤裆不断加大、加深，成为深裆裤，深裆裤的出现促使裤腰逐渐由平齐转变为中间狭凹、两边翘起的“V”字形，形成了新的裤装款式——深裆窄筒裤。此外，阔筒裤的

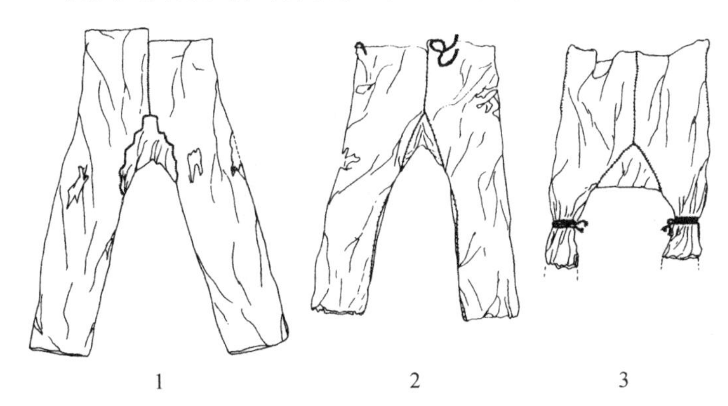

图6-27　且末扎滚鲁克一号墓地出土裤

1. M14F：69　2. M98B：2　3. M4N：58

① 新疆文物考古研究所、吐鲁番地区博物馆：《鄯善县苏贝希墓群三号墓地》，《新疆文物》1994年第2期。

② 新疆文物考古研究所、新疆大学历史系、吐鲁番地区博物馆等：《新疆鄯善三个桥墓葬发掘简报》，《文物》2002年第6期。

③ 新疆维吾尔自治区博物馆：《新疆且末扎滚鲁克一号墓地发掘报告》，《考古学报》2003年第1期；何芳、阿迪力：《新疆古代文物中的裤装》，《新疆文物》2005年第3期。

另一个显著变化是继续将裤腿加肥，同时将裤腰和袴脚内收，进而在裤筒上下两端的衔接处形成多褶皱，整体形态类似灯笼，这样，又一类新式样的裤装——“灯笼裤”开始出现。山普拉、营盘等多个墓地出土的灯笼裤实物表明，这一类型的裤装在汉晋时期已经相当普遍。

3. 足衣

鞋、靴和袜是西域地区的最常见的足衣，其中，靴是西域地区独具特色并具有悠久传统的足衣种类。就考古出土实物来看，早期铁器时代的哈密五堡墓地[①]、罗布泊小河墓地[②]、鄯善苏贝希三号墓地[③]以及扎滚鲁克一号墓地[④]都发现有数量不等的靴（图6-28）。就款式而言，这些靴一般都是由两块或三块皮革或织物对称拼合，低靿，靿后缝两条系带。与之相比，鞋在西域地区出现较晚，东汉时期才普遍流行起来，形制基本为圆头平口，与中原地区的鞋没有太大差别。袜的形制比较简单，尖头、无跟、短靿，靿后有两条系带反转向前固定，与靴类似。

西域地区服装在种类、款式、厚薄等方面似乎都遵循一定的搭配规则。就种类和款式而言，无论怎样的搭配方式，上衣都居于整套服饰的核心，在此基础上的服饰搭配向内外、上下两个方向展开。在款式方面，当内外上衣全部为交领式服时，由内而外的上衣交掩方向似乎存在交叉变

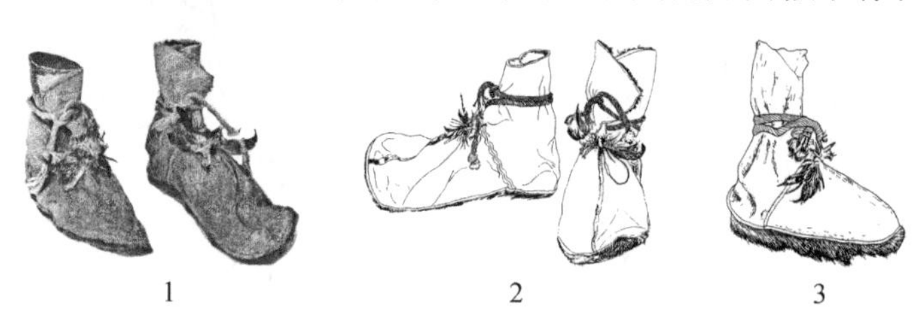

图6-28　罗布泊小河墓地出土靴
1. M13：10照片　2. M13：10线图　3. M33：7

① 新疆文物考古研究所：《新疆哈密五堡墓地151、152号墓葬》，《新疆文物》1992年第3期。

② 新疆文物考古研究所：《新疆罗布泊小河墓地2003年发掘简报》，《文物》2007年第10期。

③ 新疆文物考古研究所、吐鲁番地区博物馆：《鄯善县苏贝希墓群三号墓地》，《新疆文物》1994年第2期。

④ 巴音格楞蒙古自治州文管所：《且末县扎洪鲁克古墓葬1989年清理简报》，《新疆文物》1992年第2期。

换的现象。譬如，尼雅遗址95MNIM3女尸内外所着的三件上衣均为交领式，最内一层的上衣为交领右衽、中间一层的夹衣为交领左衽、最外一层的外套又为交领右衽。由于已发表资料有限，这样完整的搭配方式在目前并不多见。此外，内外交领服的长度由内而外逐渐缩短，一般作为内衣的都为长仅及腰的“腰衣”。当上衣有交领式和贯头式两种类型时，交领式上衣一般穿作外套，贯头式穿在内层作为中衣，并且在长服上一般为内长外短。譬如，尼雅遗址95MNIM5女尸内外所着的三件上衣中，最外一层交领长服（M5：15），衣长158厘米；中层为贯头式长服（M5：15），衣长166厘米[①]。需要说明的是，交领长服与连衣裙同时穿着时，交领长服也穿作外套。在下衣不同种类的服饰搭配中，一般是裙在外、裤在内。在兼有不同厚薄的服饰组合中，由内而外一般遵循由薄到厚的规律。譬如，尼雅遗址59MNM001出土的女尸上身由内到外分别穿着绵衣、夹衣和襌衣，下身由内到外分别为襌裤、夹裤和夹裙。尼雅遗址95MNIM3出土的一套女尸衣物中，上衣由里到外分别是襌衣、夹衣和绵衣[②]。

综上所述，西域地区的服装在大的分类上与中原地区差别不大，也是上衣、下衣和足衣，但具体于每个大类下又有较复杂的服装类型。尤其是上衣呈现出更加复杂的服饰面貌，体现出不同服饰元素的交叉影响。尽管如此，西域地区的传统服装类型仍是显而易见的，相对于上衣，下衣和足衣的传统特色更加明显，基本为传统类型的延续，如多种领口式样的贯头式上衣、灯笼裤以及高靿靴等。这些服装种类都在原有的款式和搭配基础上进行了一些改进，形成了全新的服饰风格。

（二）裁制与装饰工艺

服装的款式风格与裁制方法及装饰工艺密切相关，西域地区的服装之所以呈现出与中原地区完全不同的面貌很大程度上是受到了这两个方面的影响。

---

① 以上两件上衣在报告中为同一器物号，分别称为“袍”和“单衣”。见中日共同尼雅遗迹学术考察队：《中日共同尼雅遗迹学术调查报告书》（第二卷），中村印刷株式会社，1999年，第126、127页。

② 中日共同尼雅遗迹学术考察队：《中日共同尼雅遗迹学术调查报告书》（第二卷），中村印刷株式会社，1999年，第321页。

1. 裁制方法

正如上文所述，贯头式长服是西域地区别具历史传统的一种上衣类型，多数呈现出上下等宽的形态特点，这种特点主要是由贯头式长服的剪裁方式决定的。中原地区的上下连体长服一般为上下分裁，而西域地区的长服一般为上下通裁。具体步骤是将两片整幅衣料对折后拼缝，以此形成的衣宽实际上就是两片衣料的幅宽之和。第二步即是缝制拼接领口和袖筒以及其他装饰。对于早期贯头式上衣，如哈密五堡墓地、扎滚鲁克墓地等墓葬出土的上衣实物，一般是在缝制衣身时直接在前部正中上方留出领口，左右两侧上方留出窄袖口。对于年代稍晚的山普拉墓地和尼雅遗址出土的大部分贯头式上衣，则是在缝制好衣身后再剪裁出领口的形状，并添加复杂的领、袖、插片、侧边等装饰。东华大学的学者曾对尼雅遗址95MNIM3出土的一件立领贯头式上衣M3：58作过详细的复原研究，其复原成果可为深入理解这种剪裁工艺提供一些直观借鉴，这件上衣的形制与复原步骤如下所示（图6-29）：

（1）正身缝合，即裁片A与B缝合

（2）袖与接袖缝合，即裁片C与D缝合

（3）缝红色绢边，即D与G缝合

（4）缝插片，即F与C缝合

（5）缝侧边，即H与AB缝合。侧边为双层，分4片分别缝于下摆两层开衩处

（6）下摆处翘边，翘边宽约2厘米

（7）衣领与系带缝合，即I与H缝合

（8）开领口，即在正身中间，剪椭圆形开口

（9）上衣领，将衣领缝于领口上

（10）缝合正身，从袖口，沿腋下，至两侧开衩处缝合[①]

总体而言，这样将整幅衣料直接拼接缝制的剪裁方法相对简单并在西域地区有着悠久的传统，这也是导致该地区长期流行贯头式上衣的直接原因。《魏书·西域传》曾对贯头式上衣的形制有过直接的描述：“贯

① 李晓君：《尼雅三号墓出土菱格绮贯头衫复原研究》，《西域异服——丝绸之路出土古代服饰复原研究》，东华大学出版社，2007年，第78～84页。

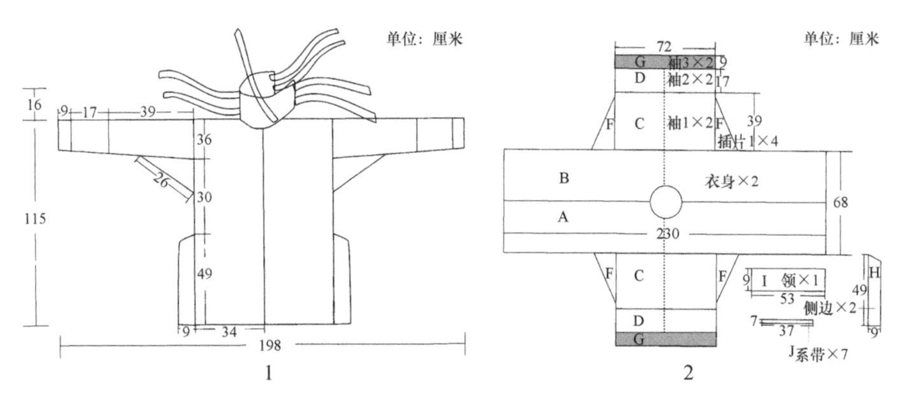

图6-29　民丰尼雅遗址95MNIM3出土贯头式上衣复原图
1. 形制结构图　2. 裁片示意图
（采自《尼雅三号墓出土菱格绮贯头衫复原研究》，图5、图8）

头衫，两厢近下开之。”[①]《太平御览》则对这种服饰款式作了进一步阐释：“缝布二幅，合而头。开中央，以头贯。”[②]

其实，类似的拼接缝制的剪裁工艺在西域地区有着更广泛的应用，譬如，扎滚鲁克一号墓地出土的大部分阔筒织成裤，就是将两片裤腿分别织成后，分别两内对折，将中间合缝而成，再于中间拼合成裤裆。此外，西域地区常见的裙装实际上也是这样类似的拼接工艺，如纵向拼接裙和横向拼接裙。但与贯头式上衣和阔腿织成裤多使用整幅衣料、剪裁部位较少的情况相反，裙的面料一般使用尽可能多的布幅，有的还刻意将一整块门幅剪裁为两条后再进行拼接。例如，营盘墓地曾出土有一件红白相间的间色裙C：24，根据相关学者的复原研究数据，这件裙左右两侧的红色裙片原应为一片，系将这片裙料剪开后分置于左右两侧与白色拼接，形成间隔排列的特点[③]。类似的拼接工艺也见于连身裙，例如，扎滚鲁克一号墓地出土的连身裙M55G：17的上身部分系用红色、浅黄、褐色、蓝色等多种色彩的小方形毛布拼缝而成，形成多色交错的风格（图6-30）[④]。由此可

---

① 《魏书·西域传》，中华书局，1974年，第2271页。

② （宋）李昉等：《太平御览》卷七九〇《四夷部》一一，中华书局，1960年，第3502页。

③ 于颖、陆立钧：《营盘出土间色裙复原研究》，《西域异服——丝绸之路出土古代服饰复原研究》，东华大学出版，2007年，第56～61页。

④ 新疆维吾尔自治区博物馆：《新疆且末扎滚鲁克一号墓地发掘报告》，《考古学报》2003年第1期；新疆维吾尔自治区博物馆：《古代西域服饰撷萃》，文物出版社，2010年，第33页。

图6-30　且末扎滚鲁克一号墓地出土连身裙（M55G：17）
1. 连身裙照片　2. 连身裙线图

见，拼接工艺虽然简单，但通过不同色彩的交错排列仍然可以巧妙的形成多样俏丽的装饰风格。同时，我们也可以看到，在相同的剪裁工艺下，西域地区对裙装的美学追求普遍高于贯头式上衣和阔腿裤装，这种现象很可能与裙装普遍为女性穿着有着直接关系。

除了服饰主体部分使用的剪裁拼接工艺，西域地区服饰中的一些细部特征也有着固定的工艺传统，这些工艺传统大部分兼具实用和装饰功能，“增幅”即是这些工艺中比较常见的一例。所谓的“增幅”，实际上是增加下摆宽度的一种方法，其具体做法是在下摆左右两侧的开衩部位加缝一块窄细面料[①]。这种剪裁工艺一般用于上衣和连身裙中，例如，扎滚鲁克一号墓地出土的连身裙M64：H：20：1，裙身就是由两块平纹布料缝制，在下摆两侧各加一块三角形布料，下摆即变为外张的喇叭形。上文所示的尼雅遗址出土的立领贯头式上衣M3：58的剪裁图中也可以见到类似的呈细长梯形的增幅（第五步的侧边）。此外，不添加侧边，直接留出开衩部分也是增加下摆宽度的一种方法，这种方法似乎在男性服饰中更加常见。例如，尉犁营盘墓地出土的大部分上衣都在下摆两侧有开衩，开衩部位又经常加缝一片较宽的衩缘，形成强烈的装饰效果。第三种增加宽度的方法为“打褶”，这种方法的实用和装饰功能都很明显，灯笼裤和大喇叭形百褶裙是运用这种方法最为频繁的衣物类型。实际上，裙装中的多裙幅拼接裙的原理也与此类似。以上这些增加衣物宽度的剪裁方法直接受到了当地通幅剪裁工艺的影响，当然，很大程度上也与当地的自然地理条件和审美密切相关。

① 梁勇：《新疆古代墓葬所见唐代以前的服饰》，《新疆文物》1992年第1期。

2. 装饰工艺

西域地区的装饰方法比较独特，衣穗、系带、绦带、贴片等都是服饰中比较常见的衣物饰件。所谓的“衣穗”，是纵向缝缀在衣襟部位的窄长方形布条，布条一端连属，另一侧等距剪为若干小长方形布条，贴缀于衣襟后，这些小长方形可自然向下垂悬。尉犁营盘墓地出土的多件服饰衣襟处缀有类似的衣穗，如一件女性内衣M22：24的两襟缝缀有一个四片相连的长方形“衣穗”，另一件男性内衣M19：17的服饰款式与衣穗装饰也均与女服类似（图6-31）①。营盘墓地的发现还表明，这种衣穗装饰的形状有长方形和三角形两种②。

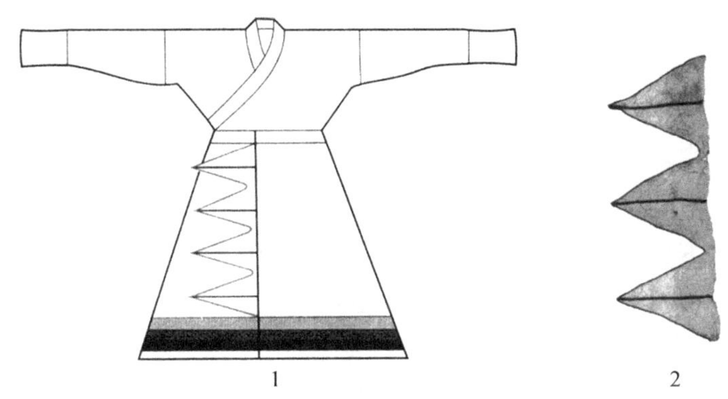

图6-31　西域服饰上的衣穗饰物

1. 衣穗饰物位置示意　2. 三角形衣穗照片

（采自《楼兰LE北壁画墓三角形衣饰复原研究》，图1、图5）

系带在西域地区的上衣中有着比较广泛的应用，领口、衣襟、下摆开衩等处都是集中出现系带的部位，有的系带只是两条短细绳，有的则是比较宽的条带。系带多数具有较强的实用功能，但贯头式立领上衣的领口系带特征说明这种衣物部件也有着很强的装饰特点。例如，尼雅遗址95MNIM5出土的女性胸衣立领处每边各缀有两根宽约3厘米的系带，尼雅

---

① 新疆文物考古研究所：《新疆尉犁县营盘墓地1995年发掘简报》，《文物》2002年第6期。

② 营盘墓地所见的女性服饰相关资料报告中未见详细描述，本书参照东华大学复原研究中的相关数据。见沈雁、于振华：《楼兰LE北壁画墓三角形衣饰复原研究》，《西域异服——丝绸之路出土古代服饰复原研究》，东华大学出版社，2007年，第9～14页。

遗址95MNIM3出土衣物也有类似的复杂系带装饰（图6-32），在简单短小的衣身中显得尤其突出。

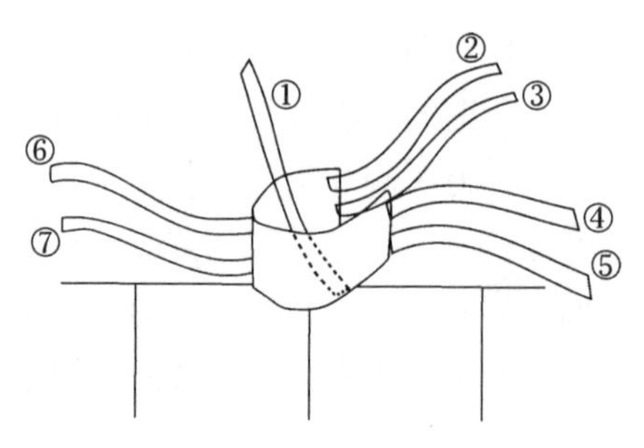

图6-32　民丰尼雅遗址95MNIM3出土上衣领口系带示意图
（采自《尼雅三号墓出土菱格绮贯头衫复原研究》，图13）

接缝装饰也是西域服饰中比较有特点的一个方面，一般是在上衣的领口、袖口、肩部、胸部、腰部、裙的下摆等部位的接缝处缝制宽窄不一的绦带或者牙线以压盖接缝。山普拉墓地出土的大部分贯头式上衣和长裙都有类似的绦带，尤其是在缝缀在裙上的编织涤具有很强的装饰效果，用于下摆的绦带多形成荷叶边装饰，有的绦带中还装饰有各色的刺绣纹饰[①]。与此工艺类似但装饰效果更强的是贴金装饰，贴金装饰不仅用于贯头式长服、也用于交领式长服。装饰部位一般在领口正下方、衣襟、下摆缘部、开衩缘部、衣褶、衣背、袜底、袜面等部位，方法表现为有的直接贴金，有的为贴绣加贴金，形成的纹饰多根据衣服装饰纹饰剪裁，这些贴金一般是在成衣后贴上去的，叠压在不同幅衣料的接缝或针脚处。例如，尉犁营盘墓地M14，墓主为女性，墓中出土有4件贴金的绮质长服残片，贴金部位分别位于衣襟、衣服背部、衣褶、裙下摆等处。表现方法有的直接贴金，有的为贴绣加贴金。纹饰主要有“上下相错的连续三角形”纹、纵向花朵纹、四瓣花纹、以三角形为骨架内的几何纹，几何纹内填圆形、方形、叶形、菱形各种形状的金箔（图6-33）[②]。根据不同纹饰的细部特征可知，这种装饰方法的一般步骤是先将不同色彩的绢或褐剪成不同形状的纹饰图案缝缀在衣服坯料上，用粘合剂将金箔粘在绢或褐形成的纹饰上，形成一条装饰带，装饰带与衣服坯料的接缝处又常以绢条压缝，绢

---

①　新疆维吾尔自治区博物馆、新疆文物考古研究所：《中国新疆山普拉——古代于阗文明的揭示与研究》，新疆人民出版社，2001年，第37页，图318～图324。

②　新疆文物考古研究所：《新疆尉犁县营盘墓地1995年发掘简报》，《文物》2002年第6期。

图6-33　尉犁营盘墓地M14出土衣物上的贴金装饰

1. 贴金衣襟（M14：8-1）　2. 贴金衣褶（M14：8-4）　3. 下摆金纹（M14：9）　4. 衣襟贴绣加贴金纹（M14：8-1）　5. 衣背贴绣加贴金纹（M14：8-2）

条上再粘贴有连续纹饰的小金箔，形成装饰。

通过以上分析可以看到，西域地区的服饰剪裁工艺相对中原地区比较简单，但与此相反的是，这一地区的装饰传统却相对复杂。虽然装饰手法各异并且装饰部位各有侧重，但究其工艺基本上仍是偏重于服饰完成后的缝缀或贴补，与中原地区强调衣物质料本身的纹饰装饰有着显著不同。

（三）服装质料、纹饰与色彩

1. 质料特点

西域地区的服装质料相当丰富，主要有毛、丝、棉、麻、皮等，其中，毛织物和丝织物是衣物质料（主要指上衣和下衣）的主要来源。

西域地区的畜牧业发达，丰富的毛产品为毛纺织业提供了充足的原料，直接推动了当地毛纺织业的发展。早在青铜时代西域地区就以皮毛、毛毡制衣，并有大量纺轮、撑幅、木手、提经等纺织工具出土。诸多考古迹象都表明，当地毛纺织业发达，毛织物是当地的传统服装质料。

与发达的毛织业相比，丝织业在西域地区起步较晚，一些学者认为“公元3世纪以前，新疆地区尚不产丝，也没有丝质生产”[①]。就目前发现的作为衣料的丝织物而言，大部分为东汉时期且可以认定是由中原传入的。

---

① 武敏：《从出土文物看唐代以前新疆纺织业的发展》，《西域研究》1996年第2期。

东汉时期，西域地区的少数服装中还出现将棉布作为面料或里料的情况。考古实证表明，西域是我国最早使用棉布的地区，穿着棉布衣的历史比中原地区早了将近800年。但与毛织物相比，以棉作服的情况仍占少数，以洛浦山普拉出土的纺织物为例，207件保存完好的织物中，棉织物8件，只占到3.9%[①]。

麻和皮在秦汉时期已经很少用作上衣和下衣的质料，大部分只用作足衣或装饰构件，因此不是主要的服装质料。由此可以看到，西域地区的服装质料虽比较丰富，但实际上主要还是由两种质料传统构成的，并以此为基础形成两种不同的服装纹饰和色彩体系。

经过不断的发展完善，西域的毛纺织工艺在秦汉时期已经相当成熟，毛织物品种齐全，既有平纹组织的褐，也有斜纹组织的斜褐、复杂组织的彩色罽、罗纹组织的毛罗以及栽绒组织的地毯[②]，但是作为衣料的多数还是平纹的褐，个别用斜褐、毛罗、罽和毡。与之相比，丝织衣物的种类也比较丰富，基本上延续了同时期中原地区常见的丝织品种类——绢、绮、锦、纱以及绣品。

上衣中常见的面料有褐、绢、锦，少数采用纱、棉布、毛罗、斜褐、毡和罽，里料主要为绢和褐，少数用棉布和纱。毛纺织衣料的上衣多数为单层面料；丝织上衣既有襌衣，也有夹衣和绵衣。对于不同类型的上衣，在用料取向上没有固定规律，例如，尉犁营盘墓地M15男尸所着的上衣有贯头式M15：12和交领式M15：3两种，均以绢作为主体衣料。同一墓地M19男尸所着的襌衣和夹衣均为交领式，两件衣物均以平纹褐作为面料和缘料。以上不同类型衣物的选材取向表明，以领式作为主要区别的上衣类型与其面料并没有直接关系，贯头式上衣可以用绢，交领式上衣也有用褐的情况。衣物的选材趋向可能与死者所在地区受中原文化影响程度、身份地位等方面的因素关系更为密切。

与上衣相比，下衣对褐的使用相对频繁。裤的面料主要有褐、棉布、锦和绢，少数用皮革制品，其中，以棉布作裤的实例较多。裙多数还是以褐为面料，尼雅遗址中也有以绢为裙的情况。头衣的质料主要有毛布、绢和毡。足衣更多的是从实际功用出发，靴面更多的保留了传统的皮革质料，山普拉墓地出土的靴则以毛布为面，多数靴里垫以毛毡。鞋多数

① 新疆维吾尔自治区博物馆、新疆文物考古研究所：《中国新疆山普拉——古代于阗文明的揭示与研究》，新疆人民出版社，2001年，第36～40页。

② 贾应逸：《略谈尼雅遗址出土的毛织品》，《文物》1980年第3期。

以丝织品为鞋面，少数用皮革，鞋底用麻，系带用绢，这种用料搭配与中原地区的风格十分相似。袜多采用毛布、棉布和麻布，档次较高的为丝织品。少数以毛毡作面或里。

一般而言，同一件服装的不同部位常使用同类的衣料进行搭配。例如，以平纹褐作衣料的上衣中，接缝装饰也使用毛织物；以绢作为面料的夹衣中，常以绢或纱为里料、以绢或锦为缘料。但是也有少部分服装实物表明，秦汉时期的西域服装已开始利用不同类别的质料制作同一件服装，譬如，尼雅遗址95MNIM8出土的男尸衣物中，外服以棉布为面、以绢为里、以锦和绣绢为衣缘，裤以毛布为面料、以织锦为裤缘。尉犁营盘墓地M8出土的女尸所着夹衣M8：16，以绢为面料、以棉布为里料。同一墓地中采集的长裙C：24，以褐为面料、裙幅之间贴绢带装饰。M15出土男尸的袜M15：10，以毛毡作面、以绢为里。M22出土的女鞋M22：17更直接以丝、麻两种混合质料作为鞋面并有绢质鞋带。以上诸多发现充分说明，当时毛和丝两类织物都已经发展得十分成熟，西域人民已经能够充分利用不同质料的材质特点裁制衣物，同一件衣物的质料显示出来自不同传统的自然融合。

2. 纹饰特点

在不同质料特点的影响下，服装有着各自的纹饰风格和搭配特点。

由于毛织衣物多数采用平纹或斜纹褐，因此多数为本色无纹饰，只有少数以罽为面料的衣物纹饰复杂。此外，正如上文所涉及的衣物装饰，领口、袖口、衣襟、下摆等边缘或接缝处常有提花毛绦和缀织毛绦等接缝装饰，这种织物也具有鲜明复杂的纹饰并且一般幅宽较窄。就纹饰风格而言，这些织物多数也是由单元图案循环而成，缀织毛绦的一些纹样中还可清晰地分为主体图案和边缘图案。图案的题材根据具体织物组织略有不同，提花毛绦为正面起花，一般以小菱形和小正方形组成菱格纹和条格纹等几何纹饰。缀织毛绦则是利用彩色纬线显花工艺，纹部与地部各种色彩可以随意变化产生多种纹饰，纹饰题材主要是以不同植物、动物、人物、几何图形交错构成的蔓草纹、植物纹、飞鸟纹、卷草兽面纹、山树兽面纹、骆驼纹、牵驼纹、菱格填花纹等（图6-34）[①]。

罽是一种更为精细的有纹毛织物，幅宽较大，因此纹饰的单位图案循环较多，纹饰题材受限较少，内容表现更加丰富。尉犁营盘墓地M15出土

---

① 郑渤秋：《试析山普拉出土缀织毛绦图案》，《新疆文物》2006年第1期。

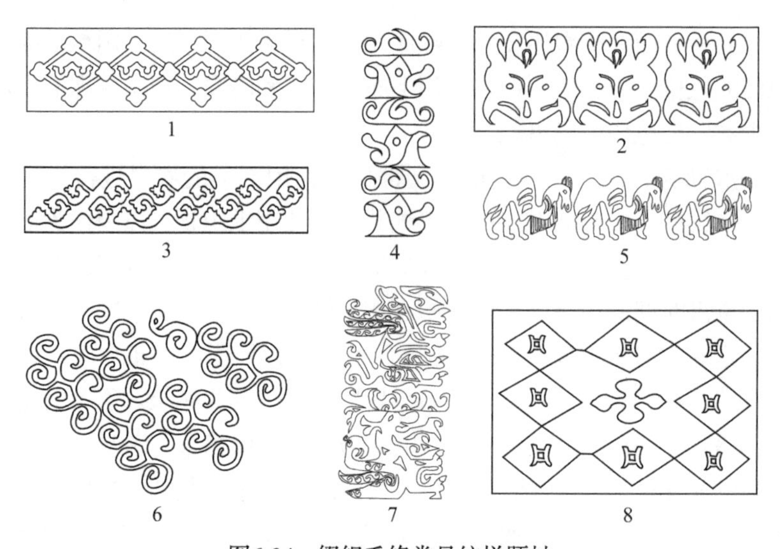

图6-34 缀织毛绦常见纹样题材

1. 菱格纹 2. 海兽纹 3. 勾连纹 4. 鹿头纹 5. 骆驼纹 6. 蔓草纹 7. 龙纹 8. 菱格四叶蔓草纹

的罽面上衣是由三种不同纹样的罽制成，上衣主体面料为“对人兽树纹”罽，左下襟接缝一块狭长三角形“卷藤花树纹”罽，两袖下半截接缝彩条纹罽。三种罽面纹样题材不同，但在布局上对称规整，系由不同内容的单元图案循环而成。“对人兽树纹”的单元图案分为上下六组，每一组以石榴树为轴，对称分布人物和动物，人物裸体、卷发、高鼻、大眼。“卷藤花树纹”的单元图案是由曲线几何纹连接形成的类似曲卷的藤蔓，空当中填饰不同式样的花树，整体图案呈四方连续排列。条带纹中间则填织有成排的变形羊头纹（图6-35）。

此外，毛织物中还有刺绣形成的纹饰。考古发现表明，刺绣是西域地区毛织品中的传统装饰工艺，哈密五堡、且末扎滚鲁克、洛浦山普拉等地都出土有数量不等的毛绣①。毛绣形成的纹样特点与毛织纹饰比较类似，整体布局比较规整、对称分布，但与毛织物相比，纹饰主题相对单一，多数是以几何纹为主体框架内填各种植物纹。例如，且末扎滚鲁克一号墓地出土的一件毛绣85QZM3：12图案呈涡旋状的三角形；山普拉墓地出土裙装下摆的装饰毛绦纹饰多以十字方格为框架中间填饰草叶纹，这样的纹饰结构与西汉时期常见的“方棋纹”十分类似（图6-36-1、图6-36-2）；尉犁营盘墓地M15出土的长裤M15：4上的毛绣，其单元图案是以联珠和七瓣

① 阿丽娅·托拉哈孜：《新疆古代刺绣品初探》，《新疆文物》2007年第1期。

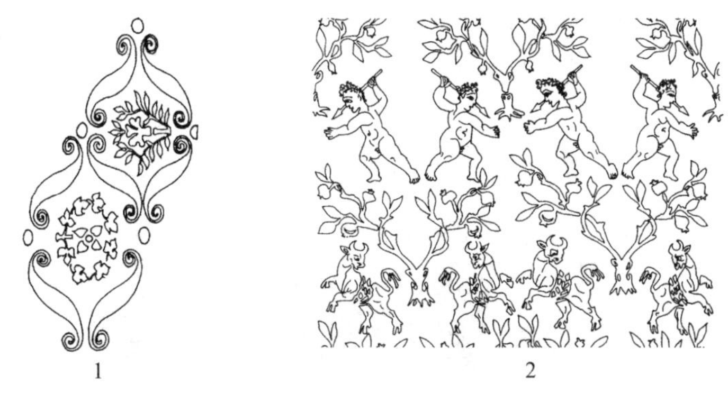

图6-35　尉犁营盘墓地M15出土罽的纹样题材

1. 卷藤花树纹　2. 对人兽树纹

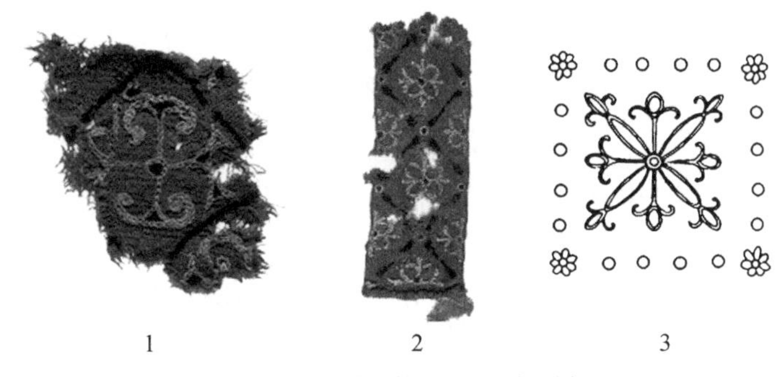

图6-36　西域服饰上的毛绣纹样

1、2. 十字草叶纹　3. 联珠花卉纹

花构成的正方形外轮廓，并在中间填绣四叶八花蕾的花卉（图6-36-3）。

西域地区出土的提花丝织物主要为锦和绮，在种类和织造工艺上均与中原地区出土的提花织物没有太大差别。锦全部为经线提花，出土实物显示，很多锦织物都为二重或三重经组织，甚至已经出现技术更加纯熟的五重经组织，这种织物特点是经线的色彩变化更加自由，以此为基础，锦衣的色彩可以更为多样。从纹饰特点来看，图案涉及人物、动物、植物、几何形状、器物、文字等多项内容，不同内容以各种方式排列组合形成多种纹饰。这些纹饰中以各种文字纹锦最具特色，例如“千秋万岁宜子孙”“延年益寿长葆子孙”“安乐如意长寿无极”“世毋极锦宜二亲传子孙”“王侯合婚千秋万岁宜子孙”等，这些文字的写法和内容都表明锦的来源应指向中原地区（图6-37）。

与中原地区的绮相比，西域出土的绮纹内容更加多样，但与锦纹相比却略显单一，单元图案中除了常见的大菱形纹外，还有对禽对兽、九宫格、圆珠等几何形状，有些单元图案甚至是由各种图案元素交叉组合而

图6-37　民丰尼雅遗址95MNIM8出土“安乐如意长寿无极”文字织锦

成，结构复杂。丝织物绣品的纹饰继承了东周时期的绣品特点，线条流畅、布局自由。就其纹饰内容而言，除当地毛绣中常见的蔓草纹外，还有其他各种类型的植物纹和动物纹。例如，尼雅遗址59MN001出土的男裤绢缘上绣有卷草纹、金钟花、涡旋纹、豆荚对叶纹等形态不同的纹样，同墓出土的女衣袖部也用各色丝线绣有花草和小鸟。

综合以上各种织物的纹样特后可以发现，在织物纹样中，丝织物与毛织物的线条特点虽比较相似，但在显花技术和纹样内容上都存在明显差异，反映出其产地的不同。在绣品纹饰方面，丝绣与毛绣不仅工艺相同，均以锁绣技法为主，在纹饰题材上也有共通之处，但相比之下，丝绣的内容相对更加丰富，而纹饰布局则不及毛绣对称规整。这种同中有异的绣品特点表明，由于刺绣技法本身比较简单，不同绣地的绣品也可呈现出相似的工艺特点，但受地方装饰传统的影响，纹饰表现的内容和风格方面的差异仍然是存在的。

3. 色彩特点

西域地区的服装色彩丰富而艳丽，服装面料既有像绢、褐这样的单色衣物，也有像织锦、罽这样的多色复合的衣物。单色毛织衣物多数呈现本色，以黄色、浅褐、深褐这样的黄褐色系居多。单色丝质衣物主要有米黄、淡黄、茶黄、浅绛、棕色、草绿、淡绿、粉红、玫红、绯红等色彩。就服装色彩的搭配而言，内衣一般色彩偏淡、偏素，外衣一般色彩艳丽。反映在质料上，内衣多数为单色的绢，外衣一般为色彩浓艳的织锦衣料，尼雅遗址出土的锦衣色彩表明，一些锦织物色彩甚至可达六色之多。在同一件服装中，无论毛织物还是丝织物，衣缘的质地普遍都偏于厚重，色彩偏暗。有些单色褐质面料的上衣还常搭配以锦类衣缘。

（四）首服与发型

1. 首服

与中原地区的冠髻传统不同，西域地区普遍流行以帽为主的首服。就帽的种类而言，形制多样、装饰复杂，主要有平顶帽、尖顶帽和圆顶帽三种。

尖顶帽虽制作简单，但在西域地区出现较早，是极具当地历史传统的一种首服。年代约为公元前1600年左右（约为中原地区的夏代晚期至商代早期）的楼兰遗址古墓沟墓地出土有少量尖顶帽[①]。其后，作为罗布泊地区的一支独特考古学文化，小河墓地中墓主为女性的M11和M13、墓主为男性的M24等墓葬也都出土有尖顶帽，年代约为公元前1650～前1450年[②]。此外，年代与小河墓地相当的哈密五堡墓地M151以及年代约为战国西汉时期的扎滚鲁克一号墓地也都出土有尖顶帽[③]。凡此种种，我们有理由认为尖顶帽自至迟在青铜时代晚期（约当中原地区的西周晚期）已成为当地族群的主要头衣形式并且延续至两汉时期，曾先后居住在此的塞族、月氏族和吐火罗人都有着尖顶帽的习俗[④]。

至迟在战国西汉时期，其他各式的帽先后出现，尖顶帽成为众多款式中的一种，在数量上失去了绝对优势。扎滚鲁克一号墓地出土的帽中，除了尖顶帽外，还有平顶帽、圆顶帽、直筒高帽、羊角形帽等很多类型。东汉时期虽仍有多种款式的帽，但已基本固定于平顶、圆顶和尖顶三种类型，并且在细节方面有一些共通之处，款式差异并不明显。例如，山普拉古墓地出土的毛布质平顶帽、毡质圆顶帽和毡质尖顶帽，虽质料款式不同，但基本都是由两片对接缝合在一起，帽的口沿后端有开衩，中间穿有系带，款式差异不大。考古发现还表明，秦汉时期的尖顶帽款式也发生了一些变化。如小河墓地出土的毡质尖顶帽，整体似圆锥状直筒

---

① 王炳华：《孔雀河古墓沟发掘及其初步研究》，《新疆社会科学》1983年第1期。

② 新疆文物考古研究所：《新疆罗布泊小河墓地2003年发掘简报》，《文物》2007年第10期。

③ 新疆文物考古研究所：《新疆哈密五堡墓地151、152号墓葬》，《新疆文物》1992年第3期；李肖冰：《丝绸之路服饰研究》，新疆人民出版社，2009年，第27页图59；新疆维吾尔自治区博物馆：《新疆且末扎滚鲁克一号墓地发掘报告》，《考古学报》2003年第1期。

④ 尚衍斌：《尖顶帽考释》，《喀什师范学院学报》1991年第1期。

形，顶部略尖，帽檐下对称两边系有系带，帽的一侧缀有数根羽毛装饰（图6-38-1～图6-38-3）①。五堡墓地和扎滚鲁克一号墓地出土的尖顶帽也基本相似，但没有羽毛装饰（图6-38-4～图6-38-6）②。扎滚鲁克一号墓地出土的毡质尖顶帽直挺高耸、下宽上尖，帽檐外翻，从帽檐至帽顶呈斜坡状，形似鸟头③。而至东汉时期的山普拉古墓地出土的尖顶帽，整体低矮，简单缝合，在款式上与早期尖顶帽差异明显而与同时期的平顶帽和圆顶帽却并无太大差别。这说明东汉时期的首服式已经基本固定，受质料等因素的制约逐渐减弱。

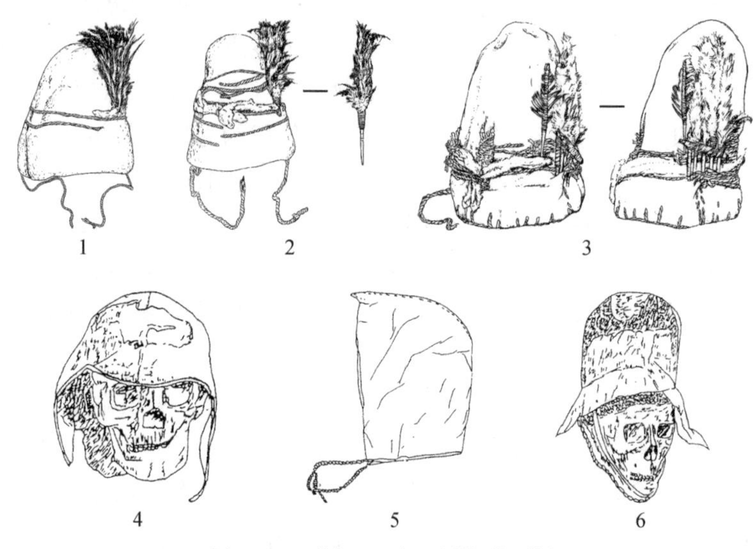

图6-38　西域地区出土早期尖顶帽

1～4. 毡帽（若羌小河M11：5、若羌小河M13：9、若羌小河M24：15、且末扎滚鲁克M14K：73）
5. 毛布帽（且末扎滚鲁克M65：10）　6. 高帽（且末扎滚鲁克M4M：48）

2. 发型

西域地区的发型虽有发辫、披发和发髻三种，但发辫在数量和分布上都居于绝对优势，尼雅遗址和山普拉墓地多处墓葬出土的干尸都梳有发辫。

① 新疆文物考古研究所：《新疆罗布泊小河墓地2003年发掘简报》，《文物》2007年第10期。

② 李肖冰：《丝绸之路服饰研究》，新疆人民出版社，2009年，第27页图59。

③ 新疆维吾尔自治区博物馆：《古代西域服饰撷萃》，文物出版社，2010年，第19页；新疆博物馆文物队：《且末县扎滚鲁克五座墓葬发掘报告》，《新疆文物》1998年第2期。

以目前所见的发辫实物来看，男女均有梳发辫习俗，但女性梳发辫的实例更多，并且发辫普遍较粗、较长，很多在辫梢还连缀有假发辫。男性则多在头顶或脑后结小辫。女性发辫数量是否具有象征意义很难从考古学材料中得到直接的解释，但现代的民俗学资料显示，数量不等的发辫很可能与女性婚嫁状况有关。例如，阿尔泰地区的图瓦人中，婚前女性多根据发量的多少梳有十二个到二十五根发辫，出嫁后则为六根，前面的两根则由两个位于胸前的发袋盛着[①]。现代的维吾尔女子也显示出类似现象，在少年时为满头的小辫，婚后则梳成两条大辫。

据有关学者统计，与发辫相关的考古发现东可至西域的哈密、鄯善，南可至塔里木盆地各绿洲，向北甚至可达到天山以北广阔的亚欧大草原地带及周边地区[②]。除了汉晋时期发现的干尸发辫，时代更早的五堡墓地、苏贝希墓地、扎滚鲁克墓地也都发现有类似的发辫实物。考古发现的发辫数量不等，一般为2～8根，从新疆地区出土的汉代石人形象中可以看到有些发辫甚至可多达17根，并长垂至腰迹。种种迹象均表明，发辫是西域地区女性的主要发型，王傅先生在对比新疆地区出土的大量石人像形象后也曾指出，发辫应是新疆草原居民的主要发型，并且多沿袭至今[③]。考古发现还表明，发辫习俗在内蒙古地区的鲜卑族中也有流行。例如，1959年内蒙古呼伦贝尔扎赉诺尔M29中的女性死者头骨右侧残存有1根发辫[④]。

以发辫为俗在西域地区虽流行甚久，但与发辫结合在一起的发饰可能早晚有别。早期的发辫多盘拢在一起，外面套有一层用于固定的发套，例如，吐鲁番阿拉沟东口墓群中有些死者长梳发辫[⑤]，发辫上罩有丝质的网状发套。鄯善苏巴什一座墓中的女性死者长发辫外也罩有一层毛质网状发套（M8：7）[⑥]。同墓出土的其他考古遗存表明，这些墓葬可能与战国秦汉时期西域的车师人有关。据有关学者的研究，这种发辫外戴发套的习俗最早可能追溯至北亚安德诺沃文化，这种文化同文献记载的月氏存在较深

---

① 康佑铭：《亚洲腹地的图瓦人》，《西域研究》1994年第2期。

② 吴妍春：《西域辫发与纹身习俗初探》，《新疆文物》1999年第2期。

③ 王傅、祁小山：《丝绸之路草原石人研究》，新疆人民出版社，1995年，第170页。

④ 内蒙古文物工作队：《内蒙古扎赉诺尔古墓群发掘简报》，《考古》1961年第12期。

⑤ 新疆社会科学院考古研究所：《新疆阿拉沟竖穴木椁墓发掘简报》，《文物》1981年第1期。

⑥ 吐鲁番地区文管所：《新疆鄯善苏巴什古墓葬》，《考古》1984年第1期。

的渊源关系①。秦汉时期的发型中已经不见类似的发套，只以珠饰垂挂在额际、两颞等处，或者以织带、方巾拢束头发。

五、东西交融中的西域服饰

独特的地理位置决定了西域地区在先秦时期就已具备了连通东西的便利条件。东方的丝绸、铜镜、漆器、钱币，西方的象牙、蜻蜓眼料珠、玻璃交汇于此，形成了独特的西域文明。服饰文化也自不例外，东西方服饰的各种元素以多种途径融入到西域服饰中来，构成了西域服饰的交融性特征。西汉以降，西域与中原地区的政治文化交往已经开始趋于频繁，但中原地区对西域服饰风格的全面影响却始于东汉时期。与此同时，今天新疆以西地区的服饰文化因素也源源不断地汇聚于此。在这样的双重影响下，西域地区的服饰在秦汉时期尤其是东汉晚期具有极强的东西交融的特点。

（一）来自中原地区服饰的影响

两汉时期，随着汉王朝对西域地区的开发，西域地区与中原地区的文化交流全面深入地展开，中原服饰对西域服饰的影响即开始于这样的历史背景下。这种影响既体现于服装的类型、搭配、质料、纹饰、色彩等方面，也进一步涉及丧服制度和服饰礼仪等方面的内容。

如上文所述，贯头式上衣是西域地区的传统服装类型，东汉时期交领式上衣的广泛出现正是中原地区服饰形态影响下的结果。但需要指出的是，西域的交领式上衣实际上只是吸收了中原地区左右襟相互交掩的形式，这种学习仍是在自身服装款式的基础上进行的局部改进，并非对中原服装的简单模仿和复制。其交融性特点具体体现在以下几个方面。其一，外衣多为交领式服，但衣长较短，多数只达膝部，这样的特点使得裙装在整个服饰结构中地位突出。其二，在第一点的影响下，外服的整体结构并非中原的上下连属长服，而是以上下分属为主。其三，整体结构为交领式，但前襟较短，两襟宽度差异并不大，类似于对襟式上衣。其四，领口形态既有斜直交领，也有立领，并且斜直交领的开口很小，内衣领口不可见。其五，交领式上衣中常见贯头式上衣的装饰特点。例如，尼雅遗址95MNIM1出土的夹衣（M1：31）在两襟腰部各缀有一条绢带，同墓出土的另一件外衣（M1：43）在下摆左右两侧分别开衩，营盘墓地出土的交

---

① 〔苏〕C. B. 吉谢列夫著，王博译：《南西伯利亚古代史》，新疆人民出版社，2014年。

领服下摆两处各有一细长尖角，类似西汉时期圭衣的“交输”，但下摆的贴金装饰又为西域本土的装饰特点。其六，在一整套服饰搭配中，上衣多呈现交融性特点，下衣和足衣更多的保留有本土特点。

通过以上诸多特征的分析可以看到，西域地区的交领式上衣一方面吸收了中原地区上衣的基本领式特征，同时在服饰细部款式上较多地保留了地方特色。但需要强调的是，这样的交领领式恰是整个服装结构的基础和精髓，领式的改变实际上意味着以此为基础的服装剪裁工艺的转变，而后者正是决定一种服饰传统的基本技术条件。此外，对于以上这些具有交融型特点的交领式上衣，笔者认为它的原始形态就是西域早期常见的对襟式上衣。正如上文所提到的，作为西域传统的对襟式上衣在东汉时期呈现明显减少的态势，相反，新出现的交领式上衣，前襟窄小并且多为立领，总体形态与对襟式十分类似。以上这些情况都反映出在中原服饰影响下，传统对襟式上衣向交领式上衣转变过程中的过渡特征。

行文至此，笔者拟对贯头式“V”形领上衣做一点补充说明。这种上衣的整体面貌比较特殊，基本特点是贯头式穿着，中间束腰，有华袂半袖。除尼雅遗址59MN001出土的类似款式的实物以外，楼兰地区LE壁画墓中的2位壁画人物也着有类似的款式，人物头部缺失，性别不明（图6-39）。但对比旁边留胡须的男性人物，服饰差异明显，因此着这类上衣的人物极可能为女性①。正如前章所述，短袖华袂是四川地区女服的常见特点，主要流行于中原地区的东汉中后期。尼雅遗址59MN001的年代基本在东汉末期至魏晋时期，楼兰LE壁画墓的年代稍晚，约为公元3～4世纪。就款式特征来看，这类上衣虽贯头穿着，但形似交领，上下分裁，短袖华袂也不见于年代更早的西域服饰中，因此这类上衣的主体式样仍应为中原式。综合以上两方面的因素，笔者认为贯头式“V”形领上衣也是在中原服饰影响下的服装类型，并且在某种程度上比交领式上衣保留有更多的中原服装的款式特点。

图6-39　楼兰LE古墓壁画人物服饰

除服装款式以外，服装质料也受到了中原地区的影响，尼雅遗址发现的大量丝织物即是这种影响的直接反映。这些发现表明，制作衣

① 张玉忠：《楼兰地区古墓葬被盗情况的调查》，《中国文物报》2003年3月21日第5版；李文儒：《墓室空留七彩画》，《文物天地》2003年第4期。

物的丝织品很多直接来自于中原地区，尤其是新疆地区出土的大量织有“千秋万岁宜子孙”“延年益寿长葆子孙”“安乐如意长寿无极”“五星出东方利中国”等文字的织锦，更是汉文化思想精髓和汉王朝与精绝国隶书关系的直接表达。根据纺织学者的研究成果，尼雅遗址出土的织锦全部为经锦，其组织结构技术纯熟、在汉代经锦中很常见[①]。锦和平绢的线基本不加拈也表现出中国的特点，可以认为这些丝织品来自中原地区[②]。

当然，与衣物质料密切相关的中原纹饰和色彩也会很自然地融入西域服饰的风格中。但需要强调的是，根据文献记载，这些质料上乘的丝织物大部分是在汉王朝“安辑”“财赂怀诱”等政策影响下通过赏赐直接获得的[③]，这就不排除这些纹饰有可能是汉王朝为适应西域的纹饰风格而特别制作的。在这样的情况下，西域地区发现的丝织品纹饰就不能完全反映出中原纹饰的特点。一般来说，中原传来的丝织物多制成各类具有中原风格的服装款式，本土款式多数仍以毛织品为主。但正如上文所述，也有一些贯头式上衣在衣缘部分装饰有复杂的织锦，而交领式上衣则装饰有贴金缀饰，这些都反映出西域服饰在质料方面深刻的交融性特征。此外，除丝织品的直接传入外，中原地区的丝织技术很可能也对当地的纺织技术产生了一定影响。根据相关学者的研究，毛罗的罗纹组织很可能就与中原地区丝织品中的罗纹组织有着直接关系[④]。扎滚鲁克一号墓地第三期文化出土的丝织品中有锦、绢、绮、缣、缦、刺绣等多种类型，织锦在组织结构有较大变化，其中经显花、夹纬经二重平纹组织锦和纬显花含心经纬二重平纹锦，均为“Z”捻向的丝织锦，这种锦很可能即是在中原地区织锦技术影响下的本地生产的丝织品[⑤]。

---

① 夏鼐先生借用法国人普菲斯忒对帕米尔拉出土的汉代丝织物的研究成果，将经线起花的平纹组织称为“汉式组织”，其中包括“汉绮组织”和“汉锦组织”。见夏鼐：《新疆新发现的古代丝织品——绮、锦和刺绣》，《考古学报》1963年第1期。

② 〔日〕坂本和子：《关于尼雅遗址出土的纺织品》，《中日共同尼雅遗迹学术调查报告书》（第二卷），中村印刷株式会社，1999年，第279～286页。

③ 《汉书·西域传》：“可安辑，安辑之，可击，击之。”见《汉书·西域传》，中华书局，1962年，第3874页。《后汉书·西域传》：“兵威之所肃服，财赂之所怀诱。”见《后汉书·西域传》，中华书局，1965年，第2931页。

④ 贾应逸：《略谈尼雅遗址出土的毛织品》，《文物》1980年第3期。

⑤ 新疆维吾尔自治区博物馆、巴音郭楞蒙古自治州文物管理所、且末县文物管理所：《1998年扎滚鲁克第三期文化墓葬发掘简报》，《新疆文物》2003年第1期。

考古发现还表明，中原地区对西域上层服饰的影响更为深刻。东汉时期，毛织物品种已经十分丰富并且出现装饰精美、工艺复杂的罽类衣物质料。但考古发现表明，相较于毛织物，外来的丝织衣物后来者居上，受到当地贵族的普遍青睐。尼雅遗址普遍被认为是汉代精绝国故地，95MNIM3等级规格较高，应是该国贵族无疑。墓中男尸头戴绢帽，身着锦袍、绮内衣，下穿锦裤，足登皮鞋；女尸戴丝织组带，身着锦袍、绢内衣、绢夹衣，下穿锦裤，脚穿绢袜、锦靴。该墓丝织衣物达到31件，同墓出土的其他被衾、饰件等织物也大多是由锦、绢、绮等丝织物制成，而毛、麻、棉的数量极少。这些都反映出中原服饰对西域贵族服饰的全面影响。这种影响可能早至西汉晚期，根据《汉书》记载，龟兹国王绛宾曾在国内推行了一系列学习中原的制度改革，服饰就是其中的重要一项，根据《汉书·西域传》载："（绛宾）后数来朝贺，乐汉衣服制度，归其国，治宫室，作徼道周卫，出入传呼，撞钟鼓，如汉家仪。"①

除了服饰本身对西域地区的影响外，中原地区与礼制相关的服饰制度也部分影响到西域地区。据发掘报告，尼雅遗址出土的一些交领式上衣在埋葬时对两襟的交掩方向做过处理。如原本为交领左衽上衣，出土时则反向交掩，变为右衽②。这种现象很可能与中原地区的丧服制度有关。《礼记·丧大礼》载："小敛大敛，祭服不倒，皆左衽，结绞不纽。"孔颖达疏："衽，衣襟也。生乡右，左手解抽带，便也。死则襟乡左，示不复解也。"③但值得注意的是，这种现象虽然存在但并不普遍，考古类型学研究表明，当时的西域地区的交领服不仅有左衽也有右衽，并且交领的形态与中原地区仍然存在较大差别。以此观之，这种现象很可能只代表了少数等级较高的贵族在接受和认同中原礼制文化方面所做的尝试。此外，新疆塔里木盆地南缘的很多墓葬中都发现有一种"Y"形木器，过去的一些学者认为这种器物为木祭器，与巫术活动有关④。王炳华先生经过综合

① 《汉书·西域传》，中华书局，1962年，第3916、3917页。

② 对服饰原来面貌的推测主要是依据两襟宽度的测量数据，根据测量数据，交领服的右襟下摆比左襟宽12厘米，由此判定原来"左衽"。见中日共同尼雅遗迹学术考察队：《中日共同尼雅遗迹学术调查报告书》（第二卷），中村印刷株式会社，1999年，第108、109页。

③ （清）阮元校刻：《礼记·丧大礼》，《十三经注疏》，中华书局，2009年，第3427页。

④ 郭建国：《试析塔里木盆地南缘古墓出土的木祭器》，《新疆文物》1991年第4期。

考证，认为这种木杈“不过是比较平常的系挂日常衣物、用物的工具，有如今天的衣物架”，即中原地区所谓的“椸枷”或“椸枷”，《礼记·曲礼》对椸枷的使用规则有着严格的限定，“男女不杂座，不同椸枷”[①]，“椸枷”制度的贯彻实施实质上反映出西域地区对汉代礼俗制度的普遍接纳和认同[②]。

（二）来自西方服饰的影响

新疆地区与中亚各国在政治、经济、文化等各方面也一直保持有密切的联系。尚衍斌先生在分析新疆出土的佉卢文字资料后指出“东汉末年，当有成批的中亚胡人从贵霜王国迁到中国的于阗、鄯善一带”[③]。伴随着这部分中亚人的内迁，西方的蜻蜓眼料珠、象牙刀把小匕首、金属耳饰、珍珠等奢侈品源源不断的输入到西域地区来。就服饰而言，西域地区的服饰质料以及与此相关的纹饰风格一部分受到了来自西方的影响。这些服饰质料中，精美的毛织物和棉布很可能系西方直接传入。

由上文可知，毛织物确系西域地区传统的服装质料，但据有关纺织学者的研究，“两汉时期，新疆地区的毛纺织生产虽然可能已较普遍，但纺织技术依然停滞在原始水平，除普通织物外，尚无高档毛织品生产”，汉代的“罽织物可能来自葱岭以西，乃至西亚地区”[④]。以目前的考古发现来看，山普拉墓地出土的一件缂毛裤（84LSIM01：c162），左侧裤腿上织有倒置的“武士像”，右侧裤腿上缀织有“人首马身”纹（图6-40）[⑤]。有学者认为这种半人半马的形象很可能为希腊神话中

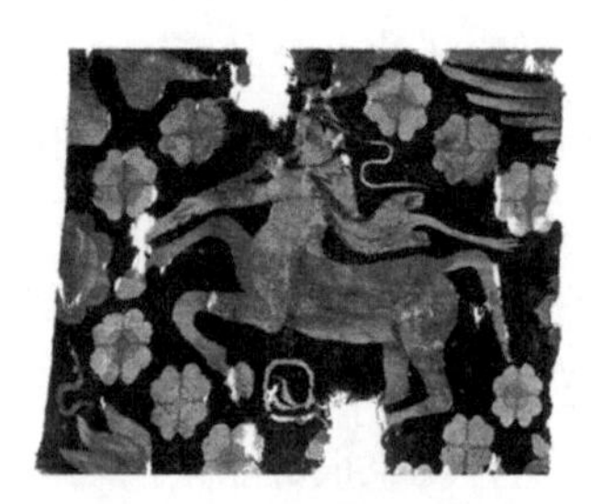

图6-40　洛浦山普拉墓地出土缂毛裤上的“人首马身”纹

---

① （清）阮元校刻：《礼记·曲礼》，《十三经注疏》，中华书局，2009年，第2686页。

② 王炳华：《西域考古文存》，兰州大学出版社，2010年，第316～326页。

③ 尚衍斌：《外来文化对古代西域服饰的影响》，《喀什师范学院学报》1996年第1期。

④ 武敏：《从出土文物看唐代以前新疆纺织业的发展》，《西域研究》1996年第2期。

⑤ 新疆维吾尔自治区博物馆、新疆文物考古研究所：《中国新疆山普拉——古代于阗文明的揭示与研究》，新疆人民出版社，2001年，第38页，图360。

的堪陀尔形象[①]。尉犁营盘墓地M15出土的用作袍面的“对人兽树木纹”罽料很可能也来自新疆以西地区，纹饰中的男性人物高鼻、大眼、卷发，具有希腊罗马人的特征（见图6-35-2）。

棉布在东汉时期的西域地区有着比较广泛的发现，也是西域服饰中的常见衣物用料，但这部分棉布质料是否为本土生产曾引起学界的广泛讨论。斯坦因根据他1906年第二次在尼雅遗址采集到的棉布残片最早推测它们应当是本土生产[②]。但随着1959年尼雅遗址一号墓两件蓝白印花蜡染棉布的出土，多数学者根据棉布的工艺与纹饰认为东汉时期的西域尚没有棉纺织业，这些棉布制品应当系外来传入。夏鼐先生最早指出这件棉布应当为印度的输入品[③]，这一观点也得到了纺织学者武敏女士的认同[④]。孙机先生通过对比贵霜王朝胡毗色伽王的金币纹样，进一步指出棉布表现的女神为丰收女神阿尔多克洒（Ardochsho），我国的棉织品最早应是东汉时自贵霜传来[⑤]。贵霜王朝作为东西文化交流的桥梁，对印度文化、波斯文化、希腊文化都兼收并蓄，因此，从纹饰风格来看，这一件棉布制品系从中亚地区传入没有太大疑问。但从考古发现来看，山普拉墓地、扎滚鲁克墓地、楼兰遗址和墓葬也都出土有一些本色平纹棉布碎片乃至成型衣物，这些“棉织品是否如毛织物一样是本地自产，因未见棉花植株，也未见棉籽，还不能作绝对肯定的结论。但从目前已见的相当多的平纹棉织物标本看，是不能否定本地自产这一可能性的”[⑥]。

综上所述，两汉时期西域地区服饰特点是在自身传统基础上对东西服饰文化兼收并蓄的结果。除使用来自于不同地区的服饰质料外，中原地区的服饰更是对当地服饰的类型和款式产生了直接影响，尤其是对等级较高的贵族阶层影响尤甚。

---

① 何芳、阿迪力：《新疆古代文物中的裤装》，《新疆文物》2005年第3期。

② 王炳华：《西域考古文存》，兰州大学出版社，2010年，第390页。

③ 夏鼐：《汉唐丝绸和丝绸之路》，《夏鼐文集》（中），社会科学文献出版社，2000年，第375页。

④ 武敏：《从出土文物看唐代以前新疆纺织业的发展》，《西域研究》1996年第2期。

⑤ 孙机：《建国以来西方古器物在我国的发现与研究》，《文物》1999年第10期。

⑥ 王炳华：《西域考古文存》，兰州大学出版社，2010年，第393页。

第七章　秦汉服饰的三段式发展

秦汉时期是我国统一的中央集权国家的形成、发展和巩固时期，多民族国家的形成、一系列巩固措施的建立，推动着秦汉王朝版图下的服饰面貌迅速向统一迈进，东周时期即已形成的二元服饰文化格局逐渐瓦解。秦汉服饰的统一化进程基本经历了三个发展阶段，即秦至西汉早期的多元化奠基期、西汉中期的趋同化形成期、西汉晚期至东汉的稳定化拓展期。整体上呈现出不断吸收融合、先缩后放、逐步统一的发展态势。

第一节　秦至西汉早期服饰的多元化局面

秦至西汉早期，大致约当秦代至西汉文景时期的一百余年间（公元前246～前141年），是秦汉服饰发展的第一个阶段，也是秦汉服饰面貌的奠基时期。这一历史时期的服饰面貌呈现出很强的地域性和多元化特征，基本延续了东周时期中原地区的部分服饰特点，经过秦代的一系列文化统一措施后，基本保留了三种地方类型，即关中类型、两湖类型和徐州类型。这三种服饰区域类型是东周服饰地域性特点交融、吸收、改进后的结果，且彼此之间互有影响和借鉴，基本反映出秦至西汉早期的服饰基本面貌和多元化局面。下文将基于数量较丰富、持续较长久的冠、弁、帻、发型、上衣等几方面服饰因素的发展变化进行横向和纵向的双向考量。

一、关中类型

关中地区作为战国时期秦国的政治中心以及秦与西汉王朝的京畿之地，这里的服饰面貌很大程度上保留有秦文化的若干特点，并在原有基础上有所创新，体现在服饰上主要表现在首服、发型、上衣类型及款式、服色和纹饰等方面。

首服中的A型、B型、Cb型覆髻冠以及A型、B型弁是秦至西汉早期非常常见的男性冠式，其中Ab型覆髻冠在秦代的男性士族中又非常普遍，除秦陵兵马俑中的军士俑外，秦陵陵西大墓出土的人形鎏金饰也戴有此型高冠（图7-1），应为典型的秦式冠。除冠外，男性还流行戴A型和B型帻。

发型方面，男性多结Aa型右侧高髻、Aa型盘旋中髻或Aa型、Ab型和B型反折中髻，少数结Aa型和B型盘旋中髻。女性多结Aa型背后低髻、C型项后低髻以及Aa型和B型盘旋中髻。其中Aa型右侧高髻和B型反折中髻具有典型的秦文化特征。

图7-1　秦始皇陵陵西大墓出土人形鎏金饰件

上衣中以Aa型Ⅰ式交领长服的款式特征最为典型，也见Ca型舞女特有的长服、B型Ⅰ式长服和G型长服，款式主要有以下几方面特征。其一，领部开口位置较低、领缘窄细，很多内服领部有耸立凸出的“拥颈”，具有典型的秦文化特征。需要说明的是，“拥颈”与领口既有相连属的形式，也可能为单独的围领形式。这种领口装饰方法在秦始皇陵兵马俑中表现得尤其细腻，资料显示这些拥颈一般高3～7厘米，厚2～4厘米，有三种形态，第一种是交领，领角不向外翻卷；第二种领角呈大三角形，外折翻卷垂于胸前；第三种领角呈窄长条形、末端呈楔形，外折翻卷垂于胸前[①]。其二，上衣的袖宽大，一般为袖口与袖筒等宽或袖口内收的阔袖。其三，上衣的束腰位置偏低，一般束带位置近臀部。其四，衣裾形式特殊，与战国时期的曲裾形态明显不同，表现为介于曲裾与直裾间的小曲裾形式。类似款式特征也偶尔体现在中长服中，流行Aa型Ⅰ式、Ab型、Bb型Ⅰ式、Ca型Ⅰ式、D型、E型中长服（表7-1）。

服饰装饰简单朴素，服装面料大多为单色。根据文献记载，秦尚玄色。秦咸阳宫三号建筑遗址出土壁画中的侍女形象（XYNⅢT4③：24），上身穿骊色短服，下身着黑、白编织绣长裙，骑马人物和倡优形象均身着黑色长衣（图7-2-1～图7-2-3）[②]，颜色朴素厚重。云梦郑家湖M243出土木椁绘画中的人物也身着玄衣（图7-2-4～图7-2-7）[③]，与文献记载相合。“袀

① 陕西省考古研究所、始皇陵秦俑坑考古发掘队：《秦始皇陵兵马俑一号坑发掘报告（1974～1984）》，文物出版社，1988年，第97页。

② 陕西省考古研究所：《秦都咸阳考古报告》，科学出版社，2004年，第536页，彩版七、彩版八。

③ 湖北省文物考古研究院、云梦县博物馆：《湖北云梦县郑家湖墓地2021年发掘简报》，《考古》2022年第2期。

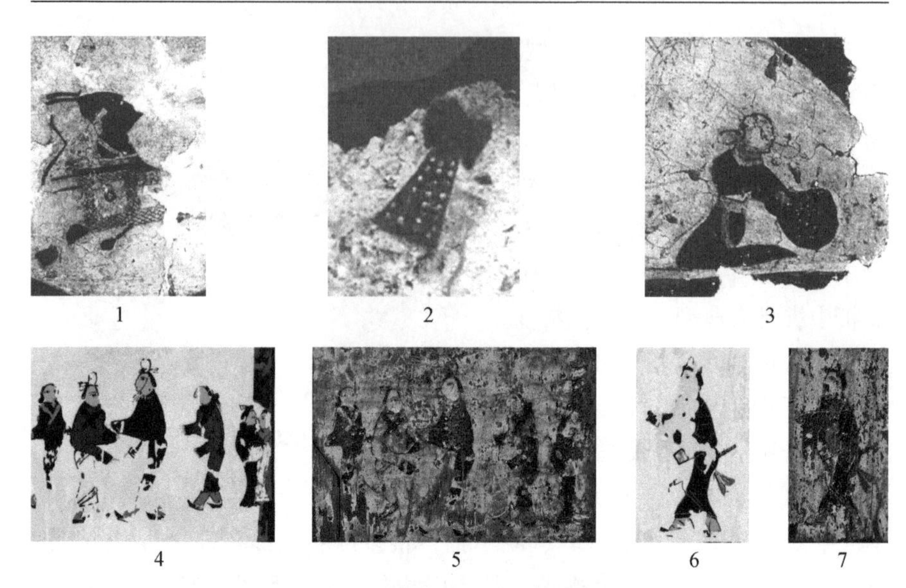

图7-2　身着黑衣的人物形象

1～3.秦都咸阳三号宫殿遗址（XYNⅢF1、XYNⅢT4③：24、XYNⅢT7③：11）

4～7.云梦郑家湖M243

玄”这种单色风格一直延续至西汉早期，只是至西汉已不再用玄色。例如，汉景帝阳陵陪葬坑出土的文官俑等级较高，其上衣服面及缘部均以单色为主。但上衣的缘部色彩往往比服装面料更加厚重，颜色偏深、偏暗，且内外交错的多层领口中常使用具有不同明暗效果的领缘色彩穿插搭配。

少数带有纹饰的服饰中多为几何规矩纹，根据秦咸阳宫一号宫殿遗址内窖穴出土的一包炭化衣物残片（XYNIJ3），可辨认出衣物的主要质料为锦、绮和绢等丝织品。其中锦的图案为菱形几何纹，整体作二方连续排列，其间贯穿以三角、圆点、弧线及等几何条纹以及立鸟、对兽等图案（图7-3）。秦始皇陵园K9901陪葬坑出土的11件百戏俑所着裙上彩绘有菱形纹、折磬纹、矩形纹、折枝花朵纹、云纹、圆圈纹、蔓草纹等，这些纹饰重复对称或彼此交错排列形成条带状或平铺图案，以菱形纹样所占比例较大，其次是折磬纹、矩形纹、圆点纹以及其他不规则几何纹（图7-4）。这些几何纹饰说明当地普遍流行织纹，而对绣纹的运用较少，这与两湖地区的服饰纹饰风格截然不同。

需要提及的是，秦至西汉初期关中地区的服饰风格也对四川地区影响深刻。例如，成都双包山M1和M2出土陶木俑所穿的交领长服与关中地区相似（图7-5）。这很大程度上当归因于秦汉时期关中与蜀郡之间便利的交通状况和频繁交流。

图7-3　秦都咸阳一号宫殿遗址出土衣物纹饰

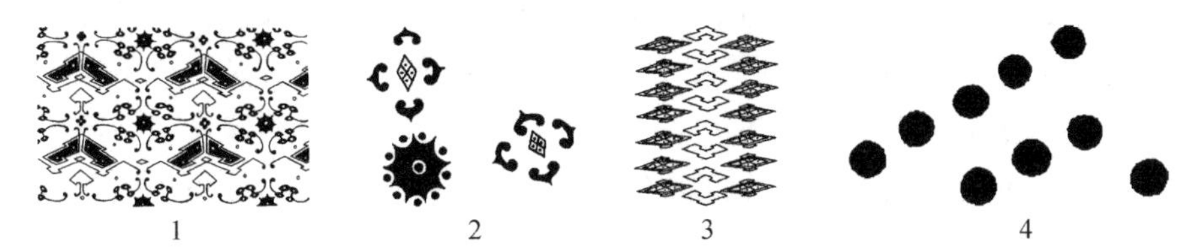

图7-4　秦始皇陵K9901T1G3出土陶俑衣物彩绘图案
1. 折磬卷草纹　2. 太阳纹和云纹　3. 折磬菱形纹　4. 圆点纹

图7-5　绵阳双包山M1出土陶俑服饰
1. M1：120　2. M1：55

二、两湖类型

两湖地区是战国时期楚文化的主要分布地区，该地服饰具有强烈的地方特色，其影响可延伸至战国秦汉时期的江西、两广地区。秦至西汉早期的两湖地区服饰仍然具有很明显的地方特点，具体表现在首服、发型、上衣类型及款式、服饰装饰、服色及纹饰等方面。

首服类型中以Ca型覆髻高冠最为典型，即西汉初年很流行的长冠，或称为刘氏冠。男性发型也为其他地区比较常见的Aa型反折中髻；女性的Ac型反折中髻和Ab型盘旋中髻却只在楚地可以见到；女性的A型和D型项后低髻也很有地方特点，结髻位置偏高，近于颈部，发髻形态多为扁平的直角或圆角梯形，多数没有垂余这样的发髻装饰物，少数低髻垂余为类似假发的发辫，与关中地区流行的Aa型背后低髻有着显著区别。

上衣类型中长服流行Aa型Ⅱ式、Cb型、E型交领服，除交领式外，还有对襟式服。对襟式服当是楚地特有的服饰传统，早在战国晚期楚墓出土木俑中就已出现，至西汉早期款式未发生太大改变。交领式长服也非常具有地方特点，主要流行D型长服（见表7-1），款式特点具体表现在：其一，服饰整体紧窄裹身；其二，领口一般开口较高，领口低平，无竖立的拥颈；其三，多为窄袖，袖筒与袖口等宽；其四，束腰位置较高，曲裾服的数量比例多于其他地区；其五，下摆前后均平齐及地，下摆后部没有深陷的内凹弧形；其六，普遍有宽领缘、袖缘、裾缘和下摆缘。此外，两湖地区的服饰名称也很有地方特色，长沙马王堆M3出土遣册简三九二记载“接韰（麤）一两”，“接韰”一词即是当时楚地对“麻枲”的称谓，《急就篇》颜师古注：“麤者麻枲，杂履之名也，南楚江淮之间通谓之麤。”[①]长沙望城坡渔阳墓出土遣册中还记载有诸如“要衣”“骑衣”“裯裙”等服饰名称，这些名称所代表的服饰很可能也是两湖楚地所特有的。

服饰装饰和服色纹饰方面，两湖地区交领式服的服面与缘部均装饰有繁缛的纹饰，尤其注重衣缘装饰。如长沙马王堆M3简文记载有“桃华缘”“春草複衣”等，均是对服饰纹样的生动描绘。服色方面，两湖地区多加流行黑色、白色和红色且常使用三色搭配，对三种色彩的运用明显多于其他地区[②]。在色彩搭配方面，以红色作为主体色彩居多，配色常使用黑色，形成红黑相间的搭配效果。例如，江陵凤凰山M168出土的袖手女俑，外服为红衣黑领，内衣为红领；持物女俑的上衣为红色花朵纹，下衣为红黑相间的彩色条纹；骑马男俑的内衣也为红领，外衣则为红色搭配黑色领缘，缘上有红色小花点。

需要强调的是，两湖地区的服饰类型对西汉早中期的江西、两广地区甚至四川地区的服饰风格也产生了不同程度的影响。例如，脑后偏侧结髻的Ab型盘旋中髻、B型背后低髻和D型项后低髻都应该属楚文化的

---

① （汉）史游：《急就篇》，《丛书集成初编》（第1052册），中华书局，1985年，第152页。

② 两湖地区对红色、白色、黑色三色的频繁使用不仅见于木俑服饰，其中的红色和黑色还广泛见于该地出土的漆器，这一现象表明木俑服饰色彩很可能与当地的色彩装饰传统有着直接关系，因此，这种传统是否反映了服饰色彩本身尚有探讨余地。

次生类型，最典型的即广州三元里马鹏冈（图7-6-1）和贵县罗泊湾M2等西汉早期墓出土的结B型背后低髻的木俑，其B型背后低髻似与战国楚地的束发一脉相承。广州动物园西汉早期墓M8出土的结D型项后低髻的铜俑（图7-6-2），以及年代已晚至西汉中期的广州南越王墓出土的结Ab型盘旋中髻的玉舞人（C137）（图7-6-3）也仅见于华南地区，属于广义楚地范围。又如，南昌东郊汉墓的年代也在西汉中期，但出土的象牙舞女的服饰（M14：33）却极具战国至西汉早期两湖地区服饰和发型特点（图7-6-4），尤其是发型，为战国典型B型低髻。究其原因，一种可能是象牙饰本身即为西汉早期制品；另外一种可能则是“文化滞后”现象的产物，是两湖与两广地区服饰文化在交流传播过程中，选择性吸收并融合当地服饰特色的结果。此外，如前文所述，四川地区的服饰风格受关中地区影响较深，但普遍梳圆角梯形的项后低髻应该是受到两湖地区的影响。

需要补充说明的是，与关中接近的鄂北地区还不同程度上表现出关中地区的服饰文化因素，呈现出两种服饰类型的交叉影响。例如，荆州高台汉墓出土女俑M2：27、M2：256的发型均为Aa型背后低髻，并且在发髻右侧有垂余，服饰下摆大部分为外撇的喇叭形，其中M2：27的服饰下摆后部还可见三道凹痕，很可能代表下摆后部的内凹弧形，具有关中地区女性服饰的常见特征。同墓地中时代相当的M6和M33出土的女俑服饰下摆也为外撇的大喇叭形，但发型却为两湖地区常见的A型项后低髻。

图7-6　江西、两广地区常见发型

1. B型背后低髻（广州三元里M1134：36）　2. D型项后低髻（广州动物园M8：39/40）
3. Ab型盘旋中髻（广州南越王墓C137）　4. B型低髻（南昌东郊M14：33）

三、徐州类型

徐州地区在战国时期先后属宋国和楚国势力范围，秦代为彭城县，汉代分别为楚国和彭城国的都城，是汉高祖刘邦故乡，汉兴名相也多发迹于此。因此，该地作为战国秦汉时期的政治衔接地区，也成为秦汉时期区域性的文化中心。与其他两个地区相比，该区的服饰不仅具有鲜明的地域性特征，还有很强的文化交互性特点，具体表现在首服、发型、上衣装饰纹饰等方面。

首服中男性所戴E型覆髻冠和Ba型弁都极具地方特点，此外也常见B型帻。发型方面男性多结Aa型和C型反折中髻，女性则普遍流行B型项后低髻和Ab型、C型背后低髻，也有个别梳B型背后低髻，极具地方特点，且无论男性或女性都流行加戴繼这样的包头发饰。此外，该地还最早出现了两鬓留发或修建鬓发形成的发部装饰。

上衣方面除交领式服外，也可见Ab型、B型对襟式中长服。交领式服中又常见Ab交领式长服，还有B型Ⅱ式长服、舞女特殊的Cb型长服、Ba型Ⅰ式交领式中长服、Bb型Ⅱ式交领式中长服、Ca型Ⅰ式交领式中长服（见表7-1），其款式有些为本土原有的地域性特点，例如，上衣整体衣长较短，多不及地，显露出内层绔脚；下摆外撇幅度较小，后部圆弧形内凹的特点在战国时期的服饰中已经显现，当为本地服饰传统。有些则是吸收了关中地区服饰元素的交互性特点，如领口有凸起的拥颈、较低的束腰位置以及身侧的小曲裾均明显模仿自关中地区的服饰。

装饰纹饰方面，等级较高的服饰常可见领口装饰，有些在领口附加流苏，如徐州北洞山侍女俑（2356）（见图4-51-2）；有些则直接将外襟外翻垂搭形成装饰效果，如徐州北洞山侍女俑（2357）（见图4-52-6）。服装纹饰可见线条婉转自如的绣纹，这种以绣纹装饰服面的特点与两湖地区类似，但纹饰内容与两湖地区又同中有异，带有地方特色。

同其他地区一样，徐州地区的服饰风格也影响到周边地区，如青州香山汉墓出土的骑兵俑所穿的对襟衣的领口也有流苏装饰（见图4-18-8）。

综合以上三个区域的服饰类型可以看到，服饰面貌大体上是同中有异。服饰种类、服装结构、服装搭配及装饰习惯等基本相同，基本都是以上下连属的交领式长服为服装搭配的核心。其地域性差异主要体现在领口、袖口、衣裾、下摆等上衣款式的差异以及发型的细微差别等方面。

第二节　西汉中期服饰的趋同化发展

西汉中期，大致约当西汉中期武帝至宣帝的九十余年（公元前140～前49年），是秦汉服饰发展的第二个阶段，也是秦汉服饰的趋同化发展时期。秦至西汉早期服饰的区域类型在这一阶段中迅速同化，除西域诸国和西南夷地区的服饰面貌仍保留着比较鲜明的地域特点外，汉王朝统辖的大部分地区的服饰面貌趋于统一，呈现出趋同化发展模式。

首服和发髻在此时表现出愈加一致的面貌，与第一阶段相比，这时的变化主要体现在以下几个方面：在冠式方面，西汉早期即已流行的E型覆髻冠，在西汉中期略微增高，覆扣在整个发髻上，发展成为G型覆髻冠，在各地区普遍流行，成为当时男性最常见的冠式。与此同时，弁的形态略微缩小，并且也呈现出逐渐加高的态势。

在发髻方面，男性的Aa型、C型反折中髻比较固定，变化不大。女性的低髻虽仍然流行，但有逐渐增高的态势，且发髻形态开始多样化发展，由中分缝变化为不分缝直接后梳；中髻数量更多并且分布更为广泛，仍继续流行Aa型和B型这样的盘旋中髻；开始出现类似Bb型这样的盘旋高髻，从发髻形态来看，这种高髻很可能是受到西汉早期两湖地区的Ac型反折中髻的影响而出现的。第一阶段徐州类型中两鬓留发或修建鬓发形成的发部装饰仍见于当地。

最具典型性的交领式长服在此时的区域差异也逐渐缩小，逐渐固定为Aa型Ⅱ式、E型和F型等几种类型。与秦至西汉早期的三个区域性特征相比，这时的款式也略有变化。整体形态渐趋宽松适体，具体表现在：领口交叉位置逐渐上移，秦至西汉早期流行于关中和徐州地区的凸起的拥颈渐趋低平；袖口款式方面，秦至西汉早期袖口与袖筒多等宽，所以非窄袖即宽袖，西汉中期以后，袖筒多加大而袖口内收，所以多形成有垂胡的阔袖；束腰位置是决定外服整体形态的关键部位，西汉中期以后交领长服的腰际线上移，呈现出上下比例均衡的趋势；衣裾的特点方面，直裾与曲裾是交领式服常见的两种裾式，直裾在整个发展阶段变化不明显，似有曲裾化的演变趋势，曲裾形态则不断加长，由秦至西汉早期的小曲裾、绕襟曲裾等不同裾式逐渐演变并固定为细长曲裾；下摆逐渐更加外撇，后部常见的内凹圆弧逐渐趋平，前后平齐，也有少部分下摆后侧可见有内凹弧形，但内凹幅度远不及秦至西汉早期。中长服则主要流行Ca型Ⅰ式交领式中长服和B型对襟式中长服（见表7-1）。

服饰装饰方面，西汉中期以后各地区的服饰面貌基本都呈现出素色朴实的风格，服面少绣纹装饰，这种特点可能延续了关中地区的朴素的服色风格。织绣纹饰当用作等级较高或特殊人群的服饰。

在汉王朝边远地区，如前章所陈，西南滇地在此时仍维持着自身的服饰传统，如当地流行的椎结、对襟式和披身式上衣、搭配的围裙和短裤，以及跣足习俗等。西北西域地区在此时则流行传统的帽和发辫发型、贯头式和对襟式上衣，以及各式裤装、拼接长裙和靴的常见搭配。

需要强调的是，西南和西北地区此时与中原地区的服饰差异与秦至西汉早期的服饰区域类型相比有着本质区别，这两地的服饰差异是基于服饰种类、服装结构、服装搭配及装饰习惯等方面的差异，属于另外两种服饰传统。这种传统主要体现在多元化的上衣领式，以及由此反映的服饰种类、服装剪裁方式和服装整体结构的区别。

第三节　西汉晚期至东汉服饰的稳定化拓展

西汉晚期至东汉时期，大致约当西汉元帝至东汉献帝的二百六十余年（公元前48～220年），是秦汉服饰发展的第三个阶段，也是秦汉服饰的稳定化发展时期。在这较长时间段内，秦汉服饰的面貌基本固定，变化不大，并且对汉王朝边远地区的服饰文化产生持续影响，呈现出稳中求进的发展态势。

首服和发髻在第二阶段的形态基础上均有所变化，具体而言，H型、I型和J型覆髻冠和覆首冠成为当时男性普遍流行的冠式，覆首冠基本出现于西汉晚期至新莽时期；同时还出现表现特殊人物形象的K型～Q型覆髻冠，后者应并非当时日常冠式。就弁而言，这一阶段呈现出增高增大的态势，这种变化当与彼时帻的形态变化有直接关系，由于弁开始与帻结合，帻上加弁，故成此态。这一阶段先后出现D型、E型和F型三种弁。帻在这一阶段广泛流行，并且出现了显著变化，具体表现在出现硬质颜题，帻屋质软而形态多变，这些为帻与冠和弁的分别结合创造了形态条件。由于帻屋的变化造成整个帻形的多样化演变，先后出现C型空首帻、D型介帻、E型平帻、F型高帻等。

在这一阶段，结髻位置的总体趋势为由低至高，流行结C型、D型盘旋中髻以及Ab型、B型、C型、D型、E型、F型和G型等多种多样的高髻，与前一阶段相比，这时的高髻明显高大，不仅形态多样、种类增多，分布范围也较之前两个阶段有了很大扩展。两鬓留发或修剪鬓发形成的发部装饰在此时更加流行，呈直角长条形，分布地域扩展至陕北、关中和洛阳地区，成为当时女性普遍的发部装饰技法。与男性普遍流行戴帻和发髻普遍增高的趋势相一致，此阶段的女性开始流行戴覆盖于整个头部的成型假髻和形态繁复多样的发饰，如步摇、三子钗、副笄六珈等。

具有代表性的交领式长服主要流行B型Ⅲ式、H型、I型、J型、K型和L型以及圆领服，虽属不同类型，但实则大同而小异，整体形态更加宽大，其共同点表现在：领口交叉位置仍比较靠上并逐渐固定，装饰愈发简单；袖口款式方面，基本流行垂胡阔袖和适中宽袖两种；束腰位置靠上，保持稳定；衣裾的特点方面，固定为细长曲裾；下摆更加外撇，下摆边缘虽然前后平齐，但出现类似I型长服后摆的开裂处理，这样可以有效达到大下摆的装饰效果。

需要补充的是，与交领式服的这种愈发外撇的大下摆的趋势相适应，此时也出现了D型和E型这样的外撇大下摆的筒裙以及C型这样的下缘外开喇叭裤。甚至还出现了诸如Bc型、F型、G型交领式中长服这样的有着花式特殊下摆的中长款上衣，以及H型交领式中长服和Aa型对襟式中长服（见表7-1）。

值得注意的是，虽然西汉晚期至东汉时期交领式服的款式逐渐固定，但出现了交领式服以外的诸如反闭这样的多样化的上衣结构。这种现象在服饰名称上表现得更加明显，出土文献显示，西汉早期，“衣”和“襦”一般依据服装的厚薄进行命名和区分，即“襌衣”“袷衣”“複衣”“襌襦”“袷襦”“複襦”，西汉晚期开始，还频繁地出现像“直领”“诸于”“襜褕”“袍”“中单”“半衣”等表示上衣的名词，并且这些服饰词汇的命名方式不十分固定，不再局限于以厚薄来分类，而是将形态、款式特点或穿着方式都作为命名分类的依据，如“襜褕”特指直裾外服、“诸于”则指曲裾外服、“直领”指对襟式上衣、“中单”则强调穿于内部的内衣。这种现象暗示自西汉中期以后，可能出现过一次比较明显的服饰变革，作为服装核心的上衣变化最为明显[①]，上衣称谓的增多反映出当时对上衣分类的不断细化。进一步来看，这种变革直接体现在上衣服装结构的变化，而并非单纯对交领式上衣的款式进行变革，这似乎可以解释为什么西汉晚期以后出现了交领式上衣基本款式以外的其他多样的上衣结构，而交领式上衣本身的款式却比较稳定，变化不大。

与上衣多样化的趋势相适应，上下分体的服饰结构在此时也更加普

① 王方：《“襜褕”考》，《中国国家博物馆馆刊》2019年第8期。

遍。例如，安塞王家湾汉墓的年代为西汉晚期至新莽时期，该墓出土的1件彩绘女俑的外服即为上襦下裙，上衣为紫灰色，下裙为灰色。武威磨嘴子墓群中M48女性墓主所着内衣则为上短襦、下长裙的搭配。类似情况在许多汉墓壁画中也很常见。

从目前所见的考古材料看，此阶段的服装装饰以纯色居多，少纹饰，这可能与所见服饰材料的人物等级有关，也可能为时代风尚所致。结合西汉晚期尹湾M2出土的被面来看，当时的织造技术和刺绣方法丝毫未显现出衰退的迹象，反而得到了改良和提升。被面质料主要为绨，质地厚实，经线由双股丝线合成，经粗纬细，织纹清晰；刺绣工艺仍然以辫绣为主，与长沙马王堆M1的刺绣完全相同，同时还增加了锁绣的开口绣、闭口绣、边绣及断续等多种技法和技巧；纹饰图案的内容非但没有减少，除西汉早期常见的茱萸纹和云纹外，还出现了像鼎形幢、凤鸟、羽人、瑞兽、动物等新图案，这些纹饰排列紧密，将绣地几乎完全覆盖[①]，具有细腻生动的表现风格。这足以说明当时的纺织品织绣印染技术发展稳定，只是鲜用于服装的装饰，可能与当时人们的审美有关。此外，出土文献所示的各种色彩名称的增多也暗示了这种审美趋势，例如，黄色系中，西汉早期多使用“黄”“缇”“霜”等名称代表黄色，西汉中晚期以后又出现了像“相”“蒸栗”“流黄”这样的属于黄色系的名称；青色系中，西汉早期多见“青”“生”“绀”等不同种类的青色，西汉中晚期则以“缥”一词代表青色；白色系中，西汉早期涉及白绢的情况下全部用“素”来表示，西汉中晚期以后则代之以“纨”，说明面料质地更加细腻。以上这些服装色彩名称的变化一方面可能与用词习惯的变化有关；另一方面则可能是印染技术的差别带来的色彩深浅明暗方面的变化，通过增加色彩饱和度来丰富服装面料的色彩，体现了当时人们对纯色服饰的偏爱。

在汉王朝边远地区，西南地区随着汉人的大量南迁，考古发现所见的该时段的服饰文化遗存基本与中原服饰传统相同。西北地区西域诸族的服饰风格则发生显著的变化，如前章所陈，这种变化在服装款式和质料方面体现的最为明显，在原来基础上进行了很多款式的改良，形成了全新的服饰面貌，且带有很浓郁的中原风格。

---

① 连云港市博物馆、东海县博物馆、中国社会科学院简帛研究中心、中国文物研究所：《尹湾汉墓简牍》，中华书局，1997年，第159页；武可荣：《试析东汉尹湾汉墓缯绣的内容与工艺》，《文物》1996年第10期。

第八章　东周秦汉时期的服饰文化演进与汉服的形成

东周秦汉时期的服饰文化演进是一个前后相继、紧密衔接的过程，呈现出自多元走向统一的发展趋势。东周时期形成的多元服饰体系以及“发髻右衽”与“被发左衽”的二元服饰格局，在激烈的社会变革和政治重组后已经被逐渐打破。“发髻右衽”服饰传统的主导地位进一步加强并向统一化迈进，最终形成有着更加统一面貌的“汉服”体系。在“汉服”的发展进程中，与滇地、西域等边远地区服饰传统的互动交流，使得服饰间的差异性在逐渐缩小，地域间的相似性却在不断扩大，直接推动了有着更加稳定形制和基本特点的“汉服”的进一步发展，并对后来的中华民族服饰文化产生了深远影响。因此，东周秦汉时期的服饰演进过程实际上就是以东周服饰为基础的“汉服”的形成和发展过程。作为满足人类生存的基本物质条件之一，“汉服”在东周秦汉时期完成了“形”的关键性发展，并在统一的汉王朝疆域内的迅速传播中实现了汉服文化内涵和象征意义的双重提升。

第一节　深衣——汉服的形制基础

东周时期的“发髻右衽”服饰传统中，多元服饰体系的共通之处除“交领右衽”外，就是“上下连属、被体深邃、衣长及地”，即深衣体系的基本特点，这种形制特点至秦汉时期仍可见其遗绪，成为秦汉服饰的形制基础。虽然秦汉服饰在四百余年的发展中款式屡有变化，但深衣的核心特点始终未变。因此，东周时期流行的“深衣”实际上与秦汉服饰有着直接渊源关系，在款式方面，东周时期的多元服饰体系均是秦汉服饰款式设计的重要来源，在汉服形成过程中发挥了重要作用。

结合前章的服饰类型学分析可以看到，秦汉时期的交领式长服如襌衣、袷衣、袍等普遍具有上下连属、被体深邃、衣长及地的特点，这些特点均属于东周时期深衣的基本特点。此外，从汉代文献对“深衣”的相关记载也可看出秦汉服饰与东周深衣的在形制方面的传承关系。正如前章所述，记载“深衣”的文献多成书于汉代，因此汉人对古代深衣的形制描述应多半参照了当时的服饰形态，难免或有臆测附会的成分。但即使如此，根据这些文献记载的“深衣”形制，大多仍可合于考古形象所见的“深衣”，说明这些记载有些还是可信的。

当然，在时代变迁中，秦汉时期的服饰面貌仍然与东周时期存在着显著差异，这种差异主要体现在服饰的款式方面。关于秦汉服饰与深衣形制之差别，周锡保先生在对比长沙马王堆M1出土衣物的款式和剪裁方法后提出：汉代女服的形制与深衣不完全一样，但汉代女服衣裳相连属的作法则与深衣相同，所以“汉制称妇人礼服为深衣制，这是统言服式之上下相连式者的称谓”①。此说甚有见地。《礼记·深衣》开篇郑玄之《三礼目录》即有明确交代：“深衣者，谓连衣裳而纯之以采也。”正义补充云：“所以此称深衣者，以余服则上衣下裳不相连，此深衣衣裳相连，被体深邃，故谓之深衣。”②由此可见，深衣的根本特点，一言以蔽之，其实就是上下连属、被体深邃，正如其“深衣”之名。“深衣”之名的出现实际上也反映出这种服饰类型在形成之初与冕服、元端等朝服以及丧服、祭服这些上下分体服饰的根本区别。“上下连属”不仅是深衣区别于东周时期其他服饰形制的主要方面，也是延续至秦汉时期的服饰形制特点的核心。

另一方面，两汉时期的出土文献表明，秦汉时期，深衣的形制特点虽得以延续，但这一时期却未见“深衣”之名谓。根据秦汉时期出土的衣物疏简牍资料，当时常见的衣物名称有“襌衣”“袷衣”“複衣”“袍”“襜褕”“诸于”等，这些名谓或与服饰厚薄有关、或与服饰款式有关，唯不见“深衣”。由此可见，“深衣”作为一种服饰类型在这时已经趋于淡化。任大椿在其《深衣释例》中大致考证了“深衣”之名在秦汉时期的情况，他认为“深衣”到汉时已称为“襌衣”，他在《附考襌衣》一节中强调，“凡服之不殊衣裳者，古曰深衣。后世曰襌衣，异名而同实也”，“深衣创于上古，汉晋以后并传其制”③。《急就篇》颜注也就“襌衣”与“深衣”的传承关系释云：“襌衣，似深衣而褒大，亦以其

① 周锡保：《中国古代服饰史》，中国戏剧出版社，1984年，第50页。

② （清）阮元校刻：《礼记·深衣》，《十三经注疏》，中华书局，2009年，第3611页。

③ （清）任大椿：《深衣释例》卷三十四，《清经解续编》，凤凰出版社，2005年，第964页。

无里，故呼之为襌衣。”[①]如第五章所述，襌衣作为汉代的常服[②]，应用范围十分广泛，因此以上诸解称“襌衣”承袭自“深衣”，异名同实，充分说明“襌衣”与“深衣”在形制乃上一脉相传，秦汉服饰形制的直接源头就是东周时期的“深衣”。此外，任氏称深衣在“汉晋以后并传其制”也说明这种上下连体的深衣形制甚至对秦汉以后中华两千年的服饰文化产生影响。当然，从考古发现来看，西汉晚期至东汉时期，服饰上下分体的情况已经十分普遍。北朝时期，上衣下裳的服饰更有逐渐增多的趋势，男性上衣下袴，女性上襦下裙。其后，还出现了诸如唐代加襕袍、宋代士大夫服、元代质孙服和腰线袄子、明代曳撒等多种类型的服饰。即便如此，上下连体的深衣制长服在历代服制中其实仍占据着主要地位，从秦汉时期即开始流行的袍服保留了深衣上下连属的基本特点，可以视为后代对深衣古礼的效仿。即使汉晋以后的深衣制并非东周深衣之原型，但这种上下连属的服制精髓得以长久流传。因此说，秦汉时期虽然没有“深衣”之名，但上下连属、被体深邃、衣长及地等深衣的基本特点以及交领右衽、续衽钩边、饰有衣缘等款式特点均得以保留并不断发展，可以视为深衣之形的继续发展和巩固时期。

谈及制度，有必要对汉代文献所涉及的“深衣制”展开讨论。据《续汉书·舆服志》载，东汉时，太皇太后、皇太后、皇后、贵人以及各级命妇夫人的礼服采用“深衣制”[③]。从这一表述不难发现，东汉时期的“深衣”已经以礼制形式出现，成为与礼制相关的服饰制度。结合当时的历史背景来看，东汉早期明帝时，出现了一系列旨在恢复周礼的礼制复古运动。除服饰外，祭祀、官职、礼仪等很多方面都予以了制度的完善和重新规范。周代是古代礼制真正意义上的完备时期，正如孔子之感慨：“周监于二代，郁郁乎文哉，吾从周。”[④]“‘周礼’既是三代文明的结晶，又是王朝制度的典范。”[⑤]因此，东汉时期的各项礼制大多参照周礼，其

---

① （汉）史游：《急就篇》，《丛书集成初编》（第1052册），中华书局，1985年，第145页。

② 这里的“常服”与“礼服”相对，既包括日常服饰，也包括具有朝服、公服性质的服饰类型。

③ 《续汉书·舆服志》，中华书局，1965年，3676、3677页。

④ （清）阮元校刻：《论语·八佾》，《十三经注疏》，中华书局，2009年，第5358页。

⑤ 阎步克：《服周之冕——〈周礼〉六冕礼制的兴衰变异》，中华书局，2009年，第16页。

中的服饰制度除玄上纁下的冕服外，也复以周代常见的“深衣”为制。概观东汉时期的世俗服饰面貌，虽也有上下连属的长服，并且具有“斜直交领”和“续衽钩边”等款式特点，但较秦至西汉时期的服饰变化更大，与战国服饰形态更是相距甚远。由此可见，深衣的概念在东汉时期已经相当模糊，在常服中不见深衣。通过细读《礼记·深衣》也不难发现，东汉时期所谓的“深衣”已经完全脱离了先秦时期作为一种服饰类型的本义，而被冠以礼制的内容，领、袖、带等诸多服饰部位均被附于繁琐的象征意义，是一种服饰礼制的代名词，很难与现实生活中的服饰对应起来。对此，经文开篇也有交待：“古者深衣盖有制度。”正义中也特别强调：“此一篇从此至末皆论深衣之制。”《礼记·深衣》正义云：“古者深衣盖有制度者，以作记之人为记之时深衣无复制度，故称古者深衣盖有制度，言‘盖’者，疑词也。”这句话正道出了《礼记》所记之深衣实际上是对侧重于对深衣礼制的探讨。此外，东汉时期所谓的“深衣制”，实际上也只是对东周深衣“上下连属、被体深邃”这样的核心特点的保留和改造，突出了“深衣”的象征意义。

作为先秦时期的服饰之一，深衣既是了解中国早期服饰形态的重要途径，也是深刻理解秦汉服制的关键。纵观历代学人对“深衣”的反复考究，即可见“深衣”的流行之广、影响之深。然而，有关深衣的研究成果虽体大思精，但却始终难解其详。究其原委，实是由于经文所述含混，注疏难免有臆断甚至抵牾之处，而后学又在此基础上文献互释、以讹传讹所致。考古实物及相关材料的不断充实为研究深衣的形制以及相关问题开辟了道路，结合第三章和前文分析，可对深衣有一个更全面的认识：“深衣”是有着深刻内涵的服饰名词，有着自身产生、发展、演变、消亡的过程。具体而言，有“深衣之形”和“深衣之制”两个层面的内容。作为一种服装款式，成熟定型的深衣主要出现于战国。其后秦汉时期流行的交领长服，虽未被冠以“深衣”之名，但深衣“上下连属、被体深邃、衣长及地”的核心特点实际上得以保留和延续。东汉早期，在服饰款式不断增多以及周礼复兴运动的背景影响下，“深衣”一词复以服饰礼制的面貌出现，特指上下连属的礼服。

第二节 “汉服”的初现

由周入秦，深衣在保留基本内核的基础上发生了外在形貌的全新变化，正式进入到汉服时代。如第七章所揭，秦汉时期的服饰经历了三段式的发展。秦汉服饰的演变轨迹及三段式发展脉络其本质就是汉服体系的初现、形成和发展过程。之所以统称为“汉服”，而不是“秦服”或“秦汉服”，一方面是因为“汉服”一词作为服饰专有名词，最早出现在汉代；另一方面则是因为秦代国祚短促，汉服经秦代的短暂酝酿，最终确立基本是在汉代400余年间完成的，因此以“汉服”统称之。为区别于单纯的汉代服饰，强调秦汉时期作为一个统一连续的服饰文化发展阶段，本书将秦汉时期服饰经过三段式发展而形成的服饰风格统称为“汉服”，称其背后庞杂的服饰文化体系为“汉服体系”。

“汉服”作为服饰名词首次出现在汉代文献中。长沙马王堆M3出土的四四号竹简记载：“美人四人，其二人楚服，二人汉服。”[①]根据墓葬西边箱所出的纪年木牍，墓葬下葬年代为汉文帝初元十二年二月，即公元前168年颛顼历二月。这条简文明确指出西汉初年的荆楚故地至少存在有两种服饰系统——汉服和楚服，且两者之间当存在差异。“楚服”不难理解，很显然是由于墓葬地处荆楚故地而具有当地的服饰特点；而“汉服”在这里又有着怎样的内涵和指向，这里试作分析。

如前章所论，秦至西汉早期汉王朝治下的服饰面貌呈现出很强的地域性和多元化特征，基本可以分为三种地方类型，简文所示的“楚服”正属于此时的“两湖类型”，而“汉服”的指向则比较复杂。结合当时的历史背景来看，徐州为秦彭城县，是高祖刘邦的故乡，刘邦发迹于此，并建立汉朝定都于长安，关中与徐州必然存在无法割舍的文化联系，两地的服饰文化对此反映的尤其明显。从服饰款式及相关搭配、服色及纹饰、首服及发型等服饰的整体面貌来看，秦至西汉早期的“关中类型”和“徐州类型”虽各具特点，但相对于“两湖类型”来说可谓异中有同，尤其是徐州地区由于特殊的政治地位，具有很强的文化交互性特点。因此，简文所示的“汉服”当是指西汉早期以关中京畿地区为代表的服饰系统，该系统除包含“关中类型”外，也包括“徐州类型”等其他与关中地区服饰文化具

---

① 湖南省博物馆、湖南省文物考古研究所：《长沙马王堆二、三号汉墓》，文物出版社，2004年，第50页。

有相似特征的区域类型。汉服系统体现了来自汉代中央政府的服饰标准化规制，其服饰款式、发展渊源、分布地域均与荆楚地区的服饰传统有别。

一、“汉服”与“楚服”的主要差别

结合第七章的分析，以关中类型、徐州类型为主要构成的汉服系统与楚服系统在首服与发型、服饰款式、服色及纹饰等方面均存在显著差异。

首服与发型方面，冠和弁的区别不是特别明显，唯徐州类型的汉服习惯以縰包头。男性发型也差别不大，唯女性发型区别较明显，汉服系统中女性发型普遍偏低，流行A型、B型背后低髻以及B型和C型项后低髻；楚服系统中的女性发型有很多独特样式，有A型、D型项后低髻，Ac型反折中髻和Ab型盘旋中髻。

服饰款式方面，以服饰搭配中的主体交领长服为例，汉服系统中的领口开口位置较低；楚服系统则开口适中。领口形态方面，汉服系统大多有厚实凸起的一圈“拥颈”；楚服系统则领口低平，未见类似特点。就束腰位置来看，汉服系统的束腰位置较低，多数可低至臀部；楚服系统则束腰位置适中。就曲裾的形态而言，汉服系统为小曲裾；楚服系统的曲裾则较大、较长，有些甚至可绕身数周。下摆形态方面，汉服系统的下摆外撇程度最大，前长后短，前部长可及地，后部较短、呈弧形内凹；楚服系统的下摆则前后平齐，多内收、鲜有外撇。汉服系统衣缘较窄；而楚服的衣缘则是其突出款式特点，不仅在领口、袖口、下摆、衣裾等处都有衣缘，缘部还相对较宽，并饰之以彩，装饰繁缛。

服色及纹饰方面，汉服系统中的服饰色彩种类大体有红、黄、青、白四种色系，其中又以黄色和红色的数量居多。关中和徐州地区出土陶俑资料显示，这些地区的服饰中，对黄色的使用频率明显高于其他色彩。此外，汉景帝阳陵陪葬坑出土的侍女俑表明，即使等级较高的侍女服饰，外服的服面仍以单色居多，不见繁缛纹饰。与之相比，楚服系统中的服饰也常见黄色，例如长沙马王堆M1出土的衣物实物中，主要有绛色、朱红、黄色、黄棕、茶黄、褐色、绛紫和藕色等色，黄色系居多；长沙马王堆M3出土的衣物实物中，主要有褐色、黄褐、赭褐、深褐，以深黄色系居多。但结合更广泛的彩绘木俑服饰资料可以看到，楚服系统中的服装色彩更偏好于红、黑两色，以红、黑两色搭配形成的纹饰经常见于服装的服面、衣缘等处，且喜好繁缛的服饰纹饰。

二、“汉服”与“楚服”的文化渊源

汉服与楚服区别，归根到底是由于两种服饰系统存在不同的文化渊源。正如前文所述，东周时期的诸多服饰特点均在秦汉时期得以发扬光大，尤其是深衣的核心特点成为秦汉服饰的形制基础，东周时期的多元服饰体系均参与到西汉初年的服饰构建中。但需要强调的是，东周服饰对“汉服”与“楚服”两种汉初服饰系统的历史影响是存在差别的。为了深刻认识这两支不同的服饰系统的形成过程，这里有必要对“汉服”与“楚服”的一些服饰要素的来源作进一步分析。

汉服系统背后有着多元的文化来源。考古实证表明，东周时期楚文化区、秦文化区、三晋地区、齐鲁地区的服饰都不同程度地影响到了西汉早期的“汉服”。具体而言，汉服斜直交领的领式特点和小曲裾的裾式形态明显继承了东周时期楚文化区的斜直交领曲裾长服体系[①]；领口厚实凸起的“拥颈”应承袭自战国时期关中地区的秦文化服饰；下摆普遍外撇为大喇叭形的特征以及后部内凹的款式特点，来自于战国时期的海岱地区齐文化；背后低髻作为西汉早期汉服系统中女性的标准化发型，当受到了东周时期三晋地区女性发型的影响。从以上几个方面看，汉服系统虽然在西汉早期已经形成比较标准化的服饰风格，这种标准背后其实有着广泛的文化渊源，与东周时期的“发髻右衽”的华夏服饰体系一脉相承。可见以往研究中普遍认为的汉初服饰来源于战国时期楚文化的认识是不全面的。

相较于汉服系统，楚服系统的文化来源相对单一。东周时期楚文化区的服饰风格是其直接渊源，汉初楚服系统是东周时期楚文化区的斜直交领长服体系的发展和延续。由于两者存在基本相同的地缘关系，这两者的直接承袭关系其实并不难理解。但需要说明的是，尽管具有承袭关系，两个时期的服饰类型及款式其实仍存在有细微差别，汉初楚服系统经秦末战乱后自身也发生了一些变化，与战国时期的楚服风格日渐分离。这些变化中，东周时期楚文化区斜直交领长服体系下的两个子系统的结构变化最为突出，斜直交领曲裾服呈现出逐渐增多的态势。首先，服用阶层有所上升，如江陵马山M1战国墓中的墓主身着直裾长服，而随葬侍女俑则

---

① 东周时期的楚地服饰至少存在有两种服饰体系，即斜直交领长服体系和以高腰紧身上衣为主要特征的服饰体系。其中，以斜直交领为主要特点的服饰体系是典型的“楚式系统”，这一系统中又有曲裾长服和直裾长服两个子系统。详见第三章。

穿着曲裾长服；到了西汉早期，长沙马王堆M1出土帛画中的墓主和侍女已经都穿着曲裾长服了。同墓出土的12件服饰实物中，9件为曲裾长服，占到75%，3件为直裾长服，只占25%。这一数据直观地表现出曲裾长服在西汉早期逐渐占据主导的发展态势。其次，曲裾长服的款式形态有所变化，西汉早期“楚服”的曲裾普遍比战国时期细长，有些甚至可围绕身体数周，形成绕襟。这种现象其实自战国晚期已经开始初见端倪，秦代有继续加长的态势，例如，云梦睡虎地秦墓出土木俑所着长服的曲裾均绕身数周。至西汉早期，这种长曲裾更加流行开来。除曲裾外，东周时期楚文化区服饰的其他类型和款式特征也得以保留，如斜直交领长服的下摆前后平齐及地。又如，斜直交领长服普遍有宽衣缘并有繁琐装饰，云梦睡虎地秦墓出土竹简《封诊式·盗马》记载：“缇複衣，帛里莽缘领袖。”《封诊式·穴盗》记载，“缪缯五尺缘及纯”，“缪缘及纯”[①]，可见衣纯非常普遍。且不仅衣缘上有繁缛的花纹装饰，服面也常有纹饰，江陵凤凰山M167出土绣衣俑所着服饰上装饰有金、银、朱、墨等色相间的云纹。再如，对襟中长服仍保留有两襟对开、衣长及膝、半袖等款式风格。

除较多延续东周时期的楚文化服饰风格外，汉初楚服系统实际上对其他地区的服饰文化元素也有所借鉴，如交领长服的下摆外撇程度虽远不及汉服关中类型，但相较于战国时期楚服紧收的下摆，呈略微外撇的趋势。此外，汉初楚服系统流行的项后低髻也明显受到同时期关中地区发型的影响。但值得注意的是，这种低髻呈扁平圆角梯形，与关中地区的背后低髻在形态上存在差别，可见，汉初楚服系统在吸收外来文化元素的同时也保留了本土特点。

从本质上说，汉服系统更像是多种服饰文化源流交汇而成的新生事物，而楚服系统更像是单一来源下成长起来的继生事物。不难看出，汉初汉服的多元化来源与楚服的相对单一性来源实际上有着深刻的历史渊源，当与秦王朝的统一举措与秦末汉初政治变革有着直接联系。秦代虽然国祚短促，但建国后颁布的一系列统一措施客观上加速了战国区域文化的交流融合，这是第一阶段。第二阶段秦末楚汉战争，项羽政治集团作为楚国贵族势力，随着其领导的反秦斗争的不断深入与势力范围的不断扩展，楚文化与北方各地区的文化交流更加频繁而深刻的开展起来。其后，随着具有楚国乡土情怀的汉王刘邦入主关中咸阳，并最终建立汉王朝，楚地和齐鲁

---

① 睡虎地秦墓竹简整理小组：《睡虎地秦墓竹简》，文物出版社，1990年，第151、160页。

地区服饰文化元素得以随之西进。在这样的情势下，关中地区秦文化本土服饰元素杂糅外来楚文化元素和齐鲁文化元素的汉服系统最终形成便顺理成章了。反观楚服系统，尤其是处于荆楚故地的楚服，由于受政治变革的影响较小，汉初的服饰面貌很大程度上保留了原有的本土服饰元素。但尽管如此，随着西汉王朝统一政权的建立，仍然有小部分受到了汉服风格的影响。再来看具有汉初服饰交融特征的汉服系统下的徐州类型，徐州地区在地理位置上接壤齐鲁地区，必然受到齐鲁服饰风格的潜移默化的影响；同时，徐州地区曾先后为宋国和楚国的势力范围，彭城作为战国末年楚国和西楚政权的政治中心，必然受楚文化的渗透较深。以上两点还反映在很多西汉初年的考古学文化上，如狮子山楚王陵出土玉器中很多保留有鲁、楚二国的玉器特点，与两国玉器存在明显承继关系[①]，以此看来，服饰风格受到两地的交叉影响也便不难理解了，像下摆显露宽肥裤腿的做法早在战国晚期已出现于楚国服饰中。但随着政权的频繁更迭以及作为汉初战略要地与中央政权的紧密联系，这里除了保留有本土服饰元素和楚文化服饰元素外，更多地还是吸纳了关中地区服饰类型的款式特征，这或许可以解释前章所提到的徐州类型作为汉服系统的组成，又同时兼具关中类型与两湖类型的服饰元素的原因。

三、“汉服”与“楚服”的地域分布

可以看到，西汉初年的汉服系统有着相对广泛的分布，在淮汉以北诸郡和成都平原的蜀郡均有着较广泛的分布，基本上覆盖了汉王朝统治区域，在统治中心关中地区则更为典型。与之相比，汉初楚服系统的分布范围相对集中，主要分布在淮汉以南诸郡，属战国荆楚故地。值得注意的是，湘赣两广地区也分布着广义的楚服系统，这种来自楚文化的影响自战国时期即已开始，恭城秧家出土的铜鼎、清远马头岗出土的浴缶、罗定南门垌出土的尊缶和提梁盉等楚式青铜器就很好地说明了这种文化联系的存在[②]。直至西汉南越国时期来自楚文化的影响仍然可以看到，墓葬形制和随葬品等物质文化面貌很多都具有楚式风格或直接来源于楚地，服饰也不例外。根据象岗南越王墓出土的玉舞人所着服饰（C137），整体紧窄裹身，交领右衽，领口低平，束腰位置适中，下摆前后均平齐，这些款式特

① 韦正、李虎仁、邹厚本：《江苏徐州市狮子山西汉墓的发掘与收获》，《考古》1998年第8期。

② 高崇文：《试论岭南地区先秦至汉代考古学文化的变迁》，《西汉南越国考古与汉文化》，科学出版社，2010年，第144页。

征都具有明显的“楚服”风格。但所梳的Ab型盘旋中髻，即螺髻似为本土的发型特点，服装中的衣裾也比“楚服”的衣裾相对较短，似介于直裾与曲裾之间。结合同墓出土的随葬器物可以看到，墓中的很多铜器和陶器具有“楚式”或“仿楚式”特征。由此可见，西汉早期两广地区这样的边远地区在保留着自身服饰传统的同时也深受着“楚服”系统的影响。

四、“汉服”与“楚服”的再认识

综合上文对西汉早期“汉服”和“楚服”两类服饰系统的特点、来源以及分布地域的梳理和分析，可以得出以下初步认识。

其一，“汉服”一词明确记载于西汉早期出土文献，且已形成自己的早期风格，西汉早期可视为“汉服”的初现时期，此时奠定了“汉服”的形态基础。

其二，西汉早期基本存在“汉服”和“楚服”南北两种服饰系统，两者在服饰类型、服饰款式、分布地区、发展渊源上有着各自的基本特点。尽管汉服有不断扩大的趋势，但作为有着深厚文化根基的楚服系统，依然在本土拥有强大的生命力和持续不断的对外影响力。因此，这时的“汉服”只是具有特定指向的一类服饰系统，内涵和分布地域有限，是狭义的“汉服”。

其三，除继承了深衣交领右衽、上下连体的基本形制特点外，“汉服”还有着多元的文化渊源。从年代跨度上来看，这种渊源远可追溯至东周，近可索迹于秦代；从地域范围上来看，楚文化区、关中地区、齐鲁地区、三晋地区的服饰风格均对“汉服”产生了不同程度的影响。

第三节　汉服的形成与发展进程

自“汉服”初现，汉服便在汉代历史洪流中迅速发展并形成统一风格。汉服的形成和发展进程，一方面是汉服形制不断巩固完善的过程；另一方面是汉服分布地域的不断扩展和对外影响不断加深的过程。

一、汉服的最终形成

如第七章所述，西汉中期是秦汉服饰的趋同化发展时期，西汉早期“汉服”与“楚服”系统间的款式差异在这一时期日益缩小、逐渐淡化，彼此吸收融合。汉服持续吸收了楚服的款式特点，自身不断改进，最终形成了全新的汉服风格。

交领长服作为全新服饰风格下的典型代表，除交领右衽、上下连体等基本形制特点外，整体形态渐趋宽松适体，对西汉早期两种服饰系统的彼此吸收融合表现得更为具体：领口交叉点逐渐上移，凸起的拥颈渐趋低平，这种特点属于早期楚服风格；袖口由宽袖或窄袖演变为普遍有着垂胡的阔袖，这应该是新出现的款式特征；腰际线不断升高，早期汉服的腰际线位置有所上升，逐渐向楚服靠拢；小曲裾加长形成细长曲裾，这种变化是介于汉服与楚服裾式特点的中间状态，当是两个系统交融下的新时代特点；下摆较早期汉服有所内收，后部常见的内凹圆弧逐渐趋平，直至前后平齐，较早期楚服则逐渐外撇，也属于早期两种服饰系统的中间状态。综上，在汉初两种服饰系统的交互影响下，西汉中期汉王朝治下大部分地区的斜直交领长服呈现出领口低平、开口适中、袖口宽大、束腰位置适中、细长曲裾、外撇平齐下摆等基本款式特点。另外值得注意的是，此时出现的Bb型盘旋高髻，作为在关中地区女性中流行的新样式，很可能受到汉初楚服系统中Ac型反折中髻的影响。

可以看到西汉早期至中期，“汉服”与“楚服”彼此接纳吸收，都在不断对自身进行改进，最终呈现出趋同的款式特点。从汉服的角度来看，西汉楚服在汉服形成中的作用至关重要并加速了汉服的形成。

西汉中期不仅是汉代统一的服饰面貌的形成时期，也是又一全新的服饰文化格局的发端期，汉服的基本风格在此阶段正式形成。在这一格局下，除西域诸国和西南滇文化的服饰面貌仍保留着本土特点外，汉王朝统辖的大部分地区的服饰面貌趋于统一，形成以交领右衽为基本特点的汉服体系。汉服体系中礼服、常服、军服、劳作服饰、演艺服饰又具有各自独特的款式特点，功能丰富而又明确。尽管如此，所有服饰均为交领右衽，交领右衽仍是各类型服饰的核心款式特征。在两汉四百年的发展进程中，汉服的类型和款式虽也屡有变化，甚至出现背后开合穿着的圆领反闭服，但并未撼动交领右衽服的核心地位，汉服的总体形制始终稳定发展。

站在服饰文化之外，以考古学的视角来审视，“作为考古学文化的汉文化，形成于西汉时代中期”，从这一时期开始，“汉文化以中央集权的统一国家的政治力量，逐渐推向西汉王朝管辖的区域，这一区域几乎涵盖了当今我国的大部分地方。汉族和以汉族为主体的中华民族就形成于这一区域的这个时代”[①]。结合这一历史图景，我们不妨以“汉服”概括西汉

① 刘庆柱：《汉长安城考古与汉代考古学》，《汉长安城考古与汉文化——纪念汉长安城考古五十周年国际学术研讨会论文集》，科学出版社，2008年，第16页。

中期形成的这个全新的统一的服饰面貌。史载龟兹国王及夫人自西汉元康元年入汉朝贺后，便“数来朝贺，乐汉衣服制度”①。可见西汉昭宣时期的“汉服”已非单纯的服饰类型或是对某些具有共同款式特征的服饰类型的统称，而是汉家礼仪的重要内容，成为汉文化的重要标识②。

二、汉服的发展进程

西汉晚期以后，汉服的形制款式在经历了短暂的稳定后又继续向着更加统一的服饰文化面貌迈进。同时在内容方面不断丰富，汉服在与边远地区的服饰文化交流中互相借鉴影响产生很多新变化，汉服在此时有了更丰富的内涵。

西汉晚期，汉服的形制款式在统一稳定的基础上，即在汉王朝统辖范围迅速扩展开来，这一过程当是与汉王朝政治势力不断延伸及中央集权不断强化的历史背景相同步的。西汉武帝以后，地方行政以及汉王朝对边远地区的政策发生重大变化，据《汉书·地理志》：“至武帝，攘却胡、越，开地斥境，南置交趾，北置朔方之州，兼徐、梁、幽、并夏、周之制，改雍曰凉，改梁曰益，凡十三部，置刺史。”③汉武帝时期中央政府对边远地区的开发和经略客观上促进了汉服的广泛传播。

就服饰类型和款式而言，汉服传统中继续流行“上下连属、被体深邃”的交领长服，但这时上下连属的交领长服已远非深衣那样贴身适体，而是成为宽大的袍服。从某种程度上讲，袍服可以深刻诠释汉服的形态变化。从东周深衣到汉代袍服的演变发展，贯穿始终的是其交领右衽、上下连属的核心款式特征，不断变化的是其不断加宽加肥的外形特点。

“袍”在先秦时期只是根据其功能而命名的一种内衣；到了汉代，袍服已经特指绵质外服，即穿于外部的“複衣”，在形制上长可蹽足，内有夹层且有填充物。作为交领长服之一种，汉代的袍服在汉初与大部分交领长服一样，都是贴身适体、紧窄瘦长。西汉晚期以后，“袍”的称谓虽未发生变化，仍指穿作外服的绵衣，但这一时期的袍的整体款式实际上已经发生了变化，袖口加宽，腰身加肥。孙机先生曾经提出，“袍”当是“一

---

① 《汉书·西域传》，中华书局，1962年，第3916页。

② 王方：《汉服成为中华文化符号的观察》，《中国社会科学报》2020年9月29日。

③ 《汉书·地理志》，中华书局，1962年，第1543页。

种宽大的长衣”[1]，这一认识应是对西汉晚期乃至东汉时期“袍”的款式的精辟总结。《续汉书》谈及乘舆常服时，称与通天冠的配服为“深衣制，有袍，随五时色。袍者，或曰周公抱成王宴居，故施袍。礼记‘孔子衣逢掖之衣’。缝掖其袖，合而缝大之，近今袍者也。今下至贱更小史，皆通制袍”；居延汉简、敦煌汉简的“被服衣账簿”中整套服饰目录中也均可见袍的记录。由此可见东汉时期的袍已非单纯的某类服饰，而是作为外服的常制，具有形制宽大、层次厚实的特点，穿着范围广泛，上可做天子常服，下可为一般戍卒的外服，成为西汉晚期以后的汉服系统中最具代表性的服饰类型。因此，袍服逐渐宽肥的发展趋势即体现了汉服整体的款式变化趋势。需要注意的是，袍服交领右衽、上下连体的核心特征未变，整个形态却从紧窄演变为宽肥，充分说明汉服发展的这三百年间，其剪裁方法发生过深刻的变革，汉代服装形态的变化应该受到了剪裁方式的影响。

服饰日常穿搭中，在交领长服保持绝对优势的基础上，交领中长服、交领短服的数量也在增多，这种状况实际意味着上下分属的服饰搭配开始流行起来，这种现象尤其值得关注。实际上，这一现象生动地勾勒出东周秦汉时期的服制演变轨迹，吕思勉先生对此曾有过很精准的概括，“先秦上衣下裳为礼服，上下连体的深衣为燕服；而汉以后当深衣已经深入人心、遍布全国的时候，深衣制成为礼服或称为上服，上下分体反而成为燕服了”[2]。本书所阐述的汉服形成过程，大体上为吕先生所总结的“上下连体的深衣成为燕服并深入人心、遍布全国”的这一服饰历史发展阶段，即东周秦汉时期。从深衣到汉服，是将上下连体的交领长服不断丰富扩展，最后上升为祭服（上服）的过程。这一过程生动诠释了中国古代服饰的基本发展规律，即由常入礼，礼服作为服饰等级的重要体现，是服饰发展的最高阶段，也是封建礼法赋予服饰的最高殊荣。当然，需要强调的是，虽然在东汉时期上下分体的服饰再次流行开来，但实际上并未撼动上下连体服饰的主流地位，它的出现只是丰富了汉服的基本内容，是汉服发展进程中不断兼容并收、推陈出新的体现。

另一方面，西汉晚期以后，西汉早期比较少见的对襟服、贯头式圆领服等均呈现不断增多的趋势。东汉中晚期以后，附属服饰也开始增多，出

---

① 孙机：《汉代物质文化资料图说》（增订本），上海古籍出版社，2008年，第277～279页。

② 吕思勉：《吕著中国通史》，北京日报出版社，2018年，第189页。

现了像披风、蔽膝这样的新类型，以及袖口、下摆等部位的装饰性特点。同时，汉服的基本形制款式也在更广泛的地区流行开来，这些当是中原地区与边远地区服饰文化交流互鉴的结果，汉王朝版图内曾经多样的服饰文化传统，向着更加统一的服饰文化面貌迈进，一起参与到构建有着更加丰富内涵的汉服过程中来。

两广地区早在南越国时期即已不断吸收来自楚文化的影响，服饰面貌呈现出典型的汉初“楚服”特征，如广州三元里马鹏冈出土的女俑、西汉南越王墓出土的玉舞人、贵县罗泊湾M1出土的漆绘提梁筒上的人物形象等。与南越毗邻，地处于南越、夜郎和滇三大经济区枢纽地带的句町国，也与汉王朝保持着密切关系①，考古形象显示，这里出土的铜骑俑的服饰②与咸阳杨家湾汉墓出土的骑俑相似；4件铜坐俑头戴冠、身着交领长服的形象也与咸阳刘家沟汉墓、广州汉墓、灵台付家沟汉墓出土铜俑类似③。西汉中晚期尚没有明确的服饰资料显示服饰发展状态，但此时广州汉墓反映的物质文化面貌“与中原地区的汉族文化实属于同一个文化系统”④。从东汉出土的大量胡人俑形象来看，这些外来人口也身着交领长服或交领上衣搭配及地长裙，女性结高髻，这些都表明西汉晚期以后汉服在两广地区的进一步普及。结合历史背景来看，“大约在两汉之际中原战乱频仍时，大量北人南迁，许多人的行迹又南至于岭南”，中原人口南迁后，岭南地区的户口不仅以惊人的速度增长，当地的农业技术水平和文化发展水平也在其影响下取得了显著的提升。“东汉末年，因为黄河流域严重的战乱和灾荒”，许多中原人再次南迁，“掀起了波澜壮阔的移民浪潮”⑤。在这样的背景下，汉服在当地迅速普及并影响到外来人口也便不难理解了。

西南滇地的服饰自成体系，有着自身独立的发展轨迹，可以认为是西汉中期以前汉服外的另一类服饰文化传统。如第六章所述，该服饰传统下又有着多个子系统，呈现出多元的服饰面貌，其中，椎结以及对襟式外衣、贯头式圆领内衣的服装搭配是当地的主流服饰系统。在装饰特点方面

① 蒋廷瑜：《西林铜鼓墓与汉代句町国》，《考古》1982年第2期。

② 广西壮族自治区文物工作队：《广西西林县普驮铜鼓墓葬》，《文物》1978年第9期。

③ 灵台县文化馆：《甘肃灵台发现的两座西汉墓》，《考古》1979年第2期。

④ 黎金：《广州的两汉墓葬》，《文物》1961年第2期。

⑤ 王子今：《岭南地区移民与汉文化的扩张》，《西汉南越国考古与汉文化》，科学出版社，2010年，第250～253页。

也与汉服存在着显著差别。西汉晚期，该地的土著服饰传统呈现出逐渐衰落的迹象，代之而起的是日益普及的汉文化，这当与滇地在政治上的归属有直接关系。据《史记·西南夷列传》载，汉武帝元封二年（公元前109年），滇王"始首善"，"离难西南夷，举国降，请置吏入朝。于是以为益州郡，赐滇王王印，复长其民"[①]。目前，新莽至东汉早期西南滇地尚未发现与服饰直接相关的考古材料，但从其他考古学文化来看，东汉早期已经是滇文化的下限。形成这一局面最可能的解释就是原来有着独特文化面貌的土著居民，在政治上归属于汉后越来越多地接受了来自汉文化的影响，逐渐融合为一体。尽管如此，东汉早期，西南土著服饰文化是否也同其他考古学文化一样有着同步的汉化进程以及汉服在当地的普及程度仍是值得进一步关注的问题。

西北河西走廊地区，汉服的渐入是伴随着汉武帝时期的大规模移民屯兵以及汉宣帝在此"置西河、北地属国以处匈奴降者"[②]而进行的。汉人直接迁入的方式决定了这一地区的汉服无论在类型、款式、搭配方面，还是在质料、纹饰、色彩方面都与中原地区差别不大。例如，武威磨嘴子M48西汉晚期墓中男性墓主头戴漆纚冠、外穿袍、内衣为上襦下裤；女性墓主结高髻，外着襌衣，内衣上襦下裙。敦煌马圈湾烽燧遗址中出土的绢质冥衣，交领右衽、有领缘和袖缘，与实用的汉服款式无异，根据遗址出土木简，年代约在西汉宣帝至新莽时期。居延肩水金关遗址出土的木版画上的人物形象头顶结高髻，为汉服体系的高髻发型，年代约在西汉昭宣时期。东汉晚期，武威雷台汉墓作为等级较高的二千石的将军墓葬，出土的武士、侍奴等服饰形象更是与中原地区无异。但需要指出的是，河西走廊地区历来是多民族的聚居地，先后有大月氏、匈奴、羌等不同部族在此杂居，在这种背景下，汉服是否影响到其他部族的服饰，抑或汉服间接受到了其他服饰系统的影响都是值得关注的问题。就迄今发现的服饰资料来看，以上两方面的迹象在服饰款式方面体现得不明显。敦煌马圈湾烽燧遗址出土的一件"绛色斗篷领"值得关注，斗篷领边缘墨书自称"传帛一匹"。这种服饰类型在同时期的中原地区尚未发现，直到东汉中晚期才出现类似服饰，这说明斗篷很可能属于当地或河西以西地区的服饰类型，东汉以后开始东传，成为汉服中的新类型。此外，河西走廊地区多处汉代烽燧遗址中丝织物与毛织物共出的现象也值得关注，以丝织物为服的质料特

---

① 《史记·西南夷列传》，中华书局，1959年，第2997页。

② 《汉书·宣帝纪》，中华书局，1962年，第267页。

点也是汉服传统中的重要方面。

西域地区服饰自东汉中晚期开始也受到汉服传统的全面影响。汉服的传入，改变了这里的服饰面貌，西域服饰自此形成了全新的风格。有关西域服饰的汉化因素，本文第六章中已有专篇分析，这里不再赘述。值得关注的是西域与内地开始发生联系的时间与“汉服”传入时间的关系问题。考古发现表明，西域地区很早即开始了与内地的联系，年代约当战国时期的托克逊阿拉沟墓地、巴里坤南湾古墓曾出土有丝织物残片①，这些都属于内地的产品。根据文献记载，西域地区“以孝武时始通”，至迟在西汉中期已内属于汉。随即，中国内地的丝绸便通过各种渠道不断传入西方②。然而，这种大规模的联系并未直接带来服饰款式的改变，年代约当西汉时期的扎滚鲁克一号墓地出土的服饰实物大多为传统类型的款式。这一现象至少说明，汉服中的服装质料先于服装款式传入西域地区。丝绸作为服装质料的传入终究还是简单直接的，而当地服装款式放弃原有传统，接受一种全新的式样则实际上反映出西域地区对这种服饰背后的文化的认同。东汉晚期汉服以其款式对西域服饰产生的深刻影响也充分说明了这一时期西域与内地频繁而全面的文化交流。另一方面，汉服与西域服饰文化频繁交流的同时也部分地吸收了当地服饰元素，促进了汉服对自身的变革。众所周知，汉服传统中历来以丝织品和麻织品为大宗，随着丝绸和服饰交流通道的打开，西域服饰传统中的毛织物面料也逐渐为汉服所采纳。研究表明，传入内地的毛织物及毛织技术可能对中原地区产生过深远影响，汉代以后的缂丝技术很可能受到缂毛技术的启发③。《天工开物》记载：“机织、羊种皆彼时归夷传来。”也很好地说明了毛织物的来源，并且它的影响一直延续到明代④。

凡此种种不难看出，汉服一直是在不断交流中通过兼容并蓄各种服饰元素实现着自身的巩固、完善和发展，而这一进程始终伴随着汉文化的传播过程而展开。汉武帝时期不断进行的拓边与置郡为汉服传播开辟了道

① 新疆社会科学院考古研究所：《阿拉沟古墓所出战国时代凤纹刺绣》，《新疆考古三十年》，新疆人民出版社，1983年，图版44。

② 孟凡人先生总结其重要渠道有三条：一是中国政府向西边少数民族的赠赐；二是中国政府与少数民族间贸易；三是通过中亚等地商人的长途贩运。见孟凡人：《丝绸西传与丝绸之路》，《新疆考古与史地论集》，科学出版社，2000年，第314页。

③ 陈娟娟：《缂丝》，《故宫博物院院刊》1979年第3期。

④ 贾应逸：《略谈尼雅遗址出土的毛织品》，《文物》1980年第3期。

路。就文化传播方式而言，既有汉人的直接迁入，也有当地土著文化对汉文化的直接接纳，汉服在当地的普及正是对后者的深刻诠释。相较于对作为服饰面料的丝绸成品的直接接纳，当地土著居民改良本地传统服饰的款式、全盘接受汉服的全新式样实则体现出从精神层面对汉文化的高度认可和主动融入。此时的汉服概念已不再是仅有着统一的形态基础的物质文化存在，而是蕴藏着更深厚内涵的文化符号和精神载体。

在对汉服进行系统梳理的基础上，有必要对汉代的“胡服”进行必要说明。先秦两汉文献中屡有对“胡服”的记载。长沙马王堆M3出土遣册也记载有“绪胡衣”“帛傅”斷（質）。从文献记载内容来看，胡主要是指雄踞于汉民族北方的游牧民族，先秦时主要是林胡、娄烦等部族，汉代主要是匈奴族。其服饰特点属于东周时期的“被发左衽”的服饰传统，并在先秦时期即对“发髻右衽”的服饰传统产生影响，这从我们熟知的赵武灵王胡服骑射这一重要历史事件即可知晓。这种影响一直持续至汉服传统，对此，王国维在《胡服考》中有很精辟的概括，即“惠文冠”“黄金师比郭洛带”“靴”。除“黄金师比郭洛带”作为较为奢侈的带具装饰在诸侯王阶层广泛流行外，武冠和靴已经成为汉代武吏和军戎的常见服饰种类。此外，如“袭”这样的上衣、A型覆首巾、尖顶帽最早也属于胡服，并对汉服产生了一定影响。袴袭相配当在汉代已经出现，只是局限于军戎服饰，未像魏晋时那样普及开来。值得注意的是，无论是先秦时期的发髻右衽服饰传统还是其后的汉服传统，来自胡服的影响都集中于军戎服饰，这当是自赵武灵王至汉武帝的军事改革的直接影响，充分反映出服饰与军事的交互渗透。此后，部分军戎服饰又逐渐为常服甚至高等级的礼服所接纳，成为汉服传统的重要内容，黄金师比郭洛带和袴袭服在中原地区的广泛流行正是对这一过程的生动诠释。而胡服与汉服在东周秦汉几百年间彼此交融的过程也正是对汉服内涵不断充实和升华的体现。

第四节　汉服的历史影响

汉服的形成和发展过程不仅夯实完善了自身的物质基础，也丰富了汉服的文化意义，使得它成为了蕴含更多文化内涵和象征意义的符号，并对魏晋以后的中国古代服饰形态产生了重要影响。

与其他汉代物质文化一样，汉服也影响到了魏晋以后的服饰，在中国古代服饰发展中影响深远。为了解汉服在东汉以后的发展脉络，这里有必要梳理一下魏晋南北朝时期的服饰发展情况。曹魏西晋紧承东汉不过百年，在服饰面貌上未发生显著的改变，这从魏晋时期墓葬壁画、画像砖及陶俑中可见一斑。河西走廊地区集中保存了一批曹魏十六国时期的壁画墓、画像砖墓，通过其墓葬形制和壁画题材，基本可见这一地区与汉代中原地区壁画墓、画像石墓的承继关系[①]。从嘉峪关新城墓群[②]、酒泉丁家峡墓群[③]、敦煌佛爷庙湾墓群[④]反映的壁画人物服饰来看，大部分着交领右衽长服，男性戴巾帻，女性头结高髻，有些高髻外搭垂余。这些都与东汉时期的服饰面貌无异。忠县红星村墓地M2的年代约为西晋，该墓出土的执物女俑（ZHM2：22），头梳有三瓣椭圆形发髻；交领右衽并有窄缘，袖宽大；内衣为贯头式圆领；腰间束带；下摆微外撇，前后平齐[⑤]，也为东汉中晚期常见的服饰搭配。辽西朝阳地区壁画墓主要反映了十六国时期三燕政权的一些情况，以朝阳大平房壁画墓出土壁画人物为例，东壁壁画所绘侍女头顶单髻，衣袍宽大，交领右衽[⑥]，与东汉晚期辽阳地区中的人物服饰形象相同。通过以上分析，我们不难发现曹魏西晋十六国时期服饰与东汉时期服饰的一致性，汉服在此时基本未有大的改变。

东晋南朝时期的服饰较东汉时期更加宽肥，褒衣博带[⑦]。不仅为祭服、礼服之常见款式，也为日常生活所服。就其款式来说，以往的交领右衽已渐向两侧对开，下有宽带，演变为新的服饰类型。袖口极宽、长可及足。例如，南昌火车站东晋墓出土的漆盘人物形象[⑧]、邓县学庄墓画像砖

---

① 郑岩：《魏晋南北朝壁画墓研究》，文物出版社，2002年，第160～165页。

② 甘肃省文物队、甘肃省博物馆、嘉峪关市文物管理所：《嘉峪关壁画墓发掘报告》，文物出版社，1985年，图版四二～图版八七；嘉峪关市文物管理所：《嘉峪关新城十二、十三号画像砖墓发掘简报》，《文物》1982年第8期。

③ 甘肃省文物考古研究所：《酒泉十六国墓壁画》，文物出版社，1989年。

④ 甘肃省文物考古研究所：《敦煌佛爷庙湾西晋画像砖墓》，文物出版社，1998年，图版五三～图版五六、图版六五。

⑤ 重庆市文物局、重庆市移民局：《忠县仙人洞与土地岩墓地》，科学出版社，2008年，第169页。

⑥ 朝阳地区博物馆、朝阳县文化馆：《辽宁朝阳发现北燕、北魏墓》，《考古》1985年第10期。

⑦ “褒衣博带”始见于《淮南子》。《汉书·隽不疑传》又载：不疑“褒衣博带，盛服至门上谒”。颜注：“褒，大裾也，言着褒大之衣，广博之带也。”

⑧ 江西省文物考古研究所、南昌市博物馆：《南昌火车站东晋墓葬发掘简报》，《文物》2001年第2期。

中的历史人物形象[①]、常州戚家村墓画像砖中侍女形象[②]等均着这种褒衣博带式的长服。总体而言，东晋南朝时期已发生了较大改变。

北朝时期的服饰类型及款式更为复杂，随着拓跋鲜卑政权的建立，鲜卑装在中原地区得到广泛推广，呈现胡汉杂糅的服饰面貌。就类型而言，就有交领左衽服、交领右衽服、贯头式圆领服、裲裆衫、裤褶服多种[③]。值得注意的是，北朝时期汉服传统受鲜卑服等少数民族服饰影响，上衣下裤的服饰搭配更加流行。此外，还出现了以"交领右衽"为主要特点的汉服传统以外的领式。据相关研究，北朝时期交领左衽服相当盛行，东魏时期曾针对掩衣左右的问题发生过一场争论，结果以掩衣左右皆可而告终[④]。由此可见，经过南北朝时期的民族融合以及北齐、北周统治者对胡服的改制与推广，这时期的服饰面貌已与传统的"汉服"大为不同，"从汉魏时之单一系统，变成隋唐时之包括两个来源的复合系统，从单轨制变成双轨制"[⑤]。尽管如此，北魏孝文帝的"太和改制"也曾促使北朝在短时间内流行"褒衣博带"式的服装，并有研究表明，这次改制正是效仿"汉魏古法"[⑥]。孝文帝这一次对汉服推广的努力使得汉服传统中的精髓得以保留，甚至对东亚地区的日本国产生一定影响。据相关研究，推古天皇十五年（公元607年）以后，日本开始大规模的效仿唐朝文化，服饰制度即是其中之一。自推古天皇开始，历任天皇均颁布了一系列效仿唐制的服饰改革措施。养老三年（公元719年），元正天皇甚至下令百姓都改为交领右衽，这是日本服装式样向中国服装式样进一步靠近的重要举措[⑦]。

纵观隋唐至明清的服饰发展脉络，我们不难看出，虽然有更多的服饰类型源源不断的融入到汉服传统，统治阶级的服饰制度也履经改革，但斜直交领右衽上衣一直是广大中下层民众最喜好的服饰类型，这种渊源应得

---

① 河南省文化局文物工作队：《邓县彩色画像砖墓》，文物出版社，1958年。

② 常州市博物馆：《常州南郊戚家村画像砖墓》，《文物》1979年第3期。

③ 宋丙玲：《北朝世俗服饰研究》，山东大学博士学位论文，2008年，第172～174页。

④ 宋丙玲：《左衽与右衽：从图像资料看山东地区北朝服饰反映的问题》，《齐鲁艺苑：山东艺术学院学报》2009年第4期。

⑤ 孙机：《南北朝时期我国服制的变化》，《中国古舆服论丛》（增订本），文物出版社，2001年，第202页。

⑥ 逄成华：《北朝"褒衣博带"装束渊源考辨》，《学术交流》2006年第4期。

⑦ 严勇：《古代中日丝绸文化的交流与日本织物的发展》，《考古与文物》2004年第1期。

自于两汉时期汉服的定型与稳定发展。汉服的形制及文化内涵已经深深地扎根在中华民族服饰文化的土壤。

时至今日，“汉服”已经不止于有着多层内涵的历史名词，而是演变成为一种社会学概念。狭义的“汉服”专指汉代服饰，广义的社会学范畴的“汉服”则是对汉民族传统服饰的统称，泛指以汉民族传统服饰为主体，在社会演进中不断吸收其他民族服饰特点后逐渐形成的华夏服饰体系。可以说，汉代服饰，即狭义的“汉服”，奠定了华夏服饰体系的形态基础。汉代以后直至当代社会，均习以“汉服”称呼中华民族传统服饰，正说明了汉服体系对汉以后中华民族的深远影响，其背后的丰富内涵是属于时代的、精神的、民族的。而汉服在历史发展进程中不断吸收外来服饰文化元素丰富和提升自身充分展现了中华文化的包容性。

第九章　余　　论

本书通过对大量服饰考古材料的系统梳理和全面分析，初步勾勒出东周秦汉服饰的基本面貌以及演进轨迹，厘清了汉服在该历史阶段中的形成和发展脉络并就相关问题展开探讨。通过考察我们知道，服饰是一个以类型、装饰、搭配、组合等基本物质形态为基础，蕴含有丰富精神内涵和文化内涵的概念，涉及的层面多、范围广。作为人类的基本需求之一和社会发展的产物，服饰的产生和发展都与人类发生着密切的关系，具体表现在，服饰通过与人体发生关系实现自身的价值；服饰文化通过与人类社会发生关系获得自身的发展。因此，服饰研究从根本上来说是围绕人类和人类社会展开的研究课题。基于这样的认识，探讨服饰与人类社会的关系，解读服饰在人类社会发展进程中的地位和作用，有助于对古代服饰理论问题的总结，并在此基础上拓展和深化古代服饰研究。与此同时，通过本次研究实践，积累服饰考古学研究的相关经验，指出服饰考古学研究的局限与不足，探索服饰考古学研究的方法和路径，也是值得进一步展开并予以长期关注的方面。

第一节　东周秦汉服饰研究的启示与思考

阎步克先生对服饰与社会的关系问题曾有一个生动总结：“历史展示给我们：服饰的平等自由，与社会的平等自由，是一对美丽的孪生姐妹。”[①]可见服饰与人类及人类社会关系密切，因此，对古代服饰基本理论问题的探讨自然也无法回避服饰与人类社会的关系问题。古代服饰的理论问题主要涉及服饰起源、服饰文化的发展阶段和发展模式、服饰文化变迁的动力等方面。通过本书的研究可以看到，东周秦汉时期是中国古代服饰的转折期和重要发展阶段，具有承上启下的重要意义。因此，从静态角度考察服饰文化与东周秦汉这一历史发展阶段的横向联系，从动态角度分

---

① 阎步克：《服周之冕——〈周礼〉六冕礼制的兴衰变异》，中华书局，2009年，第444页。

析服饰文化变迁与社会变革的关系将是本节重点探讨的两个方面。在此基础上形成的初步认识将有助于相关理论问题的探索。

一、服饰文化与人类社会发展阶段的关系

服饰文化与人类社会发展阶段的关系可从宏观和微观两个角度进行考察。宏观来看，东周秦汉时期又可分为“汉服以前”和“汉服形成发展”两个大的发展阶段，两个阶段的服饰文化面貌有所不同。服饰文化面貌的演进轨迹与社会发展进程作为两条主线，它们之间的整体联系值得思考。微观来看，每个社会发展阶段的服饰均有其时代特点，在共同的时代特点下，不同服饰传统中又有着各自的独特风貌。这种风貌与社会发展阶段的关系也值得关注。

通过对汉服以前阶段（东周时期）和汉服形成发展阶段（秦汉时期）服饰面貌的揭示与研究，我们可将两大发展阶段的服饰面貌概括如下。东周时期，东周列国地区的服饰以发髻发型和交领右衽的服装款式为主要特征，可称之为“发髻右衽”服饰传统。这一服饰传统下，不同地区的服饰又存在有明显差异，形成不同的服饰体系。“发髻右衽”的服饰传统之外，又广泛存在有以“被发左衽”为主要特征的服饰文化传统，与“发髻右衽”的服饰传统一起构成当时的二元服饰文化格局。秦汉时期，东周时期的二元服饰文化格局逐渐被打破，新的服饰文化传统——“汉服”传统开始形成并通过三个阶段实现了初步发展。

结合当时的历史背景来看，东周秦汉时期是中国历史上的重要发展阶段，在近千年的发展历程中，中国古代社会先后经历了由“王国时代”向“帝国时代”的社会转型，以及统一的中央集权国家的建立和巩固发展阶段。东周时期，政权分立、社会动荡、文化面貌复杂，社会文化格局处于极度不稳定的状态。秦汉时期，随着统一的中央集权国家的建立，终于结束了“王国时代”的战乱和分裂局面，迎来了有着更加稳定局面的“帝国时代”。“帝国时代”区别于“王国时代”的基本特点之一就是地域的统一，以及在此基础上形成的政治的、经济的、文化的高度统一。与此相适应，东周秦汉时期的服饰面貌也体现出类似的格局和发展态势。东周时期，服饰面貌复杂多样，“发髻右衽”服饰传统中不仅存在有各种服饰体系，不同服饰体系中的服饰面貌还存在明显的差异，这种差异表现在服饰类型、装饰、搭配、组合等有关服饰物质形态的方方面面。秦汉时期，尤其是秦至西汉早期，“汉服”传统中虽然仍存在各种地方类型，但区域特点一般仅局限在服装的款式、发髻的形态等细节方面，有差别但差别不

大。西汉中期以后，“汉服”传统中的服饰地域差异愈加微弱。与服饰面貌的差异性特征逐渐减小的态势相反，有着相似特征的服饰面貌分布地域却在日益扩大。以此来看，服饰文化与社会发展阶段之间存在着一定的联系，东周秦汉时期的服饰文化面貌给我们的一个重要启示就是，服饰文化可以反映人类社会发展阶段的时代特点和政治文化格局。

本书曾反复提到“服饰传统”的概念，所谓的“服饰传统”，是指在特定的时空框架内，不同服饰元素交汇在一起呈现出来的服饰面貌及文化特征。服饰元素不仅包括像服饰款式、纹饰、质料、色彩、搭配、组合等物质形态方面的元素，也包括服饰所承载的象征意义和文化内涵。

就服饰的物质形态而言，一个服饰传统中，服饰款式、纹饰、质料、色彩、搭配、组合等方面的特点与形成这种服饰传统的生态环境和社会环境都有着直接联系。结合具体史实，这种联系便不难理解。研究表明，西南地区的服饰传统中，女性服饰的常见搭配为上身着对襟式服，下身着短筒裙，跣足；西域服饰传统中，常见各种质料的帽，服装质料以毛织物和皮革制品为主。这些特点均反映出当地自然环境在服饰传统形成和发展过程中产生的影响。又如，东周时期发髻右衽的服饰传统中，楚式系统内等级较高的人群，其服装款式多为阔袖；东汉时期汉服传统中，贵妇多以高大的高髻和繁缛的发饰来装饰头部。这些特点都表现出服饰的等级差别，从一定程度上说，这种差别当受到了来自社会制度和社会意识形态方面的影响，因此，服饰特点也间接反映出相关方面的情况。又如，在汉服传统中，丝织品一直是大宗的服装质料，并且品种繁多、工艺精湛；西域服饰传统中，毛织品一直占据着主导地位，并且有着悠久的历史，同样也有着高超的工艺。这些史实表明，服饰尤其是服装质料是受纺织技术、生产工具等条件直接影响的服饰元素，而生产工具推动生产力，体现着生产力发展水平。因此，从这一角度来看，服饰同样也可以间接反映出一个社会的生产力发展水平。还需要指出的是，服装质料的材料来源与当地的生业形态关系密切。我们知道，丝绸来自蚕桑，种桑养蚕是我国古代中原地区的重要农事活动；毛织物和皮革制品则来自牲畜，畜养放牧则是我国新疆地区的主要农事活动。因此，从这一角度来看，服饰也可反映出有关社会经济生活的某些方面。

服饰区别于其他物质文化遗存的一个重要特点就是服饰具有很强的

象征性，有学者曾将服饰的这种特点形象地概括为“无声的语言”①。这种语言可以表达出视觉印象无法表现的部分，也就是人类的精神世界以及这个世界构建的社会关系和社会秩序。很多古代文明的早期艺术品发现都或多或少的揭示出这样一种现象，即很多文明的服饰文化在其萌芽阶段都表现出很强的象征意义。以往的人类学者普遍认为，服饰的出现当与其实用功能密切关系，早期服饰满足了人类御寒遮体、避虫驱害的基本需求。如吴越地区的先民“断发文身，以像鳞虫”，“以避蛟龙之害”。有些学者认为这种习俗“乃是起于保护生命的要求，其效用与动物的保护色相等”②。但又有一些文化现象和相关的民族学考察似乎证明了与其相悖的一种可能，即服饰的出现更多的是为满足人类的精神需求和精神表达，并且这种需求有不断增强的趋势。例如，同样是“断发文身”，有些学者认为它的出现是一种古老的成人礼习俗③。同样的现象也反映在世界其他文明以及当今的社会中。澳洲的土著部落中，普遍流行在身体上割出各种形状的线条，线条的多少在某些部落中可以标明等级差别，比如昆斯兰德人。这种割痕的性质具有更多的装饰意义和宗教功能④。当今社会中，很多造型各异的“奇装异服”层出不穷，这种现象应当表现了人们对个性的表达和审美追求。

作为一个服饰个体，它的某些特点可以反映出一个人的意识形态和精神生活；而作为一个服饰群体，它们的共性特征则可以反映出一群人乃至一个社会的意识形态和精神追求，具体表现为人们的价值观、伦理观、审美观等，这些观念可借助服饰的某些特征传达出来。例如，西汉早中期，低髻在女性中普遍流行，装饰简单；西汉中期以后，高髻逐渐流行开来并且有不断增高的趋势，在此基础上，头饰装饰也日趋繁缛。由此可见两汉时期的人们在审美观念方面发生的变化。此外，在意识形态指导下构建的社会关系也可通过服饰得以展现，结合本书的研究，最明显的莫过于服饰的等级特点、身份特点和性别特点所反映出来的人们等级、身份方面的差

---

①〔美〕爱德华·霍尔：《无声的语言》，纽约州花园城Doubleday & Company，1959年。转引自〔美〕玛里琳·霍恩著，乐竟泓、杨治良等译：《服饰——人的第二皮肤》，上海人民出版社，1991年，第233页。

②　顾颉刚：《古史辨》第一卷，上海古籍出版社，1982年，第123页。

③　陈华文：《“断发文身”——一种古老的成人礼俗及其标志的遗存》，《民族研究》1994年第1期。

④〔德〕格罗塞著，蔡慕晖译：《艺术的起源》，商务印书馆，2008年，第53页。

异和性别特征。在汉服传统中，我们经常可以看到类似长袖、绕襟曲裾、华袂、鱼尾下摆这样的服装款式，研究表明，具有类似款式的服装一般为舞女穿着，因此，这些服饰特点可以理解为舞女身份的象征。西南滇地服饰文化中，贵族对襟服的衣缘、背后正中、袖筒上都有规整的雷纹装饰条带，其他平民服饰上则不见装饰；西北西域服饰文化中，贵族所着上衣、裤子的质料上乘，式样讲究、装饰丰富、搭配完整齐备，一般平民服饰则仅着单层素布服，有些衣物还打有补丁，有的甚至是赤裸上身。据此，可以将这些纹饰装饰理解为等级的象征。汉服传统中，女性多数结髻、着裙，男性则多戴冠、穿裤；西南地区的女性普遍发髻较低、短衣、短裙，男性则发髻较高、头缠帕巾、短衣、短裤。这样的服饰组合和服饰搭配则可以理解为性别象征。又如，东汉明帝的服制改革，将服饰与国家祭祀相结合，深衣制由先秦时期的常服成为汉代的礼服，这种由常入礼的转变体现出服饰的制度化，可见服饰又是政治属性和意识形态的深刻体现。

通过服饰表现人的等级身份以及社会秩序等在很多服饰文化传统中都可以见到，具有“共性模式”。所谓的“共性模式”是指“在一系列特定社会和生态环境中演进的服饰行为所具有的共同的反映模式”[①]。由此可见，服饰的象征意义具有共通性和普遍性。凡此种种，服饰在表达人类情感、传达人类精神世界方面的优势可见一斑。

综上所述，在服饰的产生和发展过程中，自然环境、社会经济形态、生产技术、思想意识、审美观念、宗教信仰等均对服饰产生过不同程度的影响；同时，这些方面的很多特点都在服饰中留下痕迹，并通过服饰的物质形态传达出来。以上的诸多方面既涉及人类社会赖以生存和发展的经济基础，也涉及在此基础上建立的上层建筑，它们共同指示了人类社会的发展水平。以此来看，服饰文化与社会发展水平也存在一定联系，服饰在某种程度上可以反映出一个社会的发展水平，这是我们在研究中得到的第二个启示。

通过上述分析，我们可就服饰文化与人类社会发展阶段的关系得出如下认识。其一，服饰与人类及人类社会密切相关。其二，服饰本身是人类社会的产物，其发展也受到了来自人类及人类社会的影响和制约。其三，服饰具有辨别和标识功能，服饰文化可以反映人类社会发展的特点和发展水平。具体表现为，通过服饰文化自身的发展和服饰文化格局反映出人类

---

① 〔美〕玛里琳·霍恩著，乐竟泓、杨治良等译：《服饰——人的第二皮肤》，上海人民出版社，1991年，第16页。

社会不同发展阶段的文化格局和演进态势；通过服饰自身的物质形态和象征意义，反映出人类社会的发展水平。其四，具有标识作用的服饰及服饰文化，既可以反映不同文化的差异，也可以反映不同文化的共性。

二、服饰文化变迁与社会变革的关系

东周秦汉服饰面貌的发展进程传达给我们：服饰文化始终处于不断的变化和发展中。这种变化不仅包括服饰的款式、质料、搭配、组合等物质形态方面的变化，也包括服饰穿着行为和穿着观念的变化，还包括服饰加工工艺和生产技术的变化。这些方面的变化以不同的方式和速度行进、发展，最终导致了整个服饰文化格局的变化。从某种意义上说，服饰个体以及服饰整体的变迁都与当时的历史背景和社会文化直接相关。

研究表明，东周秦汉服饰经历了两次较大规模的发展变迁。第一次变迁发生在战国秦汉之际，在这一阶段，东周时期的二元服饰文化格局已逐渐被打破，“发髻右衽”在吸收了“被发左衽”服饰传统的若干特点后，呈现出全新的服饰面貌。一方面，服饰传统内的多样性特点逐渐减少，统一性逐渐加强；另一方面，有着统一服饰面貌的服饰传统，其地域分布进一步扩展。新的服饰传统“汉服”在这一时期初具雏形。结合这一时期的历史背景看，战国晚期至秦汉初期正处于我国第三次社会变革的尾声阶段①。在这一阶段中，大规模的兼并战争愈演愈烈，战争不仅带来了政治格局的巨变，也带来了日益频繁的政治文化交流。秦王朝的统一大业更在形式上加强了地域之间的交流和联系。东周时期多样的服饰体系能够在这一时期迅速融合并形成全新的面貌就是在这样的历史推动作用下完成的。

在这一次服饰变迁中，交领式上衣的领部特征变化较明显。东周时期的交领式上衣主要有斜直交领、曲尺形交领、圆形交领几种形态，秦汉以后，基本固定为斜直交领，并且多为右衽。我们知道，领式的差异是东周时期发髻右衽服饰传统中不同服饰体系间的主要款式差别，而斜直交领又是楚式系统服饰的主要款式特点，也是汉服传统中的上衣领式特点。在第三次社会变革中，秦文化和楚文化均实现了较大规模的扩张，而楚文化在文化上的扩张又更胜一筹。有研究表明，春秋战国时期，楚国先后向北、南、东三个方向进行扩张，楚文化延伸至楚地以外的很多地区。至战国晚期，楚国北方的周朝封国、楚国南方的各方部族以及长江下游地区，都

---

① 白云翔：《中国古代社会发展阶段论纲》，《东方考古》（第1集），第296页。

被囊括于“楚文化”的势力范围内[①]。在这样的历史背景下，东周时期的“楚式系统”服饰也得以在其他地区流行开来，例如，战国晚期，吴越地区出现了具有楚式风格的服饰面貌，替代了原有的“断发文身”的服饰风格。西汉早期，南边的楚服系统保留了东周时期楚式系统服饰的大部分特点；北边汉服系统也吸收了楚式系统的很多服饰元素。由此可见，楚式服饰的发展变迁轨迹与楚文化的扩张道路是两相吻合的。可以看到，楚文化的政治扩张和文化拓展为服饰的变迁带来了新的契机。

第二次变迁发生在西汉中期以后至东汉晚期的300多年时间里。在这一历史进程中，汉服传统最终形成并不断巩固发展。汉服传统的发展变迁主要体现在其外在形态不断趋于稳定、分布范围不断扩展。西汉中期，随着汉武帝对西南地区的开发与经营，当地独特的服饰面貌进入到汉王朝的视野，西汉晚期以后，这样独特的服饰面貌已难以见到。当然，这一现象很可能受到了发掘材料的限制。但是，西域地区服饰面貌的变迁则明显受到了来自政治联系和文化交流的影响，在这一影响下，西域地区的服饰传统中融入了较多的来自中原汉服传统的特点，在服饰的款式、质料、搭配方面都发生了明显的变化。这一段历史表明，政治联系、经济文化交流等因素对汉服的推动作用是显而易见的。

东周秦汉时期的两次服饰变迁充分显示出政治历史变迁对服饰文化产生的深刻影响，这种影响主要体现在服饰文化的交流，以及在此基础上形成的服饰面貌的改变。当然，我们还需要意识到，服饰文化的发展变迁并不仅仅限于政治因素的影响。服饰是社会发展的产物，是自然环境和社会文化共同作用的结果。就社会而言，“技术、政治、社会和经济的发展都会对相应的文化产生持久的影响，这种变化明显地可以从人们的穿着上反映出来”[②]。因此，社会变革带来的生产力的提高、生产技术的进步、意识形态的变化都会不同程度地对服饰产生影响，推动服饰文化的变革和发展。以服装质料为例，西汉时期的服装质料以丝织品和麻织品为大宗，常见的种类也见于东周时期，但这一时期丝织品和麻织品的组织结构更为致密、组织变化更为多样，以此为基础产生的质料种类也就更为多样。对此，衣物疏资料中相关的服饰名称也有较多反映，如“鲜支”“毋尊”“冰”“练”等名称的出现，反映出当时质料的改进，这种进步当是

① 李学勤：《东周与秦代文明》，上海人民出版社，2014年，第11页。

② 〔美〕玛里琳·霍恩著，乐竟泓、杨治良等译：《服饰——人的第二皮肤》，上海人民出版社，1991年，第32页。

织造工具不断改进、织造技术不断进步的结果。又如，西汉时期出现的印花敷彩纱和泥金银印花纱说明了当时印染技术取得的杰出成就，印染技术的出现推动了服装质料的多样化发展。此外，意识形态一定程度上也会对服饰发生作用，引发服饰的变革，最典型的莫过于汉明帝在服饰上的复礼改制。从古今中外服饰文化的发展长河来看，由意识形态引发的服饰变革也屡见不鲜。魏晋时期，受当时清谈之风和玄学义理的影响，服饰形态发生了显著变化，士族、文人普遍崇尚褒衣博带式的宽肥上衣。辛亥革命以后，在民主、平等观念深入人心的背景下，进步人士剪掉了长辫、脱掉了马褂，开始着西式服装。欧洲中世纪的拜占庭时代，受基督教精神的影响，人们怀揣着对上帝的向往和追求上帝光照的心情，将服饰装扮的异常华丽，来表现服饰在这种光芒映照下的景象①。凡此种种，说明了意识形态会在某种程度上改变服饰的风格，这种现象在服饰发展史上并不是孤例。

通过上文的分析，我们看到在特定的群体和时代中，各种文化因素对服饰各种元素产生的影响，进而引发的服饰整体的变化。由此我们知道，生产力变革、社会关系的变革、精神世界的变革都是服饰文化变迁的主要动因。但就东周秦汉服饰文化的变迁模式来看，这些动因在推动服饰变革的过程中所起的作用是不完全对等的。诚如文中所述，汉服在形成过程中，东周时期各种服饰元素的交汇融合很大程度上得益于政治变革带来的文化交融，汉服稳定的外在形态的形成同样也得益于地理上的统一和经济文化政策的统一。汉服在稳定发展过程中能够在边远地区迅速传播也主要借助于稳定统一的政治结构、汉王朝政治势力的延伸以及汉文化对当地的冲击和影响。从这些方面来看，政治变革以及由此带来的文化交流和社会变革对服饰文化变迁的推动作用是巨大而彻底的。相对而言，生产力进步带来的技术进步以及思想观念变化对服饰产生的影响作用就不那么明显了。此外，我们还应该看到，不同社会文化元素对服饰发生作用的方面不尽相同。一般而言，生产技术变革会影响到服装质料以及纹饰、色彩方面的变化；而思想观念的变化会带来服饰外在形态以及色彩等元素的变化；政治变革和文化交流一般会引发多重服饰元素的变化。无论哪种变化，都主要通过服饰的物质形态反映出来。服饰的物质形态是服饰文化的载体，它的风格、款式、质料、色彩、纹饰等元素是服饰传达给我们的第一映

① 〔日〕板仓寿郎著，李今山译：《服饰美学》，上海人民出版社，1986年，第96～105页。

像。因此，服饰的物质形态如同服饰文化的指示器，它既可以指示服饰文化变迁的状况，也可以指示服饰文化变迁的程度。在一个服饰传统中，服饰开始发生变化主要通过服饰物质形态的变化得以反映，同样的，服饰传统发生改变也是通过服饰物质形态的变化程度得以反映。这种认识也正是东周秦汉服饰的考古学研究得以展开的基础。

谈到服饰传统，这里拟就服饰传统的变迁与社会变革的关系补充一点认识。服饰传统不仅关乎服饰的物质形态，也关乎服饰背后的穿着行为和人们的思想观念。因此，服饰传统作为一个群体性的服饰文化，有着相对稳定的内部结构，这样一个复杂的文化事物，其产生和变迁均不可能是在一朝一夕间完成的。以汉服传统的形成为例，秦至西汉早期，统一的中央集权国家已经建立，在这一时期，服饰面貌相较于东周时期有了很大改观，主要体现在不同地域内的服饰差异逐渐减小、服饰体系逐渐较少。同时，“汉服”一词也已出现并有了相对应的服饰形态，但与西汉中期相比，西汉早期的“汉服”，其分布范围仍然相对狭小、地域性特点仍然存在，真正意义上的汉服传统仍未建立。因此，汉服的形成时间实际上滞后于社会变革的时间。又如，东汉晚期至魏晋时期，西域地区服饰传统中已经出现很强烈的中原服饰文化的元素，但文献记载显示，西汉中期，中原与西域地区就已经开始发生联系。由此可见，服饰文化变迁的步伐并不与社会变革的步伐相一致，经常表现出一种滞后现象，这种现象归因于服饰传统自身的一些特点。以东周秦汉服饰的发展进程为例，东周时期与秦汉时期的服饰虽然呈现出完全不同的服饰面貌，但两者之间实际上存在有前后相继、一脉相承的联系。汉服传统不仅吸收了发髻右衽服饰传统中的诸多元素，还一定程度上吸取了被发左衽服饰传统中的一些元素。具体表现为，发髻右衽服饰传统中交领右衽、上下连体、被体深邃、发髻发型等基本特征，被发左衽服饰传统中的靴、郭洛带、低髻发型等。史实表明，服饰传统具有较强的稳定性与传承性，相对于服饰个体的变化，服饰传统的整体变迁是相对缓慢的过程。从另一个层面来说，服饰传统植根于文化传统，是一个文化传统中根深蒂固的部分，因此，服饰传统的改变一定程度上意味着整个文化结构的改变和文化观念的改变。

通过以上分析，我们对服饰文化变迁和社会变革的关系问题得出以下初步认识：服饰文化变迁是社会变革的结果，社会变革是服饰文化变迁的动力。社会变革并不是单纯的社会结构的整合与重组，而是包括了生产力提高带来的经济结构的变化、生产关系的变化以及上层建筑的变化。这些变化都会引发服饰文化不同元素的改变，进而推动服饰文化变迁。同时需要注意到，服饰文化变迁的动因虽是多重的，但就东周秦汉服饰发展变迁的历史来看，由政治影响引发的社会变革更为直接和敏感。此外，服饰传统作为一个文化传统中相对稳定的部分，具有很强的延续性与传承性，与服饰个体的改变相比，服饰传统的整体变革则是相对缓慢和滞后的。反之，如果一个服饰传统能够接受来自其他服饰传统的影响而发生改变，一定程度上可以揭示出文化变迁的彻底和深入。

第二节　服饰考古学研究的探索与展望

作为人类社会发展的产物以及人类生活的基本内容之一，服饰所揭示的不仅是古代社会的物质文明成果，同样是有关古代社会精神文明和政治文明的成果，对古代社会生活的研究意义重大[①]。因此，对古代服饰的系统研究有着重要的研究价值和良好的发展前景。

本书的研究实践表明，考古学在服饰研究领域具有独特的优势，以考古学为基础的古代服饰研究将是未来中国古代服饰研究的主要方向。然而，面对考古发现的大量物质文化遗存，服饰考古材料的价值仍未得到充分的发掘和利用；服饰考古的研究方法尚处于摸索和起步阶段。因此，就服饰的考古学研究特点、服饰的考古研究路径以及有待进一步研究的问题展开探讨仍是很有必要的。

一、服饰史研究与服饰的考古学研究的关系问题

东周秦汉服饰的考古学研究是立足于考古发现和考古学方法的专题性研究。与以往的服饰史研究相比，本项研究的突出特点在于从考古材料出发、运用考古学方法揭示古代服饰的基本面貌和发展轨迹、阐释古代服饰的相关问题。从学科归属来看，服饰的考古学研究是属于考古学的，但在研究内容方面又与服饰史研究有着密切联系。因此，有关服饰史与服饰考古的关系问题值得进一步思考。

目前，服饰史研究已经取得了较为丰硕的成果。结合这些研究实践，服饰史研究的基本特点是从文献史料出发，利用传统历史学方法构建古代服饰的基本面貌，属于狭义的历史学研究，即文献史学。服饰的考古

---

① 有关“物质文明研究”“精神文明研究”“政治文明研究”的阐述，详见刘庆柱、白云翔：《中国考古学·秦汉卷》绪论，中国社会科学出版社，2010年，第23～31页。

学研究则是从考古资料出发，运用考古学的基本理论方法构建古代服饰的基本面貌，属于考古学研究。因此，服饰史研究与服饰的考古学研究的关系从根本上说就是文献史学与考古学的关系。正如《中国大百科全书·考古学》在开篇指出的那样，“考古学和历史学是历史科学的两个主要的组成部分，犹如车的两轮，不可偏废”，它们“都是‘时间’的科学，都以研究人类古代社会历史为目标”[①]。由此看来，服饰史研究与服饰的考古学研究也是广义的服饰史研究的两个重要组成部分，它们都以复原古代服饰的基本面貌为主要目标，具有相同的价值取向。

然而，服饰史研究与服饰的考古学研究虽关系密切，但又是各自独立的。它们不仅在研究材料和研究方法上有所不同，在此基础上能够阐释的现象和解决的问题也不完全相同。这种情况是由研究材料的特点所决定的。本书服饰研究简史部分曾经提到，古代文献尤其是传世文献是传统服饰史研究的主要材料，古代文献可以提供给我们有关古代服饰名称、服饰制度方面的信息；而考古出土实物则是服饰的考古学研究的主要材料，这部分材料包括服饰实物、发掘品反映的人物形象以及出土文献材料等，可以提供给我们有关服饰形态、服装质料、服装纹饰与色彩方面的信息。可以看到，两种材料所揭示的内容各有侧重，因此，在此基础上形成的两种路径的研究也各具优势。我们强调，古代服饰研究的最终目标是要科学展示古代服饰的基本面貌，复原古代社会生活的历史图景，探索古代服饰的发展规律。因此，作为中国古代服饰研究的两条主要道路，服饰史研究和服饰的考古学研究如能够发挥各自优势、取长补短、相互结合，必将推动中国古代服饰研究不断向纵深发展。

作为服饰的考古学研究，其学科性质决定了它在未来的发展道路上，不仅要充分借鉴服饰史研究的成果，研究古代服饰的相关问题，还要关注与考古学自身的结合问题，这种结合不仅包括如何运用和阐释考古资料、如何将不同的考古学方法应用于研究实践，还包括如何将研究成果服务于考古学研究。我们知道，考古学的学科任务决定了未来考古学的发展方向是，不仅要继续深入物质文明研究，还要强化精神文明的物化研究和政治文明研究。而作为考古学研究的基本领域之一，服饰研究与以上几方面的研究都有密切联系。正如前文反复提到的，服饰自身不仅具有固定的物化形态，更重要的是它有着很强的象征性，承载着更加丰富的文化内

① 夏鼐、王仲殊：《中国大百科全书·考古学》卷首《考古学》，中国大百科全书出版社，1986年，第2、3页。

涵。作为社会发展的产物，一个社会的意识形态和社会制度都会在服饰中留下痕迹，而这两个方面正是精神文明和政治文明的核心所在。因此，服饰在揭示古代精神文明和政治文明方面具有独特优势，古代服饰的研究成果必将有益于考古学的可持续发展。

基于以上的认识，服饰的考古学研究在未来的发展趋势可以总结为：立足于考古学但又不局限于考古学。服饰的考古学研究一方面强调从考古材料出发，运用考古学方法分析和解读材料；另一方面强调在研究视野上的扩展，提倡用文化视角和史学眼光看待和分析问题。始终将考古学的基本任务和历史科学的最高目标作为服饰考古学研究的发展方向。

二、服饰考古材料的科学性与局限性问题

考古材料是考古学研究的基础和起点，服饰的考古学研究也不例外。与其他考古材料一样，服饰考古材料既有文献史料无可比拟的优势，也存在自身的局限性。面对材料的这些特点，服饰的考古学研究更应强调如何科学利用这部分材料，充分发挥材料的价值。

考古学是实物的科学，研究对象来自于古代人类遗留下来的物质遗存。作为服饰遗存，这部分材料能够直接展现出来的就是有关服饰物质形态方面的内容。而作为服饰本身，物质性恰是服饰的第一特性，是其他特性的载体和前提。因此，与传统文献史料相比，考古实物呈现出来的服饰形态更加形象、直观。考古学还是时间的科学，诚然，文献史学也涉及时间和年代，但考古学对材料年代的关注超过了任何一门社会科学。正如《中国大百科全书·考古学》总结的那样，判别遗迹和遗物的年代是整理考古材料最基本的一环，不仅有着严格的断代方法，还有着先进的断代技术；既有相对年代，也有绝对年代[①]。我们知道，确定遗存的年代是进行古代服饰研究的前提。因此，与传统文献史料相比，服饰考古材料的来源更加可靠、年代更为准确。

当然，需要承认的是，考古材料自身还存在一定的局限性。正如绪论中提到的，与服饰相关的考古材料，其来源是相当广泛的，既有直接材料，也有间接材料，材料的价值也不完全对等。因此，与其他专题研究的材料相比，服饰考古材料的来源是相对分散的。此外，服饰考古材料对保存条件要求较高，能够完整存留的服饰材料并不在多数，尤其是保留下来

---

① 夏鼐、王仲殊：《中国大百科全书·考古学》卷首《考古学》，中国大百科全书出版社，1986年，第13～15页。

的服饰实物更是十分稀少，俑类、壁画等材料的保存状况也并不理想。因此，受埋藏环境的制约，服饰考古材料在分布上并不均衡，在时段和空间上都存在很大缺环，这一问题在早期服饰研究中表现得更为突出。还应注意要，服饰考古材料呈现出来的最直接的信息就是服饰的物质形态，这对服饰物质层面的研究当然很有帮助，但与此同时，我们不能忽略服饰作为精神载体的重要特性。“所有的考古学资料表现了人类的思想和目的，从而显示出它的价值”①，服饰考古材料更是如此。服饰是意识形态、审美观念、政治制度的物质呈现，服饰可以表现相关方面的内容，但不是全部。同时需要看到，服饰对精神世界的呈现是间接的，中间还存在一个分析、解读的必要环节，而这个环节是单凭考古材料自身难以完成的。

鉴于服饰考古材料的这些特点，在服饰研究中就要有意识地发挥考古材料的优势，克服考古材料的局限，这一过程就是对服饰考古材料的科学收集、整理和分析的过程，通过这一过程体现服饰考古材料的价值。首先，强调材料的完整性和系统性，要尽可能全面地收集与提取与服饰相关的信息。我们知道，服饰的考古学研究的突出特点之一就是建立在对服饰考古材料的全面占有和系统梳理上，这也是与传统服饰史研究的主要区别。当然，传统的服饰史研究也经常会用到考古材料，但这些考古材料多数仍是作为补充材料出现的，研究的立论依据往往还是来自文献史料。需要补充说明的是，这里的“全面”和“完整”是一个相对概念，随着考古发现的不断积累，研究者需要不断更新自己的知识储备。其次，在材料收集过程中，应关注与服饰材料具有共存关系的其他考古学信息，这些信息包括出土地点、出土位置、共存器物等，对此，柴尔德曾指出：“考古学家希望解读的遗物如果要具有意义，就必须发现于一定的相关背景中。”②强调服饰材料的“背景”，不仅是体现考古学科学本质的重要方面，更重要的是为我们了解服饰的年代、性质等方面的情况奠定了基础。再次，材料的梳理需结合研究的目标。通过上述分析我们知道，分散性和不均衡性是服饰考古材料的特点之一，对材料进行有效的梳理或可一定程度上克服类似的局限。对材料的梳理一方面需要筛选和鉴别材料的来源，了解材料的特点及其可能解决的问题；另一方面则需要对服饰考古材料的

① 〔英〕戈登·柴尔德著，安志敏、安家瑗译：《考古学导论》，上海三联书店，2008年，第4、5页。

② 〔英〕戈登·柴尔德著，安志敏、安家瑗译：《考古学导论》，上海三联书店，2008年，第4、5页。

进行有效的分类。我们知道，类型学是考古学的基本方法之一，分类的标准可以有很多，年代的、地域的、形态的、功能的都可以成为材料的归类标准，但看似机械的分类实际上蕴藏着不同的研究角度，不同的分类标准可以指向不同的研究结论。因此，在研究中怀揣课题意识并在此指导下进行科学分类，可以有效避免服饰考古材料的不足。最后，在材料分析中强调服饰考古材料与其他材料的结合。服饰的考古学研究在服饰的物质形态研究方面独具优势，但从研究的目标来看，最终还是要通过对服饰物质形态的研究，去了解古代人类的穿着行为和服饰文化，而有关后者的记载在古代文献中屡见不鲜。因此，这种研究取向既克服了服饰考古材料的不足，同时又符合服饰的考古学研究的目标。

三、本项研究的不足及有待开展的课题

在过去几十年中，中国古代服饰研究已经取得了丰硕的成果，这些成果是与服饰的考古发现分不开的。但是从严格意义上说，完全从考古材料出发、运用考古学方法开展的服饰的考古学研究在目前尚处于起步阶段。本项研究是这个领域开展的一次尝试性的研究实践，实践表明，服饰的考古学研究具有必要性和可行性，并且有着巨大的发展潜力，必将在未来的中国古代服饰研究中发挥重要作用。此外，本项研究也存在有诸多不足，有些是由于时间紧迫，笔者知识结构有限、积累不足、思考不够深入等方面的原因未能关注到的；另外一些则是囿于当前考古材料的局限而不能深入展开的。但是我们应该相信，通过这次研究实践收获一点认识、发现研究不足并就未来服饰考古有待开展的课题进行相关思考，对服饰的考古学研究持久深入的展开将不无裨益。

第一，继续深入服饰名物的对证研究。服饰名物的对证研究是有关服饰物质形态研究的基础研究之一，传统的服饰研究对此多有关注并取得了令人瞩目的研究成果，具有一定的研究基础。传统文献材料中记载了大量的服饰名称及相关信息，而考古材料又展示给我们大量服饰的形态特征，这两方面的特点决定了服饰名物之间的联系和对证将是我们认识服饰的基础和关键。本书通过考古材料的梳理并结合文献记载提出的"'深衣'具有'深衣之形'和'深衣之制'两个层面的内容"这一认识，对深入理解东周服饰形态以及东周至秦汉服饰传承性的特点都具有重要意义。此外，对文献记载的"袍""襌衣""襜褕"等服饰名词的认识则是基于出土文献和考古实物的结合，这一认识为理解服饰的穿着方式和搭配问题提供了线索。当然，由于笔者文献功底不足以及出土文献资料有限，有些认识可

能有待补正。但这也正给我们以一个启示，即在未来的服饰研究中，要加强服饰考古材料和文献材料的有机联系，尤其是注意借鉴出土文献材料的研究成果。但遗憾的是，出土文献材料虽已有不少发现，但与之相关的释读工作仍然开展的相对薄弱，类似局面亟待改善。

第二，关注服饰文化的考古学研究。本书研究主要围绕服饰种类、款式、质料、纹饰、色彩等方面进行综合研究，初步勾勒出东周秦汉服饰的基本面貌。总体而言，对服饰物质形态的研究较充分，而对服饰象征意义的研究较薄弱；在服饰的物质形态研究中，对服饰的种类、款式等方面关注较多，而对服饰质料及其纹饰、色彩关注不够。这种研究特点与服饰考古材料的局限性以及时间精力都有很大关系，在未来研究中需要进一步关注并予以改进。从目前的研究实践来看，对服饰的分型研究是基于对一个时代服饰的共性特征的分类，而事实上，服饰涉及的层面很多。我们知道，生态环境、技术水平、穿着场合、宗教观念等种种因素都会对服饰产生影响，并在服饰形态中留下一些痕迹，可见服饰的个性差异很大。宾福德曾经提到："生活习俗在一个文化的不同部分有很大差异，即一个文化中的不同'系统'之间应该有相当大的不同。"[①]因此，基于服饰的这些个性特点进行服饰文化的综合研究将是未来服饰研究的大方向。作为服饰的考古学研究，一方面，可以结合文献史料，关注服饰与社会制度、意识形态方面的联系，强化服饰的精神层面的研究。另一方面，可以结合目前大量的纺织品发现，分析服装质料的技术条件，开展服饰技术层面的研究。

第三，加强早期服饰的考古学研究和秦汉以后服饰的考古学研究。可以看到，服饰通史性质的研究已经取得了众多研究成果，但作为服饰的考古学研究，成果凤毛麟角，整体略显薄弱。尤其是对早期服饰的考古学研究目前仍是一片空白。虽然服饰史研究中史前服饰这一部分基本借用了考古材料，但这些材料是孤立和零散的，能够说明的问题十分有限。我们知道，服饰曾伴随人类走过了漫长的岁月，在今天仍然是人类生活的基本内容之一。因此，厘清古代服饰的发展脉络、探索服饰发展规律以及服饰与人类的关系仍是未来古代服饰研究的重大课题。而这一课题的完成有赖于不同历史阶段服饰考古学的研究成果和研究经验，需要分阶段、分步骤的

---

① Binford, Z. R., Archaeology as Anthropology. *American Antiquity*, 1962, 28, pp. 217-225. 转引自张光直：《考古学专题六讲》（增订本），生活·读书·新知三联书店，2010年，第71页。

进行。史前时期相关的服饰材料虽然相对稀少，但史前社会的服饰考古学研究对探讨服饰起源问题具有重要意义，因此，对这一时期的服饰考古应予以关注并进行尝试性研究。秦汉以后，服饰材料相对丰富，具有较好的研究条件，在此基础上进行历史时期服饰的考古学研究对探索服饰演进规律、服饰制度变革、服饰文化等问题意义重大。因此，应尽快展开相关方面的研究工作。

参考文献

一、考古报告和简报（按中华人民共和国省级行政区域排序）

[1] 大葆台汉墓发掘组、中国社会科学院考古研究所：《北京大葆台汉墓》，文物出版社，1989年。

[2] 北京市文物研究所：《房山南正遗址——拒马河流域战国以降时期遗址发掘报告》，科学出版社，2008年。

[3] 北京市文物研究所：《岩上墓葬区考古发掘报告》，《北京段考古发掘报告集》，科学出版社，2008年。

[4] 北京市文物研究所：《北京亦庄考古发掘报告（2003～2005年）》，科学出版社，2009年。

[5] 北京历史博物馆、河北省文化管理委员会：《望都汉墓壁画》，中国古典艺术出版社，1955年。

[6] 河北省文化局文物工作队：《望都二号汉墓》，文物出版社，1959年。

[7] 中国社会科学院考古研究所、河北省文物管理处：《满城汉墓发掘报告》，文物出版社，1980年。

[8] 河北省文物研究所：《安平东汉壁画墓》，文物出版社，1990年。

[9] 河北省文物研究所：《𠼝墓——战国中山国国王之墓》，文物出版社，1996年。

[10] 河北省文物研究所：《燕下都》，文物出版社，1996年。

[11] 河北省文物研究所：《战国中山国灵寿城——1975～1993年考古发掘报告》，文物出版社，2005年。

[12] 山西省考古研究所：《侯马铸铜遗址》，文物出版社，1993年。

[13] 北京大学考古学系、山西省考古研究所：《天马—曲村遗址北赵晋侯墓地第二次发掘》，《文物》1994年第1期。

[14] 山西省考古研究所、北京大学考古学系：《天马—曲村遗址北赵晋侯墓地第三次发掘》，《文物》1994年第8期。

[15] 山西省考古研究所、北京大学考古学系：《天马—曲村遗址北赵

晋侯墓地第四次发掘》，《文物》1994年第8期。
[16] 山西省考古研究所侯马工作站：《山西侯马西高东周祭祀遗址》，《文物》2003年第8期。
[17] 山西省考古研究所、山西博物院、长治市博物馆：《长治分水岭东周墓地》，文物出版社，2010年。
[18] 山西省考古研究所大河口墓地联合考古队：《山西翼城县大河口西周墓地》，《考古》2011年第7期。
[19] 山西省考古研究所、临汾市文物局、翼城县文物旅游局联合考古队、山西大学北方考古研究中心：《山西翼城大河口西周墓地1017号墓发掘》，《考古学报》2018年第1期。
[20] 山西省考古研究院、临汾市文物局、翼城县文物旅游局联合考古队、山西大学北方考古研究中心：《山西翼城大河口西周墓地一号墓发掘》，《考古学报》2020年第2期。
[21] 内蒙古自治区博物馆文物工作队：《和林格尔汉墓壁画》，文物出版社，1978年。
[22] 内蒙古自治区文物工作队田广金、郭素新：《鄂尔多斯式青铜器》，文物出版社，1986年。
[23] 魏坚：《内蒙古中南部汉代墓葬》，中国大百科全书出版社，1998年。
[24] 李文信：《辽阳发现的三座壁画古墓》，《文物参考资料》1955年第5期。
[25] 东北博物馆：《辽阳三道壕两座壁画墓的清理工作简报》，《文物参考资料》1955年第12期。
[26] 王增新：《辽阳市棒台子二号壁画墓》，《考古》1960年第1期。
[27] 王增新：《辽宁辽阳县南雪梅村壁画墓及石墓》，《考古》1960年第1期。
[28] 辽阳市文物管理所：《辽阳发现三座壁画墓》，《考古》1980年第1期。
[29] 南京博物院：《江苏连云港市海州网疃庄汉木椁墓》，《考古》1963年第6期。
[30] 南京博物院：《铜山小龟山西汉崖洞墓》，《文物》1973年第4期。
[31] 南京博物院、连云港市博物馆：《海州西汉霍贺墓清理简报》，

《考古》1974年第3期。
[32] 南波：《江苏连云港市海州西汉侍其繇墓》，《考古》1975年第3期。
[33] 扬州博物馆、邗江县文化馆：《扬州邗江县胡场汉墓》，《文物》1980年第3期。
[34] 扬州市博物馆：《扬州西汉“妾莫书”木椁墓》，《文物》1980年第12期。
[35] 南京博物院、铜山县文化馆：《铜山龟山二号西汉崖洞墓》，《考古学报》1985年第1期。
[36] 连云港市博物馆：《连云港市陶湾黄石崖西汉西郭宝墓》，《东南文化》1986年第2期。
[37] 扬州博物馆：《扬州平山养殖场汉墓清理简报》，《文物》1987年第1期。
[38] 扬州博物馆：《江苏仪征胥浦101号西汉墓》，《文物》1987年第1期。
[39] 南京博物院：《江苏仪征烟袋山汉墓》，《考古学报》1987年第4期。
[40] 徐州博物馆：《江苏铜山县李屯西汉墓清理简报》，《考古》1995年第3期。
[41] 周锦屏：《连云港市唐庄高高顶汉墓发掘报告》，《东南文化》1995年第4期。
[42] 连云港市博物馆、东海县博物馆、中国社会科学院简帛研究中心、中国文物研究所：《尹湾汉墓简牍》，中华书局，1997年。
[43] 徐州博物馆：《徐州西汉宛朐侯刘埶墓》，《文物》1997年第2期。
[44] 狮子山楚王陵考古发掘队：《徐州狮子山西汉楚王陵发掘简报》，《文物》1998年第8期。
[45] 苏州博物馆：《真山东周墓地——吴楚贵族墓地的发掘与研究》，文物出版社，1999年。
[46] 徐州博物馆：《徐州东甸子西汉墓》，《文物》1999年第12期。
[47] 徐州博物馆、南京大学历史学系考古专业：《徐州北洞山西汉楚王墓》，文物出版社，2003年。
[48] 徐州博物馆：《江苏徐州市顾山西汉墓》，《考古》2005年第12期。

[49] 淮安市博物馆：《淮阴高庄战国墓》，文物出版社，2009年。
[50] 连云港市博物馆：《江苏连云港海州西汉墓发掘简报》，《文物》2012年第3期。
[51] 南京博物院、盱眙县文广新局：《江苏盱眙县大云山汉墓》，《考古》2012年第7期。
[52] 浙江省文物管理委员会、浙江省文物考古所、绍兴地区文化局、绍兴市文管会：《绍兴306号战国墓发掘简报》，《文物》1984年第1期。
[53] 浙江省文物考古研究所、安吉县博物馆：《浙江安吉五福楚墓》，《文物》2007年第7期。
[54] 安徽省文物考古研究所、巢湖市文物管理所：《巢湖汉墓》，文物出版社，2007年。
[55] 安徽省文物考古研究所、蚌埠市博物馆：《安徽蚌埠市双墩一号春秋墓葬》，《考古》2009年第7期。
[56] 安徽省文物考古研究所、六安市文物管理局：《安徽六安市白鹭洲战国墓M566的发掘》，《考古》2012年第5期。
[57] 安徽省文物考古研究所、蚌埠市博物馆：《钟离君柏墓》，文物出版社，2013年。
[58] 江西省博物馆：《南昌东郊西汉墓》，《考古学报》1976年第2期。
[59] 江西省文物考古研究所、靖安县博物馆：《江西靖安李洲坳东周墓发掘简报》，《文物》2009年第2期。
[60] 江西省文物考古研究所、南昌市博物馆、南昌市新建区博物馆：《南昌市西汉海昏侯墓》，《考古》2016年第7期。
[61] 江西省文物考古研究院、中国社会科学院考古研究所、樟树市博物馆国字山考古队：《江西樟树市国字山战国墓》，《考古》2022年第7期。
[62] 济南市博物馆：《试谈济南无影山出土的西汉乐舞、杂技、宴饮陶俑》，《文物》1972年第5期。
[63] 山东省博物馆：《临淄郎家庄一号东周殉人墓》，《考古学报》1977年第1期。
[64] 临沂金雀山汉墓发掘组：《山东临沂金雀山九号汉墓发掘简报》，《文物》1977年第1期。
[65] 临沂市博物馆：《山东临沂金雀山周氏墓群发掘简报》，《文

物》1984年第11期。
[66] 潍坊市博物馆、五莲县图书馆：《山东五莲张家仲崮汉墓》，《文物》1987年第9期。
[67] 山东省泰安市文物局：《山东泰安康家河村战国墓》，《考古》1988年第1期。
[68] 临沂市博物馆：《临沂的西汉瓮棺、砖棺、石棺墓》，《文物》1988年第10期。
[69] 临沂市博物馆：《山东临沂金雀山九座汉代墓葬》，《文物》1989年第1期。
[70] 山东大学历史系考古专业教研室：《泗水尹家城》，文物出版社，1990年。
[71] 安丘县文化局、安丘县博物馆：《安丘董家庄汉画像石墓》，济南出版社，1992年。
[72] 孙明：《山东曹县江海村发现西汉墓》，《考古》1992年第2期。
[73] 烟台市文物管理委员会：《山东长岛王沟东周墓群》，《考古学报》1993年第1期。
[74] 济青公路文物考古队绣惠分队：《章丘绣惠女郎山一号战国大墓发掘报告》，《济青高级公路章丘工段考古发掘报告集》，齐鲁书社，1993年。
[75] 潍坊市博物馆、昌乐县文管所：《山东昌乐县东圈汉墓》，《考古》1993年第6期。
[76] 山东省文物考古研究所：《山东淄博市临淄区淄河店二号战国墓》，《考古》2000年第10期。
[77] 银雀山汉墓发掘队：《临沂银雀山西汉墓发掘简报》，《文物》2000年第11期。
[78] 淄博市临淄区文化局：《山东淄博市临淄区赵家徐姚战国墓》，《考古》2005年第1期。
[79] 山东省文物考古研究所：《临淄齐墓》（第一集），文物出版社，2007年。
[80] 山东省文物考古研究所、东平县文物管理所：《东平后屯汉代壁画墓》，文物出版社，2010年。
[81] 临淄区文物局：《淄博市临淄区范家南墓地M112、M113的发掘》，《海岱考古》（第七辑），科学出版社，2014年。
[82] 山东省石刻艺术博物馆：《朱鲔石室》，文物出版社，2015年。

[83] 山东省文物考古研究所、临淄区文物管理局：《临淄山王村汉代兵马俑》，文物出版社，2017年。
[84] 山东省文物考古研究院、淄博市临淄区文化局：《临淄齐墓》（第三集），文物出版社，2019年。
[85] 青岛市文物保护考古研究所、黄岛区博物馆：《山东青岛土山屯墓群四号封土与墓葬的发掘》，《考古学报》2019年第3期。
[86] 山东省文物考古研究院、临淄区文物管理局：《山东淄博市临淄区褚家墓地两座战国墓葬的发掘》，《考古》2019年第9期。
[87] 中国科学院考古研究所：《辉县发掘报告》，科学出版社，1956年。
[88] 中国科学院考古研究所：《洛阳烧沟汉墓》，科学出版社，1959年。
[89] 河南省博物馆：《济源泗涧沟三座汉墓的发掘》，《文物》1973年第2期。
[90] 南阳市博物馆：《南阳发现东汉许阿瞿墓志画像石》，《文物》1974年第8期。
[91] 洛阳博物馆：《洛阳涧西七里河东汉墓发掘简报》，《考古》1975年第2期。
[92] 洛阳博物馆：《洛阳西汉卜千秋壁画墓发掘简报》，《文物》1977年第6期。
[93] 河南信阳地区文管会、光山县文管会：《春秋早期黄君孟夫妇墓发掘报告》，《考古》1984年第4期。
[94] 河南省文物研究所：《信阳楚墓》，文物出版社，1986年。
[95] 河南省文物研究所：《密县打虎亭汉墓》，文物出版社，1993年。
[96] 蔡运章、梁晓景、张长森：《洛阳西工131号战国墓》，《文物》1994年第7期。
[97] 洛阳市第二文物工作队：《洛阳苗南新村528号汉墓发掘简报》，《文物》1994年第7期。
[98] 中国社会科学院考古研究所：《陕县东周秦汉墓》，科学出版社，1994年。
[99] 中国社会科学院考古研究所：《杏园东汉墓壁画》，辽宁美术出版社，1995年。
[100] 洛阳市文物工作队：《洛阳北窑西周墓》，文物出版社，1999年。
[101] 河南省文物考古研究所、三门峡市文物工作队：《三门峡虢国墓》，文物出版社，1999年。
[102] 河南省商丘市文物管理委员会、河南省文物考古研究所、河南

省永城市文物管理委员会：《芒砀山西汉梁王墓地》，文物出版社，2001年。
［103］ 洛阳市文物工作队：《洛阳市针织厂东周墓（C1M5269）的清理》，《文物》2001年第12期。
［104］ 洛阳市文物工作队：《洛阳解放路战国陪葬坑发掘报告》，《考古学报》2002年第3期。
［105］ 河南省文物考古研究所、平顶山市文物管理局：《平顶山应国墓地》，大象出版社，2012年。
［106］ 凤凰山一六七号汉墓发掘整理小组：《江陵凤凰山一六七号汉墓发掘简报》，《文物》1976年第10期。
［107］ 《云梦睡虎地秦墓》编写组：《云梦睡虎地秦墓》，文物出版社，1981年。
［108］ 湖北省博物馆：《云梦大坟头一号汉墓》，《文物资料丛刊》（4），文物出版社，1981年。
［109］ 襄阳地区博物馆：《湖北襄阳擂鼓台一号墓发掘简报》，《考古》1982年第2期。
［110］ 湖北省鄂城县博物馆：《鄂城楚墓》，《考古学报》1983年第2期。
［111］ 湖北省荆州地区博物馆：《江陵雨台山楚墓》，文物出版社，1984年。
［112］ 湖北省荆州地区博物馆：《江陵马山一号楚墓》，文物出版社，1985年。
［113］ 荆州地区博物馆：《江陵张家山三座汉墓出土大批竹简》，《文物》1985年第1期。
［114］ 湖北省博物馆：《曾侯乙墓》，文物出版社，1989年。
［115］ 江陵县文物局：《湖北江陵武昌义地楚墓》，《文物》1989年第3期。
［116］ 湖北省荆沙铁路考古队：《包山楚墓》，文物出版社，1991年。
［117］ 湖北省宜昌地区博物馆、北京大学考古系：《当阳赵家湖楚墓》，文物出版社，1992年。
［118］ 湖北省文物考古研究所：《江陵凤凰山一六八号汉墓》，《考古学报》1993年第4期。
［119］ 湖北省文物考古研究所：《江陵九店东周墓》，科学出版社，1995年。

[120] 江陵县博物馆：《江陵枣林铺楚墓发掘简报》，《江汉考古》1995年第1期。
[121] 湖北省文物考古研究所：《江陵望山沙冢楚墓》，文物出版社，1996年。
[122] 湖北省荆门市博物馆：《荆门郭店一号楚墓》，《文物》1997年第7期。
[123] 武汉市新洲县文物管理所、武汉市博物馆：《武汉市新洲技校汉墓发掘简报》，《江汉考古》1998年第3期。
[124] 黄冈市博物馆：《鄂东考古发现与研究》，湖北科学技术出版社，1999年。
[125] 湖北省文物考古研究所：《湖北荆州纪城一、二号楚墓发掘简报》，《文物》1999年第4期。
[126] 湖北省荆州博物馆：《荆州高台秦汉墓——宜黄公路荆州段田野考古报告之一》，科学出版社，2000年。
[127] 黄冈市博物馆、黄州区博物馆：《湖北黄冈两座中型楚墓》，《考古学报》2000年第2期。
[128] 湖北省荆州市周梁玉桥遗址博物馆：《关沮秦汉墓简牍》，中华书局，2001年。
[129] 张家山二四七号汉墓竹简整理小组：《张家山汉墓竹简（二四七号墓）》，文物出版社，2001年。
[130] 湖北省文物考古研究所、随州市文物局：《随州市孔家坡墓地M8发掘简报》，《文物》2001年第9期。
[131] 湖北省荆州博物馆：《荆州天星观二号楚墓》，文物出版社，2003年。
[132] 湖北省文物事业管理局、湖北省三峡工程移民局：《秭归庙坪》，科学出版社，2003年。
[133] 湖北省文物考古研究所、荆门市博物馆、襄荆高速公路考古队：《荆门左冢楚墓》，文物出版社，2006年。
[134] 荆州博物馆：《湖北荆州院墙湾一号楚墓》，《文物》2008年第4期。
[135] 荆州博物馆：《荆州荆南寺》，文物出版社，2009年。
[136] 荆州博物馆：《湖北荆州熊家冢墓地2006—2007年发掘简报》，《文物》2009年第4期。
[137] 湖北省文物局、湖北省南水北调管理局：《沙洋塌冢楚墓》，

科学出版社，2017年。
[138] 武汉大学、湖北省文物考古研究所、宜城市博物馆：《湖北宜城跑马堤东周两汉墓地》，科学出版社，2017年。
[139] 湖北省文物考古研究所、襄阳市文物考古研究所、枣阳市文物考古队：《湖北枣阳九连墩M2发掘简报》，《江汉考古》2018年第6期。
[140] 湖北省文物考古研究所、襄阳市文物考古研究所、枣阳市文物考古队：《湖北枣阳九连墩M1发掘简报》，《江汉考古》2019年第3期。
[141] 中国人民大学历史学院：《2017年湖北随州长堰墓群发掘简报》，《江汉考古》2020年第5期。
[142] 湖北省文物考古研究院、云梦县博物馆：《湖北云梦县郑家湖墓地2021年发掘简报》，《考古》2022年第2期。
[143] 中国科学院考古研究所：《长沙发掘报告》，科学出版社，1957年。
[144] 湖南省文物管理委员会：《长沙左家塘秦代木椁墓清理简报》，《考古》1959年第9期。
[145] 湖南省博物馆：《长沙砂子塘西汉墓发掘简报》，《文物》1963年第2期。
[146] 湖南省博物馆：《湖南常德德山楚墓发掘报告》，《考古》1963年第9期。
[147] 湖南省博物馆、中国科学院考古研究所：《长沙马王堆一号汉墓》，文物出版社，1973年。
[148] 湖南省博物馆：《新发现的长沙战国楚墓帛画》，《文物》1973年第7期。
[149] 湖南省博物馆：《长沙子弹库战国木椁墓》，《文物》1974年第2期。
[150] 湖南省博物馆：《长沙树木岭战国墓阿弥岭西汉墓》，《考古》1984年第9期。
[151] 湖南省博物馆、湖南省文物考古研究所、长沙市博物馆、长沙市文物考古研究所：《长沙楚墓》，文物出版社，2000年。
[152] 湖南省博物馆、湖南省文物考古研究所：《长沙马王堆二、三号汉墓》，文物出版社，2004年。
[153] 益阳市文物管理处、益阳市博物馆：《益阳楚墓》，文物出版

社，2008年。
[154] 长沙市文物考古研究所、长沙简牍博物馆：《湖南长沙望城坡西汉渔阳墓发掘简报》，《文物》2010年第4期。
[155] 广州市文物管理委员会、广州市博物馆：《广州汉墓》，文物出版社，1981年。
[156] 广州市文物管理委员会、中国社会科学院考古研究所、广东省博物馆：《西汉南越王墓》，文物出版社，1991年。
[157] 广州市文物管理委员会：《广州西村凤凰岗西汉墓发掘简报》，《广州文物考古集》，文物出版社，1998年。
[158] 广西壮族自治区博物馆：《广西贵县罗泊湾汉墓》，文物出版社，1988年。
[159] 重庆市文化局、重庆市博物馆：《四川汉代石阙》，文物出版社，1992年。
[160] 重庆市文化局、湖南省文物考古研究所、巫山县文物管理所：《重庆巫山麦沱汉墓群发掘报告》，《考古学报》1999年第2期。
[161] 重庆市文物局、重庆市移民局：《重庆库区考古报告集·1998年卷》，科学出版社，2003年。
[162] 重庆市文物局、重庆市移民局：《重庆库区考古报告集·2000年卷》，科学出版社，2007年。
[163] 重庆市文物局、重庆市移民局：《重庆库区考古报告集·2001年卷》，科学出版社，2008年。
[164] 重庆市文物局、重庆市移民局：《忠县仙人洞与土地岩墓地》，科学出版社，2008年。
[165] 重庆市文物局、重庆市移民局：《丰都官田沟》，科学出版社，2016年。
[166] 重庆市文物局、重庆市移民局：《丰都二仙堡墓地》，科学出版社，2016年。
[167] 重庆市文物局、重庆市移民局：《奉节营盘包墓地》，科学出版社，2016年。
[168] 四川省博物馆：《成都百花潭中学十号墓发掘记》，《文物》1976年第3期。
[169] 四川省博物馆、青川县文化馆：《青川县出土秦更修田律木牍——四川青川县战国墓发掘简报》，《文物》1982年第1期。

[170] 南京博物院：《四川彭山汉代崖墓》，文物出版社，1991年。
[171] 四川省文物考古研究所、绵阳博物馆：《绵阳双包山汉墓》，文物出版社，2006年。
[172] 四川省文物考古研究院、绵阳市博物馆、三台县文物管理所：《三台郪江崖墓》，文物出版社，2007年。
[173] 四川省文物考古研究院、德阳市文物考古研究所、中江县文物保护管理所：《中江塔梁子崖墓》，文物出版社，2008年。
[174] 云南省博物馆：《云南晋宁石寨山古墓群发掘报告》，文物出版社，1959年。
[175] 云南省博物馆：《云南江川李家山古墓群发掘报告》，《考古学报》1975年第2期。
[176] 昆明市文物管理委员会：《呈贡天子庙滇墓》，《考古学报》1985年第4期。
[177] 云南省文物考古研究所、昆明市博物馆、官渡区博物馆：《昆明羊甫头墓地》，科学出版社，2005年。
[178] 云南省文物考古研究所、玉溪市文物管理所、江川县文化局：《江川李家山——第二次发掘报告》，文物出版社，2007年。
[179] 云南省文物考古研究所、昆明市博物馆、晋宁县文物管理所：《晋宁石寨山——第五次发掘报告》，文物出版社，2009年。
[180] 中国科学院考古研究所：《沣西发掘报告》，文物出版社，1963年。
[181] 陕西省文物管理委员会、咸阳市博物馆：《陕西省咸阳市杨家湾出土大批西汉彩绘陶俑》，《文物》1966年第3期。
[182] 王学理、吴镇烽：《西安任家坡汉陵从葬坑的发掘》，《考古》1976年第2期。
[183] 陕西省文管会、博物馆、咸阳市博物馆、杨家湾汉墓发掘小组：《咸阳杨家湾汉墓发掘简报》，《文物》1977年第10期。
[184] 陕西省考古研究所王学理：《汉南陵从葬坑的初步清理——兼谈大熊猫头骨及犀牛骨骼出土的有关问题》，《文物》1981年第11期。
[185] 陕西省考古研究所：《陕西铜川枣庙秦墓发掘简报》，《考古与文物》1986年第2期。
[186] 宝鸡市博物馆：《宝鸡弜国墓地》，文物出版社，1988年。
[187] 陕西省考古研究所、始皇陵秦俑坑考古发掘队：《秦始皇陵兵马

俑坑一号坑发掘报告（1974～1984）》，文物出版社，1988年。
[188] 陕西省考古研究所、西安交通大学：《西安交通大学西汉壁画墓》，西安交通大学出版社，1991年。
[189] 陕西省考古研究所汉陵考古队：《汉景帝阳陵南区从葬坑发掘第一号简报》，《文物》1992年第4期。
[190] 中国社会科学院考古研究所：《汉杜陵陵园遗址》，科学出版社，1993年。
[191] 陕西省考古研究所汉陵考古队：《汉景帝阳陵南区从葬坑发掘第二号简报》，《文物》1994年第6期。
[192] 咸阳市文物考古研究所：《塔儿坡秦墓》，三秦出版社，1998年。
[193] 秦始皇兵马俑博物馆、陕西省考古研究所：《秦始皇陵铜车马发掘报告》，文物出版社，1998年。
[194] 中国社会科学院考古研究所：《张家坡西周墓地》，中国大百科全书出版社，1999年。
[195] 西安市文物保护考古所：《西安龙首原汉墓》，西北大学出版社，1999年。
[196] 陕西省考古研究所阳陵考古队：《汉景帝阳陵考古新发现（1996—1998年）》，《文博》1999年第6期。
[197] 陕西省考古研究所、秦始皇兵马俑博物馆：《秦始皇帝陵园考古报告（1999）》，科学出版社，2000年。
[198] 陕西省考古研究所：《汉阳陵》，重庆出版社，2001年。
[199] 陕西省考古研究所、榆林市文物管理委员会办公室：《神木大保当——汉代城址与墓葬考古报告》，科学出版社，2001年。
[200] 陕西省考古研究所：《西安南郊三爻村汉唐墓葬清理发掘简报》，《考古与文物》2001年第3期。
[201] 美茵兹罗马-日耳曼中央博物馆、陕西省考古研究所：《考古发掘出土的中国东汉墓（邠王墓）壁画》，2002年。
[202] 陕西省考古研究所：《秦都咸阳考古报告》，科学出版社，2004年。
[203] 西安市文物保护考古所：《西安南郊秦墓》，陕西人民出版社，2004年。
[204] 西安市文物保护考古所、郑州大业考古专业：《长安汉墓》，陕西人民出版社，2004年。
[205] 陕西省考古研究所、秦始皇兵马俑博物馆：《秦始皇陵园

K0007陪葬坑发掘简报》，《文物》2005年第6期。
[206] 陕西省考古研究所：《西安北郊秦墓》，三秦出版社，2006年。
[207] 陕西省考古研究所、秦始皇兵马俑博物馆：《秦始皇帝陵园考古报告（2000）》，文物出版社，2006年。
[208] 西安市文物保护考古所：《西安理工大学西汉壁画墓发掘简报》，《文物》2006年第5期。
[209] 陕西省考古研究院、秦始皇兵马俑博物馆：《秦始皇帝陵园考古报告（2001～2003）》，文物出版社，2007年。
[210] 汉阳陵博物馆：《汉阳陵博物馆》，文物出版社，2007年。
[211] 西安市文物保护考古所：《西安东汉墓》，文物出版社，2009年。
[212] 西安市文物保护考古所：《西安曲江翠竹园西汉壁画墓发掘简报》，《文物》2010年第1期。
[213] 陕西省考古研究院、渭南市文物保护考古研究所、韩城市景区管理委员会：《梁带村芮国墓地——2007年度发掘报告》，文物出版社，2010年。
[214] 张仲立、丁岩、朱艳玲：《凤栖原汉墓——西汉大将军的家族墓》，《中国文化遗产》2011年第6期。
[215] 西安市文物保护考古研究院：《西安南郊西汉墓发掘简报》，《文物》2012年第10期。
[216] 陕西省考古研究院：《陕西蓝田支家沟汉墓发掘简报》，《考古与文物》2013年第5期。
[217] 袁仲一：《秦兵马俑的考古发现与研究》，文物出版社，2014年。
[218] 陕西省考古研究院、宝鸡市周原博物馆：《周原汉唐墓》，科学出版社，2014年。
[219] 陕西省考古研究院：《临潼新丰——战国秦汉墓葬考古发掘报告》，科学出版社，2016年。
[220] 秦始皇帝陵博物院：《秦始皇帝陵一号兵马俑陪葬坑发掘报告（2009～2011年）》，文物出版社，2018年。
[221] 陕西省考古研究院、渭南市博物馆、澄城县文化和旅游局：《陕西澄城县刘家洼东周芮国遗址》，《考古》2019年第7期。
[222] 甘肃省博物馆：《甘肃武威磨咀子汉墓发掘》，《考古》1960年第9期。
[223] 甘肃省博物馆：《武威磨咀子三座汉墓发掘简报》，《文物》1972年第12期。

[224] 甘肃省博物馆：《武威雷台汉墓》，《考古学报》1974年第2期。

[225] 甘肃省文物考古研究所：《敦煌马圈湾汉代烽燧遗址发掘报告》，《敦煌汉简》，中华书局，1991年。

[226] 甘肃省文物考古研究所：《甘肃敦煌汉代悬泉置遗址发掘简报》，《文物》2000年第5期。

[227] 甘肃省文物考古研究所、张家川回族自治县博物馆：《2006年度甘肃张家川回族自治县马家塬战国墓地发掘简报》，《文物》2008年第9期。

[228] 黄文弼：《罗布淖尔考古记——中国西北科学考察团丛刊之一》，国立北京大学出版社，1948年。

[229] 黄文弼：《塔里木盆地考古记》，科学出版社，1958年。

[230] 新疆维吾尔自治区博物馆：《新疆民丰县北大沙漠中古遗址墓葬区东汉合葬墓清理简报》，《文物》1960年第6期。

[231] 黄文弼：《新疆考古发掘报告（1957～1958）》，文物出版社，1983年。

[232] 吐鲁番地区文管所：《新疆鄯善苏巴什古墓葬》，《考古》1984年第1期。

[233] 新疆楼兰考古队：《楼兰城郊古墓群发掘简报》，《文物》1988年第7期。

[234] 巴音格楞蒙古自治州文管所：《且末县扎洪鲁克古墓葬1989年清理简报》，《新疆文物》1992年第2期。

[235] 新疆文物考古研究所、吐鲁番地区博物馆：《鄯善县苏贝希墓群三号墓地》，《新疆文物》1994年第2期。

[236] 新疆文物考古研究所：《新疆尉犁县因半古墓调查》，《文物》1994年第10期。

[237] 新疆博物馆文物队：《且末县扎滚鲁克五座墓葬发掘报告》，《新疆文物》1998年第2期。

[238] 新疆博物馆、巴州文管所、且末县文管所：《新疆且末扎滚鲁克一号墓地》，《新疆文物》1998年第4期。

[239] 中日共同尼雅遗迹学术考察队：《中日共同尼雅遗迹学术调查报告书》（第二卷），中村印刷株式会社，1999年。

[240] 新疆文物考古研究所：《新疆尉犁县营盘墓地15号墓发掘简报》，《文物》1999年第1期。

[241] 新疆维吾尔自治区博物馆、新疆文物考古研究所：《中国新疆山普拉——古代于阗文明的揭示与研究》，新疆人民出版社，2001年。
[242] 新疆文物考古研究所：《新疆尉犁县营盘墓地1995年发掘简报》，《文物》2002年第6期。
[243] 新疆文物考古研究所：《新疆尉犁县营盘墓地1999年发掘简报》，《考古》2002年第6期。

二、历史文献（按成书年代排序）

[1] （战国）左丘明撰，（晋）杜预集解：《春秋经传集解》，上海古籍出版社，1997年。
[2] （战国）吕不韦编，（汉）高诱注：《吕氏春秋》，《诸子集成》（五），中华书局，2006年。
[3] （汉）毛亨传，（汉）郑玄笺，（唐）孔颖达疏：《毛诗正义》，《十三经注疏》，中华书局，2009年。
[4] （汉）郑玄注，（唐）贾公彦疏：《仪礼注疏》，《十三经注疏》，中华书局，2009年。
[5] （汉）郑玄注，（唐）贾公彦疏：《周礼注疏》，《十三经注疏》，中华书局，2009年。
[6] （汉）郑玄注，（唐）孔颖达疏：《礼记正义》，《十三经注疏》，中华书局，2009年。
[7] （汉）司马迁：《史记》，中华书局，1959年。
[8] （汉）班固：《汉书》，中华书局，1962年。
[9] （汉）应劭：《汉官仪》，《汉官六种》，中华书局，1990年。
[10] （汉）卫宏：《汉官旧仪》，《汉官六种》，中华书局，1990年。
[11] （汉）王隆撰，（汉）胡广注：《汉官解诂》，《汉官六种》，中华书局，1990年。
[12] （汉）贾谊撰，阎振益、钟夏校注：《新书校注》，《新编诸子集成》，中华书局，2000年。
[13] （汉）董仲舒：《春秋繁露》，中华书局，2011年。
[14] （汉）王充撰，黄晖校释：《论衡校释》，中华书局，1990年。
[15] （汉）许慎撰，（清）段玉裁注：《说文解字注》，上海古籍出版社，1981年。
[16] （汉）刘熙撰，（清）毕沅疏证，（清）王先谦补：《释名疏证

补》，中华书局，2008年。
[17] （汉）史游：《急就篇》，《丛书集成初编》（第1052册），中华书局，1985年。
[18] （汉）刘珍等撰，吴树平校注：《东观汉记校注》，中华书局，2008年。
[19] （汉）傅毅：《舞赋》，《全汉赋》，北京大学出版社，1993年。
[20] （汉）王逸：《楚辞章句》，上海古籍出版社，2017年。
[21] （晋）司马彪：《续汉书》，中华书局，1965年。
[22] （晋）常璩撰，刘琳校注：《华阳国志校注》，巴蜀书社，1984年。
[23] （魏）何晏注，（宋）邢昺疏：《论语注疏》，《十三经注疏》，中华书局，2009年。
[24] （魏）王弼、（晋）韩康伯注，（唐）孔颖达疏：《周易正义》，《十三经注疏》，中华书局，2009年。
[25] （宋）范晔等：《后汉书》，中华书局，1965年。
[26] （北齐）魏收：《魏书》，中华书局，1974年。
[27] （梁）顾野王：《玉篇》，《四部备要·经部》，台湾中华书局，1981年。
[28] （梁）萧统编，（唐）李善注：《文选》，上海古籍出版社，1986年。
[29] （唐）孔颖达疏：《尚书正义》，《十三经注疏》，中华书局，2009年。
[30] （唐）房玄龄等：《晋书》，中华书局，1974年。
[31] （后晋）刘昫等：《旧唐书》，中华书局，1975年。
[32] （宋）李昉等：《太平御览》，中华书局影印本，1960年。
[33] （宋）徐天麟：《西汉会要》，上海古籍出版社，2006年。
[34] （宋）朱熹：《楚辞集注》，上海古籍出版社，1979年。
[35] （宋）朱熹：《家礼》，《朱子全书》（第柒册），上海古籍出版社、安徽教育出版社，2002年。
[36] （清）黄宗羲：《深衣考》，《影印文渊阁四库全书》经部127，台湾商务印书馆，1986年。
[37] （清）江永：《深衣考误》，《清经解》，凤凰出版社，2005年。
[38] （清）江永：《乡党图考》，《清经解》，凤凰出版社，2005年。
[39] （清）任大椿：《深衣释例》，《清经解续编》，凤凰出版社，2005年。

[40] （清）任大椿：《弁服释例》，《清经解》，上海书店，1988年。
[41] （清）钱绎：《方言笺疏》，中华书局，1991年。
[42] （清）王先慎：《韩非子集解》，《诸子集成》（五），中华书局，2006年。
[43] （清）刘宝楠：《论语正义》，《诸子集成》（一），中华书局，2006年。
[44] （清）焦循：《孟子正义》，《诸子集成》（一），中华书局，2006年。
[45] （清）王念孙：《广雅疏证》，江苏古籍出版社，1984年。
[46] （清）黄以周撰，王文锦点校：《礼书通故》，中华书局，2007年。
[47] （清）朱骏声：《说文通训定声》，中华书局，2016年。
[48] 徐元诰撰，王树民、沈长云点校：《国语集解》，中华书局，2002年。

三、研究论著（按作者首字拼音顺序排序）

[1] 阿丽娅·托拉哈孜：《新疆古代刺绣品初探》，《新疆文物》2007年第1期。
[2] 白川静：《金文的世界：殷周社会史》，台湾联经出版公司，1989年。
[3] 白建钢：《论秦俑军队的铠甲》，《考古与文物》1989年第3期。
[4] 白寿彝：《中国通史》（第三卷），上海人民出版社，1994年。
[5] 白云翔：《中国古代社会发展阶段论纲》，《东方考古》（第1集），科学出版社，2004年。
[6] 白云翔：《西王母文化研究集成·图像资料卷》序言，广西师范大学出版社，2009年。
[7] 包铭新：《西域异服——丝绸之路出土古代服饰复原研究》，东华大学出版社，2007年。
[8] 包铭新：《中国染织服饰史图像导读》，东华大学出版社，2010年。
[9] 边策：《试论徐州地区出土的西汉陶俑》，《两汉文化研究》第一辑，文化艺术出版社，1996年。

[10] 蔡革：《浅论西汉前期军队的服饰特征》，《考古与文物》1990年第3期。

[11] 蔡晓黎：《浙江绍兴发现春秋时代青铜鸠杖》，《东南文化》1990年第4期。

[12] 曹彦生：《北方游牧民族的发式传承》，《黑龙江民族丛刊》1995年第1期。

[13] 柴怡：《西安地区汉代人物俑的发现与分析研究》，《文博》2017年第4期。

[14] 柴怡：《西安白鹿原新见汉代陶俑析论》，《考古与文物》2017年第4期。

[15] 陈春辉：《秦俑服饰二札》，《文博》1990年第5期。

[16] 陈春辉：《秦兵俑上衣的一般情况》，《文博》1993年第5期。

[17] 陈高华、徐吉军：《中国服饰通史》，宁波出版社，2002年。

[18] 陈国安：《马王堆汉墓出土木俑的服饰》，《中国古代服饰国际学术会议论文集》，湖北，1991年。

[19] 陈国安：《马王堆一、三号汉墓服饰综述》，《马王堆汉墓研究文集——1992年马王堆汉墓国际学术讨论会论文选》，湖南出版社，1994年。

[20] 陈汉平：《西周册命制度研究》，学林出版社，1986年。

[21] 陈华文：《“断发文身”——一种古老的成人礼俗及其标志的遗存》，《民族研究》1994年第1期。

[22] 陈建明主编、王树金著：《马王堆汉墓服饰研究》，中华书局，2018年。

[23] 陈娟娟：《缂丝》，《故宫博物院院刊》1979年第3期。

[24] 陈梦家：《西周铜器断代·释黄》，《燕京学报》第1期，北京大学出版社，1995年。

[25] 陈维稷：《中国纺织科学技术史（古代部分）》，科学出版社，1984年。

[26] 陈振裕：《云梦西汉墓出土木方初释》，《文物》1973年第9期。

[27] 陈振裕：《楚国车马出行图初论》，《江汉考古》1989年第4期。

[28] 陈振裕：《秦代漆器群研究》，《考古学研究》（六），科学出版社，2006年。

[29] 陈直：《居延汉简研究》，天津古籍出版社，1986年。
[30] 丁岩、张仲立、朱艳玲：《西汉一代重臣——张安世家族墓考古揽胜》，《大众考古》2014年第12期。
[31] 窦磊：《汉晋衣物疏补释五则》，《江汉考古》2013年第2期。
[32] 窦磊：《汉晋衣物疏集校及相关问题考察》，武汉大学博士学位论文，2016年。
[33] 杜勇：《甲骨文所见商代的服饰》，《中原文物》1990年第3期。
[34] 段连勤：《北狄族与中山国》，河北人民出版社，1982年。
[35] 段清波：《秦始皇陵园的地下园林》，《文物天地》2004年第12期。
[36] 逄成华：《北朝“褒衣博带”装束渊源考辨》，《学术交流》2006年第4期。
[37] 冯汉骥：《云南晋宁石寨山出土文物的族属问题试探》，《考古》1961年第9期。
[38] 付建：《“服以旌礼”观念下泡钉俑性质初探》，《秦始皇帝陵博物院》2018年总捌辑，西北大学出版社，2018年。
[39] 傅举有：《马王堆缯画研究——马王堆汉画研究之一》，《中原文物》1993年第3期。
[40] 高崇文：《试论岭南地区先秦至汉代考古学文化的变迁》，《西汉南越国考古与汉文化》，科学出版社，2010年。
[41] 高明：《长沙马王堆一号汉墓“冠人”俑》，《考古》1973年第4期。
[42] 高同根：《简述浚县东汉画像石的雕塑艺术》，《中原文物》1986年第1期。
[43] 高至喜：《记长沙、常德出土弩机的战国墓——兼谈有关弩机、弓矢的几个问题》，《文物》1964年第6期。
[44] 高至喜：《湖南发现的几件越族风格的文物》，《文物》1980年第12期。
[45] 高至喜：《长沙树木岭出土战国铜匕首的族属问题》，《文物》1985年第1期。
[46] 葛洪、严小琴、何倩：《咸阳三义村汉长陵陪葬墓出土白彩着衣式陶俑的研究》，《文物世界》2016年第4期。
[47] 葛明宇：《狮子山西汉楚王陵墓考古研究》，河北出版传媒集

团·河北美术出版社，2018年。
[48] 顾建华：《衣食住行话文明——服装》，北京工业大学出版社，2008年。
[49] 顾颉刚：《古史辨》第一卷，上海古籍出版社，1982年。
[50] 郭宝钧：《古玉新诠》，《"中研院"历史语言研究所集刊论文类编·考古编》，中华书局，2009年。
[51] 郭沫若：《关于晚周帛画的考察》，《人民文学》1953年第11期。
[52] 郭沫若：《金文丛考》，人民出版社，1954年。
[53] 郭建国：《试析塔里木盆地南缘古墓出土的木祭器》，《新疆文物》1991年第4期。
[54] 韩养民：《秦汉文化史》，陕西人民教育出版社，1986年。
[55] 何德亮、郑同修、崔圣宽：《日照海曲汉代墓地考古的主要收获》，《文物世界》2003年第5期。
[56] 何芳、阿迪力：《新疆古代文物中的裤装》，《新疆文物》2005年第3期。
[57] 何驽：《考古学文化因素分析法与文化因素传播模式论》，《考古与文物》1990年第6期。
[58] 贺西林：《洛阳北郊石油站汉墓壁画图像考辨》，《文物》2001年第5期。
[59] 胡厚宣：《殷代的蚕桑和丝织》，《文物》1972年第11期。
[60] 胡顺利：《对〈晋宁石寨山青铜器图象所见辫发者民族考〉的一点意见》，《考古》1981年第3期。
[61] 胡雅丽：《包山2号墓漆画考》，《文物》1988年第5期。
[62] 胡雅丽：《包山楚简服饰资料研究》，《文物考古文集》，武汉大学出版社，1997年。
[63] 黄裳：《沈从文和他的新书——读〈中国古代服饰研究〉》，《读书》1982年第11期。
[64] 黄明兰、郭引强：《洛阳汉墓壁画》，文物出版社，1996年。
[65] 黄能福、陈娟娟、钟漫天：《中国服饰史》，文化艺术出版社，1998年。
[66] 黄能福、陈娟娟、黄钢：《服饰中华——中华服饰七千年》，清华大学出版，2011年。
[67] 黄佩贤：《汉代墓室壁画研究》，文物出版社，2008年。

[68] 黄盛璋：《江陵凤凰山汉墓简牍及其在历史地理研究上的价值》，《文物》1974年第6期。
[69] 黄盛璋：《关于战国中山国墓葬遗物若干问题辨证》，《文物》1979年第5期。
[70] 黄盛璋：《再论平山中山国墓若干问题》，《考古》1980年第5期。
[71] 黄盛璋：《西周铜器中服饰赏赐与职官及册命制度关系发覆》，《周秦文化研究》，陕西人民出版社，1998年。
[72] 黄文弼：《汉西域诸国之分布及种族问题》，《西北史地论丛》，上海人民出版社，1981年。
[73] 黄展岳：《论两广出土的先秦青铜器》，《考古学报》1986年第4期。
[74] 惠丹阳：《汉边塞出土衣橐检研究》，西北师范大学硕士学位论文，2020年。
[75] 吉林大学历史系考古专业赴纪南城开门办学小分队：《凤凰山一六七号汉墓遣册考释》，《文物》1976年第10期。
[76] 贾齐华：《也论"被发文身"》，《南京师范大学文学院学报》2006年第1期。
[77] 贾应逸：《略谈尼雅遗址出土的毛织品》，《文物》1980年第3期。
[78] 蒋廷瑜：《西林铜鼓墓与汉代句町国》，《考古》1982年第2期。
[79] 蒋英炬、吴文祺：《武氏祠画象石建筑配置考》，《考古学报》1981年第2期。
[80] 蒋英炬、吴文祺：《汉代武氏墓群石刻研究》，山东美术出版社，1995年。
[81] 焦南峰：《左弋外池——秦始皇陵园K0007陪葬坑性质蠡测》，《文物》2005年第12期。
[82] 焦南峰：《汉阳陵从葬坑初探》，《文物》2006年第7期。
[83] 焦南峰、马永嬴：《汉阳陵帝陵DK11～21号外藏坑性质推定》，《汉长安城考古与汉文化》，科学出版社，2008年。
[84] 金立：《江陵凤凰山八号汉墓竹简试释》，《文物》1976年第6期。
[85] 靳宝：《北京大葆台汉墓墓葬年代与墓主人考略——兼谈北京老

山汉墓墓葬年代及墓主人》，《秦始皇帝陵博物院》，2012年。
[86] 康佑铭：《亚洲腹地的图瓦人》，《西域研究》1994年第2期。
[87] 劳干：《居延汉简考释·释文之部》，商务印书馆，1943年。
[88] 劳干：《居延汉简考释·考证之部》，“中央”研究院历史语言研究所，1944年。
[89] 劳干：《居延汉简·图版之部》，“中央”研究院历史语言研究所，1957年。
[90] 劳干：《居延汉简·考释之部》，“中央”研究院历史语言研究所，1960年。
[91] 李伯谦：《从对三星堆青铜器年代的不同认识谈到如何正确理解和运用“文化滞后”理论》，《四川考古论文集》，文物出版社，1996年。
[92] 李伯谦：《关于有铭晋侯铜人的讨论》，《中国文物报》2002年11月1日第7版。
[93] 李发林：《山东汉画像石研究》，齐鲁书社，1982年。
[94] 李家浩：《毋尊、纵及其他》，《文物》1996年第7期。
[95] 李静：《武汉大学简帛研究中心藏衣物数试释》，《简帛》（第十辑），上海古籍出版社，2015年。
[96] 李均明：《读〈尹湾汉墓简牍〉杂记》，《简帛研究》（二〇〇一），广西师范大学出版社，2001年。
[97] 李零：《〈荣成氏〉释文考释》，《上海博物馆藏战国楚竹书》（二），上海古籍出版社，2002年。
[98] 李龙海：《汉民族形成之研究》，科学出版社，2010年。
[99] 李若晖：《简帛札记》，《简帛研究》（二〇〇二、二〇〇三），广西师范大学出版社，2005年。
[100] 李文儒：《墓室空留七彩画》，《文物天地》2003年第4期。
[101] 李文瑛、周金玲：《营盘墓地的考古发现与研究》，《新疆文物》1998年第1期。
[102] 李肖冰：《丝绸之路服饰研究》，新疆人民出版社，2009年。
[103] 李秀珍：《秦汉武冠初探》，《文博》1990年第5期。
[104] 李秀珍：《秦俑服饰配备问题试探》，《文博》1994年第6期。
[105] 李学勤、李零：《平山三器与中山国史的若干问题》，《考古学报》1979年第2期。
[106] 李学勤：《平山墓葬群与中山国的文化》，《文物》1979年第

1期。
［107］ 李学勤：《晋侯铜人考证》，《商承祚教授百年诞辰纪念文集》，文物出版社，2003年。
［108］ 李学勤：《东周与秦代文明》，上海人民出版社，2014年。
［109］ 李银德、孟强：《试论徐州出土西汉早期人物画像镜》，《文物》1997年第2期。
［110］ 李曰训《齐讴女乐——山东章丘女郎山出土的战国乐舞陶俑》，《故宫文物月刊》142号。
［111］ 梁旭：《走进“服饰王国”》，《云南少数民族服饰》，云南美术出版社，2002年。
［112］ 梁勇：《新疆古代墓葬所见唐代以前的服饰》，《新疆文物》1992年第1期。
［113］ 林剑鸣：《秦俑发式和阴阳五行》，《文博》1984年第3期。
［114］ 林剑鸣：《秦汉史》，上海人民出版社，2003年。
［115］ 林淑心：《汉代女子服饰考略》，《“国立”历史博物馆馆刊》（台北）1983年第2卷第2期。
［116］ 林天人：《先秦三晋区域文化研究》，台湾古籍出版有限公司，2003年。
［117］ 林沄：《东胡与山戎的考古探索》，《环渤海考古国际学术讨论会论文集》，知识出版社，1996年。
［118］ 凌宇：《楚地出土人俑研究——早期中国墓葬造像艺术的礼制考察》，武汉大学出版社，2014年。
［119］ 刘国胜：《望山遣册记器简琐议》，《2007中国简帛学国际论坛论文集》，2007年。
［120］ 刘林：《秦俑的发式与头饰》，《文博》1992年第2期。
［121］ 刘庆柱、李毓芳：《西汉十一陵》，陕西人民出版社，1987年。
［122］ 刘庆柱：《汉长安城考古与汉代考古学》，《汉长安城考古与汉文化——纪念汉长安城考古五十周年国际学术研讨会论文集》，科学出版社，2008年。
［123］ 刘绍刚、郑同修：《日照海曲汉墓出土遣策概述》，《出土文献研究》（第十二辑），中西书局，2013年。
［124］ 刘文锁：《尼雅考古简史》，《新疆文物》2003年第1期。
［125］ 刘信芳：《楚人化妆与服饰艺术例说》，《东南文化》1992年第5期。

[126] 刘信芳：《曾侯乙墓衣箱礼俗试探》，《考古》1992年第10期。
[127] 刘占成：《秦俑战袍考》，《文博》1990年第5期。
[128] 刘占成：《秦陵“七号坑”性质和意义刍论》，《文博》2002年第2期。
[129] 刘钊：《论秦始皇陵园K0007陪葬坑的性质》，《中国文物报》2005年8月9日第7版。
[130] 刘振东：《中国古代陵墓中的外藏椁——汉代王、侯墓制研究之二》，《考古与文物》1999年第4期。
[131] 吕丹：《“被发”“断发”两不同》，《咬文嚼字》2005年第8期。
[132] 吕健：《山东博物馆藏战国服饰研究》，《湖南省博物馆馆刊》第十四辑，岳麓书社，2018年。
[133] 吕思勉：《先秦史》，上海古籍出版社，1982年。
[134] 吕思勉：《秦汉史》，上海古籍出版社，1983年。
[135] 吕思勉：《吕著中国通史》，北京日报出版社，2018年。
[136] 罗群：《成都老官山汉墓出土织机复原研究》，《文物保护与考古科学》，2017年第5期。
[137] 马怡：《尹湾汉墓遣策札记》、《诸于考》，《简帛研究》（二〇〇二、二〇〇三），广西师范大学出版社，2005年。
[138] 马怡：《西郭宝墓衣物疏所见汉代织物考》，《简帛研究》（二〇〇四），广西师范大学出版社，2006年。
[139] 马怡：《汉墓中的布类葬服——兼论“毋尊单衣”及其性质》，2020中华民族服饰文化国际学术研讨会。
[140] 孟凡人：《丝绸西传与丝绸之路》，《新疆考古与史地论集》，科学出版社，2000年。
[141] 聂新民：《秦俑铠甲的编缀及秦甲的初步研究》，《文博》1985年第1期。
[142] 裴明相：《楚人服饰考》，《楚文化觅踪》，中州古籍出版社，1986年。
[143] 彭浩：《楚人的纺织与服饰》，湖北教育出版社，1996年。
[144] 彭浩、张玲：《北京大学藏秦代简牍〈制衣〉的“裙”与“袴”》，《文物》2016年第9期。
[145] 彭浩、张玲：《说“袀玄”》，《简帛》（第二十六辑），2023年。

[146] 彭景荣：《先秦服饰文化论纲》，《中原文物》1993年第4期。
[147] 祁普实：《老山汉墓出土主要文物刍议》，《首都博物馆论丛》（第25辑），北京燕山出版社，2011年。
[148] 饶宗颐：《战国楚简笺证》，上海出版社，1957年。
[149] 阮秋荣：《尼雅遗址出土干尸的发式——兼谈隋唐以前西域先民的发式》，《新疆文物》2001年第1、2期合刊。
[150] 单育辰：《〈荣成氏〉中的“端”和“屦”》，《湖南省博物馆馆刊》（第五辑），岳麓书社，2008年。
[151] 上海市丝绸工业公司、上海市纺织科学研究院：《长沙马王堆一号汉墓出土纺织品的研究》，文物出版社，1980年。
[152] 尚衍斌：《尖顶帽考释》，《喀什师范学院学报（哲学社会科学版）》1991年第1期。
[153] 尚衍斌：《吐鲁番古代衣饰习尚谈薮》，《喀什师范学院学报（哲学社会科学版）》1992年第2期。
[154] 尚衍斌：《关于新疆古代衣着质料的初步研究》，《新疆大学学报（哲学社会科学版）》1992年第1期。
[155] 尚衍斌：《中国古代西北民族辫发与断发考释》，《西北民族研究》1993年第1期。
[156] 尚衍斌：《古代西域与北方民族服饰文化的交流》，《甘肃民族研究》1994年第1期。
[157] 尚衍斌：《外来文化对古代西域服饰的影响》，《喀什师范学院学报（哲学社会科学版）》1996年第1期。
[158] 沈从文：《中国古代服饰研究》，商务印书馆香港分馆，1981年。
[159] 沈从文：《沈从文全集》，北岳文艺出版社，2002年。
[160] 申茂盛：《浅论秦俑铠甲》，《文博》1990年第5期。
[161] 施劲松：《从铁器中阅读历史——读〈先秦两汉铁器的考古学研究〉》，《文物》2007年第2期。
[162] 石雪万：《西郭宝墓出土木谒及其释义再探》，《简帛研究》（第二辑），法律出版社，1996年。
[163] 石璋如：《殷代头饰举例》，《“中研院”历史语言研究所集刊论文类编·考古编》，中华书局，2009年。
[164] 史树青：《长沙仰天湖出土楚简研究》，群联出版社，1955年。
[165] 史树青：《谈新疆民丰尼雅遗址》，《文物》1962年第7、8期合刊。

[166] 宋丙玲：《北朝世俗服饰研究》，山东大学博士学位论文，2008年。
[167] 宋丙玲：《左衽与右衽：从图像资料看山东地区北朝服饰反映的问题》，《齐鲁艺苑：山东艺术学院学报》2009年第4期。
[168] 宋镇豪：《从出土文物看春秋战国时代的服饰》（上、下），《文物天地》1996年第1、2期。
[169] 宋镇豪：《春秋战国时期的服饰》，《中原文物》1996年第2期。
[170] 宋镇豪：《商代玉石人像的服饰形态》，《中国社会科学院历史研究所学刊》第2集，商务印书馆，2004年。
[171] 苏丹：《从汉画看汉代乐舞蹈的形态特征》，《南都学刊》2001年第4期。
[172] 苏芳淑、李零：《介绍一件有铭的“晋侯铜人”》，《晋侯墓地出土青铜器国际研讨会论文集》，上海书画出版社，2002年。
[173] 苏建洲：《〈荣成氏〉译释》，《〈上海博物馆藏战国楚竹书（二）〉读本》，台北万卷楼，2003年。
[174] 孙机：《中国古舆服论丛》（增订本），文物出版社，2001年。
[175] 孙机：《汉代物质文化资料图说》（增订本），上海古籍出版社，2008年。
[176] 孙守道：《“匈奴西岔沟文化”古墓群的发现》，《文物》1960年第8、9期合刊。
[177] 索德浩：《成都老官山汉墓M1墓主族属考察》，《考古》2016年第5期。
[178] 唐兰：《洛阳金村古墓为东周墓非韩墓考》，上海《大公报》1946年10月23日第六版第二张。
[179] 唐兰：《关于洛阳金村古墓答杨宽先生》，上海《大公报》1946年12月11日第六版第二张。
[180] 唐兰：《长沙马王堆汉轪侯妻辛追墓出土随葬遣策考释》，《文史》（第十辑），1980年。
[181] 唐兰：《毛公鼎“朱韍、葱衡、玉环、玉瑹”新解》，《百年学术——北京大学中文系名家文存·语言文献卷》，北京大学出版社，2008年。
[182] 滕固：《南阳汉画像石刻之历史的及风格的考察》，《张菊生

先生七十生日纪念论文集》，商务印书馆，1937年。
[183] 滕昭宗：《尹湾汉墓简牍概述》，《文物》1996年第8期。
[184] 田河：《连云港市陶湾西汉西郭宝墓衣物疏补释》，《中国文字学报》（第四辑），商务印书馆，2012年。
[185] 汪宁生：《晋宁石寨山青铜器图象所见古代民族考》，《考古学报》1979年第4期。
[186] 汪少华：《“被发文身”正义》，《古汉语研究》2002年第2期。
[187] 汪少华：《再论“被发”》，《语言研究》，2008年第4期。
[188] 王炳华：《孔雀河古墓沟发掘及其初步研究》，《新疆社会科学》1983年第1期。
[189] 王炳华：《尼雅考古回顾及新收获》，《新疆文物》1996年第1期。
[190] 王炳华：《西域考古文存》，兰州大学出版社，2010年。
[191] 王从礼：《从考古资料谈楚国服饰》，《文博》1992年第2期。
[192] 王恩田：《诸城凉台孙琮画像石墓考》，《文物》1985年第3期。
[193] 王方：《东周时期“被发”的考古学解读》，《东南文化》2010年第5期。
[194] 王方：《西汉陶俑的服装色彩及相关问题》，《汉代城市和聚落考古与汉文化》，科学出版社，2012年。
[195] 王方：《六安白鹭洲出土铜灯人像的发型与服饰及相关问题》，《考古》2013年第5期。
[196] 王方：《南昌海昏侯刘贺墓出土玉舞人及相关问题探讨》，《汉代海上丝绸之路考古与汉文化》，科学出版社，2019年。
[197] 王方：《汉代舞服的考古学研究》，《博物院》2019年第1期。
[198] 王方：《“襜褕”考》，《中国国家博物馆馆刊》2019年第8期。
[199] 王方：《说“縰”》，《艺术设计研究》2020年第5期。
[200] 王方：《战国“水田”纹服饰探讨》，《中国国家博物馆馆刊》2020年第7期。
[201] 王方：《汉服成为中华文化符号的观察》，《中国社会科学报》2020年9月29日。
[202] 王方：《“偏衣”的考古学识读》，《江汉考古》2021年第

3期。
[203] 王方：《文史通识的中国古代服饰研究奠基者——沈从文先生学术小传》，《国博名家丛书·沈从文卷》，北京时代华文书局，2022年。
[204] 王傅、祁小山：《丝绸之路草原石人研究》，新疆人民出版社，1995年。
[205] 王关仕：《仪礼服饰考辨》，文史哲出版社，1977年。
[206] 王国维：《观堂集林》，中华书局，1959年。
[207] 王明芳：《新疆博物馆新获纺织品》，《新疆文物》2007年第2期。
[208] 王树金：《马王堆汉墓服饰研究》，中华书局，2018年。
[209] 王维堤：《衣冠古国——中国服饰文化》，上海古籍出版社，1991年。
[210] 王抒：《深衣释衽——江陵马山一号楚墓出土遗物的启示》，《第五届国际服饰学术会议》论文集（《国际服饰学会志》第4号），东京，1986年。
[211] 王抒、王亚蓉：《广汉出土青铜立人像服饰管见》，《文物》1993年第9期。
[212] 王学理：《秦侍卫甲俑的服饰与彩绘》，《考古与文物》1981年第3期。
[213] 王学理：《秦俑军服考》，《考古与文物丛刊第三号——陕西省考古学会第一届年会论文集》，《考古与文物》编辑部，1983年。
[214] 王学理：《秦俑专题研究》，三秦出版社，1994年。
[215] 王勇刚、崔风光：《陕西甘泉县博物馆收藏的两件错金狩猎纹铜车饰》，《考古与文物》2009年第4期。
[216] 王宇清：《周礼六冕考辨》，南天书局有限公司，2001年。
[217] 王玉龙、程学华：《秦始皇陵发现的俑发冠初论》，《文博》1990年第5期。
[218] 王子今：《岭南地区移民与汉文化的扩张》，《西汉南越国考古与汉文化》，科学出版社，2010年
[219] 韦正、李虎仁、邹厚本：《江苏徐州市狮子山西汉墓的发掘与收获》，《考古》1998年第8期。
[220] 吴红松：《西周金文赏赐物品及其相关问题研究》，安徽大学

博士学位论文，2006年。
[221] 吴文祺：《从山东汉画像石图象看汉代手工业》，《中原文物》1991年第3期。
[222] 吴妍春：《西域辫发与纹身习俗初探》，《新疆文物》1999年第2期。
[223] 武可荣：《试析东汉尹湾汉墓缯绣的内容与工艺》，《文物》1996年第10期。
[224] 武可荣：《连云港市历年出土简牍简述》，《书法丛刊》1997年第4期。
[225] 武敏：《从出土文物看唐代以前新疆纺织业的发展》，《西域研究》1996年第2期。
[226] 夏鼐：《新疆新发现的古代丝织品——绮、锦和刺绣》，《考古学报》1963年第1期。
[227] 夏鼐：《汉唐丝绸和丝绸之路》，《夏鼐文集》（中），社会科学文献出版社，2000年。
[228] 谢桂华、李均明、朱国炤：《居延汉简释文合校》，文物出版社，1987年。
[229] 谢尧亭：《“格”与“霸”及晋侯铜人》，《两周封国论衡——陕西韩城出土芮国文物暨周代封国考古学研究国际学术研讨会论文集》，上海古籍出版社，2014年。
[230] 信立祥：《汉代画像石综合研究》，文物出版社，2000年。
[231] 新疆社会科学院考古研究所：《新疆考古三十年》，新疆人民出版社，1983年。
[232] 熊传新：《长沙出土楚服饰浅析》，《湖南考古辑刊》（第2集），岳麓书社，1984年。
[233] 徐婵菲、姚智远：《浅释洛阳新获战国铜匜上的刻纹图案》，《中原文物》2007年第1期。
[234] 徐龙国：《山东临淄山王村汉墓陪葬坑的几个问题》，《考古》2019年第9期。
[235] 徐蕊：《汉代服饰的考古学研究》，大象出版社，2016年。
[236] 徐学书：《关于滇文化和滇西青铜文化年代的再探讨》，《考古》1999年第5期。
[237] 徐渊：《包山二号楚墓妆奁漆绘“昏礼亲迎仪节图”考》，《三代考古》（八），科学出版社，2018年。

[238] 许卫红：《秦陵陶俑军服纽扣初探》，《文博》1990年第5期。
[239] 许卫红：《秦俑下体防护装备杂探》，《文博》1994年第6期。
[240] 阎步克：《服周之冕——〈周礼〉六冕礼制的兴衰变异》，中华书局，2009年。
[241] 严勇：《古代中日丝绸文化的交流与日本织物的发展》，《考古与文物》2004年第1期。
[242] 杨秉礼、史宇阔、刘晓华：《咸阳杨家湾汉墓兵俑服饰探讨》，《文博》1996年第6期。
[243] 杨伯峻：《春秋左传注》（第一册）修订本，中华书局，1990年。
[244] 杨道圣：《沈从文与服饰史研究的三重证据法》，《艺术设计研究》2021年第2期。
[245] 杨泓：《美术考古半世纪——中国美术考古发现史》，文物出版社，1997年。
[246] 杨宏明、谢妮娅：《陕西安塞县王家湾发现汉墓》，《考古》1995年第11期。
[247] 杨建芳：《平山中山国墓葬出土玉器研究》，《文物》2008年第1期。
[248] 杨建芳：《白狄东徙的考古学研究》，《庆祝何炳棣先生九十华诞论文集》，三秦出版社，2008年。
[249] 杨宽：《西周史》，上海人民出版社，2003年。
[250] 杨勇：《战国秦汉时期云贵高原考古学文化研究》，科学出版社，2011年。
[251] 姚伟钧：《简论楚服》，《江汉论坛》1986年第11期。
[252] 叶小燕：《东周刻纹铜器》，《考古》1983年第2期。
[253] 于丽微：《高台、关沮、胥浦汉墓简牍集释与文字编》，吉林大学硕士学位论文，2014年。
[254] 于志勇：《尼雅遗址的考古发现与研究》，《新疆文物》1998年第1期。
[255] 俞伟超：《考古学是什么》，中国社会科学出版社，1996年。
[256] 袁建平：《从马王堆汉墓出土文物看汉初的服饰》，《丝绸史研究》1993年第4期。
[257] 袁建平：《中国古代服饰中的深衣研究》，《求索》2000年第2期。

[258] 袁曙光：《四川汉画像砖的分区与分期》，《四川文物》2002年第4期。

[259] 袁宣萍、赵丰：《中国丝绸文化史》，山东美术出版社，2009年。

[260] 袁仲一：《秦始皇陵兵马俑研究》，文物出版社，1990年。

[261] 袁仲一：《关于秦始皇陵铜禽坑出土遗迹遗物的初步认识》，《秦文化论丛》（第十二辑），三秦出版社，2005年。

[262] 袁仲一：《秦兵马俑的考古发现与研究》，文物出版社，2014年。

[263] 岳庆平：《中国秦汉习俗史》，人民出版社，1994年。

[264] 曾昭燏：《南京博物院学人丛书——曾昭燏文集》（考古卷、博物馆卷），文物出版社，2009年。

[265] 展力、周世曲：《试谈杨家湾汉墓骑兵俑——对西汉前期骑兵问题的探讨》，《文物》1977年第10期。

[266] 袁行霈、严文明、张传玺、楼宇烈：《中华文明史》，北京大学出版社，2006年。

[267] 张德芳：《居延新简集释》，甘肃文化出版社，2016年。

[268] 张德芳：《敦煌马圈湾汉简集释》，甘肃文化出版社，2013年。

[269] 张光直：《考古学专题六讲》（增订本），生活·读书·新知三联书店，2010年。

[270] 张久和、傅宁：《东胡系各族发式考辨》，《内蒙古社会科学（文史哲版）》1990年第5期。

[271] 张玲：《中国古代服装的结构意识——东周楚服分片结构探究》，《服饰导刊》2013年第3期。

[272] 张玲：《汉代曲裾袍服的结构特征及剪裁技巧——以马王堆一号汉墓出土的女性服饰为范例》，《服饰导刊》2016年第2期。

[273] 张玲、彭浩：《湖北江陵凤凰山M168出土西汉“明衣裳”》，《文物》2022年第6期。

[274] 张敏：《吴王余昧墓的发现及其意义》，《东南文化》1988年第3、4期合刊。

[275] 张末元：《汉代服饰参考资料》，人民美术出版社，1960年。

[276] 张朋川：《河西出土的汉晋绘画简述》，《文物》1978年第6期。

[277] 张殊琳：《服装色彩》，高等教育出版社，2003年。

[278] 张涛：《秦代骑兵服饰特点》，《中国文物报》1997年11月第30日第4版。

[279] 张闻捷：《包山二号墓漆画为婚礼图考》，《江汉考古》2009年第4期。
[280] 张文立：《秦始皇陵七号坑蠡测》，《考古与文物》2004年增刊。
[281] 张翔宇：《西安理工大学汉墓壁画人物服饰辨析》，《东南文化》2007年第6期。
[282] 张玉忠：《天山阿拉沟考古考察与研究》，《西北史地》1987年第3期。
[283] 张玉忠：《楼兰地区古墓葬被盗情况的调查》，《中国文物报》2003年3月21日。
[284] 张增祺：《关于晋宁石寨山青铜器上一组人物形象的族属问题》，《考古与文物》1984年第4期。
[285] 张增祺：《晋宁石寨山》，云南美术出版社，1998年。
[286] 张正明：《楚史论丛》（初集），湖北人民出版社，1984年。
[287] 赵丰：《中国丝绸艺术史》，文物出版社，2005年。
[288] 赵丰、伊弟利斯·阿不都热苏勒：《大漠联珠——环塔克拉玛干丝绸之路服饰文化考察报告》，东华大学出版社，2007年。
[289] 郑渤秋：《试析山普拉出土缀织毛绦图案》，《新疆文物》2006年第1期。
[290] 郑红莉：《陕北汉代画像石中所见舞蹈图试析》，《陕西历史博物馆馆刊》第16辑。
[291] 郑绍宗：《山戎民族及其文化考——关于夏家店上层文化社会性质的研究》，《环渤海考古国际学术讨论会论文集》，知识出版社，1996年。
[292] 郑曙斌：《马王堆汉墓遣策所记衣物略考》，《湖南省博物馆馆刊》第四辑，岳麓书社，2007年。
[293] 郑岩：《魏晋南北朝壁画墓研究》，文物出版社，2002年。
[294] 中国社会科学院考古研究所：《中国考古学·两周卷》，中国社会科学出版社，2004年。
[295] 中国社会科学院考古研究所：《中国考古学·秦汉卷》，中国社会科学出版社，2010年。
[296] 周建忠：《德清出土春秋青铜权杖考识》，《东方博物》（第十三辑），浙江大学出版社，2004年。
[297] 周能：《江陵马山一号楚墓凤纹图形研究》，《湖南考古辑

刊》（第8集），岳麓书社，2009年。
［298］ 周群丽：《尹湾汉牍衣物诸词考——读〈尹湾汉简〉札记之一》，《法制与社会》2006年第19期。
［299］ 周锡保：《中国古代服饰史》，中国戏剧出版社，1984年。
［300］ 左骏：《金珰曜駿驣——看战国至汉羊纹金饰的一个新视角》，《大众考古》2019年第10期。
［301］ 左骏：《对羊与金珰——论战国至西汉羊纹金饰片的来源与器用》，《故宫博物院院刊》2020年第11期。

四、外国学者论著（按首字拼音顺序排序）

［1］ 〔德〕格罗塞著，蔡慕晖译：《艺术的起源》，商务印书馆，2008年。
［2］ 〔法〕罗兰·巴特著，敖军译：《流行体系——符号学与服饰符码》，上海人民出版社，2000年。
［3］ 〔美〕林嘉琳，孙岩：《性别研究与中国考古学》，科学出版社，2006年。
［4］ 〔美〕玛里琳·霍恩著，乐竟泓、杨治良等译：《服饰——人的第二皮肤》，上海人民出版社，1991年。
［5］ 〔日〕八木奘三郎：《辽阳発现の壁画古坟》，《東洋學报》第11卷第1号，1921年。
［6］ 〔日〕内藤宽、森修：《營城子——前牧城驛附近の漢代壁畫甎墓》，刀江书社，1934年。
［7］ 〔日〕驹井和爱：《南满洲辽阳に于ける古迹调查》（1、2），《考古學雜誌》第32卷第2、7号，1942年。
［8］ 〔日〕梅原末治：《洛陽金村古墓聚英》（增訂版），京都小林出版部，1944年。
［9］ 〔日〕原田淑人：《西域発見の絵画に見えたる服飾の研究》，東洋文庫発行，1926年。
［10］ 〔日〕原田淑人：《西域绘画所见服装的研究》，《中国唐代的服装》，《美术研究》1958年第1期。
［11］ 〔日〕原田淑人著，常任侠、郭淑芬、苏兆祥译：《中国服装史研究》，黄山书社，1988年。
［12］ 〔日〕板仓寿郎著，李今山译：《服饰美学》，上海人民出版社，1986年。

[13]　〔日〕林巳奈夫：《春秋戰國時代の金人と玉人》，《戰國時代出土文物の研究》，京都大學人文科學研究所，1988年。
[14]　〔日〕坂本和子：《关于尼雅遗址出土的纺织品》，《中日共同尼雅遗迹学术调查报告书》（第二卷），中村印刷株式会社，1999年。
[15]　〔苏〕C. B. 吉谢列夫著，王博译：《南西伯利亚古代史》，新疆人民出版社，2014年。
[16]　〔英〕彼得·伯克著，杨豫译：《图像证史》，北京大学出版社，2008年。
[17]　〔英〕戈登·柴尔德著，安志敏、安家瑗译：《考古学导论》，上海三联书店，2008年。
[18]　〔英〕E. H. 贡布希里著，范景中、杨思梁、徐一维、劳诚烈译：《图像与眼睛——图画再现心理学的再研究》，广西美术出版社，2016年。
[19]　White, W. C., *Tombs of Old Lo-yang*, Kelly and Walsh Ltd. Shanghai, 1934.

五、图录和工具书（按作者首字拼音顺序排序）

[1]　安徽省文物考古研究所：《新萃——大发展·新发现："十一五"以来安徽建设工程考古成果展》，文物出版社，2015年。
[2]　北京市文物研究所：《北京出土文物》，北京燕山出版社，2005年。
[3]　长治市博物馆：《长治馆藏文物精粹》，山西省长治市文物旅游局，2005年。
[4]　陈平：《浙江省博物馆镇馆之宝》，中国青年出版社，2016年。
[5]　陈臻仪：《古玉选粹》，震旦文教基金会，2003年。
[6]　成都华通博物馆、荆州博物馆：《楚风汉韵——荆州出土楚汉文物集萃》，文物出版社，2011年。
[7]　邓淑苹：《蓝田山房藏玉百选》，鸿禧文教基金会，1995年。
[8]　傅举有、陈松长：《马王堆汉墓文物》，湖南出版社，1992年。
[9]　甘肃简牍保护研究中心、甘肃省文物考古研究所、甘肃省博物馆、中国文化遗产研究院古文献研究室、中国社会科学院简帛研究中心：《肩水金关汉简》（壹~贰），中西书局，2011~2012年。
[10]　甘肃简牍博物馆、甘肃省文物考古研究所、甘肃省博物馆、中国文

化遗产研究院古文献研究室、中国社会科学院简帛研究中心：《肩水金关汉简》（叁～伍），中西书局，2013～2016年。
[11] 甘肃省文物考古研究所：《敦煌汉简》，中华书局，1991年。
[12] 甘肃省文物考古研究所、甘肃省博物馆、中国文物研究所、中国社会科学院历史研究所：《居延新简·甲渠候官》，中华书局，1994年。
[13] 高春明：《中国历代服饰艺术》，中国青年出版社，2009年。
[14] 高文：《四川汉代石棺画像集》，人民美术出版社，1997年。
[15] 古方：《中国出土玉器全集》，科学出版社，2005年。
[16] 故宫博物院：《故宫收藏——你应该知道的200件古代陶俑》，紫禁城出版社，2007年。
[17] 国家文物局：《2002中国重要考古发现》，文物出版社，2003年。
[18] 国家文物局：《2003中国重要考古发现》，文物出版社，2004年。
[19] 国家文物局：《2004中国重要考古发现》，文物出版社，2005年。
[20] 国家文物局：《2006中国重要考古发现》，文物出版社，2007年。
[21] 国家文物局：《2007中国重要考古发现》，文物出版社，2008年。
[22] 国家文物局：《2008中国重要考古发现》，文物出版社，2009年。
[23] 国家文物局：《2009中国重要考古发现》，文物出版社，2010年。
[24] 国家文物局：《2015中国重要考古发现》，文物出版社，2016年。
[25] 国家文物局：《2016中国重要考古发现》，文物出版社，2017年。
[26] 国家文物局：《2017中国重要考古发现》，文物出版社，2018年。
[27] 国家文物局：《2018中国重要考古发现》，文物出版社，2019年。
[28] 国家文物局：《2019中国重要考古发现》，文物出版社，2020年。
[29] 河北省博物馆、文物管理处：《河北省出土文物选集》，文物出版社，1980年。
[30] 河北博物院：《河北博物院基本陈列——大汉绝唱　满城汉墓》，文物出版社，2014年。
[31] 河南省博物馆：《河南省博物馆》，文物出版社，1985年。
[32] 湖北省文物考古研究所、北京大学中文系：《望山楚简》，中华书局，1995年。
[33] 湖北省荆沙铁路考古队：《包山楚简》，文物出版社，1991年。
[34] 湖南省博物馆、复旦大学出土文献与古文字研究中心：《马王堆汉墓简帛文字全编》，中华书局，2020年。
[35] 湖南省博物馆、首都博物馆：《凤舞九天——楚文化特展》，科

学出版社，2015年。

[36] 江西省文物考古研究所、首都博物馆：《五色炫曜——南昌汉代海昏侯国考古成果》，江西人民出版社，2016年。

[37] 蒋玄怡：《长沙——楚民族及其艺术》（第二卷），美术考古学社，1950年。

[38] 孔祥星、刘一曼：《中国铜镜图典》，文物出版社，1992年。

[39] 李伯谦：《中国出土青铜器全集》，科学出版社，2018年。

[40] 李均明、何双全：《散见简牍合集》，文物出版社，1990年。

[41] 李银德：《楚王梦：玉衣与永生（徐州博物馆汉代珍藏）》，江苏凤凰美术出版社，2017年。

[42] 刘云辉：《陕西出土汉代玉器》，文物出版社、众志美术出版社，2009年。

[43] 吕章申：《秦汉文明》，北京时代华文书局，2017年。

[44] 洛阳师范学院、洛阳市文物局：《洛阳古玉图谱》，河南美术出版社，2004年。

[45] 洛阳市文物管理局：《洛阳陶俑》，北京图书馆出版社，2005年。

[46] 洛阳市文物管理局、洛阳古代艺术博物馆：《洛阳古代墓葬壁画》，中州古籍出版社，2010年。

[47] 马承源：《上海博物馆藏战国楚竹书》（二），上海古籍出版社，2002年。

[48] 密县文管会、河南古代艺术研究会：《密县汉代画像砖》，中州书画社，1983年。

[49] 南京博物院：《南京博物院建院70周年特展——泗水王陵考古》，（香港）王朝文化艺术出版社，2003年。

[50] 南京博物院：《长毋相忘：读盱眙大云山江都王陵》，译林出版社，2013年。

[51] 南阳市博物馆：《南阳汉代画像石刻》，上海人民美术出版社，1981年。

[52] 南阳市文物考古研究所：《南阳古玉撷英》，文物出版社，2005年。

[53] 秦始皇兵马俑博物馆：《秦始皇帝陵》，文物出版社，2009年。

[54] 秦孝仪：《中华五千年文物集刊·服饰篇》，中华五千年文物集刊编辑委员会，1986年。

[55] 《山东博物馆》编辑委员会：《山东博物馆》，伦敦出版（香港）有限公司，2012年。
[56] 山东省博物馆、山东省文物考古研究所：《山东汉画像石选集》，齐鲁书社，1982年。
[57] 山西省考古研究所：《侯马陶范艺术》，普林斯顿大学出版社，1996年。
[58] 山西博物院、山西省考古研究所：《发现霸国——讲述大河口墓地考古发掘的故事》，山西人民出版社，2012年。
[59] 陕西省考古研究所：《陕西神木大保当汉彩绘画像石》，重庆出版社，2000年。
[60] 商承祚：《长沙出土楚漆器图录》，上海出版公司，1955年。
[61] 商承祚：《战国楚竹简汇编》，齐鲁书社，1995年。
[62] 上海博物馆：《上海博物馆——中国古代玉器馆》，上海博物馆宣传图录。
[63] 史语所简牍整理小组：《居延汉简》，“中央”研究院历史语言研究所，2014年。
[64] 谭前学、王建荣、王保平、夏居宪、郭燕：《三秦瑰宝·陶俑卷》，三秦出版社，2015年。
[65] 天津博物馆：《天津博物馆藏玉》，文物出版社，2012年。
[66] 皖西博物馆：《皖西博物馆文物撷珍》，文物出版社，2013年。
[67] 王春法：《丝路孔道——甘肃文物菁华》，北京时代华文书局，2020年。
[68] 王华庆：《青州博物馆》，文物出版社，2003年。
[69] 王绣、霍宏伟：《洛阳两汉彩画》，文物出版社，2015年。
[70] 武汉大学简帛研究中心、河南省文物考古研究所：《楚地出土战国简册合集》（二），文物出版社，2013年。
[71] 新疆维吾尔自治区博物馆：《古代西域服饰撷萃》，文物出版社，2010年。
[72] 徐光冀：《中国出土壁画全集》，科学出版社，2012年。
[73] 徐良玉：《扬州馆藏文物精华》，江苏古籍出版社，2001年。
[74] 徐州汉文化风景园林管理处、徐州楚王陵汉兵马俑博物馆：《狮子山楚王陵》，南京出版社，2011年。
[75] 徐州市文物局、徐州市文物考古研究所：《溯·源——“十二五”徐州考古》，江苏凤凰美术出版社，2016年。

[76] 薛文灿、刘松根：《河南新郑汉代画像砖》，上海书画出版社，1993年。

[77] 仪征市博物馆：《仪征出土文物集萃》，文物出版社，2008年。

[78] 浙江省博物馆：《浙江省博物馆典藏大系——越地范金》，浙江古籍出版社，2009年。

[79] 中国大百科全书总编辑委员会《纺织》编辑委员会：《中国大百科全书·纺织》，中国大百科全书出版社，1984年。

[80] 中国大百科全书总编辑委员会《考古学》编辑委员会：《中国大百科全书·考古学》，中国大百科全书出版社，1986年。

[81] 中国国家博物馆、徐州博物馆：《大汉楚王——徐州西汉楚王陵墓文物辑萃》，中国社会科学出版社，2005年。

[82] 中国国家博物馆：《中华文明——古代中国基本陈列》，北京时代华文书局，2017年。

[83] 中国画像石全集编辑委员会：《中国画像石全集》，河南美术出版社、山东美术出版社，2000年。

[84] 中国画像砖全集编辑委员会：《中国画像砖全集》，四川美术出版社，2006年。

[85] 中国古代书画鉴定组：《中国绘画全集》，文物出版社、浙江人民美术出版社，1997年。

[86] 中国简牍集成编辑委员会：《中国简牍集成》，敦煌文艺出版社，2001年。

[87] 中国美术全集编辑委员会：《中国美术全集·绘画编》，人民美术出版社，1986年。

[88] 中国青铜器全集编辑委员会：《中国青铜器全集》，文物出版社，1993~1998年。

[89] 中国社会科学院考古研究所：《居延汉简》（甲乙编），中华书局，1980年。

[90] 中华人民共和国出土文物展览工作委员会：《中华人民共和国出土文物展览展品选集》，文物出版社，1973年。

[91] 涿州市文物保管所：《涿州市文物藏品精选》，北京燕山出版社，2005年。

后　记

2011年，我的博士学位论文《东周秦汉女性服饰的考古学研究》顺利通过答辩。答辩委员会主席杨泓先生，委员信立祥先生、赵化成先生、冯时先生、郑岩先生，论文评阅专家韩国河先生、吴春明先生对论文给予了充分肯定并提出很多指导性意见。此后，根据这些宝贵建议，我对论文进行了修改完善，进一步扩展研究范围并在自己的研究实践基础上不断深化认识，于2017年开始集中修改并于2019年立项国家社科基金后期资助项目，这本书即是项目成果的呈现。

自从与服饰考古结缘，转眼已十五年过去了。其中的汗水、辛酸、困顿和喜悦除了自己刻骨铭心，恐怕只有导师白云翔先生能够感同身受。我对考古学的兴趣始于中学阶段，虽然经过本科和硕士阶段的积累，已对考古学有了一定程度的了解，然而对考古学的理性认识却是在博士学习期间培养和建立起来的。博士论文的选题、写作、定稿无不是在老师的悉心指导下完成，书稿的修改、深化、成书也离不开老师十二年的督促与鞭策。十五年前，服饰考古对我而言还是一个全新而又陌生的领域，用三年时间完成博士论文，其难度可想而知，是老师一次次的鼓励让我知难而进；博士论文完稿后的十二年中，面对繁重的工作任务和庞杂的家庭琐事，每有懈怠的瞬间，是老师"老老实实做人、踏踏实实做事、扎扎实实做学问"的谆谆教诲让我坚守学术信念，对治学不敢有丝毫的敷衍。白云翔师学术视野开阔、治学态度严谨，对学生自然也有着同样的要求，然而在生活中，他却像一位慈祥的父亲，事无巨细总少不了几句叮嘱。我庆幸十五年前能知遇这样的严师慈父，于我而言，他更像是我人生路上的引路人，我深知，是老师的心血浇灌换来了我在学术道路上的成长。在书稿即将出版之际，首先对我的恩师致以深深的谢意！

对博士论文的完善集中在入职国家博物馆的这十二年间。自沈从文先生开辟了古代服饰研究领域，国家博物馆一直是古代服饰研究的前沿阵地，能在这里继续从事服饰考古研究让我倍感幸福。与沈从文先生虽无缘谋面，但从高中时代起就阅读过先生的文学作品，他精奥灵动的文笔常让我感到望尘莫及。然而当我走入服饰考古之门后，却惊喜地发现《中国古代服饰研究》中的很多思想火花会让我时有共鸣，于是在2011年我完成了第一篇品读沈先生研究的读书札记。2022年受馆里指派编写《国博名家丛书・沈从文卷》期间，我在整理沈先生学术事迹时惊喜地发现自己与先生虽有三代之隔，却是同一天生日，这样的因缘际会更坚定了我深耕古代服饰研究的决心，每每反复咀嚼着沈先生的文字，仿佛是与先生跨越时空在对话。更深切地感受到沈先生的平和则是通过日常与孙机先生的闲谈了解到的。入职国博后我有幸与孙先生的办公室门户相对，除了聆听先生趣谈学闻故事，也常有幸得到孙先生在学业方面的教诲，先生对博士论文的肯定和修改意见让我备受鼓舞。2019年立项国家社科基金项目后，先生曾高兴地应允待书稿付梓时为之作序，奈何自己力有不逮，未能尽快修改完稿，而先生竟于2023年6月15日驾鹤西去，与先生之约终成憾事。在书稿即将出版之际，谨以此书致敬两位服饰研究的前辈先贤！

攻读博士学位之前，我曾短暂就职于山西博物院，承蒙山西博物院院长石金鸣、山西省考古研究所书记张庆捷二位先生的推荐，使我有幸能够进入中国社会科学的最高殿堂接受系统的学术训练，谨向二位先生表示诚挚的感谢！

学位论文开题报告时，中国社会科学院考古研究所杨泓研究员、中国社会科学院历史研究所卜宪群研究员、北京大学考古文博学院齐东方教授、中央美术学院郑岩教授对开题报告进行了仔细审阅，并对论文的架构提出许多宝贵意见。开题后，冯时老师和刘振东老师作为博士研究生指导小组成员常给予我指导和鼓励。谨此向诸位先生表示衷心的感谢！

论文的写作过程枯燥而艰难，在王府井东厂胡同27号的写作时光却是那么让人怀念。空间不大但工具书齐全的阅览室往往能偶遇大家，张长寿、杨泓、孟凡人、刘庆柱诸位先生的答疑解惑使我开阔了视野、增长了见识；与陈星灿、施劲松、许宏、董新林、姜波、徐龙国、洪石、刘瑞、郭物、陈凌、仝涛诸位老师的愉快畅谈，常让我顿生灵感，获益匪浅；阅览室陆志红、曹原老师为我查阅资料提供了诸多便利；李淼老师对绘图技巧予以细心指导；考古系丛德新、雷然老师做了大量细致的教务工作。在此，谨向各位老师表示衷心的感谢！

实习考察对服饰考古研究助益良多，学习工作期间，我曾在洛阳整理汉墓资料，多次前往西安、徐州、荆州、济南、淄博等地收集服饰资料。其间，中国社会科学院考古研究所钱国祥、石自社、韩建华、郭晓涛、刘涛、赵海涛、王莲芝诸位老师给予我多方面的指导和帮助。山西博物院李勇副院长、谷锦秋老师，湖北省文物考古研究院罗运兵副院长，荆州博物馆彭浩先生、杨开勇馆长，徐州博物馆李银德馆长、原丰副馆长、宗时珍副馆长，徐州汉画像石艺术馆武利华馆长，徐州汉兵马俑博物馆葛明宇馆长，秦始皇帝陵博物院张卫星老师，西安市文物保护考古研究院柴怡、朱连华老师为参观调研、收集资料提供了诸多便利并提出宝贵意见。承蒙陕西省考古研究院谭青枝老师，山东省文物考古研究院郑同修院长、李曰训老师、魏成敏老师，淄博市文旅局于炎老师，山西省考古研究院韩炳华老师，河北省文物考古研究院雷建红老师，首都博物馆俞嘉馨老师，太原市文物考古研究院冯钢老师、龙真老师惠赠资料。谨此一并向诸位老师致谢！

在书稿充实完善期间，馆里的领导及同事们也给予我很多帮助。国家博物馆董琦副馆长、陈成军副馆长、白云涛副馆长、丁鹏勃副馆长、张伟明副馆长、铁付德主任、杨红林主任、周靖程主任、王志强主任、赵永主任给予我很多支持和鼓励；与孙彦贞、于采芑、李维明、姜舜源、马玉梅、霍宏伟、戴向明、朱万章、刘建美、李守义诸位老师的日常交流时常获得意想不到的写作灵感；冯峰老师时常将自己宝贵的研究资料倾囊相助并时有督促；宋亚文、李岩、樊祎雯、王云鹏、王洪敏、朱亚光、童萌、林硕、杨瑛楠、孙曦萌等诸位同事给予我精神支持和各方面的帮助。谨此向各位领导和同仁致以衷心的感谢！

同行之间的交流也是这部书稿很多思想火花的重要源泉。北京服装学院邱忠鸣老师自博士论文阶段就给予我许多帮助和精神支持。故宫博物院严勇老师、中国丝绸博物馆赵丰馆长、周旸副馆长给予许多指导和帮助。与中国社会科学院历史研究所黄正建老师、孙晓老师、赵连赏老师，中国传媒大学张玲老师，清华大学贾玺增老师，南京博物院左骏老师，北京服装学院刘元风院长、贾荣林院长及陈芳、杨道圣、蒋玉秋等诸位老师的学术交流也获益良多。谨此向各位同行老师表示衷心的感谢！

此外，也向曾与我一同奋战博士论文的战友们杨勇、宋江宁、赵相勳、林承庆、中村亚西子、南健太郎表示感谢。杨勇作为同门同窗，一直给予我兄长般的支持和鼓励！王睿、孙波、吕鹏、郭志委、张建峰、黄娟、黄益飞、刘昶、王飞峰、彭小军、刘羽阳、李鹏为、韩茗等各位师兄弟姐妹也在学习和生活上给予我很多关心和帮助。自2008年到北京读书和工作以来，申云艳、张磊、郭京宁、王新天、杨勇、王欢、王炜、王彬、彭菲、刘志岩、宋叶、罗虎、吴晓丽、关莹、佟珊等厦门大学考古专业的师兄弟姐妹们也给予我多方面的关心和鼓励。近三十年的好友单园园、焦艳、王琨也一直慷慨无私的帮助支持我。借此机会，向所有给予我关怀和帮助的学友们致以最真挚的谢意！

社科基金匿名专家们对本书进行了认真审读并给出很多中肯的修改建议，科学出版社孙莉老师多年来为本书的立项和出版提供很多建设性意见并提供帮助，责任编辑蔡鸿博老师为编辑出版工作付出大量辛勤劳动。在此向他们的积极努力表达最真挚的谢意！

最后，我要深深感谢我的家人对我一如既往的坚定支持，是你们的包容和鼓励让我不畏学业的艰难，一路走来。你们的理解和支持将是我继续前行的动力！

华夏冠服体大思精，本书也只是服饰探索的起点，深感智识有限，恐难以几十万言即把东周秦汉服饰完全说清道明，唯在服饰求真的道路上固志不舍、倾尽绵薄，贡献自己的一点心得。若能成为引玉之砖，实幸甚哉！

王　方

癸卯年冬月于溪语陋舍

图版一　荆州马山M1出土绢绣凤鸟花卉纹袍

（采自高春明：《中国历代服饰艺术》，中国青年出版社，2009年，图169）

图版二　长沙马王堆M1出土信期绣曲裾袍

（采自中国科学院考古研究所、湖南省博物馆：《长沙马王堆一号汉墓》，文物出版社，1973年，彩版八一）

图版三　秦始皇陵K0006陪葬坑出土文官俑

（采自国家文物局：《2001中国重要考古发现》，文物出版社，2002年，第84~90页）

图版四　六安白鹭洲M566出土人形铜灯服饰形象

（采自安徽省文物考古研究所：《新萃——大发现 新发现："十一五"以来安徽建设工程考古成果展》，文物出版社，2015年，第1~12页）

图版五　汉阳陵出土文官俑
（采自汉阳陵博物馆：《汉阳陵博物馆》，文物出版社，2007年，第98页图153）

图版六　东平后屯壁画墓人物形象
（采自徐光冀：《中国出土壁画全集 · 山东卷》，科学出版社，2012年，第1页图1）

图版七　晋宁石寨山M13出土贮贝器人物形象

（采自李伯谦：《中国出土青铜器全集·云南卷》，科学出版社，2018年，第148页图212）

图版八　民丰尼雅遗址59MN001出土浅蓝色长袖交领上衣

（采自新疆维吾尔自治区博物馆：《古代西域服饰撷萃》，文物出版社，2010年，第54页）